UTB **2741**

Christine K. Volkmann
Kim Oliver Tokarski

Entrepreneurship

Gründung und Wachstum von jungen Unternehmen

mit 77 Abbildungen und 29 Tabellen

Lucius & Lucius · Stuttgart

Anschrift der Autoren:

Prof. Dr. Christine Volkmann
Kim Oliver Tokarski
UNESCO-Lehrstuhl „Entrepreneurship und Interkulturelles Management"
Institut für Entrepreneurship und Innovation
Fachhochschule Gelsenkirchen
Neidenburger Str. 43
45877 Gelsenkirchen

Tel.: 0209 9596-777 oder -779   Web: www.fh-gelsenkirchen.de/ifinex
Fax: 0209 9596-540   Mail: christine.volkmann@fh-gelsenkirchen.de
                                   kim.tokarski@fh-gelsenkirchen.de

Bibliografische Information der Deutschen Nationalbibliothek

Die Deutsche Nationalbibliothek verzeichnet diese Publikation in der Deutschen Nationalbibliografie; detaillierte bibliografische Daten sind im Internet über http://dnb.ddb.de abrufbar

ISBN 3-8282-0328-0 (Lucius & Lucius)
(ab 2007: ISBN 978-3-8282-0328-0)

© Lucius & Lucius Verlagsgesellschaft mbH Stuttgart 2006
   Gerokstr. 51, D-70184 Stuttgart
   www.luciusverlag.com

Druck und Einband: Druckhaus Thomas Müntzer, Bad Langensalza

Printed in Germany

UTB-Bestellnummer: 3-8252-2741-3 (ab 2007: 978-3-8252-2741-8)

GELEITWORT

Entrepreneurship has been for some time an object of disciplinary and inter-disciplinary study and research. So much so that a new research field has emerged, and a new subject has been increasingly taught in universities all over the world. To this development one may rightly add the idea of entre-preneurial university, as demonstrated theoretically by Burton R. Clark and practically by an increasing number of universities on the way of developing entrepreneurial leadership. Given such developments and many others, which converge on the same direction, that new trend in the academic world, which refers to both the entrepreneurial functioning of higher education leadership and the teaching and learning of entrepreneurship, is a matter of evidence. This volume illustrates brilliantly such a trend in terms of its topic, approaches and demonstrations, and also of its history.

As for the history, it so happened that the UNESCO's European Centre for Higher Education – UNESCO-CEPES – has committed itself to promoting entrepreneurial studies in higher education and to establishing UNESCO Chairs focused on entrepreneurship and intercultural management and on entrepreneurial governance and management of higher education. The first such UNESCO Chair was established in Europe at the University of Applied Sciences in Gelsenkirchen, and since then, under the leadership of Professor Christine Volkmann, the Chair has become the key academic node in a rapidly growing European network. This book may be considered *inter alias* as a prod-uct of the demands for new approaches and developments in the academic domain of entrepreneurial studies.

There is also another source of the history of this book. In the course of the last few years, entrepreneurship has become increasingly important in the political, economic and social discussions all over Europe. Within the context of the reorientation of the Lisbon Strategy, the European Commission has decided to pay more attention, as from 2006, to those ideas related to the *"Promotion of the Entrepreneurial Spirit in Teaching and Culture"* From such a per-spective, the topic of entrepreneurship has become a new challenge for its being taught in universities and colleges.

All over the world, we hear many stories about successful enterprises, foun-ders and entrepreneurs. However, there is no universally applicable magic recipe for the highroad to success taken by various founders in Europe. Each individual's actions and foundation are unique in so many respects. The re-sults of empirical studies nevertheless suggest that entrepreneurial thinking and acting can, at least to a certain degree, be taught and also learned. If one wants to fire young people with enthusiasm and motivate them for an entrepreneurial activity, it is also necessary to make the education system itself better oriented towards the communication of entrepreneurial skills using innovative teaching methods. Even in Germany, not to mention comparatively other European countries, it is still only a small percentage of students who consider the possibility of embarking on an independent business-career.

Taking up the idea that, in principle, entrepreneurship can be taught and learned, the present book aims at providing the reader with those basic principles that would allow for a better understanding of entrepreneurial processes. Theoretically well-grounded and offering a wide range of practically oriented cases and studies, the book introduces the reader into central areas of the foundation and growth of enterprises. Aspects of entrepreneurial opportunity, creation of business plans, market analysis and marketing, organization's initiation, planning and development are extensively dealt with, while also emphasising topics related to planning and management of personnel for young enterprises. In this context, issues of ethics and entrepreneurial culture of young enterprises are also discussed. As the realization of foundation projects will require above all financial resources, the book gives information about essential sources for the funding of set-up and growth. One special merit of this book I consider it to be the emphasis on the complementarities between the comprehensive analysis of the fundamental issues of foundation on the one hand and those related to enterprise's growth and management of growth on the other. It is precisely the rapid growth, which brings with it a multitude of professionalization requirements for the young enterprise. Numerous applications and case examples support and illustrate the theoretical explanations successfully.

When studying this volume, important as it is, one may not just discover a world in the making. There is also something else, just as important if not more than this: it manages to urge and to motivate the readers to become more entrepreneurial and to deepen their understanding of the manifold issues of enterprise foundation and of growth of young enterprises.

Prof. Dr. Lazăr Vlăsceanu
UNESCO-CEPES

VORWORT DER VERFASSER

Das vorliegende Buch wurde von uns im Rahmen der UNESCO-Lehrstuhltätigkeit in Teamarbeit konzipiert und verfasst.

Mit diesem Buch wird das Ziel verfolgt, einen systematischen Überblick über die grundlegenden Bereiche der Gründung und des Wachstums junger Unternehmen zu geben. Das Buch richtet sich vor allem an Studierende und Dozenten des Fachgebietes Entrepreneurship an Universitäten, Fachhochschulen und Akademien. Eine Schwerpunktzielgruppe bilden Studierende in Bachelor- und Masterstudiengängen aller Fachrichtungen. Eine weitere Zielgruppe sind Gründerpersonen und Führungskräfte von Wachstumsunternehmen. Hierbei soll das Buch sowohl den bereits betriebswirtschaftlich vorgebildeten als auch den betriebswirtschaftlich bisher nicht ausgebildeten Personen eine Hilfe im Rahmen ihres Studiums sein.

Wichtig erscheint uns, dass die unternehmerische Ausbildung einen hohen Stellenwert im Leben der Menschen einnehmen sollte. In Bezug auf die Entrepreneurship-Lehre folgen wir einem chinesischen Sprichwort, das besagt:

„Planst du für ein Jahr, säe Reis, planst du für ein Jahrzehnt, pflanze Bäume,
planst du für ein ganzes Leben, lehre die Menschen."

Es ist uns ein besonderes Anliegen, die Bereiche der Unternehmensgründung und des Wachstums von Unternehmen in einem integrierten Zusammenhang abzubilden. Gerade die Ausführungen im Bereich des Wachstums von Unternehmen liegen uns am Herzen, wenngleich uns bewusst ist, dass nicht alle Unternehmen gleichermaßen wachsen wollen oder können. Das Wachstumskapitel basiert auf den gesammelten Erfahrungen eines Forschungsschwerpunktes mit dem Titel „Wachstumsprozesse junger Unternehmen", der durch das Land Nordrhein-Westfalen in den Jahren von 2003 bis 2005 gefördert wurde.

Wir bedanken uns bei den zahlreichen Testlesern für die hilfreiche Unterstützung. Unser Dank gilt auch dem Verleger, der stets geduldig und kooperativ im Erstellungsprozess zur Seite gestanden hat.

Wir wünschen allen Lesern viel Erfolg bei der Durcharbeitung dieses Buches und hoffen, dass die Ausführungen und einzelnen Beispiele beim Lesen ein wenig Freude bereiten und zur Verständlichkeit der theoretischen Fundierung beitragen. Ein solches Werk scheint niemals abgeschlossen und befindet sich in einem kontinuierlichen Verbesserungsprozess. Aus diesem Grunde bedanken wir uns hiermit im Voraus für Verbesserungsvorschläge und Hinweise jeglicher Art.

Gelsenkirchen, im September 2006

Christine K. Volkmann   *Kim Oliver Tokarski*

Christine K. Volkmann: *Professorin und Inhaberin des UNESCO-Lehrstuhls für Entrepreneurship und Interkulturelles Management an der Fachhochschule Gelsenkirchen. Forschungsschwerpunkte: Gründungsmanagement/-finanzierung, Management von Wachstumsprozessen junger Unternehmen und Unternehmensnachfolge.*

Kim Oliver Tokarski: *Wissenschaftlicher Mitarbeiter am UNESCO-Lehrstuhl für Entrepreneurship und Interkulturelles Management an der Fachhochschule Gelsenkirchen. Doktorand an der Bergischen Universität Wuppertal am Lehrstuhl für Wirtschaftswissenschaft, insbesondere Unternehmensgründung und Wirtschaftsentwicklung.*

In dieser Ausarbeitung wird keine sprachliche Differenzierung der Begriffe Unternehmer und Unternehmerin sowie Gründer und Gründerin vorgenommen. Vielmehr werden diese als Synonym betrachtet. Die Anwendung der männlichen Wortform der verwendeten Begriffe dient allein einem verbesserten Lesefluss.

INHALTSVERZEICHNIS

ABBILDUNGSVERZEICHNIS

TABELLENVERZEICHNIS

1   Grundlagen des Entrepreneurship

Ein funktionierender Wettbewerb in Volkwirtschaften wird durch eine Vielzahl und Vielfalt von Unternehmen ermöglicht. Dabei werden heute insbesondere neu gegründete, junge Unternehmen als wichtige Träger des wirtschaftlichen, technologischen und sozialen Wandels angesehen. In diesem Sinne sind innovative Neugründungen Keimzellen eines funktionierenden marktwirtschaftlichen Systems. Auch in politischer Sicht erlangt das Thema Entrepreneurship, in der Bedeutung von unternehmerischem Denken und Handeln, seit einigen Jahren einen wachsenden Stellenwert. In Europa sind im Zuge der von der EU-Kommission in 2005 formulierten Neuausrichtung der Lissabon-Strategie vor allem die Förderung des Unternehmergeistes in Unterricht und Bildung sowie die Unterstützung von Gründungen und die Förderung des Wachstums junger Unternehmen von besonderer Bedeutung.

Im Kontext der hohen Erwartungen, die insbesondere vonseiten der Wirtschaftspolitik an Neugründungen gerichtet werden, erfahren zunehmend auch Unternehmer bzw. geschlechtsneutral Unternehmerpersonen einen Wandel in der politischen und gesellschaftlichen Wahrnehmung sowie Wertschätzung. Allerdings war das **Unternehmerbild** in Deutschland ab etwa Ende der 1960er-Jahre bis in die 1980er-Jahre hinein vielfach nicht positiv belegt. Partiell äußerten sogar bestimmte gesellschaftliche Gruppierungen erhebliche Kritik an der Person des Unternehmers, der nicht selten mit negativen Bezeichnungen, etwa als raffgieriger Kapitalist, belegt wurde. Die **Wiederentdeckung** des Unternehmers (Entrepreneurs) als Leistungsträger und Vorbild in der Gesellschaft geht in Westeuropa etwa einher mit dem Gründer- und Börsenboom, der sich vor allem im letzten Jahrzehnt des 20. Jahrhunderts vollzog.

Junge, wachsende Unternehmen sind seit einigen Jahren, vor allem in der politischen und öffentlichen Diskussion, zu den Hoffnungsträgern im **Strukturwandel** einer Vielzahl von Volkswirtschaften geworden. Die Erwartungen richten sich dabei insbesondere auf die Schaffung von neuen **Arbeitsplätzen**. [Koch (2001)] In dieser Betrachtungsweise werden junge Unternehmen als Motoren der Wirtschaft verstanden. Empirischen Untersuchungen zufolge können aber nur einige wenige Neugründungen diesen Erwartungen gerecht werden. Das Beispiel der USA zeigt, dass dort allein von 1993 bis 1996 nur fünf Prozent der jungen, schnell wachsenden Unternehmen 77 Prozent der Arbeitsplätze generiert haben. [Timmons (1999)] Im Zeitraum von 1994 bis 1998 wurden durch drei Prozent der jungen, schnell wachsenden Unternehmen fünf Millionen neue Arbeitsplätze geschaffen. [Timmons/Spinelli (2004)] Das bedeutet, dass vor allem die auf dynamisches Wachstum ausgerichteten jungen Unternehmen in der Lage sind, zahlreiche neue Arbeitsplätze zu schaffen.

1.1 Gründung und Wachstum im Kontext des Entrepreneurship

1.1.1 Historie der Begriffe Entrepreneurship und Entrepreneur

Die Wurzeln der Begriffe Entrepreneurship und Entrepreneur liegen in der französischen Sprache. Im deutschen Sprachraum existieren bis heute in Literatur und Praxis weder allgemein akzeptierte Definitionen noch eindeutige Kriterien, die eine einheitliche Begriffsabgrenzung ermöglichen könnten. **Entrepreneurship** wird vielfach auch nicht definiert, sondern mittels spezifischer Attribute wie etwa *innovativ, dynamisch, kreativ, risikobereit, leistungsorientiert, flexibel* und *wachstumsorientiert* charakterisiert.

Mit der Wiederentdeckung des Unternehmers als Entrepreneur wird oftmals auch vom Unternehmer im Sinne des Wirtschaftswissenschaftlers Joseph Schumpeter (1911) gesprochen, der als Wegbereiter der heutigen Disziplin Entrepreneurship als Lehr- und Forschungsgebiet gilt. In seiner englischen Ausgabe des vielfach beachteten Werkes „Theorie der wirtschaftlichen Entwicklung" (The Theory of Economic Development) übersetzt Joseph Schumpeter den Begriff Unternehmer mit Entrepreneur. In der neueren Literatur wird allerdings bewusst auch eine begriffliche Abgrenzung zwischen Entrepreneur und Unternehmer getroffen. [Drucker (2004)] In diesem Sinne wird der Entrepreneur als Teilmenge aus dem übergeordneten Begriff Unternehmer abgeleitet und die Bezeichnung Entrepreneurship als Untermenge von Unternehmertum verstanden. [Bspw. Schaller (2001)] Die Implikationen der Begriffe Unternehmer und Unternehmertum bei einer Übersetzung in andere Sprachen sind vielfältig. Einzelne Autoren haben anschauliche Begriffsinterpretationen geleistet, die teilweise humoristischen Charakter haben. So könnte das Wort Unternehmer in die englische Sprache wörtlich mit *Undertaker* (Bestatter) übersetzt werden. [Vgl. ausführlich Malek/Ibach (2004)] In der deutschen Sprache erscheint die Bezeichnung Unternehmertum für Entrepreneurship als nicht geeignet, da beide Begriffe unterschiedliche Assoziationen hervorrufen können.

Entrepreneurship

Einzelne Autoren sehen erste historische Spuren in der Entwicklung des Begriffs **Entrepreneurship** *bereits im Mittelalter*. Danach war der typische Entrepreneur des Mittelalters ein Geistlicher, der mit der Architektur von Großprojekten, bspw. von Kirchen und Burgen, befasst war, ohne jedoch selbst spezifische Risiken zu tragen. [Hisrich/Peters (2002)] Zur Entstehung der Disziplin Entrepreneurship wird allgemein auf theoretische Arbeiten des irischen Volkswirts Richard Cantillon (1680–1734) verwiesen, dessen maßgebliche Werke zwischen 1720 bis zu seinem Tode 1734 entstanden sind. In der Entrepreneurship-Literatur wird zumeist als Quelle das 1755 posthum veröffentlichte Werk „Essai sur la Nature du Commerce en General" zitiert. Nach Cantillon ist Entrepreneurship Selbstständigkeit mit einer ungewissen, unsicheren Vergütung bzw. Verzinsung. Nach Frank H. Knight (1885–1972) erzielen Entrepreneure Gewinne durch das Eingehen und Inkaufnehmen von Unsicherheiten und Risiken. Er unterscheidet zwischen den Begriffen Risiko und Unsicherheit. Während Risiken kalkulierbar sind, können Unsicherheiten generell nicht abgeschätzt werden. Joseph A. Schumpeter (1883–1950) beschreibt Entrepreneurship als die *Durchsetzung* bzw. *Realisierung immer neuer Faktorkombinationen in Form neuer Produkte* bzw. *neuer Qualität(en) eines bekannten Gutes, neuer Produktionsmethoden*, der *Erschließung neuer Absatzmärkte, neuer Organisationsformen* oder *neuer Formen der Beschaffung*. Das Konzept von Innovation und Neuartigkeit ist integraler Bestandteil der Definition von Schumpeter.

Auf der Grundlage der Werke von Schumpeter sind bis heute eine *Vielzahl unterschiedlicher Entrepreneurship-Definitionen* entstanden. An dieser Stelle erfolgt eine Beschränkung auf ausgewählte exemplarische Definitionen. Auf eine umfassende vertiefende Darstellung soll verzichtet werden. Casson (1982) stellt in seiner Definition auf das Vorhandensein von knappen Ressourcen für den Entrepreneur ab. Nach Ronstadt (1984) ist Entrepreneurship ein dynamischer Prozess, ausgerichtet auf die stufenweise Schaffung von Vermögen und Wohlstand. Dieser Wohlstand wird von Personen gebildet, die sich der Risiken im Hinblick auf ihr eingesetztes Kapital und den Zeitaufwand bewusst sind und/oder sich gemäß ihrer gesellschaftlichen Stellung verpflichtet fühlen, Produkte oder Dienstleistungen mit einem bestimmten Nutzen anzubieten. Dabei kann das Produkt oder die Dienstleistung neu oder einzigartig sein, dies ist aber kein Muss. Allerdings muss der Nutzen in einer bestimmten Form vom Unternehmer geschaffen und mit den erforderlichen Fähigkeiten und Mitteln gesichert und zugeordnet werden. In dieser Begriffsabgrenzung kommt die Schaffung von Wohlstand (Wealth Creation) durch unternehmerisches Handeln zum Ausdruck. Dies ist typisch für die amerikanische im Unterschied zur deutschsprachigen Entrepreneurship-Literatur, in der die Schaffung von Wohlstand eher eine untergeordnete Rolle spielt.

Eine umfassende Definition von Entrepreneurship im Sinne eines neuen, wertschöpfenden unternehmerischen Prozesses stammt von Robert Hisrich (1985). Seine Begriffsinterpretation berücksichtigt typische Merkmale unternehmerischen Verhaltens. Dies bedeutet, dass der unternehmerische Prozess Zeit und Anstrengungen erfordert und der Entrepreneur finanzielle, persönliche sowie soziale Risiken übernimmt. Im Ergebnis resultieren aus dem wirtschaftlichen Prozess ein monetärer Erfolg sowie eine persönliche Befriedigung und Unabhängigkeit des Entrepreneurs. Diese Definition verdeutlicht, dass die Begriffe Entrepreneurship und Entrepreneur nicht voneinander getrennt gesehen werden können, sondern sich wechselseitig bedingen.

Hart/Stevenson/Dial (1995) beschreiben das unternehmerische Handeln von Gründern in Abhängigkeit von ihren Kompetenzen und branchenspezifischen Erfahrungen. Die zur Verfügung stehenden Ressourcen stellen jedoch keine limitierende Größe dar. Nach Timmons (1999) basiert Entrepreneurship auf einem ganzheitlichen Ansatz im Sinne eines unternehmerischen wertschaffenden Prozesses. Entrepreneurship bezieht sich dabei auf Denk-, Argumentations- und Handlungsweisen, die durch die Erkennung und Wahrnehmung von unternehmerischen Gelegenheiten gekennzeichnet sind. Entrepreneurship ist weiterhin charakterisiert durch den begrenzten Einsatz von Ressourcen und die Übernahme von persönlichen und finanziellen Risiken, die im Verhältnis zu den Chancen durch den Entrepreneur möglichst genau kalkuliert werden [Timmons (1999)]. Entrepreneure werden dabei von Engagement und Ausdauer angetrieben.

In Tabelle 1 sind einige Definitionen des Begriffs Entrepreneurship exemplarisch aufgeführt.

Quelle	Definition Entrepreneurship
Cantillon (1755)	Selbständigkeit mit einer ungewissen, unsicheren Vergütung bzw. Verzinsung
Knight (1921)	Gewinne erzielen durch das Eingehen und Inkaufnehmen von Unsicherheiten und Risiken
Schumpeter (1934)	Die Realisierung/Verwirklichung von neuen Faktorkombinationen – neue Produkte, neue Serviceleistungen, neue Rohstoffquellen, neue Produktionsmethoden, neue Märkte, neue Formen der Organisation
Casson (1982)	Entscheidungen über den Einsatz von knappen Ressourcen treffen
Hisrich/Brush (1985) [Originalversion] [modifizierte Version in Hisrich/Peters (2002)]	Entrepreneurship ist ein Prozess, bei dem etwas Neues geschaffen wird – unter Übernahme der dazugehörigen finanziellen, persönlichen und sozialen Risiken sowie der aus dem Prozess resultierenden monetären Vergütung sowie persönlichen Befriedigung und Unabhängigkeit
Hart, Stevenson & Dial (1995)	Das Streben nach Chancen und Gelegenheiten, ohne Berücksichtigung der gegenwärtig zur Verfügung stehenden Mittel, abhängig von der bisherigen Auswahl der Gründer und beruhend auf ihren branchenspezifischen Erfahrungen
Timmons (1999)	Entrepreneurship ist eine Denk-, Argumentations- und Handlungsweise, gekennzeichnet durch die Besessenheit von einer unternehmerischen Gelegenheit, einem ganzheitlichen Ansatz und einem ausgewogenen Führungsverhalten

Tabelle 1: Übersicht von Definitionen zum Entrepreneurship

Zahlreiche Definitionen des Begriffs Entrepreneurship beinhalten folgende charakteristische Elemente:

- Identifikation und Nutzung von unternehmerischen Gelegenheiten
- Innovation und Neuartigkeit
- Ressourcengewinnung und Gründung eines Unternehmens/einer Organisation

- Gewinnorientierung unter Berücksichtigung von angemessenen Risiken und Unsicherheiten [Dollinger (2003)]

Wesentlich für das Verständnis des Begriffes Entrepreneurship ist das Erkennen und Wahrnehmen von unternehmerischen Gelegenheiten. Im Kontext von Entrepreneurship beziehen sich Innovation und Neuartigkeit insbesondere auf Produkte oder Prozesse. Unternehmerische Aktivitäten erfolgen zielgerichtet und gewinnorientiert unter Einsatz von knappen Ressourcen. Die unternehmerische Tätigkeit ist für die Unternehmer mit der Übernahme von angemessenen Risiken verbunden. Angemessen bedeutet in diesem Zusammenhang, dass Unternehmer üblicherweise keine Glücksspieler oder Hasardeure sind, sondern die Risiken sorgfältig abschätzen und abwägen.

Das Begriffsverständnis von Entrepreneurship kann sowohl eine personelle, institutionelle sowie prozessuale Dimension umfassen. Dabei ist der Begriff Entrepreneurship keineswegs ausschließlich auf privatwirtschaftliche Institutionen beschränkt. Vielmehr können auch staatliche Institutionen, etwa staatliche Hochschulen, *entrepreneurial* ausgerichtet sein. Entrepreneurship ist nach Peter F. Drucker ein Verhalten und nicht ein Persönlichkeitsmerkmal. [Drucker (2004)]

Im Zusammenhang mit dem Begriff Entrepreneurship wird häufig auch die Bezeichnung des *Entrepreneurial Spirit* verwendet. **Entrepreneurial Spirit** bezeichnet im angelsächsischen Sprachraum eine *Geisteshaltung*, die *durch unternehmerische Eigenschaften* wie etwa Innovationskraft, Dynamik, Kreativität, Tatkraft und Überzeugungsvermögen gekennzeichnet ist.

Eine umfassende Darstellung der Theorie des Entrepreneurship sowie der Forschungsströmungen dieses Themenbereiches gibt etwa Fallgatter (2002).

Eine häufig verwendete Ausprägungsform des Begriffes Entrepreneurship ist die Bezeichnung **Corporate Entrepreneurship**. [Siehe zur Thematik Corporate Entrepreneurship ausführlich z. B. Burgelman (1983); Guth/Ginsberg (1990), Covin/Slevin (1991); Sharma/Chrisman (1999); Frank (2006)] Unter Corporate Entrepreneurship sollen in diesem Kontext alle Ausprägungen des unternehmerischen Denkens und Handelns in einem großen, etablierten Unternehmen verstanden werden, d. h. konkret in *Form von Intrapreneurship* sowie *internem Corporate Venturing* und *externem Corporate Venturing*. [Burgelman (1983); Guth/Ginsberg (1990); Covin/Miles (1999)] Bekannte US-amerikanische Unternehmen, die Corporate Entrepreneurship praktizieren, sind die Großunternehmen *Hewlett-Packard, General Electric, 3M* oder *Xerox*. Ein bekanntes Produkt, das in der Literatur auf den Gedanken des

Corporate Entrepreneurship zurückgeführt wird, ist das Post-It Note des Unternehmens 3M. [Fry (1987), Sathe (1989)]

Allgemein wird der Begriff Corporate Entrepreneurship in vielfältigen Zusammenhängen verwendet und nicht immer einheitlich von der Bezeichnung Intrapreneurship abgegrenzt. In zahlreichen Definitionen des Corporate Entrepreneurship werden insbesondere auch die Aspekte der Innovation und Veränderungsbereitschaft in den Mittelpunkt gestellt. Durch Corporate Entrepreneurship soll auch finanzieller Erfolg gefördert werden. Denn es wird vermutet, dass ein positiver Zusammenhang zwischen Corporate Entrepreneurship und dem finanziellen Erfolg des Unternehmens besteht. Dieser soll durch Innovationen des Unternehmens entstehen. [Covin/Slevin (1991); Morris/Kuratko (2002); Antoncic/Hisrich (2001)]. Der Innovationsanspruch impliziert auch die damit in Zusammenhang stehende Erkennung und Wahrnehmung von unternehmerischen Chancen. Dabei muss Corporate Entrepreneurship kulturell und strukturell verankert, strategisch gewünscht sein sowie durch personelle und finanzielle Ressourcen unterstützt werden. [Frank (2006)]

Entrepreneur
Analog zum Begriff Entrepreneurship gibt es ein breites Spektrum an Definitionen zum Begriff Entrepreneur. Auf die Begriffsvielfalt soll an dieser Stelle nicht detailliert eingegangen werden. Siehe zum Begriff und Diskussion bspw. Schumpeter (1934); Gartner (1988); Barreto (1989); Elkjaer (1991); Hebert/Link (1988); Carton/Hofer/Meeks (1998); Hisrich/Peters (2002); Dollinger (2003); Drucker (2004); Hering/Vincenti (2005).

Vielmehr wird eine kurze Ableitung des Begriffsverständnisses in seiner historischen Dimension vorgenommen. Nicht nur die wissenschaftliche Diskussion zum Begriff Entrepreneurship, sondern auch zur Person des Entrepreneurs wird oftmals auf Cantillon zurückgeführt. In seinem 1755 veröffentlichten Werk „*Essai sur la Nature du Commerce en General*" bezeichnet er Landbesitz als die Quelle von Wohlstand und unterscheidet drei Typen von Wirtschaftsakteuren:

- den Landeigentümer, der finanziell unabhängig ist
- den Entrepreneur, der den Tausch von Gütern auf eigenes Risiko betreibt und
- die Person, die angestellt ist und ein festes Einkommen hat

Typische Merkmale des Entrepreneurs sind nach Cantillon die Bereitschaft, ökonomische Risiken einzugehen, und das Streben nach Gewinn.

Mit Schumpeter (1911) wird der Betrachtungsfokus um weitere typische Eigenschaften des Entrepreneurs, insbesondere die Innovationskraft und Dynamik, erweitert. In diesem Sinne ist der Unternehmer die treibende Kraft in der Durchsetzung bzw. Realisierung immer neuer Faktorkombinationen. Allerdings trennt Schumpeter die Begriffe des Erfinders, Entdeckers oder Technikers auf der einen Seite von dem des Entrepreneurs auf der anderen Seite. Beide Typen sind prinzipiell unabhängig voneinander zu sehen. Es ist aber nicht ausgeschlossen, dass beide Ausprägungsformen im Sinne eines technisch-erfinderischen Entrepreneurs auch zusammen vorkommen.

Innovationen entwickeln sich durch die **schöpferische Zerstörung** der Entrepreneure dynamisch weiter. Die Zerstörung ist als Entwertung technisch funktionsfähiger Produkte oder Dienstleistungen zu sehen, die mit der Einführung neuartiger Produkte und Produktionsverfahren einhergehen. Weiterhin bezieht sich die schöpferische Zerstörung auf festgefahrene Marktstrukturen bzw. Wettbewerbspositionen. Dieser Zerstörung kommt eine hohe Bedeutung innerhalb einer kapitalistischen Wirtschaftsordnung zu, da hierdurch theoretisch für eine verbesserte Ressourcenallokation und Wettbewerbstätigkeit gesorgt wird. Die schöpferische Zerstörung kann sich in diesem Sinne sowohl auf Neuerungen einzelner Technologien oder Produkte als auch etwa auf gesamte Märkte bzw. Branchen beziehen. Es gibt vielfältige Beispiele für neue Produkte. Im Medienbereich haben etwa Entwicklungen wie die der CD und DVD die klassischen Musik- und Videokassetten im Wettbewerb weitgehend verdrängt bzw. entwertet. Durch die Discounter im Lebensmittelbereich, wie bspw. *Aldi* oder *Lidl,* wurden festgefahrene Marktstrukturen und Wettbewerbspositionen verändert und ein Wandel der Branche realisiert.

Der Entrepreneur wird oftmals auch als der Pionierunternehmer verstanden, dem eine bedeutende Rolle innerhalb der Wirtschaft und Gesellschaft zukommt. Der Pionierunternehmer tritt als Erster bei Innovationen auf und verhilft diesen im Idealfall zum Bestehen am Markt. Seine Aktivitäten umfassen dabei die Überwindung bestehender Hürden sowie die technische Umsetzung von Erfindungen und Produkten durch eine Kombination von Arbeit und Kapital. Durch die enge Verbundenheit mit Innovationen tritt der Pionierunternehmer diskontinuierlich auf. Auch in dieser Erklärung werden einem Entrepreneur unterschiedliche Aktivitäten zugeschrieben, um den Idealtypus des Pionierunternehmers zu charakterisieren.

Peter F. Drucker gibt eine prägnante Definition des Entrepreneurs:

„[…] the entrepreneur always searches for change, responds to it, and exploits it as an opportunity." *[Drucker (2004), S. 25]*

Im Sinne dieses Begriffsverständnisses ist der Entrepreneur ständig auf der Suche nach Veränderung. Dabei wird die Veränderung als eine Chance genutzt und verwertet.

Seit den grundlegenden Arbeiten von David McClelland in den 1960er-Jahren konzentrieren sich einzelne Wissenschaftler auf die Charakterisierung idealtypischer **Persönlichkeitsmerkmale von Entrepreneuren.** Die Forschungsansätze von McClelland basieren vor allem auf der sogenannten *Traits Theory* oder *Traits School*, die sich speziell mit der Erforschung von spezifischen Charaktermerkmalen von Entrepreneuren befasst. [Siehe McClelland (1961); McClelland (1965)] Nach dem klassischen **Traits-Ansatz** kann die *Unternehmerpersönlichkeit als Verkörperung aller Wesenszüge, Eigenschaften und Qualitäten des Unternehmers als Mensch* gesehen werden. Beispielsweise besitzen Entrepreneure nach McClelland charakteristischerweise ein ausgeprägtes Leistungsbedürfnis. Nach Klandt (1984) können einem Entrepreneur bspw. folgende Persönlichkeitsmerkmale zugeschrieben werden: *Unabhängigkeitsstreben* (need of independence), *Leistungsmotiv* (need of achievement), *Risikobereitschaft* (need of risk), Gesellschaftsstreben, *Wunsch nach Anerkennung* (need of affiliation), *allgemeine Einstellung zur Selbstständigkeit, allgemeine und berufsbezogene Werthaltungen, Machtstreben* (need of power). [Klandt (1984)] Neben den typischen Charakteristika der *Leistungsmotivation* und der Neigung zu *kalkulierbaren Risiken* ist auch die *interne Kontrollüberzeugung*, im Sinne des „Ichs als treibende Kraft", ein Merkmal, das eine gute Validität aufweist. [Fueglistaller/Müller/Volery (2004)]

Oftmals wird Entrepreneuren auch eine außergewöhnliche Lernbereitschaft und -fähigkeit zugeschrieben:

„Effective Entrepreneurs are exceptional learners. They learn from everything. They learn from customers, suppliers, and especially competitors. They learn from employees and associates. They learn from other entrepreneurs. They learn from experience. They learn by doing. They learn from what works, and more importantly, from what doesn't work." *[Smilor (1997), S. 344]*

Eine typische Ausgangsfrage für die Persönlichkeitsforschung ist, ob Menschen zum Entrepreneur bzw. mit Eigenschaften eines Entrepreneurs geboren werden. Danach stellt sich umgekehrt die Frage, ob Menschen zu Entrepreneuren ausgebildet werden können. In diesem Zusammenhang steht die Frage, inwieweit durch Erziehung unternehmerische Eigenschaften positiv beein-

flusst werden können. Zur Analyse und Operationalisierung derartiger For-
schungsfragen sind diverse Modelle auf der Basis des Traits-Ansatzes zur
Persönlichkeitsmessung entwickelt worden. In diesem Kontext können das
16-Primär-Faktoren-Modell nach Cattell, The Big Five nach McCrae und
Costa und die Myers-Briggs-Type Indicators (MBTI) beispielhaft genannt
werden. Auf diese Modelle soll an dieser Stelle jedoch nicht näher eingegangen werden. [Vgl. hierzu ausführlich bspw. Cattell (1973); My-
ers/McCaulley (1985); McCrae/Costa (1989); Costa/McCrae (1992)]

Die genannten Modelle zur Identifizierung von Persönlichkeitsmerkmalen
von Entrepreneuren sind in der wissenschaftlichen Diskussion nicht unumstritten. Ein zentraler Aspekt der Kritik ist, dass es sich bei Entrepreneuren
um eine heterogene Personengruppe handelt. Daher kann prinzipiell nicht *ein*
typischer Entrepreneur charakterisiert werden. Aus diesem Grunde ist die
Erforschung bzw. Suche von personenbezogenen Variablen zur Identifizierung einer Person als Entrepreneur nicht sinnvoll. Somit kann auch nicht *der*
Typ eines erfolgreichen Unternehmers beschrieben werden. Die Kritik zielt im
Kern darauf ab, nicht die Persönlichkeitsmerkmale von Entrepreneuren zu
betrachten, sondern vielmehr das Verhalten bzw. die Handlungen eines Entrepreneurs. Zur ausführlichen Kritik an den Ansätzen von Persönlichkeitsmerkmalen siehe bspw. Gartner (1985); Gartner (1989); Drucker (2004).

Im Zusammenhang mit der Persönlichkeitsforschung wird häufig auch gefragt, welche typischen Charaktereigenschaften von Entrepreneuren den
Unternehmenserfolg bestimmen. Es sollen also erfolgswirksame, mitunter
idealtypische Merkmale eines Entrepreneurs herausgefunden werden. Ein
grundlegendes Problem dieses Forschungsbereiches ist jedoch der Nachweis
eines kausalen Zusammenhangs und der Wirkungsrichtung zwischen Persönlichkeitsmerkmalen und dem Unternehmenserfolg. In diesem Kontext treten
unterschiedliche Schwierigkeiten auf. Zum einen bestehen vielfach divergierende Ansätze bei der Messung des Unternehmenserfolges innerhalb der
Erfolgsfaktorenforschung. Als Problem ist dabei unter anderem eine direkte
Zuordnung des Unternehmenserfolges auf einzelne Variablen bzw. Teilbereiche, wie etwa die Persönlichkeit des Entrepreneurs, zu sehen. Zum anderen ist
eine Klärung der Wirkungsrichtung nicht immer möglich. So könnten Persön-
lichkeitsfaktoren für den Erfolg des Unternehmens verantwortlich sein, andererseits wäre als Erklärung auch möglich, dass der Erfolg Auswirkungen auf
die Persönlichkeit des Unternehmers hat. Insgesamt widersprechen sich die
zahlreich entstandenen Forschungsergebnisse zur Charakterisierung eines
Entrepreneurs anhand von Merkmalen zum Teil deutlich. Aus diesen Grün-

den gibt es vielfach auch Kritik an derartigen Forschungsansätzen und Forschungsmodellen.[Stevenson/Roberts/Grousbeck (1994);   Brockhaus/Horwitz (1986)]

Unabhängig davon, durch welche typischen Eigenschaften ein Entrepreneur gekennzeichnet ist und wie diese empirisch gemessen werden, gibt es in der Praxis einen speziellen Typus eines Entrepreneurs, den sogenannten *Serial Entrepreneur*. Ein **Serial Entrepreneur** ist ein Entrepreneur, der immer wieder, nacheinander bzw. fortlaufend (seriell) ein Unternehmen gründet. In die deutsche Sprache übersetzt werden kann der englische Begriff als *serieller Unternehmer, Unternehmer in Serie* oder *Multigründer*. Der Serial Entrepreneur ist vornehmlich an der Gründung, dem Aufbau und teilweise auch am Wachstum des Unternehmens innerhalb einer zumeist kurzen Zeitperiode interessiert. Hierfür können unterschiedliche Motive maßgeblich sein, z. B. *Freude an der Verwirklichung von Ideen, kreatives, selbstständiges Arbeiten zu Beginn der Unternehmensentwicklung* sowie eine *geringe Unternehmenskomplexität und Mitarbeiterzahl*. Im Laufe des Unternehmenswachstums nimmt dann die Komplexität zu. Es vollzieht sich ein Wandel von einem Unternehmer zu einem Manager. Führungstätigkeiten sowie administrative Aufgaben rücken in den Vordergrund. Auch dies sind mögliche Gründe für einen Serial Entrepreneur, bspw. das Unternehmen zu veräußern und neu zu beginnen. Darüber hinaus können auch *monetäre Interessen* bei einem Serial Entrepreneur eine Rolle spielen, bspw. im Falle eines lukrativen Übernahmeangebotes durch einen potenziellen Erwerber. Entscheidend für den Erfolg ist hierbei das Erkennen und das schnelle Umsetzen von unternehmerischen Chancen bzw. Gelegenheiten. [Siehe hierzu auch Kapitel 2.2] Ein Beispiel für einen erfolgreichen Serial Entrepreneur ist der niederländische Unternehmer Bert Twaalfhoven. Bis 2006 hat er innerhalb von mehr als 40 Jahren 54 Unternehmen in elf Ländern gegründet. Obwohl er mit 17 Unternehmen gescheitert ist, hat er nie aufgegeben, sondern immer wieder konsequent die sich ihm bietenden unternehmerischen Chancen verwirklicht. Auf einem Weg zu Serial Entrepreneuren können die Brüder Oliver, Alexander und Marc Samwer gesehen werden. Die drei gründeten in Deutschland die Internetauktionsplattform *alando.de*, die im Jahr 1999 an *eBay* verkauft wurde. Danach gründeten die Brüder *Jamba!*, einen Anbieter für Klingeltöne, Bilder und Videos für Mobiltelefone. Im Jahr 2004 wurde Jamba! dann an das US-amerikanische Unternehmen *VeriSign* veräußert. Die drei Brüder haben unternehmerische Gelegenheiten erkannt und wahrgenommen. Sie sind eher an der Idee selbst als an einer Kontrolle über das Unternehmen interessiert. Ein Machtstreben im Unternehmen und die

Übernahme einer Rolle als Manager stehen dabei nicht im Vordergrund, denn die Gründer gaben die unternehmerische Leitung von Jamba! im Jahr 2005 ab und zogen sich aus dem Unternehmen zurück. [Neubauer/Hogan (2006)]

An diesem Beispiel können Einblicke in die Unterschiede zwischen Entrepreneuren und (traditionellen) Managern gewonnen werden. Zur Charakterisierung eines Entrepreneurs wird in der Entrepreneurship-Literatur auch hinterfragt, welche Unterschiede zwischen einem Entrepreneur und einem traditionellen Manager oder Verwalter bestehen. Stevenson/Gumpert (1985) beschreiben Unterschiede zwischen einem traditionellen Manager oder Verwalter einerseits und einem Entrepreneur andererseits anhand von entscheidungsorientierten Fragen, die jeweils charakteristisch für beide Typen sind. Tabelle 2 zeigt die typischen Fragestellungen im Überblick.

Traditioneller Manager bzw. Verwalter	*Entrepreneur*
▪ Welche Möglichkeit ist angemessen?	▪ Wo liegt die Möglichkeit (Opportunity)?
▪ Wie kann ich den Einfluss anderer auf meinen Gestaltungsspielraum verringern?	▪ Wie kann ich die Chance gewinnbringend nutzen?
▪ Welche Ressourcen haben wir zur Verfügung?	▪ Welche Ressourcen benötige ich und wie kann ich diese sinnvoll einsetzen?
▪ Welche Struktur bestimmt die Beziehung unserer Organisation zum Markt?	▪ Welche Struktur ist effektiv?

Tabelle 2: Traditioneller Manager/Verwalter und Entrepreneur

Das Erkennen und Wahrnehmen einer unternehmerischen Gelegenheit ist eine Vorgehensweise, die sich zunächst unternehmensextern am Markt orientiert. Dem typischen Entrepreneur wird dabei die Rolle eines Promotors zugeschrieben. Faktoren, die das Erkennen von unternehmerischen Gelegenheiten beeinflussen, sind etwa neue Technologien, die wirtschaftliche Lage der Kunden, gesellschaftliche Werte und politisch-rechtliche Rahmenbedingungen. Entscheidend ist aber nicht nur das Erkennen der unternehmerischen Gelegenheit, sondern ihre erfolgreiche Umsetzung. Letztlich bedeutet ökonomischer Erfolg, dass Gewinne erwirtschaftet werden. Weiterhin ist entscheidend, wie innovativ und effektiv Unternehmen ihre Ressourcen einsetzen.

Das Erkennen und Wahrnehmen einer unternehmerischen Gelegenheit findet sich auch als charakteristisches Merkmal in zahlreichen Definitionen ab etwa Mitte der 1980er-Jahre. Beispielhaft sei hier eine eher pragmatische, kurze und prägnante Definition von Bygrave/Hofer (1991) aufgeführt. Hiernach ist ein Entrepreneur jemand, der eine *unternehmerische Gelegenheit (Opportunity)* erkennt und mit der Gründung eines Unternehmens wahrnimmt und verfolgt. Diese Definition verdeutlicht, dass der Entrepreneur und die Gründung eines Unternehmens in einem unmittelbaren und direkten Zusammenhang stehen. Im deutschen Sprachgebrauch sind die Begriffe Entrepreneur und Entrepreneurship aber nur in einem beschränkten Ausmaß verbreitet. Dabei wird häufig nicht deutlich, in welchem Verhältnis Entrepreneur und Entrepreneurship zu den weitaus gebräuchlicheren Begriffen Gründung und Wachstum stehen.

1.1.2 Abgrenzungen: Entrepreneurship, Gründung und Wachstum

Wenngleich **Entrepreneurship** in Wissenschaft und Praxis der Ökonomie, zumeist im Kontext von Unternehmensgründungen und jungen Unternehmen, immer stärker in den Vordergrund rückt, ist der Terminus im deutschsprachigen Raum in einer breiten Öffentlichkeit heute noch vielfach kaum bekannt. Dies ist möglicherweise auch darauf zurückzuführen, dass Entrepreneurship im deutschsprachigen Raum als Lehr- und Forschungsgebiet an Hochschulen erst Ende der 1990er-Jahre mit der Etablierung der ersten Lehrstühle und Professuren Bedeutung erlangte. Vereinzelt wird Entrepreneurship in der Öffentlichkeit auch als Modewort angesehen, das seinen Stellenwert früher oder später wieder verlieren wird.

Die Begriffsvielfalt wird allgemein durch ein breites Spektrum an unterschiedlichen Definitionen und Interpretationen deutlich, wie sie in Bezug auf die historische Entwicklung des Begriffs Entrepreneurship bereits exemplarisch aufgezeigt wurden. Ein unterschiedliches Begriffsverständnis besteht aber auch in der Beziehung von Entrepreneurship zu den Begriffen Gründungs- und Wachstumsmanagement. Dabei besteht etwa die Auffassung, dass die Bezeichnungen Entrepreneurship und Unternehmensgründung synonym zu verstehen sind. Diese *enge Begriffsauslegung* sieht Entrepreneurship auf die Gründung eines Unternehmens beschränkt. Diesem Extrem gegenüber existiert ein sehr weitgehendes Begriffsverständnis dahingehend, dass Entrepreneurship sich auf den gesamten Lebenszyklus eines Unternehmens bezieht, also sowohl auf neu gegründete, junge und etablierte Unternehmen sowie letztlich auch auf etablierte Unternehmen in der Krise oder im Sanierungsprozess. Danach wird Entrepreneurship auch als gesamtheitliches Managementkonzept im Sinne eines innovativen Denk- und Handlungsansatzes verstanden. Da sich insbesondere größere etablierte Unternehmen vielfach mit den Problemen von bürokratischen Strukturen sowie einer mangelnden internen

Innovationskraft und Entwicklungsdynamik konfrontiert sehen, findet Entrepreneurship auch in diesem Zusammenhang Anwendung. Eine Veränderungsbereitschaft, Erkennung und Wahrnehmung von Geschäftschancen sowie eine Steigerung der Wertschöpfung soll durch die Mitarbeiter erreicht werden, indem sie einen **entrepreneurial mindset** im Sinne eines *unternehmerischen Denk- und Handlungsansatzes* entwickeln.

Es sind die Abgrenzungen des Entrepreneurship zu den Bereichen Gründungs- und Wachstumsmanagement nach wie vor unscharf. Beispielsweise haben Hans Jürgen Drumm und Michael Dowling bereits darauf hingewiesen, dass die Begriffe Gründungsmanagement und Entrepreneurship zwei verbundene Problemfelder beschreiben, die zusammen die Gründung, Sicherung und das Wachstum junger Unternehmen umfassen. Ihrem Begriffsverständnis folgend, ist Gründungsmanagement im engeren und Entrepreneurship im weiteren Sinne zu verstehen. [Drumm/Dowling (2003)]

Basierend auf einer phasenbezogenen Betrachtungsweise steht in der Perspektive des **Gründungsmanagements** die *Vorgründungsphase und Gründungphase* im Mittelpunkt. Das Gründungsmanagement befasst sich in diesem Blickwinkel mit Bereichen der *Kreativität und Geschäftsidee*, der potenziellen *Umsetzbarkeit der Idee* im Sinne der *Erkenntnis und Wahrnehmung einer unternehmerischen Gelegenheit*, dem *Businessplan*, der *Akquisition der erforderlichen Ressourcen* bis hin zur konkreten *Gründung des Unternehmens*. In diesem Kontext besteht eine Frage darin, ob der Betrachtungsfokus des Gründungsmanagements mit dem Akt der Gründung aus rechtlicher Sicht (z. B. mit der Handelsregistereintragung) abgeschlossen ist und sich ab der Frühentwicklungsphase das Wachstumsmanagement junger Unternehmen anschließt. In der Entrepreneurship-Literatur fehlt es bislang noch an einer eindeutigen Abgrenzung der Bezeichnungen Gründungsmanagement und Wachstumsmanagement.

Einerseits haben neu gegründete Unternehmen und bereits bestehende junge Unternehmen häufig gleiche oder ähnliche Probleme und Herausforderungen zu bewältigen. Andererseits gibt es empirischen Untersuchungen zufolge aber auch typische Problemfelder, die jeweils unterschiedlich sind. So richtet das **Wachstumsmanagement** seinen Fokus bspw. stärker auf *typische Problembereiche der Führung und Organisation wachsender junger* Unternehmen. Auch der Bereich der *Wachstumsstrategien* ist typischerweise Gegenstand des Wachstumsmanagement. Unabhängig davon, ob es einen konkreten oder fließenden Übergang von dem Gründungs- auf das Wachstumsmanagement eines jungen Unternehmens gibt, ist es wichtig zu erkennen, dass die Problemfelder in der

Gründungs- und Wachstumsphase eines jungen Unternehmens vielfach unterschiedlich sind.

Entrepreneurship ist allgemein durch *innovative, unternehmerische Denk- und Handlungsprozesse* gekennzeichnet, die auf das Erkennen und Wahrnehmen von Geschäftschancen sowie *ökonomische Wertsteigerungen* ausgerichtet sind. Gründungsmanagement und Wachstumsmanagement werden in diesem Sinne hier als *Kernbereiche des Entrepreneurship* verstanden. Ein Anliegen dieses Buches ist es, grundlegende Aspekte und Problembereiche des Gründungs- und Wachstumsmanagements darzulegen, um ein essenzielles Verständnis für die spezifischen Probleme und Herausforderungen von neu gegründeten Unternehmen und jungen Unternehmen zu schaffen.

1.1.3 Besonderheiten junger Unternehmen

Eine eindeutige Definition bzw. Abgrenzung des Begriffs *junge Unternehmen* existiert bislang nicht. In der Literatur werden teilweise Unternehmen bis zu einem Alter von 20 Jahren als junge (Wachstums-)Unternehmen bezeichnet. [Knips (2000)] Auf der Basis des Lebenszyklusmodells umfasst nach Timmons die Start-up- und Wachstumsphase einen Zeithorizont von insgesamt maximal zehn Jahren. [Timmons/Spinelli (2004)] Danach kann für die Abgrenzung junger Unternehmen ein Alter von bis zu zehn Jahren angenommen werden. Für diese Art der Definition lassen sich Vor- und Nachteile anführen und viele weitere Abgrenzungsmöglichkeiten aufzeigen. Eine Abgrenzung des Zeitrahmens ist daher ein schwieriger Themenkomplex, der zudem auch kontextabhängig ist, wie dies etwa anhand einer Definition der Kreditanstalt für Wiederaufbau (KfW) verdeutlicht werden kann. Dabei definiert die KfW den Begriff *junge Technologieunternehmen* im Rahmen der Beteiligungsfinanzierung des ERP-Startfonds als Unternehmen, die nicht älter als fünf Jahre sind und die die Kriterien der EU-Kommission für kleine Unternehmen erfüllen. [Zur EU-Kriterienabgrenzung junger Unternehmen siehe die Ausführungen in diesem Kapitel. Für den ERP-Startfonds siehe auch Kapitel 6.6] Insgesamt zeigen die aufgeführten Beispiele, dass die Bezeichnung *junge Unternehmen* als eine relative Größe betrachtet werden kann. Die Festlegung auf eine spezifische Definition ist daher nicht unproblematisch, wenngleich ein eindeutiges und einheitliches Begriffsverständnis, insbesondere im Hinblick auf die Entrepreneurship-Forschung und -Lehre, grundsätzlich wünschenswert wäre.

In der wissenschaftlichen Literatur werden junge Unternehmen allgemein durch spezifische Merkmale charakterisiert. Übergeordnete potenzielle Merkmale junger Unternehmen sind der *Neuheitsgrad des Unternehmens* (liability of newness), die geringe *Größe des Unternehmens* (liability of smallness) sowie die *Dynamik des Unternehmens*. Der *Neuheitsgrad des Unternehmens* weist eine hohe Wahrscheinlichkeit auf, dass das Unternehmen aufgrund der noch nicht vollständig abgeschlossenen und sich somit im Aufbauprozess befindlichen Organisation mit seinen Strukturen und Prozessen scheitert. In dieser Phase werden Fehler begangen, da noch keine Erfahrungen vorliegen. Gleichermaßen existieren noch keine langen Beziehungen zu Kunden und Lieferanten bzw. allgemein zu den Stakeholdern des Unternehmens. Die geringe *Größe des Unternehmens* geht einher mit einer knappen Ressourcenausstattung, vornehmlich personeller und finanzieller Art. Junge Unternehmen verfügen vielfach über Ressourcenstrukturen, die der Wahrnehmung unternehmerischer Chancen und Neuausrichtungen gegenüber offen sind. Aufgrund mangelnder Reputation ist eine adäquate Kapital- und Personalbeschaffung erschwert. Im Rahmen der *Dynamik des Unternehmens* befindet sich ein junges Unternehmen in einem starken, mitunter sehr schnellen und kontinuierlichen Veränderungsprozess. Der Wandel kann sowohl durch interne als auch externe Einflussfaktoren initiiert werden. [Brüderl/Preisendörfer/Ziegler (1998); Fritsch et al. (2004); Gruber (2004); Hager/Galaskiewicz/Larson (2004)]

Allerdings ist zu berücksichtigen, dass **nicht jedes Unternehmen wächst**. Junge Unternehmen wachsen vielfach nicht und bleiben klein. Dies kann unterschiedliche **unternehmensinterne und unternehmensexterne Gründe** haben wie bspw. die *Art und der Innovationsgrad des Geschäftsmodells* bzw. der Geschäftsidee oder aber die Art und das Alter der Branche. Gründerpersonen entscheiden sich häufig auch *bewusst* gegen ein Wachstum. Hier stehen nicht potenzielle interne oder externe Probleme im Vordergrund, die ein Wachstum behindern. Vielmehr ist einfach kein Wachstum gewünscht, etwa weil die Gründer den Komplexitätsgrad des Unternehmens überschauen möchten.

Hohe Wachstumsraten sind tendenziell eher in jungen Branchen aufzufinden. Dies zeigt auch eine empirische Studie des Zentrums für Europäische Wirtschaftsforschung, Mannheim (ZEW) über Hightech-Gründungen in Deutschland. Dabei wurden Daten auf der Basis von Telefoninterviews bei 1.002 Unternehmen, die zwischen 1996 und 2005 gegründet wurden, aus einer Zufallsstichprobe von 8.000 Unternehmen des ZEW-Gründungspanels generiert. Danach liegt bspw. das durchschnittliche Beschäftigungswachstum pro Jahr im Rahmen des Untersuchungszeitraumes bei den befragten Hightech-Unternehmen bei 37 Prozent. In der Softwarebranche liegt die Wachstumsrate sogar bei 44 Prozent. Allerdings kommt die ZEW-Studie auch zu dem Ergebnis, dass die Gründungsquote in den technologieintensiven Wirtschaftszweigen des verarbeitenden Gewerbes insgesamt rückläufig ist. Als Erfolgsfaktoren des Wachstums der Hightech-Unternehmen identifiziert das ZEW die Sicherung der Finanzierung, die Ausrichtung des Produktes am Kundennutzen sowie eine marktorientierte Weiterentwicklung bzw. generelle Neuentwicklung von Produkten. Nach der Studie ist ein Haupthemmnis für das Wachstum ein Mangel an qualifiziertem Personal. [Niefert/Metzger/Heger/Licht (2006)] Da Erfolg und Misserfolg vielschichtig sind und von vielen Variablen abhängen, ist die Erfolgsfaktorenforschung insgesamt nicht unumstritten. Dennoch kann diese Forschung hilfreich sein, um vertiefende Erkenntnisse, z. B. im Bereich des Wachstums junger Unternehmen, zu gewinnen.

Junge Unternehmen sind systematisch den kleinen und mittleren Unternehmen zuzuordnen. Kleine und mittlere Unternehmen (KMU) unterscheiden sich in vielfältiger Weise von Großunternehmen durch spezifische Merkmale. Bis heute existiert jedoch keine einheitliche Definition des Begriffes KMU. Eine Abgrenzung von KMU kann unter Anwendung qualitativer oder quantitativer Merkmale (*monodimensional*) sowie aus einer Kombination quantitativer und qualitativer Kriterien (*bidimensional*) erfolgen. Eine **quantitative Abgrenzung** stellt dabei ein pragmatisches Verfahren unter Verwendung *statistischer Größen* dar. Das Spektrum potenzieller Abgrenzungsmerkmale reicht hierbei von der *Anzahl der Beschäftigten* über den *Jahresumsatz*, die *Bilanzsumme*, die *Bruttowertschöpfung* bis hin zum *Anlagevermögen*. Als wesentlicher Vorteil quantitativer Abgrenzungskriterien ist die *empirische Operationalisierbarkeit* zu nennen. Im Gegensatz dazu erfolgt eine **qualitative Abgrenzung** häufig nach klassischen Unterscheidungsmerkmalen der KMU gegenüber Großunternehmen. Hierbei handelt es sich um Merkmale wie die *Wirkung der Unternehmerpersönlichkeit* (Einheit von Eigentum, Leitung, Haftung und Risiko), *informelle* und *enge Kontakte zwischen Unternehmensführung und Mitarbeitern, geringe Formalisierung der Organisation, flache Hierarchien* etc. Die Anwendung qualitativer Merkmale ermöglicht eine detaillierte Kennzeichnung von KMU. Jedoch besteht ein wesentlicher Nachteil darin, dass die für KMU typischen qualitativen Merkmale im Einzelfall auch für Großunternehmen zutreffend sein können und umgekehrt, wodurch eine eindeutige Abgrenzung erschwert wird.

Eine innerhalb der Europäischen Union grundlegende und vorherrschende Definition basiert auf einer Empfehlung der Europäischen Kommission von 1996, die im Jahr 2003 aktualisiert wurde (Empfehlung 2003/361/EG). Die im Jahr 2003 erstellte Definition ist seit Anfang 2005 gültig und ersetzt die Definition von 1996. Hiernach erfolgt die Einstufung als KMU in die drei

Unternehmensgrößenklassen *Kleinstunternehmen, kleine* und *mittlere Unternehmen* nach den Kriterien *Anzahl der Beschäftigten, Jahresumsatz* und *Jahresbilanzsumme*.

Tabelle 3 zeigt die Klassifikation von Unternehmensgrößen im Überblick. [Kommission der Europäischen Gemeinschaften (2003)]

Unternehmensgröße	Anzahl der Beschäftigten	Umsatz in €/Jahr	Bilanzsumme in €/Jahr
Kleinstunternehmen	< 10	bis 2 Mio.	bis 2 Mio.
kleines Unternehmen	< 50	bis 10 Mio.	bis 10 Mio.
mittlere Unternehmen	< 250	bis 50 Mio.	bis 43 Mio.

Tabelle 3: Unternehmensgrößenklassen

Die Definition der Gesamtgruppe KMU von Kleinstunternehmen, kleinen und mittleren Unternehmen umfasst somit im Ganzen Unternehmen mit einer Anzahl von bis zu 249 Beschäftigten *und* einem Jahresumsatz von bis zu 50 Millionen Euro *oder* einer Jahresbilanzsumme von bis zu 43 Millionen Euro. Bei den einzelnen Klassenregelungen gilt die jeweilige Anzahl der Beschäftigten und der Umsatz oder die Bilanzsumme des Unternehmens. Bei Berechnung der Mitarbeiterzahlen und der finanziellen Schwellenwerte sind die drei unterschiedlichen Unternehmenstypen *eigenständiges Unternehmen, Partnerunternehmen* sowie *verbundene Unternehmen* dem Gesetze nach zu berücksichtigen. Siehe hierzu im Speziellen die Ausführungen der Kommission der Europäischen Gemeinschaften (2003). Mit einer einheitlichen EU-Definition von KMU möchte die Europäische Kommission unterschiedliche Auslegungen hinsichtlich der Gemeinschaftsprogramme der EU (Förderprogramme) wie auch mögliche Wettbewerbsverzerrungen verhindern.

Innerhalb der Gruppe der kleinen und mittleren Unternehmen weisen Gründungen und junge Unternehmen besondere Charakteristika auf und haben somit spezifische Herausforderungen zu bewältigen. Beispielsweise sind konstitutive Entscheidungsprobleme wie Standort- und Rechtsformwahl für ein Gründungsunternehmen von grundlegender Bedeutung. Auf ausgewählte Abgrenzungsmerkmale von jungen Unternehmen im Vergleich zu etablierten Großunternehmen wird im Folgenden kurz eingegangen.

Verfügbarkeit von Ressourcen
Bei *jungen Unternehmen* besteht üblicherweise das Problem der *Ressourcenknappheit*. Dabei haben vornehmlich die *Entscheidungen des Unternehmers* selbst einen

unmittelbaren *Einfluss auf die Sicherung des Unternehmens.* Von entscheidender Bedeutung für die Gründung und frühe Unternehmensentwicklung ist in diesem Zusammenhang ein sachlich fundierter *Businessplan*, der durch die Gründerpersonen selbst erstellt wird. Der Businessplan beinhaltet dabei die gedankliche Vorwegnahme der Unternehmensgründung in schriftlicher Form. Die für die erfolgreiche Realisierung des Gründungsvorhabens relevanten Aspekte werden im Businessplan möglichst umfassend dokumentiert.

Im Unterschied zu jungen Unternehmen bestehen andere Voraussetzungen für *etablierte große Unternehmen.* Zum einen existiert i. d. R. eine *erweiterte Ressourcenbasis* in den Unternehmensbereichen aufgrund eines längeren Unternehmensbestandes und einer erfolgreichen unternehmerischen Tätigkeit. Die im Businessplan enthaltenen Aktivitäten sind bereits nachhaltig umgesetzt und in eine operative und strategische *Unternehmensplanung* transformiert worden. Die strategische Unternehmensausrichtung wird durch das hierfür zuständige und verantwortliche Management gestaltet.

Marketing und Innovation

Junge Unternehmen verfügen in vielen Fällen *nicht* über *eigene Marketingabteilungen.* Die anzunehmende personelle und finanzielle Ressourcenknappheit behindert den Einsatz vieler klassischer Marketinginstrumente, die in der Literatur für Großunternehmen vorgeschlagen werden, wie z. B. TV-Spots oder großformatige Printanzeigen. Allerdings führt diese Ressourcenknappheit bei jungen Unternehmen zu einer Suche nach intelligenten Lösungen zur Durchführung eines zielgerichteten Marketings. Die Gründerpersonen geben die strategische Marketingausrichtung sowie die einzelnen damit verbundenen Instrumente vor. Hierbei ist das *Selbstmarketing der Gründerperson* von entscheidender Bedeutung. Es gibt zahlreiche Gründerpersönlichkeiten, die für ihr Selbstmarketing bekannt sind. Hierzu zählen etwa Richard Branson (Virgin) und Steve Jobs (Apple Computer). Teilweise wird der Name des Gründers auch als Marke aufgebaut und etabliert, wie bspw. bei Claus Hipp (Hipp Babynahrung), Werner Otto (Otto Versandhandel) oder Bassier, Bergmann & Kindler (Medienagentur). Um die geringe Ressourcenausstattung zu kompensieren, gehen die Gründerpersonen vielfach *Marketingkooperationen* ein. Der Chance einer Überwindung der Ressourcenknappheit steht das Risiko des Eingehens von Abhängigkeiten gegenüber. Zudem besteht die Gefahr, dass die Marketingstrategien der Kooperationspartner nicht konform mit den eigenen Strategien sind.

Bei *etablierten Unternehmen* hingegen besteht i. d. R. eine *Funktionsspezialisierung* durch Marketingabteilungen. Das Marketing erfolgt somit durch einen eigenständigen Bereich im Unternehmen. Eine erhöhte personelle und finanzielle Ressourcenausstattung ermöglicht den Einsatz vielfältiger Marketinginstrumente. Allerdings können sich auch in Marketingabteilungen Ineffizienzen bilden, wenn bspw. die Kreativität durch starre Strukturen eingeschränkt wird. Auch etablierte Unternehmen verfügen häufig über ausgewählte, zielorientierte Marketingkooperationen, die allerdings meist nicht in Abhängigkeiten münden, da unabhängig hiervon ausreichend Ressourcen zur Durchführung eigenständiger Marketingstrategien im Unternehmen vorhanden sind.

Junge Unternehmen werden in der Literatur oftmals als *besonders innovativ* gekennzeichnet. Das bedeutet, dass für das Überleben sowie das Wachstum eines jungen Unternehmens ein Neuheitsgrad bzgl. des Geschäftskonzeptes oder der Produkte bzw. Dienstleistungen besteht, um gegenüber etablierten Unternehmen und ihren Produkten im Wettbewerb erfolgreich zu sein. Somit ist dies eine notwendige, wenn auch nicht hinreichende Bedingung für den Markteintritt. In jungen Unternehmen wird die Innovationsfähigkeit dabei nicht nur durch eine *geringe Hierarchie* und einen damit verbundenen *direkten, engen Kontakt* zwischen dem Gründer bzw. Gründerteam und den potenziellen Mitarbeitern, sondern auch durch eine *hohe intrinsische Motivation der Organisationsmitglieder* und eine *einfache, klare Organisationsstruktur* gefördert. Häufig verfügen neu gegründete Unternehmen nur über ein Produkt. In diesem Kontext sind typische Herausforderungen für junge Unternehmen hohe Entwicklungskosten sowie eine lange Entwicklungszeit neuer Produkte und damit einhergehend ein *hoher Kapitalbedarf.* Eigene, größere Forschungs- und Entwicklungsabteilungen sind kapitalintensiv und in jungen Unternehmen eher selten vorzufinden. *Forschungskooperationen* sind eine Möglichkeit, um etwaigen knappen Ressourcen wie bspw. einer geringen Kapitalausstattung entgegenzuwirken. Hierzu bedarf es einer *absorptive capacity* des jungen Unternehmens. Der Begriff der absorptive capacity, geprägt durch Cohen/Levinthal (1990), bezeichnet die Kompetenz einer Organisation, Informationsressourcen aus der Umwelt zu absorbieren bzw. aufzunehmen, diese intern in der Organisation umzusetzen und zu nutzen. Der Begriff bezeichnet auch die Erhöhung organisationaler Kapazitäten der Wissensverarbeitung durch interne Diversifizierung von Wissen. Nach Cohen/Levinthal (1990) kann ein Unternehmen nur die Informations- und Wissensressourcen aus der Umwelt nutzen, die an bestehendes Wissen innerhalb der Organisation anknüpft. Dies bedeutet auch für junge Unternehmen, dass es immer eines gewissen Grades an eigenem, kompatiblem Wissen als Kristallisationspunkt bedarf, um externes Wissen effektiv zu nutzen.

Viele *etablierte Unternehmen* betreiben oftmals keine Innovationstätigkeit, sondern vermarkten ausschließlich ihre bestehenden Produkte, ohne frühzeitig Nachfolgeprodukte zu generieren. So geraten insbesondere etablierte kleine und mittlere Unternehmen nicht selten in die Krise. Problematisch sind in etablierten Unternehmen oftmals die *bestehenden Organisationsstrukturen*, die eine kreative Entfaltung der Mitarbeiter nicht fördern und diese sogar direkt oder indirekt behindern. Dabei hemmen gerade nicht beachtete Verbesserungs- und Produktvorschläge von Mitarbeitern die Motivation des Personals sowie bisweilen auch das Innovations- und Betriebsklima. Nicht selten kann oder will das Management des etablierten Unternehmens die Ideen der Mitarbeiter im Unternehmen nicht umsetzen. Häufig fehlt es an zeitlichen oder personellen Ressourcen zur Realisierung der Idee. Bei größeren Unternehmen ergeben sich in diesem Kontext oftmals Chancen zur Durchführung einer Ausgründung bzw. eines Spin-offs aus dem etablierten Unternehmen durch einzelne Mitarbeiter.

Organisation und Personal
Bei *jungen Unternehmen* können zumeist *flache Hierarchien* und *kurze Entscheidungswege* in der Organisation des Unternehmens angenommen werden. Häufig besteht ein *geringer Grad der Formalisierung*, wobei *kaum organisatorische Instrumente* eingesetzt werden. Oftmals handeln Personen eigenverantwortlich. Durch die *geringe Arbeitsteilung* innerhalb des Unternehmens aufgrund knapper personeller Ressourcen ist ein *hohes Maß an Flexibilität* der handelnden Personen gefordert. Viele organisatorische Prozesse können allerdings in letzter Instanz auf den *Gründer konzentriert* sein. Der Gründer als Leitfigur ist in der frühen Unternehmensentwicklung von hoher Bedeutung, da es meist keine angestellten Manager im Unternehmen gibt. Seine Sozial-, Fach- und Methodenkompetenz zur Führung der Mitarbeiter, zur Planung und Organisation ist wesentlich für den Erfolg des Unternehmens. Durch das Wachstum, das u. U. auch schnell und dynamisch erfolgt, vollzieht sich ein organisatorischer Wandel des Unternehmens, den es zu bewältigen gilt. Das Unternehmen muss seine Organisation an die sich ändernden bzw. neuen Gegebenheiten flexibel anpassen.

Im Unterschied zu jungen Unternehmen bestehen bei größeren, *etablierten Unternehmen* zumeist *hierarchische Strukturen* sowie ein *erhöhter Grad der Formalisierung* im Unternehmen. Dabei ist von einem funktionalisierten bzw. spezialisierten Handeln der Mitarbeiter auszugehen. Durch eine höhere Arbeitsteilung können *Spezialisierungsvorteile* erreicht werden. Bei etablierten, großen Unternehmen ist üblicherweise ein *abhängig beschäftigtes Management* tätig, wobei eine abnehmende Zentrierung auf den Gründer festgestellt werden kann. In vielen Fällen haben sich die Gründer aus dem Unternehmen zurückgezogen oder sind möglicherweise auch verdrängt worden. Ein Beispiel ist das Ausscheiden von Steve Jobs aus dem von ihm gegründeten Unternehmen *Apple Computer* im Jahre 1985. Diese Situation kann das neue Management aber auch als Chance für eine Erneuerung nutzten. Möglich ist, dass ein ausscheidender Gründer mit seinem neuen Unternehmen zu einem Konkurrenten heranwächst. Steve Jobs gründete bspw. nach dem Ausscheiden bei Apple das Unternehmen *NeXT Computer* sowie das Animationsstudio *Pixar*, das 2006 an Walt Disney verkauft wurde. Obwohl bei NeXT einige innovative Soft- und Hardwaretechnologien entwickelt und in Produkte umgesetzt wurden, war die Hard- und Software, außer im Forschungsbereich, nicht wirklich erfolgreich. Jedoch kaufte Apple im Jahre 1996 das Unternehmen aufgrund seines Betriebssystems NeXTStep. Die bei NeXT entwickelte Software bzw. Teile dieses Betriebssystems bildeten die Basis des derzeitigen Apple-Betriebssystems Mac OS X. Gleichermaßen kaufte Apple nicht nur NeXT und seine Technologien, sondern auch Steve Jobs, der im Jahre 1997 Mitglied des Board of Directors (Vorstand) von Apple Computer und später auch Chief Executive Officer (CEO) wurde.

Finanzierung

Spezielle Anforderungen bzw. Charakteristika bestehen bei *jungen Unternehmen* auch im Bereich der Finanzierung. Bei jungen Unternehmen ist i. d. R. von einem *hohen Eigenkapitalbedarf* auszugehen. In den Anfangsjahren müssen junge Unternehmen häufig Verluste hinnehmen, sodass eine *Innenfinanzierung aus Gewinnen* kaum in Betracht kommt. Durch den Neuheitsgrad junger Unternehmen sowie der geringen Ressourcenausstattung bestehen zudem in vielen Fällen geringe oder auch *keine banküblichen Sicherheiten*. Das bedeutet, dass der *Zugang zu Fremdkapital* erschwert wird, da Kreditinstitute eine Besicherung der Kredite verlangen. Auch verfügt das junge Unternehmen zumeist noch nicht über eine *Kredithistorie* und eine Vertrauensbeziehung zu einer Bank. Sicherheiten und eine positive Kredithistorie müssen erst im Laufe der Zeit aufgebaut werden. Von besonderer Bedeutung ist die Tatsache, dass neben den (operativen) unternehmerischen Risiken das Geschäftsmodell u. U. neu und noch nicht getestet ist und somit strategische Risiken hinsichtlich des Unternehmensbestandes und des -erfolges bestehen.

Bei *etablierten, großen Unternehmen* hingegen kann in vielen Fällen von Möglichkeiten zur Innenfinanzierung etwa durch nachhaltige Gewinnerzielung ausgegangen werden. Somit dürfte ein *erweiterter Umfang an banküblichen Sicherheiten* zur Verfügung stehen, die im Rahmen der unternehmerischen Tätigkeit generiert wurden. Eine positive Kredithistorie und eine mehrjährige Vertrauensbeziehung wurden zur Bank bereits aufgebaut. Dabei sind der Bestand, die Einschätzung und der Erfolg des Geschäftsmodells besser abschätzbar, da das Unternehmen bereits länger am Markt besteht. Diese Unterschiede zu jungen Unternehmen ermöglichen etablierten Unternehmen i. d. R. einen verbesserten Zugang zu Fremdkapital.

Wachstumsstrategien

Für *junge Unternehmen* typisch ist zunächst eine *Konzentration auf die operative Unternehmenstätigkeit*. Die Gründerpersonen sind im Regelfall in das Tagesgeschäft eingebunden, ohne die Möglichkeit zu haben, Aufgaben an Mitarbeiter abzugeben. Diese typische Situation liegt vor allem in der knappen Ressourcenausstattung von jungen Unternehmen begründet. Strategische Entscheidungen, z. B. im Hinblick auf das Unternehmenswachstum, werden aufgrund der zeitlichen Beanspruchung der Gründerpersonen im Tagesgeschäft vernachlässigt.

Allerdings gibt es auch einzelne neu gegründete Unternehmen, die bewusst eine Wachstumsstrategie verfolgen. Das Wachstum kann sich dabei auf unterschiedliche Arten bzw. durch vielfältige Strategien vollziehen. Dabei reicht das Spektrum der Wachstumsarten bzw. -strategien von einem *internen Wachstum*, bspw. als *Technologie-* oder *Kundenorientierungsstrategien*, über ein *externes Wachstum* in Form von *Unternehmensübernahmen* bis hin zu einem *kooperativen Wachstum* in der Ausprägung z. B. durch *strategische Allianzen, Joint Ventures oder Franchising* oder *Wachstumsstrategien unter Einsatz kollaborativer Technologien*. Dabei können sich Wachstumsstrategien auf Produkte und/oder Märkte beziehen. Welche Art des Wachstums bzw. welche Form von Wachstumsstrategien für ein junges Unternehmen gewählt wird, ist eine individuelle Entscheidung der jeweiligen Gründerpersonen. Dabei sind im Regelfall die *Wachstumsstrategien* bzw. Entscheidungen *durch die Gründer geprägt*.

Prinzipiell stehen jungen und etablierten Unternehmen jedoch die gleichen Wachstumsstrategien zur Verfügung. Im Gegensatz zu jungen Unternehmen werden *Wachstumsstrategien* bzw. Entscheidungen *in etablierten, insbesondere großen Unternehmen i. d. R. durch angestellte Manager entwickelt* und implementiert. Dabei kann sich das Management aufgrund der stärkeren Arbeitsteilung oftmals besser auf strategische Aufgaben und die Entwicklung von Wachstumsstrategien fokussieren.

Junge Unternehmen versus etablierte Unternehmen

Aus den Abgrenzungsmerkmalen von jungen gegenüber etablierten großen Unternehmen lassen sich tendenziell spezifische Vor- und Nachteile der jungen Unternehmen ableiten.

Tabelle 4 zeigt Vor- und Nachteile junger Unternehmen, die tendenziell charakteristisch sind, im Überblick.

Kriterium	Vorteile	Nachteile
Gründerpersonen/ Management	• Hohes Engagement der Gründer/des Managements • Schnelle Entscheidungsfindung • Erkennung und Nutzung unternehmerischer Chancen	• Keine oder eingeschränkt freie Managementkapazitäten • Häufige Zentrierung aller Entscheidungen auf die Gründerpersonen
Organisation	• Wenig Bürokratie aufgrund flacher Hierarchien	• Mitunter keine spezialisierten Bereiche/Abteilungen
Kommunikation	• Kurze und direkte Kommunikationswege	• Problematische externe Informationsbeschaffung
Personal	• Motivierte Mitarbeiter • Vielfältiges Aufgabenspektrum	• Starke Abhängigkeit von Gründerpersonen • Eingeschränkte Aufstiegschancen
Markt und Marketing	• Direkte Kundenorientierung • Flexibilität • Anpassung an Kundenwünsche	• Geringe Nutzung von Markt- und Produktsynergien • Geringe Marktmacht
Innovation/ Forschung und Entwicklung	• Forschungs- und Entwicklungs-Effizienz • Aneignung der Innovationskompetenz durch implizites Wissen (tacit knowledge)	• Kaum economies of scale (Fixkostendegressionseffekte) • Kaum economies of scope (Verbundeffekte) • Geringe Risikodiversifizierung • Diskontinuierliche Aktivitäten führen zu Know-how-Verlusten
Finanzierung	• Bei schnell wachsenden Unternehmen i. d. R. hoher Kapitalbedarf	• Typischerweise Probleme, Finanzierungsmittel zu generieren
Strategie	• Hohe strategische und operationelle Flexibilität	• Mittel- und langfristige Planung kann aufgrund operativer Probleme bzw. Fokussierung vernachlässigt werden

Tabelle 4: Relative Vor- und Nachteile junger Unternehmen

Einige der in Tabelle 4 aufgeführten Nachteile, die sich auf fehlende Möglichkeiten zur Ressourcenbeschaffung bzw. fehlende *economies of scale* (Größenkostenersparnisse, Skaleneffekte bzw. Skalenerträge) und *economies of scope* (Verbundeffekte bzw. hieraus entstehende Synergieeffekte) beziehen, können vielfach durch die Nutzung von strategischen Kooperationspartnern oder eines geeigneten Netzwerkes kompensiert werden.

1.1.4 Systematisierung potenzieller Gründungsformen

Je nach Ansatz, Detaillierungsgrad und Ausrichtung können vielfältigste Ausprägungen zur Systematisierung von Gründungsformen identifiziert werden. Beispielsweise ist eine Systematisierung nach dem Gründungsmotiv, wie z. B. als *Gelegenheitsgründung* (Chance) oder *Verlegenheitsgründung* (Not), möglich. Weitere Formen der Einteilung können u. a. nach der Zielsetzung als *erwerbswirtschaftliche Gründung* (Profitgründung) oder als *sozialwirtschaftliche Gründung* (Non-Profit-Gründung) vorgenommen werden. Die folgende Darstellung basiert auf einer recht einfachen in der Literatur etablierten Erörterung nach *innovativen* und *imitativen Gründungen* sowie nach *originären* und *derivativen Gründungen* und den dazwischen stehenden *Mischformen*.

1.1.4.1 Innovative und imitative Gründung

Innovative Gründungen basieren auf einer *neuen Geschäftsidee*, die noch nicht am Markt eingeführt und erprobt wurde. Verbunden ist hiermit ein *hoher Neuheitsgrad der Produkte und Dienstleistungen* und somit ein meist *hoher Grad des Erklärungsbedarfs* dieser neuen Produkte und Dienstleistungen. Vorteilhaft ist hierbei, dass das Gründungsunternehmen auf seinem spezifischen Markt mitunter weniger Konkurrenz ausgesetzt ist. Als weiterer Vorteil verfügen innovative Gründungen i. d. R. über einen geringeren Imitationsgrad, da bei zahlreichen innovativen Gründungen vielfach eine Sicherung der Produkte und Dienstleistungen durch unterschiedliche Schutzrechte vorgenommen wird. Nachteilig ist der hohe Unsicherheitsgrad bezüglich des Erfolges des Unternehmens, da bspw. keine Erfahrungswerte hinsichtlich der Praktikabilität der Geschäftsidee und somit der Produkte und Dienstleistungen existieren. Schwierig kann in diesem Kontext auch die Preisfindung sein, da keine Erfahrungswerte bestehen. Innovative Gründungen sind häufig Gründungen im Bereich der Technologie, z. B. der Biotechnologiebranche. Innovative Gründungen müssen aber nicht zwingend auf einer finanzintensiven Forschungs- und Entwicklungstätigkeit basieren.

Demgegenüber basieren **imitative Gründungen** auf einer bereits am Markt eingeführten, erprobten oder *bestehenden Geschäftsidee*. Die Produkte oder Dienstleistungen dieser Gründungsunternehmen sind am Markt bereits bekannt. Der *Erklärungsbedarf der Produkte* ist hierbei zumeist *gering*, da der Kunde die Produkte und Dienstleistungen bereits kennt. Beispiele für imitative Gründungen sind zum einen traditionelle Handwerksbetriebe, wie Schreiner-, Frisör-, Elektroinstallations- oder Dachdeckerunternehmen. Zum anderen können dies aber auch Dienstleistungsunternehmen wie bspw. Multimedia-agenturen oder mobile Pflegedienste sein. Die Bandbreite der Branchen ist vielfältig, von Gründungen im Gastronomiebereich über den Einzelhandel bis hin zur Medienbranche. Der *Imitationsgrad ist hoch* und die Geschäftsidee meist leicht kopierbar. Als Vorteil imitativer Gründungen kann die vorhandene Akzeptanz bestehender Produkte am Markt gegeben sein. Dabei ist auch eine Preisfindung vereinfacht, da Marktpreise existieren. Weiterhin sind Marktdaten und Erfahrungswerte verfügbar, die in den meisten Fällen zu einer Abschätzung des Erfolgsaussichten bzw. des Risikos verwendet werden können. Problematisch ist jedoch vielfach ein intensiver Wettbewerb, oftmals verbunden mit Sättigungstendenzen. In den Bereich der imitativen Gründungen können auch bestimmte Weiterentwicklungen subsumiert werden, die auf einer bereits bestehenden Geschäftsidee bzw. einem Produkt oder einer Dienstleistung aufbauen. Hierbei handelt es sich bspw. um Produktvariationen im Sinne einer Produktdifferenzierung. Bestehende Produkte werden mit verbesserten Funktionen versehen.

Bei der Differenzierung von Gründungsunternehmen als imitativ oder innovativ besteht häufig die Frage, wann ein Produkt oder eine Dienstleistung als innovativ gelten kann. Diese Fragestellung verdeutlicht, dass eine Abgrenzung zwischen innovativen und imitativen Gründungen anhand der aufgeführten Kriterien nicht immer eindeutig erfolgen kann. Beispielsweise müssen Gründungen, die auf Weiterentwicklungen basieren, nicht immer als imitativ eingestuft werden. Vielmehr gibt es auch Weiterentwicklungen, die als innovativ qualifiziert werden können. Auch sind statistische Aussagen im Hinblick auf innovative Gründungen kritisch zu hinterfragen. Beispielsweise wird in Europa der Anteil der innovativen Gründungen zwischen einem und fünf Prozent angenommen, was hiernach umgekehrt bedeutet, dass zwischen 95 Prozent und 99 Prozent aller Gründungen imitative Gründungen sind. [De (2005)]. Hierbei stellt sich grundsätzlich die Frage, wie innovative Gründungen erhoben werden können. Aus der Sichtweise eines Unternehmens kann jede Gründung als eine Innovation aufgefasst werden, denn sie führt zu einem neuen Unternehmen, das bisher *genau* in dieser Form, etwa hinsichtlich der Ressourcenausstattung, nicht existierte. Trotz aller bestehenden praktischen Abgrenzungsprobleme bilden die Klassifizierungen innovativ und imitativ eine Ausgangsbasis für eine Systematisierung und vertiefende Charakterisierung von Gründungsunternehmen.

1.1.4.2 Originäre, derivative Gründungen und Mischformen

In der Literatur lassen sich unterschiedlichste Formen an Typologisierungen potenzieller Gründungsformen erkennen. Die folgenden Ausführungen basieren auf den Systematisierungsansätzen von Szyperski/Nathusius (1977), Unterkofler (1989) und Saßmannshausen (2001). Hiernach kann zunächst eine Systematisierung der Gründung anhand der Dimensionen *Einzelgründungen* und *Kooperationen* sowie *originäre Gründung, derivative Gründung* und *Mischformen* erfolgen. Die Dimensionen der **Einzelgründungen** und **Kooperationen** beschreibt, *„wer"* für die Gründung verantwortlich ist. Als potenzielle Initiatoren können dabei *Gründerpersonen* und/oder *Unternehmen* identifiziert werden. Je nach Anzahl der möglichen Gründer bzw. Unternehmen handelt es sich um eine Einzelgründung oder Kooperation (Teamgründung). Eine Kooperation kann dabei zwischen einzelnen Personen, zwischen Personen und Unternehmen oder Unternehmen und Unternehmen vollzogen werden. Die drei weiteren Dimensionen werden durch die *originäre Gründung,* die *derivative Gründung* sowie die *Mischformen* gebildet. Diese Dimensionen verdeutlichen, *„wie"* die Gründung vollzogen wurde. *Originäre Gründungen* bezeichnen den *neuen Aufbau von Faktorkombinationen* etwa in Form von Kapital und Arbeit. Dabei wird das Unternehmen vollständig neu gegründet, aufgebaut und entwickelt. *Derivative Gründungen* hingegen bezeichnen die *Übernahme bereits bestehender Faktorkombinationen.* Gründungsformen, die nicht den originären oder derivativen Gründungen zugeordnet werden können oder Bestandteile beider Formen besitzen, werden den *Mischformen* zugeordnet.

In diesem Zusammenhang kann das Problem bestehen, dass die den derivativen Gründungen zugeordneten Begriffe, z. B. Akquisitionen, Fusionen oder Betriebsübernahmen, in der Praxis vielfach nicht als Gründungen angesehen werden. Für das Verständnis derivativer Gründung ist die jeweilige *Sichtweise* des Betrachters entscheidend. Aus der Perspektive eines Gründers bzw. eines Gründerteams stellt etwa eine Betriebsübernahme oder ein Management-Buyout eine derivative Gründung dar. Im Rahmen der vorgestellten Systematik ist beim Franchising keine klare Zuordnung zu originären oder derivativen Gründungen möglich. Diese Gründungsform stellt daher eine Mischform dar.

Abbildung 1 zeigt eine mögliche Systematisierung von Gründungen im Überblick. [In Anlehnung an Saßmannshausen (2001)]

	Originäre Gründungen Aufbau von Faktorkombination	Mischformen	Derivative Gründungen Übernahme von Faktorkombination
Einzelgründungen	Einzelgründung		Betriebsübernahme/ Nachfolge (Einzel)
	Tochtergründung		MBO/MBI (Einzel)
	Betriebsgründung		Akquisition, Fusion
Kooperationen	Teamgründung		Betriebsübernahme/ Nachfolge (Team)
	Joint Venture	Franchising	MBO/MBI (Team)
	Spin-off		Split-off

Abbildung 1: Systematisierung von Gründungen

Originäre Gründungen

Die **Einzelgründung** bezeichnet die Gründung eines Unternehmens durch *eine einzelne* Gründerperson. Mit dieser Gründungsform sind diverse Vor- und Nachteile verbunden. Vorteilhaft ist, dass Entscheidungen nicht mit anderen Personen im Unternehmen abgestimmt bzw. abgesprochen werden müssen und somit (prinzipiell) eine schnelle Durchsetzung von Entscheidungen erfolgen kann. Einzelgrünungen erfordern auch keine dezidierten vertraglichen Regelungen zwischen einzelnen Personen, bspw. im Hinblick auf etwaige Ansprüche, Unternehmens- bzw. Kapitalanteile, Geschäftsführungs- und Vertretungsregelungen. Diesen Vorteilen stehen aber auch diverse Nachteile gegenüber. So sind mit der alleinigen Konzentration der Entscheidungen auf die Gründerperson spezifische Risiken verbunden. Beispielsweise kann es zu einer Überlastung des Gründers kommen. Ein längerer Ausfall der Gründerperson, bspw. durch Krankheit, kann im Extremfall sogar die Existenz des Unternehmens gefährden.

Bei einer **Tochter-** oder **Betriebsgründung** handelt es sich um den Aufbau eines Unternehmens als (Zweig-)Betrieb durch ein bestehendes Unternehmen.

Angenommen werden können hierbei einerseits Gründungen mit einem gleichgerichteten Unternehmenszweck, aber auch mit komplementären Unternehmenszwecken. Die Aufgaben und der Zweck der neu gegründeten Unternehmen sind abhängig von den Zielen und strategischen Ausrichtungen der Muttergesellschaft.

Die **Teamgründung** ist eine Gründung eines Unternehmens durch mehrere Gründerpersonen. In der Literatur besteht allerdings keine einheitliche Auffassung darüber, wann von einem Team gesprochen werden kann. Einzelne Autoren bezeichnen eine Gründung von zwei bis drei Gründern als Partnerschaft und verwenden den Begriff Team erst bei einer Größe von vier bis elf Mitgliedern. [Krüger (2006)]

Teamgründungen können hinsichtlich der Kombination möglicher komplementärer, aber auch gleichgerichteter Ressourcen, wie z. B. die Zuführungen von fachlichem Wissen und Know-how, Eigenkapital oder individuellen Kontakten zu potenziellen Lieferanten und Kunden, im Sinne eines Netzwerkes als vorteilhaft bezeichnet werden. Die einzelnen Gründer besitzen somit spezifische Erfahrungen und Kompetenzen, die sie in das Unternehmen mit einbringen. In diesem Sinne erfolgen eine Kombination unterschiedlicher Stärken sowie eine Kompensation von Schwächen, die zu einer Erhöhung der Chancen einer erfolgreichen Unternehmensgründung und der Erzielung von Wachstum beitragen können. Darüber hinaus können mitunter auch Risiken, wie z. B. fehlendes fachliches Know-how des Unternehmens, minimiert werden. Analog zur Einzelgründung ist auch die Teamgründung mit spezifischen Vor- und Nachteilen verbunden. Vorteilhaft ist die bereits angesprochene erweiterte Ressourceneinbringung im Gegensatz zur Einzelgründung. Mit einer erweiterten Anzahl der Gründer ist auch eine Verteilung des Arbeitsaufkommens auf die einzelnen Gründer verbunden. Überlastungen einzelner Personen können verringert werden. Als nachteilig sind jedoch potenzielle Verzögerungen und Probleme hinsichtlich der Generierung, Abstimmung und Durchsetzung von Entscheidungen zu nennen. Unterschiedliche Meinungen, aber auch Kompetenzstreitigkeiten können zu einer Behinderung des Entscheidungsprozesses führen. Bei Teamgründungen sind dezidierte (Gesellschafts-)Verträge zwischen den einzelnen Gründern zu schließen, die z. B. Ansprüche auf Gewinn und Verlust, Kostenübernahmen, Unternehmens- bzw. Kapitalanteile, Geschäftsführungs- und Vertretungsregelungen regeln. Über vertragliche Vereinbarungen hinaus sollte eine persönliche Zielkongruenz bzw. Zielorientierung angestrebt werden. Wichtig ist, dass die einzelnen Gründer miteinander und nicht gegeneinander arbeiten. Dabei ist eine offene Kommunikation unerlässlich. Eine grundlegende Gefahr für den Unternehmensbestand stellen starke Meinungsdifferenzen und Streitigkeiten innerhalb des Gründungsteams dar, speziell dann, wenn es zu einem Austritt bzw. Ausscheiden eines oder mehrer Gründer kommt. In diesem Falle sollte eine individuelle Austrittsstrategie der jeweiligen Gründer geplant werden, die einen Rückzug der austrittswilligen Gründer ermöglicht, um die negativen Auswirkungen auf das Unternehmen zu minimieren und auch die Mitarbeiter nicht zu beunruhigen. Gerade das Ausscheiden von Gründern aus einem Unternehmen verursacht individuelle Ängste bei den Mitarbeitern und kann zu einer Beeinträchtigung der unternehmerischen, operativen Tätigkeiten führen.

Für ausführliche Implikationen zum Themenkomplex der Teamgründung siehe bspw. Lechler/Gemünden (2003) sowie die Ausführungen in Gemünden/Högl (2001).

Bei der Form des **Spin-off** handelt es sich um eine Ausgründung und Verselbstständigung einer Abteilung oder eines Unternehmensbereichs aus einem Unternehmen bzw. einem Konzern, einer Hochschule oder Forschungseinrichtung. Einerseits kann ein Spin-off als Ausgründung einer neuen Geschäftsidee gesehen werden, die eine neue Produkt-Markt-Kombination darstellt und durch ein neues Unternehmen realisiert werden soll. Somit ist das Spin-off als originäre Gründungsform zu sehen. Andererseits kann ein Spin-off auch als Ausgründung bereits bestehender interner Teilbereiche und unternehmerischer Tätigkeiten in ein eigenständiges Unternehmen, wie bspw. beim Outsourcing, verstanden werden, bei dem die Faktorkombinationen bereits innerhalb des Mutterunternehmens bestanden haben. Nach diesem Verständnis handelt es sich um eine derivative Gründung. In diesem Falle kann dann auch von einen Split-off statt von einem Spin-off gesprochen werden. Die Trennung und Definition der Begriffe Spin-off und Split-off differiert in der Literatur und ist nicht einheitlich. In vielen praktischen Ausprägungen und Fällen wird oft nicht zwischen Spin-off und Split-off unterschieden und die Begrifflichkeit des Split-off mit Spin-off gleichgesetzt, wenn es sich um eine Ausgründung aus einem Unternehmen handelt.

Ein **Joint Venture** ist eine Kooperation von mindestens zwei Unternehmen, bei der es zu einer Gründung einer neuen, rechtlich selbstständigen Geschäftseinheit kommt, an der beide Gründungsgesellschaften mit ihrem Kapital beteiligt sind. Die Kapitalverteilung kann dabei paritätisch oder aber nicht paritätisch erfolgen. Je nach Beteiligungsstruktur können sich auch paritätische oder nicht paritätische Rechte der Unternehmensführung ergeben. Neben dem Kapital bringen die Gründungsgesellschaften meist einen wesentlichen Ressourcenanteil an Technologie, Schutzrechten, technischem bzw. Marketing-Know-how und oder Betriebsanlagen in das neue Unternehmen ein.

Derivative Gründungen

Bei der **Betriebsübernahme** handelt es sich generell um die Übernahme eines bestehenden Betriebs durch einen Gründer oder ein Gründerteam. In diesem Kontext ist insbesondere auch in Deutschland das Themengebiet der **Unternehmensnachfolge** von Bedeutung. Unter diesem Begriff wird in erster Linie die Übergabe eines durch den Eigentümer geführten Familienunternehmens an einen Nachfolger bzw. eine Nachfolgerin verstanden. Im Regelfall werden Leitungsmacht und Kapitalanteile an den Nachfolger abgegeben. Der bisherige Unternehmer zieht sich dabei vollständig aus dem Unternehmen zurück. In einem weiteren Sinne werden unter dem Begriff alle Fälle von Nachfolgelösungen in Unternehmen gefasst, unabhängig davon, ob es sich um Familienunternehmen handelt. [Siehe zur Unternehmensnachfolge als Variante der Gründung bspw. Leiner/Schmude (2003)].

In Deutschland stehen in den nächsten Jahren zahlreiche verschiedene Unternehmen zur Übergabe aus Altersgründen an. Nach Schätzungen des Institutes für Mittelstandsforschung Bonn (IfM Bonn) kann davon ausgegangen werden, dass jährlich in rund 71.000 Unternehmen eine Nachfolge zu lösen ist. Eine mögliche Form der Betriebsübernahme im Sinne der Nachfolge ist die *Übernahme durch Familienmitglieder*, zumeist durch vorweggenommene Erbfolge oder Schenkung. [IfM Bonn (2004)]

Der Erwerb eines bestehenden Unternehmens durch interne Führungskräfte wird als **Management-Buy-out** (MBO) bezeichnet. Führungskräfte des eigenen Unternehmens erwerben Kapitalanteile und übernehmen die Geschäftsführung. Ein Management-Buy-out kommt bspw. als Nachfolgelösung in Betracht, wenn sich ein Unternehmer aus dem Familienunternehmen zurückziehen möchte und kein Nachfolger oder kein geeigneter Nachfolger innerhalb der Familie vorhanden ist, der das Unternehmen weiterführt. Ein Management-Buy-out ist in diesem Falle eine Möglichkeit der Sicherstellung des Unternehmensbestandes.

Bei einem **Management-Buy-in** (MBI) erwerben externe Führungskräfte Kapitalanteile eines bestehenden Unternehmens bei gleichzeitiger Übernahme der Geschäftsführung. In der Praxis sind häufig auch kombinierte Lösungen von Management-Buy-out und Management-Buy-in anzutreffen. Dies ist bspw. dann der Fall, wenn die interessierten internen Führungskräfte allein nicht genügend Kapital aufbringen oder wenn durch den Wegfall des bisherigen Unternehmers wesentliche Know-how-Defizite entstehen.

Bei der **Akquisition** handelt es sich um den Kauf eines rechtlich selbstständigen Unternehmens durch ein anderes Unternehmen. In vielen Fällen werden die Begriffe Akquisition und Fusion gemeinschaftlich angeführt. Zur Trennung der Akquisition von der Fusion kann das Kriterium der Freiwilligkeit angeführt werden. Eine Akquisition kann sowohl freiwillig (friendly takeover) als auch unfreiwillig (unfriendly bzw. hostile takeover) vollzogen werden. (Siehe hierzu auch Kapitel 7.4.4.2)

Unter einer **Fusion** wird der Zusammenschluss bislang rechtlich selbstständiger Unternehmen verstanden, und zwar in der Weise, dass beide Unternehmen zu einem neuen Unternehmen verbunden werden. In Abgrenzung zur Akquisition ist eine Fusion prinzipiell freiwillig durch die Unternehmen zu vollziehen. (Siehe hierzu auch Kapitel 7.4.4.2.1)

Bei einem **Split-off** handelt es sich um eine Ausgründung im Sinne einer Abspaltung aus einem bestehenden Unternehmen, bei der die Faktorkombinationen bereits bestehen und die Gründung somit als derivative Gründung eingeordnet werden kann. Je nach dem Begriffsverständnis wird ein Split-off auch als eine Form des Spin-offs bezeichnet.

Mischformen

Das **Franchising** ist eine Hybridform zwischen originärer und derivativer Gründung. Es handelt sich um ein vertikal-kooperativ organisiertes Absatzsystem rechtlich selbstständiger Unternehmen. Der Franchise-Geber stellt dem Franchise-Nehmer ein Franchise-Konzept gegen finanzielle Kompensation zur Verfügung, das den Franchise-Nehmer zur Nutzung berechtigt und verpflichtet. Ziel des Franchise-Gebers ist es, eine Verkaufsförderung auf der Grundlage eines partnerschaftlichen Absatzsystems unter einem einheitlichen Marktauftritt zu erreichen. Der Franchise-Nehmer übernimmt ein bestehendes Unternehmenskonzept, das sich üblicherweise bereits am Markt erfolgreich bewährt hat. [Siehe hierzu auch Kapitel 7.4.4.3.4]

Die in Abbildung 1 dargestellte Systematisierung von Gründungsformen kann grundsätzlich um weitere Dimensionen erweitert oder modifiziert werden. Beispielsweise ist eine Klassifikation nach dem Kriterium **Innovationsgrad des Gründungsunternehmens** mit den Unterausprägungen *innovativ, imitativ* und *multiplikativ* denkbar. **Innovativ** bezeichnet den *erstmaligen Einsatz von Faktorkombinationen* und somit etwas Neues. **Imitativ** ist als grundsätzlich *bereits bekannte Faktorkombination* und deren Einsatz *mit leichten Abwandlungen* zu sehen. **Multiplikativ** charakterisiert die *Wiederholung existierender Faktorkombination in gleicher Weise.* Die letztgenannte Form multiplikativer Gründungen bezieht sich primär auf die spezielle Gründungsart des Franchising, da hierbei fest definierte Faktorkombinationen vom Franchise-Geber auf den Franchise-Nehmer (Gründer) übertragen und in Form eines Unternehmens realisiert werden. Eine Erweiterung der angeführten Struktur würde zu einer dreidimensionalen Darstellung der bisher zweidimensionalen Matrix führen.

1.2 Ethik, Unternehmenskultur und Entrepreneurship

In allgemeiner Betrachtung untersucht Ethik die Frage nach den Maßstäben des „richtigen", aus moralischer Sicht rechtfertigbaren Verhaltens. [Macharzina (2003); Pieper (2003)] Dabei ist Ethik eine Disziplin, die allgemein eine Beschreibung sowie einen Vergleich und eine Bewertung menschlicher Handlungen vornimmt, bei der das „gute" Handeln bzw. das „Gute" des Lebens im Betrachtungsfokus liegt. [Bombassaro (2002)] Es geht um verantwortungsvolles Handeln, das die Interessen aller Betroffenen berücksichtigt. In diesem Kontext beschreibt die Moral ein Bündel an *Normen* und *Werten*, die den Menschen im Sinne einer Handlungsorientierung durch eine Ausrichtung an diesen dienen soll. [Bombassaro (2002)]

Gute oder schlechte Handlungen werden zunehmend auch im ökonomischen und insbesondere im unternehmerischen Kontext hinterfragt und bewertet. Dies gilt nicht nur für etablierte Großunternehmen, sondern auch für junge Unternehmen, die in Deutschland im Zuge der Börsenkrise in den Jahren von 2000 bis 2003 und der vielfältigen Probleme am Börsensegment des damaligen Neuen Marktes verstärkt in die öffentliche Kritik geraten sind.

1.2.1 Ethik als Herausforderung eines jungen Unternehmens

Im allgemeinen Verständnis der Öffentlichkeit wird oft angenommen, dass **Ökonomie und Ethik** zwei sich ausschließende Begriffspaare sind und diese somit als inkompatibel zueinander bezeichnet werden können. Ohne diesen vermeintlichen Widerspruch hier umfassend vertiefen zu können, soll im Folgenden auf ausgewählte Bereiche des Verhältnisses von Ethik, Ökonomie und jungen Unternehmen näher eingegangen werden.

Unternehmerisches Handeln wird vielfach ausschließlich durch ökonomische Dimensionen gemessen und beurteilt. Beispielsweise sind in rein ökonomischer Betrachtung unternehmerische Tätigkeiten allgemein auf die Erreichung eines Unternehmenserfolges oder speziell auf Gewinnerzielung ausgerichtet. Ökonomische Handlungsweisen, etwa in Form von Gewinnerzielung durch unternehmerische Tätigkeiten, bedeuten jedoch nicht zwangsläufig, dass sich Unternehmensführung und Mitarbeiter unethisch verhalten. Denn vielfältige interne und externe Faktoren beeinflussen die Handlungsweisen von Personen in einem Unternehmen. Intern maßgeblich sind vor allem die Unternehmerpersönlichkeiten, welche die Wahrnehmungs- und Handlungsmuster der Mitarbeiter, insbesondere in jungen Unternehmen, grundlegend beeinflussen. Die Unternehmensführung ist entscheidend dafür verantwortlich, ob Handlungsmaximen allein nach ökonomischen Prinzipien bestimmt werden oder auch ethische Prinzipien und Handlungen eine Rolle spielen. Weiterhin nehmen auch die Mitarbeiter auf das ethische oder unethische Handeln in einem jungen Unternehmen Einfluss. Eine gezielte Förderung von ethischem Verhalten und eigenverantwortlichem Handeln der Mitarbeiter bildet dabei die Grundlage für die Entstehung einer an ethischen Handlungsmaximen orientierten Kultur des jungen Unternehmens. Mit dem Wachstum eines jungen Unternehmens besteht somit die Chance, dass sich an ethischen Handlungen und Verhaltensweisen orientierte Werte und Normen in der Unternehmenskultur frühzeitig manifestieren.

Ethische Herausforderungen werden auch *extern* an das Unternehmen herangetragen. Beispielsweise bestehen bei jungen Unternehmen, die einen Börsengang planen bzw. durchgeführt haben, nicht selten spezifische Spannungsfelder, die sich nicht nur auf das Unternehmen selbst, sondern auch auf das Umfeld negativ auswirken können. Vor dem Hintergrund der Erfahrungen während der sogenannten „dot.com"-Euphorie Ende des letzten Jahrhunderts wird die Problematik deutlich. Begünstigt bzw. ermöglicht werden unethische Handlungsweisen im weiteren Sinne nicht nur durch wirtschaftliche Aktivitäten eines Unternehmens, sondern bspw. auch durch Mechanismen des Kapitalmarktes. Die Börse ermöglicht im positiven Sinne jungen Unternehmen den Zugang zu Eigenkapital. Dies führt im Idealfall zu einer *Win-win-Situation* für das junge Unternehmen und dessen Investoren, sofern das Unternehmen wächst, sich wirtschaftlich positiv entwickelt und sich das Wachstum im Aktienkurs bzw. im Unternehmenswert widerspiegelt. Allerdings lassen sich auch *negative Auswirkungen* aufzeigen, die sich bspw. in einer Ausnutzung der Finanzierungsmöglichkeiten der Börse durch die Verwendung betrügerischer Geschäftsmodelle realisieren lassen. So unterliegen börsennotierte Unternehmen generell dem Druck, die Erwartungen der Börse, die vor allem Umsatz- und Ergebniswachstum eines Unternehmens honoriert, zu erfüllen. Einzelne am Neuen Markt notierte jungen Unternehmen konnten den Erwartungen von Wertpapieranalysten und von Anlegern offensichtlich nur dadurch gerecht werden, indem sie die Jahresabschlüsse manipulierten bzw. fälschten. Junge Hoffnungsträger, wie bspw. die Unternehmen *Phenomedia* oder *Comroad*, wurden plötzlich zu strafrechtlich verfolgten Betrugsfällen. Derartige Beispiele junger Unternehmen verdeutlichen, dass in Einzelfällen jegliches ethisch-verantwortliche Handeln vernachlässigt wird bzw. nicht vorhanden ist, damit die angestrebten ökonomischen Erfolge erreicht werden. Die in diesem Zusammenhang häufig in der Öffentlichkeit anzutreffende Negativbeurteilung des ausschließlich am ökonomischen Erfolg orientierten Handelns von Unternehmen im Sinne von schlechtem Handeln ist in dieser Betrachtungsweise nachvollziehbar. Durch Einsatz von prinzipiell als kriminell einzustufenden Aktivitäten werden nicht nur die jungen Unternehmen und deren Mitarbeiter, sondern auch viele weitere Interessengruppen wie etwa Kunden, Lieferanten, und Kapitalgeber geschädigt. Unethisches Handeln des Managements kann sich dabei über die Wertschöpfungskette eines Unternehmens hinaus negativ auf Regionen oder sogar die gesamte Ökonomie eines Landes auswirken.

Wenngleich durch einige negativ geprägten Ereignisse am damaligen Börsensegment des Neuen Marktes insbesondere junge Unternehmen in die Kritik der Öffentlichkeit geraten sind, ist jedoch zu berücksichtigen, dass Betrugsfälle auch bei etablierten großen Unternehmen vorkommen können. In dieser Weise haben etwa die US-amerikanischen börsennotierten Unternehmen *Enron* und *Worldcom* dazu beigetragen, dass das öffentliche und wissenschaftliche Interesse an ethischen Fragestellungen in Bezug auf Unternehmen generell in den letzten Jahren zugenommen hat. Im Rahmen dieser Betrachtung interessieren jedoch ethische Problembereiche speziell bezogen auf junge Unternehmen. Als Beispiel zur Diskussion um den Themenkomplex des Neuen Marktes sei auf den Film von Klaus Stern *Weltmarktführer – Die Geschichte des Tan Siekmann* verwiesen. Der Dokumentarfilm arbeitet die Ereignisse um den Aufstieg und den Fall des Unternehmens *Biodata AG* auf und zeichnet ein Porträt des Gründers und Vorstandmitgliedes Tan Siekmann.

Wie bereits beispielhaft dargestellt, können junge Unternehmen in ihrer Entwicklung in vielfältiger Weise mit ethischen Fragestellungen und Problembereichen konfrontiert werden. Die Herausforderungen sind dabei nicht nur für börsennotierte junge Unternehmen, sondern für alle junge Unternehmen relevant. Beispielsweise können *Methoden in der Gewinnung von Kunden*, der *Umgang mit Mitarbeitern* oder *Planungen und Ausgestaltungen von Produktions-, Absatz- und Marketingstrategien* unter ethischen Aspekten vereinzelt als kritisch angesehen werden.

Ein junges Unternehmen ist eingebettet in eine spezifische *ökologische, technologische, ökonomische, rechtliche* und *soziale Umwelt*. Es bestehen dabei vielfältige Beziehungen zu unterschiedlichen **Stakeholdern**, wie bspw. *Arbeitnehmern bzw. Mitarbeitern, Lieferanten, Kapitalgebern, Konkurrenten, Kunden* oder dem *Staat*. Alle Stakeholder verfügen über Werte und Normen, die mit *speziellen Erwartungen* und *intendierten Orientierungshaltungen* verbunden werden. Durch Normen sollen prinzipiell gewünschte Handlungen bzw. Handlungsmuster erzeugt und kanalisiert werden. Wird nun die Betrachtung speziell auf den Kontext junger Unternehmen abgestellt, so können sich unterschiedlichste Problembereiche bzw. Divergenzen zwischen intendierten Normen und konkreten Handlungsweisen ergeben. Dabei befinden sich junge Unternehmen in einem vielschichtigen **intra-** und **interpersonellen, unternehmensinternen** und **unternehmensexternen Spannungsfeld**. *Einerseits* bestehen konkrete Forderungen und Anforderungen wie bspw. einer

- Sicherung und einem Wachstum des Unternehmens im Sinne eines ökonomischen Wirtschaftens,

- Sicherung von Arbeitsplätzen im Sinne der Übernahme einer Verantwortung für die Mitarbeiter,

- Sicherung der Umwelt und eines ökologischen Gleichgewichtes auch für nachfolgende Generationen,

- Erfüllung von Kundenbedürfnissen.

Andererseits ergibt sich ein Spannungsverhältnis durch das Streben nach *individueller Nutzenmaximierung* des Unternehmers bzw. Gründers. Hierbei kann von einem direkten Spannungsverhältnis zwischen Moral und Eigeninteressen gesprochen werden. Im Fokus ethischer Betrachtungen liegt das Verhältnis zwischen Moral und Eigeninteresse. Es soll einerseits nicht das Eigeninteresse zugunsten der Moral und andererseits nicht die Moral zugunsten des Eigeninteresses aufgegeben werden. Im Kern müssen Moral und Eigeninteressen sich gegenseitig zu einem gemeinsamen Vorteil bedingen. [Suchanek (2001)]

Junge Unternehmen stehen in einem generellen **rechtlich-ethischen Verhältnis** zwischen den Dimensionen *Legalität/Illegalität* und *ethisch/unethisch*. Dieses Verhältnis umfasst Ziele, Strategien und Maßnahmen im Sinne von Handlungen des Unternehmens. In diesem Zusammenhang können sich aus

Handlungsweisen eines jungen Unternehmens spezifische Normen bilden, die sich in der Unternehmenskultur manifestieren. Bei jungen Unternehmen ist dieses Spannungsverhältnis von hoher Bedeutung, denn es besteht das Dilemma einer Sicherung des Unternehmensbestandes bzw. einer *Generierung von Wachstum* durch Einsatz zielorientierter Strategien, Maßnahmen und Handlungen. Hierbei sind unterschiedlichste Vor- und Nachteile, Chancen und Risiken sowie ein Sollen und Dürfen im Sinne eines interdependenten individuellen bzw. gesellschaftlichen Normensystems zu beachten. Die konkrete Einordnung oder Ausgestaltung der einzelnen Strategien und Maßnahmen im Spannungsverhältnis zwischen Legalität/Illegalität und ethisch/unethisch zur Sicherung des Unternehmensbestandes ist *individuell* und *situativ* bezogen auf den Einzelfall zu betrachten.

Von entscheidender Bedeutung sind die ethischen Grundhaltungen der Unternehmerpersönlichkeiten und die Berücksichtigung ihrer jeweiligen Werte und Normen im Rahmen der Mitarbeiterführung. Die individuelle Einstellung und Disposition der Unternehmer bzw. Gründer hat einen entscheidenden Einfluss auf die Ausrichtung des Unternehmens. Entscheidungen über ein legales/illegales und ethisches/unethisches Verhalten können einerseits über Pull-Faktoren, die der Unternehmer aus seiner spezifischen Disposition wünscht, beschrieben werden. Andererseits sind Push-Faktoren aus der Umwelt im Sinne eines Drängens bzw. eines Drucks der Unternehmens-, aber auch der individuellen Unternehmerumwelt von Bedeutung.

In diesem Zusammenhang besteht ein generelles Problem hinsichtlich der *Wahrnehmung*, ob ein Zicl, cine Strategie oder eine Handlungsweise als ethisch oder unethisch eingeschätzt wird. Problematisch wird die Beurteilung eines Zieles, einer Strategie und einer Handlungsweise dann, wenn unterschiedliche interne und externe Faktoren auf die Wahl und Durchführung Einfluss nehmen. Es sei folgendes *Beispiel* angenommen: Ein Gründer produziert und vertreibt ökologisch hochwertige Biomöbel. Die Produktion und Vermarktung der Biomöbel startet zunächst erfolgreich. Was passiert jedoch, wenn ein Druck aus der Umwelt des Unternehmens, wie etwa ein Preisdruck durch einen neuen Konkurrenten, entsteht? Dies könnte dazu führen, dass der Unternehmer preisgünstigere Materialien zur Produktion verwendet, die nicht alle den ökologischen Qualitätsstandards in voller Weise gerecht werden. Für den Unternehmer ergibt sich damit ein Konflikt, denn sein eigentliches Ziel, ökologische Möbel zu produzieren, kann er aufgrund des externen Konkurrenzdrucks in der angestrebten Weise nicht mehr erreichen. Dennoch möchte er die produzierten Möbel weiterhin als Biomöbel deklarieren. Dieses Beispiel verdeutlicht, dass für die Gründer bzw. Unternehmerpersonen das Erfordernis besteht, ein Gleichgewicht zwischen ethischen Anforderungen, ökonomischen Erfordernissen und sozialer Verantwortung zu generieren.

Insgesamt sollen die Ausführungen in diesem Abschnitt auf ausgewählte ethische Problemstellungen junger Unternehmen hinweisen und zum Nachdenken anregen. Der aufgezeigte Themenbereich, der hier lediglich in einem Ausschnitt am Beispiel von jungen Unternehmen im Kontext des Kapitalmarktes dargestellt wurde, ist generell äußerst komplex. Dabei besteht noch ein Bedarf an empirischen Untersuchungen im Rahmen der Entrepreneurship-Forschung, in denen das Verhältnis von Ethik, Ökonomie und jungen Unternehmen umfassend und detailliert beleuchtet wird.

1.2.2   Ethische Ausrichtungsmöglichkeiten junger Unternehmen

In der Literatur existieren verschiedene **ethische Ansätze**, die in einem Unternehmen realisiert werden können und sollen. Grundsätzlich können bspw. *utilitaristische, kommunikationsorientierte, wertorientierte* oder *integrative Ansätze* mit differierenden, konkreten Ausprägungen unterschieden werden. Diese Ansätze sind zum Teil eng miteinander verknüpft und beinhalten jeweils eine mögliche Ethik von Unternehmen. Oftmals wird auch eine Unterscheidung in *deontologische Ansätze* (Pflicht) und *teleologische Ansätze* (Zweck, Ziel) vorgenommen. Aufgrund der hohen Komplexität können die einzelnen Ansätze an dieser Stelle nicht vertiefend betrachtet werden. Auf der Basis des wertorientierten Ansatzes soll jedoch auf *ausgewählte Aspekte* eingegangen werden, die zum Verständnis der Forderungen bzw. Anforderungen an eine Ethik von Unternehmen allgemein und hier speziell von jungen Unternehmen beitragen.

Im Rahmen der Konzeption einer **Ethics of Organization** nach Goodpaster/Mathews (1982) steht die Kernfrage, ob ein Unternehmen ein Gewissen besitzt. [Siehe auch Goodpaster (1982)] Diese Annahme wird bejaht und somit das Unternehmen im Sinne eines Subjektes aufgefasst, welchem ethische Qualitäten und Positionen wie bei menschlichen Individuen zugeschrieben werden können. Diese Auffassung führt zu einer Konzeption der Unternehmensethik, die über die einzelnen Individuen hinausgeht. Nach diesem Ansatz sind für das Management bzw. im Gründungskontext für die Gründerpersonen drei Aspekte von grundlegender Bedeutung:

- eine Ausrichtung der Unternehmensstrategien nach ethischen Wertvorstellungen

- eine Institutionalisierung ethischer Motivationen bei den Organisationsmitgliedern

- eine langfristige, nachhaltige ethische Ausrichtung, z. B. in Form von Leitlinien, die auch für nachfolgende „Generationen" maßgeblich ist

Ausgehend von diesem Grundverständnis über Unternehmensethik besitzt die *Unternehmensführung* eine *interne* und *externe Verantwortung*. Im Rahmen der **internen Verantwortung** wird die *Schaffung moralischer interner Standards* angestrebt. Diese interne Verantwortung konkretisiert sich etwa im Umgang des Unternehmers mit sich selbst und seinen Mitarbeitern. Im Hinblick auf die Mitarbeiter konkretisiert sich die interne Verantwortung auch in der Umsetzung einer ethischen Personalpolitik. Für eine nachhaltig gelebte Ethik in einem jungen Unternehmen kann es auch förderlich sein, generelle organisationsethische Leitlinien zu erstellen. Intern generierte ethische Ausrichtungen und Standards besitzen nicht nur eine Auswirkung innerhalb des Unternehmens. Sie *basieren* zwar zunächst primär auf einer *internen Verantwortung* gegenüber den Mitarbeitern, allerdings haben sie auch Auswirkungen auf externe Zielgruppen. Dabei sind diese internen Standards in wechselseitiger Beziehung zu der Unternehmensumwelt und einer externen Verantwortung zu sehen. Unternehmen bzw. Unternehmer besitzen eine gesellschaftliche Verantwortung im Sinne einer **externen Verantwortung**. Diese zeigt sich etwa in der Einhaltung geltender Konventionen und gesetzlichen Anforderungen. In diesem Sinne sind die gesetzlichen Mindestanforderungen, etwa in Bezug auf Umweltschutzmaßnahmen, nachhaltig auch zum Schutze zukünftiger Generationen einzuhalten. In Einzelfällen ergreifen Unternehmen auch freiwillig Maßnahmen zum Schutz der Umwelt, ohne dass diese gesetzlich vorgeschrieben sind. Allerdings erfolgen derartige freiwillige Maßnahmen nicht immer ethisch motiviert, sondern häufig auch aus Imagegründen, um sich – etwa als Chemieunternehmen – in der Öffentlichkeit positiv von seinen Konkurrenten zu unterscheiden.

Ob nun die Entwicklung ethischer Standards oder Anforderungen auf interne oder externe Verantwortungen oder andere Motivationen zurückzuführen ist, kann aus praktischer Sicht vernachlässigt werden. Generell ist es jedoch für junge Unternehmen wichtig, ethische Anforderungen zu definieren. Die Einhaltung ethischer Anforderungen bezieht sich prinzipiell auf *alle* Bereiche des Unternehmens. Beispiele für ethische Verantwortungsbereiche sind dabei vielfältig. Im Rahmen der *Forschung und Entwicklung* können die Achtung des Lebens und mögliche Auswirkungen der Forschungsaktivitäten auf Lebewesen und die Umwelt von zentraler Bedeutung sein. Für die *Beschaffung* relevant können etwa umweltschonend hergestellte Materialien sein und für die *Produktion* sichere Arbeitsbedingungen. Für den Bereich des *Marketings* können anschauliche, wahrheitsgemäße und leicht verständliche Produktbeschreibungen, etwa zur nachhaltigen Kundenbindung, einen hohen Stellenwert einnehmen. Für alle Bereiche des jungen Unternehmens wesentlich sind der Führungsstil des Managements bzw. der Gründerpersonen sowie die Kommunikation innerhalb und außerhalb des Unternehmens.

Insgesamt verdeutlichen diese Beispiele, dass ein an *ethischen Handlungsprinzipien ausgerichtetes Management auch für ein junges* Unternehmen von grundlegender Bedeutung ist.

Die interne und externe Verantwortungsübernahme kann als ein wechselseitiges Zusammenspiel betrachtet werden. Zu beachten sind ethische Positionen, Ausrichtungen und Standards hinsichtlich unterschiedlicher *interner* und *externer Zielgruppen* bzw. Stakeholdern. **Interne Zielgruppen** sind dabei im Rahmen der internen Verantwortungsübernahme die *Mitarbeiter* des Unternehmens. **Externe Zielgruppen** sind etwa *Kunden, Lieferanten, Konkurrenten, Politik, Behörden, Bildungseinrichtungen, Interessenverbände, Kapitalgeber* sowie der *Staat* und die *Gesellschaft*.

Der Themenkomplex der Ethik wird von der Öffentlichkeit in den letzten Jahren wieder verstärkt wahrgenommen und ethisches Verhalten zum Teil auch gefordert. Ethik und Ökonomie bilden dabei ein gemeinschaftliches Kontinuum. Gerade bei Unternehmen im Wachstumsprozess bzw. etablierten Unternehmen sind *formelle* oder *informelle* bzw. *freiwillige* oder *verpflichtende* ethische Standards und Ausrichtungen gefordert, die im wirtschaftlichen Prozess eingehalten werden sollen. Ein Beispiel für eine freiwillige Verpflichtung, die in den Bereich der *Corporate Social Responsibility* hinreicht, ist der **United Nations Global Compact**. [www.unglobalcompact.org] Hierbei handelt es sich um einen Pakt, der zwischen Unternehmen und den Vereinten Nationen, der UNO, geschlossen wird. Der Pakt ist eine freiwillige Initiative zur Förderung des gesellschaftlichen Engagements von Unternehmen, um die Globalisierung sozialer und ökologischer zu gestalten. Dabei basiert der Global Compact auf zehn Prinzipien eines weltweiten Konsens, der sich herleitet aus der *Allgemeinen Erklärung der Menschenrechte,* der *Erklärung der Internationalen Arbeitsorganisation über grundlegende Prinzipien und Rechte bei der Arbeit,* der *Rio-Erklärung über Umwelt und Entwicklung* und dem *Übereinkommen der Vereinten Nationen gegen Korruption.*

Die zehn Prinzipien des Global Compact sind wie nachfolgend aufgeführt:
[Vereinte Nationen (2005)]

- Unternehmen sollen den Schutz der internationalen Menschenrechte
  innerhalb ihres Einflussbereichs unterstützen und achten und

- sicherstellen, dass sie sich nicht an Menschenrechtsverletzungen mit-
  schuldig machen.

- Unternehmen sollen die Vereinigungsfreiheit und die wirksame Anerkennung des Rechts auf Kollektivverhandlungen wahren sowie ferner für

- die Beseitigung aller Formen der Zwangsarbeit,

- die Abschaffung der Kinderarbeit und

- die Beseitigung von Diskriminierung bei Anstellung und Beschäftigung
  eintreten.

- Unternehmen sollen im Umgang mit Umweltproblemen einen vorsorgen-
  den Ansatz unterstützen,

- Initiativen ergreifen, um ein größeres Verantwortungsbewusstsein für die
  Umwelt zu erzeugen, und

- die Entwicklung und Verbreitung umweltfreundlicher Technologien
  fördern.

- Unternehmen sollen gegen alle Arten der Korruption eintreten, einschließlich Erpressung und Bestechung.

Vor diesem Hintergrund verlangt der Global Compact von den Unternehmen,
innerhalb ihres Einflussbereichs einen Katalog von Grundwerten anzuerken-
nen, diese zu unterstützen sowie umzusetzen. Hierbei handelt es sich um
Grundwerte in den Bereichen der *Menschenrechte*, der *Arbeitsnormen*, des *Umwelt-
schutzes* und der *Korruptionsbekämpfung*. Anzumerken ist dabei, dass die Prinzipien des Global Compact Minimalstandards darstellen, die in den meisten
Ländern der Welt völkerrechtlich verbindlich sind. Auch existiert keine rechtliche Verpflichtung der Einhaltung. Der Global Compact kann als ein Hilfsmittel zur Umsetzung ethischer Verantwortung gesehen werden, wenn die
Prinzipien umgesetzt werden. Der Global Compact kann bspw. auch als Basis
für Verträge mit Zulieferern dienen, um z. B. in einer Wertschöpfungskette
Mindeststandards vorzugeben. Diese gilt es dann vertraglich einzuhalten.
Auch junge Unternehmen können selbst als Zulieferer für ein anderes Unternehmen verpflichtet werden, die Mindeststandards des Global Compact oder
aber andere Standards einzuhalten. Darüber hinaus können junge Unternehmen von ihren internationalen Zulieferern verlangen, spezifische Standards

einzuhalten. Der hier vorgestellte Sachverhalt ist eng mit dem Themenkomplex der Ethik verbunden. Die folgenden Fragen sollen abschließend helfen, über den ethischen Kontext nachzudenken:

- Für wen ist das Unternehmen in einer internen als auch in einer externen Betrachtungsweise verantwortlich?

- Welches sind wünschenswerte idealtypische ethische Standards des Unternehmens?

- In welcher Beziehung zu ökonomischen Zielen stehen diese Standards?

- Welche Probleme gibt es hinsichtlich einer gewünschten Implementierung dieser Standards?

- Wie kann eine langfristige Sicherung der ethischen Ausrichtung des Unternehmens sichergestellt werden?

- Wie können Mitarbeiter zur Realisierung und Einhaltung bzw. Internalisierung gewünschter ethischer Ausrichtungen motiviert werden?

In enger Verbindung zur Ethik ist die Unternehmenskultur zu sehen.

1.2.3   Unternehmenskultur und Entrepreneurship

Zwischen der ethischen Ausrichtung eines Unternehmens und der Unternehmenskultur bestehen vielfältige Interdependenzen. Denn die ethischen Grundhaltungen und Handlungsprinzipien des Managements und der Mitarbeiter beeinflussen die Kultur eines Unternehmens entscheidend. Umgekehrt kann die Unternehmenskultur das ethische Verhalten und die Handlungen der Unternehmensführung und Mitarbeiter prägen. Auch junge Unternehmen verfügen bereits, oftmals auch unbewusst, über eine spezifische Kultur, die jeweils unterschiedlich stark ausgeprägt ist. Dabei wird in der betriebswirtschaftlichen Literatur allgemein die Kultur als wichtiger Einflussfaktor auf den Unternehmenserfolg gesehen.

Im Hinblick auf die Unternehmenskultur besteht bis heute kein begrifflicher Konsens. Es gibt eine Vielzahl an unterschiedlichen Begriffsbestimmungen, die vielfältige Aspekte und Dimensionen umfassen. Gemeinsam ist vielen Definitionen, dass es sich bei Unternehmenskulturen um historisch gewachsene, veränderbare im Unternehmen gelebte *Normen, Werte und Regeln, Denk- und Handlungsmuster* handelt. Diese werden bspw. sichtbar durch das Verhalten in der Führung, in der Kommunikation bei Entscheidungen und Handlungen. [Macharzina (2003)] Normen sind Sollaussagen von Verhaltensforderungen an Menschen, die im Kern durch Werturteile gekennzeichnet sind. Das Ziel von Normen ist die Generierung intendierter Verhaltensweisen von Menschen mit der Forderung, sich an die aufgestellten Normen zu halten. Dies setzt allerdings eine prinzipielle Handlungsfreiheit des Menschen voraus. [Küpper (1999)]

Nach Schein (1997) basiert eine **Unternehmenskultur** auf drei aufeinander aufbauenden Bausteinen, dem *System von Grundannahmen*, dem *Normen- und Wertesystem* und dem *Symbolsystem*. Im Rahmen der Unternehmenskultur kann ein **System von Grundannahmen** über die Wirklichkeit, die Beziehungen zur Umwelt, Zeit und Raum, Wesen des Menschen, menschliches Handeln sowie der zwischenmenschlichen Beziehungen als Basis angenommen werden. Die Grundannahmen bilden im Idealfall eine einheitliche Grundlage des Denkens und Handelns der Organisationsmitglieder und ihrer Beziehung zur Umwelt. Zu diesen Grundannahmen können im weitesten Sinne ethische bzw. moralische Einstellungen wie bspw. Überlegungen zum Umgang und des Zusammenlebens von Menschen oder religiöse Vorstellungen gezählt werden. Die Grundannahmen bilden eine unbewusste Handlungsgrundlage der Personen im Unternehmen.

Aufbauend auf dem System von Grundannahmen existieren unterschiedliche Normen und Werte. Der Kern der Unternehmenskultur wird somit durch ein **Normen- und Wertesystem**, wie etwa formelle und informelle Regeln, Führungsstile und Führungsgrundsätze, gebildet. Diese sind oftmals zunächst nicht sicht- oder greifbar. Jedoch können Auswirkungen der Werte und Normen sich als *Symbole der Unternehmenskultur* widerspiegeln.

Als **Symbolsystem** können *Riten und Rituale* (Unternehmensfeiern, gemeinsame sportliche Aktivitäten, Aktivitäten über die Arbeitszeit hinaus, Verabschiedungen, Entlassungen etc.), *Mythen und Geschichten* (Gründer, Gründerzeit, Unternehmensentwicklung, Erfolge und Krisen etc.), *Corporate Identity* (Architektur, Logo, Kleidung, Broschüren, Internetauftritt etc.) sowie *Unternehmensatmosphäre* (Sprache, Zuverlässigkeit, Umgang etc.) angeführt werden. Siehe zu weiteren Ausführungen auch Schein (2003).

Abbildung 2 verdeutlicht den Zusammenhang der Teilbereiche im Kontext der Unternehmenskultur.

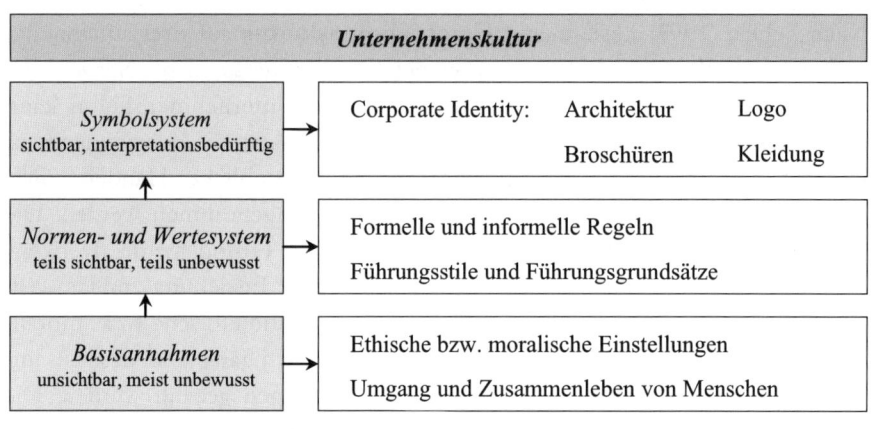

Abbildung 2: Unternehmenskultur

Diese allgemeinen Begriffsabgrenzungen können zunächst für jedes Unternehmen zugrunde gelegt werden. Dennoch sind für neu gegründete bzw. junge Unternehmen Besonderheiten in ihren Unternehmenskulturen zu vermuten. Denn gerade für junge Unternehmen ist die Persönlichkeit der Gründerpersonen von hoher Bedeutung. Die Gründerpersonen stellen das zentrale Element eines Gründungs- bzw. jungen Unternehmens dar. In der jungen Unternehmensentwicklung prägen die Gründer, bewusst oder unbewusst, die Unternehmenskultur zumeist entscheidend. Ihre direkte Einflussnahme auf üblicherweise alle Mitarbeiter kann zu einer hohen Identifikation der Mitarbeiter mit dem Unternehmen führen, sodass die Unternehmenskultur die Erreichung der von den Gründern intendierten Unternehmensziele begünstigt. In diesem Entwicklungsstadium eines Unternehmens können die Gründer somit als Kristallisationspunkt der Unternehmenskultur gesehen werden. Auf die Entwicklung der Unternehmenskultur nehmen Gründerpersonen häufig dergestalt Einfluss, dass sie Mitarbeiter einstellen, die ähnliche Normen und Werte aufweisen wie sie selbst. Dieses Vorgehen kann in der Praxis jedoch auch problematisch sein. Denn es ist nicht immer einfach, Mitarbeiter zu finden, welche die Einstellungen und Werte vorweisen, die von den Gründern gewünscht sind. Dabei kann die fachliche Qualifikation in einem Zielkonflikt zu der gewünschten Werthaltung des potenziellen Mitarbeiters stehen. Ob nun eine Entscheidung für oder gegen die Einstellung des potenziellen Mitarbeiters getroffen wird, ist individuell in Abhängigkeit von den Alternativen zu diesem Mitarbeiter als auch von der Präferenzstruktur der Gründerpersonen zu sehen. Allerdings ist Unternehmenskultur auch erlernbar. Die Mitarbeiter übernehmen i. d. R. bewusst oder unbewusst im Laufe ihrer Betriebszugehörigkeit das im jungen Unternehmen gültige Wertesystem. Wichtig ist zu erkennen, dass die durch die Gründerpersonen maßgeblich geprägte Kultur eine wesentliche Rolle in der Entwicklung eines jungen Unternehmens spielt.

Mitunter kann nicht auf die gesamte Unternehmenskultur Einfluss genommen werden, da Werte und Normen der sozialen Gruppe nicht einfach und zeitnah beeinflusst und geändert werden können. Die Entwicklung einer nachhaltigen Unternehmenskultur kann dazu beitragen, dass sich die Mitarbeiter mit den Aufgaben und Zielen des jungen Unternehmens stärker identifizieren, was auch positive Auswirkungen auf ihre Motivation zur Folge haben kann.

1.3   Verständnisfragen und Literaturempfehlungen

Verständnisfragen

- Definieren Sie mit eigenen Worten kurz den Begriff Entrepreneurship. (1.1.1)

- Was sind dabei Ihrer Meinung nach die wichtigsten Merkmale? (1.1.1)

- Was ist unter dem Begriff der schöpferischen Zerstörung zu verstehen? (1.1.1)

- Was charakterisiert einen Serial Entrepreneur? (1.1.1)

- Charakterisieren Sie den Begriff des Corporate Entrepreneurship. (1.1.1)

- Nennen und erläutern Sie typische Abgrenzungsmerkmale von jungen Unternehmen im Vergleich zu etablierten Großunternehmen. (1.1.3)

- Was sind relative Vor- und Nachteile junger Unternehmen? (1.1.3)

- Was sind die Unterschiede zwischen innovativen und imitativen Gründungen? (1.1.4.1)

- Arbeiten Sie potenzielle Vor- und Nachteile von Einzelgründungen und Teamgründungen heraus. (1.1.4.2)

- Grenzen Sie die Begriffe originäre Gründung und derivative Gründung gegeneinander ab. (1.1.4.2)

- Welche Gründungsformen gibt es und wie können diese grafisch systematisiert werden? (1.1.4.2)

- Charakterisieren Sie das Verhältnis zwischen Ethik und Ökonomie. (1.2.1)

- Welche Spannungsfelder können im Verhältnis von Ethik und Ökonomie identifiziert werden? (1.2.1)

- Skizzieren Sie das Verhältnis von Recht und Ethik. (1.2.1)

- Diskutieren Sie die Frage, ob ein Unternehmen ein Gewissen besitzen kann. (1.2.1)

- Welche Bereiche werden einer Unternehmenskultur zugeschrieben und warum ist die Unternehmenskultur bei jungen Unternehmen wichtig? (1.2.3)

- Welchen Einfluss hat der Gründer auf die Unternehmenskultur eines jungen Unternehmens? (1.2.3)

Literaturempfehlung

Entrepreneurship – Standardwerke

Dowling, M/Drumm, H. J. (Hrsg.) (2003): Gründungsmanagement: vom erfolgreichen Unternehmensstart zu dauerhaftem Wachstum, 2. Aufl., Berlin u. a. 2003.

Fueglistaller, U./Müller, C./Volery, T. (2004): Entrepreneurship: Modelle – Umsetzung – Perspektiven, Wiesbaden 2004.

Hisrich, R. D./Peters, M. P. (2002): Entrepreneurship – International Edition 2002, 5. Aufl., Boston u. a. 2002.

Koch, L. T./Zacharias, C. (Hrsg.) (2001): Gründungsmanagement: mit Aufgaben und Lösungen, München u. a. 2001.

Kuratko, D. F./Hodgetts, R. M. (2004): Entrepreneurship: Theory, Process and Practice, 6. Aufl., Mason u. a. 2004.

Ripsas, S. (1997): Entrepreneurship als ökonomischer Prozeß: Perspektiven zur Förderung unternehmerischen Handelns, Wiesbaden 1997.

Sahlman, W. A./Stevenson, H. H./Roberts, M. J./Bhidé, A. (Hrsg.): The Entrepreneurial Venture, 2. Aufl., 1999.

Sexton, D. L./Landström, H. (Hrsg.) (2002): The Blackwell handbook of Entrepreneurship, Malden u. a. 2002.

Timmons, J. A./Spinelli, S. (2004): New Venture Creation: Entrepreneurship for the 21st Century, 6. Aufl., Boston u. a. 2004.

Entrepreneurship und Entrepreneur

Bygrave, W. D./Hofer, C. W. (1991): Theorizing about Entrepreneurship, in: Entrepreneurship Theory and Practice, 16. Jg., Nr. 2, 1991, S. 13–22.

Fallgatter, M. J. (2004): Entrepreneurship: Konturen einer jungen Disziplin, in: zfbf., 56. Jg., 2004, S. 23–44.

Kirzner, I. M. (1978): Wettbewerb und Unternehmertum, Tübingen 1978.

Stevenson, H. H./Gumpert, D. E. (1985): The heart of entrepreneurship, in: Harvard Business Review, Vol. 63, Nr. 2, 1985, S. 85–94.

2   Prozesse, unternehmerische Gelegenheit, Innovation

2.1   Unternehmerischer Prozess

2.1.1   Aspekte des unternehmerischen Prozesses

Definitionen und Erklärungen des **unternehmerischen Prozesses**, der im angelsächsischen Sprachgebrauch als *entrepreneurial process* bezeichnet wird, sind in der Entrepreneurship-Literatur zahlreich. Häufig werden der unternehmerische Prozess und der Gründungsprozess auch synonym betrachtet. Diesem Begriffsverständnis soll hier jedoch nicht gefolgt werden, da der *Gründungsprozess lediglich einen Teilbereich des unternehmerischen Prozesses* bildet. Vielfach basieren die Darstellungen auf Phasenmodellen. In einer vereinfachten, idealtypischen Betrachtung umfasst der unternehmerische Prozess alle Funktionen, Aktivitäten und Handlungen, die mit dem *Erkennen einer unternehmerischen Gelegenheit*, der *Entwicklung einer Geschäftsidee* sowie der *Erstellung des Businessplanes*, der *Gründungsvorbereitung und Gründung unter Berücksichtigung der* dafür erforderlichen *Ressourcen*, der *Sicherung des Unternehmens* und der *Erzielung von Wachstum* verbunden sind.

Abbildung 3 zeigt die idealtypische Strukturierung des unternehmerischen Prozesses, der in die drei übergeordneten Hauptausprägungen der *Vorgründung*, der *Gründung* sowie einer *Sicherung des Unternehmens* und *Management des Wachstums* eingeteilt werden kann. Die einzelnen Phasen des unternehmerischen Prozesses sind nicht immer trennscharf voneinander abzugrenzen. Viermehr bedingen sich einzelne Phasen und es ergeben sich Überschneidungen bzw. Interdependenzen.

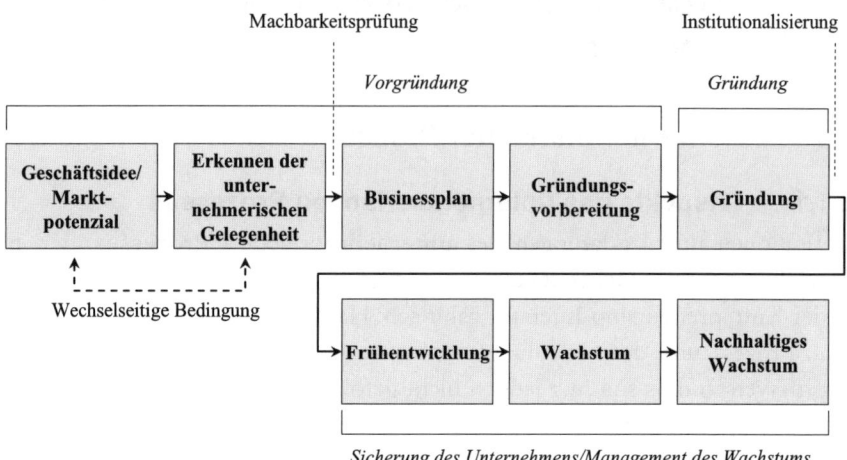

Abbildung 3: Skizze eines unternehmerischen Prozesses

Vorgründungsphase

Die **Vorgründungsphase** ist durch das *Erkennen einer unternehmerischen Gelegenheit*, der *Entwicklung einer Geschäftsidee*, der *Businessplanentwicklung* sowie der *Gründungsvorbereitung* gekennzeichnet.

Das Erkennen der **unternehmerischen Gelegenheit** (engl. *Opportunity Recognition*) ist ein komplexer und vielschichtiger Prozess, der in Form einer aktiven und/oder passiven *Rasterung und Selektion der Umwelt* vorgenommen werden kann. Unternehmerische Gelegenheiten ergeben sich etwa durch strukturelle Löcher zwischen einzelnen Märkten oder aber durch Branchentransformationen, wie z. B. die Genese der Internetökonomie. Die unternehmerische Gelegenheit besteht aus der **Geschäftsidee** und ihrer potenziellen Umsetzbarkeit. Die Geschäftsidee wird im **Businessplan** konkretisiert. Der Businessplan stellt dabei die gedankliche Vorwegnahme der Gründung dar. Die Businessplanentwicklung geht in die **Gründungsvorbereitung** über, denn zur Vorbereitung werden konkrete Maßnahmen wie z. B. die Identifikation spezifischer Ressourcen und die Ressourcenbeschaffung erforderlich.

Gründung

Im Anschluss an eine erfolgreiche Vorgründungsphase vollzieht sich der Prozess der **Gründung** durch eine *Institutionalisierung des Unternehmens*. Im Zuge der Errichtung einer eigenen Rechtspersönlichkeit hat das Unternehmen zahlreiche Formalitäten zu erfüllen. Diese formellen Anforderungen sind mitunter abhängig von der gewählten Rechtsform. Beispielsweise handelt es sich um die Gewerbeanmeldung, ggf. die Handelsregistereintragung sowie die Anmeldung beim Finanzamt. Anmeldungen beim Arbeitsamt und zur Sozialversicherung werden vollzogen, sofern Arbeitnehmer beschäftigt werden. In dieser Phase erfolgen ein erster *Aufbau der Organisation* des Unternehmens und eine damit verbundene *Kombination von Ressourcen*. In diesem Kontext werden bspw. erste einfache Organisationsstrukturen, Führungsstile und Kompetenzen definiert und implementiert.

Sicherung des Unternehmens

Die Sicherung des Unternehmens ist nach der Gründung in vielen Fällen zunächst eine primäre Aufgabe. Die Sicherung des Unternehmens kann in dieser Entwicklungsphase als Ausgangsbasis für ein späteres Wachstum gesehen werden. Je nach persönlichen Einstellungen und Strategien der Gründer ist die Sicherung des Unternehmens jedoch auch als *eigenständiger* Teil des unternehmerischen Prozesses zu sehen, der nicht zwingend in einen intendierten Wachstumsprozess übergehen muss. Gründer entscheiden sich oftmals auch bewusst für eine reine Sicherung des Unternehmens ab einer spezifischen Unternehmensgröße und somit gegen Wachstum. Gründe hierfür liegen oftmals in einer überschaubaren Unternehmensgröße, die noch selbst gesteuert und kontrolliert werden kann, oder aber in den persönlichen, informellen Kontakten zu den Mitarbeitern, die sich in kleinen Unternehmen leichter realisieren lassen. In diesem Kontext ist die Entscheidung für eine reine Sicherung des Unternehmens oder aber ein angestrebtes Wachstum eine individuelle Entscheidung der Gründer. Aus einem fehlenden Wachstum eines Unternehmens sollte daher nicht zwingend auf mangelnde unternehmerische Fähigkeiten oder Ressourcen der Unternehmer geschlossen werden, denn gerade in europäischen Unternehmen wird Wachstum oftmals bewusst nicht angestrebt.

Management des Wachstums

Der Übergang von der Gründungs- zur Wachstumsphase erfolgt i. d. R. fließend und kann von daher nur im Sinne einer idealtypischen Trennung zum besseren Verständnis der einzelnen Phasen erfolgen. Gleiches gilt für die einzelnen Phasen innerhalb des Wachstums, d. h. der *Frühentwicklung*, des *(schnellen) Wachstums* und des *nachhaltigen Wachstums*. Das junge Unternehmen muss zunächst in der **Frühentwicklung** die in der Gründung angelegten Strukturen festigen und zielorientiert eine Sicherung bzw. ein Wachstum des Unternehmens umsetzen. Im Hinblick auf eine zielgerichtete Führung und Steuerung eines jungen Unternehmens ist es in vielen Fällen bereits in frühen

Entwicklungsphasen empfehlenswert, ein *Controllingsystem* einzurichten, das zu einer Zielplanung und Steuerung des Unternehmens verwendet werden kann. Im Rahmen der Frühentwicklung wird das **Wachstum** durch die strategische Ausrichtung und die konsequente, zielorientierte operative Umsetzung der Unternehmensstrategien maßgeblich beeinflusst. In der Wachstumsphase sollten Kernkompetenzen des Unternehmens gebildet und ausgebaut werden. Schnelles Wachstum erfordert frühzeitig veränderte Strukturen, im Sinne von Organisations-, Führungs-, Informations- und Kommunikationsstrukturen. Gegebenenfalls müssen Ressourcen akquiriert und neu kombiniert werden. Die Schaffung einer auf Wachstum ausgerichteten Unternehmenskultur kann ein effektives und nachhaltiges Wachstum des Unternehmens begünstigen. Wachstum sollte nicht durch Zufall entstehen oder ungeplant erfolgen, sondern durch die Gründerpersonen mittels geeigneter Wachstumsstrategien zielorientiert geplant werden.

2.1.2 Individueller Entscheidungsprozess der Gründerperson

Individuelle Entscheidungsprozesse und Handlungen vollziehen sich in vielfältiger Weise aufgrund von internen und externen Einflussfaktoren sowie auch auf Grundlage der Werte und Normen der Gründerpersonen. Dabei ist es für viele Personen zunächst eine schwierige Entscheidung, ein Unternehmen zu gründen, auch wenn sie über eine wirtschaftlich tragfähige Geschäftsidee mit guten Marktperspektiven verfügen. Häufig werden die mit der Selbstständigkeit verbundenen Veränderungen und Risiken bzw. Unwägbarkeiten mit Blick auf die persönliche Lebenssituation als unüberwindbar angesehen. Umgekehrt gibt es aber auch Personen, welche die Herausforderungen zur Umsetzung ihrer Geschäftsidee als Chance betrachten und ihren sicheren Arbeitsplatz aufgeben. Als bekannte Beispiele können in diesem Kontext Dietmar Hopp und Hasso Plattner sowie Klaus Tschira, Hans-Werner Hector und Claus Wellenreuther, die Gründer von *SAP*, genannt werden. Die Gründer kündigten zu Beginn der 70er-Jahren bei *IBM*, nachdem ihre Produktidee der Entwicklung und Vermarktung von standardisierten Softwarelösungen bei ihren Vorgesetzten auf Ablehnung gestoßen war.

Fallbeispiel SAP

Das Unternehmen *SAP*, früher eine Abkürzung für Systemanalyse und Programmentwicklung, heute für „Systeme, Anwendungen, Produkte in der Datenverarbeitung", wurde 1972 von den fünf oben genannten ehemaligen

IBM-Mitarbeitern als Gesellschaft bürgerlichen Rechts (GbR) mit Sitz in Weinheim und einem Büro in Mannheim gegründet. Die Entwicklung von Standardsoftware stellte zum damaligen Zeitpunkt eine große Herausforderung dar. Die Gründer hatten jedoch aufgrund ihrer Tätigkeit bei IBM in Gesprächen mit Kunden erkannt, dass es sich hierbei um eine Marktlücke handelte, die noch von keinem Softwareunternehmen abgedeckt wurde.

Zunächst vorwiegend nachts sowie am Wochenende wurden die ersten Programme von SAP entwickelt. Zum Ende des ersten Geschäftsjahres beschäftigte SAP bereits neun Mitarbeiter bei einem Umsatz von 620.000 DM. Nach zweieinhalb Jahren hatte das Unternehmen bereits 40 Referenzkunden. 1976 erfolgte die Umgründung in die SAP GmbH Systeme. Mit 25 Mitarbeitern erwirtschaftete die SAP GmbH Systeme einen Umsatz von 3,81 Millionen DM. Im Jahr 1977 wurde der Firmensitz von Weinheim nach Walldorf verlegt, wo sich auch heute noch der Stammsitz von SAP befindet. Im gleichen Jahr wurden erstmals ausländische Kunden in Österreich gewonnen. 1981 verwendeten bereits 200 Kunden Software von SAP. Das rasante Wachstum von SAP setzte sich fort. 1982 nutzen rund 250 Unternehmen in Deutschland, Österreich und der Schweiz SAP-Software. 1986 wurde die Umsatzgrenze von 100 Millionen DM überschritten. Im gleichen Jahr präsentierte sich SAP erstmals auf der CeBIT in Hannover. Im Jahr 1987 wurde die Internationalisierung begonnen. Die erste nicht deutschsprachige Landesgesellschaft wurde in den Niederlanden gegründet. Danach folgten im gleichen Jahr Gesellschaften in Frankreich, Spanien und Großbritannien. 1987 wurde auch mit der Entwicklung des bekannten R/3-Systems begonnen. 1988 erfolgte die Umwandlung von einer GmbH in eine Aktiengesellschaft. Im Oktober ging SAP an die Börse und wurde zunächst in Frankfurt und Stuttgart notiert. Das Auslandsgeschäft entwickelte sich weiter positiv. Landesgesellschaften wurden in Dänemark, Schweden, Italien und den USA eröffnet. 940 Mitarbeiter der SAP erwirtschafteten einen Umsatz von 245 Millionen DM. Der eintausendste Kunde, Dow Chemicals, wurde im gleichen Jahr vermeldet. 1990 wurde ein Umsatz von 500 Millionen DM bei über 1.700 Mitarbeitern erreicht. Im Jahre 1991 wurden erste Anwendungen des R/3-Systems mit großem Erfolg präsentiert. SAP erzielte 1991 mit 2.700 Mitarbeitern einen Umsatz von 707,1 Millionen DM bei mehr als 2.200 Kunden in 31 Ländern. 1992 wurde das R/3-System bei ausgewählten Pilotkunden eingeführt. Die internationale Expansion schritt 1993 mit dem Aufbau eines Entwicklungszentrums in Foster City, Kalifornien (USA), nahe dem Silicon Valley voran. 1995 begann SAP in Deutschland mit verstärkten Vertriebsaktivitäten im Markt für kleine und mittlere Unternehmen. Im gleichen Jahr wurde die SAP-Aktie in den DAX aufgenommen. Fast 7.000 Mitarbeiter erwirtschafteten einen Umsatz von 2,7 Milliarden DM. 1997 wurde das 25-jährige Bestehen der SAP gefeiert. Erstmals überstieg das Geschäftsergebnis mit rund 1,6 Milliarden DM vor Steuern die Milliarden-DM-Grenze. Der Umsatz belief sich auf 6,02 Milliarden DM, der Auslandsanteil betrug 81 Prozent, bei fast 13.000 Mitarbeitern. 1998 ging SAP an die New Yorker Börse, die New York Stock Exchange.

Im Jahr 1999 wurde mit mySAP.com eine Neuausrichtung des Unternehmens vorgenommen, denn mySAP.com verbindet E-Commerce-Lösungen mit den bestehenden Enterprise-Resource-Planning-(ERP)Anwendungen auf der Basis von Webtechnologien. Über 20.000 Mitarbeiter erwirtschafteten im Geschäftsjahr 1999 einen Umsatz von 5,1 Milliarden Euro. Trotz des Platzens der Internetblase der dot.com-Euphorie konnte SAP stetig weiter wachsen. Rund 24.000 Mitarbeiter in über 50 Ländern erwirtschafteten im Geschäftsjahr 2000 einen Umsatz von 6,3 Milliarden Euro. In 2001 erzielte SAP einen Umsatz von 7,3 Milliarden Euro. Aus technologischer Sicht führte SAP 2001 die mySAP Technology ein und generierte eine Architektur, die es Unternehmen ermöglicht, verschiedene IT-Systeme zu integrieren. Das Wachstum schritt weiter voran. Die Zahl der Mitarbeiter stieg zum Jahresende 2002 auf rund 29.000.

Im Jahr 2003 zog sich Hasso Plattner, einer der Gründer von SAP, aus dem Vorstand zurück, wurde aber zum Vorsitzenden des Aufsichtsrats gewählt, um auch weiterhin auf das Unternehmen gestaltend Einfluss zu nehmen. Im gleichen Jahr führte SAP, aufbauend auf der mySAP Technology, die SAP-NetWeaver-Technologie ein. Angeboten wurden somit offene, flexible und schnelle Unternehmensanwendungen, die durchgängige Geschäftsprozesse ermöglichen, unabhangig davon, ob diese Systeme von SAP stammen oder auf Systemen anderer Anbieter basieren. Die technologische Grundlage für die kommenden Jahre sollte auf diese Weise gelegt werden. Ende des Jahres 2003 arbeiteten etwa 30.000 Mitarbeiter für SAP, davon 17.000 außerhalb Deutschlands. Ende 2004 betrieben mehr als 24.000 Kunden in über 120 Ländern rund 84.000 Installationen von SAP-Software. Im Geschäftsjahr 2005 erzielte die SAP einen Umsatz von 8,5 Milliarden Euro. Es bestanden Niederlassungen in mehr als 50 Ländern mit rund 36.000 Beschäftigten. Allein in der Softwareentwicklung waren weltweit insgesamt 10.600 Mitarbeiter beschäftigt. Neben ihrem Hauptentwicklungszentrum am Stammsitz in Walldorf unterhält die SAP derzeit Entwicklungslabore u. a. in Palo Alto (USA), Tokio (Japan), Bangalore (Indien) und Sophia Antipolis (Frankreich) sowie in

Berlin, Karlsruhe und Saarbrücken (Deutschland). [SAP (2006)]

SAP ist bis heute eine der erfolgreichsten Nachkriegsgründungen in Deutschland. Die Vision der fünf Gründer bezog sich auf die Entwicklung von Standardsoftware für Anwendungen in Echtzeitverarbeitung. Sie verwirklichten konsequent ihre Vision und entwickelten Standardsoftware durch die Gründung einer kleinen Gesellschaft bürgerlichen Rechts, die zum heutigen Unternehmen SAP führte. Sie erkannten die unternehmerische Gelegenheit für Standardsoftwarelösungen, setzten diese erfolgreich um und bauten mit SAP ein Softwareunternehmen auf, das zwischenzeitlich global agiert und weltweite Bedeutung erlangt hat.

Spezifische Einflussfaktoren

Die Basis für unternehmerische Leistungen, Handlungsweisen und Prozesse bildet allgemein zunächst der Wunsch bzw. der Entschluss einer Person, ein Unternehmen gründen zu wollen. Vereinfacht angenommen, wird durch die Gründerperson ein spezifisches **Nutzenkalkül** berechnet, das *Chancen und Risiken* (externe Einschätzung), *Stärken und Schwächen* (interne Einschätzung) zueinander in Relation setzt und gegeneinander abwägt. Der Entscheidungsprozess einer Gründerperson wird dabei über die unternehmensinternen und -externen Faktoren hinaus auch durch den privaten Bereich beeinflusst. Denn eine Gründung bleibt i. d. R. nicht ohne Einfluss auf die Familie. So muss bspw. bei einer unternehmerischen Tätigkeit, im Unterschied zur abhängigen Beschäftigung, zunächst von einer unregelmäßigen Einkommenserzielung ausgegangen werden. Auch muss ein Unternehmer für seine Altersversorgung selbst aufkommen. Daher ist es notwendig, die Familie in den Entscheidungsprozess einer Gründung mit einzubeziehen.

Wesentlich im Kontext des individuellen Entscheidungsprozesses ist die Frage, welche Motive Personen zu einer Unternehmensgründung veranlassen. Die Beantwortung dieser Frage ist nicht nur für den eigenen Entscheidungsprozess, sondern oftmals auch für potenzielle Kreditgeber von Interesse. Gründungsmotive sind häufig auch Gegenstand der empirischen Forschung im Bereich Entrepreneurship.

Nach einer Befragung der KfW Bankengruppe (2005a) von 372 Vollerwerbsgründern können als Motive einer Unternehmensgründung in der nachstehenden Rangfolge aufgeführt werden:

- eigene Ideen [79 Prozent]
- eigener Chef [72 Prozent]

- freie Zeiteinteilung [59 Prozent]

- höheres Einkommen [56 Prozent]

- fehlende Weiterentwicklungsmöglichkeiten [43 Prozent]

- keine feste Anstellung [33 Prozent]

Auch der **Global Entrepreneurship Monitor (GEM)** untersucht, ob eine Person primär aufgrund der Wahrnehmung einer unternehmerischen Gelegenheit als **Opportunity Entrepreneur** oder durch eine Notsituation bedingt als **Necessity Entrepreneur** gründet. Die Gründer von SAP können wohl als Opportunity Entrepreneurs bezeichnet werden. Bislang empirisch jedoch nicht nachgewiesen ist die nicht selten anzutreffende Folgerung, dass das Gründungsmotiv Verwirklichung einer Geschäftsidee generell zu einem größeren ökonomischen Erfolg führt als eine Gründung aus der Not.

Das Beispiel von Anita Roddick, der Gründerin der Naturkosmetikkette Body Shop, zeigt, dass auch Gründungen, die aus einer Notsituation entstanden sind, durchaus (weltweit) erfolgreich sein können. Denn Anita Roddick startete mit dem Unternehmen Body Shop im Jahre 1976 einfach, um einen Lebensunterhalt für sich und ihre zwei Töchter zu schaffen. Im Vorfeld der Unternehmensgründung hatte Anita Roddick keine Erfahrungen, Schulungen oder Ausbildungen im unternehmerischen Kontext. [Roddick (2001)]

In diesem Zusammenhang ist die Frage von Interesse, welche maßgeblichen Faktoren den Entscheidungsprozess zur Gründung beeinflussen.

Auch zu einer fundierten Beantwortung dieser Fragestellung fehlt es noch an geeigneten empirischen Untersuchungen im Rahmen der Entrepreneurship-Forschung. Eine vereinfachte Betrachtung soll sich hier auf die drei ausgewählten Bereiche der *sozialen, fachlichen* und *kulturellen Einflussfaktoren* beschränken.

Als **sozialer Einflussfaktor** mit unterschiedlichen Ausprägungen kann die individuelle Sozialisation gesehen werden, die in der Literatur zumeist in zwei oder drei einzelne Phasen unterteilt wird. In diesem Kontext soll nach *primärer* und *sekundärer Sozialisation* differenziert werden, wobei die Grenzen zwischen den einzelnen Phasen nicht trennscharf sind. Die **primäre Sozialisation** beschreibt die Sozialisation (originär) in der Familie bzw. über die Eltern. Hierbei wird eine individuelle, stabile Identität als Basis mit spezifischen verinnerlichten Normen, Werten und Verhaltensweisen im Kindesalter gebildet, die sich jedoch noch im Rahmen der sekundären Sozialisation verändern kann. Die **sekundäre Sozialisation** bezieht sich auf die Sozialisation in Familie, Kindergarten, Schule und Freundeskreis etc. Darüber hinaus können dieser Phase generelle Anpassungen einer Person, die sich im Rahmen einer Interaktion mit seiner Umwelt vollziehen, z. B. in Form eines lebenslangen Lernens, zugeordnet werden. Weiterhin kann sich die sekundäre Sozialisation auch auf Interaktionen und Erfahrungen im Berufsalltag mit Mitarbeitern oder Vorgesetzten beziehen. Überlegungen einer Person hinsichtlich einer geplanten Gründung können motiviert werden oder sich positiv verstärken, wenn bspw. die Eltern bzw. ein Elternteil bereits unternehmerisch tätig waren und somit u. U. eine Vorbildfunktion wahrnehmen. Allerdings gibt es demgegenüber auch die Möglichkeit, dass ein negatives Unternehmerbild entsteht, wenn bspw. die Eltern in ihrer unternehmerischen Tätigkeit nicht sonderlich erfolgreich waren bzw. hiermit potenziell Schwierigkeiten und Probleme assoziiert werden. Welchen konkreten Einfluss die Sozialisation tatsächlich auf den Entscheidungsprozess einer Gründerperson hat, ist bislang noch unzureichend erforscht, sodass an dieser Stelle keine allgemeingültigen Aussagen getroffen werden können.

Als **fachliche Einflussfaktoren** über die Sozialisation hinaus eignen sich Gründerpersonen im Laufe ihres Lebens durch Ausbildungsprozesse in Schule und Hochschule sowie durch Berufserfahrungen unterschiedlichste fachliche Kompetenzen an. Dieses Fachwissen kann als individuelle Kernkompetenz angesehen werden. Das Vorhandensein fachlicher Kompetenzen kann grundsätzlich einen positiven Einfluss auf den Entscheidungsprozess haben und die Grundlage für einen zielorientierten Aufbau und die Sicherung eines Unternehmens bilden. Hierbei können vor allem spezifische Berufs- und Branchenerfahrungen förderlich sein. Wesentlich sind auch fundierte kaufmännische Kenntnisse der Gründerperson oder bei Teamgründungen von zumindest einem Teammitglied. Neben der rein fachlichen Kompetenz sind für eine Gründerperson sicherlich weitere Kompetenzen erforderlich, die den individuellen Entscheidungsprozess beeinflussen können. Zu nennen sind insbesondere Innovations- und Handlungskompetenzen sowie Führungs- und Sozialkompetenzen.

Von besonderer Bedeutung sind weiterhin **kulturelle Einflussfaktoren**, die sich bspw. in der Einstellung einer Gesellschaft zum unternehmerischen Denken und Handeln im Sinne einer **Entrepreneurship-Kultur** äußern. In diesem Zusammenhang wird häufig von einer Gründungskultur gesprochen, wenngleich diese Begriffsverwendung lediglich einen Teilbereich des Entrepreneurship umfasst. Wichtig sind hierbei nicht nur die Persönlichkeitseigenschaften und unternehmerischen Qualitäten des Entrepreneurs, sondern vor allem seine Normen, Werte und Einstellungen. Eng verbunden damit ist auch das Gesellschaftsbild des Entrepreneurs als Person.

Zwischen einzelnen Gesellschaftsformen und Staaten existieren einige, im historischen Kontext sogar partiell gravierende Unterschiede, die eine Entrepreneurship-Kultur begünstigen oder behindern können. Beispielsweise kann im Hinblick auf die USA allgemein von einer positiven Entrepreneurship-Kultur ausgegangen werden, die auf unternehmerische Aktivitäten einen vorteilhaften Einfluss ausübt. Dort werden hohe Gewinne aus der unternehmerischen Tätigkeit in der Gesellschaft meist als positiv angesehen. Dabei soll der individuelle Wohlstand des einzelnen Entrepreneurs auch zu einer Steigerung des Wohlstandes der Gesellschaft im Sinne von **wealth creation** beitragen. Diese Auffassung vertritt auch die National Commission on Entrepreneurship in den USA:

> *„Entrepreneurship is the critical force behind innovation and new wealth creation [...]."* [National Commission on Entrepreneurship (2001)]

Infolge der Prägung einer Gesellschaft durch unterschiedliche Kulturen können allerdings andere Einstellungen bestehen. Dies ist u. a. der Fall, wenn etwa hohe Gewinnerzielungen aus unternehmerischen Tätigkeiten kritisch beurteilt werden, da hierin kein Nutzen für die Gesellschaft erkannt wird oder dieser faktisch auch nicht gegeben ist.

Weiterhin ist die Einstellung zur Gewährung einer *zweiten Chance* innerhalb der Gesellschaft unter kulturellen Aspekten von Bedeutung. Als **zweite Chance** werden Möglichkeiten bezeichnet, die einem Unternehmer nach dem Scheitern seiner ersten unternehmerischen Tätigkeit gewährt werden. Je nach Kultur bzw. Gesellschaft werden zweite oder auch weitere Chancen in unterschiedlichsten Ausprägungen ermöglicht oder verweigert. Für die Etablierung einer Entrepreneurship-Kultur ist es zunächst wichtig, das Scheitern *nicht* generell als Unfähigkeit des Unternehmers zu stigmatisieren und ihn auszugrenzen. Eine offene Entrepreneurship-Kultur bietet grundsätzlich gescheiterten Unternehmern mindestens eine zweite Chance. Diese zweite Chance kann auch als Lernprozess verstanden werden. In diesem Sinne ist die Schaffung einer förderlichen Finanzierungskultur von Bedeutung. Gerade für Klein- und Kleinstgründungen können Mikrokredite (Microlending) als Finanzierungsinstrument den Aufbau einer positiven Kredithistorie unterstützen. Für die Entwicklung einer Entrepreneurship-Kultur ist es wichtig, dass das Scheitern eines Unternehmens nicht als Makel aufgefasst wird, denn die Ursachen hierfür sind vielfältig und eine Zuordnung und Abwälzung auf die Unternehmerperson kann so nicht immer zwingend erfolgen. Zweite Chancen bieten dem Gründer eine Motivation und latente Sicherheit, im Falle eines Scheiterns nicht stigmatisiert zu werden. Die Gewährung einer zweiten Chance kann somit den individuellen Entscheidungsprozess der Gründerperson sowie den unternehmerischen Prozess positiv beeinflussen.

Insgesamt fehlt es noch an umfassenden empirischen Untersuchungen zum individuellen Entscheidungsprozess einer Gründerperson, sodass die hier behandelten Aspekte und Einflussfaktoren nicht abschließend im Sinne einer vollständigen Darstellung zu verstehen sind. Es soll jedoch ein Problembewusstsein für die Komplexität und Vielschichtigkeit des individuellen Entscheidungsprozesses einer Gründerperson geschaffen werden.

2.2 Unternehmerische Gelegenheit und Geschäftsidee

2.2.1 Unternehmerische Gelegenheit

In marktwirtschaftlich ausgerichteten Volkswirtschaften gibt es vielfältige unternehmerische Chancen bzw. Gelegenheiten (opportunities), die es zu erkennen gilt. Voraussetzung hierfür ist eine *unternehmerische Wachsamkeit* (alertness) im Hinblick auf das Erkennen von Chancen. [Kirzner (1979)] Aber nicht nur die Identifikation, sondern auch die Wahrnehmung der unternehmerischen Chancen ist von entscheidender Bedeutung.

In Deutschland erkannte bspw. Werner Otto nach der Währungsreform 1949 die unternehmerische Gelegenheit des Versandhandels. Mit 6.000 DM Startkapital gründete er in einer Hamburger Baracke den Otto-Versand. Mit Schere und Kleber stellte er den ersten Katalog zusammen, der vierzehn Seiten umfasste. Hinter jedes Produkt schrieb er selbst den Preis. In einem weiteren Schritt beschäftigte er eine Handvoll Mitarbeiter, die 300 Kataloge produzierten. Damals stellte der Versandhandel eine innovative Vertriebsform dar, die Werner Otto zielgerichtet erkannte und nutzte. Heute erstellen Rotationsmaschinen 20 Millionen Kataloge mit rund 1.000 Seiten. Der Otto-Versand ist bis zum Jahre 2005 zu einem international erfolgreich agierenden Handels- und Dienstleistungskonzern mit einem Umsatz von mehr als 14 Milliarden Euro gewachsen. [Handelsblatt (2005)]

Das Beispiel Otto-Versand zeigt, wie erfolgreich das Erkennen und die Wahrnehmung der unternehmerischen Gelegenheit in der Realität verlaufen kann. Wie aber sieht ein theoretischer Bezugsrahmen aus, in den derartige Praxisbeispiele eingeordnet werden können?

Abbildung 4 soll in Anlehnung an Fueglistaller/Müller/Volery (2004) einen möglichen Prozess einer unternehmerischen Gelegenheit verdeutlichen.

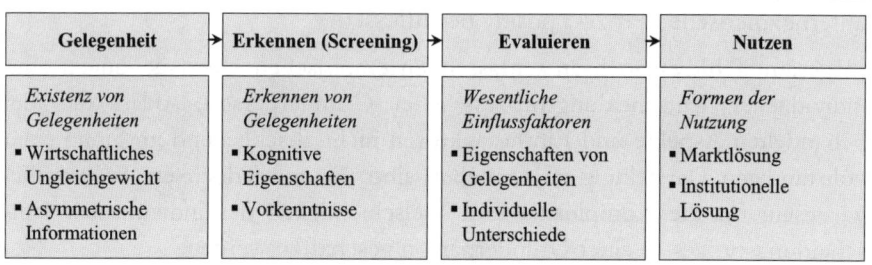

Abbildung 4: Prozess einer unternehmerischen Gelegenheit

Prozess einer unternehmerischen Gelegenheit

Gelegenheit

Unternehmerische Gelegenheiten ergeben sich, anders als in der neoklassischen Theorie des Gleichgewichtszustandes einer Wirtschaft, bei einer Annahme wirtschaftlicher Ungleichgewichte. Beispielsweise können **Arbitragemöglichkeiten** genutzt werden, um Gewinne zu erzielen. Bei Arbitragen handelt es sich um einen zeitlich begrenzten Handel, bei dem Preisunterschiede für gleiche Produkte in unterschiedlichen Märkten mit dem Ziel einer risikoarmen Gewinnerzielung genutzt werden. Darüber hinaus sind Informationen auf dem Markt nicht gleich verteilt. Vielmehr besteht eine **asymmetrische Informationsverteilung**. Dies führt bei einigen Akteuren zu einem Vorsprung an Wissen, der ausgenutzt werden kann, um Profite zu erzielen. [Fueglistaller/Müller/Volery (2004)]

Erkennen (Screening)

In theoretischer Betrachtung beginnt der Prozess des Erkennens und der Wahrnehmung einer unternehmerischen Gelegenheit mit dem Screening. Unter Screening kann eine *Rasterung und Selektion der Umwelt (Environmental Scanning)* hinsichtlich potenzieller unternehmerischer Gelegenheiten verstanden werden.

Die **Umwelt** besteht dabei aus *Chancen und Risiken,* die der Entrepreneur i. d. R. nicht beeinflussen kann. Jedes potenzielle wie auch bestehende Unternehmen steht mit der externen Umwelt in einem wechselseitigen Austausch. Als mögliche Kategorien der externen Umwelt bzw. *Rahmenbedingungen* können die *ökologische, technologische, ökonomische, politische, rechtliche, soziale und kulturelle Umwelt* definiert werden. Innerhalb dieser Kategorien handeln Akteure, die in unmittelbarer oder mittelbarer Beziehung zu dem Unternehmen zu sehen sind. Potenzielle Akteure sind etwa *Arbeitnehmer, Lieferanten, Kapitalgeber, Konkurrenten, Kunden, Zulieferer, spezielle Interessengruppen (z. B. Gewerkschaften)* oder *der Staat*. Siehe hierzu Abbildung 5 in Anlehnung an Hungenberg (2004).

Da in einer globalisierten Welt heute kontinuierliche Entwicklungen kaum noch gegeben sind, aber schnelle, dynamische Veränderungen den Unternehmensalltag prägen, besteht eine wichtige Herausforderung für Entrepreneure darin, zukünftige Entwicklungen zu antizipieren. Dabei sind im Hinblick auf die Umwelt Veränderungen, Entwicklungstendenzen und -möglichkeiten frühzeitig zu erkennen.

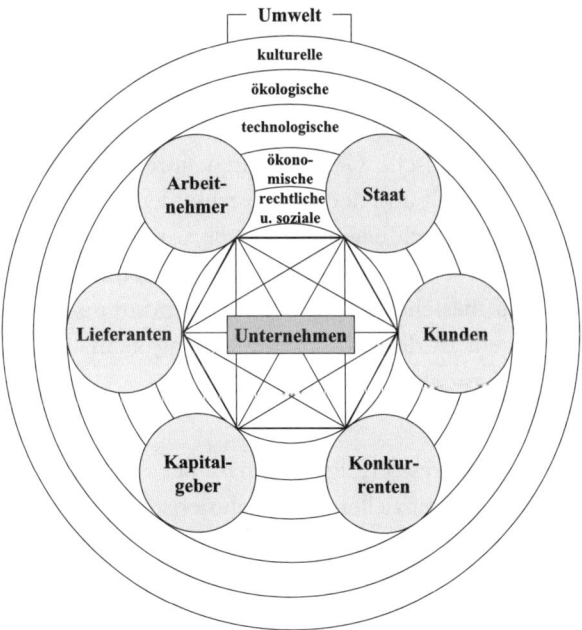

Abbildung 5: Differenzierung einer Unternehmensumwelt

Alle Bereiche der Umwelt bieten Chancen zur Erkennung und Wahrnehmung unternehmerischer Gelegenheiten als Teilbereich des Screenings. Wichtig sind die individuellen **kognitiven Eigenschaften** der jeweiligen Person und die **spezifischen Vorkenntnisse**. Beispiele für spezifische Vorkenntnisse sind *Erfahrungen aus Schule, Ausbildung* oder dem *Beruf.* Weiterhin können *Vorkennt-*

nisse über einen spezifischen Markt, die *Versorgung von Märkten* oder *bestehende Kundenprobleme von Bedeutung* sein. [Fueglistaller/Müller/Volery (2004)]
Das Screening kann als *aktiver* oder *passiver* Prozess durch den Entrepreneur vollzogen werden. Als **aktiver Prozess** ist das beabsichtigte, kognitive Wahrnehmen, Selektieren und Bewerten der Umweltstruktur im Sinne von Aktivitäten des Entrepreneurs zu betrachten. Das Lesen von *(Fach-)Zeitschriften und Zeitungen, das Sehen von Fernsehsendungen, Messebesuche oder Gespräche* im beruflichen oder privaten Alltag können etwa initiierte Aktivitäten zur Wahrnehmung einer unternehmerischen Gelegenheit sein. Als **passiver Prozess** kann das *unbewusste Wahrnehmen, Selektieren und Bewerten der Umweltstruktur* sowie weiter gehender Sinneseindrücke des Lebens charakterisiert werden. Die Differenzierung zwischen einem aktiven und passiven Prozess ist nicht trennscharf, da bspw. aktive bzw. als bewusst empfundene Prozesse vereinzelt auch durch unbewusste Prozesse beeinflusst und gesteuert werden können. Ob nun eine Entscheidung bzw. eine Wahrnehmung aktiv oder passiv getroffen wird, ist eine primär psychologische Fragestellung, die an dieser Stelle nicht vertieft werden soll. Unabhängig von der Klassifikation als aktiver oder passiver Prozess werden unternehmerische Gelegenheiten durch Entrepreneure erkannt, wenn sie sich ihrer Umwelt und der damit verbundenen Herausforderungen in ihr bewusst werden. Dadurch beginnen sie, die Umwelt unter einem opportunistischen bzw. chancenreichen Blickwinkel zu betrachten. Entrepreneure sehen Lösungen zu bestehenden Problemen und transformieren diese in konkrete Gründungen. In diesem Zusammenhang kann von einem lösungszentrierten Ansatz gesprochen werden.

Evaluieren
Bereits im Erkenntnisprozess erfolgt innerhalb des Screening eine erste Selektion und Bewertung potenzieller unternehmerischer Gelegenheiten. Über diese erste (Vor-)Selektion und Bewertung hinaus kann eine systematische Evaluierung der unternehmerischen Gelegenheit(en) hinsichtlich der Realisierbarkeit, des Aufwandes bzw. des Nutzens erfolgen. Die Evaluierung kann im Allgemeinen bewusst oder unbewusst vollzogen werden. In diesem Zusammenhang werden, bewusst oder unbewusst, Opportunitätskosten, im Sinne eines Nutzenentgangs für mögliche Alternativen, in die Betrachtung einbezogen. Im Rahmen der Evaluierung sind viele Kriterien von Bedeutung, die Einfluss auf die Entscheidung nehmen, die unternehmerische Gelegenheit wahrzunehmen. Der Prozess der Evaluierung kann in die Durchführung eine Machbarkeitsstudie führen. [Siehe hierzu auch Kapitel 2.2.2.3]

Nutzen

Die Nutzung der unternehmerischen Gelegenheit ist das Resultat der vorangegangenen Prozessschritte. Hierbei kann einerseits ein Unternehmen selbst durch die Person(en) gegründet werden, die die Gelegenheit als solche erkannt hat. Andererseits ist auch die Realisierung der unternehmerischen Gelegenheit über den Verkauf, bspw. in Form einer Lizenzierung, an Dritte möglich. Hierzu sollte diese allerdings schützbar sein, um ein leichte Kopierbarkeit zu vermeiden. [Siehe hierzu auch Kapitel 2.2.2.5]

Ein Beispiel für das Erkennen und die Nutzung einer unternehmerischen Gelegenheit ist die Entstehung des Sportartikelherstellers *Airness*. [www.airness.fr] Der Gründer von Airness, Malamine Koné, ist ein ehemaliger Schafhirte aus Mali, der mit zehn Jahren nach Frankreich kam, dort in einem Vorort von Paris aufwuchs und Jura studierte. Koné erkannte, dass auf den Straßen seines Viertels die Jugendlichen fast ausschließlich Marken von ausländischen Sportartikelherstellern trugen. Entgegen den Ratschlägen von Freunden entschied er sich, ein eigenes Sportlabel aufzubauen. Er gründete im Jahre 1999 das Unternehmen Airness mit dem Ziel, in den Wettbewerb mit den etablierten international tätigen Großunternehmen wie *Adidas* oder *Nike* zu treten. Die Marke Airness, die als Logo einen schleichenden Panther hat, erlangte schnell eine große Fangemeinde. In nur sechs Jahren schaffte es Koné in einem schwierigen Markt, ein erfolgreiches Unternehmen aufzubauen. Gerade vor dem Hintergrund der Dominanz von Adidas und Nike ist dies bemerkenswert. Koné schaffte es, mit Airness ein Unternehmen aufzubauen, das aktuell ca. 120 Millionen Euro Umsatz erwirtschaftet und bisher mehr als 300 Arbeitsplätze schuf. Es zeigt sich, dass auch in Märkten, in denen etablierte Unternehmen eine hohe Marktmacht besitzen, unternehmerische Gelegenheiten zu finden sind.

Die Identifikation und Nutzung einer unternehmerischen Gelegenheit sowie die Generierung und Umsetzung einer Geschäftsidee stehen insgesamt in einem interdependenten Prozess. Dabei ist es im Einzelfall ex post oftmals schwer feststellbar, ob zuerst die Geschäftsidee vorhanden war oder die unternehmerische Gelegenheit erkannt wurde. [Siehe zum Bereich der Opportunity Recognition bspw. auch Kirzner (1997); Shane (2000); Shane/Venkataraman (2000); Shane (2003)]

Strukturelle Löcher als unternehmerische Gelegenheit
Aus theoretischer Sicht können sich unternehmerische Gelegenheiten aus der Existenz struktureller Löcher ergeben. Bereits am Markt existierende Unter-

nehmen stehen über ihre jeweiligen Umwelten in Beziehungen zueinander. Sie sind dabei eingebettet in Netzwerkstrukturen im Sinne von Wertschöpfungs-strukturen. Unternehmerische Gelegenheiten ergeben sich an den Randberei-chen unterschiedlicher, bisher nicht verbundener Branchen bzw. an Schnitt-stellen von Branchen. Die Abdeckung eines strukturellen Loches kann die Genese bzw. Entstehung eines neuen, bisher nicht existenten Marktes bedeu-ten. Die Nutzung einer unternehmerischen Gelegenheit durch eine Gründung und somit die Schließung eines strukturellen Loches wird als Go-between-Strategie bezeichnet. In der Theorie erkennt ein Entrepreneur ein strukturelles Loch, entscheidet sich für eine Go-between-Strategie und deckt es durch die Gründung eines Unternehmens ab. [Lechner (2001); Lechner (2003)]

Das Konzept der strukturellen Löcher wurde von Ronald S. Burt entwickelt. [Burt (1992)] Der Erklärungs- und Systematisierungsansatz wurde in unter-schiedlichen Bereichen weiterentwickelt und angewendet wie bspw. bei Hans-son/Husted/Vestergaard (2005) in Bezug auf Wissenschaftsparks.

Abbildung 6 zeigt überblicksartig eine Go-between-Strategie im Sinne der Abdeckung struktureller Löcher am Beispiel des Otto-Versandes.

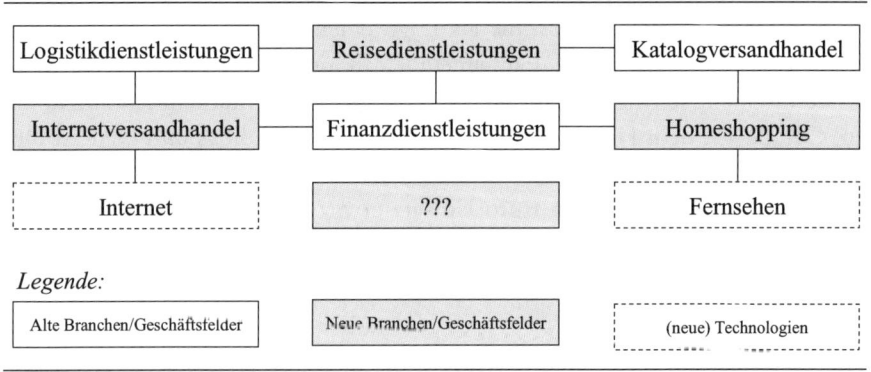

Abbildung 6: Strukturelle Löcher im Netzwerkansatz

Je nach Grad der Detaillierung können strukturelle Löcher in verschiedenen Netzwerken bzw. Bereichen oder Wertschöpfungsstufen identifiziert werden. Strukturelle Löcher können bspw. innerhalb eines bestehenden Industriezwei-ges bzw. Marktes, aber auch zwischen verschiedenen Branchen entstehen bzw. identifiziert werden.

Als Beispiele können Billigfluggesellschaften (No-Frills Airlines), wie bspw. Southwest Airlines, Ryanair oder easyJet genannt werden, die nach dem soge-nannten No-Frills-Konzept operieren und innerhalb der „alten" Branche des

Passagierluftverkehrs ein (vermeintlich) strukturelles Loch geschlossen haben. Der Begriff No-Frills bezeichnet dabei eine Durchführung der wirtschaftlichen Tätigkeit nach dem Minimalprinzip, mit dem ein starkes Kostenbewusstsein und eine starke Senkung der Kosten im Rahmen der Leistungserbringung verbunden sind. Verbunden mit den Minimalleistungen an Bord des Flugzeuges beinhaltet das Geschäftskonzept weitere Maßnahmen zur Sicherung geringer Kosten, z. B. die Verwendung eines einzigen Flugzeugtyps oder zumindest vergleichbarer Flugzeugtypen. Darüber hinaus werden bspw. auch die Bodenstandzeiten der Flugzeuge sowie insbesondere die Verwaltungskosten minimiert.

Tendenziell existieren weniger strukturelle Löcher in reifen Branchen, was einen Mangel an unternehmerischen Gelegenheiten nach sich zieht. Das Konzept der strukturellen Löcher bietet insgesamt ein breites Spektrum an Anwendungsmöglichkeiten zur Verdeutlichung der Erkenntnis und Wahrnehmung von unternehmerischen Gelegenheiten im Rahmen der Wertschöpfungskette eines Unternehmens, aber auch zwischen Branchen und Märkten insgesamt.

Branchentransformation als unternehmerische Gelegenheit
Die größten externen (Wachstums-)Chancen für junge Unternehmen bieten sich vor allem bei einem revolutionären Wandel von Branchenstrukturen (Branchentransformation) wie z. B. der Genese der Internet-Ökonomie, der Biotechnologie oder der Nanotechnologie. Eine **Branchentransformation** lässt sich nach Porter/Rivkin (2000) in die drei Phasen der *Auslöserphase, Unsicherheitsphase* und *Stabilitätsphase* unterteilen. Als **Auslöser** können hierbei *Technologieänderungen, Konsumverhaltensänderungen* und *Deregulierungen* identifiziert werden, wobei die einzelnen Änderungsauslöser auch in Kombination auftreten können. Diese Auslöser bieten jungen Unternehmen zunächst *generelle* Chancen, die Branchentransformation zur Gründung und zum Wachstum eines jungen Unternehmens zu nutzen. In der Auslöser- und Unsicherheitsphase erfolgen zunächst die Einführung und der Test neuer Geschäftsmodelle mit dem Ziel der Partizipation am Wachstum innerhalb der jungen Transformation in der Branche. [Porter/Rivkin (2000); Dowling/Drumm (2003)]

Eine rückblickende Betrachtung der Entwicklungen innerhalb der „dot.com"-Euphorie zeigt, dass viele Geschäftsmodelle eingeführt, getestet und unter partiell hohen finanziellen Verlusten wieder vom Markt genommen wurden. Als Ursachen lassen sich unterschiedliche interne und externe Faktoren erkennen wie z. B. fehlende Managementkompetenzen oder fehlende bzw.

unzureichende Marktpotenziale. Doch es haben sich auch sehr erfolgreiche Geschäftsmodelle mit hohem Wachstum und Wachstumspotenzial am Markt durchgesetzt und zwischenzeitlich weltweite Bedeutung erlangt. Als international bekannte und erfolgreiche Fallbeispiele seien an dieser Stelle Amazon, eBay und Google angeführt. Auch diese Unternehmen wurden innerhalb eines Branchentransformationszyklus Mitte der 1990er-Jahre gegründet. Dabei haben unterschiedliche Wachstumsstrategien den Erfolg der Unternehmen nachhaltig beeinflusst.

2.2.2 Geschäftsidee

2.2.2.1 Begriff der Geschäftsidee

Bei einer Geschäftsidee handelt es sich um einen initiierenden Gedanken als Ausgangspunkt für die Verwirklichung oder Umsetzung einer Existenz- oder Unternehmensgründung. Eine Geschäftsidee beinhaltet zumeist eine gedankliche Problemlösung zum richtigen Zeitpunkt in der richtigen Art und Beschaffenheit. Problemlösungen können sich dabei etwa auf Produkte, Prozesse, Leistungen oder auch Kunden beziehen. Eine Geschäftsidee als Ausgangspunkt für eine Unternehmensgründung kann entstehen durch Zufall, gezieltes Suchen bzw. Entwickeln, die Anwendung einer technischen Entwicklung sowie Kundenprobleme oder -bedürfnisse. Die Abgrenzung, ob eine Geschäftsidee durch Zufall, gezieltes Suchen oder ein konkretes Kundenproblem, wie etwa bei der Gründung von SAP, entstanden ist, dürfte im Einzelfall nicht immer einfach sein.

Geschäftsideen können durch Innovationen und Weiterentwicklungen oder Kopien bestehender Produkte und Dienstleistungen entstehen. In der Praxis dürfte es eher selten vorkommen, dass eine Geschäftsidee grundlegend neu, d. h. noch nicht da gewesen ist. I. d. R. resultieren Geschäftideen aus Weiterentwicklungen oder Imitationen bestehender Produkte oder Dienstleistungen.

Die Übergänge zwischen Innovationen und Weiterentwicklungen oftmals fließend. So kann etwa die Frage, ob es sich bei der Entwicklung des Handys um eine Innovation oder um eine Weiterentwicklung des Telefons handelt, durchaus kontrovers diskutiert werden.

Nicht jede Geschäftsidee wird in ein Start-up transformiert. Nicht selten ziehen potenzielle Gründerpersonen aus Angst vor dem Scheitern eine Tätigkeit in einem abhängigen Beschäftigungsverhältnis vor oder es mangelt an erforderlichen Ressourcen und Netzwerken zur erfolgreichen Realisierung des Gründungsvorhabens. Möglich ist auch, dass die Geschäftsidee undurchführbar oder wirtschaftlich nicht tragfähig ist. Zur Überprüfung der Umsetzbarkeit von Geschäftsideen kann es u. U. hilfreich sein, professionelle Hilfe, etwa von Kapitalgebern oder Gründungsberatungsunternehmen bzw. -institutionen, in Anspruch zu nehmen.

Während im deutschsprachigen Raum vor allem ein Augenmerk auf die Entwicklung von Geschäftsideen gelegt wird, richtet sich der Fokus im angelsächsischen Sprachraum in erster Linie auf das Erkennen und Wahrnehmen von unternehmerischen Gelegenheiten (*entrepreneurial opportunities*). Das Erkennen und Wahrnehmen einer unternehmerischen Gelegenheit durch zufällige Ereignisse kann anhand des Beispiels des US-amerikanischen Fast-Food-Unternehmens McDonald's verdeutlicht werden. Richard und Maurice McDonald führten ein im Jahre 1948 gegründetes Fast-Food-Restaurant, das auf einem einfachen Unternehmenskonzept basierte. Die Besonderheit von McDonald's lag in einem spezifischen, standardisierten Produktangebot (Hamburger, Pommes frites und Getränke). Wesentliche Erfolgsfaktoren des McDonald's-Produktangebotes bestanden in einer schnellen Zubereitung sowie einer Standardisierung der Qualität und günstigen Preisen. Verbunden mit einem freundlichen Service ergab sich ein Schnellrestaurantkonzept, das sich einer regen Nachfrage erfreute. Doch nicht die Brüder McDonald haben ihr eigenes Konzept zu einem Welterfolg vermarktet, sondern Ray Kroc. Im Jahre 1954 wollte der Vertreter für Milchshake-Maschinen Ray Kroc den Brüdern Richard und Maurice McDonald auf seiner Tour lediglich Milchshake-Mixer für deren Restaurant verkaufen. Aber Ray Kroc war von dem Konzept des Restaurants angetan und erkannte das Potenzial sowie die unternehmerische Gelegenheit. Er erwarb von den Brüdern McDonald die Lizenz, Restaurants nach dem gleichen Prinzip eröffnen zu dürfen. Ray Kroc führte mit der Lizenznahme und seiner ersten Gründung eines Restaurants im Jahre 1955 in Des Plaines, Illinois, das Konzept aus seiner lokalen Verankerung in San Bernardino, Kalifornien, dem Ursprungslokal der Brüder McDonald, in die Welt hinaus. Das Beispiel zeigt auch eindrucksvoll, dass ein Unternehmer nicht zwingend selbst ein bestimmtes Konzept bzw. ein Produkt und eine Dienstleistung entwickeln muss. Maßgeblich bestimmend für den globalen Erfolg von Ray Kroc war das Erkennen und Wahrnehmen einer unternehmerischen Gelegenheit bzw. Chance. Denn die Geschäftsidee als solche existierte bereits durch die Brüder McDonald.

2.2.2.2   Entwicklung einer Geschäftsidee

Zur systematischen Entwicklung, Konkretisierung oder Weiterentwicklung einer Geschäftsidee können unterschiedlichste Techniken eingesetzt werden. Als Techniken lassen sich nennen:

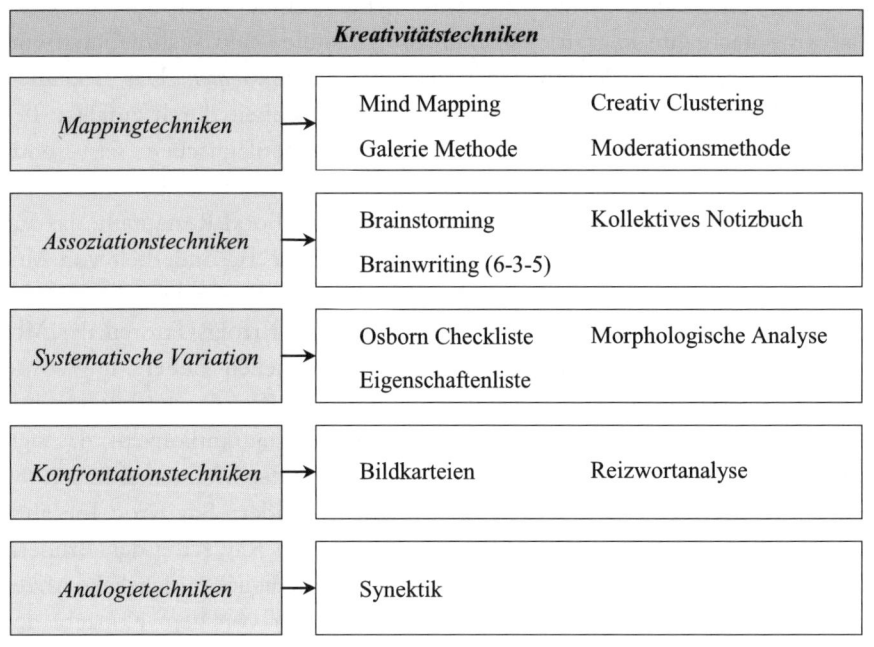

Abbildung 7: Kreativitätstechniken

Prinzipiell sollen die aufgeführten Techniken in strukturierter oder eher unstrukturierter, freier Weise helfen, das kreative Potenzial des Planers zu unterstützen und zu entfalten. Eine detaillierte Erörterung wird an dieser Stelle nicht gegeben. Vielmehr sei auf entsprechende Ausführungen der – teilweise populärwissenschaftlichen – Spezialliteratur verwiesen. Siehe hierzu bspw. Higgins/Wiese (1996); Nöllke (2004); Buzan/Buzan (2005); Vahs/Burmester (2005).

Über die dargestellten Techniken hinaus ist es wichtig, Gespräche mit unterschiedlichsten Personen zu führen. Bedeutsam sind dabei einerseits Gespräche im Freundes- und Bekanntenkreis, die als Anregungen zur Entwicklung einer Geschäftsidee dienen können. Darüber hinaus ist andererseits die Aufnahme von Gesprächen zwischen potenziellen Geschäfts- bzw. Gründungspartnern ein wichtiger Themenkomplex. Ausgangsbasis aller Überlegungen bildet die unternehmerische Gelegenheit und ihre Umsetzung in eine konkrete Geschäftsidee. Auch in diesem Kontext erscheint es sinnvoll, unterschiedlichste Fragen zu stellen, die zu einer Unterstützung des Entwicklungsprozesses beitragen sollen. [Siehe zu weiter gehenden Informationen der strukturierten Gewinnung von Geschäftsideen bspw. Lüthje (2002)]

Mögliche Fragen in diesem Kontext könnten sein:

- Welche Chancen bietet die erkannte unternehmerische Gelegenheit?
- Welche Kunden lassen sich aus der unternehmerischen Gelegenheit ermitteln?
- Welche Kundenbedürfnisse können erfüllt werden?
- Besteht ein konkretes Problem, das es zu lösen gilt?
- Wie kann ein Problem gelöst werden?
- Welche gewöhnlichen und ungewöhnlichen Methoden können zur Lösung des Problems eingesetzt werden?
- Interessiert mich das Problem und wie kann ich zur Lösung beitragen?

2.2.2.3   Evaluierung einer Geschäftsidee

Nach der Entwicklung einer Geschäftsidee sollte die **Evaluierung bzw. Bewertung der Geschäftsidee** vorgenommen werden. Hierbei ist vor allem die Frage von Bedeutung, ob für die Geschäftsidee eine unternehmerische Chance zu ihrer Realisierung besteht. In diesem Kontext kann eine Machbarkeitsstudie (Feasibility Study) hilfreich sein, um zu erkennen, ob eine Geschäftsidee unternehmerisches Potenzial besitzt, bevor ein Businessplan erstellt und das Unternehmen gegründet wird. [Siehe zur Businessplanerstellung Kapitel 3]

Die Bewertung einer Geschäftsidee ist insbesondere abhängig von ihrem Komplexitätsgrad. Eine einfache, bereits am Markt eingeführte und erprobte Idee ist vermeintlich einfacher zu bewerten als eine komplexe, innovative Idee im Hochtechnologiebereich. Allgemein ist die Evaluierung einer Geschäftsidee hinsichtlich des unternehmerischen Potenzials bzw. Chance ein komplexes Themengebiet. Denn selbst wenn eine Analyse der Geschäftsidee vorgenommen wird, kann nicht mit vollständiger Sicherheit vorausgesagt werden, ob dafür ein zukünftiges Markt- bzw. Kundenpotenzial besteht oder nicht.

Es können *subjektive* als auch (möglichst) *objektive Aussagen* bzw. *Einschätzungen über die Marktfähigkeit* gemacht werden. Rein **subjektive Einschätzungen** bewerten eine Geschäftsidee alleine aufgrund von Intuition, möglicherweise zusätzlich auf der Basis von Gesprächen mit Freunden, Bekannten oder anderen Personen. Die Bewertung erfolgt dabei vornehmlich aus einem Bauchgefühl heraus. Demgegenüber kann versucht werden, (möglichst) **objektive Einschätzungen** für eine Bewertung einer Geschäftsidee vorzunehmen. Die Basis dieser Bewertung können bspw. Ergebnisse einer fundierten *Situations- und Umweltanalyse* bilden, die im Hinblick auf die Realisierung einer spezifischen Geschäftsidee von Bedeutung sind. Dabei können im Rahmen der Analyse etwa bestimmte *technologische, ökonomische, rechtliche, kulturelle, ökologische und soziale Umwelt des Unternehmens* sowie potenzielle *Mitarbeiter, Lieferanten, Kapitalgeber, Konkurrenten und insbesondere Kunden* sowie der *Staat* relevant sein. Weiterhin sollte eine Markt- und Wettbewerbsanalyse erstellt werden, die das *Marktpotenzial, Marktvolumen* sowie den *potenziellen Marktanteil* ermittelt. [Siehe zum gesamten Themenkomplex auch Kapitel 4.2.1]

In diesem Kontext können die folgenden Fragen helfen, zu einer Lösung der Problemstellung beizutragen:

- Was ist die konkrete Produkt- bzw. Dienstleistungsfunktion?

- Wie wettbewerbsfähig ist das Produkt bzw. die Dienstleistung im Vergleich zu Konkurrenzangeboten?

- Handelt es sich um eine neue Produkt- bzw. Prozesstechnologie?

- Wie weit entwickelt/ausgereift ist die Technologie?

- Wer sind potenzielle Kunden?

- Existieren rechtliche Beschränkungen bei der Herstellung oder dem Vertrieb des Produktes?

Wesentlich ist, Informationen bspw. über den potenziellen (Ziel-)Markt, die Kunden, die Konkurrenzmärkte, die Konkurrenz- und Substitutionsprodukte sowie den Stand der Technologie zu generieren. Die systematische Erhebung der relevanten Informationen und die Bewertung einer Geschäftsidee erfordern mitunter viel *Zeit, Know-how* und *Kapital*. Weiterhin besteht daneben die Herausforderung, die gesammelten Daten und Einschätzungen möglichst objektiv auszuwerten. Allerdings sind subjektive Einflussfaktoren im Rahmen der Bewertung letztendlich nicht auszuschließen.

Die im Rahmen der Situations- und Umweltanalyse gewonnenen Erkenntnisse können, im Falle einer positiven Entscheidung zur Verwirklichung einer Geschäftsidee, bei der Erstellung des Businessplanes verwendet werden.

Eine Geschäftsidee sollte von den Gründerpersonen in wenigen Sätzen erklärbar sein und in kurzer Form präsentiert werden können. Hierdurch kann auch geprüft werden, ob die Geschäftsidee für Dritte verständlich ist.

2.2.2.4 Präsentation einer Geschäftsidee

Eine Präsentation der Geschäftsidee kann auf unterschiedliche Arten erfolgen. Dabei ist zu fragen, zu welchem Anlass die Geschäftsidee präsentiert werden soll und wer die Zielgruppe der Präsentation bildet. Prinzipiell kann die Erstellung eines Businessplanes bzw. der Businessplan selbst als ein übergeordneter Rahmen zur Präsentation einer Geschäftsidee verstanden werden.

Die Geschäftsidee sollte im Idealfall in höchstens drei Minuten einer dritten Person erklärt werden können, die nicht zwingend über spezifisches Wissen und Know-how verfügen muss. Vielmehr sollte die Geschäftsidee so einfach wie möglich dargestellt werden. Die dritte Person muss in dieser kurzen Zeit informiert und vom Nutzen der Geschäftsidee überzeugt werden können. Diese Vorgehensweise wird auch als **Elevator Pitch** bezeichnet. Es wird dabei eine *virtuelle Fahrstuhlfahrt* bzw. ein kurzer gemeinsamer Zeitraum der Gründer mit einem potenziellen Investor angenommen. Im Rahmen der angenommenen dreiminütigen Fahrstuhlfahrt streben die Gründerpersonen mit der kurzen und präzisen Vorstellung ihrer Geschäftsidee danach, einen potenziellen Investor davon zu überzeugen, dass er sich genauer mit dem Gründungsvorhaben befasst. Im Allgemeinen ist die Zeit potenzieller Investoren begrenzt, um sich mit spezifischen Geschäftsideen zu befassen. Gründerpersonen versuchen hierbei, die Aufmerksamkeit der potenziellen Investoren zu erlangen. Sollte dies gelingen, ist eine schnelle Nutzung der Chance ratsam, denn viele Gründerpersonen stehen im ständigen Wettbewerb zueinander. Daher ist es von grundlegender Bedeutung, Informationen bzw. Botschaften in schneller und einfacher Weise zielgerichtet und wirksam zu vermitteln.

Im Kontext einer Präsentation ist eine zielgerichtete, nachvollziehbare und verständliche Sprachwahl wesentlich. Dabei sollten die Gründerpersonen darauf achten, dass sie nicht in eine spezifische und zu technische Fachsprache, womöglich unter Verwendung von Abkürzungen, verfallen. Gerade Ingenieure und Naturwissenschaftler können mitunter dazu neigen, eine Fokussierung auf zu viele fachlich-technische Details der Geschäftsidee vorzunehmen, die einem Laien jedoch unverständlich sind. Die Sprache sollte grundsätzlich an die jeweilige Zielgruppe angepasst werden, sodass die Geschäftsidee jeweils verständlich wird. Dabei erscheint es vorteilhaft, eher ein sprachlich einfacheres Niveau zu wählen. Technische Aspekte und Lösungen sind dabei nicht als Selbstzweck aufzufassen, sondern im Zusammenhang mit einem direkten Kundennutzen zu sehen. Die Technik ist als ein Instrument zur Realisierung einer Geschäftsidee zu verstehen, die den Kunden, dessen Bedürfnisse und Nutzenbefriedigung in den Mittelpunkt des Interesses stellt. Letztlich zeigt sich der Erfolg einer Geschäftsidee in ihrer wirtschaftlichen Tragfähigkeit, die einem potenziellen Investor verständlich vermittelt werden sollte. In diesem Zusammenhang können Fragen helfen, eine zielgerichtete Präsentation einer Geschäftsidee vorzubereiten:

- Was ist der Kern der Geschäftsidee?

- Wie kann dieser Kern zielgerichtet vermittelt werden?

- Welche Aspekte und Bereiche sind in einer kurzen Präsentation als entscheidende von Bedeutung?

- Ist die Geschäftsidee nachvollziehbar?

- Ist auf eine einfache, zielgerichtete und verständliche Sprachwahl geachtet worden?

- Wem kann die Präsentation zur ersten Übung und Verbesserung vorgeführt werden?

Diese und viele weitere Fragen sollen helfen, den Prozess der Erstellung einer zielgerichteten Präsentation zu strukturieren und somit eine zielgruppenspezifische Präsentation generieren zu können.

2.2.2.5   Geschäftsidee und gewerbliche Schutzrechte

Die Erzeugung von technologischem Wissen und Know-how ist ein bedeutsamer Punkt für junge Unternehmen, da dies zu einem Technologievorsprung und somit in der Umsetzung in marktfähige Produkte zu einem Alleinstellungsmerkmal des Unternehmens führen kann. Dies soll zu einer Sicherung des Unternehmensbestandes und zur Generierung von Wachstum beitragen. Allerdings genügt es nicht, Technologien und innovative Produkte nur zu entwickeln. Vielmehr sind Strategien zur Sicherung dieses Technologie- und Wissensvorsprungs gegenüber anderen Unternehmen durchzuführen. In diesem Sinne ist es sinnvoll, Strategien zum **Patent-, Gebrauchs- und Geschmacksmuster-** sowie **Markenschutz** zu entwickeln und einzusetzen. Darüber hinaus ist weiterhin der Schutz als **Geschäftsgeheimnis** denkbar.

Gerade Patente und Gebrauchsmuster sind ein unerlässliches Instrumentarium zur Sicherung immaterieller Ressourcen durch Forschungs- und Entwicklungsleistungen junger Unternehmen. Das Gebiet des Patent- und

Gebrauchsmusterschutzes ist ein umfassender und vielschichtiger Themenkomplex, sodass an dieser Stelle lediglich auf das theoretische Rahmengerüst Bezug genommen werden kann und eine konkrete Erörterung des Patentantrages bzw. Patenterteilungsprozesses sowie der entsprechenden Gesetze und Verordnungen nicht weiter dargestellt wird. Zur Beantwortung spezieller Fragen sei auf entsprechende Spezialliteratur verwiesen, da je nach Einreichungsland die spezifischen rechtlichen Voraussetzungen zu beachten sind. Siehe für Deutschland bspw. Harke (2000); Götting/Schwipps (2004); Jestaedt (2005) bzw. für eine Einführung in das europäische Patentrecht Dybdahl (2004).

Patent

Zunächst muss sich ein junges Unternehmen grundsätzlich fragen, ob eine Patentierung überhaupt gewollt ist. Dabei sind mögliche Vorteile und Nachteile gegeneinander abzuwägen und zu prüfen, ob es möglicherweise auch vorteilhaftere Alternativen gibt.

Unter einem **Patent** wird ein gewerbliches Schutzrecht verstanden. Dieses Schutzrecht gewährt ein ausschließliches Recht zur gewerblichen Nutzung eines technischen Verfahrens bzw. Prozesses oder eines technischen Produktes während einer definierten Zeitperiode. Hierzu bedarf es einer Patentanmeldung und einer entsprechenden Patentprüfung bei einem Patentamt, welche zu einer Anerkennung oder Ablehnung des Patentes führt. Patentanmeldungen können bei den nationalen Patentämtern oder bei übernationalen Patentämtern wie bspw. innerhalb der Europäischen Union beim Europäischen Patentamt zur Prüfung eingereicht werden. Dabei bilden je nach Ort der Einreichung unterschiedliche Patentgesetze und Auflagen die Basis zur Prüfung des Patentes. [Götting/Schwipps (2004); Jestaedt (2005)]

Die Vergabe von Patenten ist an unterschiedliche Kriterien, Auflagen bzw. Gesetze geknüpft. In Deutschland ist das maßgebliche Gesetz im Bereich der Patente das Patentgesetz (PatG). Nach § 1 Abs. 1 PatG werden Patente für Erfindungen erteilt, die neu sind, auf einer erfinderischen Tätigkeit beruhen und gewerblich anwendbar sind. Von Bedeutung ist hierbei dabei auch der § 3 PatG. Nach § 3 PatG gilt eine Erfindung als neu, wenn sie nicht zum Stand der Technik gehört. Der Stand der Technik umfasst alle Kenntnisse, die vor dem für den Zeitrang der Anmeldung maßgeblichen Tag durch schriftliche oder mündliche Beschreibung, durch Benutzung oder in sonstiger Weise der Öffentlichkeit zugänglich gemacht worden sind.

Somit können Patente prinzipiell nur für *Erfindungen* erteilt werden, die noch nicht dem Stand der Technik entsprechen und somit als *neu* zu bezeichnen sind sowie weiterhin auf einer *erfinderischen Tätigkeit* (unter Beachtung einer spezifischen Erfindungshöhe) beruhen und *gewerblich* anwendbar sind. Als wichtigste Voraussetzung eines Patentes gilt, dass es sich um eine *Erfindung* handelt. Hierbei ist die Definition bzw. Interpretation dieses Begriffs nicht ganz einfach. Das europäische Patentrecht beschreibt z. B. lediglich, wann eine Erfindung als Patent angemeldet werden kann. Dies ist der Fall, wenn die Erfindung eine *technische Lösung eines technischen Problems* ist. Der Begriff der Erfindung bildet somit die Ausgangsbasis aller Prüfungen. Nach § 4 PatG gilt eine Erfindung auf einer erfinderischen Tätigkeit beruhend, wenn sie sich für den Fachmann nicht in naheliegender Weise aus dem Stand der Technik ergibt. In diesem Kontext ist der Begriff der Erfindung gegen den Begriff der Entdeckung abzugrenzen. Entdeckungen basieren auf der Generierung von Erkenntnissen über die Funktionsweise eines Objektes. Diese sind nach § 1 Abs. 3 Nr. 1 PatG nicht patentfähig. Jedoch ist die technische Realisierung einer Entdeckung als Erfindung möglich, sofern diese nicht durch die landes-spezifischen Gesetze als nicht patentfähig ausgewiesen werden. Es können somit technische Verfahren patentiert werden, die eine Nutzung bzw. An-wendung von Entdeckungen ermöglichen. Je nach Patentgesetz existieren prinzipiell einige Ausnahmen, die generell nicht als Patent anerkannt werden können, sei es, weil sie nicht im Sinne einer Erfindung, sondern vielmehr im Sinne einer Entdeckung gesehen werden, oder gegen die guten Sitten versto-ßen. Beispielsweise ist die *Patentierung eines Perpetuum mobile prinzipiell ausgeschlos-sen*, da eine solche Maschine nicht existieren kann. Nach § 2a Abs. 1 PatG werden für Pflanzensorten und Tierrassen sowie im Wesentlichen biologische Verfahren zur Züchtung von Pflanzen und Tieren keine Patente erteilt. Eine technische Erfindung, die bspw. aus einer Pflanzensorte in Form eines Medi-kamentes bzw. Wirkstoffes realisiert wird, ist jedoch patentierbar. Generell sind nach § 1 Abs. 3 PatG Entdeckungen sowie wissenschaftliche Theorien und mathematische Methoden, ästhetische Formschöpfungen, Pläne, Regeln und Verfahren für gedankliche Tätigkeiten, für Spiele oder für geschäftliche Tätigkeiten sowie Programme für Datenverarbeitungsanlagen, die Wiedergabe von Informationen nicht patentierbar. Hieraus ergibt sich, dass die Idee eines Geschäftsmodells nach deutschem Recht nicht patentierbar ist. Ein komple-xes, umstrittenes Themengebiet ist der Bereich der Patente für Programme für Datenverarbeitungsanlagen, die Patentierung von Software.

Unter bestimmten Voraussetzungen ist eine Patentierung von Software möglich. Dieser Sachverhalt gestaltet sich aber sehr komplex und wird nachfolgend nur kurz erörtert. Software kann dann patentierbar sein, wenn sie ein technisches Problem mit technischen Mitteln löst. Wichtig nach den Entscheidungen des Bundesgerichtshofes (BGH) ist, ob ein technisches Problem benannt werden kann, das von einer Erfindung gelöst wird. Software als solche ist dem Gesetze nach nicht patentfähig. Zwar ist Software an sich prinzipiell technisch, dies alleine ist allerdings nicht ausreichend. Denn wichtig für die Patenterteilung ist, dass diese auch ein technisches Problem löst. Hier herrscht ein hoher Interpretationsspielraum und es existieren unterschiedliche rechtliche Entscheidungen. Allgemein ist die Patentierung von Software ein oftmals umstrittenes Thema. Die Europäische Union versucht, durch Verordnungen und Gesetze einheitliche Regelungen zu erzeugen. Eine Vereinheitlichung ist bisher allerdings noch nicht getroffen worden. In diesem Kontext ist hervorzuheben, dass in den USA generell eine Patentierung von Software und sogar von Geschäftsmethoden möglich ist. Zur Vertiefung des gesamten Themenkomplexes Patentierung von Software sei auf die aktuelle Diskussion sowie die jeweilige Spezialliteratur verwiesen. [Z. B. Haase (2003); Blind (2003)]

Wenn ein Patent eingereicht, geprüft und erteilt wird, erfolgt eine Eintragung in das Patentregister der jeweiligen Länder. In diesem Zusammenhang wird das Patent veröffentlicht und anderen Personen und Institutionen zur Einsicht freigegeben. Somit wird auf diese Weise auch zu einer Erweiterung des Standes der Technik beigetragen. Diese Vorgehensweise erweitert den Erfahrungs- und Wissensschatz einer Gesellschaft.

Ein Patent stellt prinzipiell ein Monopol der ausschließlichen Verwendung eines Verfahrens oder eines Produktes über eine definierte Zeit dar. In Deutschland umfasst die Schutzdauer eines Patentes nach § 16 Abs. 1 PatG 20 Jahre, die mit dem Tag beginnen, der auf die Anmeldung der Erfindung folgt. Ziel der Gewährung von Patenten ist die Schaffung eines Anreizes im Rahmen der erfinderischen Tätigkeit. Als ein theoretischer Vorteil des Instrumentariums *Patent* ist die Schaffung eines Anreizes zur Tätigung von Investitionen zu sehen, da diese Investitionen bei Gewährung eines Patentes im Sinne eines Investitionsschutzes aufgefasst werden können. Während der Patentzeit kann durch den Schutz eine Amortisation der Investitionen und eine Erzielung von (Monopol-)Gewinnen erfolgen. Dabei ist anzumerken, dass der Patentinhaber als Monopolist zu sehen ist, dem eine alleinige Preisgestaltung ermöglicht wird. Aus der Sicht junger Unternehmen kann dies zu einer Sicherung des Unternehmensbestandes beitragen. Aus der Sicht des Kunden führt dies allerdings mitunter zu einer Zahlung erhöhter Preise im Sinne einer Überkompensation der spezifischen Investitionen. Dabei ist auf die Wahrnehmung des Preises durch die Kunden zu achten. Somit ist die Beachtung der Preiselastizität und etwaiger Substitutionsprodukte in der Gestaltung der Marketingstrategien junger Unternehmen bzw. Patentinhaber von hoher Bedeutung. [Siehe zur Preiselastizität die Ausführungen in Kapitel 4.2.5.2]

Die Einreichung eines Patentes ist ein komplexer und mitunter langwieriger Prozess. Aus diesem Grunde ist gerade jungen Unternehmen ein Patentanwalt zu empfehlen, sofern keine internen Ressourcen im Sinne eines hohen rechtlichen Know-hows in diesem Bereich bestehen. Die korrekte Anmeldung eines Patentes ist von höchster Wichtigkeit, da dieses die Grundlage einer Wachstumsstrategie bildet, die über das technische Produkt oder Verfahren realisiert werden soll. In diesem Zusammenhang dürfen keine formalen oder rechtlichen Fehler begangen werden, die bspw. eine Anfechtung des Patentes zur Folge haben könnten. Gerade junge Unternehmen sind durch ihre zugeschriebene Ressourcenknappheit in der operativen Ausführung eines Patentantrages mitunter in Bezug auf das Know-how überfordert. Auch sollte genügend Zeit in die Antragsstellung, von der Vorrecherche bis hin zur eigentlichen Antragsstellung, investiert werden. Und dies kann bei jungen Unternehmen aufgrund unterschiedlicher Zielkonflikte zu einem Problem werden. Zunächst muss in einem ersten Schritt generell geklärt werden, ob die technische Erfindung als eine solche gewertet werden kann oder ob es sich um eine Entdeckung handelt. Weiterhin ist der Stand der Technik zu erheben und zu prüfen, ob es sich um eine neue Erfindung handelt. Danach ist zu prüfen, ob eine Patentierung gegen etwaige gesetzliche Restriktionen wie z. B. gegen die guten Sitten verstößt. Der Prozess der Prüfung wird zwar durch die einzelnen Patentämter vorgenommen, dies entbindet den Einreicher des Patentes jedoch nicht von der Pflicht zu einer Vorrecherche, um etwaige Probleme zu antizipieren. Bisweilen kann bei jungen Unternehmen bspw. nicht gewartet werden, bis die Patentschrift in positiver Weise vorliegt. Vielmehr sollte eine nahezu vollständige Antizipierung des Patentprüfungsprozesses vorgenommen werden, um die Prüfungszeit bereits zum Aufbau von Produktionskapazitäten oder zur Suche von etwaigen Lizenznehmern zu nutzen.

Doch im Rahmen der Patentanmeldung existiert über die zuvor angegebenen Prüfungsschritte eine generelle, eher vorangehende Frage, die sich ein junges Unternehmen stellen muss: Ist eine Patentierung überhaupt gewollt und vorteilhaft oder gibt es noch andere, vielleicht in diesem Falle vorteilhaftere Alternativen?

Gebrauchsmuster

Über das Patent hinaus besteht die Möglichkeit der Anmeldung eines **Gebrauchsmusters**. Maßgeblich ist hier das Gebrauchsmustergesetz (GebrMG). Das Gebrauchsmuster wird manchmal auch als *kleines Patent* bezeichnet, wobei diese Bezeichnung irreführend sein kann. Denn zwischen dem Patent und dem Gebrauchsmuster existieren einige essenzielle Unterschiede. Beim Gebrauchsmuster wird im Gegensatz zum Patent eine *geringere Erfindungshöhe* zur Erteilung der Schutzwürdigkeit angenommen. Nach § 1 Abs. 1 GebrMG werden als Gebrauchsmuster Erfindungen geschützt, die neu sind, auf einem erfinderischen Schritt beruhen und gewerblich anwendbar sind. Wichtig ist, dass es sich lediglich um einen *erfinderischen Schritt* handeln muss. Hingegen werden gemäß § 1 Abs. 1 PatG Patente für Erfindungen erteilt, die neu sind, auf einer erfinderischen Tätigkeit beruhen und gewerblich anwendbar sind. Im Patentgesetz ist demnach von einer *erfinderischen Tätigkeit* die Rede, nicht von einem *erfinderischen Schritt* wie im Gebrauchsmustergesetz. Es wird somit in Gebrauchsmustergesetz eine geringere Erfindungshöhe angenommen.

Ein wichtiger Unterschied zwischen einem Gebrauchsmuster und einem Patent ist, dass bei Gebrauchsmustern nach § 2 Nr. 3 GebrMG *keine Verfahren* geschützt werden können. Dies ist alleine bei Patenten möglich. Zu beachten ist hierbei allerdings, dass aktuell auch nicht alle Verfahren patentierbar sind. Denn nach § 2 Abs. 2 PatG sind bspw. Verfahren zum Klonen von menschlichen Lebewesen oder Verfahren zur Veränderung der genetischen Identität der Keimbahn des menschlichen Lebewesens nicht patentierbar.

Nach § 8 Abs. 1 GebrMG wird bei Gebrauchsmustern *keine umfassende* Prüfung der Einreichung auf Neuheit, den erfinderischen Schritt und die gewerbliche Anwendbarkeit des § 1 Abs. 1 GebrMG vorgenommen. Vielmehr werden lediglich *formelle Kriterien* der Einreichung geprüft und das Gebrauchsmuster eingetragen, sofern keine formellen Fehler bzw. Tatbestände vorliegen. In diesem Zusammenhang ist allerdings darauf hinzuweisen, dass mitunter eine *Rangfolgeproblematik* bestehen kann. Bei Gebrauchsmustern kann sich aufgrund einer lediglich formellen Voraussetzungsprüfung ein Problem ergeben, dass mitunter mehrere Gebrauchsmuster eingetragen wurden, die identisch sind bzw. einen nahezu identischen Schutzanspruch beschreiben. In diesem Falle besteht der Schutzanspruch (prinzipiell) bei dem zuerst eingetragenen

Gebrauchsmuster. Um etwaige Rechtsansprüche durchsetzen zu können und sicherzustellen, dass das Gebrauchsmuster wirklich einen rechtlichen Schutz gewährt, ist eine umfassende Recherche vor der Einreichung zu vollziehen. Auch wird so gewährleistet, dass keine Verletzungen von vorrangigen Gebrauchsmustern Dritter bestehen.

Nach § 23 Abs. 1 GebrMG beginnt die Schutzdauer eines eingetragenen Gebrauchsmusters mit dem Anmeldetag und endet zehn Jahre nach Ablauf des Monats, in den der Anmeldetag fällt. Die Aufrechterhaltung des Schutzes wird nach § 23 Abs. 2 GebrMG durch Zahlung einer Aufrechterhaltungsgebühr für das vierte bis sechste, siebte und achte sowie für das neunte und zehnte Jahr, gerechnet vom Anmeldetag an, bewirkt. Die Aufrechterhaltung wird im Register vermerkt. Wird die Gebühr nicht rechtzeitig entrichtet, so erlischt nach § 23 Abs. 3 Nr. 2 GebrMG das Gebrauchsmuster.

Geschmacksmuster

Bei einem **Geschmacksmuster** handelt es sich um ein gewerbliches Schutzrecht für die *Form- und Farbgebung bei Innovationen auf ästhetischem Gebiet*. Geregelt ist dies im Gesetz über den rechtlichen Schutz von Mustern und Modellen – Geschmacksmustergesetz (GeschmMG) mit Geltung ab 1. 6. 2004.

Der Schwerpunkt bei Geschmacksmustern liegt im Bereich der gewerblich-innovativen Formgebung. Der Geschmacksmusterschutz erfasst nach § 1 Nr. 1 GeschmMG zweidimensionale oder dreidimensionale Erscheinungsformen eines ganzen Erzeugnisses oder eines Teils davon. Die Erscheinungsform kann sich insbesondere aus den Merkmalen der Linien, der Konturen, der Farben, der Gestalt, der Oberflächenstruktur oder aber der Werkstoffe des Erzeugnisses selbst bzw. seiner Verzierung ergeben. Ein Erzeugnis nach § 1 Nr. 2 GeschmMG ist jeder industrielle oder handwerkliche Gegenstand, einschließlich Verpackung, Ausstattung, grafischer Symbole und typografischer Schriftzeichen sowie von Einzelteilen, die zu einem komplexen Erzeugnis zusammengebaut werden sollen. Dabei gilt ein Computerprogramm nicht als Erzeugnis.

Der Geschmacksmusterschutz gewährt dem Inhaber das ausschließliche Recht, das Erzeugnis zu benutzen und Dritten zu verbieten, es ohne Zustimmung zu benutzen. Benutzung in diesem Sinne ist insbesondere die Herstellung, das Anbieten, das Inverkehrbringen, die Einfuhr, die Ausfuhr, der Gebrauch eines Erzeugnisses, in das das Erzeugnis aufgenommen oder bei dem es verwendet wird, und der Besitz eines solchen Erzeugnisses zu den genannten Zwecken.

Bei einem Geschmacksmuster handelt es sich um ein Registrierrecht, bei dem das Deutsche Patent- und Markenamt (DPMA) vor der Eintragung nicht nachprüft, ob die materiellen Schutzvoraussetzungen gegeben sind. Es werden lediglich die formalen Voraussetzungen geprüft. Der Schutz entsteht nach § 27 Abs. 1 GeschmMG mit der Eintragung in das Register. Die Schutzdauer des Geschmacksmusters beträgt nach § 27 Abs. 2 GeschmMG maximal 25 Jahre, gerechnet ab dem Anmeldetag. Dabei ist jedoch zu beachten, dass die Aufrechterhaltung des Schutzes durch Zahlung einer Aufrechterhaltungsgebühr jeweils für das 6. bis 10., 11. bis 15., 16. bis 20. und für das 21. bis 25. Jahr der Schutzdauer bewirkt wird (§ 28 GeschmMG).

Marke

Die Generierung einer Marke kann eine zentrale Erfolgsstrategie für ein junges Unternehmen sein, wie dies in der Vergangenheit etwa *Red Bull* oder *Starbucks* gezeigt haben. Wichtig ist, dass ein junges Unternehmen frühzeitig eine Markenstrategie entwickelt. Denn gerade über einprägsame Namen kann auch ein Alleinstellungsmerkmal für das Unternehmen geschaffen werden.

Das Gesetz über den Schutz von Marken und sonstigen Kennzeichen – Markengesetz (MarkenG) umfasst nach § 1 den Schutz von Marken, geschäftlichen Bezeichnungen sowie geografischen Herkunftsangaben. Bei geschäftlichen Bezeichnungen ist auch § 5 MarkenG bedeutsam.

Rechtliche Ansprüche aus Marken bzw. der Schutz von Marken können in Deutschland auf unterschiedliche Weise bestehen. In diesem Kontext sind *Eintragungsmarken* und *Verkehrsgeltungsmarken* zu unterscheiden. Bei **Eintragungsmarken** entsteht der Markenschutz nach § 4 Nr. 1 MarkenG durch Eintragung eines Zeichens in das Register des Deutschen Patent- und Markenamtes (DPMA). Eine Eintragung bedarf der Beachtung der Vorschriften des Markengesetzes und der praktischen Anordnungen des DPMA. Nach § 3 Abs. 1 MarkenG können als Marke alle Zeichen, insbesondere Wörter einschließlich Personennamen, Abbildungen, Buchstaben, Zahlen, Hörzeichen, dreidimensionale Gestaltungen einschließlich der Form einer Ware oder ihrer Verpackung sowie sonstige Aufmachungen einschließlich Farben und Farbzusammenstellungen geschützt werden, die geeignet sind, Waren oder Dienstleistungen eines Unternehmens von denjenigen anderer Unternehmen zu unterscheiden. Hierbei ist die Wahl spezieller Klassen für eine Marke zu beachten. Eingetragene Marken haben *keine allgemeine und umfassende Gültigkeit für alle Produkt- und Dienstleistungsbereiche.* Vielmehr kann eine eingetragene Marke (prinzipiell) nur für eine *begrenzte Anzahl von Produkt- und Dienstleistungsklassen* eingetragen werden. Somit erstreckt sich der Schutz durch die Eintragung der Marke lediglich auf die eingetragenen Klassen. Dies bedeutet einerseits, dass für die Marke in den eingetragenen Klassen ein Schutz besteht. Andererseits kann eine Marke allerdings auch mehrfach von unterschiedlichen Nutzern eingetragen und verwendet werden, wenn dies für unterschiedliche Klassen erfolgt.

Nach § 47 MarkenG in Verbindung mit § 33 MarkenG beginnt die Schutzdauer mit dem Anmeldetag der Marke beim DPMA (Tag des Eingangs der vollständigen Unterlagen beim DPMA) und endet nach zehn Jahren. Die Schutzdauer kann durch die Begleichung einer Gebühr jeweils um weitere zehn Jahre verlängert werden. Dabei ist eine Verlängerung prinzipiell unendlich oft möglich. In diesem Kontext ist jedoch anzumerken, dass eine Marke verwendet und die Marke somit gepflegt werden muss, um eine Löschung der Marke wegen Nichtverwendung zu vermeiden. Dabei kann nach § 49 Abs. 1 MarkenG die Eintragung einer Marke auf Antrag wegen Verfalls gelöscht werden, wenn die Marke nach dem Tag der Eintragung innerhalb eines ununterbrochenen Zeitraums von fünf Jahren nicht gemäß § 26 MarkenG benutzt worden ist. Der Markenschutz besteht nicht nur für die Marke bzw. das Zeichen an sich, sondern umfasst auch ähnliche Zeichen eines Geltungsbereiches. Somit ist die Marke auch gegen kleinere, ähnliche Abwandlungen geschützt.

Weiterhin sollen in diesem Kontext die **Verkehrsgeltungsmarken** bzw. **Marken mit notorischer Bekanntheit** aufgeführt werden. Ein Markenschutz entsteht nach § 4 Nr. 2 MarkenG auch durch die Benutzung eines Zeichens im geschäftlichen Verkehr, soweit das Zeichen innerhalb beteiligter Verkehrskreise als Marke Verkehrsgeltung erworben hat. Darüber hinaus entsteht nach § 4 Nr. 3 MarkenG ein Markenschutz durch die im Sinne des Artikels 6bis der Pariser Verbandsübereinkunft zum Schutz des gewerblichen Eigentums (Pariser Verbandsübereinkunft) notorische Bekanntheit einer Marke.

Eine Marke kann somit auch ohne eine Eintragung als Marke gesehen werden, wenn das verwendete Zeichen innerhalb beteiligter Verkehrskreise als Marke Verkehrsgeltung erworben hat. In diesem Kontext kann ein Markenschutz auch angenommen werden, sofern die Marke (allgemeine) Bekanntheit erworben hat. Hierzu ist eine weite Verbreitung der Marke in der Zielgruppe anzunehmen. Dies kann unterstellt werden, wenn der Kunde das Produkt oder Dienstleistung dem Unternehmen bzw. den Markeninhaber eindeutig zuordnen und identifizieren kann. [Berlit (2005)]

Im Kontext junger Unternehmen ist zunächst die spezielle Eintragung einer Marke im Sinne einer Eintragungsmarke empfehlenswert. Das Verfahren der Eintragung einer Marke ist i. d. R. unkompliziert und relativ einfach zu bewerkstelligen. Auch ist die Eintragung und Sicherung der Marke nicht mit hohen finanziellen Aufwendungen verbunden. Aktuell sind in Deutschland bei einer Markenanmeldung von bis zu drei Klassen 300 Euro zu entrichten, ggf. entstehen weitere Gebühren, wenn zusätzliche Leistungen in Anspruch genommen werden. Die Eintragung einer Marke stellt einen prinzipiell gesicherten rechtlichen Schutz dar. Allerdings kann es vorkommen, dass trotzdem Streitigkeiten in Bezug auf die Verwendung einer Marke aufkommen können. Auch kann der Rechtsanspruch mitunter als nicht gültig angesehen werden. Auf diese Spezialfälle kann an dieser Stelle nicht eingegangen werden. Verkehrsgeltungsmarken bzw. Zeichen, die über eine weite Verbreitung Bekanntheit erworben haben und im Sinne einer Marke gesehen werden können, kommen im Kontext junger Unternehmen eher selten vor und sollen daher an dieser Stelle auch nicht weiter vertieft werden.

Geschäftsgeheimnis

Prinzipiell besteht neben der Entscheidung eine Erfindung als Patent oder ggf. als Gebrauchsmuster anzumelden weiterhin die Möglichkeit, die Erfindung einfach als **Geschäftsgeheimnis** zu behandeln. Hierbei wird einerseits zwar keine Monopolstellung bzw. Schutz der Investitionen getätigt, andererseits erfolgt aber auch keine Veröffentlichung des Patentes und somit kann die Erfindung prinzipiell lediglich durch den Erfinder selbst verwendet werden. Hierbei ist jedoch anzumerken, dass das technische Produkt nicht durch ein *Reverse Engineering* kopierbar sein sollte. Auch darf durch diese Vorgehensweise bspw. nicht auf eine geheime technische Verfahrensweise geschlossen werden.

Als Gefahr kann in diesem Zusammenhang der Verrat von Geschäftsgeheimnissen durch Mitarbeiter genannt werden. Es ist dafür zu sorgen, dass zum einen eine positive Unternehmenskultur besteht, die die Gefahr einer Weitergabe von Geschäftsgeheimnissen minimiert. Darüber hinaus ist durch rechtliche Maßnahmen, wie bspw. vertragliche und nachvertragliche Geheimhaltungsklauseln, zu einer Reduzierung eines potenziellen Schadens beizutragen. Jedoch kann ein Verrat von Betriebsgeheimnissen gerade für junge Unternehmen unternehmenskritisch sein, wenn das Geschäftsgeheimnis einen essenziellen Bestandteil des Unternehmenskonzeptes ausmacht. Weiterhin besteht eine Gefahr in der Möglichkeit, dass das Geschäftsgeheimnis nach einem Verrat von Mitarbeitern des jungen Unternehmens durch diese selbst bzw. durch Dritte zu einem Patent angemeldet wird. Zumindest nach deutschem Recht darf die Nutzung in den bestehenden Unternehmensteilen weiter im Sinne eines Vorbenutzungsrechtes erfolgen. Jedoch kann mitunter ein Export des Produktes oder der Verfahrensweise in andere Länder, in denen das Patent durch Dritte angemeldet wurde, untersagt werden. Bisweilen können Schadenersatzansprüche entstehen. Als Gegenmaßnahme bei einem Verrat von Geschäftsgeheimnissen, die prinzipiell patentierbar sind, kann eine Veröffentlichung der Geschäftsgeheimnisse angeraten werden. Dies führt dazu, dass das Geschäftsgeheimnis zum Stand der Technik wird und nicht mehr neu ist. Somit kann die Erfindung (Geschäftsgeheimnis) nicht mehr als Patent eingetragen werden, da der Neuheitsaspekt nicht besteht. Bei der Veröffentlichung reicht es auch aus, wenn dies nur in kleinen Ausmaßen bspw. auf einer Messepräsentation geschieht.

Die Strategie etwas als Geschäftsgeheimnis zu behandeln, kann nicht zwingend als unvorteilhafte Strategie bezeichnet werden. Vielmehr sind die einzelnen Vor- und Nachteile vor dem Hintergrund der spezifischen Situation eines jungen Unternehmens gegeneinander abzuwägen. Über diese Vorgehensweise hinaus können Geschäftsgeheimnisse prinzipiell als vorteilhaft gesehen werden, wenn die Erfindung aufgrund der Vorschriften der einzelnen Patentgesetze überhaupt nicht patentierbar ist. Dies ist als Beispiel bei Rezepten der Fall. Rezepte im Gastronomie- bzw. Lebensmittelbereich, die ein Alleinstellungsmerkmal eines Produktes eines jungen Unternehmens ausmachen, können nicht zum Schutz patentiert werden. Hier besteht die einzige Strategie in der Geheimhaltung des Rezeptes. Gleichermaßen ist die generelle Patentierung einer Geschäftsidee nicht möglich. Zur Sicherung einer Geschäftsidee können einerseits konkrete technische Erfindungen patentiert werden, die den Kern der Geschäftsidee sowie einen Wettbewerbsvorteil bilden sollen. Anderseits ist ansonsten über eine spezifische Ressourcenkombination einzelner Bereiche und Strategiearten des jungen Unternehmens dafür zu sorgen, dass ein Wettbewerbsvorteil und eine Sicherung des Unternehmens sowie des Wachstums realisiert werden kann. In diesem Zusammenhang kann wieder die Interdependenz und Ganzheitlichkeit einzelner Strategiearten, Instrumente und Vorgehensweisen verdeutlicht werden. Eine Wissenssicherungsstrategie kann zu einer Sicherung der Produkte und Verfahrensweise beitragen helfen, jedoch ist diese Strategiewahl nicht alleine ein Garant unternehmerischen Erfolges. Vielmehr ist dies ein Teilbereich interdependenter Unternehmens- und hierbei im Speziellen von Wachstumsstrategien. Es ist ein holistischer (ganzheitlicher) Ansatz bzw. eine holistische Sichtweise zu verfolgen.

2.3 Innovation

Zwischen den Themenbereichen Entrepreneurship und Innovation besteht ein enger Zusammenhang. Dabei sieht Peter F. Drucker den Bereich der Innovation als ein spezifisches Instrument von Entrepreneurship:

> *„Innovation is the specific instrument of entrepreneurship. It is the act that endows resources with a new capacity to create wealth. Innovation, indeed, creates a resource."* *[Drucker (2004), S. 27]*

Im Sinne dieses Zitates von Drucker können Innovationen im Kontext von Entrepreneurship *Wohlstand generieren* (wealth creation). Dabei entstehen neue Ressourcenkombinationen. In erweiterter Betrachtung übernehmen die Entrepreneure durch die Schaffung von Wohlstand somit auch eine gesellschaftliche Verantwortung (social responsibilty).

2.3.1 Invention, Innovation und Imitation

Invention

Der Terminus *Innovation* ist von den Begriffen *Invention* und *Imitation* abzugrenzen. Unter einer **Invention** wird im Allgemeinen die *Erfindung* bzw. *Entdeckung* einer *erstmaligen technischen Realisierung einer Problemlösung* verstanden. Vielfach bilden kreative Ideen oder spontane Einfälle die Grundlage für die Entstehung von Inventionen. Dabei ermöglichen Erfindungen als Vorstufe einer Innovation neue und nützliche Anwendungen. Inventionen können geplant oder ungeplant entstehen. Geplante Inventionen erfordern ein systematisches, zielgerichtetes Vorgehen. Ungeplant können Inventionen aufgrund von Zufällen entstehen. Die Qualität einer Invention lässt sich allerdings nicht danach bemessen, ob diese Invention geplant war oder nicht. Beispielsweise sind zahlreiche Schlüsselinventionen durch Zufälle und somit ungeplant entstanden. Vielfach werden Erfindungen als zufällig qualifiziert, die in Wahrheit jedoch durch bewusstes oder unbewusstes Beschäftigen mit der Materie entstanden sind. So entspricht die weitverbreitete Auffassung, dass Thomas Edison die Idee der Glühbirne als zufälliger Einfall über Nacht gekommen sei, nicht den Tatsachen. Aus Edisons Laborbüchern geht hervor, dass er systematisch an der Innovation der Glühbirne gearbeitet hat, denn Edison ist nicht der Erfinder der Glühbirne an sich. Vielmehr hat er sie ausgehend von einer bereits bestehenden Invention zur Marktreife weiterentwickelt und verbessert.

Inventionen erfordern einerseits eine intensive Beschäftigung mit der Materie, andererseits auch eine gewisse Distanz, damit neue Lösungen überhaupt ins

Blickfeld gelangen können. Sie sind nicht auf Befehl produzierbar, sondern benötigen oft einige Zeit der Reife. In diesem Kontext wird manchmal auch die Geschwindigkeit, in der neue Produkte erfunden werden und zur Marktreife gelangen, gerade von jungen Unternehmern überschätzt. Nach einer Studie von Deloitte & Touche (2004) lag die durchschnittliche Produktentwicklungs- und -einführungszeit von der ersten Konzeptidee bis zur Markteinführung im Jahr 2004 bei 15,5 Monaten. In der Studie wurden weltweit 650 Fertigungsunternehmen untersucht. Die Einführung neuer Produkte und Dienstleistungen wird in den einzelnen untersuchten Branchen als zentraler Faktor für das Unternehmenswachstum im Zeitraum 2004–2007 gesehen. Untersucht wurden die Branchen Automobilbau, Konsumgüter, Einzelfertigung, Hochtechnologie, Telekommunikation, Life Sciences, Prozessindustrie und Chemie. Bis zum Jahr 2007 soll der Umsatzanteil der in den letzten drei vorausgehenden Jahren eingeführten neuen Produkte 34 Prozent betragen. Dies ist ein ambitioniertes Ziel, denn der Umsatzanteil lag im Jahr 1998 bei 21 Prozent. Um dieses Ziel zu erreichen, soll die durchschnittliche Produktentwicklungs- und -einführungszeit im Jahr 2007 12,8 Monate betragen. Dieser Druck, der vornehmlich von etablierten Unternehmen bzw. Großunternehmen ausgeht, wird sich vermutlich auch auf junge Unternehmen auswirken. Der Bereich der Innovation wird immer bedeutender. Doch dazu bedarf es auch grundlegender Inventionen und Grundlagentechnologien, deren Entwicklung bis zur Marktreife aber eine lange Zeit in Anspruch nehmen kann. Das Beispiel der Invention der Charge-Coupled-Device-(CCD)Technologie zeigt, wie lange es dauern kann, bis Erfindungen zu massenmarkttauglichen Produkten gelangen.

Die CCD-Technologie, die Lichtmuster in nutzbare digitale Informationen transformiert, bildet die Basis für moderne Bildgebungsverfahren. Die derzeit am Markt erkennbare Auswirkung ist der Einsatz dieser Technologie bspw. in Digitalkameras, Videokameras, Barcode-Lesern sowie Scannern und Fotokopierern. Entwickelt wurde die CCD-Technologie an den Bell Labs im Jahre 1969 von den beiden Wissenschaftlern Willard Boyle und George Smith. 1970 setzten sie die CCD-Technologie erstmals in einer Videokamera ein. 1975 demonstrierten die beiden die erste CCD-Kamera mit einer Bildqualität, die gut genug war, um bei einer Fernsehaufnahme eingesetzt zu werden. 1983 wurden erstmals Teleskope mit CCD-Kameras ausgestattet, die es Astronomen ermöglichten, Objekte zu studieren, die tausendmal feiner waren, als es die bis dahin existierenden sensibelsten fotografischen Platten aufnehmen konnten. Weiterhin ermöglichte der Einsatz der Technologie den Wissenschaftlern eine Betrachtung der aufgenommenen Bilder innerhalb von Sekunden, was ohne diese Technologie heute noch Stunden dauern würde. Derzeit wird auch im Hubble-Weltraumteleskop auf digitale Informationssysteme rund um die CCD-Technologie vertraut. Seit seiner Invention hat das CCD signifikante neue Industrien und Märkte mit einer Vielzahl von Produkten hervorgebracht. Zu diesen Märkten und Produkten gehören u. a. Digitalkameras, Camcorder, Sicherheitsüberwachungssysteme, medizinische Endoskopiegeräte sowie Videokonferenzsysteme als auch moderne Systeme, die in der Astronomie eingesetzt werden. Weiterhin haben die Erkenntnisse, die hinter der CCD-Technologie stehen, eine entscheidende Rolle in der Entstehung optischer Netzwerke gespielt, die heute die zugrunde liegende Transporttechnologie für das Internet und andere Kernbereiche von Kommunikationsnetzwerken bilden.

„The CCD is one of those crucial breakthroughs that lead to innovations in sometimes unexpected areas. In fact, Bell Labs continues this legacy of innovation today and currently has research that builds on Boyle and Smith's breakthroughs in areas as diverse as nanotechnology and advanced photonics for applications in communications, next generation computing, and homeland defense." [*Rod Alferness, Senior Vice President für Forschung und Entwicklung an den Bell Labs*]

Das Beispiel der CCD-Technologie veranschaulicht die breit gefächerte Wirkung, die eine einzelne Invention im Laufe der Jahre haben kann. Es wird aber auch deutlich, wie lange es mitunter dauern kann, bis qualitativ hochwertige Technologien für die Verbesserung von (Massen-)Produkten eingesetzt bzw. nutzbar gemacht werden.

Innovation

Ideen, Inventionen wie auch Prototypen sind noch keine Innovationen. Ideen und Inventionen sind ein wichtiger Schritt auf dem Weg zur Innovation. Was aber ist unter dem Begriff Innovation zu verstehen? Allgemein wird der Innovationsbegriff in vielfältigen Ausprägungen und unterschiedlichen Zusammenhängen verwendet. Etymologisch leitet sich das Wort aus den lateinischen Begriffen novus = neu und innovatio = etwas neu Geschaffenes ab. Im ökonomischen Kontext kann der Begriff **Innovation** definiert werden als *neue Problemlösung technischer, wirtschaftlicher, organisatorischer oder sozialer Art*, die *im Unternehmen* oder *am Markt* umgesetzt wird. Innovationen können neuartige Produkte, Prozesse, organisatorische oder soziale Neuerungen im Unternehmen oder bezogen auf den Markt sein. Die *Umsetzung einer Invention in ein* *(marktfähiges) Produkt* ist eine Innovation. Bereits Schumpeter hatte ein umfassendes Begriffsverständnis. Danach ist Innovation „die kreative Zerstörung des Bestehenden durch Unternehmer". Die Zerstörung ist als Entwertung technisch funktionsfähiger Produkte oder Dienstleistungen zu sehen, die mit der Einführung neuartiger Produkte und Produktionsverfahren einhergeht. Weiterhin bezieht sich die Zerstörung unter marktwirtschaftlichen Aspekten auf festgefahrene Marktstrukturen bzw. Wettbewerbspositionen. Diesem Aspekt der Zerstörung kommt eine hohe Bedeutung in kapitalistischen Wirtschaftsordnungen zu, da hierdurch eine optimierte Ressourcenallokation und Wettbewerbstätigkeit erreicht werden soll. Die Zerstörung erfolgt durch neue Produkte bzw. neue Qualität(en) eines Gutes, neue Produktionsmethoden, die Erschließung neuer Absatzmärkte, neue Organisationsformen oder neue Formen der Beschaffung. [Vgl. grundlegend Schumpeter (1934)]

Oftmals werden konkrete Kundenprobleme erkannt, aber es fehlt zunächst an technischen bzw. innovativen Möglichkeiten zu ihrer Lösung. Ein Beispiel für eine innovative Problemlösung im Bereich der Gentechnologie ist die erste Züchtung hypoallergener Katzen in den USA. Das Ausgangsproblem ist hierbei, dass Katzen einen Eiweißstoff (Protein) produzieren, auf den manche Menschen allergisch reagieren. Für diese Menschen ist die Haltung einer Hauskatze bislang kaum möglich. Das US-amerikanische Unternehmen *Allerca* [www.allerca.com] nimmt für sich in Anspruch, dieses Problem gelöst zu haben. Den Forschern ist es nach eigenen Angaben gelungen, die erste hypoallergene Katze zu erzeugen. Diese (gentechnisch) veränderte Katze soll bei Menschen keine Allergien mehr hervorrufen. Ab dem Jahr 2007 sollen die ersten Züchtungen, für etwa 4.000 $ pro Katze, verkauft werden. Obwohl das Problem einer allergischen Reaktion von Menschen auf Katzen(proteine) bereits länger besteht und die Auslöser zumindest teilweise bekannt waren, konnte erst durch die Anwendung innovativer Verfahren in der Gentechnologie und der Bioinformatik eine Lösung des Problems erzielt werden.

Imitation

Innovationen bilden insbesondere dann die Basis für Imitationen, wenn am Markt eingeführte und erprobte Innovationen erfolgreich sind. Der Begriff der **Imitation** beschreibt die Nachahmung und somit eine wiederholte Anwendung einer bestehenden Problemlösung, eines Produktes, einer Dienstleistung oder eines Prozesses. Zeitlich betrachtet folgt die Imitation der Innovation. Innovationen werden im Falle eines Markterfolges oftmals durch Nachahmer kopiert, die dann die Imitation selbst am Markt anbieten. Insbesondere innovative Dienstleistungen, für die es kaum Schutzrechte etwa in Form von Patenten gibt, können von Wettbewerbern schnell kopiert und vermarktet werden. Die Frage, wann es sich bei einem Produkt oder einer Leistung um eine Innovation oder um eine Imitation handelt, wird in der Literatur nicht klar und einheitlich beantwortet. Vereinzelt wird auch die Bezeichnung innovative Imitation verwendet. Im Sinne einer innovativen Imitation erobert bspw. ein Unternehmen innovativ einen neuen Markt. Die Imitation besteht dann etwa darin, dass das Produkt oder der Prozess grundsätzlich nicht neu ist. Nach diesem Begriffsverständnis wäre *Red Bull* als Kultgetränk eine innovative Imitation. Innovativ, da das Unternehmen das stark koffeinhaltige Getränk in Europa neu eingeführt hat. Der Aspekt der Imitation resultiert aus der Tatsache, dass das Produkt unter anderem Namen bereits vorher in Japan existierte und dort auch erfolgreich vermarktet wurde. Von daher wäre Red Bull dem Konzept der innovativen Imitation zuzuordnen.

2.3.2 Innovationen und Innovationsprozess

Innovationen können zunächst durch typische Eigenschaften charakterisiert werden. Dazu zählen insbesondere Neuheit, Unsicherheit und Risiko, Komplexität, Umsetzung der Neuerung sowie Konflikt und Widerstand. Allgemein unbestritten ist, dass es sich bei einer Innovation um etwas Neues handeln muss. Dabei kann der *Neuheitsgrad für das Unternehmen* selbst oder *für den Markt* von Bedeutung sein. Innovationen sind aber auch mit Unsicherheiten und Risiken, vor allem im Hinblick auf ihren künftigen Markterfolg, verbunden. Nach Knight bestimmt **Unsicherheit** einen Zustand, in dem durch Akteure kein Erwartungsnutzen kalkuliert werden kann, da es nicht möglich ist, alle möglichen Zustände der Welt vorherzusehen. Es wird von einer *unendlichen* Anzahl von Zuständen ausgegangen. Im Gegensatz dazu bestimmt **Risiko** einen Zustand, in dem durch Akteure ein Erwartungsnutzen kalkuliert werden kann, da hier von einer *endlichen* Zahl möglicher Zustände ausgegangen wird und verschiedene Wahrscheinlichkeiten zugeordnet werden können. Somit kann Risiko als messbare Unsicherheit gesehen werden. In der Risikoabschätzung müssen unternehmensinterne und -externe Einflussfaktoren anhand spezifischer Kriterien bewertet werden. In der Praxis werden Risiken von Innovationen durch unterschiedliche Verfahren, wie etwa die Generierung unterschiedlicher Szenarien im Rahmen der Szenarioanalyse, abgeschätzt. **Komplexität** ist durch die Art und Anzahl der Elemente und deren Beziehung untereinander bestimmbar und weist eine Eigendynamik auf. Da vielfach alle Bereiche eines Unternehmens direkt oder indirekt in den Innovationsprozess involviert sind, entsteht ein hoher Komplexitätsgrad. Entscheidungen können dabei nicht ohne zeitlichen, finanziellen oder personellen Aufwand zurückgenommen werden, da die einzelnen Prozesse und Akteure miteinander wechselseitig verbunden sind. Eine hohe Komplexität der Innovation stellt hohe Anforderungen an die Innovatoren, erschwert allerdings auch die Möglichkeiten der Imitation. Die Komplexität und Zeitintensität von Innovationsprozessen werden oftmals gerade von jungen Unternehmen unterschätzt. Kennzeichnend für Innovationen sind weiterhin die **Umsetzung** der Neuerung und ihr dadurch entstehender Nutzen für die Zielgruppe. Das bedeutet, dass Innovationen eine Nachfrage finden bzw. im Unternehmen oder an anderer Stelle zielgerichtet zur Anwendung kommen. [Spielkamp/Volkmann (2005)] **Konflikte** entstehen möglicherweise aufgrund von vielfältigen Hindernissen und Risiken, die mit Innovationen einhergehen. Beispielsweise sind mit der Einführung von Innovationen sowohl unternehmensintern als auch auf dem Markt vielfach **Widerstände** und **Fehleinschätzungen** verbunden. Folgende Zitate sollen diese Problematik verdeutlichen:

> *„[…] Sollte die Regierung eine Kommission ins Leben rufen, um das amerikanische Volk vor dem Übel ,Eisenbahn' zu schützen. "*
> *[van Bruen, Gouverneur von New York an US-Präsidenten, 31. 1. 1829]*

> *„Absurde Idee, dass jemand Schauspieler hören will. "*
> *[Warner 1927]*

> *„There is no reason for any individual to have a computer in their home. "*
> *[Ken Olsen, President Digital Equipment Corp., 1977]*

> *„Ich denke, dass es einen Weltmarkt für vielleicht fünf Computer gibt. "*
> *[Watson, Vorsitzender von IBM, 1943]*

> *„Das Telefon hat zu viele Mängel, als dass es ernsthaft als Kommunikationsmittel in Betracht kommen könnte. "*
> *[Western Union, 1876]*

Häufig stehen unterschiedliche Interessen bzw. Ziele in Widerspruch zueinander und bedürfen einer Lösung. Konflikte sind allerdings nicht grundsätzlich negativ. So können positive Konflikte auch zur Kommunikation und ggf. zur Lösung eines Problems beitragen. Bei Innovationen können durch Diskussion über potenzielle Problembereiche Lösungsmöglichkeiten aufgezeigt werden.

Innovationsarten

Im Kontext der charakteristischen Eigenschaften von Innovationen werden in Theorie und Praxis allgemein verschiedene **Innovationsarten** unterschieden. Diese können, je nach Innovationsverständnis, in engere oder weitere Ausprägungsformen differenziert werden. Im engeren Sinne werden zumeist Produkt- und Prozessinnovationen (Verfahrensinnovationen) unterschieden. In einem umfassenden Innovationsverständnis beziehen sich Innovationen in technisch funktionalem Sinne auf Produkte und Prozesse sowie darüber hinaus auch auf wirtschaftliche, organisatorische und soziale Aspekte. Bei **Produktinnovationen** handelt es sich um neue oder merklich verbesserte Produkte und Leistungen, mit denen ein Unternehmen spezifische Marktziele verfolgt. Gerade für junge Unternehmen sind Neu- und Weiterentwicklungen von Produktangeboten ein kritischer Erfolgsfaktor. Häufig verfügen junge Unternehmen zunächst nur über ein Kernprodukt, das zwar kurzfristig Wachstumspotenzial bietet, langfristig aber durch weitere Produkte oder Produktvarianten ergänzt werden muss, um den Unternehmensbestand zu sichern oder auch weiteres Wachstum zu ermöglichen. **Prozessinnovationen** sind neue oder merklich verbesserte Fertigungs- und Verfahrenstechniken bzw. Verfahren zur Erbringung von Dienstleistungen. Sie richten sich zumeist auf eine Verbesserung der Leistungserstellung eines Unternehmens, etwa im Sinne einer Produktivitäts- oder Effizienzsteigerung. Verbesserungen können sich auf materielle oder informationsbezogene Prozesse beziehen. Einzelne Zielbereiche sind u. a. Kostensenkungen, Verringerung von Durchlaufzeiten, Verminderung von Faktoreinsätzen oder aber Qualitätssteigerungen. Die finanziellen, personellen und zeitlichen Ressourcen junger Unternehmen sind i. d. R. begrenzt und nicht umfassend verfügbar. Aus diesem Grunde erfolgt oft eine Fokussierung der Unternehmen auf die Produktinnovationen. Dabei werden Prozess- und Verfahrensinnovationen und damit die interne Unternehmenseffizienz nicht selten vernachlässigt. Kostensenkungspotenziale werden oft nicht erkannt und bleiben somit ungenutzt. **Sozialinnovationen** sind häufig mit Veränderungen in der Interaktion und Kommunikation von Akteuren in einem Unternehmen verbunden. Die mit Sozialinnovationen angestrebten Ziele sind bspw. auf eine höhere Leistungsbereitschaft und Arbeitszufriedenheit ausgerichtet. Somit können gerade bei jungen Unternehmen Sozialinnovationen wesentliche Auswirkungen auf die interne Akzeptanz und den Erfolg von Innovationsprozessen haben. Idealerweise könnte z. B. die Kreativität in einem Unternehmen gefördert, die Kommunikation verbessert und die Identifikation der Mitarbeiter mit dem Unternehmen erhöht werden. **Strukturinnovationen** werden in der Literatur häufig auch den Sozialinnovationen zugeordnet. Sie bezeichnen strukturelle unternehmensinterne Veränderungen, z. B. durch innovative Verbesserungen der Aufbau- und Ablauforganisation. Gerade im Verlauf des Wachstumsprozesses eines jungen Unternehmens können kritische Phasen auftreten, in denen Strukturinnovationen möglicherweise einen geeigneten Lösungsansatz bilden.

Sozial- und Strukturinnovationen stehen mit Prozessinnovationen in einem engen Zusammenhang und bedingen sich gegenseitig. Bei einer sehr weiten Abgrenzung des Begriffs Innovation ist jedoch zu beachten, dass z. B. nicht jede Veränderung im Unternehmen auch gleichzeitig eine Innovation darstellt. Die Einstellung eines Mitarbeiters bedeutet nicht gleichzeitig auch eine Sozialinnovation und die Veränderung der Aufbauorganisation ist nicht zwangsläufig eine Strukturinnovation.

Wesentlich bei Innovationen ist der Aspekt der Neuerung. Dabei kann es sich nach dem Kriterium des **Innovationsgrades** um *evolutionäre* (inkrementale) und *revolutionäre* (radikale) *Innovationen* Neuerungen handeln. **Evolutionäre Innovationen** weisen einen geringen Innovationsgrad auf. Sie basieren auf bereits bestehenden Innovationen und stellen Verbesserungen und Erweiterungen existierender Produkte, Prozesse und Sozialstrukturen dar. Evolutionäre Innovationen werden auch als Verbesserungs- oder Nachfolgeinnovationen bezeichnet. Diese erfolgen durch kontinuierliche Verbesserung im evolutionären Sinne. Von den evolutionären können die revolutionären Innovationen abgegrenzt werden. **Revolutionäre Innovationen** treten diskontinuierlich und in meist unstrukturierter Weise mit umwälzenden, radikalen Folgen in Bezug auf bestehende Produkte und Prozesse auf. Aus diesem Grunde werden revolutionäre Innovationen auch als radikale, Pionier- oder Basisinnovationen oder auch Breakthrough-Innovationen bezeichnet. [Hauschild (2004)] Die Basis revolutionärer Innovationen bilden Inventionen, die dann in marktfähige Produkte umgesetzt werden. Beispielsweise gilt der Staubsauger *Dual Cyclon*, der ohne Beutel mithilfe einer neuartigen Technologie saugt, als Beispiel für eine revolutionäre Innovation. Durch die Erfindung und Vermarktung des neuartigen Staubsaugers wurden neue Standards gesetzt und neue Märkte definiert. Mit dem Slogan „Nie mehr Beutel kaufen" hat James Dyson, der Erfinder des beutellosen Staubsaugers, zwischenzeitlich, ausgehend von England, auf dem europäischen Markt bedeutende Marktanteile erobert.

Weiterhin können Innovationen danach differenziert werden, ob es sich um *technologieinduzierte Innovationen* oder *nachfrageinduzierte Innovationen* handelt. **Technologieinduzierte Innovationen** (technology push) werden durch unternehmensinterne und externe Technologieentwicklungen angestoßen sowie ermöglicht. Dabei bilden die Ergebnisse der Grundlagenforschung die Basis technologieinduzierter Innovationen. Im betriebswirtschaftlichen Kontext entscheidend für technologieorientierte Innovationen ist ihre erfolgreiche marktliche Verwertung. Als Technologiearten können die *Sustaining Technologies* und die *Disruptive Technologies* unterschieden werden. **Sustaining Technologies** sind erhaltende bzw. ergänzende Technologien, die keine ablösende Wirkung bestehender Technologien auslösen. Es erfolgt vielmehr eine Verbesserung bestehender Produkt-Markt-Strukturen. Eine Einführung wird i. d. R. eher von etablierten Unternehmen vorgenommen. **Disruptive Technologies** können als zerstörende bzw. ablösende Technologien bezeichnet werden. Sie erfordern eine Etablierung neuer Produkt-Markt-Strukturen. Innovationspotenzial und Innovationsstruktur junger Unternehmen fördern die Einführung von Disruptive Technologies durch Gründungsunternehmen. Unternehmensgründungen entstehen dabei häufig als Spin-offs aus Hochschulen, Industrieunternehmen oder Forschungseinrichtungen. Die Spin-offs entwickeln die Innovationen zu marktfähigen Produkten weiter und bieten sie ihren Zielkunden an. Bei technologieinduzierten Innovationen ist der Markterfolg häufig mit hohen Risiken verbunden, da die Akzeptanz durch den Kunden nur schwer abschätzbar ist. Gleichzeitig bestehen aber auch hohe Chancen, da durch ein neues Produkt oder Verfahren möglicherweise nachhaltige Wettbewerbsvorteile erzielt werden können.

Beispielsweise ist der Erfolg des Unternehmens *Google* vor allem auf eine technologieinduzierte Innovation zurückzuführen. Das führende Unternehmen für Internetsuchmaschinen wurde von Sergey Brin and Larry Page, zwei Absolventen der Stanford University in Kalifornien, 1998 gegründet. Die Erfolgsgeschichte begann in der Garage eines Freundes der Jungunternehmer. Die Gründer entwickelten bereits während ihres Studiums ein Verfahren, mit dem sich eine zuverlässige Bewertung der Wichtigkeit einer Webseite berechnen lässt.

Zum einen wurde ein innovativer Ansatz zur Suche von Internetseiten entwickelt. Bei den Suchmaschinen in der Zeit vor der Entstehung von Google wurden durch Betreiber von Internetseiten oftmals Manipulationen durchgeführt. Dabei waren die Suchergebnisse häufig ungenau und es wurden nicht immer die wirklich gesuchten Internetseiten ausgegeben. Um die Schwachstellen der alten Suchmaschinen zu vermeiden, verwendet Google die sogenannte PageRank-Technologie. Diese analysiert die gesamte Linkstruktur des Internets, um herauszufinden, welche Seiten wirklich relevant für die jeweilige Suchanfrage sind. Dabei kombiniert Google die Wichtigkeit insgesamt mit der Relevanz für eine spezifische Suchanfrage und ist so in der Lage, zuverlässige Ergebnisse zu liefern. Es wird versucht, durch die PageRank-Technologie eine objektive Bewertung der Wichtigkeit von Webseiten vorzunehmen. Innerhalb der Technologie wird eine Gleichung mit 500 Millionen Variablen und über 2 Milliarden Begriffen berechnet. Die PageRank-Technologie interpretiert einen Link von der Internetseite A auf die Internetseite B als ein „Votum" der Internetseite A für Internetseite B, anstatt einfach nur die direkten Links zu zählen. PageRank bewertet daraufhin die Wichtigkeit einer Seite nach den erzielten Voten. Dabei wird gleichermaßen auch die Wichtigkeit jeder Seite berücksichtig, die ein Votum abgibt. Als wichtig klassifizierte Seiten erhalten durch PageRank eine höhere Einstufung, was dazu führt, dass diese Seiten in den Suchergebnissen an einer vorderen Position ausgegeben werden. Wichtig ist dabei, dass keine Einstufungen durch Menschen bei der klassischen Google-Suche vorgenommen werden, sondern die Struktur und Variablen des Internets an sich die Suchergebnisse herbeiführt.

Zum anderen hatten Brin und Page erkannt, dass eine neue Art des Aufbaus und der Einrichtung von Servern notwendig war, um dem Nutzer einer Suchmaschine so schnell wie möglich genaue Ergebnisse liefern zu können. Bis zur Gründung von Google wurden Suchmaschinen über große Server betrieben. Der Nachteil war dabei, dass diese meist langsamer arbeiteten, wenn besonders viele Daten übertragen werden mussten. Im Gegensatz zu wenigen großen Servern verwendete Google viele vernetzte PCs, um schnell Antworten auf Suchanfragen zu erhalten. Diese Innovation führte zu verkürzten Antwortzeiten bei der Suchanfrage, einer höheren Skalierbarkeit bzw. Erweiterbarkeit des Gesamtsystems und zu geringeren Kosten. Googles Suchmaschine sowie die Bilder-, Blog- und Nachrichtendienste werden auf PCs bzw. Servern betrieben, die zu einem Cluster zusammengeschlossen sind. Über die Gesamtanzahl der einzelnen Rechner sowie die Gesamtanzahl der eingesetzten Prozessoren existieren lediglich Schätzungen auf der Basis der Informationen beim Börsengang aus dem Jahre 2004. Danach reicht die Anzahl der Rechner sogar von 100.000 bis 200.000 Servern, die von Google zum Betrieb der gesamten Technologien eingesetzt werden. Wie hoch die exakte Anzahl auch sein sollte, es ist jedenfalls ein enormer Aufwand des Betriebs eines solch großen Systems nötig. Der Einsatz von Clustern aus recht einfachen und günstigen Computern hat, neben den erwähnten Vorteilen, aber auch historische bedingte Gründe, da Brin und Page bei der Entwicklung der Suchtechnologien lediglich auf alte oder ausgediente Rechner der Stanford University zurückgreifen konnten. Aus der Not heraus waren beide gezwungen, ein ausfallsicheres und doch schnelles System zu generieren. Eine Kernkompetenz steckt somit nicht nur in den Suchalgorithmen bzw. der Page-Rank-Technologie, sondern gleichermaßen im Betrieb der Hardwarestruktur von Google selbst.

Durch diese einzigartigen Technologien gelang es Brin und Page gegenüber anderen, bis dahin führenden Anbietern, wie etwa *Yahoo!*, *Altavista* und *Excite*, nachhaltige Wettbewerbsvorteile zu erzielen. Die im Vergleich zu den Konkurrenten verbesserte Suchtechnik führte zu einer bis heute unangefochtenen Marktführerschaft von Google. Je mehr Suchanfragen bei Google eingegeben werden, desto größer ist dessen Bedeutung. Nach Schätzungen von Nielsen/NetRatings (2006a) erfolgten im März 2006 in den USA 49 Prozent aller Suchanfragen über *Google Search*. Platz Nummer zwei belegt in dieser Statistik *Yahoo!* Search mit 22 Prozent. Auf dem dritten Platz liegt *MSN Search* mit 11 Prozent. Diese Werte decken sich mit den gerundeten Daten von Nielsen/NetRatings (2006b) für den Monat Dezember des Jahres 2005 und zeigen zumindest für das erste Quartal 2006 einen recht stabilen Marktanteil im Vergleich zum Jahresende 2005. Generell ist anzumerken, dass die Marktanteile je nach Ersteller der Studie und Erhebungsmethode unterschiedlich ausfallen. Tendenzen und Relationen sind aber erkennbar. **Nachfrageinduzierte Innovationen** sind durch Kundenbedürfnisse und Anforderungen des Marktes an neue Innovationen und damit Produkte (demand pull) gekennzeichnet. Produktwünsche und Verbesserungen gehen auf konkrete Wünsche von Kunden zurück. In diesem Kontext handelt es sich bei den Produkten daher im Regelfall um Produktverbesserungen bzw. Produktvariationen. Die Chance, dass nachfrageinduzierte Innovationen erfolgreich sind, ist aufgrund der bestehenden Produkte und Erfahrungen besser abzuschätzen, als dies bei technologieorientierten Innovationen der Fall ist. Jedoch ist der Innovationsgrad niedrig, sodass Nachahmer und Folger schneller in den Markt eindringen können, was zu einem erhöhten Wettbewerbsdruck führt.

Innovationsprozess

Nach Tidd/Bessant/Pavitt (2005) kann die Generierung, Adaption, Weitergabe und Abwandlung von Wissen idealtypisch in verschiedene Prozessschritte zerlegt werden. Hierauf aufbauend beschreibt Abbildung 8 einen idealtypischen Innovationsprozess.

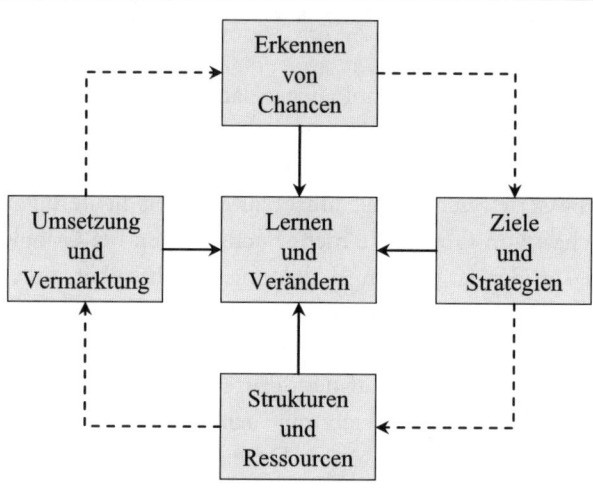

Abbildung 8: Idealtypischer Innovationsprozess

In idealtypischer Betrachtung werden zu Beginn des Innovationsprozesses zunächst Signale im Umfeld des Unternehmens aufgenommen und Bedarfe für Neues identifiziert. Das Unternehmen richtet seine Aktivitäten darauf aus, nach Verbesserungspotenzialen, z. B. im Hinblick auf neue Ideen und Geschäftsfelder, sowohl im Unternehmen als auch in der Umwelt zu suchen. Dabei wird eine Vielzahl von Informationen gesammelt, analysiert und bezüglich ihrer Relevanz für das Unternehmen geprüft. Die geprüften Informationen werden in die Entscheidungsprozesse einbezogen.

Die Unternehmen gehen die Herausforderung Innovation mit der Zielvorstellung strategisch an, die Wettbewerbsfähigkeit des Unternehmens nachhaltig zu festigen oder zu verbessern. Dabei steht zunächst die systematische, langfristige Ausrichtung des Unternehmens im Kontext bestehender Unternehmens- und Geschäftsfeldstrategien im Vordergrund. So gut es geht, werden die ökonomischen Chancen und die technologische Machbarkeit trotz des geringen Reifegrades der Innovationsidee geprüft. Hierbei wird der Reflektion mit den eigenen Kompetenzen eine hohe Bedeutung zugeschrieben.

In der anschließenden Phase stehen die Bereitstellung von Ressourcen, vor allem das erforderliche Wissen und das Commitment der Betroffenen, im Mittelpunkt der Betrachtung. Die Qualifikation der Mitarbeiter sowie die Verfügbarkeit, aber ebenso die Motivation für die neue Aufgabe spielen neben der Finanzierung und der Aneignung von externem Wissen in diesem Zusammenhang eine wichtige Rolle.

Schließlich sind die konkrete Umsetzung, das operative Management der Innovationsaktivitäten im Unternehmen und die Markteinführung zu bearbeiten. Ein paralleles Vorantreiben von technischer Entwicklung (Forschung und Entwicklung, Produktion) und Marktvorbereitung und -bearbeitung (Kundengewinnung, Marketing, Vertrieb) runden den Innovationsprozess ab. [Vgl. ausführlich Tidd/Bessant/Pavitt (2005); Spielkamp/Volkmann (2005)]

2.4   Verständnisfragen und Literaturempfehlungen

Verständnisfragen

- Wie könnte ein idealisierter unternehmerischer Prozess grafisch veranschaulicht werden? (2.1.1)

- Erörtern Sie kurz die einzelnen Phasen dieses unternehmerischen Prozesses. (2.1.1)

- Welche Faktoren können einen Einfluss auf den individuellen Entscheidungsprozess zur Gründung besitzen? (2.1.2)

- Inwiefern hat das soziale Umfeld Einfluss auf den Gründungsprozess? (2.1.2)

- Welche potenziellen Motive einer Unternehmensgründung kennen Sie? (2.1.2)

- Diskutieren Sie den Begriff der zweiten Chance. (2.1.2)

- Was wird unter dem Begriff einer unternehmerischen Gelegenheit verstanden? (2.2.1)

- Wie kann eine Differenzierung einer Unternehmensumwelt vorgenommen werden und warum ist dies im Gründungskontext relevant? (2.2.1)

- Wie können aus strukturellen Löchern unternehmerische Gelegenheiten erwachsen? (2.2.1)

- Erläutern Sie das Konzept der Branchentransformation. (2.2.1)

- Was ist unter dem Begriff des Elevator Pitch zu verstehen? (2.2.2.4)

- Welche Anforderungen existieren bei einer Patentanmeldung? (2.2.2.5)

- Grenzen Sie die Begriffe Invention, Innovation und Imitation voneinander ab. (2.3.1)

- Was sind typische Auslöser einer Invention? (2.3.1)

- Erläutern Sie die Begriffe Risiko und Unsicherheit. Stellen Sie die Unterschiede heraus. (2.3.2)

- Nennen und erklären Sie ausführlich die unterschiedlichen Innovationsarten und deren Relevanz im Gründungskontext. (2.3.2)

- Was ist unter den Begriffen Sustaining Technologies und Disruptive Technologies zu verstehen? (2.3.2)

Literaturempfehlungen

Gewerbliche Schutzrechte

Eisenmann, H./Jautz, U. (2006): Grundriss gewerblicher Rechtsschutz und Urheberrecht : mit 55 Fällen und Lösungen, 6. Aufl., Heidelberg 2006.

Jestaedt, B. (2005): Patentrecht: ein fallbezogenes Lehrbuch, Köln u. a. 2005.

Opportunity Recognition

Krueger, N. (1998): Encouraging the identification of environmental opportunities, in: Journal of Organizational Change Management, Vol. 11, Nr. 2, 1998, S. 174–183.

Shane, S. (2000): Prior knowledge and the discovery of entrepreneurial opportunities, in: Organization Science, Vol. 11, Nr. 4, 2000, S. 448–469.

Shane, S. (2003): A general theory of entrepreneurship: the individual-opportunity nexus, Cheltenham u. a. 2003.

Shane, S./Venkataraman, S. (2000): The promise of entrepreneurship as a field of research, in: Academy of Management Review, Vol. 25, Nr. 1, 2000, S. 217–226.

Innovation und Entrepreneurship

Burton, J. (2001): Innovation, entrepreneurship and the firm: a post-Schumpeterian approach, in: International Journal of Entrepreneurship and Innovation Management, Vol. 1, Nr. 1, 2001, S. 1–21.

Drucker, P. F. (2004): Innovation and Entrepreneurship: Practice and principles, 2. Aufl., Oxford u. a. 2004.

Martin, M. J. C. (1994): Managing innovation and entrepreneurship in technology-based firms, New York u. a. 1994.

Brown, T. E. (Hrsg.) (2004): Innovation, entrepreneurship and culture, Cheltenham u. a. 2004.

Sarkar, S. (2005): Innovation, entrepreneurship and development, in: International Journal of Entrepreneurship and Innovation Management, Vol. 5, Nr. 5–6, 2005, S. 359–365.

3 Businessplan und Konstituierung des Unternehmens

Die Zukunft eines Unternehmens steht und fällt mit der Planung. Die **Planung** beinhaltet die *gedankliche Vorwegnahme der Zukunft eines Unternehmens*. Der Businessplan bildet dabei eine Art Keimzelle für die spätere Unternehmensplanung. Im Vorfeld der Erstellung eines umfassenden Businessplanes wird häufig eine kurze **Feasibility Study** (Machbarkeitsstudie) durchgeführt, um in Form einer Grobanalyse die grundsätzliche Realisierbarkeit des Gründungsvorhabens zu überprüfen. Sollte für das geplante Produkt- oder Dienstleistungsangebot etwa kein Kundenbedarf oder keine Zahlungsbereitschaft der Kunden erkennbar sein, würde dieses Gründungsvorhaben bereits in der Phase der Machbarkeitsstudie in realistischer Betrachtung aufgegeben werden. Nach erfolgreicher Grobanalyse könnte demgegenüber eine detaillierte Businessplan Erstellung erfolgen.

Die folgende Abbildung 9 soll den Prozess einer Machbarkeitsprüfung vor der Erstellung des Businessplanes verdeutlichen.

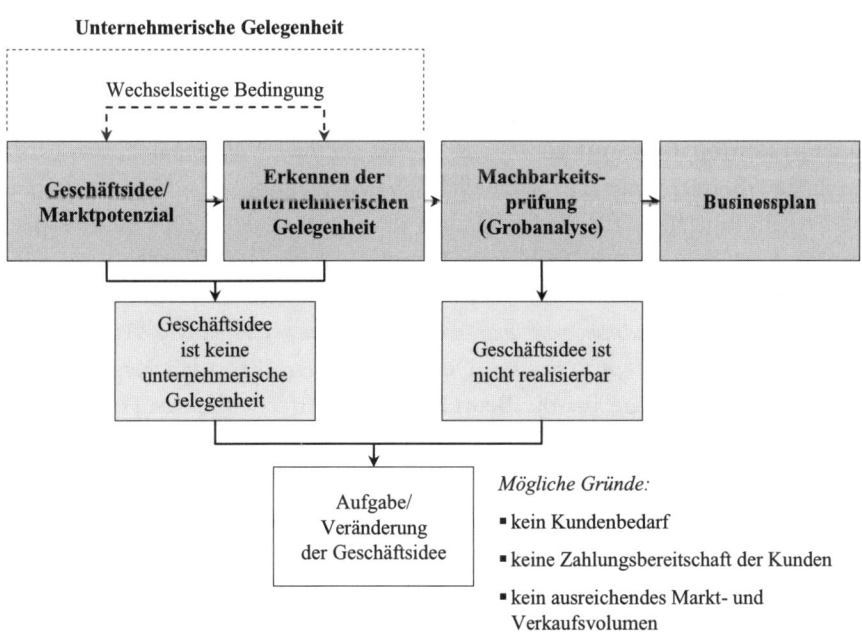

Abbildung 9: Machbarkeitsprüfung

Potenzielle Fragen, die bei der Erstellung der Machbarkeitsstudie hilfreich sein könnten, sind bspw.:

- Gibt es einen hinreichend großen Markt und Kundenbedarf für die Produkte bzw. Dienstleistungen?
- Wer ist der Kunde – und wer wird für die Produkte bzw. Leistungen bezahlen (Endverbraucher, Händler, Vertriebspartner)?
- Ist das geschätzte Markt- und Verkaufsvolumen ausreichend, um das Geschäftsvorhaben zu realisieren?
- Hat das Gründungs- und Führungsteam die Fähigkeiten, Kenntnisse und Erfahrungen, um die Geschäftsidee erfolgreich umzusetzen?
- Sind die ersten Umsatz- und Kostenschätzungen plausibel und nachvollziehbar?

3.1   Businessplan

3.1.1   Intention eines Businessplanes

3.1.1.1   Bedeutung und Zielgruppen eines Businessplanes

Der **Businessplan** oder Geschäftsplan ist der strukturierte systematische Überblick über das geplante Gründungsvorhaben in schriftlicher Form mit einem **Planungshorizont** von *i. d. R. drei bis fünf Jahren*. Er beinhaltet in ganzheitlicher Betrachtung die gedankliche Vorwegnahme der Gründung und bildet damit die Basis für die Umsetzung der Geschäftsidee. Der Businessplan ist das *Kerndokument einer erfolgreichen Unternehmensgründung*. **Wesentliche Elemente** sind die detaillierten *Beschreibungen der Produkte oder der Dienstleistung*, des *Zielmarktes*, des *Kundennutzens und möglicher Wettbewerber* sowie Angaben zu *personellen und finanziellen Ressourcen*. Der Businessplan dient den Kapitalgebern als wichtige Grundlage für die Beurteilung der wirtschaftlichen Tragfähigkeit und der Perspektiven des Gründungsvorhabens. Die Ausarbeitung wird in der Praxis individuell auf das jeweils zu gründende Unternehmen und die entsprechende Branche zugeschnitten.

Nicht selten wird die Notwendigkeit eines Businessplanes, insbesondere von den Gründern, infrage gestellt. *„Wir haben alle wichtigen Details unseres geplanten Geschäftsvorhabens im Kopf"* oder *„Der Plan ist sowieso nach Fertigstellung sehr schnell überholt"*, sind in diesem Kontext typische Begründungen dafür, warum der Businessplan nicht geschrieben werden soll. In der Tat können sich in unserer schnell verändernden Zeit die sich rasch wandelnden Rahmenbedingungen nachhaltig auf den Businessplan auswirken und ihn damit nicht mehr aktuell erscheinen lassen. Dennoch, die sich rapide verändernde Unternehmensumwelt, z. B. im Zuge schnell fortschreitender technologischer Entwicklungen, Internationalisierung und Globalisierung sowie steigender Kommunikationsgeschwindigkeiten, macht eine fundierte Planung unentbehrlich.

Die Notwendigkeit der Planung beschreibt treffend ein Zitat von Dwight D. Eisenhower:

„In preparing for battle I have always found that plans are useless, but planning is indispensable." [Dwight D. Eisenhower]

Bilder aus anderen Lebensbereichen verdeutlichen die Notwendigkeit der Planung. So gibt es wohl kaum einen erfolgreichen Film, der ohne ein Drehbuch entstanden ist. Dabei ist der Nutzen eines Drehbuchs für den Produzenten mit dem Nutzen des Businessplanes für das Gründungsteam durchaus vergleichbar. Der Businessplan bildet – wie das *Drehbuch* – die Grundlage zur Verwirklichung der Geschäftsidee. Ein wesentlicher Unterschied ist jedoch, dass der Film irgendwann fertiggestellt ist, das Unternehmen aber dynamisch weiterlebt. Für die Praxis bedeutet dies, dass Inhalte und Zahlen des Businessplanes auch nach der Gründung im Rahmen der Unternehmensplanung regelmäßig weiterentwickelt werden müssen. Kein rational denkender und handelnder Mensch würde mit geschlossenen Augen und ohne Plan ein Schiff aufs offene Meer steuern. Im Außenverhältnis dient der Businessplan vor allem der Kapitalakquisition bei Eigen- und Fremdkapitalgebern. Er bildet somit die Visitenkarte für das Gründungs- und Managementteam. Der Businessplan ist grundsätzlich die Voraussetzung dafür, dass sich die Kapitalgeber für das geplante Geschäftsvorhaben interessieren. Auf seiner Grundlage soll es den Investoren ermöglicht werden, die wirtschaftliche Tragfähigkeit des Geschäftsmodells, die nachhaltige Marktpositionierung sowie die Wertsteigerungsmöglichkeiten des Unternehmens besser einschätzen zu können.

Wer soll den Businessplan schreiben?

Eine wesentliche Grundregel ist, dass die *Gründer den Businessplan selbst schreiben* und dies nicht an andere Personen delegieren sollten. Bei der Erstellung kann allerdings die Mitwirkung weiterer kompetenter Personen, bspw. eines auf Gründung und junge Unternehmen spezialisierten Unternehmensberaters oder Steuerberaters, durchaus empfehlenswert sein. Auch ist das öffentliche Beratungsangebot, z. B. durch lokale Wirtschaftsförderungsgesellschaften und Industrie- und Handelskammern, mittlerweile derart umfassend und vielfältig, dass den Gründern ausreichende Unterstützungsmöglichkeiten zur Verfügung stehen. Der Businessplan wird i. d. R. nicht auf einmal geschrieben, sondern entwickelt sich über einen längeren Zeitraum hinweg. Es handelt sich um einen evolutionären Prozess. So wächst er mit der Konkretisierung der Geschäftsidee.

Die eigenständige Verfassung des Businessplanes zwingt die Gründer zur Systematisierung und Strukturierung der Geschäftsidee. Dabei können Schwachstellen (z. B. fehlende Ressourcen) und Wissenslücken vermieden oder transparent gemacht und in einem weiteren Schritt beseitigt werden. Intern ist der Businessplan ein *wichtiges Navigationsinstrument für das Management.* Durch das Schreiben des Businessplanes wird der Gründungsprozess strukturiert unterstützt. Es ist eine wertvolle Erfahrung für die Gründer, einen Businessplan zu schreiben und sich frühzeitig über Leitfragen der Gründung, bspw. über das Marktpotenzial und die Höhe des Kapitalbedarfs, Gedanken zu machen und diese schriftlich zu fixieren. Leitfragen sind in diesem Kontext z. B.: Ist meine Geschäftsidee wirtschaftlich tragfähig? Wer sind meine Kunden? Gibt es Schutzrechte für meine Geschäftsidee? Wer sind meine Wettbewerber? Bin ich in der Lage, ein Unternehmen zu führen? Derartige Fragen müssen von den Gründern im Prozess der Businessplanerstellung beantwortet werden. Dabei ist es hilfreich, verschiedene Szenarien zu entwickeln und mögliche Hindernisse auf dem Weg zur Gründung – und darüber hinaus – zu antizipieren. Einige Ausführungen im Businessplan basieren auf Annahmen. Diese Annahmen sind den Kapitalgebern verständlich zu erläutern. Die Erstellung des Businessplanes ist für viele Gründer mit einem grundlegenden Erkenntnisprozess im Hinblick auf die spätere Gründung verbunden. Im Einzelfall endet die Gründung bereits mit dem Schreiben des Planes, z. B. in dem Fall, wenn sich das Vorhaben als nicht tragfähig erweist. Ein Businessplan, der letztendlich nicht realisiert wird, ist jedoch weniger kostenintensiv als ein Scheitern nach der Gründung.

Wer sind die wesentlichen Zielgruppen eines Businessplanes?
Es gibt verschiedene Zielgruppen, an die sich üblicherweise ein Businessplan richtet. Wesentliche Zielgruppen des Businessplanes können nach internen und externen Zielgruppen unterteilt werden. Siehe hierzu Abbildung 10.

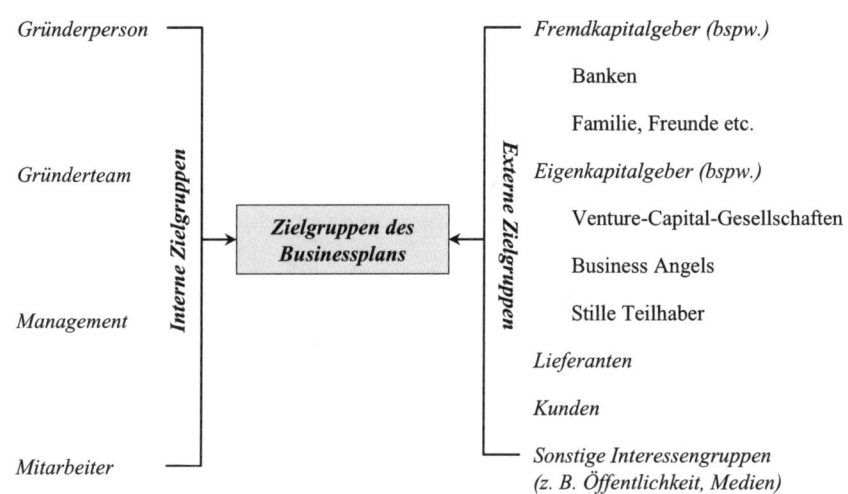

Abbildung 10: Interne und Externe Zielgruppen des Businessplans

Jede dieser Zielgruppen hat unterschiedliche Interessen am Businessplan. Gute Businesspläne bündeln und befriedigen die Interessen relevanter Zielgruppen.

In erster Linie erstellen die Gründerpersonen den Businessplan für interne Zwecke, d. h. für sich selbst, ihre Partner, ihr Management sowie ihre zukünftigen Mitarbeiter. Erst in zweiter Linie dient er *externen Zielgruppen* wie z. B. Kapitalgebern. Mit Blick auf die *internen Zielgruppen* erlangt der Businessplan grundlegende Bedeutung als internes Planungs-, Steuerungs- und Kontrollinstrument, das nicht nur einmalig bei der Gründung, sondern nachhaltig und regelmäßig im Rahmen der Unternehmensplanung eingesetzt wird. Der Businessplan bildet somit die Basis für die Gründung und Entwicklung des Unternehmens. Extern dient der Businessplan vor allem als Instrument zur Kapitalbeschaffung. Kapitalgeber fordern die Vorlage eines Businessplanes. Häufig ist zumindest eine Zusammenfassung oder ein Entwurf vor der ersten Verhandlung mit Kapitalgebern wie bspw. Banken vorzulegen. Das Vertrauen der potenziellen Investoren kann dabei nur durch einen nachvollziehbaren Businessplan mit einer fundierten Geschäftsidee, untermauert durch ein solides Zahlenwerk, gewonnen werden.

3.1.1.2   Anforderungen an einen Businessplan

Anforderungen an einen Businessplan können allgemein und unternehmensspezifisch auf das jeweilige Gründungsvorhaben bezogen formuliert werden. Die allgemeinen Anforderungen sind formaler, inhaltlicher sowie zeitlicher Natur. In der einschlägigen Literatur finden sich sehr ausführliche Darstellungen zu den allgemeinen Ansprüchen an einen Businessplan. Hier nur einige grundsätzliche Hinweise.

▪ Unter **formalen Aspekten** sollte ein Businessplan leserfreundlich, klar verständlich, strukturiert, aussagekräftig und in seiner Gestaltung auch optisch ansprechend sein. Die Formulierungen sollten prägnant und ohne Abschweifungen sein. Fachausdrücke und komplizierte technische Sachverhalte sollten vereinfacht wiedergegeben werden. Ein Diagramm oder ein Ablaufplan kann in übersichtlicher Form dem Leser das Verständnis erleichtern. Weiterhin ist auf die konsistente Integration aller Teilpläne zu achten. Beispielsweise ist es notwendig, dass die Ergebnisse aus der Absatzplanung mit der Umsatzplanung übereinstimmen.

▪ Die **Planungsinhalte** sollten möglichst vollständig sein und alle wichtigen Planungsaspekte (z. B. Geschäftsidee, Markt und Wettbewerb, personelle und finanzielle Ressourcen) berücksichtigen. Die der Planung zugrunde liegenden Daten- und Informationsquellen sollten sachlich fundiert, nachvollziehbar und widerspruchsfrei sein. In diesem Kontext wesentlich ist, dass die Chancen und Risiken des Gründungsvorhabens möglichst umfassend und realistisch eingeschätzt werden.

▪ Bei der Festlegung des **Planungshorizontes** (Zeitplanes) sind die Länge und zeitliche Differenzierung des Planungszeitraumes von besonderer Bedeutung. In der Praxis wird häufig eine Planungsperiode von fünf Jahren gewählt, wobei das erste Geschäftsjahr in Monaten, das zweite in Quartalen und dritte halbjährliche sowie ab dem vierten Geschäftsjahr in Jahren geplant wird. Dabei ist zu bedenken, dass mit zunehmendem Planungshorizont auch die Unsicherheit der Planinhalte und -daten steigt.

Die Tiefe und der Detaillierungsgrad eines Businessplanes sind vor allem von der Größe und dem Umfang des geplanten Geschäftsvorhabens abhängig. Für die Gründung eines kapitalintensiven Biotechnologieunternehmens oder eines Luftverkehrsunternehmens sind, im Vergleich zur Etablierung eines kleinen Ingenieurbüros, umfassendere Businesspläne mit einem vergleichsweise relativ hohen Detaillierungsgrad erforderlich. Die Größe des Marktes, die Anzahl der (potenziellen) Wettbewerber und das geplante Wachstum des Unternehmens sind weitere Determinanten, die den Umfang eines Businessplanes beeinflussen können.

Ausgehend von Erfahrungen aus der Praxis sollte ein Businessplan einen Umfang von 35–40 Seiten nicht überschreiten. Damit sich der Leser einen schnellen Überblick verschaffen kann, ist dem Businessplan ein Inhaltsverzeichnis voranzustellen. Im Anhang sollten wesentliche Ergänzungen und Details zum Businessplan aufgeführt werden. Ein hochtechnologisches Produktionsunternehmen erfordert möglicherweise zusätzliche Seiten, um notwendige Details zu Patentinformationen und Produktionsverfahren zu erläutern. Diese sind im Anhang zu erörtern. Grundsätzlich gilt allerdings, den Businessplan so knapp und so aussagekräftig wie möglich zu halten. Denn ein Businessplan ist kein Roman. Allerdings dürfen keine wesentlichen Fakten zur Gründung fehlen. Bei der kritischen Überprüfung des Businessplanes ist es für die Gründer möglicherweise hilfreich, sich unter den Aspekten der Nachvollziehbarkeit und der Plausibilität in die Rolle der Kapitalgeber zu versetzen.

3.1.2   Gliederungsvorschlag für einen Businessplan

In diesem Kapitel werden die Struktur bzw. der Aufbau und die Inhalte eines Businessplanes behandelt. Dabei werden nur einige wesentliche Aspekte dargestellt, denn es gibt zur konkreten Erstellung bereits eine Vielzahl an allgemeinen Strukturierungs- und Orientierungshilfen, z. B. in Form von Handbüchern, Leitfäden oder Checklisten. Als Buchquellen siehe bspw. Struck (2001); Stutely (2002); Nagl (2005) oder Klandt (2006). Als ein informationsreicher Leitfaden sei das jeweilige jahresaktuelle Handbuch des Businessplan-Wettbewerbs des Verbandes Neues Unternehmertum Rheinland e.V. – Netzwerk und Know-how (NUK) [www.n-u-k.de] empfohlen. Für das Jahr 2006 siehe hierzu NUK (2006).

Businesspläne können – je nach Branche und unternehmensspezifischen Besonderheiten – unterschiedlich sein. Dies bedeutet, dass es „den" Businessplan nicht gibt. [Struck, (2001)]

Abbildung 11 zeigt einen Vorschlag für die Gliederung eines Businessplanes.

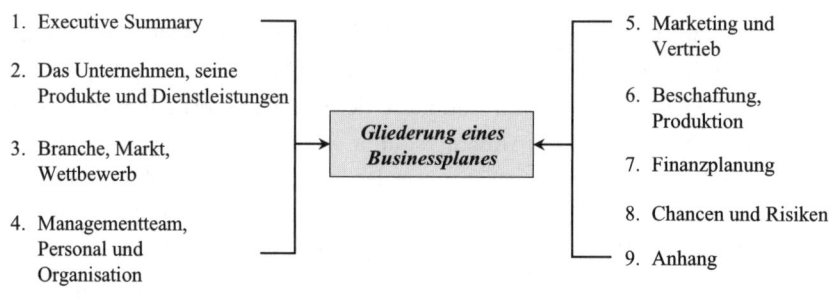

1. Executive Summary

2. Das Unternehmen, seine
   Produkte und Dienstleistungen

3. Branche, Markt,
   Wettbewerb

4. Managementteam,
   Personal und
   Organisation

**Gliederung eines
Businessplanes**

5. Marketing und
   Vertrieb

6. Beschaffung,
   Produktion

7. Finanzplanung

8. Chancen und Risiken

9. Anhang

Abbildung 11: Gliederung eines Businessplanes

Aufbauend auf Abbildung 11 soll der folgende detailliertere Gliederungsvor-
schlag für Businesspläne sowie die Ausführungen zu den jeweiligen Bausteinen nur als Orientierungshilfe verstanden werden.

1.   Executive Summary (Zusammenfassung des Businessplanes)
- Geschäftsidee

- Kernziele und Strategie des Unternehmens

- Zielmarkt

- Kundennutzen/Wettbewerbsvorteil/ggf. Alleinstellungsmerkmal

- Gründerteam im Überblick

- Planzahlen im Überblick

- Kapitalbedarf

2.   Das Unternehmen, seine Produkte und Dienstleistungen
- Gegenstand und Ziele des Unternehmens

- Angaben zum Unternehmen (Firma bzw. Geschäftsbeziehung, Anschrift,
  Gründungsdatum etc.)

- Rechtsform und Gesellschafterstruktur (Gründe für die Wahl der Rechtsform, Gesellschafterverhältnisse, Geschäftsführung)

- Standort (Standortbeschreibung, Standortvorteile)

- Produkt-, Dienstleistungsangebot

- Stand der Technik, Patente, Lizenzen

- Forschung und Entwicklung, Qualitätssicherung

- Kundennutzen, -vorteile
- Wettbewerbsvorteile (z. B. Zusatznutzen, Preis, Service, Image etc.)
- Produktrisiken (Substitutionsmöglichkeiten etc.)

3.   Branche, Markt, Wettbewerb
- Beschaffung und Analyse relevanter Informationen
- Markteinschätzung
  (Zielmärkte, Marktvolumen, Marktpotenzial/-wachstum)
- Marktanteile (aktuell/geplant)
- (potenzielle) Markteintrittsbarrieren
- Wettbewerber und wettbewerbsrelevante Produkte/Dienstleistungen

4.   Managementteam, Personal und Organisation
- Lebensläufe des Managementteams
- Motivation und Qualifikationen (fachliche, berufliche)
- Führungskompetenzen
- Aufgaben- und Verantwortungsverteilung des Managements
- Potenzielle Defizite an erforderlichen Qualifikationen/Kompetenzen
- Beteiligungen an anderen Unternehmen
- Beirat/Aufsichtsrat
- Berater (Anzahl, Aufgaben)
- Mitarbeiter (Anzahl, Qualifikation, Mitarbeiterbeteiligung, Aufgabenverteilung)
- Organisationsstruktur (Bereiche, Abteilungen etc.)
- Personalbedarf, -beschaffung, -entwicklung
- Kooperationen, Netzwerke

5.   Marketing und Vertrieb
- Preispolitik
- Produktpolitik
- Kommunikationspolitik
- Distributionspolitik

6. Beschaffung, Produktion

- Einkaufs-, Beschaffungswege und -preise
- Lieferantenabhängigkeiten, Abnahmeverträge
- Produktion, maschinelle Ausstattung
- Produktionsverfahren
- Umweltschutz

7. Finanzplanung

- Grundsätze Rechnungswesen, Controlling
- Umsatzplan, Investitions- und Abschreibungsplan
- Personalkostenplan
- Ergebnisplan
- Liquiditätsplan
- Kapitalbedarf und Finanzierung

8. Chancen und Risiken

9. Anhang

- Lebensläufe der Gründerpersonen
- Referenzen
- Organigramm
- Gesellschaftsvertrag, ggf. Handelsregisterauszug
- Verträge (Lizenz-, Kauf-, Miet-, Pachtverträge, Letter of Intent etc.)
- Behördliche Genehmigungen
- Produktionspläne, Ablaufpläne
- Detaillierte Produktspezifizierungen
- Zeit-, Realisierungsplan

3.1.2.1 Executive Summary

Die Kurzzusammenfassung (Executive Summary) eines Businessplanes beschreibt die Geschäftsidee bzw. das Geschäftsmodell und weitere wesentliche Aspekte des Gründungsvorhabens wie etwa Markt, Wettbewerb, Kundennutzen und Kapitalbedarf kurz und klar. Sie ist nicht als Inhaltsangabe oder Einführung zum Businessplan zu verstehen. Die Zusammenfassung dient vielmehr dazu, Kapitalgebern einen schnellen Überblick über das Gründungsvorhaben zu geben, sie dafür zu interessieren und zu motivieren, den gesamten Businessplan zu lesen. Kapitalgeber erhalten zahlreiche Businesspläne. Dabei lesen die Entscheidungsträger nicht mehr als fünf bis zehn Minuten, wenn nicht bereits die Zusammenfassung überzeugt. Es ist empfehlenswert, die Zusammenfassung, die nicht mehr als zwei Seiten umfassen sollte, erst nach Fertigstellung des gesamten Businessplanes zu schreiben.

Die Zusammenfassung entscheidet darüber, ob Kapitalgeber den Businessplan detailliert prüfen oder vorzeitig zur Seite legen. Von daher ist diesem Kapitel besondere Beachtung beizumessen.

Kernelemente der Zusammenfassung sind: *Geschäftsidee, Kernziele und Strategie des Unternehmens, Zielmarkt, Kundennutzen und Wettbewerbsvorteil, Gründerteam im Überblick, Planzahlen im Überblick, Kapitalbedarf* sowie ggf. die vorgesehene *Exitstrategie* (z. B. Trade Sale, Börsengang). Mögliche Leitfragen bei der Erstellung der Executive Summary können sein:

- Was ist die Geschäftsidee/das Geschäftsmodell?
- Mit welchen Produkten und Leistungen werden welche Märkte/Segmente bedient?
- Wer sind die Zielkunden/Umsatzträger?
- Wie soll der Marktzugang erreicht werden?
- Wie groß ist das abschätzbare Marktpotenzial?
- Worin besteht der Kundennutzen?
- Gibt es ein Alleinstellungsmerkmal (Unique Selling Proposition)?
- Welche wichtigen Meilensteine sollen in der Unternehmensentwicklung erreicht werden?
- Wie sieht die Umsatz-, Ergebnis- und Cashflow-Planung für die nächsten drei bis fünf Jahre aus?
- Wie hoch ist der Kapitalbedarf?

3.1.2.2   Unternehmen, Produkte und Dienstleistungen

Gegenstand, Ziele und Strategien des Unternehmens
In diesem Kapitel sollte das Unternehmen mit seinem Produkt- und Leistungsangebot hinsichtlich des aktuellen und zukünftigen Marktbedarfs beschrieben werden. Für den Kapitalgeber muss erkennbar sein, ob es sich ein produzierendes Unternehmen oder ein Dienstleistungsunternehmen h delt. Unabhängig davon, ob ein Unternehmen neu gegründet oder ein be hendes Unternehmen übernommen werden soll, interessieren sich Kapital ber in diesem Kapitel für das Geschäftsmodell und das angebotene Produu und Leistungsspektrum. Dabei umfasst das Unternehmensprofil wesentlich Angaben zum Unternehmen, zur Rechtsform- und Standortwahl sowie zur geplanten Eigentümerstruktur. Das Geschäftsmodell beschreibt die Geschäftsidee, die unternehmerische Chance sowie die Mittel und Wege, wie diese Idee unter Berücksichtigung der Kosten und erzielbaren Umsatzerlö umgesetzt werden soll. Dabei bildet das Geschäftsmodell die Ressourcen die einem Unternehmen zur Verfügung stehen, und es zeigt, wie diese in betriebliche Leistungserstellung transformiert werden. Wichtig ist, dass sich der Gründer über den Kern des Gegenstandes, der Ziele und Strategien de Unternehmens bewusst ist. Zur Unterstützung dieses Sachverhaltes sollen folgenden Fragen einen Beitrag leisten:

- Was ist der Geschäftszweck?

- Ist das Gründungsvorhaben eine Neugründung, Übernahme, ein Management-Buy-out (MBO), Management-Buy-in (MBI) oder Franchising?

- Welcher Kundennutzen ist mit dem Produkt- und Leistungsangebot verbunden?

- Welche Märkte/Teilmärkte, Produkt- und Dienstleistungsbereiche werden abgedeckt?

- Welche Zielgruppen sollen angesprochen werden?

- Warum wird das Geschäftsmodell rentabel/profitabel sein? Warum bestehen Wachstumsperspektiven?

- Welche Rechtsform ist geplant und warum?

- Welcher Standort soll gewählt werden und warum?

- Welche Gesellschafterstruktur soll das Unternehmen aufweisen?

Ziele

Viele erfolgreiche Unternehmensgründer haben Visionen, aus denen sich die Unternehmensziele entwickeln. Ein Schlüssel zum nachhaltigen Erfolg von Unternehmensgründungen besteht darin, ein visionäres Unternehmen zu entwickeln und diese Vision auch vorzuleben. *„Wir machen die Welt sicherer"* ist z. B. die Vision eines Sicherheitsunternehmens. Aus der Vision gehen dann die Unternehmensziele hervor. Wesentlich ist, die Ziele in bildhafter Sprache ganzheitlich unter Einbeziehung der Mitarbeiter, Geschäftspartner und ggf. der Kapitalgeber und der Öffentlichkeit zu formulieren. Wichtig ist, dass Vision und Ziele aufeinander abgestimmt werden. Ziele sind das Leuchtfeuer auf dem Weg zum unternehmerischen Erfolg. [Opoczynski/Thomsen (2003)] Die Ziele sollten schriftlich formuliert werden. Schriftlich formulierte Ziele sind nachprüfbar, und der Zielerreichungsgrad ist i. d. R. messbar. Ziele müssen erreicht werden können und dürfen nicht widersprüchlich sein. Daher ist es nicht empfehlenswert, zu viele Ziele zu formulieren. [Siehe zum Zusammenhang von Vision und Zielen auch Kapitel 7.2]

„Wir wollen in den nächsten drei Jahren die Umsätze um 30 Prozent p. a. steigern, die Kosten um 20 Prozent senken, jährlich neue Produkte entwickeln und ein hervorragendes Betriebsklima haben." Dies ist wohl kaum ein realistisches Zielbündel eines Unternehmens. Mit der Formulierung des Zielsystems wird die zukünftige Positionierung des Unternehmens festgelegt.

Die in Abbildung 12 aufgeführte Checkliste soll eine Hilfestellung zur Bestimmung des strategischen Zielsystems geben.

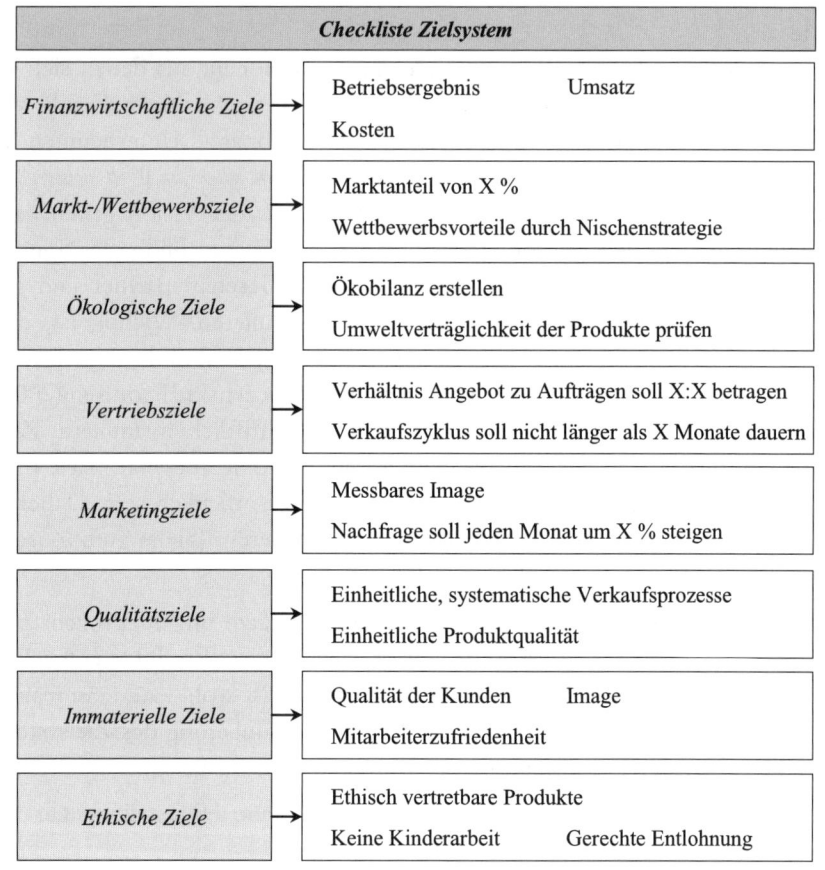

Abbildung 12: Checkliste Zielsystem

Die Ziele müssen klar, eindeutig und präzise sein. Sie sollten positiv formuliert werden, z. B. Marktführer werden oder einen Jahresumsatz von 5 Millionen Euro erreichen etc. Wesentlich ist, dass die Zielerreichung regelmäßig überprüft wird.

Strategien

Eine grundlegende Aufgabe der Gründerpersonen ist, Strategien zu entwickeln und diese auch im Hinblick auf die jeweils angestrebten Ziele zu realisieren. In diesem Kontext ist es für die erfolgreiche Umsetzung des Gründungsvorhabens grundsätzlich wichtig, Wachstumsstrategien oder Strategien zur Existenzsicherung festzulegen. Da gerade im Klein- und Kleinstgründungsbereich häufig kein oder nur geringes Wachstum angestrebt wird, ist es in diesen

Fällen von Bedeutung, Strategien zur Existenzsicherung zu entwickeln. Unabhängig von der gewählten Grundstrategie dürfte es für erfolgreiche Gründerpersonen wesentlich sein, sich durch einen spezifischen Kundennutzen bzw. -vorteil positiv gegenüber den Wettbewerbern abzugrenzen. Bei der Strategiewahl sollten die Gründerpersonen besonders sorgfältig vorgehen, da sie dadurch das geplante Unternehmen im Markt und damit gegenüber den Wettbewerbern positionieren.

Zur Erzielung von Wettbewerbsvorteilen bieten sich nach Porter drei verschiedene Arten von **Strategien** an: *Kostenführerschaft, Produktdifferenzierung* und *Konzentration auf Schwerpunkte.*

Eine Strategie der **Kostenführerschaft** ist dadurch gekennzeichnet, dass Wettbewerbsvorteile durch vergleichsweise niedrigere Kosten eines Unternehmens in der Branche realisiert werden. Diese Strategie funktioniert besonders gut in Märkten mit hoher Preissensibilität. Eine hohe Ausbringungsmenge, effiziente Produktionsanlagen, das Ausschöpfen von Lerneffekten sowie die konsequente Nutzung von Möglichkeiten zur Kostensenkung, z. B. durch günstigen Einkauf, sind charakteristisch für die Strategie der Kostenführerschaft. In der Praxis ist Kostenführerschaft oftmals verbunden mit Massenfertigung und standardisierten Produkten. Risiken dieser Strategie bestehen vor allem in einem Preiskampf sowie der Generierung eines Billigimages. Die Strategie der **Differenzierung** ist darauf ausgerichtet, sich durch Einzigartigkeit von seinen Wettbewerbern abzuheben und damit einen klar erkennbaren Zusatznutzen für die Kunden zu schaffen. Der Wettbewerbsvorteil wird dabei dadurch erreicht, dass die Kunden bereit sind, für den Zusatznutzen einen höheren Preis zu bezahlen. Eine Differenzierung der Produkte und Leistungen kann z. B. erreicht werden durch Differenzierung der Produkteigenschaften (wie Innovation, Qualität, Design) oder Differenzierung des Services (Pre-Sales-Service, Distributionsservice, After-Sales-Service). Risiken dieser Strategie bestehen vor allem in Nachahmern, die versuchen könnten, die Differenzierungsvorteile auf ihr eigenes Produktangebot zu übertragen.

Die Strategie der **Konzentration auf Schwerpunkte** besteht in einer Spezialisierung auf eine bestimmte Produkt- bzw. Kundengruppe oder einen regional abgegrenzten Markt (Nische). Bei dieser Strategie handelt es sich um eine Fokussierung auf kleine Marktnischen, die von größeren Wettbewerbern oft vernachlässigt werden. In der Praxis werden die Nischen entweder mit der Strategie der Kostenführerschaft oder Differenzierung bearbeitet. Die gewählte Marktnische sollte durch ausreichende Größe, Kaufkraft und Wachstumspotenzial gekennzeichnet sein. Eine wesentliche Gefahr dieser Strategie liegt im Markteintritt durch Wettbewerber, welche die Nische als attraktiven Markt identifiziert haben.

Abbildung 13 verdeutlicht mögliche komparative Wettbewerbsvorteile im Überblick.

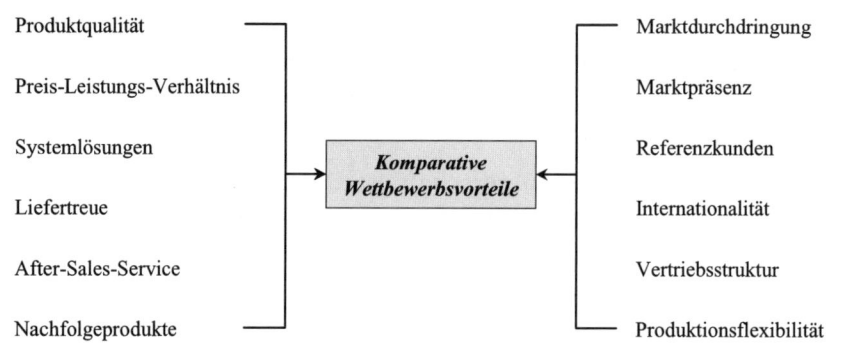

Produktqualität		Marktdurchdringung
Preis-Leistungs-Verhältnis		Marktpräsenz
Systemlösungen	**Komparative**	Referenzkunden
Liefertreue	**Wettbewerbsvorteile**	Internationalität
After-Sales-Service		Vertriebsstruktur
Nachfolgeprodukte		Produktionsflexibilität

Abbildung 13: Komparative Wettbewerbsvorteile

Die aufgeführten komparativen Wettbewerbsvorteile sind eng mit dem Produkt- und Leistungsprogramm eines jungen Unternehmens verbunden und in Relation zu dem Konkurrenten auf dem angestrebten Zielmarkt zu sehen.

Leitfragen:

- Welche Ziele verfolgt das Unternehmen in den nächsten fünf Jahren?
- Was sind die kritischen Erfolgsfaktoren zur Erreichung dieser Ziele?
- Mit welcher Grundstrategie sollen die Ziele erreicht werden?
- Durch welche Strategie soll ein nachhaltiger Wettbewerbsvorteil erzielt werden?
- Wie soll die erfolgreiche Umsetzung der Strategien erreicht werden?

Produkt- und Leistungsprogramm

Das Produkt bzw. die Dienstleistung einer Unternehmensgründung tritt i. d. R. in Konkurrenz zu anderen Produkten oder Dienstleistungen, die bereits am Markt verfügbar sind. Entscheidend für den Erfolg der Produkte und Dienstleistungen ist dabei der Kunde. Das Produkt- und Leistungsangebot muss für die Kunden erkennbar besser oder preisgünstiger im Vergleich zu Wettbewerbsangeboten sein, damit eine Kaufbereitschaft entsteht. Eine einfache Möglichkeit der Überprüfung von Produktvorteilen besteht wohl darin, dass sich die Gründer in die Lage der Kunden versetzen und überlegen, ob sie die eigenen Produkte oder eher die Produkte der Konkurrenten kaufen würden. Innovative Produkte sind häufig erklärungsbedürftig und es kann lange dauern, bis die Kunden diese akzeptieren. Daher ist es wesentlich, die Kunden von dem Nutzen der Innovation im Vergleich zu konkurrierenden Produkten zu überzeugen. Dabei sind die Besonderheiten der Produkt- bzw. Dienstleistungsidee zu beschreiben und die Wettbewerbsvorteile zu erörtern. Bei den Kapitalgebern überzeugend wirken ein funktionierender Prototyp sowie ein bzw. mehrere Pilotkunden. Handelt es sich um eine forschungs- und entwicklungsintensive Unternehmensgründung, sind die Forschungs- und Entwicklungsziele, Budgets und Zeitpläne in der Anlage beizufügen und die technologischen Risiken des Produktes explizit zu erklären. In diesem Kontext sind vor allem auch Fragen nach Patent- und Lizenzrechten relevant. Bestehende oder künftig geplante Schutzrechte sind darzulegen. Zur besseren Einschätzung des Risikos ist dabei auf mögliche Nachahmungen durch Wettbewerber oder auch auf etwaige Schutzrechte der Wettbewerber einzugehen. Ferner ist zu erläutern, ob weitere Innovationen oder Weiterentwicklungen geplant sind. Zur Planung des Produkt- und Leistungsprogramms sollen die folgenden Leitfragen einen Beitrag leisten:

- Welche Produkte bietet das junge Unternehmen an?
- Worin besteht die Innovation des Produkt- bzw. Dienstleistungsangebotes?
- Verfügt das Unternehmen über Patent- oder Lizenzrechte?
- Welche Anforderungen/Vorschriften des Gesetzgebers bestehen hinsichtlich des Produkt- bzw. Dienstleistungsangebotes?
- Welche Kundenvorteile, -nutzen bestehen für welche Kundengruppe?
- Welche Zusatzleistungen (z. B. Dienstleistungs- und Wartungsleistungen) kann das Unternehmen im Unterschied zu seinen Wettbewerbern bieten? Gewährt es besondere Produkt- bzw. Dienstleistungsgarantien?
- Welche Konkurrenzprodukte existieren oder sind in der Entwicklung?
- Über welche Patente/Lizenzen verfügen die Wettbewerber?
- Welche weiteren Entwicklungsschritte zur Verbesserung des Produkt- bzw. Dienstleistungsangebotes sind geplant?

3.1.2.3 Branche, Markt und Wettbewerb

Fehlende oder unzureichende Marktkenntnisse sind häufig Ursachen für das Scheitern von Unternehmensgründungen. Bereits in der Vorgründungsphase ist es erforderlich, dass sich ein Gründungsunternehmen detailliert mit der Branche, dem Gesamtmarkt, den Kunden und den Wettbewerbern auseinandersetzt. Dabei ist die Beachtung folgender Aspekte empfehlenswert:

- Informationsbeschaffung (Beschaffung relevanter Branchen-, Markt- und Wettbewerbsinformationen)

- Analyse der Branchen-, Markt und Wettbewerbsinformationen (Umsatzentwicklung der Branche in den letzten fünf Jahren, Marktwachstum, Anzahl der neuen Wettbewerber in der Branche in den letzten drei Jahren etc., Bedeutung von Produktinnovationen in der Branche)

- Beschreibung der Rahmenbedingungen (z. B. ökonomische, gesetzliche, demografische, politische Rahmenbedingungen, technologischer Fortschritt)

- Darstellung von Haupteinflussfaktoren auf die Branche und wichtigen Zukunftstrends in der Branche (einschl. des erwarteten Branchenwachstums in den nächsten Jahren)

- Analyse der Wettbewerbssituation und -strategien (wesentliche Wettbewerber sowie deren Stärken und Schwächen, Wettbewerbsvorteile, Markteintrittsbarrieren etc.)

- Abgrenzung und Darstellung des relevanten Marktes und der Marktsegmente (einschließlich Marktpotenzial-, -absatz und -anteilsschätzungen)

- Schätzungen der Preisentwicklung, der künftigen Umsatzentwicklung, der Umsatzrendite und der Rentabilität der Branche

Branche, Gesamtmarkt

Im Businessplan ist es wichtig, die Branche und den Gesamtmarkt zu beschreiben, in dem das Unternehmen aktiv werden möchte. Viele Gründer sind sich nicht bewusst, wo sich das Unternehmen derzeit in der Branche befindet, welche Entwicklungen die Branche in Zukunft machen wird (neue Technologien, gesetzliche Rahmenbedingungen) und wie sie darauf reagieren werden. Die Erfassung wichtiger Zukunftstrends und die Erläuterung der Haupteinflussfaktoren auf die Branche sind erforderlich, um die Frage zu beantworten, ob ein Markteintritt lohnend ist.

Um zu beschreiben, was eine Branche ist, kann das Branchenstrukturmodell von Porter herangezogen werden. Eine Branche ist eine Gruppe von Unternehmen, die ähnliche oder eng verwandte Produkte an Abnehmer verkaufen. Die Struktur einer Branche und damit die Attraktivität einer Branche ist nach Porter von **fünf Wettbewerbskräften** abhängig: *Markteintritt neuer Konkurrenten, Gefahr von Ersatzprodukten, Verhandlungsstärken der Abnehmer, Verhandlungsstärken der Lieferanten* und *Rivalitäten unter den vorhandenen Wettbewerbern*.

Die folgende Abbildung 14 soll das Modell der *Five-Forces* nach Porter (1999) abschließend veranschaulichen.

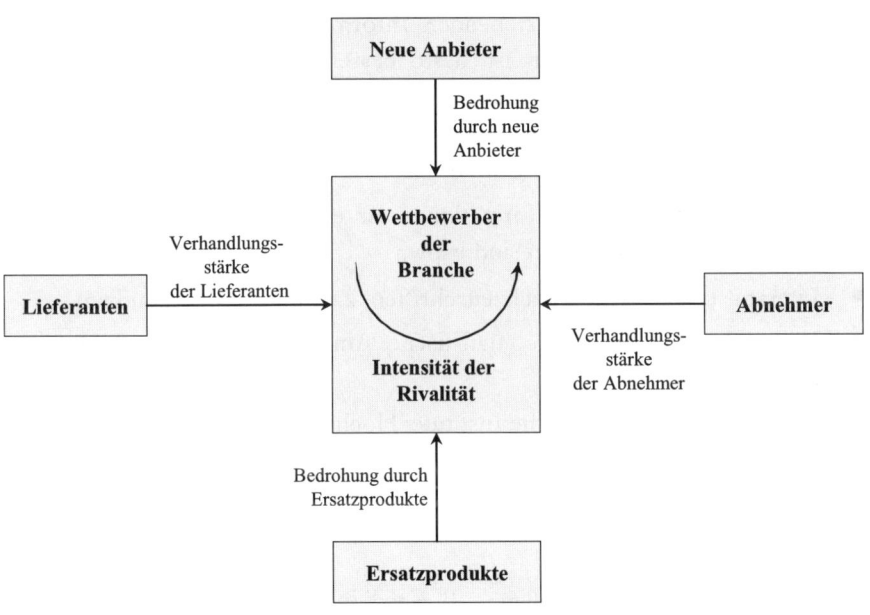

Abbildung 14: Five-Forces nach Porter

Marktanalyse und -prognose

Angaben zu Marktentwicklungen und -prognosen sind grundlegende Bausteine eines Businessplanes. Aus unternehmerischer Sicht bieten Produkte und Dienstleistungen nur dann einen wirtschaftlichen Wert, wenn dafür ein Markt existiert oder ein Markt geschaffen werden kann. Die Marktanalyse liefert einen fundierten Eindruck über den zu bearbeitenden Markt unter Berücksichtigung relevanter Einflussfaktoren wie etwa die Branche und Wettbewerber.

Zur Marktanalyse gehören insbesondere folgende Bereiche:

■ die Informationsbeschaffung

■ die Analyse des Gesamtmarktes

■ die Marktattraktivität

■ die Marktsegmentierung

Die Informationsbeschaffung ist notwendig, um eine genaue Beschreibung des relevanten Marktes, der Marktsegmente und der Marktattraktivität zu ermöglichen. Die Qualität der Marktanalyse hängt dabei entscheidend von der Qualität der zur Verfügung stehenden Informationen ab. Je fundierter die Daten- und Informationsbasis ist, desto bessere Prognosen können für das Unternehmen und seine Zukunft getroffen werden. Je genauer die Informationen und Daten über den relevanten Markt sind, desto präziser können später die Absatz- und Umsatzplanungen erfolgen.

Bei der Beschaffung der Informationen ist etwas Kreativität erforderlich. Relevante Informationsquellen sind bspw.:

■ Literatur (z. B. Bücher, Fachzeitschriften, Zeitungen, Marktstudien)

■ Verbände und Behörden (statistische Ämter, Industrie- und Handelskammern, Patentämter)

■ wirtschaftswissenschaftliche Institute, Hochschulen

■ kommerzielle Datenbanken

■ Internet (z. B. Google)

■ Messen, Ausstellungen

■ sonstige Informationsquellen (z. B. Kreditinstitute, Auskunfteien)

■ Experteninterviews.

Zur Strukturierung und Durchführung der Marktanalyse und -prognose sollen die folgenden Fragen einen Beitrag leisten:

■ Wie groß und attraktiv ist der Gesamtmarkt?

■ Wie groß ist das erwartete Wachstum in der Branche?

■ Wo ist die Branche auf der Lebenszykluskurve positioniert?

■ Besteht ein Marktbedürfnis oder muss es erst geweckt werden?

■ Welches sind die wichtigsten Rahmenbedingungen?

■ Welche Dimensionen bestimmen die Attraktivität des Marktes?

- Welche Bedeutung bzw. welchen Einfluss haben Innovationen und technologische Entwicklungen für die Branche?
- Wie groß ist der Zielmarkt des Unternehmens?

Marktsegmentierung

Wesentlich für Gründer ist die Frage, welcher Markt oder welches Teilsegment bedient werden soll. Marktsegmentierung erfolgt durch Bildung einzelner Kundengruppen, die alle ein ähnliches Verhalten oder ähnliche Eigenschaften aufweisen. Je genauer die Segmentierungskriterien gewählt werden, umso spezifischer können die Zielgruppen abgegrenzt werden. Bei der Bildung homogener Kundengruppen ist darauf zu achten, dass alle Kunden mit der gleichen Kommunikationsstrategie erreicht werden können.

Beispiele für Segmentierungskriterien sind z. B. Kaufverhalten, Regionen, demografische oder psychografische Kriterien. Die Kundenbedürfnisse und -wünsche sollen mit einem nach derartigen Kriterien segmentierten Zielmarkt systematischer und bedarfsgerechter erfüllt werden. In die Untersuchung einbezogen werden sollte das zielgruppenspezifische Angebot der Wettbewerber. Zielkundengruppen können z. B. sein: alle Single-Haushalte mit einem Bruttoeinkommen von mehr als 150.000 Euro im Jahr, die einen Porsche fahren und rauchen.

Auf diese Art und Weise können Kundengruppen festgelegt werden, die angesprochen werden sollen. Die Größe des relevanten Marktsegmentes sollte in Relation zum Gesamtmarkt gestellt werden. Ziel ist, den potenziellen Absatz und damit den Umsatz in diesem Marktsegment zu ermitteln. Eine ausreichende Größe des Zielmarktes sollte gegeben sein, damit das Geschäftsvorhaben profitabel ist. Mögliche Fragen in diesem Kontext sind bspw.:

- Was sind relevante sozioökonomische Kriterien der Zielgruppe?
- Was sind relevante demografische Kriterien der Zielgruppe?
- Was sind relevante psychografische Kriterien der Zielgruppe?
- Was sind relevante Wünsche und Emotionen der Zielgruppe?
- Welche Regionen sind relevant?

Wettbewerb

Voraussetzung für eine erfolgreiche Positionierung in einer Branche ist, die relevanten Konkurrenzunternehmen zu kennen. Dabei können die Wettbewerber in drei Gruppen differenziert werden:

- Direkte Wettbewerber, die vergleichbare Produkte/Leistungen anbieten.
- Indirekte Wettbewerber, die Ersatz- bzw. Substitutionsprodukte anbieten.
- Potenzielle Wettbewerber, die noch nicht im gleichen Marktsegment auftreten, aber das Risiko eines Markteintritts besteht.

Das bedeutet, dass sich die Unternehmensgründer neben bestehenden oder potenziellen Konkurrenzunternehmen auch mit Substituten beschäftigen müssen. Substitutionsprodukte (Ersatzprodukte) sind Produkte, die den gleichen Kundennutzen auf eine andere Weise erfüllen. Beispiele für Substitutionsprodukte sind Kaffe und Tee, CD und DVD, tragbare CD-Player und MP3-Player.

Mit Blick auf den Wettbewerb sind vielfältige Fragen von Interesse. Beispielsweise kann es bereits schwierig sein herauszufinden, wer überhaupt die wichtigsten Wettbewerber sind, welchen Marktanteil sie haben und über welche Stärken und Schwächen sie verfügen. Von Interesse ist auch, welche Vorteile die Wettbewerber haben, z. B. im Hinblick auf die Kostenstruktur, die Produktgestaltung, die Vertriebskanäle oder die Serviceleistungen. Weiterhin ist die Analyse potenzieller Einflussfaktoren von Bedeutung, etwa die möglichen Auswirkungen des Markteintritts von neuen Anbietern auf den eigenen Geschäftserfolg. In diesem Kontext ist zu fragen, wie schnell und mit welchem Aufwand das eigene Geschäft kopierbar ist und wie hoch die Markteintrittsbarrieren für neue Wettbewerber in der Branche sind. Ein besonderes Augenmerk sollte bei der Analyse insgesamt auf die wichtigsten Wettbewerber sowie auch Substitutionsmöglichkeiten gelegt werden. Fragen zur Beschäftigung mit dem Wettbewerb können sein:

- Welche wichtigen Wettbewerber bieten vergleichbare Produkte und/oder Dienstleistungen an?
- Welche Neuentwicklungen sind zu erwarten?
- Welche Zielkundengruppen sprechen die Wettbewerber an?
- Welche Marktanteile haben die Wettbewerber?
- Welche Kostenstrukturen haben die Wettbewerber?
- Wie profitabel sind die Wettbewerber?
- Welche Vertriebskanäle nutzen die Wettbewerber?
- Welche Wettbewerbsvorteile bestehen?

3.1.2.4 Gründerteam, Personal und Organisation

Gründerteam

Für den Erfolg einer Unternehmensgründung maßgeblich ist das Gründerteam. Vielfach spielen in der Gründungsphase Fragen der Führung noch keine Rolle, da die Gründer ihre unternehmerische Tätigkeit zumeist allein oder nur mit einer geringen Anzahl an Mitarbeitern beginnen. Bei einem auf Wachstum ausgerichteten Unternehmen ist es jedoch für Investoren entscheidend, ob die Gründerpersonen über die erforderlichen Fähigkeiten und Fertigkeiten verfügen, das Unternehmen erfolgreich zu führen. Viele Beteiligungsgesellschaften ziehen ein hervorragendes Management mit einem mittelmäßigen Produkt einem mittelmäßigen Management mit einem erstklassigen Produkt vor. [Bygrave (1997)]

Nach der Zusammenfassung des Businessplanes ist der Abschnitt über die Gründerpersonen bzw. das Management oft der nächste Teil, der von potenziellen Kapitalgebern gelesen wird. Dabei wird die starke Gewichtung der Unternehmensführung von den Gründerpersonen häufig unterschätzt. [Struck (2001)] Kapitalgeber stützen also ihre Investitionsentscheidung maßgeblich auf die Persönlichkeiten der Unternehmensgründer bzw. des Führungsteams. In diesem Zusammenhang wird in Literatur und Praxis häufig die Frage diskutiert, welche Eigenschaften bzw. Merkmale eine Unternehmerpersönlichkeit haben sollte.

Die Frage, was eine erfolgreiche Unternehmerpersönlichkeit ausmacht und welche generellen Anforderungen an die Gründerperson zu stellen sind, ist nicht leicht zu beantworten. Die Auffassungen reichen in der Skala von *„Die Betrachtung der Unternehmerpersönlichkeit ist überhaupt nicht wichtig"* bis hin zu *„unverzichtbar"*. Generell sind die Persönlichkeiten von Menschen zu komplex und verschieden, um hierüber grundsätzliche Aussagen zu treffen und diese in ein allgemeingültiges Schema einzuordnen.

> *„Wenn mich meine Erfahrung nichts gelehrt hat, dann aber eins: dass es nahezu unmöglich vorherzusehen ist, was eine erfolgreiche Unternehmerperson ausmacht."*
> *[Vesper (1998)]*

Dennoch ist es in der Praxis für Kapitalgeber notwendig, die Unternehmerpersönlichkeit zu beurteilen, um eine Entscheidung über eine Finanzierung treffen zu können. Für welche Aspekte der Gründerperson interessieren sich die Kapitalgeber im Rahmen eines Businessplanes? Ein zentraler Anhaltspunkt sind zunächst die Werdegänge der Gründer. Daraus geht z. B. hervor, welche beruflichen Erfolge die Gründer bereits erzielt haben. Weiterhin ist die Frage nach der Gründungsmotivation von Bedeutung. Motive sind etwa eine größere Entscheidungsfreiheit und Unabhängigkeit, Selbstverwirklichung (kreatives Arbeiten), Umsetzung neuer Ideen, berufliche Notsituation (z. B. Arbeitslosigkeit), Prestigegewinn, höhere Verdienstmöglichkeiten. [Schelzke (1990)] Die Motive zur Gründung werden von den Kapitalgebern hinterfragt und sollten von der Gründerperson überzeugend beantwortet werden können.

Gründungsprojekte sind für die beteiligten Personen mit erheblichen Chancen verbunden, denen aber auch Risiken gegenüberstehen (z. B. ungesichertes Einkommen, unregelmäßige Arbeitszeiten, weniger Freizeit bzw. Zeit für die Familie). Die Gründerpersonen sollten daher die Chancen und Risiken bereits im Vorfeld der Unternehmensgründung sorgfältig abwägen. Empfehlenswert ist, dass sich die Gründerpersonen zunächst selbstkritisch prüfen, ob sie zum Unternehmer geeignet sind und über welche Stärken und Schwächen sie verfügen. Die Möglichkeiten reichen dabei von standardisierten Fragebogen bis hin zu Gesprächen mit Dritten (Partner, gute Freunde, Berater).

In diesem Abschnitt geht es um die Beschreibung der besonderen Eigenschaften und Kompetenzen des Gründer- bzw. Managementteams. Von Interesse sind hierbei vor allem Führungs-, Berufserfahrung, Ausbildung und spezifische Qualifikationen. Wesentlich ist, dass das Gründerteam komplementäre Kompetenzen aufweist und eine gemeinsame Vision besteht. Sollten Defizite oder Schwächen der Gründer erkennbar sein, sind diese im Businessplan aufzuführen und die geplanten Maßnahmen zu ihrer Beseitigung zu erläutern. Die Lebensläufe der Unternehmensgründer bzw. des Managementteams sind mit ihren beruflichen Werdegängen tabellarisch im Anhang aufzuführen und zudem Zeugnisse und ggf. Referenzen beizufügen. In diesem Kontext können folgende Fragen zur Strukturierung des Sachverhaltes beitragen:

- Wie ist der berufliche Werdegang der Gründerperson(en)/des Managements?
- Wer soll im Unternehmen welche Bereiche leiten?
- Welche spezifischen Qualifikationen und Erfahrungen bestehen?
- Besteht Bedarf, das Gründerteam in einzelnen Positionen zu verstärken?
- Welche Verträge sind mit externen Beratern geplant?

Personalplanung

Nicht alle Unternehmensgründungen wollen Personal beschäftigen. Daher ist dieser Abschnitt im Businessplan von unterschiedlicher Relevanz für das Gründungsvorhaben. Vor diesem Hintergrund beziehen sich die nachstehenden Ausführungen in erster Linie auf wachstumsorientierte Unternehmensgründungen, für die eine systematische Personalplanung für den künftigen Unternehmenserfolg von Bedeutung ist. Generell sollte der Businessplan Auskunft über das erforderliche Personal nach Art und Umfang, Qualifikation sowie die Kosten geben. Denn Fehler bei der Personalplanung können für den Erfolg einer Unternehmensgründung entscheidend sein. Daher kommt der Ermittlung des Bedarfs, der Beschaffung und dem richtigen Einsatz qualifizierter Mitarbeiter besondere Bedeutung zu. Die persönliche und berufliche Qualifikation des Personals sollte den Anforderungen des Unternehmens entsprechen. Hierzu ist die Erstellung eines Anforderungsprofils hilfreich. Das Istprofil der Person sollte mit dem Sollprofil möglichst deckungsgleich sein. Da in der Gründungs- und Frühentwicklungsphase i. d. R. eine direkte Kommunikation und Zusammenarbeit zwischen den Gründerpersonen und den Mitarbeitern besteht, ist es besonders wichtig, dass „die Chemie" zwischen den Teammitgliedern stimmt. Typisch für die Gründungsphase eines Unternehmens ist, dass mehrere Aufgabenbereiche von einer Person vorübergehend wahrgenommen werden. Verfügt das Gründerteam noch nicht über alle für die Gründung wesentlichen Kompetenzen (z. B. im kaufmännischen Bereich), sind diese Lücken im Businessplan aufzuführen. Dabei ist es erforderlich, dass klare Vorstellungen darüber bestehen, wann und wie das Team komplettiert wird.

Im Rahmen der Personalplanung sind ausreichende Personalkapazitäten zu berücksichtigen. Nicht nur die in Vollzeit beschäftigten Mitarbeiter, sondern auch Teilzeit- und Aushilfskräfte sowie z. B. freie Mitarbeiter sind in die Planung einzubeziehen. Es sind die gesamten Personalkosten (Lohn- und Lohnnebenkosten) für die Ergebnisplanung zu ermitteln. Potenzielle Fragen sind:

- Können genügend qualifizierte Mitarbeiter aus der Region gewonnen werden?
- Welche Anreize können/müssen neuen Mitarbeitern gegeben werden?
- Sind Optionen auf Anteile am Gesellschaftskapital für die Mitarbeiter vorgesehen?
- Werden die Mitarbeiter langfristig an das Unternehmen gebunden?

Organisationsplanung

Die Organisationsplanung eines neu zu gründenden Unternehmens bezieht sich auf die Festlegung der Aufbau- und Ablauforganisation. Ebenso wie die Personalplanung ist auch die Organisationsplanung nicht für alle Gründungen relevant. Für kleine Unternehmen, die drei oder vier Mitarbeiter beschäftigen, lohnt sich eine formale Organisationsstruktur wohl kaum. Die Erstellung eines Organigramms, d. h. die Darstellung der geplanten Aufbauorganisation, ist insbesondere bei größeren Unternehmensgründungen hilfreich, um einen Überblick über die geplanten Verantwortungsbereiche und Strukturen zu bekommen. In der Gründungsphase sind häufig noch informale Strukturen anzutreffen. Diese bleiben bei kleinen, nicht auf Wachstum ausgerichteten Unternehmen vielfach über viele Jahre bestehen. Bei einer zunehmenden Unternehmensgröße werden in der Praxis oftmals zunächst funktionale Organisationsstrukturen errichtet. Sind in Ergänzung zur Organisationsstruktur spezifische Produkt-, Aktions- und Projektteams vorgesehen, sollten diese im Businessplan erläutert werden.

Hinsichtlich der Ablauforganisation sollte im Businessplan auf die Frage eingegangen werden, mit welchen Methoden der Ablauf der Arbeitsvorgänge strukturiert und optimiert wird. Anhand eines Ablaufdiagramms sind die wichtigsten Abläufe, Informationsflüsse und Entscheidungsfindungsprozesse im Unternehmen darzustellen. Betriebliche Aktivitäten und Abläufe erfordern eine Strukturierung im Sinne einer klar festgelegten Aufbau- und Ablauforganisation. Trotz aller notwendigen Regelungen sollte den Mitarbeitern dennoch ein gewisser Flexibilitäts- und Gestaltungsspielraum ermöglicht werden.

Viele Unternehmen haben zu Beginn ihrer Geschäftstätigkeit noch kein Organigramm. Bei größeren Unternehmensgründungen empfiehlt sich jedoch, frühzeitig eine Organisationsstruktur zu schaffen und Zuständigkeiten und Verantwortungsbereiche eindeutig zuzuordnen. Wenn das Unternehmen wächst, verändert sich auch die Organisation. Dabei sind die Organisationsstrukturen eines Unternehmens kein statisches, sondern ein lebendiges Gebilde, das einer laufenden Überprüfung und Optimierung zu unterziehen ist. [Stutely (2002)] Neben einer rein funktionalen Organisationsstruktur gibt es bspw. auch die Möglichkeit, Unternehmen nach Regionen oder Geschäftsbereichen zu gliedern (divisionale Organisation). Innerhalb der Divisionen wird dann häufig funktional gegliedert.

In diesem Kontext können folgende Fragen relevant sein:

- Welche Organisationsstruktur ermöglicht ein zielgerichtetes Arbeiten?
- Gibt es ein verständliches bzw. nachvollziehbares Organigramm?
- Ermöglicht die geplante Organisationsstruktur eine zielorientierte Steuerung bzw. Kontrolle des Unternehmens?
- Wie werden Veränderungen in der Organisationsstruktur antizipiert und geplant?

3.1.2.5 Marketing und Vertrieb

Marketingplanung
Potenzielle Kapitalgeber sehen den Marketingplan als kritischen Erfolgsfaktor für die Unternehmensgründung. Dabei ist zu erläutern, mit welchen Strategien und Maßnahmen Kunden gewonnen sowie Umsatzerlöse und Gewinne generiert werden sollen. Basis für die Marketingplanung bilden relevante Informationen über den Markt. Die Marketingziele, z. B. Steigerung des Absatzes und Erhöhung des Marktanteils, werden in Abstimmung mit den übergeordneten Unternehmenszielen definiert.

Demnach umfasst die Marketingplanung alle Marketingziele sowie Strategien und Maßnahmen zur Erreichung der Marketingziele. Dabei werden in der strategischen Marketingplanung die Ziele für einen Planungszeitraum von vier bis fünf Jahren festgelegt. Die notwendigen Mittel und Maßnahmen dienen in unterschiedlichen Kombinationen der Erreichung der Ziele. Die operative Marketingplanung ist demgegenüber kurzfristiger Natur. Sie umfasst einen Planungshorizont von bis zu einem Jahr. Während es im strategischen Marketing um die Kenntnisse der Märkte und Produkte sowie die Auswahl geeigneter Strategien geht, werden in der operativen Marketingplanung Maßnahmen zur aktiven Marktgestaltung festgelegt.

Die strategische Marketingplanung befasst sich insbesondere mit drei grundlegenden Fragestellungen:

- In welchem Geschäft bzw. in welcher Branche ist das Unternehmen tätig?
- Welches sind die Zielmärkte/-kunden des Unternehmens?
- Welche Produkte und Leistungen kaufen die Kunden und welche Zahlungsbereitschaft besteht?

Aus strategischer Perspektive von Bedeutung sind bspw. Markteintritts- und Wachstumsstrategien eines Unternehmens. Für eine Unternehmensgründung ist zunächst die **Bestimmung einer geeigneten Markeintrittsstrategie** relevant. Die dafür erforderlichen Marketingaufwendungen werden häufig ebenso wie für den Aufbau einer Marke unterschätzt. Dies gilt nicht nur für den nationalen Markt, sondern auch für den vorgesehenen Eintritt in internationale Märkte. In diesem Kontext ist es erforderlich, im Rahmen der Marketingplanung wesentliche interne und externe Einflussfaktoren zu erfassen und den geplanten Markteintritt sorgfältig vorzubereiten. [Hisrich/Peters (2002)] Je nach Unternehmenszweck kann der Markteintritt über Referenzkunden empfehlenswert sein. Deren Einschätzungen und Bewertungen können wiederum der Gewinnung von Neukunden dienen.

Weiterhin werden üblicherweise in der Literatur zur Businessplanung vier Marketinginstrumente genannt, über deren Kombination und Einsatz die Gründerpersonen entscheiden müssen:

- Produkt- und Leistungspolitik (product)
- Distributions-/Vertriebspolitik (placement)
- Kommunikationspolitik (promotion)
- Preispolitik (price)

Entscheidend ist nicht die Optimierung jedes einzelnen Instruments, sondern die zielgerichtete Kombination der Marketinginstrumente (Marketing-Mix) insgesamt.

Produkt- und Leistungspolitik

Das Leistungsangebot ist im Rahmen eines Businessplanes von zentraler Bedeutung. Kernaufgabe der Produktpolitik eines Gründungsunternehmens ist, neue Produkte auf den Markt zu bringen (Produktinnovation) oder bereits am Markt befindliche Produkte zu modifizieren (Produktvariation). Grundsätzlich müssen in diesem Kontext die Eigenschaften der Produkte (Qualität, Funktionen etc.), Design und Verpackung festgelegt werden. Für Investoren von besonderem Interesse ist, ob es sich bei den Produkten um patentierte Produkte oder auch Markenprodukte mit geschützten Warenzeichen handelt. Wesentlich ist auch die Frage, welcher Service den Kunden geboten wird. Insbesondere aufgrund der ständig steigenden Wettbewerbsintensität und den rasanten Veränderungen des Marktes ist der Kundenservice zu einem wichtigen Instrument der Produktpolitik geworden. Danach kann der Service eines Unternehmens ein maßgeblicher Bestimmungsfaktor für die Kaufentscheidung des Kunden sein.

Distributions-/Vertriebspolitik

Die Distributions- bzw. Vertriebspolitik umfasst Maßnahmen, durch die Produkte und Dienstleistungen zu den Verbrauchern bzw. Kunden gelangen. Im Mittelpunkt steht dabei die Frage nach den Vertriebskanälen und den damit in Zusammenhang stehenden Kosten. Die Gründerpersonen müssen entscheiden, ob sie einen direkten oder indirekten Vertriebweg wählen wollen. Indirekt kann der Vertrieb über den Groß- und Einzelhandel erfolgen. Das Computerunternehmen *Dell* ist bspw. mit der Entscheidung für den direkten Absatzweg zum Kunden bis heute sehr erfolgreich und hat damit einen erheblichen Wettbewerbsvorteil erreichen können. Die Entscheidung über den Absatzweg steht in einem engen Zusammenhang mit der Frage nach der Vertriebsorganisation. Soll ein eigener Außendienst eingesetzt werden oder der Vertrieb über Handels- oder Reisevertreter erfolgen? Kann ein Franchising-System eine sinnvolle Alternative sein? Derartige Fragen sind für den Aufbau des Vertriebs von grundlegender Bedeutung.

Kommunikationspolitik

Maßnahmen der Kommunikationspolitik dienen den Unternehmensgründern vor allem dazu, Bekanntheit, Interesse und Kaufbereitschaft bei ihren Zielkunden zu erzeugen. Eine gute Kommunikation des neu gegründeten Unternehmens kann aber darüber hinaus zum Aufbau von Kontakten und Beziehungen zu weiteren wichtigen Netzwerkpartnern (z. B. Lieferanten, potenziellen Mitarbeitern, Medien etc.) genutzt werden.

Wesentliche Instrumente der Kommunikationspolitik sind die Werbung, Öffentlichkeitsarbeit/Public Relations, Verkaufsförderung/Sales Promotion sowie Messen und Ausstellungen. Von zunehmender Bedeutung sind darüber hinaus das Eventmarketing und das Sponsoring. Die beiden letztgenannten Formen sind jedoch tendenziell nicht für Neugründungen, sondern eher für junge, wachsende oder etablierte Unternehmen relevant. Die Entscheidung über den Einsatz der Kommunikationsinstrumente ist abhängig von dem dafür zur Verfügung stehenden Budget. Mit der Werbung kann der Kunde direkt erreicht und informiert werden. Typische Werbemittel sind z. B. Fernsehen- und Hörfunkspots, Anzeigen in Tageszeitungen und Zeitschriften, Direct Mailing sowie Bannerwerbung, Pop-ups, AdWords, Interstitials oder Prestitials im Internet. Werbung, insbesondere die Fernsehwerbung ist i. d. R. teuer und für junge Unternehmen nicht zu realisieren. Im Allgemeinen müssen sich die Gründerpersonen über die einzusetzenden Werbemittel in Relation zu den angestrebten Werbewirkungen Gedanken machen. Dabei ist eine

Planung des Medieneinsatzes, im Sinne einer *Mediaplanung*, über die einzelnen Werbeträger (Fernsehen, Hörfunk, Internet etc.) hinweg sinnvoll. Es sollte versucht werden, die angestrebte Zielgruppe bestmöglich zu erreichen, um eine hohe Werbewirkung zu erzielen. Die so genannte AIDA-Formel beschreibt die Werbewirkung. Danach gilt es zunächst, die Aufmerksamkeit (Attention) des Kunden zu gewinnen und Interesse (Interest) zu wecken. Im nächsten Schritt muss der Kaufwunsch (Desire) hervorgerufen werden. Schließlich soll zum Kauf (Action) motiviert werden. [Siehe zur Mediaplanung Kapitel 4.2.6]

Unter dem Aspekt der Kosten kann gerade für Unternehmensgründer die Öffentlichkeitsarbeit eine empfehlenswerte Maßnahme sein. Mithilfe der Presse- und Öffentlichkeitsarbeit kann die Chance genutzt werden, sich vorteilhaft darzustellen, ein positives Image aufzubauen und das Vertrauen der Kunden zu gewinnen. Hierzu zählen etwa Veröffentlichung von Zeitungs- und Zeitschriftenartikeln, die Durchführung von Symposien, Vorträge und das Sponsoring. Maßnahmen der Verkaufsförderung können z. B. der Einsatz von Geschenken, zeitlich begrenzten Aktionen, Vorführungen und die Verteilung von Gutscheinen sein. In der Praxis werden oftmals Werbemaßnahmen mit Instrumenten der Verkaufsförderung kombiniert. Messen und Ausstellungen sind häufig wirkungsvolle Mittel, um das Gründungsunternehmen potenziellen Kunden bekannt zu machen.

Preispolitik

Eine besonders Herausforderung ist die Entscheidung über die Preise der angebotenen Produkte und Dienstleistungen. Hierzu sind Kenntnisse über die Nachfrage, die Kostenstruktur und die Preispolitik der Wettbewerber notwendig. Dabei können in Abhängigkeit der gewählten Preispolitik wesentliche Möglichkeiten der Preisfindung in folgende Methoden unterteilt werden:

- nachfrageorientierte Preisfindung
  (Preisakzeptanz des Kunden, Grad des Produktnutzens für die Kunden)

- kostenorientierte Preisfindung
  (Kalkulationsverfahren, Kostenrechnung)

- wettbewerbsorientierte Preisfindung
  (Preispolitik der Konkurrenten)

Darüber hinaus gibt es die Methode des **Value-Based-Pricing**, wonach sich der *Preis am Nutzen und Mehrwert für den Kunden* ausrichtet. In der Praxis werden im Regelfall Nachfrage-, Kosten- und Wettbewerbsaspekte bei der Preisfindung für ein Produkt oder eine Dienstleistung berücksichtigt. Weiterhin müssen sich die Unternehmensgründer im Rahmen der Preispolitik Gedanken über die Rabattgewährung sowie die Gestaltung der Liefer-, Zahlungsbedingungen und Finanzierungsangebote machen.

Die abschließenden Fragen sollen zur Strukturierung der Produkt- und Leistungs-, Distributions-/Vertriebs-, Kommunikations- sowie Preispolitik einen Beitrag leisten:

Produktpolitik
- Welche Produkte oder Leistungen (Problemlösungen) werden den Kunden angeboten?

- Welche Eigenschaften (z. B. Qualität, Design, Service, Garantieleistungen) sollen die angebotenen Produkte und Leistungen haben, um die Kundenbedürfnisse zu erfüllen?

- Welchen Umfang soll das Produktprogramm haben und wie soll es aufgebaut werden?

Distributions-, Vertriebspolitik
- Wie soll das Produkt zum Kunden gelangen?

- Welche Vertriebskanäle (direkte, indirekte) sollen gewählt werden?

- Wie muss der Vertrieb unterstützt werden?

- Wie muss die Logistik aufgebaut werden und welche Kosten müssen dafür geplant werden?

Kommunikationspolitik
- Mit welchen Kommunikationsmaßnahmen soll der Kunde die Vorteile der Produkte und Leistungen vermittelt bekommen, um bei ihm Kaufbereitschaft zu erzeugen?

- Wie hoch soll der finanzielle Aufwand für die Kommunikationsmittel in den nächsten drei Jahren sein?

Preispolitik
- Wie sieht die Preisgestaltung der Produkte und Leistungen aus und welche Preispolitik wird verfolgt?

- Wie werden die Preise der Produkte/Dienstleistungen ermittelt?

- Gibt es festgelegte Preise für Handelsvertreter, Großhändler etc.?

- Welche Verkaufskonditionen (Rabatte, Zahlungsziele etc.) sollen den Kunden gewährt werden?

3.1.2.6   Beschaffung und Produktion

Inwieweit die Gründer im Businessplan auf Aspekte der Beschaffung und Produktion eingehen, hängt von der Bedeutung dieser Bereiche für das Gründungsvorhaben ab. Beispielsweise können bei einer auf Wachstum ausgerichteten Gründung eines Industrieunternehmens für Kapitalgeber auch Details zu Beschaffungs- und Produktionsstrategien von Interesse sein. Dementsprechend sind Erläuterungen zu geben, wie diese Strategien zum Erfolg des Unternehmens beitragen. Je nach Unternehmensgegenstand können Einkaufs-, Beschaffungswege und -preise das Betriebsergebnis nachhaltig beeinflussen. Zahlreiche wachstumsstarke Unternehmen haben in der Vergangenheit bewiesen, dass im Einkauf der Gewinn liegen kann. Im Handel haben bspw. die sehr erfolgreiche Lieferantenstrategie und die starke Verhandlungsmacht von *Aldi* dazu beigetragen, dass das Unternehmen im Vergleich zu den Wettbewerbern überdurchschnittliche Gewinnmargen erzielt. Daher sollte nicht nur dem Absatzmarkt, sondern auch dem Einkaufsmarkt ein besonderer Stellenwert beigemessen werden. Die Bedeutung des Einkaufs wird in der Praxis allerdings oftmals unterschätzt. Gerade für Unternehmensgründer kann das Wissen über Lieferanten und deren Produktangebot besondere Vorteile bringen.

In jedem Unternehmen bestehen Beziehungen zu Lieferanten und damit mehr oder weniger starke Abhängigkeitsverhältnisse. Bestehen jedoch starke Lieferantenabhängigkeiten, ist dies gegenüber Kapitalgebern detailliert zu erklären. Grundsätzlich gilt, Lieferantenabhängigkeiten zu vermeiden und immer geeignete Alternativen verfügbar zu haben. Beschaffungsrisiken und deren Handhabung sind im Businessplan grundsätzlich erläuterungsbedürftig. In diesem Kontext lassen sich folgende Fragen zur Beschäftigung mit dem Themenkomplex anführen:

- Wie hoch ist die Anzahl der Lieferanten?
- Welches sind die wichtigsten bzw. geeigneten Lieferanten?
- Welche Abhängigkeiten von Lieferanten können eintreten?
- Welche Qualität weist das Angebot der Lieferanten auf und wie sind das Preis-Leistungs-Verhältnis, die Lieferbedingungen, die Zahlungsweise und der Service?
- Welche Möglichkeiten bestehen, Einkaufskooperationen beizutreten?
- Gibt es Exklusivverträge von Lieferanten mit den Konkurrenten?

Bezüglich des Produktionsprozesses ist darzulegen, ob es sich um Eigen- oder

Fremdproduktion handelt. Eigenproduktionen sind i. d. R. mit hohen Fixkosten verbunden. Demgegenüber bestehen bei der Fremdproduktion Risiken in der Lieferantenabhängigkeit und der Weitergabe von Know-how an externe Unternehmen. Die Vor- und Nachteile der Eigen- und Fremdproduktion sind sorgfältig abzuwägen. Bei hohen Investitionen in Produktionsanlagen müssen Produktionsmethoden, das benötigte Personal sowie der Materialaufwand erörtert werden. Dabei ist detailliert auf Wettbewerbsvorteile einzugehen, die bspw. durch kostengünstigere Produktionsverfahren entstehen können. Die Vorteile der Eigenproduktion sind klar hervorzuheben und u. U. auf der Basis einer Vergleichsrechnung gegenüber der Fremdproduktion abzugrenzen. Ist der Herstellungsprozess für das Unternehmen von besonderer Bedeutung, ist zu spezifizieren, welcher Produktionstyp vorliegt: *Einzel-*, *Serien-* oder *Massenfertigung*. Produktionsrisiken, die z. B. in Form von Umweltschutzauflagen entstehen können, sind im Businessplan darzustellen und Maßnahmen zu ihrer Handhabung bzw. Beseitigung aufzuzeigen.

Sollten Subunternehmer im Produktionsprozess involviert sein, ist deren Rolle zu erörtern. Im Produktionsprozess können folgende Fragen relevant sein:

- Wie sieht der Produktionsprozess/-ablauf aus?
- Welche Mengen sollen produziert werden?
- Welche Produktionsmittel werden benötigt?
- Welche Produktionsrisiken bestehen?
- Wie hoch ist der Anteil fremdbezogener Teile/Komponenten?
- Welche Produktionskapazitäten und welche Auslastung werden geplant?

3.1.2.7   Finanzplan und Finanzierung

3.1.2.7.1 Bedeutung und Bestandteile der Finanzplanung

Die Finanzplanung ist der zentrale Bestandteil eines Businessplanes. Sie wird von den potenziellen Investoren, zumeist nach der Kurzzusammenfassung und dem Abschnitt über die Gründerpersonen bzw. das Management, sehr sorgfältig gelesen. In der Finanzplanung spiegeln sich die Einzelplanungen des Gründungsunternehmens, wie etwa die Beschaffungs-, Produktions- und Absatzplanung, zahlenmäßig wieder. Das bedeutet, dass die Finanzplanung sehr komplex ist und ihre Qualität vor allem von den anderen Teilplanungen sowie den zugrunde liegenden Annahmen abhängt. Mit dem Ziel der Reduktion von Komplexität sind die folgenden Ausführungen bewusst einfach gehalten. Sollten im konkreten Fall der Businessplanerstellung spezielle Fragen im Hinblick auf die Finanzplanung auftreten, empfiehlt es sich, den fachlichen Rat von Steuerberatern, Wirtschaftsprüfern oder Unternehmensberatern einzuholen.

Die Finanzplanung gibt einen detaillierten Einblick in die erwartete künftige finanzielle Entwicklung des Gründungsunternehmens. Mit ihr wird geprüft, ob das Geschäftsvorhaben finanzierbar und rentabel ist. Zur Unterstützung bei der Finanzplanung können die Gründerpersonen heute auf verschiedene kommerzielle Softwareprodukte zurückgreifen. Es gibt zahlreiche am Markt verfügbare **Softwarelösungen** für die *Finanzplanung* sowie die *Erstellung eines Businessplanes* insgesamt. Siehe z. B.:

- *Spartakus* (Sparkasse) [www.splanner.de/spartakus]

- *BusinessPlanSystem* (BPS ONE) [www.bps-one.de]

- *Business Plan Pro* (PaloAltoSoftware) [www.paloalto.com]

- *biz.one starter/biz.one enterprise* (Convins) [www.convins.de]

- *Softwarepaket* (BMWI) [www.softwarepaket.de]

Vereinzelt verfügen die Softwarelösungen auch über ein integriertes (Risiko-)Controllingsystem.

Es ist i. d. R. ausreichend, die Finanzen für die nächsten *drei bis fünf Jahre* zu planen. Sinnvoll können Alternativplanungen (z. B. best case, base/medium case und worst case) sein, um unterschiedliche mögliche Entwicklungen bzw. Szenarien gedanklich abzubilden. Mithilfe der Finanzplanung sollen potenzielle finanzielle Risiken des Gründungsprojektes frühzeitig aufgezeigt und transparent gemacht werden. Dabei sind die Annahmen zu den Berechnungen und

Schätzungen im Textteil des Finanzplanes zu begründen. Insbesondere Kreditinstitute richten, vor dem Hintergrund der Vorschriften von Basel II und den damit verbundenen Anforderungen an Unternehmen, ihr Augenmerk besonders auf die Finanzplanung. [Zu Basel II siehe Kapitel 6.4.4.5]

Wesentliche Teilpläne der Finanzplanung sind:

- Liquiditätsplanung
- Ergebnisplanung (Plan-Gewinn-und-Verlust-Rechnung)
- ggf. Planbilanz

Für die Gründer stellt es eine Herausforderung dar, die Umsatzerlöse und Kosten abzuschätzen und daraus das erwartete operative Betriebsergebnis pro Planungszeitraum abzuleiten. Je weiter in die Zukunft geplant wird, desto größer wird naturgemäß die Planungsunsicherheit. Deshalb wird häufig lediglich für das erste Geschäftsjahr monatlich geplant, für das zweite nach Quartalen, für das dritte halbjährlich und für die letzten beiden Jahre nur noch jährlich.

Abbildung 15 veranschaulicht den Zusammenhang einzelner Teilpläne eines Businessplanes.

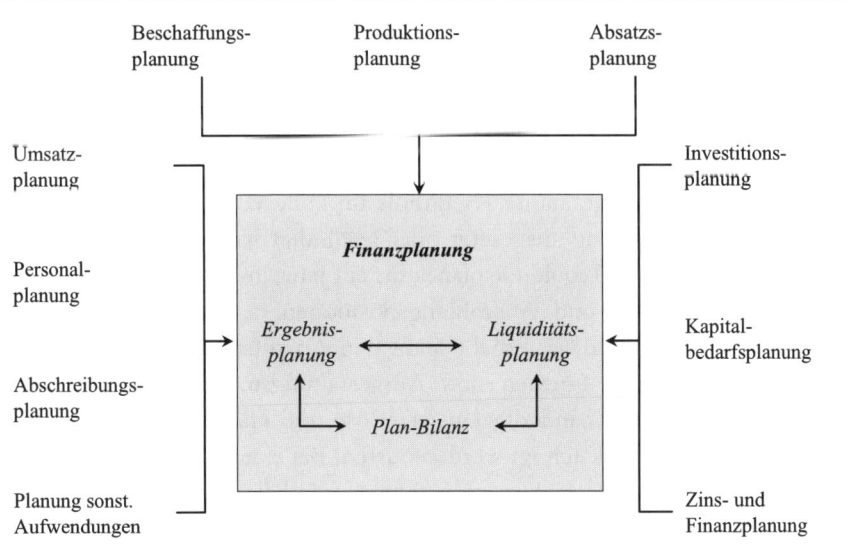

Abbildung 15: Interdependenzen von Teilplänen eines Businessplanes

Bei der Erstellung eines Finanzplanes sind zahlreiche Fehler möglich. Diese reichen von einer unvollständigen oder falschen Daten- und Informationsbasis bis hin zu unrealistischen Planungsrechnungen. In der Praxis ist es daher empfehlenswert, Expertenwissen bei der Erstellung des Finanzplanes heranzuziehen.

Neben einer fundierten Finanzplanung ist der Einsatz von Controllinginstrumenten zur Planung, Steuerung und Kontrolle der finanziellen Mittel wichtige Voraussetzung für den nachhaltigen Erfolg der Unternehmensgründung.

Liquiditätsplan

Bei der Liquiditätsplanung geht es um die Erfassung der relevanten Zahlungsströme in Form von Einzahlungen und Auszahlungen. Dabei werden die Einzahlungen den Auszahlungen gegenübergestellt. Grundsätzlich muss ein Unternehmen jederzeit seinen Zahlungsverpflichtungen fristgerecht nachkommen können. Vereinfacht ausgedrückt bedeutet Liquidität, dass jederzeit genug Geld auf dem Konto des Gründungsunternehmens ist. So verstanden ist der Liquiditätsplan das Herz der Finanzplanung. Ein- und Auszahlungspositionen sind sowohl für den laufenden Geschäftsbetrieb als auch für Investitionen zu berücksichtigen. Der Liquiditätsplan spiegelt die Zahlungsfähigkeit des Unternehmens wider. Um Zahlungsunfähigkeit bzw. Illiquidität zu vermeiden, müssen Rechnungen und andere Verbindlichkeiten jederzeit beglichen werden können. Mit Blick auf den erforderlichen Kapitalbedarf ist ein besonderes Augenmerk auf die Ermittlung der monatlichen Liquiditätsspitzenbelastung zu richten. Im Falle einer Unterdeckung muss die Differenz durch eigene Liquidität oder durch Liquidität von Kapitalgebern, z. B. durch Kreditlinien der Kreditinstitute, abgedeckt sein. Dabei ist zu bedenken, dass eine von der Bank eingeräumte Kreditlinie im Falle von Schwierigkeiten des Unternehmens kurzfristig ausgesetzt oder gekündigt werden kann. Tabelle 5 zeigt das Beispiel eines Liquiditätsplanes für ein Jahr, in dem Einzahlungspositionen aus Umsätzen und Auszahlungspositionen, z. B. für Personal und Material, aufgeführt sind. Er erhebt nicht den Anspruch auf Vollständigkeit, vielmehr sind weitere Formen und Ausgestaltungsmöglichkeiten denkbar. Nicht leicht zu planen sind die Umsatzerlöse, die erst bei dem erwarteten Zahlungseingang berücksichtigt werden dürfen. Bei einer in den letzten Jahren zu beobachtenden stetig sinkenden Zahlungsmoral der Kunden müssen zunehmend Zeitverzögerungen einkalkuliert werden, bis die gestellten Rechnungen bezahlt werden. Vereinfacht können, mit Ausnahme der Abschreibungen, die Auszahlungen aus der Ergebnisplanung übernommen werden. Die Abschreibungen bleiben unberücksichtigt, da sie die Liquidität des Unternehmens nicht beeinflussen. Personalkosten, Materialverbrauch, Fremdkapitalzinsen und Investitionen beeinträchtigen die Liquidität und sind als Auszahlungspositionen einzuplanen.

Unvorhergesehene Liquiditätsengpässe oder überraschende Illiquidität können zur Insolvenz der Unternehmensgründung führen. Diese kann durch viele Faktoren hervorgerufen werden, z. B. durch einen unvorhergesehenen Wegfall von geplanten Aufträgen, durch eine unzureichende Kapitalbedarfsplanung oder durch eine falsche Einschätzung des Markt- und Kundenpotenzials. Wichtig für die Planung der Liquidität sind Fragen wie bspw.:

- Welche Aus- und Einzahlungen sind in den ersten Jahren notwendig?

- Sind Verzögerungen des Zahlungseingangs durch Zahlungsziele und Zahlungsgewohnheiten der Kunden berücksichtigt?

- Sind mögliche Forderungsausfälle berücksichtigt?

- Welche Unter- und Überdeckung ergibt sich aus der Liquiditätsplanung?

Pos.	Bezeichnung	Jan.	Feb.	Mär.	[...]
1	+/– Kassenanfangsbestand				
2	+ Bankguthaben				
3	= Summe liquide Mittel (Sum. Pos. 1 und 2)				
4	+ Umsatzerlöse				
5	+ (Gesellschafter-)Darlehen				
6	+ Privateinlagen				
7	+ Zinseinzahlungen				
8	+ Sonstige Einzahlungen				
9	= Summe Einzahlungen (Sum. Pos. 4 bis 8)				
10	= Verfügbare Mittel (Sum. Pos. 3 und 9)				
11	– Gehälter/Löhne				
12	– Sozialabgaben				
13	– Waren				
14	– Mieten				
15	– Verwaltung				
16	– Vertrieb				
17	– Steuern				
18	– Versicherungen				
19	– Zinsen				
20	– Tilgung				
21	– Sonstige Auszahlungen				
22	– Investitionen				
23	– Privatentnahmen				
24	= Summe Auszahlungen (Sum. Pos. 11 bis 23)				
25	Über-/Unterdeckung (Diff. Pos. 10 und 24)				

Tabelle 5: Beispiel der Struktur eines Liquiditätsplanes

Ergebnisplan (Plan-Gewinn-und-Verlust-Rechnung)

Die Ergebnisplanung oder auch Erfolgsplanung genannt, ist ein Instrument, mit dem das erwartete Ergebnis (Gewinn, Verlust) eines Unternehmens für bestimmte Zeitperioden ermittelt wird. Im Rahmen der Ergebnisplanung werden schrittweise das erwartete operative Betriebsergebnis und danach das Jahresergebnis (Jahresüberschuss/-fehlbetrag) errechnet.

Die in Deutschland im Rahmen der Ergebnisplanung häufig verwendete Gliederung entspricht dem Grundschema der Gewinn-und-Verlust-Rechnung nach § 275 II HGB. Grundsätzlich gestattet der Gesetzgeber, Gewinn-und-Verlust-Rechnungen nach zwei Verfahren zu erstellen, dem Gesamtkosten- oder dem Umsatzkostenverfahren. Auf der Basis der gesetzlichen Grundlagen kann in der Ergebnisplanung das Betriebsergebnis aus der Summe der Erträge abzüglich der Aufwendungen ermittelt werden. In diesem Kontext wird aus Vereinfachungsgründen nicht der HGB-konformen Terminologie von Erträgen und Aufwendungen gefolgt. Vielmehr wird zum Zwecke der Planung zwischen fixen Kosten und variablen Kosten unterschieden, die normalerweise Begriffe der Kostenrechnung darstellen. Tabelle 6 zeigt das entsprechende Kalkulationsschema.

Der kritische und schwierige Teil der Finanzplanung ist die **Umsatzplanung**, die aus der Absatz- und Preisplanung bzw. dem Preis-Mengen-Gerüst abgeleitet wird. Zumeist ist im Vorfeld der Gründung nicht bekannt, wie viele Kunden zu welchen Preisen die angebotenen Produkte bzw. Dienstleistungen kaufen werden. Besonders schwierig wird die Umsatzplanung dann, wenn keine relevanten Vergleichszahlen aus der Branche existieren. An dieser Stelle sind dann Alternativplanungen unter bestimmten Annahmen notwendig, wobei in der Praxis häufig ein Mindestumsatz und ein maximal möglicher Umsatz geplant werden. Dabei wird der Umsatz ermittelt, der maximal bei der verfügbaren bzw. geplanten Kapazität erbracht werden kann. Die Umsatzplanung könnte sich dann zwischen den so ermittelten Eckdaten bewegen. Eine derartige Vorgehensweise erfordert jedoch eine gewisse Vorsicht. Insbesondere ist es notwendig, realistisch zu bleiben. Sollte bereits in der Planungsphase der kostendeckende Mindestumsatz nicht erzielbar sein, dann sollte die Realisierung des Gründungsvorhabens noch einmal grundlegend überdacht werden.

Nicht selten vertreten Unternehmensgründer die Auffassung, dass eine Umsatzabschätzung nicht möglich sei. Sie vertrauen darauf, dass es schon eine ausreichende Anzahl an Kunden geben wird, die ihre Produkte oder Dienstleistungen kaufen. Dies ist eine naive Sichtweise, die von potenziellen Investoren äußerst kritisch gesehen wird. Insbesondere in wettbewerbsintensiven Branchen und Branchen mit schnellen Produktlebenszyklen ist darüber hinaus der Aspekt eines möglichen (schnellen) Preisverfalls zu berücksichtigen, der zu einer Verringerung der Umsatzerlöse des Gründungsunternehmens führen kann. Dies gilt etwa für den Bereich der Computerproduktion und des - handels.

Die Kalkulation der Preise, welche die Basis der Umsatzplanung bilden, kann auf verschiedene Weise erfolgen. Insbesondere sind jedoch zwei Parameter zu beachten:

- der kalkulierte Preis, der mindestens erzielt werden muss, um wirtschaftlich zu sein, und

- der Marktpreis, der aufgrund der Nachfrage- und Konkurrenzsituation erzielt werden kann.

Der Faktor aus dem ermittelten Preis und der erwarteten Absatzmenge (pro Zeiteinheit, z. B. Monat) ergibt den Umsatz, in der Gewinn-und-Verlust-Rechnung auch Umsatzerlöse genannt. Umsatzerlöse sind Erlöse aus dem Verkauf von Produkten und Dienstleistungen sowie Vermietungen und Verpachtungen nach Abzug von Erlösschmälerungen und Umsatzsteuer. Erlösschmälerungen bedeuten eine Reduzierung des Verkaufspreises bei mangelhaften Produkten oder Dienstleistungen.

Bei der Ermittlung der Summe der Erträge sind die Umsatzerlöse, die Veränderungen der Bestände, die aktivierten Eigenleistungen und die sonstigen betrieblichen Erträge zu berücksichtigen. Bei den Bestandserhöhungen handelt es sich um fertige oder halbfertige Waren, die im Abrechnungszeitraum gefertigt, aber noch nicht verkauft wurden. Sie führen zu einem Anstieg der Gesamtleistung. Die Bestandsverminderungen umfassen Waren, die vor dem Abrechnungszeitraum gefertigt, jedoch erst in der Abrechnungsperiode verkauft wurden, und reduzieren die Gesamtleistung. Unter dem Begriff **aktivierte Eigenleistungen** sind *Produkte und Dienstleistungen* zusammengefasst, *die das Unternehmen für sich selbst erstellt*, z. B. Werkzeuge, die ansonsten eingekauft werden müssten. **Sonstige betriebliche Erträge** resultieren z. B. aus *Buchgewinnen bei dem Verkauf von Maschinen, Anlagen und Bauten*, den *Auflösungen von nicht mehr benötigten Rückstellungen, Steuererstattungen* sowie die sonstigen *Zinsen* etc. Vernachlässigt werden können bei Unternehmensgründung Planungen bezüglich der außerordentlichen Erträge und Aufwendungen, d. h. Erträge und Aufwendungen, die außerhalb der gewöhnlichen Geschäftstätigkeit des

Unternehmens liegen.

Wesentlich – insbesondere für personalintensive Gründungen – ist die Planung der Personalkosten. Ausgehend von der Personalbedarfsplanung sind regelmäßige Gehalts-, Lohn und sonstige Zahlungen wie Urlaubs- und Weihnachtsgeld oder Zulagen nach Umfang, Höhe und Zeitpunkt genau zu kalkulieren und den Investoren zu erläutern. Zu diesen Zahlungen kommen in Deutschland die Personalnebenkosten, wie z. B. Arbeitgeberanteile zu den Sozialversicherungen sowie Beiträge zu den Berufgenossenschaften und vermögenswirksame Leistungen. In der Praxis wird zur Berechnung der Personalnebenkosten (Arbeitgeberanteil) häufig aus Vereinfachungsgründen mit einem pauschalen Zuschlag auf das Bruttogehalt kalkuliert. Diese Personalnebenkosten betragen in Deutschland derzeit zumeist zwischen 20 und 40 Prozent der Löhne und Gehälter. [Struck (2001)] Von besonderer Bedeutung ist weiterhin die Planung der **Abschreibungen**. Abschreibungen sind *Wertminderungen von betrieblichen Wirtschaftsgütern* (Maschinen, Fahrzeuge, Büromöbel, Computer etc.). Wesentliche, in Deutschland steuerlich zulässige Abschreibungsmethoden sind die *lineare* und die *degressive Abschreibung*. Für die Abschreibungsplanung wird zu Planungszwecken vereinfacht häufig mit einer jährlichen Wertminderung von 20 Prozent kalkuliert. Für jedes Wirtschaftsgut hat der Gesetzgeber eine betriebsgewöhnliche Nutzungsdauer festgelegt. Zu den gültigen Abschreibungssätzen und der Dauer der betriebsgewöhnlichen Nutzung von Wirtschaftsgütern gibt es verbindliche Listen, die vom Finanzamt angewandt werden. Diese Listen können über das Internet abgefragt oder über den Fachhandel bezogen werden. Für die Erstellung des Ergebnisplans können u. a. die folgenden Fragen relevant sein:

- Wie werden sich Umsätze, Kosten und Erträge in den nächsten fünf Jahren entwickeln?

- Wie sehen die verschiedenen Alternativplanungen (best, base, worst case) aus?

- Welche Kennziffern ergeben sich bei Umsätzen und Kosten pro Neukunde, Kundengruppen, Produkt, Produktgruppen?

- Produktivität, Wirtschaftlichkeit, Rentabilität?

- Welche besonderen wirtschaftlichen Chancen und Risiken bestehen?

	Bezeichnung	200w	200x	200y	200z
+	*Umsatzerlöse**				
+/–	*Bestandsveränderungen**				
+	*Aktivierte Eigenleistungen**				
+	*Sonstige betriebliche Erträge* (Mieten, Provisionen)				
=	**Gesamtleistung**				
–	*Materialaufwand** (Roh-, Hilfs-, Betriebsstoffe, Waren, Rabatte etc.)				
=	**Rohertrag**				
–	*Personalaufwand** (Gehälter, Sozialabgaben, Sonderzuwendungen)				
–	*Abschreibungen** (Sachanlagen, immatr. Vermögen)				
–	*Sonstige betriebliche Aufwendungen** (Raumkosten. Versicherungen, Kfz-Kosten, Telekommunikation, Reise- und Bewirtungskosten, Werbekosten, Bürobedarf etc.)				
=	**Betriebsergebnis**				
+	Erträge aus Beteiligungen**				
+	Erträge aus anderen Wertpapieren**				
+	Sonstige Zinsen und ähnliche Erträge**				
–	Abschreibungen auf Finanzanlagen**				
–	Zinsen und ähnliche Aufwendungen**				
=	**Finanzergebnis****				
=	**Ergebnis der gewöhnl. Geschäftstätigkeit (Betriebs- und Finanzergebnis)**				
+	Außerordentliche Erträge*				
–	Außerordentliche Aufwendungen*				
=	**Außerordentliches Ergebnis**				
–	Steuern vom Einkommen und vom Ertrag*				
–	Sonstige Steuern*				
=	*Jahresüberschuss/Jahresfehlbetrag*				

* als einzelne Posten in der Planung ausweisen
** bei Gründungen i. d. R. nicht vorhanden. Relevanz mehr bei etablierten, ggf. jungen Unternehmen

Tabelle 6: Beispiel einer Struktur des Ergebnisplanes

Planbilanz

Insbesondere im Falle von kapitalintensiven Gründungsunternehmen, die hohe Investitionsplanungen vorsehen, interessieren sich potenzielle Investoren für die **Planbilanz**. Das Instrument der Planbilanz gibt einen Überblick über die geplante Vermögenslage und Kapitalsituation des Gründungsunternehmens. Sie umfasst die Aufstellung sämtlicher Vermögensgegenstände (Anlage- und Umlaufvermögen) sowie der Finanzierungsmittel (Eigen- und Fremdkapital). Die Summe aus Aktiva und Passiva, d. h. die Bilanzsumme, ist betragsmäßig stets gleich. Einen Überblick über das Gliederungsschema gemäß § 266 Handelsgesetzbuch (HGB) zeigt Abbildung 16.

Aktivseite (Aktiva)	Passivseite (Passiva)

A. Anlagevermögen
  I. Immaterielle Vermögensgegenstände
    1. Konzessionen, gewerbliche Schutzrechte und ähnliche Rechte und Werte sowie Lizenzen an solchen Rechten und Werten
    2. Geschäfts- oder Firmenwert
    3. Geleistete Anzahlungen
  II. Sachanlagen
    1. Grundstücke, grundstücksgleiche Rechte und Bauten einschließlich der Bauten auf fremden Grundstücken
    2. Technische Anlagen und Maschinen
    3. Andere Anlagen, Betriebs- und Geschäftsausstattung
    4. Geleistete Anzahlungen und Anlagen im Bau
  III. Finanzanlagen
    1. Anteile an verbundenen Unternehmen
    2. Ausleihungen an verbundene Unternehmen
    3. Beteiligungen
    4. Ausleihungen an Unternehmen, mit denen ein Beteiligungsverhältnis besteht
    5. Wertpapiere des Anlagevermögens
    6. Sonstige Ausleihungen
B. Umlaufvermögen
  I. Vorräte
    1. Roh-, Hilfs- und Betriebsstoffe
    2. Unfertige Erzeugnisse, unfertige Leistungen
    3. Fertige Erzeugnisse und Waren
    4. Geleistete Anzahlungen
  II. Forderungen und sonstige Vermögensgegenstände
    1. Forderungen aus Lieferungen und Leistungen
    2. Forderungen gegen verbundene Unternehmen
    3. Forderungen gegen Unternehmen mit einem Beteiligungsverhältnis besteht
    4. Sonstige Vermögensgegenstände
  III. Wertpapiere
    1. Anteile an verbundenen Unternehmen
    2. Eigene Anteile
    3. Sonstige Wertpapiere
  IV. Kassenbestand, Bundesbankguthaben, Guthaben bei Kreditinstituten und Schecks
C. Rechnungsabgrenzungsposten
	A. Eigenkapital
	  I. Gezeichnetes Kapital
	  II. Kapitalrücklage
	  III. Gewinnrücklagen
	    1. Gesetzliche Rücklage
	    2. Rücklage für eigene Anteile
	    3. Satzungsmäßige Rücklagen
	    4. Andere Gewinnrücklagen
	  IV. Gewinnvortrag/Verlustvortrag
	  V. Jahresüberschuss/Jahresfehlbetrag
	B. Rückstellungen
	    1. Rückstellungen für Pensionen und ähnliche Verpflichtungen
	    2. Steuerrückstellungen
	    3. Sonstige Rückstellungen
	C. Verbindlichkeiten
	    1. Anleihen,
	      davon konvertibel;
	    2. Verbindlichkeiten gegenüber Kreditinstituten
	    3. Erhaltene Anzahlungen auf Bestellungen
	    4. Verbindlichkeiten aus Lieferungen und Leistungen
	    5. Verbindlichkeiten aus der Annahme gezogener Wechsel und der Ausstellung eigener Wechsel
	    6. Verbindlichkeiten gegenüber verbundenen Unternehmen
	    7. Verbindlichkeiten gegenüber Unternehmen, mit denen ein Beteiligungsverhältnis besteht
	    8. Sonstige Verbindlichkeiten,
	      davon aus Steuern,
	      davon im Rahmen der sozialen Sicherheit
	D. Rechnungsabgrenzungsposten

Abbildung 16: Gliederungsschema der Bilanz

Für ein neu gegründetes Unternehmen sind insbesondere drei Leitfragen für die Erstellung einer Bilanz von Bedeutung: [Ludewig, (1999)]

- Welche Vermögens- und Kapitalwerte dürfen bilanziert werden? (1)

- Wie sind die Bilanzpositionen zu gliedern? (2)

- Wie sind die einzelnen Bilanzpositionen zu bewerten? (3)

Zu 1: Grundsätzlich sind alle Vermögensgegenstände zu bilanzieren, die zum Betriebsvermögen gehören und sich im wirtschaftlichen Eigentum des Unternehmens befinden. Weiterhin sind die nach Handels- und Steuerrecht maßgeblichen Bilanzierungsgebote, -wahlrechte und -verbote zu beachten.

Zu 2: Im deutschen Recht ist die Erstellung einer Handelsbilanz in § 266 HGB geregelt. Danach wird die Aktivseite in ihrer Struktur nach dem Liquidierbarkeitsprinzip gegliedert. Zunächst werden die Anlagegüter und zuletzt die leicht liquidierbaren Positionen des Umlaufvermögens (Bankguthaben, Kasse) aufgeführt. Demgegenüber ist die Passivseite der Bilanz nach dem Fristigkeitsprinzip strukturiert. Das bedeutet, dass zunächst das unbegrenzt bzw. langfristig dem Unternehmen zur Verfügung gestellte Eigenkapital, danach das langfristige Fremdkapital und zuletzt die kurzfristigen Verbindlichkeiten ausgewiesen werden.

Zu 3: Die Vermögensgegenstände sind auf der Aktivseite mit ihren Anschaffungs- und Herstellungskosten (inklusive Anschaffungsnebenkosten) zu bilanzieren. Die Verbindlichkeiten sind auf der Passivseite mit ihrem jeweiligen Rückzahlungsbetrag anzusetzen.

Der in einem Geschäftsjahr erwirtschaftete Gewinn kann an die Anteilseigner vollständig oder teilweise ausgeschüttet oder im Unternehmen einbehalten (thesauriert) werden. Im Falle der Thesaurierung werden die Gewinne zu bilanziellem Eigenkapital, d. h., die Eigenkapitalbasis des Unternehmens wird gestärkt, was sich positiv auf die Kreditwürdigkeit auswirkt. Der Ermittlung von Gewinn oder Verlust in einem Geschäftsjahr liegen komplexe buchhalterische Vorgänge zugrunde, die an dieser Stelle nicht vertiefend erläutert werden sollen. Allerdings ist in diesem Kontext für die Gründung eines Unternehmens der Grundsatz wesentlich, dass für jede Buchung ein Beleg vorhanden sein muss. Mit jedem Buchungsvorgang (Soll und Haben) werden verschiedene Konten berührt. Dabei sind die einzelnen Kontenarten (Bestands-, Aufwands-, Ertrags- bzw. Erfolgskonten) mit der Eröffnungs- und Schlussbilanz verbunden. Abbildung 17 verdeutlicht überblicksartig den Zusammenhang zwischen der Eröffnungsbilanz, den Bestandskosten, der Schlussbilanz, den Aufwands- und Ertragskonten sowie den Erfolgskonten (GuV-Konto).

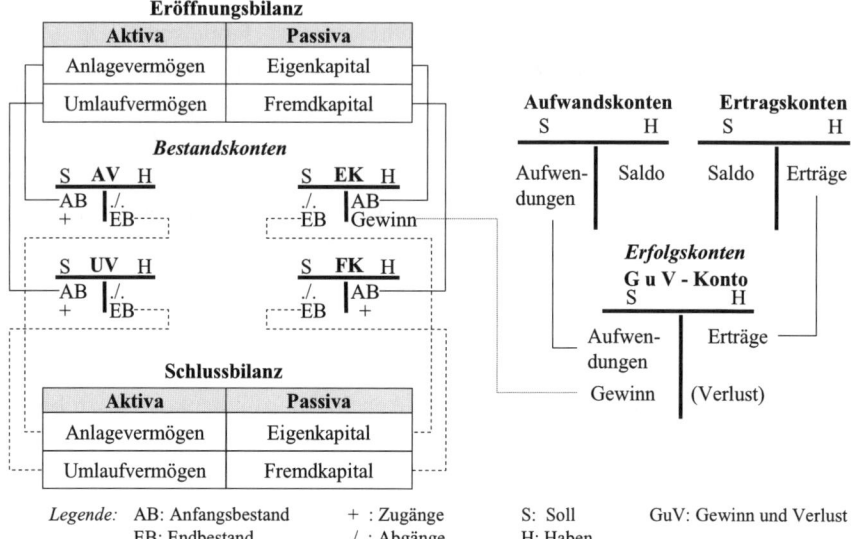

Abbildung 17: Zusammenhänge von Bilanz, Gewinn und Verlust

3.1.2.7.2 Kapitalbedarfs- und Finanzierungsplanung

Neben den vorhandenen Eigenmitteln der Unternehmensgründer werden i. d. R. auch Fremdmittel von Kreditinstituten oder weitere Eigenmittel von Business Angels oder Venture-Capital-Gesellschaften benötigt. Die Kapitalgeber werden aber nur dann Finanzierungsmittel bereitstellen, wenn das Gründungsvorhaben aussichtsreich ist und eine nachhaltige Gewinnerzielung erwarten lässt. Das Instrument, um den erwarteten Gewinn zu ermitteln, ist die oben beschriebene Ergebnisplanung.

Kapitalbedarf

Für eine Unternehmensgründung von besonderem Interesse sind Zweck, Höhe und Dauer des Kapitalbedarfs. Der erste **Kapitalbedarf** besteht für das betriebliche Anlage- und Umlaufvermögen, für die einmalig anfallenden Gründungskosten sowie für die Anlaufkosten bis zum ersten Zahlungseingang aus dem Verkauf von Produkten oder Dienstleistungen. Der laufende Kapitalbedarf kann aus der Liquiditätsplanung abgeleitet werden. Der gesamte Kapitalbedarf ergibt sich demnach also aus der Beantwortung der Frage, wofür wann wie viele Finanzmittel benötigt werden. Der Kapitalbedarf der Unternehmensgründung ist dabei so zu planen, dass die Rentabilität sichergestellt und die Zahlungsfähigkeit jederzeit gewährleistet ist. Der Kapitalbedarf sollte also nicht zu niedrig, aber auch nicht zu hoch bemessen sein.

In einem ersten Schritt ist der Kapitalbedarf für die betrieblichen Vermögensgegenstände und deren Anschaffungskosten zu ermitteln. Dies erfolgt im Rahmen der Investitionsplanung. Es empfiehlt sich die Erstellung eines Investitionsplanes, in dem die Kaufpreise und Nebenkosten für alle Investitionen nach Höhe und Zeitpunkt zu erfassen sind. Nach dem Investitionsplan und den Auszahlungen für Investitionen sind in weiteren Tabellen die Abschreibungen und Buchwerte der Wirtschaftsgüter zu erfassen. Dabei sind nicht nur die anzuschaffenden, sondern auch die bestehenden Vermögensgegenstände zu berücksichtigen. Die in der Investitionsplanung ermittelten Gegenstände des betrieblichen Anlage- und Umlaufvermögens werden in den Kapitalbedarfsplan übernommen. Im Kontext der Kapitalbedarfsplanung können die folgenden Fragen zu einer Strukturierung beitragen:

- Wie hoch ist der Kapitalbedarf, der sich aus dem Liquiditätsplan für die Gründung ableiten lässt?
- Wie hoch ist das für die Gründung zur Verfügung stehende Eigenkapital?
- In welchem Umfang soll der Kapitalbedarf durch Eigenkapital oder Fremdkapital gedeckt werden?
- Können Fördermittel in Anspruch genommen werden?
- Wie hoch ist die erwartete Rendite für Investoren?

Im Falle eines vorgesehenen Engagements von Business Angels oder Venture-Capital-Gesellschaften sind die von den Unternehmensgründern bevorzugten Exitmöglichkeiten zu erörtern.

Finanzierung

Im Finanzierungsplan wird die Mittelherkunft dargestellt. Es wird aufgezeigt, welche Finanzierungsquellen zur Deckung des ermittelten Kapitalbedarfs erforderlich sind. Darüber hinaus werden auch die Kapitalgeber im Finanzierungsplan aufgeführt, um somit ein umfassendes Gesamtbild über das Finanzierungsvorhaben zu erhalten. Wesentlich ist, dass Liquiditätsengpässe vermieden werden. Der Finanzierungsplan gibt also einen Überblick darüber, woher das erforderliche Kapital kommt und welche Kapitalstruktur im Verhältnis von Eigen- und Fremdkapital das geplante Gründungsvorhaben aufweisen soll. Dabei stehen den Gründerpersonen grundsätzlich viele Finanzierungsquellen zur Verfügung. Diese reichen von den Eigenmitteln der Gründer, über Business Angels bis hin zu Bankdarlehen und öffentlichen Förderkrediten oder Einlagen von typisch stillen Gesellschaftern. Potenzielle Fragen im Kontext der Finanzierung sind bspw.:

- Wie ist das Verhältnis von Eigen- und Fremdkapital?
- Welche Instrumente der Finanzierung sind erreichbar?
- Was sind die Quellen der Finanzierung?

3.1.2.8 Chancen und Risiken

Bei Gründungsunternehmen sind die Unwägbarkeiten im Hinblick auf den Erfolg besonders groß. Um das Vertrauen von Investoren zu gewinnen, ist es erforderlich, die erkannten Risiken offen darzulegen. Mit der Darstellung der Risiken zeigen die Gründer, dass sie ihre Gründung durchdacht haben und engagiert sowie realistisch vorgehen. Wesentlich ist dabei, nicht nur die erkannten Risiken aufzuführen, sondern auch zu zeigen, wie mit diesen Risiken umgegangen werden soll. Beispielsweise muss deutlich werden, wie latent vorhandene oder bestehende Risiken im Produktentwicklungsprozess handhabbar gemacht werden sollen.

Darüber hinaus sind auch die besonderen Chancen des Gründungsvorhabens aufzuzeigen. Die Chancen können z. B. in einem innovativen Produkt oder einem kostensparenden Vertriebsweg liegen. Wichtig ist, dass die aufgeführten Chancen für einen potenziellen Investor nachvollziehbar und realistisch erscheinen.

In diesem Kontext sollte auch geprüft werden, inwieweit die Planungen, insbesondere die Finanzplanung, Spielraum nach oben oder unten haben. Wie bereits im Kapitel über die Finanzplanung erwähnt, kann es hilfreich sein, verschiedene Alternativen in Szenarien von *best case*, *middle/base case* und *worst case* zu erstellen, in denen die wichtigsten Parameter einfließen. Die Parameter können qualitativer oder quantitativer Natur sein und im Ergebnis in einem Chancen-Risiko-Profil zusammengefasst werden. [Ludewig (1999)]

Quantitative Faktoren und Veränderungen können die Finanz- und Finanzierungsplanung auf vielfältige Weise beeinflussen. Mit Hilfe einer computergestützten Sensitivitätsanalyse kann z. B. ermittelt werden, wie sich Umsatzerhöhungen oder -verringerungen auf das kalkulierte Ergebnis auswirken. Qualitativ werden die Entwicklungen innerhalb (z. B. Defizite im Führungsteam oder Verzögerungen in der Produktentwicklung) und außerhalb (z. B. Konjunkturabschwächung oder Zunahme des Wettbewerbs) des Unternehmens berücksichtigt. Die Ausführungen zu den Chancen und Risiken beinhalten im Wesentlichen die Antworten auf folgende Leitfragen:

- Welche spezifischen Chancen und Risiken bestehen für das geplante Gründungsvorhaben (z. B. im Hinblick auf Produktentwicklungen, Kunden, Wettbewerb, Lieferanten)?

- Welche Maßnahmen sind geplant, um die erkannten Risiken zu mindern bzw. zu vermeiden?

- Welche quantitativen und qualitativen Variablen haben einen besonderen Einfluss auf die künftige Unternehmensentwicklung?

- Wie sehen best case und worst case im Rahmen der Finanzplanung für die nächsten drei Planjahre aus?

3.1.2.9   Anlagen

Die Anlagen bieten Platz für alles, was für den eigentlichen Businessplan zu detailliert, aber dennoch für den Leser wesentlich (informativ) ist. Dazu können gehören:

- Lebensläufe der Gründerpersonen

- Referenzen

- Gesellschaftsvertrag, ggf. Handelsregisterauszug

- Verträge (Lizenz-, Kauf-, Miet-, Pachtverträge, Letter of Intent etc.)

- Organigramme

- technische Detailzeichnungen

- Presseveröffentlichungen

- detaillierte Planungsrechnungen (Nebenrechnungen)

- Patente

- behördliche Genehmigungen

- Zeit-, Realisierungsplan

Wesentlich ist, dass die Anlagen nicht zu einem Datenfriedhof werden. Der Businessplan sollte auch ohne die Anlagen verständlich sein. Die Anlagen beinhalten vor allem zusätzliche Daten und Informationen für die interessierten Leser. Auf die Existenz wesentlicher Verträge mit Kunden, Lieferanten, Lizenzgebern etc. sollte bereits im Hauptteil des Businessplans eingegangen werden. Darüber hinaus sollten die wichtigen Verträge in der Anlage beigefügt werden, damit sich die Investoren ein umfassendes Bild verschaffen können.

Im Zeit- und Realisierungsplan für das geplante Gründungsvorhaben werden systematisch die für die Umsetzung notwendigen Meilensteine festgehalten. Im Einzelnen werden Aufgaben, Verantwortlichkeiten und Prüfkriterien mit

Blick auf den geplanten Zeithorizont festgelegt. Zeitnahe Elemente sollten detailliert aufgeführt werden, für die Meilensteine in den Folgejahren reicht eine grobe Beschreibung.

In **Abhängigkeit der Bedeutung des Zeit- und Realisierungsplanes** für das Gründungsvorhaben kann dieser auch als *integraler Bestandteil des Hauptteils des Businessplanes* gesehen werden. Dies ist insbesondere dann der Fall, wenn externe Kapitalgeber bei dem geplanten Gründungsprojekt eine Rolle spielen. Denn für Investoren ist es wichtig, den Zeitbedarf für einzelne Aktivitäten schnell erkennen zu können. Für die Gründerpersonen ist es notwendig, die Meilensteine immer vor ihren Augen zu haben. Im Anhang besteht u. U. die Gefahr, dass der Zeit- und Realisierungsplan von den Gründern nicht ausreichend beachtet wird.

Der Zeit- und Realisierungsplan kann auch anschaulich mithilfe eines Gantt-Diagramms abgebildet werden. Abbildung 18 beschreibt beispielhaft den Aufbau eines Gantt-Diagramms.

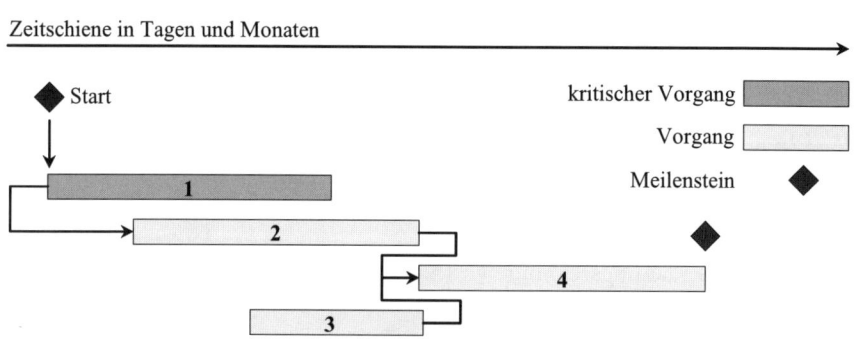

Nr.	Vorgangsname	Dauer	Anfang	Ende	Vorgänger
1	Marktforschung	14 Tage			-
2	Aufbereitung Forschung	14 Tage			1
3	Zielbildung	8 Tage			-
4	Strategieentwicklung	16 Tage			2, 3

Abbildung 18: Gantt-Diagramm

In einem Gantt-Diagramm werden einzelne Vorgänge in Relation zueinander geplant. Dabei erfolgt die Darstellung anhand von Balken, deren Länge die Dauer eines Vorganges repräsentiert. Abhängigkeiten bzw. Vorgänge, die aufeinander folgen bzw. aufbauen, werden mit Pfeilen verbunden. Realisierungspläne sind darüber hinaus durch Meilensteine gekennzeichnet, die wesentliche vordefinierte Ereignisse zu bestimmten Terminen in der Planung widerspiegeln sollen. Die Planung sollte nicht ausschließlich in Form einer grafischen Darstellung erfolgen. Vielmehr sind der Vorgangsname, die Dauer des Vorganges, der Anfangs- und Endzeitpunkt sowie die Relation in tabellarischer Form anzuführen. Die Planung erfolgt i. d. R. durch die Zeitschiene anhand von Tagen, Wochen und Monaten. Prinzipiell ist dabei auch der Einsatz individuell angepasster Zeiteinheiten möglich. Das Gantt-Diagramm oder vergleichbare Planungsinstrumente können hilfreich sein, um das Gründungsvorhaben unter Berücksichtigung erfolgs- bzw. zeitkritischer Aktivitäten oder Termine systematisch zu planen. Beispielsweise können Zeitabweichungen für bestimmte Vorgänge transparent gemacht und entsprechende Maßnahmen zur Gegensteuerung eingeleitet werden. Für die zeitliche Planung des Gründungsvorhabens können unterschiedliche Softwareprogramme eingesetzt werden, bspw. die Projektplanungssoftware *Microsoft Project*. Diese für das Windows-Betriebssystem verfügbare Software ist allerdings nicht preiswert und aufgrund des Funktionsumfanges recht komplex. Darüber hinaus gibt es aber auch zahlreiche Softwareprogramme zur Projektplanung für die Betriebssysteme Windows, Mac OS X oder Linux, die relativ preisgünstig oder sogar kostenlos sind. Beispiele sind:

- *Plan for Windows* (Windows) [www.twiddlebit.com]
- *Open Workbench* (Windows) [www.openworkbench.org]
- *iTaskX* (Mac OS X) [www.itaskx.com]
- *Merlin* (Mac OS X) [www.projectwizards.net]
- *TaskJuggler* (Linux) [www.taskjuggler.org]
- *Planner* (Linux) [www.simpleprojectmanagement.com]

3.1.3 Typische Fehler in Businessplänen

Die möglichen Fehler bei der Businessplanerstellung sind vielfältig. Nachfolgend wird eine Darstellung typischer Fehler im Überblick gegeben, wie sie in der Praxis bei zahlreichen Fällen beobachtet werden konnten. Die Übersicht soll beispielhaft als Checkliste dienen. Dabei wird jedoch kein Anspruch auf Vollständigkeit erhoben.

Executive Summary (Zusammenfassung des Businessplanes)
Ein typischer Fehler bei der Erstellung der Executive Summary ist eine *zu*

lange Zusammenfassung. Die Zusammenfassung des Businessplanes *ist nicht im Sinne einer Einleitung mit Verweisen auf bestimmte Kapitel zu verstehen.* Teilweise kommt es auch vor, dass es zu *Schwärmereien* kommt und eine *sachlich fundierte Darstellung* der relevanten Fakten vernachlässigt wird. Dabei ist in vielen Fällen zusätzlich noch eine *(zu technische) Beschreibung von Einzelheiten* enthalten, die der Leser an dieser Stelle möglicherweise nicht nachvollziehen kann. Eine *nicht vorhandene* oder *vernachlässigte Darstellung des Kundennutzens* ist ein grundlegender Fehler, denn der Kundennutzen sollte eine zentrale Rolle im Businessplan und in der Ausrichtung des Unternehmens einnehmen. Problematisch ist es, wenn sich *Informationen der Zusammenfassung nicht im Hauptteil* des Businessplanes widerspiegeln. Konsistenz und Klarheit der Ausführungen innerhalb des Planes sind wesentlich. Dies gilt auch für die Plandaten. Probleme entstehen dann, wenn Finanzbedarf, *Umsatzvolumen oder erwartete Renditen unklar* sind, z. B. keine Abschätzung des Umsatzes, aber des Finanzbedarfs vorgenommen wurde. Derartige Fehler, die bereits in der Zusammenfassung erkennbar sind, können zu einem Vertrauensverlust beim Leser führen. Er wird dann möglicherweise *nicht mehr motiviert* sein, *den gesamten Businessplan zu lesen.*

Das Unternehmen, seine Produkte und Dienstleistungen

Problematisch ist es, wenn der *Unternehmensgegenstand oder die Geschäftsidee nicht nachvollziehbar* und klar herausgearbeitet ist oder *keine Aussagen* darüber getroffen werden, *ob das Geschäftsmodell rentabel bzw. profitabel sein wird.* Fehlen *Unternehmensziele und -strategien* oder sind sie nur unzureichend formuliert, deutet dies darauf hin, dass das Gründungsvorhaben nicht durchdacht ist. Eine *gleichzeitige Verfolgung konkurrierender Ziele,* z. B. Ziele von Kosten- und Innovationsführerschaft, wirken im Regelfall nicht glaubwürdig. Nachteilig ist, wenn *keine Gesamtunternehmensstrategie erkennbar* ist. Gleiches gilt, wenn zwar mit dem Gründungsvorhaben grundsätzlich Wachstum angestrebt wird, aber differenzierte *Wachstumsstrategien, z. B.* hinsichtlich Produkten und Märkten, *fehlen* oder die *geplante Strategie nicht* mit den voraussichtlich beschaffbaren Ressourcen (Kapital, Personal etc.) *umsetzbar* ist. Problematisch ist es auch, wenn das *Produkt- und Dienstleistungsangebot im Businessplan nicht verständlich und nachvollziehbar* dargestellt wurde. Vorhandene oder absehbare *Schutzrechte* (z. B. Patente/Lizenzen) sollten in jedem Falle aufgeführt werden. Zentrale Fehler werden nicht selten rund um die Kundenbedürfnisse gemacht. Zum einen werden *Kundenbedürfnisse nicht beschrieben* oder *keine Angaben über den Kundennutzen der Produkte bzw. Dienstleistungen* gemacht. Oftmals werden Potenziale zur Weiterentwicklung sowie potenzielle Risiken im Entwicklungsprozess in den Ausführungen vernachlässigt.

Branche, Markt und Wettbewerb

Vielfach werden Branchen*entwicklungen und kritische Einflussfaktoren auf die Branche nicht dargestellt*. Als weitere mögliche Fehler in einem Businessplan sind die *fehlenden Angaben von vergleichbaren Produkten* und zu erwartenden Neuentwicklungen sowie eine *unzureichende Markt- und Kundensegmentierung* zu nennen. Innerhalb des Businessplanes sind nicht nur die internen Faktoren von Bedeutung, sondern vor allem auch externe Einflussfaktoren. Ein typischer Fehler ist, dass die *Stärken und Schwächen von Wettbewerbern nicht erkannt* und *Reaktionen der Wettbewerber auf den Markteintritt des Unternehmens nicht antizipiert* werden. Beispielsweise werden die Macht und die Schnelligkeit von Nachahmern unterschätzt. Wichtig ist eine detaillierte und zielgerichtete Analyse der Konkurrenz. Oftmals werden aber die *von der Konkurrenz bedienten Marktsegmente nicht berücksichtigt*.

Managementteam, Personal und Organisation

Es kommt vor, dass die *Darstellung der relevanten Erfahrungen und Kompetenzen des Gründer- bzw. Managementteams unvollständig ist oder sogar fehlt*. Dies ist insbesondere dann nachteilig, wenn das Gründerteam, vollständig oder auch teilweise, nicht über die für die Gründung erforderlichen Kompetenzen (z. B. kaufmännische Kompetenzen) verfügt. Vereinzelt spiegeln auch wesentliche Aufgaben und Zuständigkeiten nicht die Kernkompetenzen der Gründer wider.

Qualifizierte Mitarbeiter sind wertvolle Ressourcen. Obwohl gerade für die auf Wachstum ausgerichteten Gründungsvorhaben von zentraler Bedeutung, wird das Thema *Mitarbeitergewinnung und -bindung im Businessplan oftmals vernachlässigt*. Dabei wird die *Problematik der Anwerbung und Bindung von qualifizierten Mitarbeitern vielfach unterschätzt*. *Fort- und Weiterbildungsmaßnahmen* können in diesem Kontext die Anwerbung und Bindung neuer Mitarbeiter unterstützen und sind daher auch bereits *in die Planungen einzubeziehen*. Junge Unternehmen können ihre Leistungserstellung aber nicht nur innerhalb des eigenen Unternehmens durchführen. Ressourcen können vereinzelt auch über ein Netzwerk bereitgestellt und bezogen werden. Ein möglicher Fehler ist es daher, wenn *keine Auswahl und Bewertung zukünftiger Kooperationspartner* vorgenommen wird.

Marketing und Vertrieb

Der Kunde steht im Mittelpunkt des Interesses eines Unternehmens. Dabei ist es wichtig zu wissen, wie und mit welchen Mitteln der Kunde angesprochen werden soll. Ein Fehler ist es daher, die *Kommunikationskanäle zur Erreichung der Zielkunden nicht aufzuführen*. Zum Kunden sollte eine langfristige Beziehung aufgebaut und geplante Kundenbindungsmaßnahmen bereits im Businessplan aufgeführt werden. Ein zentraler Aspekt ist die Entwicklung einer Marketingstrategie, einer Markteintrittsstrategie und eine zielgerichtete Ausrichtung der Marketinginstrumente. Oftmals wird eine operative Unternehmenstätigkeit aufgenommen, *ohne* dass eine *Markteintrittstrategie* formuliert wurde. Problematisch ist weiterhin, wenn der Einsatz *falscher oder nicht geeigneter Marketinginstrumente geplant* wird. Zu Fragen im Verständnis des Businessplans kann es kommen, wenn das *Marketingbudget nicht genau bzw. detailliert genug ausgearbeitet oder finanziell unterschätzt* wurde.

Beschaffung und Produktion

Im Bereich der Beschaffung und Produktion liegen typische Fehler in einer *Vernachlässigung potenzieller Risiken im Produktionsprozess*. Auch werden teilweise die *Kosten der Eigenfertigungen* von den Gründern unterschätzt. *Starke Abhängigkeiten von Lieferanten* können für eine Unternehmensgründung langfristig problematisch sein und im Extremfall sogar zur Existenzbedrohung führen. Kritisch ist, wenn *keine Koordination des Netzwerkes aus Zulieferern* oder strategischen Partnern und *keine Berücksichtigung des Qualitätsmanagements sowie des Controllings* vorgenommen werden.

Finanzplan und Finanzierung

Der Finanzplan und die Finanzierung können zu unrealistischen Planungen führen, wenn *Angaben über die Annahmen der Planungsdaten fehlen*. Häufig erfolgt eine *Unterschätzung der Gründungskosten und der Reserven für Unvorhergesehenes* in der Anlaufphase des Unternehmens. Ein weiterer Fehler ist, dass *Planungsprämissen und -daten in der Finanzplanung nicht mit qualitativen Ausführungen im Businessplan* übereinstimmen. Wurden von den Gründerpersonen *keine Planungsszenarien- bzw. -alternativen entwickelt*, so sind oftmals auch keine schnellen bzw. angemessenen Reaktionen auf veränderte Gegebenheiten möglich. Es ist problematisch, wenn der *Finanzplan nicht übersichtlich und nicht nachvollziehbar* gestaltet ist. Dabei kann der Einsatz von geeigneten Planungsinstrumenten, wie etwa eine integrierte Planungssoftware, hilfreich sein. Ein typischer und mitunter schwerwiegender Fehler ist es, wenn der *Kapitalbedarf unterschätzt* wird.

Chancen und Risiken

Im Kapitel über Chancen und Risiken der Unternehmensgründung erfolgt in vielen Fällen *keine Berücksichtigung der relevanten Risiken*, die den Erfolg des Gründungsunternehmens gefährden könnten. So können sich Risiken etwa auf den Markt, Wettbewerb oder die Technologie beziehen. Gleichermaßen können eine *fehlende Quantifizierung und Bewertung einzelner Risiken* sowie eine *Überbewertung von Chancen als potenzielle Problembereiche* in Businessplänen identifiziert werden. Sinnvoll sind *die Ableitung möglicher Handlungsoptionen* und die Formulierung *einer Strategie*, die das Überleben des Unternehmens im schlechtesten Fall (worst case) sichert.

Anhang

Ein typischer Fehler im Bereich des Anhangs ist, dass *wesentliche Anlagen fehlen oder unvollständig sind*. Beispiele hierfür sind Verträge, Lebensläufe der Gründer, Patentabschriften Marktstudien oder der *Realisierungs- bzw. Meilensteinplan*. Ein weiterer möglicher Fehler besteht darin, dass der *Anhang in einen nicht nachvollziehbaren Datenfriedhof verwandelt* wird.

3.1.4 Businessplan und Controlling

Ein fundiert ausgearbeiteter Businessplan kann, insbesondere für die auf Wachstum ausgerichteten Unternehmensgründungen, die Keimzelle der Etablierung einer systematischen Unternehmensplanung und eines Controllings bilden. Die Weiterentwicklung und Transformation des Businessplanes in ein kontinuierliches Planungs- und Controllingsystem ermöglicht es den Gründerpersonen, sowohl operative als auch strategische Handlungsoptionen systematisch auszuloten.

Insbesondere in Abhängigkeit des Größenwachstums ist das Controlling für Gründungsprojekte von unterschiedlicher Bedeutung. In diesem Sinne kann für einen neu gegründeten kleinen Handwerksbetrieb eine einfache Kostenrechnung, z B. eine Deckungsbeitragsrechnung, bereits ausreichend sein, während eine auf Wachstum ausgerichtete Hightech-Gründung bereits frühzeitig ein professionelles Controlling benötigt. Vor diesem Hintergrund sind der konkrete Aufbau und die Ausgestaltung des Controllings bedarfsgerecht für den Einzelfall vorzunehmen. Nachfolgend sollen einige wesentliche Aspekte des Controllings im Kontext des Businessplanes herausgearbeitet werden. Die Ausführungen beziehen sich dabei primär auf junge, wachstumsorientierte Unternehmensgründungen.

Unter dem Begriff **Controlling** kann die *betriebswirtschaftliche Unterstützung der Unternehmensführung bei der Planung, Steuerung und Kontrolle von Organisationen und Prozessen* durch eine zielgerichtete Bereitstellung aktueller interner und externer Informationen und Daten verstanden werden. In diesem Sinne kommt dem Controlling vorrangig die Aufgabe zu, das Führungshandeln auf die Erreichung der übergeordneten, generellen Unternehmensziele auszurichten.

[Hahn/Hungenberg (2001)] Die Unterstützung der Unternehmensführung bei der Entscheidungsfindung und Zielerreichung ist in diesem Zusammenhang von zentraler Bedeutung. Controlling geht damit weit über das teilweise anzutreffende Begriffsverständnis einer *reinen Kontrolle im Sinne eines Soll-Ist-Vergleiches hinaus.* Je nach Betrachtungsebene kann das strategische von dem operativen Controlling unterschieden werden. Ausgehend von dem generellen Ziel der nachhaltigen Existenzsicherung des Unternehmens, ist das strategische Controlling auf eine Steigerung des Marktwertes (Market Value Added) ausgerichtet. [Bausch/Walter (2002)]. Darüber hinaus ist ein wesentliches Ziel des Controllings die *Sicherung der Wirtschaftlichkeit* sowie die *Erreichung von Profitabilität aller betrieblichen Bereiche des Unternehmens.*

Das Controlling strukturiert, koordiniert und begleitet die **Phasen der Zielfindung, Planung, Steuerung und Kontrolle** in prozessualer Sicht (Führungsprozess). Dabei erfolgt durch das Controlling eine *Sicherstellung einer Strategie-, Umsatz-, Gewinn-, Kosten-, Finanz- sowie Prozesstransparenz* in den einzelnen Unternehmensbereichen.

Bereits im Rahmen der Erstellung des Businessplans kann es für die Unternehmensgründer von Bedeutung sein, die Einführung eines professionellen Controllingsystems zu berücksichtigen.

Eine Aufgabe des Controllings ist dabei die Mitwirkung bei der Konzeption des Businessplanes und der Koordination der Teilpläne, insbesondere im Hinblick auf die Finanz- und Finanzierungsplanung. [Sahlmann (1997); Bausch/Walter (2002)] Vor allem (potenzielle) Kapitalgeber achten auf ein professionelles Controlling im Kontext eines regelmäßigen standardisierten Berichtswesens. Die im *Businessplan aggregierten Informationen zu unterschiedlichen Unternehmens- und Umweltbereichen* können die Ausgangsbasis für die Etablierung eines integrierten Planungs-, Kontroll- und Informationssystems bilden. Das Controlling ermöglicht Prozesstransparenz unter Beachtung spezifischer Chancen und Risiken und dient dem Management vor allem für die Zielbildung und Formulierung der Inhalte zur Planung, Steuerung und Kontrolle des jungen Unternehmens. Der *Businessplan* trägt *bereits in der Vorgründungsphase zur Zielfindung und Zielerreichung* der Unternehmensgründer bei. [Siehe hierzu auch Wittenberg (2006)]

Die Funktion des Businessplanes als Instrument zur Strukturierung, Implementierung, Kommunikation und Information endet nicht im Prozess der Gründungsplanung oder Gründung. Der Businessplan beinhaltet grundlegende Daten und Informationen, die für den Aufbau eines Controllings genutzt werden können. Im Erstellungsprozess des Businessplanes erfolgt eine gedankliche Strukturierung und Vorwegnahme zukünftigen Handelns. Durch diesen mitunter sehr zeit- und ressourcenintensiven Prozess wird für das Unternehmen eine spezifische und zielgerichtete Wissensbasis generiert. Im Hinblick auf die Etablierung eines Controllings ist es empfehlenswert, den Businessplan in eine Unternehmensplanung zu transformieren und diese kontinuierlich zu aktualisieren. In operativer Betrachtung können danach einerseits Soll-Ist-Vergleiche durchgeführt und Maßnahmen bei Abweichungen zur Gegensteuerung initiiert werden. Andererseits können die Ziele und Strategien der einzelnen Planungsbereiche durch Informationen auf der Basis kontinuierlicher Beobachtungen der Bereiche angepasst werden, um so auf Änderungen unterschiedlicher Variablen reagieren zu können. Durch die Generierung, Abgleichung und Anpassung der einzelnen Teilbereiche des Businessplans an sich verändernde interne und externe Rahmenbedingungen erfolgt eine Strukturierung, Koordination und Begleitung der Phasen der Zielfindung, Planung, Steuerung und Kontrolle im Sinne eines Führungsprozesses.

Abbildung 19 zeigt einen möglichen Bezugsrahmen zur Ausgestaltung des Controllings in Anlehnung an Bausch/Walter (2002).

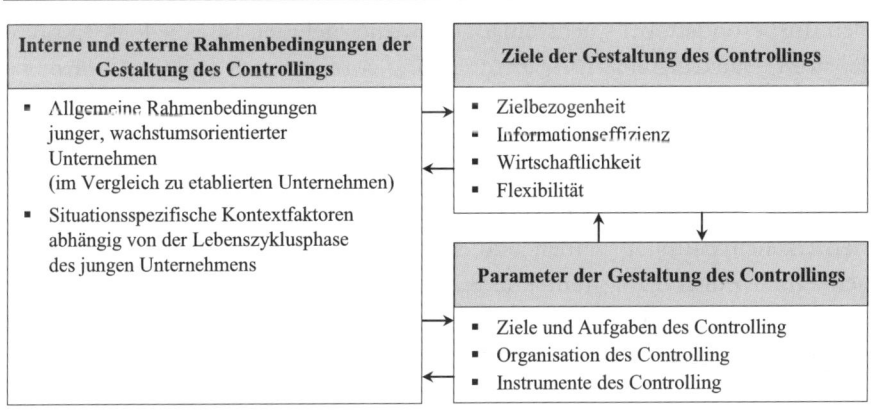

Abbildung 19: Bezugsrahmen zur Ausgestaltung des Controllings

Organisatorisch sollte das Controlling bzw. die organisatorische Stelle des Controllers nahe an der Unternehmensführung bzw. den Gründerpersonen angesiedelt sein. Dieser begleitet und gestaltet den Führungsprozess und trägt zur Zielfindung und Zielerreichung bei.

Zu den Kernaufgaben des Controllers zählen: [Hahn/Hungenberg (2001);
Bausch/Walter (2002); Horvath (2006)]

▪ Koordinierung von Teilzielen und Teilplänen hinsichtlich der Gesamtziel-
  ausrichtung

▪ Gestaltung, Organisation und Pflege des Berichtswesens

▪ Bereitstellung von aktuellen Daten und Informationen

▪ Rationalitätssicherung

In der Praxis gestaltet sich die Aufgabentrennung zwischen dem Controlling
und der Unternehmensführung fließend. In etablierten Unternehmen existieren eigene Stellen für Controller, die sich mit den angeführten Aufgaben
inhaltlich befassen. In jungen Unternehmen stellt sich die Frage, ob die Einrichtung einer spezifischen Controllingstelle bereits wirtschaftlich tragfähig ist.
Häufig fehlen noch geeignete Organisationsstrukturen, die eine Verankerung
des Controllings in der Unternehmenshierarchie ermöglichen. In der Praxis ist
es in frühen Phasen der Unternehmensentwicklung durchaus üblich, dass das
Controlling in den Händen der Gründerpersonen selbst liegt. Wann der geeignete Zeitpunkt in der Unternehmensentwicklung für die Etablierung eines
eigenständigen Controllings gekommen ist, hängt von vielen unternehmensinternen und -externen Faktoren ab und kann nicht pauschal beantwortet werden. Insbesondere bei wachstumsstarken Unternehmen ist es jedoch empfehlenswert, frühzeitig eine Aufgabentrennung vorzunehmen und ein Controlling
zur Begleitung und Entlastung der Unternehmensgründer bzw. des Managements einzurichten. Dabei ist es sinnvoll, dass das Controlling das gesamte
Planungs-, Kontroll- und Informationsmanagement übernimmt und verant-
wortet. Der Vorteil einer eigenen Controllingstelle ist somit, dass die Gründerpersonen entlastet werden und die Prozessbegleitung durch eine umfassende und zahlenmäßig fundierte Sichtweise des Controllings erweitert wird.
Durch das Controlling werden eine professionelle Planung, Steuerung und
Kontrolle sowie Informationsversorgung der Unternehmensführung möglich.
Jedoch sollte das Controlling nicht als Substitut der Führungskräfte bzw. der
Gründerpersonen verstanden werden. Vielmehr bildet es eine Hilfestellung für
die Ziel- und Entscheidungsfindung der Gründerpersonen. Eine Ergänzung
der Sichtweise der Gründer durch die Unterstützung des Controllings kann
dazu beitragen, Fehlentscheidungen zu vermeiden. Denn Fehlentscheidungen
können vor allem in den frühen Phasen der Unternehmensentwicklung sehr
schnell zur Krise oder sogar zur Existenzbedrohung von jungen Untenehmen
führen.

Junge Unternehmen sind im Regelfall schnell und flexibel, um frühzeitig auf sich dynamisch veränderte Bedingungen, seien sie unternehmensinterner oder unternehmensexterner Art, reagieren zu können. Jedoch ist es notwendig, dass die Unternehmensführung Frühwarninformationen nutzt, die eine schnelle, zielgerichtete Anpassung an veränderte Bedingungen frühzeitig ermöglichen. [Vgl. hierzu allgemein Krystek/Müller- Stevens (1999)] Frühwarninformationen werden häufig durch das (strategische) Controlling bereitgestellt. Die Führungskräfte des jungen Unternehmens haben dann möglicherweise noch ausreichend Reaktionszeit und einen größeren Handlungsspielraum. In erweiterter Betrachtung werden nicht nur mögliche Risiken, sondern auch Chancen der Unternehmensgründung durch Informationssysteme übermittelt. Diese werden in der Literatur zumeist als Früherkennungssysteme bezeichnet. Zudem umfassen Frühaufklärungssysteme auch Handlungsempfehlungen, die für Planungszwecke und Entscheidungsfindungen genutzt werden können. [Hahn/Hungenberg (2001); Krystek/Moldenhauer (2004)] Vor diesem Hintergrund sollten die Unternehmensgründer bereits den Businessplan als Controlling- und Frühaufklärungsinstrument verstehen und nutzen. Sinnvoll ist es, die maßgeblichen Inhalte eines Businessplanes zukunftsorientiert in eine kontinuierliche Beobachtung der einzelnen Teilbereiche zu überführen und zu dokumentieren. In diesem Sinne kann der Businessplan von den Gründern als Ausgangsbasis zur zielgerichteten Entwicklung der Unternehmensgründung genutzt werden kann.

3.2 Konstituierende Aspekte der Gründung

Im Rahmen konstitutiver Entscheidungen werden Handlungsrahmen und Arbeitsweisen für ein Unternehmen auf lange Sicht hin festgelegt. Zu den konstitutiven Entscheidungen gehören u. a. die Rechtsformwahl und Standortwahl.

3.2.1 Rechtsformwahl

Die Wahl der Rechtsform stellt eine konstitutive Entscheidung im Prozess der Gründung dar. Sie bildet einerseits einen formellen Akt, ist aber andererseits mehr als eine reine Formsache, denn in Abhängigkeit von der Rechtsform ergeben sich für das Unternehmen unterschiedliche ökonomische, steuerliche und rechtliche Konsequenzen.

Viele Faktoren sind bei der Wahl der Rechtsform des Unternehmens von Bedeutung. Bei der grundlegenden Entscheidung bilden die Höhe des Startkapitals, der geplante *Umfang der Geschäftstätigkeit*, die *Rolle der Gesellschafter im Rahmen der Geschäftstätigkeit* sowie das *Verhältnis der Gesellschafter* zueinander, *Haftungsaspekte*, die *Akzeptanz der Rechtsform am Markt*, *steuerliche Gesichtspunkte* sowie der zu *erwartende Kapitalbedarf* eine entscheidende Rolle.

Grundsätzlich können zur **Systematisierung von Rechtsformen** die Klassen der *Einzelunternehmen*, *Personengesellschaften*, *Kapitalgesellschaften*, *Mischformen* und der *internationalen Rechtsformen* gebildet werden. Einen Überblick gibt Tabelle 7.

Klasse	*Unternehmensart*
Einzelunternehmen	Kaufmann bzw. Kauffrau (e. K.)
	Kleingewerbetreibender
Personengesellschaften	Gesellschaft bürgerlichen Rechts (GbR)
	offene Handelsgesellschaft (OHG)
	Kommanditgesellschaft (KG)
	stille Gesellschaft (typische, atypische)
	Partnerschaftsgesellschaft (PartG)
Kapitalgesellschaften	eingetragener Verein (e. V.)
	Gesellschaft mit beschränkter Haftung (GmbH)
	Aktiengesellschaft (AG)
	eingetragene Genossenschaft (e. G.)
Mischformen	GmbH & Co KG
	GmbH & Still
Internationale Rechtsformen	Limited (Ltd.)
	Europäische Wirtschaftliche Interessenvereinigung (EWIV)

Tabelle 7: Systematisierung Rechtsformen

Bevor die einzelnen Rechtsformen näher erörtert werden, sei auf eine Besonderheit in Deutschland hingewiesen, die Klasse der freien Berufe. Denn die Klasse der freien Berufe ist von den nachfolgend aufgeführten Rechtsformen zu trennen.

Bei einem **freien Beruf** handelt es sich nicht um eine Rechtsform. Da eine freiberufliche Tätigkeit aber häufig eine Alternative für Gründer ist, wird nachfolgend kurz auf diese Möglichkeit der selbstständigen Berufstätigkeit eingegangen. Die Rechtsgrundlage für freie Berufe bildet das Steuerrecht. Nach § 18 Abs. 1. Nr. 1 EStG handelt es sich bei der Ausübung eines freien

Berufes um eine *selbstständige Berufstätigkeit*, die gekennzeichnet ist durch eine *selbstständig ausgeübte wissenschaftliche, künstlerische, schriftstellerische, unterrichtende oder erzieherische Tätigkeit*.

Freie Berufe werden durch sogenannte **Katalogberufe** gekennzeichnet. Diese sind nach § 18 Abs. 1 Nr. 1 S. 2 EStG bspw. *Heilberufe, Ärzte, Rechtsanwälte, Steuerberater, Wirtschaftsprüfer, beratende Volks- und Betriebswirte, Ingenieure, Architekten* sowie *Journalisten* und *Dolmetscher*. Darüber hinaus können Selbstständige auch als Freiberufler anerkannt werden, wenn selbstständige Berufe ausgeübt werden, deren selbstständige Tätigkeiten dem typischen Bild bzw. den Wesensmerkmale eines Katalogberufes entsprechen. Dabei muss etwa auch die Ausbildung als Voraussetzung für die jeweilige Berufsausübung vergleichbar sein. Beispiele für katalogähnliche Berufe können Fotodesigner oder Hebammen sein. Die Abgrenzung einer freiberuflichen von einer gewerblichen Tätigkeit ist für die katalogähnlichen Berufe oftmals nicht ohne Weiteres klar und eindeutig möglich. Die Einstufung als Freiberufler, bspw. als freiberuflicher Informatiker, hängt vom Einzelfall ab und wird in der Praxis letztlich durch das Finanzamt vorgenommen.

Die Unterscheidung zwischen Gewerbetreibenden und Freiberuflern hat vor allem steuerrechtliche Konsequenzen. In Abgrenzung zu Gewerbetreibenden ist ein Freiberufler *de lege lata* (nach geltendem Recht) prinzipiell nicht gewerbesteuerpflichtig. Es bestehen auch andere Anforderungen an die Ermittlung des Gewinns. Weitere Vorteile im Gegensatz zu Gewerbetreibenden können in einer vereinfachten Buchführung, ermäßigten Umsatzsteuer für einzelne Berufe oder in möglichen Pauschalbeträgen für Betriebsausgaben gesehen werden.

Nach diesem Einschub werden nun die in Tabelle 7 aufgeführten Rechtsformen näher erörtert. Für eine Vertiefung der Materie oder spezielle Detailfragen ist das Studium einschlägiger Rechtsliteratur zu empfehlen, wie bspw. Klunzinger (2004); Eisenhardt (2005); Hemmer/Wüst (2005).

Einzelunternehmen

Kaufmann bzw. Kauffrau (e. K.)

Ein grundlegendes Gesetz für **Kaufleute** ist das Handelsgesetzbuch (HGB). Kaufmann ist gemäß § 1 Abs. 1 HGB, wer ein Handelsgewerbe betreibt. Nach § 1 Abs. 2 HGB gilt jedes Handelsgewerbe als Kaufmann, es sei denn, dass das Unternehmen nach Art und Umfang einen in kaufmännischer Weise eingerichteten Geschäftsbetrieb nicht erfordert.

Ob ein Einzelunternehmer Kaufmann ist, hängt davon ab, ob ein in kaufmännischer Weise eingerichteter Geschäftsbetrieb vorliegt. Wann die Größe des Unternehmens einen in kaufmännischer Weise eingerichteten Geschäftsbetrieb erfordert, ist von verschiedenen Kriterien abhängig. Diese sind allerdings nicht eindeutig festgelegt. Aus diesem Grunde wird in § 1 Abs. 2 HGB das Erfordernis negativ formuliert, sodass für den Unternehmer, der ein Handelsgewerbe betreibt und nicht im Handelsregister eingetragen ist, eine Umkehr der Beweislast entsteht, nach der dieser beweisen und darlegen muss, dass er kein Kaufmann ist. **Kriterien für die Beurteilung**, ob ein in **kaufmännischer Weise eingerichteter Geschäftsbetrieb** erforderlich ist, sind bspw. die *Höhe des Umsatzes*, das *Betriebsvermögen*, die *Anzahl der Mitarbeiter* sowie die *Vielfalt der Erzeugnisse und Leistungen*. Entscheidend ist dabei letztlich das Gesamtbild der Verhältnisse. Das Erfordernis eines in kaufmännischer Weise eingerichteten Geschäftsbetriebes lässt sich nur für den Einzelfall bestimmen. Liegt bei einem Handelsgewerbetreibenden ein solcher in kaufmännischer Weise eingerichteter Geschäftsbetrieb nicht vor, handelt es sich um einen sogenannten Kleingewerbetreibenden.

Nach Eintragung in das Handelsregister ist der Firmenbezeichnung der Zusatz e. K. (eingetragener Kaufmann bzw. Kauffrau) hinzuzufügen.

Aus dem HGB ergeben sich für einen Kaufmann spezifische Rechte und Pflichten bzgl. der Führung der Geschäfte. Hierzu gehören insbesondere das Führen einer Firma (Name des Unternehmens) sowie die Notwendigkeit der Buchführungs- und Bilanzierungspflicht im Rahmen eines eigenen, für externe Dritte verständlichen Rechnungswesens gemäß den §§ 238 bis 263 HGB. Die Pflicht zu einem eigenen Rechnungswesen wird auch in der Abgabenordnung (AO) begründet. Im Speziellen sind hier die §§ 148, 149 (AO) von Bedeutung.

Bestimmte Rechtsformen implizieren automatisch die Kaufmannseigenschaft. Dies sind die *offene Handelsgesellschaft* (OHG), *Kommanditgesellschaft* (KG), *GmbH & Co. KG, Gesellschaft mit beschränkter Haftung* (GmbH) sowie die *Aktiengesellschaft* (AG). Dies ist vor allem für den Bereich der Buchführungs- und Bilanzierungspflicht vor dem Hintergrund eines externen Rechnungswesens relevant.

Kleingewerbetreibender
Kleingewerbetreibende erfüllen nicht die Anforderungen des § 1 HGB. Bei der Geschäftstätigkeit eines Kleingewerbetreibenden liegen die Erfordernisse eines in kaufmännischer Weise eingerichteten Geschäftsbetriebes nach § 1 HGB nicht vor. Die Notwendigkeit eines in kaufmännischer Weise eingerich-

teten Geschäftsbetriebes ergibt sich, wie bereits erörtert, u. a. aus der Höhe des Umsatzes, dem Betriebsvermögen, der Anzahl der Mitarbeiter sowie der Vielfalt der Erzeugnisse und Leistungen. Für Kleingewerbetreibende besteht keine Pflicht zu einem Handelsregistereintrag. Jedoch können sie nach § 2 HGB eine freiwillige Eintragung herbeiführen.

Bei einer freiwilligen Eintragung nach § 2 HGB in das Handelsregister erlangt der Kleingewerbetreibende die Kaufmannseigenschaft mit allen damit verbunden Rechten und Pflichten, bspw. der Buchführungspflicht. Bei einer freiwilligen Eintragung finden die Regelungen des HGB Anwendung, da der Kleingewerbetreibende zu einem eingetragenen Kaufmann wird. Der Registereintrag ist dabei konstitutiv.

Nach der Eintragung unterliegt der Kaufmann nicht mehr ausschließlich den Vorschriften des BGB, sondern den Rechten und Pflichten des HGB. Für BGB-Gesellschaften (Gesellschaften bürgerlichen Rechts) bedeutet eine freiwillige Eintragung, dass diese die Rechtsform der OHG erhalten.

Personengesellschaften
Die folgenden Ausführungen betreffen die Personengesellschaften. Im Recht der Personengesellschaften herrscht weitgehend Vertragsfreiheit, was dazu führt, dass die gesetzlichen Regelungen meist dispositiven Charakter haben. Rechtlich unterscheiden sich Personengesellschaften von Kapitalgesellschaften zunächst dadurch, dass eine Personengesellschaft durch einen Vertrag zwischen mindestens zwei Personen gegründet wird, während einer Kapitalgesellschaft immer eine Satzung zugrunde liegt.

Gesellschaft bürgerlichen Rechts (GbR)
Bei einer **Gesellschaft bürgerlichen Rechts** handelt es sich um eine auf Vertrag beruhende *Personenvereinigung zur Förderung eines von den Gesellschaftern gemeinsam verfolgten und beliebigen Zwecks*. Die Gründung einer GbR muss durch mindestens zwei Personen (Gesellschafter) vollzogen werden. Gesellschafter kann jede natürliche und jede juristische Person sein. Bei einer **juristischen Person** handelt es sich um ein Rechtssubjekt, das aufgrund gesetzlicher Anerkennung rechtsfähig ist, d. h. selbst Träger von Rechten und Pflichten sein kann, aber keine natürliche Person ist.

Als Ziel der GbR kann ein beliebiger gemeinsamer Zweck verfolgt werden. Eine GbR kann ausdrücklich oder stillschweigend, längerfristig oder kurzfristig sein sowie materielle oder immaterielle Zwecke verfolgen. Gesetzliche Regelungen zur GbR finden sich in den §§ 705–740 des Bürgerlichen Gesetzbuches (BGB). Konstituiert (errichtet, begründet) wird die GbR durch den Gesellschaftsvertrag, welcher auch mündlich geschlossen werden kann. Zur Gründung einer GbR bedarf es daher keines schriftlichen Vertrages, sondern lediglich der Verfolgung eines gemeinschaftlichen Zwecks über einen definierten oder unbestimmten Zeitraum. Werden Grundstücke in die GbR eingebracht, sind entsprechende Formvorschriften zu beachten (§§ 311, 873, 925 BGB). Um etwaige Probleme und Unklarheiten zwischen den Gesellschaftern zu vermeiden und klare Regelungen für alle Personen zu treffen, ist ein schriftlicher Gesellschaftsvertrag anzuraten.

Im Gesellschaftsrecht ist zwischen der *Geschäftsführung* einerseits und der *Vertretung* andererseits zu differenzieren. Die Geschäftsführung betrifft das *Innenverhältnis* (Rechte und Pflichten der Gesellschafter zueinander und gegenüber der Gesellschaft), die Vertretung das *Außenverhältnis* (Rechtsbeziehungen der Gesellschaft nach außen hin zu Dritten). Prinzipiell steht die **Geschäftsführung** den *Gesellschaftern* nach § 709 Abs. 1 BGB *zunächst gemeinschaftlich zu*. Es ist für jedes Geschäft die Zustimmung aller Gesellschafter erforderlich. Allerdings kann nach den §§ 709 Abs. 2, 710 und 711 BGB hiervon durch entsprechende Vertragsregelungen abgewichen werden und bspw. auch einzelne Gesellschafter können mit der Geschäftsführung ermächtigt werden, um die Entscheidungsprozesse einfacher bzw. schneller zu gestalten.

Von der Geschäftsführung ist die **Vertretung** zu unterscheiden. Die Geschäftsführung betrifft das Innenverhältnis, die Vertretung das Außenverhältnis. Nach dem *Gesetz ist jeder Gesellschafter zur Vertretung der Gesellschaft befugt*. Dies bedeutet: Auch wenn im Innenverhältnis etwas anderes vereinbart ist, wird die Gesellschaft durch ein Rechtsgeschäft des nicht zur Geschäftsführung befugten Gesellschafters wirksam verpflichtet.

Zu unterscheiden ist ferner die **Haftung für Verbindlichkeiten** der Gesellschaft. Nach dem Gesetz haftet das *Gesellschaftsvermögen*, sofern vorhanden, und daneben *gesamtschuldnerisch jeder Gesellschafter* mit seinem *vollen Privatvermögen für alle Verbindlichkeiten* der Gesellschaft. Die *Haftung* ist somit *unbeschränkt*.

Nach einem Urteil des Bundesgerichtshofes vom 29. 1. 2001 wurde der GbR teilweise Rechtsfähigkeit zuerkannt. Die GbR ist dabei aber keine juristische Person. Jedoch weist die GbR eine (teilweise) Rechts- und Parteifähigkeit auf. Bis zu dem Urteil des Bundesgerichtshofes galt, dass die GbR als solche nicht prozessfähig ist. Nicht die GbR konnte klagen oder verklagt werden, sondern immer nur alle Gesellschafter gemeinschaftlich. Seit der erwähnten Entscheidung gilt, dass die Gesellschaft unter eigenem Namen klagen und verklagt werden kann. Für einen Kläger ist das dann sinnvoll, wenn die Gesellschaft eigenes Vermögen hat, in das vollstreckt werden kann. Unabhängig davon gilt aber, dass weiterhin jeder Gesellschafter für die Gesellschaftsverbindlichkeiten persönlich und unbeschränkt voll haftet. Alle Versuche, diese Haftung einzuschränken, z. B. durch den Versuch der Schaffung einer GbRmbH, sind bislang gescheitert. Soll in das Vermögen eines Gesellschafters vollstreckt werden, muss ein Titel gegen diesen erwirkt, also der Gesellschafter zumindest mit verklagt werden.

Wird durch eine GbR ein Handelsgewerbe nach den §§ 1 und 6 HGB betrieben und eine Betriebsgröße erreicht, welche einen in *kaufmännischer Weise eingerichteten Geschäftsbetrieb erfordert*, liegt nicht eine GbR, sondern eine *offene Handelsgesellschaft* (OHG) vor (§§ 105, 123), *auch wenn dies nicht dem Willen der Gesellschafter der GbR entspricht*. Somit kann sich ein Wandel von einer GbR zu einer OHG auch *unbemerkt* und *ohne konstitutiven Charakter der Eintragung in das Handelsregister* ergeben. Ein Eintrag in das Handelsregister hat dann nur noch *deklaratorischen Charakter.*

Offene Handelsgesellschaft (OHG)
Die **offene Handelsgesellschaft** ist eine Gesellschaft, deren Zweck auf den *Betrieb eines Handelsgewerbes unter gemeinschaftlicher Firma* (die Firmierung bzw. der Name, die Bezeichnung des Unternehmens) gerichtet ist. Bei der OHG existiert keine Haftungsbeschränkung der Gesellschafter gegenüber den Gesellschaftsgläubigern. Gesellschafter der OHG können *natürliche und juristische Personen* sein, nicht aber bspw. eine GbR. Die OHG kann Träger von Rechten und Pflichten sein. Durch die Gewährung von Rechten und Pflichten der OHG kann diese somit klagen und verklagt werden, Rechte erwerben und Verbindlichkeiten eingehen, es kann eine Zwangsvollstreckung gegen die Gesellschaft durchgesetzt werden, und über das Vermögen der OHG kann selbstständig ein Insolvenzverfahren eröffnet werden. Die OHG ist allerdings *keine juristische Person*, da bspw. keine körperschaftliche Strukturierung oder keine körperschaftlichen Organe (Vorstand, Aufsichtsrat) vorhanden sind.

Die Gründung einer OHG bedarf keiner besonderen Form. Formvorschriften müssen, ähnlich wie bei der GbR, beachtet werden, wenn Grundstücke in die OHG eingebracht werden sollen. Die OHG muss beim Amtsgericht in das Handelsregister eingetragen werden, wobei der Name, der Vorname, das Geburtsdatum und der Wohnort eines jeden Gesellschafters einzutragen sind. Darüber hinaus sind die Firma (der Name des Kaufmanns bzw. des Unternehmens), der Sitz der Gesellschaft und der Zeitpunkt des Gesellschaftsbeginns einzutragen. Weiterhin ist die Vertretungsmacht der Gesellschafter anzugeben. Änderungen der Gesellschafterstruktur oder eine Verlegung des Firmensitzes müssen angezeigt und eingetragen werden.

Nach dem Gesetz ist im Rahmen der **Geschäftsführung** jeder Gesellschafter der OHG zunächst berechtigt, alleine zu handeln und die Geschäfte zu führen. Es gilt, im Gegensatz zur GbR, bei der zunächst per Gesetz Gesamtgeschäftsführung besteht, das Prinzip der *Einzelgeschäftsführung* (§§ 114 HGB, 115 Abs. 1 1. Halbs.). Per Vertrag können gesellschaftsvertragliche Abweichungen beschlossen werden. Bei der OHG ist, anders als bei der GbR, im Kontext der **Vertretung** die Vertretungsbefugnis *nicht an die jeweilige Regelung der Geschäftsführungsbefugnis gekoppelt*. Bei der OHG ist jeder Gesellschafter zur *Einzelvertretung* berechtigt, was in der Praxis dazu führen soll, schnellere Entscheidungen treffen zu können. Die einzelnen Gesellschafter vertreten die OHG als solche. Jeder Gesellschafter kann Willenserklärungen mit Wirkung für und gegen die OHG abgeben. Abweichende Vereinbarungen, wie bspw. der Ausschluss eines Gesellschafters von der Vertretung, können im Gesellschaftsvertrag geregelt werden. Um diese wirksam werden zu lassen, bedarf es hierbei aber einer Eintragung dieser Regelungen in das Handelsregister. Inhaltliche Beschränkungen der Vertretungsmacht sind Dritten gegenüber unwirksam.

Vertritt ein nicht Vertretungsberechtigter die Gesellschaft, gelten die Vorschriften über eine Vertretung ohne Vertretungsmacht nach den §§ 177ff. BGB. Der eingegangene Vertrag ist zunächst *schwebend unwirksam* und **bedarf der Zustimmung der vertretungsberechtigten Gesellschafter**. Wird die *Genehmigung verweigert*, ist der *Vertrag unwirksam*. Der *Vertragspartner* hat aber daraufhin einen *Anspruch auf Erfüllung und Schadensersatz gegen den nicht vertretungsberechtigten Gesellschafter*. Zu beachten ist, dass eine Haftung teilweise oder ganz ausgeschlossen ist, wenn der Vertragspartner den Mangel an Vertretungsmacht kannte oder kennen musste.

Bei der Gewinnverteilung wird zunächst eine vierprozentige Verzinsung der Kapitaleinlage vorgenommen. Danach erfolgt eine Verteilung des Restgewinns nach Gesellschaftern. Näheres siehe §§ 121 und 122 HGB.

Für **Verbindlichkeiten der Gesellschaft** haften, neben dem *Gesellschaftsvermögen*, auch die *Gesellschafter persönlich, unbeschränkt und gesamtschuldnerisch mit ihrem Privatvermögen*. Die Gläubiger können von jedem Gesellschafter die Erfüllung der Verbindlichkeiten direkt verlangen, ohne vorher die OHG in Anspruch genommen haben zu müssen.

Kommanditgesellschaft (KG)

Die **Kommanditgesellschaft** ist eine Personengesellschaft, deren Zweck auf den *Betrieb eines Handelsgewerbes unter gemeinschaftlicher Firma* gerichtet ist. Eine KG muss mindestens einen **Komplementär** (Vollhafter) haben, der *unbeschränkt mit seinem Privatvermögen haftet*. Daneben besteht die KG aus weiteren Gesellschaftern, den **Kommanditisten** (Teilhaftern), die bei Forderungen gegen die KG nur *begrenzt bis zur Höhe ihrer Einlage haften*. Das Konstrukt der Kommanditisten ermöglicht somit eine Beteiligung an einer Personengesellschaft ohne das Risiko einer unbeschränkten Haftung für die Verbindlichkeiten der Gesellschaft. Die KG ist eine Sonderform der OHG. Wie die OHG ist diese rechtlich verselbstständigt und kann daher Rechte erwerben, Verbindlichkeiten eingehen, vor Gericht klagen und verklagt werden, es kann eine Zwangsvollstreckung gegen die Gesellschaft erwirkt werden, und über das Vermögen der KG kann selbstständig ein Insolvenzverfahren eröffnet werden. Bei der Gründung der KG sind die Komplementäre in das Handelsregister einzutragen. Es gelten die gleichen Vorschriften wie für die OHG. Darüber hinaus müssen die Bezeichnung des Kommanditisten sowie der Betrag jeder Kommanditeinlage in der Handelsregisteranmeldung enthalten sein. Sollten Kommanditisten in die KG im späteren Verlauf eintreten oder ausscheiden, ist dies im Handelsregister einzutragen. Detaillierte Daten zu den Kommanditisten müssen nicht angegeben werden.

Die Firma der KG muss wenigstens den Namen eines Komplementärs enthalten. Eine Aufnahme der Namen von Kommanditisten ist nicht zulässig.

Die **Geschäftsführung** einer KG wird nach gesetzlichen Vorschriften durch die *Komplementäre* vorgenommen. Kommanditisten sind hiernach von der Führung der Geschäfte ausgenommen. Allerdings lassen sich vertragliche Abweichungen treffen, die den Kommanditisten Befugnisse der Geschäftsführung zugestehen. Dabei können sogar Teilbereiche der Geschäftsführung, wie bspw. der Bereich Personal, an die Kommanditisten übertragen werden. In diesem Zusammenhang ist wiederum zu beachten, dass im Gesellschaftsrecht zwischen *Geschäftsführung* (Innenverhältnis) und *Vertretung* (Außenverhältnis) zu differenzieren ist. Denn zur **Vertretung** der Gesellschaft nach Außen sind *Kommanditisten nicht berechtigt* (§ 170 HGB). Hiervon kann auch keine Ausnahme gemacht werden. Jedoch ist zu beachten, dass den Kommanditisten Vollmachten nach dem BGB, bspw. für einzelne definierte Handlungen, zur Vertretung erteilt werden können. Auch ist es möglich, dem Kommanditisten Prokura zu erteilen, somit kann ein Kommanditist nahezu gleiche Rechte wie ein Komplementär erlangen. Bislang anerkannt ist sogar die Konstruktion, dass eine sogenannte geschäftsführende Kommanditistin die Geschäftsführung übernimmt.

Die Gewinnverteilung erfolgt bei Komplementären und Kommanditisten zunächst durch eine jeweilige vierprozentige Verzinsung auf ihren Kapitalanteil. Der verbleibende Gewinn ist angemessen zu verteilen, wobei eine Verteilung nach Köpfen aufgrund der unterschiedlichen Haftungsbeschränkungen nicht vorgenommen wird. Es sind jedoch spezifische vertragliche Vereinbarungen möglich.

Für **Verbindlichkeiten** der Gesellschaft haften *Komplementäre* nach den §§ 123 Abs. 1.1, 161, Abs. 2 HGB *unmittelbar, unbeschränkt, unbeschränkbar, primär, akzessorisch und gesamtschuldnerisch*. *Kommanditisten haften* für Verbindlichkeiten der Gesellschaft lediglich *in Höhe ihrer Einlage*. Ist die Einlage geleistet, entfällt die Haftung, da die Einlage ja in das Unternehmen geleistet wurde. Wird die Einlage vorher zurückgewährt, gilt diese als nicht geleistet und der Kommanditist haftet wieder bis zur Höhe seiner Einlage. Der Kommanditist haftet hierbei unmittelbar, primär, akzessorisch, gesamtschuldnerisch, *aber auf die Höhe seiner Einlage begrenzt*.

Stille Gesellschaft (typisch, atypisch)

Eine **stille Gesellschaft** entsteht durch eine *Beteiligung eines stillen Gesellschafters mit einer Vermögenseinlage an einem Handelsgewerbe*, das ein anderer betreibt. Sie wird primär nach den §§ 230 bis 236 HGB geregelt. Ein stiller Gesellschafter kann jede natürliche oder juristische Person sein. Selbst die OHG, KG und GbR kann sich als stiller Gesellschafter beteiligen, da außer der Beteiligung keine besondere Tätigkeit des stillen Gesellschafters vorausgesetzt wird und dabei keine Außenbeziehung entsteht. Eine stille Gesellschaft ist nicht rechtsfähig. Zur Gründung einer stillen Gesellschaft bedarf es prinzipiell lediglich eines formlosen Vertrages. Werden Grundstücke als Beteiligung eingebracht, sind Formvorschriften zu wahren. Eine stille Gesellschaft ist immer zweigliedrig, was bedeutet, dass die Anzahl der Gesellschafter immer auf zwei beschränkt ist. Es kann sich immer nur ein Kapitalgeber an einem Handelsgewerbe des Komplementärs beteiligen. Es können aber mehrere stille Gesellschaften nebeneinander eingegangen werden, sodass mehrere unterschiedliche stille Gesellschaften mit einem Unternehmen bestehen können.

Die stille Gesellschaft stellt eine *reine Innengesellschaft* dar, die im *wirtschaftlichen Verkehr nach außen nicht in Erscheinung tritt*. Bei einer stillen Gesellschaft besteht aus rechtlicher Sicht *keine gemeinsame Firma*. Aus diesem Grunde darf der Name des stillen Gesellschafters auch nicht in der Firma bzw. dem Firmennamen des Unternehmens ausgewiesen werden.

Von der **Geschäftsführung und Vertretung** ist der *stille Gesellschafter grundsätzlich ausgeschlossen.* Je nachdem, ob es sich um eine *typisch* oder *atypisch stille Beteiligung* handelt, stehen dem stillen Gesellschafter unterschiedliche **Kontrollrechte** zu. Die Mitwirkung des stillen Gesellschafters in der Geschäftsführung kann bei einer atypischen stillen Beteiligung jedoch erweitert und diesem spezielle Tätigkeitsbereiche zugewiesen werden. Nach außen kann die Gesellschaft durch den stillen Gesellschafter aber nicht vertreten werden. Allerdings ist es möglich, dem stillen Gesellschafter Prokura zu erteilen.

Der stille Gesellschafter beteiligt sich anteilig am Gewinn des Unternehmens, am Verlust nimmt er lediglich bis zur Höhe seiner Einlage teil. Die Gewinn- und Verlustbeteiligung kann vertraglich geregelt werden, wobei eine Verlustbeteiligung vertraglich ausgeschlossen werden kann.

Bei der Gründung entsteht kein gemeinschaftliches Gesellschaftsvermögen. Die Einlage des stillen Gesellschafters geht in das Vermögen des Unternehmens über. Für Außenstehende ist die Einlage nicht ersichtlich, da in der Bilanz lediglich ein gesamtheitliches Eigenkapitalkonto ausgewiesen wird. Der stille Gesellschafter haftet nicht mit seiner Einlage für Forderungen gegen das Unternehmen. Es haftet lediglich im Falle einer Insolvenz des Unternehmens.

In Tabelle 8 aufgeführt sind die Unterschiede einer *typisch* und *atypisch stillen Gesellschaft*:

typisch stille Gesellschaft	atypisch stille Gesellschaft
Beteiligung am Gewinn	Beteiligung am Gewinn
Keine Beteiligung am Vermögenszuwachs bzw. Geschäftswert und stillen Reserven	Beteiligung am Vermögenszuwachs bzw. Geschäftswert und stillen Reserven
Keine Leitungsbefugnisse	Erweiterte Mitbestimmung möglich
Lediglich Einsicht in die Bilanz	Erweiterte Kontroll- und Einsichtsrechte möglich

Tabelle 8: Übersicht typische und atypische stille Gesellschaft

Partnerschaftsgesellschaft (PartG)

Bei einer **Partnerschaftsgesellschaft** (Partnerschaft) handelt es sich um den Zusammenschluss von *Angehörigen freier Berufe zum Zwecke der Berufsausübung.* Eine Partnerschaft führt dabei *kein Handelsgewerbe* aus und ist *keine Handelsgesellschaft.* Eine Partnerschaft können lediglich *natürliche Personen* gründen. Die Gründung einer Partnerschaft muss in schriftlicher Form erfolgen und mindestens Namen, Sitz und Gegenstand der Partnerschaft sowie Namen, Beruf und Wohnort eines jeden Partners enthalten und wird in das Partnerschaftsregister eingetragen.

Eine Partnerschaft kann unter ihrem Namen Rechte erwerben und Verbindlichkeiten eingehen. Dabei kann sie Eigentum und andere Rechte an Grundstücken erwerben, vor Gericht klagen und verklagt werden. Die Partnerschaft ist insolvenz- und vergleichsfähig.

Die **Geschäftsführung** obliegt prinzipiell *allen Partnern*. Ein Ausschluss einzelner Partner von der Geschäftsführung ist lediglich eingeschränkt möglich. Alle Partner unterliegen ihrem jeweiligen Berufsrecht. Dem Grundsatz nach gilt bei der **Vertretung** die *Einzelvertretungsbefugnis* eines jeden Gesellschafters. Es kann im Rahmen des Partnerschaftsvertrages aber auch Gesamtvertretung beschlossen werden.

Im Rahmen der **Haftung** haften grundsätzlich das *Partnerschaftsvermögen* und die *Partner als Gesamtschuldner* für Verbindlichkeiten der Partnerschaft. Durch eine vertragliche Vereinbarung bei einer Auftragsannahme, bspw. im Rahmen von vorformulierten Vertragsbedingungen, kann die gesamtschuldnerische Haftung aller Partner auf einen oder einzelne Partner begrenzt werden.

Kapitalgesellschaften

eingetragener Verein (e. V.)
Der **eingetragene Verein** stellt den *Grundtyp einer Kapitalgesellschaft* dar, ähnlich wie die GbR den Grundtyp einer Personengesellschaft. Mit der Eintragung in das Vereinsregister beim Amtsgericht erlangt der e. V. seine Rechtsfähigkeit und damit den *Status einer juristischen Person* (§ 21ff. BGB). Diese Rechtsform kann gewählt werden zur *Verfolgung ideeller Zwecke*, z. B. Förderung sportlicher oder kultureller Aktivitäten. Oft wird dann noch die Anerkennung der Gemeinnützigkeit erlangt, um von Ertragssteuern befreit zu werden.

Es ist eher unüblich, aber zulässig, eine wirtschaftliche Betätigung in der Form eines Vereins zu betreiben. Auf die hier auftretenden steuerlichen Fragen soll indes an dieser Stelle nicht eingegangen werden. Ein wirtschaftlicher Verein erlangt Rechtsfähigkeit durch staatliche Verleihung. Zuständig ist das jeweilige Bundesland. (§ 22 BGB)

Der Verein ist körperschaftlich strukturiert. Im Rechtsverkehr handelt der Verein durch seine **Organe**. Diese sind der *Vorstand* und die *Mitgliederversammlung*. Die **Vertretung** des Vereins nach außen erfolgt durch den *Vorstand* (§ 26 BGB). Die Mitgliederversammlung entscheidet ansonsten über alle Angelegenheiten des Vereins durch Mehrheitsbeschluss (§ 32 BGB). Name und Ziele des Vereins sowie die Rechte und Pflichten der Organe sind in der Vereinssatzung geregelt. Ein eingetragener Verein soll aus mindestens sieben Mitgliedern bestehen (§ 56 BGB).

Den Gläubigern des Vereins haftet nur dieser mit seinem gesamten Vermögen. Die Mitglieder haften grundsätzlich nicht. Dies gilt auch für die Haftung für Verschulden des Vorstandes (Organhaftung gem. § 31 BGB).

Gesellschaft mit beschränkter Haftung (GmbH)

Die **Gesellschaft mit beschränkter Haftung** ist eine *Kapitalgesellschaft,* bei der eine *Trennung zwischen Gesellschaftern und Gesellschaft im Sinne einer juristischen Person* erfolgt. Der Bestand der Gesellschaft ist durch diese Trennung von Gesellschaftern und Gesellschaft unabhängig. Das Stammkapital, das mindestens haftende Kapital, muss bei einer GmbH mindestens 25.000 Euro betragen. Diese 25.000 Euro stellen eine *Mindestgarantie* für Gläubiger dar. Das Gesellschaftsvermögen, das auch haftet, kann ein Vielfaches dieses Stammkapitals sein. Um das Stammkapital zu schützen, hat der Gesetzgeber einiger Regelungen erlassen, die das Stammkapital gegenüber zweckwidrigen Verfügungen schützen soll.

Die **Haftung eines Gesellschafters** der GmbH ist der Höhe nach auf seine *Stammeinlage beschränkt.* Die Stammeinlage eines jeden Gründers bzw. Gesellschafters muss mindestens 100 Euro betragen. Dabei müssen die Stammeinlagen nicht für alle Gründer gleich sein. Individuelle Stammeinlagen müssen lediglich durch 50 teilbar sein und auf einen bestimmten Geldbetrag lauten, auch wenn die Stammeinlage nicht in Geld zu leisten ist (Sacheinlage). Aus der Höhe der Stammeinlage ergibt sich der Geschäftsanteil des Gesellschafters. Hieraus ergeben sich wiederum das Stimmrecht, die Gewinnverteilung und ein etwaiger Liquidationserlös. Allerdings hat dies dispositiven Charakter, es kann somit per Vertrag hiervon abgewichen werden.

Da es sich bei der GmbH um eine juristische Person handelt, müssen spezielle Organe implementiert werden. Die **Organe einer GmbH** sind die *Geschäftsführung* und die *Gesellschafterversammlung.* Darüber hinaus kann im Gründungskontext zusätzlich ein Aufsichtsrat gebildet werden. Hierbei werden weitgehend aktienrechtliche Vorschriften angewendet (siehe hierzu auch die Ausführungen zur AG).

Die **Geschäftsführung** übernimmt die *Leitung der GmbH.* Sie wird durch den Gesellschaftsvertrag oder auf Beschluss der Gesellschafterversammlung berufen und ist an die Weisungen der Gesellschafterversammlung gebunden, sofern diese nicht gegen die Satzung oder andere Gesetze verstoßen. Die Geschäftsführung kann aus einer oder mehreren Personen bestehen. Sie ist einerseits mit der Geschäftsführung sowie andererseits mit der Vertretung der Gesellschaft nach außen betraut. Eine Beschränkung der Vertretung nach außen ist nicht zulässig. Obwohl für Verbindlichkeiten der Gesellschaft prinzipiell nur die Gesellschaft mit ihrem Vermögen haftet, kann es durchaus auch zu persönlichen Haftungen kommen, bspw. wenn die Stammeinlagen nicht korrekt eingezahlt worden sind. Darüber hinaus besteht eine persönliche Haftung der Geschäftsführung in den Bereichen *Sozialversicherungsbeiträge und Steuern, Umweltschutz, Insolvenz* und *Organisationsverschulden*. Die Geschäftsführung hat sicherzustellen, dass **Sozialversicherungsbeiträge und Steuern** richtig berechnet, einbehalten und abgeführt werden. Weiterhin gilt dies für die korrekte Berechung und Abführung der **Umsatzsteuer**. Weiterhin ist die Geschäftsführung im Bereich der **Umwelt** für die *Einhaltung geltender Umweltschutzbestimmungen* verantwortlich. Wichtig ist die *Sorgfaltspflicht* im Bereich einer (drohenden) **Insolvenz**. Die Geschäftsführung hat innerhalb von *drei Wochen* nach dem *Eintritt eines Insolvenzgrundes* (bspw. Illiquidität) einen *Antrag auf ein Insolvenzverfahren* zu stellen. Prinzipiell ist die Geschäftsführung nicht für Fehler von Erfüllungsgehilfen verantwortlich. Es kann in diesem Kontext jedoch ein Organisationsverschulden vorliegen. Ein **Organisationsverschulden** liegt dann vor, wenn die Geschäftsführung bei der Auswahl, der Schulung, der Überwachung und Kontrolle von Erfüllungsgehilfen *nicht die im Verkehr erforderliche Sorgfalt* hat walten lassen. Die Geschäftsführung haftet in diesem Falle für die Fehler der Erfüllungsgehilfen.

Die **Gesellschafterversammlung** umfasst alle Gesellschafter der GmbH. Jeder Gesellschafter ist dort vertreten und besitzt Stimmrecht. Die Gesellschafterversammlung ist der Geschäftsführung gegenüber weisungsbefugt. Aufgaben der Gesellschafterversammlung sind u. a. die Feststellung des Jahresabschlusses sowie Entscheidungen über die Verwendung des Jahresergebnisses, Einforderung von Einzahlungen auf die Stammeinlagen, Rückzahlung von Nachschüssen, Bestellung, Abberufung und Entlastung von Geschäftsführern, Prüfung und Kontrolle der Geschäftsführung und die Bestellung von Prokuristen und Handlungsbevollmächtigten.

Eine Gründung vollzieht sich anhand folgender Schritte:

(a) Gesellschafter: Eine GmbH kann durch einen oder mehrere Gesellschafter gegründet werden. Es sind somit auch sogenannte Einmann-GmbHs möglich. Als Gesellschafter kommt jede natürliche und juristische Person in

Betracht. Auch eine OHG und KG kann Gründungsgesellschafter sein.

(b) Gesellschaftsvertrag: Für den Gesellschaftsvertrag, der auch als Satzung bezeichnet wird, sind bestimmte Formvorschriften und ein Mindestinhalt zu beachten. Der Gesellschaftsvertrag ist von allen Gesellschaftern zu unterzeichnen und muss durch einen Notar beurkundet werden. Der Mindestinhalt des Gesellschaftsvertrages umfasst die Firma und den Sitz der Gesellschaft, den Gegenstand des Unternehmens, den Betrag des Stammkapitals, den Betrag der von jedem Gesellschafter auf das Stammkapital zu leistenden Stammeinlage. Die Bezeichnung der Gesellschaft, die Firma, kann ein Fantasiename sein oder aber an den Gegenstand des Unternehmens angelehnt sein (Sachfirma) oder Namen der Gesellschafter (Personenfirma) enthalten. Lediglich der Zusatz GmbH oder Gesellschaft mit beschränkter Haftung ist obligatorisch.

(c) Übernahme der Stammeinlagen: Bevor die Gesellschaft beim Handelsregister angemeldet und eingetragen werden kann, sind bestimmte Mindesteinlagen zu erbringen. Geldeinlagen müssen nicht zwingen voll erbracht werden. Es reicht aus, wenn auf jede Stammeinlage ein Viertel eingezahlt worden ist, mindestens ist jedoch die Hälfte, also 12.500 Euro, der gesetzlich vorgeschriebenen Mindeststammeinlage von 25.000 Euro einzuzahlen. Sacheinlagen müssen voll erbracht werden. Bei Sachgründungen ist ein Sachgründungsbericht anzufertigen. Dabei ist bei allen Sachgründungen der Wert der Sacheinlagen mit Unterlagen, wie bspw. Preislisten, Sachverständigengutachten, Tarife etc. zu belegen. Es soll so sichergestellt werden, dass die Sacheinlagen nicht überbewerten werden. Das Registergericht prüft bei Sacheinlagen die Angemessenheit der Bewertung. Für Überbewertungen haftet der Gesellschafter in Höhe des Fehlbetrages.

(d) Anmeldung zum Handelsregister: Eine Anmeldung durch alle Gesellschafter in beglaubigter Form beim Handelsregister ist zwingend notwendig. Der Anmeldung sind folgende Unterlagen beizufügen: Gesellschaftsvertrag, Legitimation der Geschäftsführer, Gesellschafterliste, Sachgründungsbericht, Bewertungsunterlagen, Genehmigungsurkunden (bspw. Genehmigungen für Makler, Personenbeförderung, Bankgeschäfte etc.), Sicherung der Mindesteinzahlung, Vertretungsbefugnis der Geschäftsführer, Hinterlegung der Unterschrift der Geschäftsführer sowie abschließend Erklärungen der Geschäftsführer, dass ihnen nicht die Ausübung einer Geschäftsführertätigkeit untersagt ist, bspw. durch bestimmte Insolvenzstraftaten oder eine gerichtliche Untersagung der Berufausübung. Bei einer Einmann-Gründung, bei der die Geldeinlage nicht voll eingezahlt wurde, ist zusätzlich zu versichern, dass die gesetzlich vorgeschrieben Sicherung (bspw. eine Bankbürgschaft) bestellt wurde.

(e) Prüfung der Anmeldung: Das Registergericht überprüft vor den Eintragung nach formellen und materiellen Kriterien. Bei den materiellen Kriterien steht dem Registergericht nicht eine uneingeschränkte Prüfung hinsichtlich der wirtschaftlichen und finanziellen Grundlagen des von der GmbH betrieben Unternehmens zu. Vielmehr wird hier bspw. geprüft, ob die Sacheinlagen korrekt bewertet worden sind.

(f) Eintragung in das Handelsregister: Werden durch das Registergericht keine Beanstandungen erhoben, wird die GmbH in das Handelsregister, Abteilung B eingetragen. Dabei umfasst die Eintragung die Firma, den Sitz der Gesellschaft, den Unternehmensgegenstand, die Höhe des Stammkapitals, das Datum des Gesellschaftsvertrages sowie die Geschäftsführer und deren Vertretungsbefugnis.

Die Eintragung der GmbH in das Handelsregister wirkt konstitutiv (rechtsbegründend). Die GmbH wird zu einer juristischen Person.

Aktiengesellschaft (AG)

Die **Aktiengesellschaft** ist nach § 1 AktG eine *Gesellschaft mit eigener Rechtspersönlichkeit*. Das Grundkapital ist in Aktien zerlegt, für deren Verbindlichkeiten den Gläubigern nur das Gesellschaftsvermögen haftet.

Das Grundkapital bezeichnet den durch die Aktionäre bei Gründung *mindestens* aufzubringenden Kapitalbetrag. Der *Mindestgrundkapital*, der in Euro lauten muss, beträgt nach § 7 AktG 50.000 Euro. Bei der AG haftet lediglich das Gesellschaftsvermögen für Verbindlichkeiten der Gesellschaft. Das Grundkapital bildet dabei eine Garantie, eine *Mindestsumme*, zugunsten der Gläubiger, denn wie hoch das gesamte Gesellschaftsvermögen ist, ist von Gesellschaft zu Gesellschaft unterschiedlich.

Bei der AG handelt es sich um eine *Kapitalgesellschaft mit eigener Rechtspersönlichkeit*. Es wird von einer *juristischen Person* gesprochen. Sie kann selbst am Rechtsverkehr als Träger von Rechten und Pflichten teilnehmen und unter ihrem eigenen Namen Rechte erwerben und Verbindlichkeiten eingehen, vor Gericht klagen und verklagt werden. Für Verbindlichkeiten haftet lediglich das Gesellschaftsvermögen, nicht aber die Aktionäre. Diese haften auch nicht subsidiär.

Bereits bei der GmbH wurde eine Trennung zwischen der Gesellschaft und der Gesellschafterebene vorgenommen. Bei der AG wird diese noch weiter fortgeführt. Die AG basiert auf dem Konstrukt des Vereins. Um als juristische Person handlungsfähig zu sein, besitzt die AG eine spezifische Organisation mit klar definierten Organen. Die **Organe einer AG** werden durch den *Vorstand*, den *Aufsichtsrat* und die *Hauptversammlung* gebildet.

Der **Vorstand** kann aus einer oder mehreren Personen bestehen. Die genaue Zahl der Vorstandsmitglieder ergibt sich aus der Satzung. Mitglied des Vorstands kann nur eine *natürliche, unbeschränkt geschäftsfähige Person* sein, die nicht zwingend Aktionär sein muss. Juristische Personen können nicht Mitglied eines Vorstands sein. Die Bestellung des Vorstands erfolgt durch den Aufsichtsrat. Dem Vorstand obliegt die Führung der Geschäfte der AG. Im Rahmen der Geschäftsführung hat der Vorstand dem Aufsichtsrat über die beabsichtigte Geschäftspolitik sowie andere Grundsatzfragen der Unternehmensplanung, wie bspw. die Finanz-, Investitions- und Personalplanung, die Rentabilität der Gesellschaft, die wirtschaftliche Entwicklung sowie solche Geschäfte, die für die Rentabilität oder Liquidität der Gesellschaft von maßgeblicher Bedeutung sein könnten, zu berichten. Der Vorstand vertritt die AG auch nach außen. Die Vertretung nach außen ist unbeschränkbar. Jedoch sind Verstandmitglieder im Innenverhältnis verpflichtet, Beschränkungen, die durch die Satzung, den Aufsichtsrat, die Hauptversammlung und die Geschäftsordnung für die Geschäftsführungsbefugnis auferlegt wurden, einzuhalten. Der Vorstand wird auf maximal fünf Jahre pro Vorstandsperiode durch den Aufsichtsrat bestellt. Wiederholungen bei der Bestellung des Vorstands sind möglich.

Der **Aufsichtsrat** *bestellt und überwacht den Vorstand und beruft ihn ab*. Es ist das *Kontrollorgan der AG*. Die Aufgaben umfassen daher weiterhin bspw. die Einberufung von Hauptversammlungen, wenn das Wohl der Gesellschaft dies erfordert, die Vertretung der Gesellschaft gegenüber Vorstandsmitgliedern sowie die Feststellung des Jahresabschlusses. Zusammengesetzt ist der Aufsichtsrat aus mindestens drei Mitgliedern. Eine höhere Mitgliederzahl muss durch drei teilbar sein. Er hat Einsichts- und Prüfungsrechte, wie z. B. die Prüfung des Jahresabschlusses. Der Aufsichtsrat wird durch die Hauptversammlung, bzw. bei einer Zusammensetzung nach dem Mitbestimmungsrecht zum Teil von der Belegschaft, gewählt. Juristische Personen können nicht in den Aufsichtsrat gewählt werden, sondern nur natürliche, unbeschränkt geschäftsfähige Personen. Die Amtszeit beträgt höchstens vier Jahre.

Die **Hauptversammlung** ist die *Versammlung der Anteilseigner der AG*, der grundlegende Entscheidungen zustehen. Der Aufgabenbereich der Hauptversammlung umfasst die Bestellung der Aktionärsvertreter im Aufsichtsrat, die Verwendung des Bilanzgewinns, die Entlastung der Mitglieder des Vorstands und des Aufsichtsrates, die Bestellung der Abschlussprüfer, Änderungen von Satzungen, Maßnahmen der Kapitalbeschaffung (bspw. Kapitalerhöhung) und Kapitalherabsetzung, die Umwandlung durch Verschmelzung, Spaltung, Vermögensübertragung, Formwechsel, die Auflösung der Gesellschaft, die Bestellung von Prüfen zur Kontrolle von Vorgängen bei der Gründung oder Geschäftsführung, die Zustimmung von Unternehmensverträgen sowie andere per Satzung vorgesehene Aufgaben. Einen direkten Einfluss auf die Geschäftsführung kann die Hauptversammlung nicht ausüben, lediglich indirekt über die Wahl des Aufsichtsrates.

Im Normalfall vollzieht sich die **Gründung einer AG** nach den folgenden Schritten:

(a) Feststellung der Satzung: Bei der Satzung handelt es sich um den Gesellschaftsvertrag einer AG. Die Satzung der AG muss durch notarielle Beurkundung festgestellt werden. Eine AG kann durch eine oder mehrere Personen gegründet werden. Bei einer Gründung durch eine Person darf der Gründer nicht gleichzeitig im Vorstand und Aufsichtsrat vertreten sein. Die Satzung muss einen Mindestinhalt umfassen. Mindestens enthalten sein muss die Firma der Gesellschaft, der Sitz der Gesellschaft, der Unternehmensgegenstand, die Höhe des Grundkapitals, die Zerlegung des Grundkapitals (Nennbetragsaktien oder Stückbetragsaktien), Angabe der Aktienart (Inhaber oder Namensaktien), Mitgliederzahl des Vorstands und Form der Bekanntmachung der Gesellschaft.

(b) Aufbringung des Grundkapitals: In diesem Kontext erfolgt eine Übernahme der Aktien durch die Gründer, welche mindestens eine Grundkapitalsumme von 50.000 Euro umfassen müssen. Die Gründer übernehmen dabei eine feste Verpflichtung zur Einzahlung auf das übernommene Aktienpaket. Durch die Übernahme aller Aktien durch die Gründer gilt die AG als errichtet. Allerdings erlangt die AG ihre Rechtsfähigkeit erst durch die Eintragung in das Handelsregister.

(c) Bestellung der Organe: Von den Gründern werden zunächst die Mitglieder des ersten Aufsichtsrates sowie die Abschlussprüfer des ersten Voll- oder Rumpfgeschäftsjahrs bestellt. Der Aufsichtsrat bestellt anschließend den ersten Vorstand.

(d) Mindesteinzahlung auf das Aktienkapital: Bevor die AG in das Handelsregister eingetragen werden kann, muss der eingeforderte Betrag einer jeden Aktie eingezahlt werden. Die Höhe der Einzahlung wir dabei durch die Satzung bestimmt. Per Gesetz ist für Bareinlagen aber eine Mindesteinzahlungsgrenze von einem Viertel (25 Prozent) festgelegt. Sacheinlagen sind vollständig zu leisten. Wird die AG nur durch eine Person gegründet (Einmann-Gründung), sind spezifische Sicherheiten zu leisten.

(e) Gründungsbericht und Gründungsprüfung: Die Gründer haben einen schriftlichen Bericht über die Gründung zu verfassen. Dieser bildet die Grundlage der Gründungsprüfung durch den Vorstand und Aufsichtsrat. Ist ein Gründer Mitglied des Vorstands oder Aufsichtsrates oder wurden Sacheinlagen eingebracht, ist ein externer Gründungsprüfer wie bspw. ein Wirtschaftsprüfer heranzuziehen. Jeweils ein Exemplar des Prüfungsberichtes ist dem Vorstand und dem Handelsregister vorzulegen.

(f) Handelsregisteranmeldung: Die juristische Person der AG entsteht erst mit der Eintragung in das Handelsregister. Alle Gründer, Vorstands- und Aufsichtsratsmitglieder müssen die AG beim Handelsregister anmelden. Beigefügt werden müssen hierbei u. a. die Satzung und der Gründungsbericht. Hiernach prüft das Registergericht, ob eine ordnungsgemäße Errichtung und Anmeldung vorgenommen wurde.

(g) Eintragung in das Handelsregister: Durch die Eintragung wird die AG als juristische Person begründet. Vor der Eintragung besteht lediglich eine Vorgesellschaft. Wichtig ist dies u. U., wenn bereits Verpflichtungen vor der Eintragung in das Handelsregister eingegangen wurden. Für Handlungen vor einer Eintragung der Gesellschaft im Namen der Aktiengesellschaft haftet der jeweilige Handelnde. Handeln mehrere, haften diese als Gesamtschuldner. Verpflichtungen können aber durch die Gesellschaft übernommen werden.

Die Gründung der AG ist nach diesem letzten Punkt abgeschlossen. Etwaige Bereiche der Nachgründung sollen in diesem Kontext nicht angesprochen werden.

Mit dem Gesetz für kleine Aktiengesellschaften und zur Deregulierung des Aktiengesetzes (BGB1 I 1994, 1961ff.) haben sich einige Änderungen ergeben, die die Aktiengesellschaft als Rechtsform der Gründung attraktiver gestalten sollten. Der Begriff der **kleinen AG** ist äußerst plakativ formuliert. Allerdings ergeben sich hierbei immer wieder Verwirrungen bzgl. der Bezeichnung. Wichtig sind nicht klein oder groß nach den Kriterien des Umsatzes, der Bilanzsumme bzw. der Anzahl der Arbeitnehmer im Sinne der Vorschriften des HGB über die Kapitalgesellschaften (§§ 267ff. HGB). Vielmehr ist die Teilnahme am Kapitalmarkt von Bedeutung. Nach dem Gesetz wird nun im deutschen Recht unterschieden zwischen einer AG, dessen Aktien zum Handel an einer Börse zugelassen sind, und einer AG, die von dieser Möglichkeit keinen Gebrauch macht. Dies ist unabhängig von Umsatz, Bilanzsumme und Anzahl Arbeitnehmer der Gesellschaft zu sehen. Darüber hinaus sind für die kleine AG einige Erleichterungen, bspw. hinsichtlich Formvorschriften oder der Vereinfachung der Hauptversammlung, gegeben. Ein weiterer bedeutender Faktor ist die Möglichkeit, eine AG nun durch eine einzige Person gründen zu dürfen.

Eingetragene Genossenschaft (e. G.)

Die gesetzlichen Regelungen über die **eingetragene Genossenschaft** finden sich im Genossenschaftsgesetz (GenG). Die Genossenschaft ist ein *Sonderfall des Vereines*. Sie ist eine Gesellschaft, deren Mitgliederzahl nicht beschränkt ist und deren Mitglieder sich zur *Förderung ihres Erwerbes oder ihrer Wirtschaft mittels gemeinschaftlichen Geschäftsbetriebes* zusammengeschlossen haben. (§ 1 GenG) Die Mindestzahl der Genossen ist nach § 4 GenG sieben. Die Firma der Genossenschaft muss laut § 3 I GenG mindestens den Zusatz „e. G." enthalten.

Jede Genossenschaft muss sich eine schriftliche Satzung, vom Gesetz „Statut" genannt, geben (vgl. §§ 5–8 GenG). Für Verbindlichkeiten haftet nur das Vermögen der Genossenschaft, nicht jedoch die einzelnen Genossen (§ 2 GenG). Die Genossenschaft ist eine *juristische Person* und damit selbst Träger von Rechten und Pflichten; sie kann selbst klagen und verklagt werden (§ 17 I GenG). Sie ist nach § 17 II GenG *Kaufmann kraft Gesetzes*, sogenannter Formkaufmann. **Organe der Genossenschaft** sind der *Vorstand*, der *Aufsichtsrat* und die *Generalversammlung*.

Die **Vertretung** der Genossenschaft nach außen und die Geschäftsführung obliegen dem *Vorstand*. Bei der **Geschäftsführung** wird der Vorstand durch den *Aufsichtsrat* überwacht (§ 38 GenG).

Die Generalversammlung ist das Organ, durch das alle Genossen ihre Rechte an der Genossenschaft wahrnehmen (§ 43 I GenG). Die Generalversammlung muss nach § 48 I GenG mindestens einmal jährlich in der ersten Jahreshälfte zusammentreten. Sie stellt den Jahresabschluss fest, beschließt über die Entlastung von Vorstand und Aufsichtsrat und wählt deren Mitglieder.

Hat die Genossenschaft mehr als 1.500 Mitglieder, kann das Statut festlegen, dass an Stelle einer Generalversammlung eine sogenannte Vertreterversammlung tritt (§ 43a GenG). Genossenschaften unterliegen einer besonderen Überwachung und Prüfung durch sogenante Prüfungsverbände. Näheres siehe § 53ff. GenG.

Die Gründung einer Genossenschaft erfolgt in folgenden Schritten:

(a) **Bestimmung des Statuts:** Die Gründungsmitglieder treten zusammen, fassen das schriftliche Statut ab und wählen den Vorstand und den Aufsichtsrat.

(b) **Anmeldung beim Register:** Der Vorstand meldet die Genossenschaft beim Genossenschaftsregister des Amtsgerichtes, Abteilung Handelsregister, an (§ 11 I GenG). Hier werden das Statut sowie die Mitglieder des Vorstandes im Genossenschaftsregister eingetragen. Weitere Einzelheiten und Voraussetzungen zur Eintragung siehe § 11 II bis V GenG.

(c) **Entstehung der Genossenschaft:** Die Genossenschaft entsteht erst mit der Eintragung (§ 13 GenG).

Mischformen

GmbH & Co. KG

Die **GmbH & Co. KG** ist im Kern eine Kommanditgesellschaft, bei der der Komplementär (Vollhafter) nicht mehr eine natürliche Person ist, sondern eine juristische Person, eine GmbH. Dadurch, dass die GmbH als Komplementär auftritt, wird die vormals unbeschränkte Haftung des Komplementärs auf die Haftung des Gesellschaftsvermögens der GmbH beschränkt. Die Haftungsbeschränkungen der Kommanditisten (Teilhafter) bleiben wie bei der KG bestehen. In der Praxis sind die Gesellschafter der GmbH auch in vielen Fällen Kommanditisten der KG.

Die Geschäftsführung wird durch den Komplementär, sprich die GmbH, vollzogen. Hiermit ist es möglich, dass Personen, die nicht Gesellschafter sind, die Geschäftsführung der GmbH & Co. KG übernehmen.

Bei einer GmbH & Co. KG handelt es sich um zwei eigenständige Gesellschaften, eine KG und eine GmbH. Somit sind für beide Gesellschaften Bücher zu führen und Jahresabschlüsse zu erstellen. Dies führt zu erhöhten laufenden Kosten und ggf. zu doppelten Gründungskosten. Bei der Gründung der GmbH & Co. KG können zum einen beide Gesellschaften rein zu diesem Zweck gegründet werden, zum anderen ist es aber auch möglich, dass zu einer bestehenden KG eine GmbH und umgekehrt gegründet wird.

Ein Vorteil der GmbH & Co. KG ist die steuerliche Behandlung als Personengesellschaft. Gleichzeitig ist aber die Haftung beschränkt.

GmbH & Still

Bei der **GmbH & Still** werden neben den *Stammeinlagen* auch *stille Einlagen* getätigt. Oft beteiligen sich dabei auch die Gesellschafter in stiller Form an ihrer eigenen Gesellschaft. Die Bezeichnung der GmbH & Still gilt nur intern und nicht in der Außenkommunikation.

Die GmbH & Still ist bspw. ein erprobtes Mittel, um die Unternehmensnachfolge bei Familienunternehmen vorzubereiten. Die Kinder werden zunächst nur still beteiligt, um sie an das Unternehmen heranzuführen und auf eine spätere Betriebsübernahme vorzubereiten. Aus diesem Grund hat die GmbH & Still in der Praxis eine Bedeutung.

Internationale Rechtsformen

Limited (Ltd.)

Bei der Rechtsform der Private Company Limited by Shares oder kurz **Limited** handelt es sich um eine *englische Kapitalgesellschaft*, bei der zur Gründung kein Mindestkapital vorgeschrieben ist. Somit müssen nicht, wie bspw. bei der GmbH oder AG, mindestens 25.000 Euro bzw. 50.000 Euro aufgebracht werden. Vielmehr kann eine Gründung bereits vorgenommen werden, wenn der Gründer symbolisch ein Pfund einzahlt. Allerdings wird im englischen Gesellschaftsrecht zwischen *nominellem* und *gezeichnetem Kapital* differenziert. Das **nominelle Kapital** (Nominal- bzw. Nennkapital) ist für die *Höhe der potenziellen Anteile an der Gesellschaft von Bedeutung*. Es hat keine Relevanz für die Haftung. Lediglich das **gezeichnete Kapital**, die *Summe der von den Gesellschaftern übernommenen Einlageverpflichtungen*, ist für die Haftung bedeutend. Dabei können die Gesellschafter der Ltd. neben Bareinlagen auch Sacheinlagen leisten.

Zur Gründung einer Ltd. muss diese in das englische *Handelsregister*, das sogenannte **Companies House**, eingetragen werden. Die Besonderheit dieses englischen Registers ist, dass im Gegensatz zu Deutschland keine einzelnen lokalen Register bestehen, sondern lediglich ein Zentralregister für England und Wales. Das Companies House hat seinen Sitz in Cardiff mit einer Niederlassung in London.

Um in das Companies House eingetragen werden zu können, müssen spezifische Dokumente vorgelegt werden. Hierbei handelt es sich um Formulare des Companies House (Formulare 10 und 12) sowie die Satzung der Gesellschaft. Die **Satzung der Gesellschaft** besteht aus dem *Memorandum of Association* sowie den *Articles of Association*. Das **Memorandum of Association** beinhaltet den *Namen der Gesellschaft*, die *Höhe des Nominalkapitals*, den *Gesellschaftszweck*, die *Haftungsbeschränkung der Gesellschafter* auf die erbrachte Einlage sowie die Versicherung, dass sich der Sitz des *Registered Office* in England befindet. Das **Registered Office** ist der im Handelsregister einzutragende *Sitz der Gesellschaft*. Dieser wird als offizielle Zustelladresse von bspw. Steuerbescheiden oder Klageschriften verwendet. Dabei muss nicht zwingender Weise eine Verbindung zwischen dem tatsächlichen Geschäftsbetrieb oder den Gesellschaftern und dem Registered Office bestehen. Häufig ist das Registered Office bei Steuerberatern und Rechtsanwälten angesiedelt. Es ist anzumerken, dass jede Ltd. ein Registered Office benötigt. Das zweite Dokument, das im Gründungsprozess beizubringen ist, die **Articles of Association**, enthält *Regeln über die interne Verwaltung der Gesellschaft* durch die Geschäftsführer, Directors genannt, und die Gesellschafter. Diese Regeln beziehen sich auf die *Geschäftsführung*, die *Gewinnverwendung* sowie die *Übertragung und Abtretung von Geschäftsanteilen*. Diese beiden Gründungsdokumente sind in Anwesenheit mindestens einer natürlichen und von den Gründern verschiedenen Person (Witness) zu unterzeichen. Eine notarielle Beglaubigung wie nach deutschem Recht ist hier nicht bekannt. Sind die Formulare 10 und 12, das Memorandum of Association sowie die Articles of Association erstellt und unterzeichnet, müssen diese von den Geschäftsführern (Directors) und dem *Company Secretary* unterzeichnet werden und sind dann beim Companies House einzureichen, um die Gründung zu vollziehen. Der **Company Secretary** ist verantwortlich für formelle Aufgaben der Ltd., bspw. der Führung von Geschäftsunterlagen, der Vorbereitung des Jahresabschlusses oder der Korrespondenz mit dem Companies House. Diese Aufgabe wird meistens von Steuerberatern und Rechtsanwälten übernommen.

Eine Limited kann nicht im deutschen Handelsregister eingetragen werden. Um in Deutschland unternehmerisch tätig werden zu dürfen, bedarf es der Anmeldung eines Gewerbes sowie der Eintragung einer Zweigniederlassung in das Handelsregister durch die Ltd. Die Zweigniederlassung der Ltd. unterliegt den registerlichen Anforderungen, denen auch deutsche Gesellschaften unterliegen. Wird durch das Gewerbe ein Handwerk ausgeübt bzw. ein handwerksähnliches Gewerbe ausgeübt, ist die Eintragung des Gewerbetreibenden in die Handwerksrolle nötig. Von der Anmeldung eines Gewerbes sind freie Berufe sowie Gesellschaften, die ausschließlich ihr eigenes Vermögen verwalten, und Gesellschaften der Land- und Forstwirtschaft ausgenommen.

Für die Ltd. bestehen hohe Berichts- und Publizitätspflichten. Der Director oder Secretary der Ltd. muss einmal im Kalenderjahr einen Bericht, den sogenannten Annual Return, einreichen. Dieser ist eine Übersicht allgemeiner Informationen über die Gesellschaft, die Geschäftsführung, die Gesellschafter sowie die Kapitalstruktur. Weiterhin sind weitere fristgebundene Mitteilungen zu erstellen. Im Allgemeinen besteht eine laufende Buchführungspflicht. Dabei müssen dem Companies House Jahresabschlüsse vorgelegt werden, die den englischen Bilanzierungsstandards entsprechen. Jahresabschlüsse nach deutschen Vorschriften sind nicht ausreichend. Eine Nichtbeachtung der Einreichungsvorschriften bzw. eine verspätete Einreichung kann mit hohen Strafen belegt und die Ltd. im Extremfall zwangsaufgelöst werden.

Grundsätzlich haftet für Verbindlichkeiten der Gesellschaft lediglich das Gesellschaftsvermögen. Eine Durchgriffshaftung auf das Vermögen der Gesellschafter ist lediglich in Ausnahmefällen, bspw. bei betrügerischen Absichten oder der Gründung der Ltd. als Fassade, möglich. Problematisch ist zurzeit die Haftung nach deutschem Recht, da die Rechtsprechung noch nicht umfassend geklärt ist.

In Tabelle 9 ist ein Vergleich zwischen einer GmbH und der Rechtsform der Limited hinsichtlich ausgewählter Kriterien dargestellt. [In Anlehnung an den Mittelstandsmonitor der KfW Bankengruppe (2005b)]

	GmbH	**Ltd.**
Mindestkapital	25.000 €	Prinzipiell kein Mindestkapital, aber Beachtung der Ausgabe von Anteilen (shares)
Formvorschrift	Notarielle Beurkundung des Gesellschaftsvertrages	Keine Formvorschrift
Anteile	Eine Stammeinlage je Gründungsgesellschafter bei Gründung	Beliebig viele Anteile der Gründungsgesellschafter bei Gründung
Nennbetrag der Anteile	Stammeinlage mind. 100 € und durch 50 teilbar	Nennbetrag der Anteile (shares) beliebig; üblich: Ausgaben zu je 1 £
Company Secretary	Kein Company Secretary nach deutschem Recht vorhanden	Company Secretary wird benötigt
Einreichungspflichten	Kaum Strafen bei Verletzung von Publizitätspflichten	Strafen bei Verletzung von Publizitätspflichten
Eintragung	Eintragung in örtliches Handelsregister des Amtsgerichts	Eintragung in zentrales Register (Companies House) in England und Wales
Protokolle	Keine vergleichbaren Anforderungen	Protokollführung und Aufbewahrung von Protokollen und Verzeichnissen von Gesellschafterbeschlüssen
Berichtspflicht	Keine vergleichbaren Anforderungen	Einreichung des jährlichen Annual return (Jahresbericht) beim Companies House
Zeit & Kosten der Gründung	1–3 Monate; ca. 500 € Grundkosten; 1.000–1.500 € Notar	Normal 1–2 Wochen; ab ca. 185 € Eilgründungen innerhalb von 24 Stunden erfordern einen Zuschlag
Zusatzkosten	Keine vergleichbaren Anforderungen	Kosten für Registered Office, Company Secretary und Übersetzungen

Tabelle 9: Vergleich der Rechtsformen der GmbH und Ltd.

Europäische Wirtschaftliche Interessenvereinigung (EWIV)
Die **Europäische Wirtschaftliche Interessenvereinigung** hat das Ziel, eine *grenzüberschreitende Kooperation von kleinen und mittleren Unternehmen* zu erleichtern. Gesellschafter können Personen, Personengesellschaften oder juristischer Personen sein. Eine EWIV kann lediglich mit dem Zweck gegründet werden, die wirtschaftliche Tätigkeit ihrer Mitglieder zu fördern. Dabei kann sie nicht

den Zweck haben, Gewinne zu erwirtschaften. In diesem Kontext wird die EWIV bspw. als Vertriebsorganisation oder zur Durchführung von Forschungsvorhaben gegründet. Bei der EWIV müssen mindestens zwei Gesellschafter ihre Haupttätigkeit in *zwei unterschiedlichen Ländern der EU* haben.

Die Gründung erfolgt durch den Abschluss eines Gesellschaftsvertrages sowie eine Registereintragung in dem Mitgliedsstaat, in dem die EWIV ihren Sitz hat. In Deutschland ist dies bspw. das Handelsregister. Die eingetragene EWIV besitzt die Fähigkeit, Träger von Rechten und Pflichten zu sein.

Die **Organe** der EWIV sind die *gemeinschaftlich handelnden Mitglieder* und der oder die *Geschäftsführer*. Die **Geschäftsführung** obliegt den *Geschäftsführern*, die nicht notwendigerweise auch Mitglieder der Vereinigung sein müssen. Die Geschäftsführer werden durch den Gesellschaftsvertrag oder durch einen Beschluss der Mitglieder bestellt. Nach außen wird die **Vertretung** der EWIV durch die Geschäftsführer vollzogen.

Für **Verbindlichkeiten** haften die *Gesellschafter* der EWIV *unbeschränkt und gesamtschuldnerisch*.

3.2.2   Standortwahl

Die **Wahl eines Standortes** ist ein *konstitutives Entscheidungsproblem*, da sich eine einmal getroffene Entscheidung für einen bestimmten Standort meist nicht in einfacher Weise korrigieren lässt, weil oftmals spezifische, langfristige fixe Kosten, wie bspw. langfristige Mietverträge, hiermit verbunden sind. Entscheidend ist die Standortwahl zum einen bei der Gründung eines Unternehmens. Zum anderen ist sie auch bei dem Aufbau von Niederlassungen, Zweigstellen bzw. weiteren Betriebsstätten von Bedeutung. Im Rahmen der Standortwahl ist eine spezifische Standortanalyse zu vollziehen. Bei der Standortanalyse wird eine Überprüfung des Standortes hinsichtlich der Anforderungen des Unternehmens und der tatsächlichen Gegebenheiten eines Standortes vorgenommen.

Die Wahl des Standortes hat nicht für alle Unternehmen und Branchen die gleiche Bedeutung. Bei vielen Unternehmen, etwa Industrieunternehmen, gehen Standortentscheidungen oftmals mit hohen Investitionen einher, die nicht so schnell wieder rückgängig gemacht werden können.

Ob sich ein Standort für das junge Unternehmen eignet, hängt von den jeweiligen Standortfaktoren ab, die in vielfältiger Weise klassifiziert werden, bspw. nach input-, output- und rahmenorientierten Standortfaktoren. **Inputorientierte Standortfaktoren** sind bspw. *Immobilien, Grundstücke, Material- und*

Rohstoffversorgung, Qualifikation und Angebot von Arbeitskräften, Verkehrsanbindung, Energieversorgung, Umweltschutzauflagen, Ver- und Entsorgung etc. **Outputorientierte Standortfaktoren** sind etwa *Absatzmärkte* und die *Konkurrenz*. **Rahmenorientierte Standortfaktoren** sind z. B. *Steuern, Gebühren* und *behördliche Vorschriften*. Bei der Klassifikation nach der Relevanz der einzelnen Standortfaktoren werden die einzelnen Standortfaktoren in die drei Gruppen sehr wichtige Faktoren, wichtige Faktoren, weniger wichtige Faktoren gegliedert. In die Gruppe der **sehr wichtigen Standortfaktoren** könnte bspw. die *Qualifikation der Mitarbeiter* oder die Steuerbelastung eingruppiert werden. **Wichtige Standortfaktoren** könnten die *Infrastruktur des Standortes, behördliche Vorschriften* oder *Energiekosten* sein. Als **weniger wichtige Standortfaktoren** sind etwa die *Nähe zum Lieferanten* oder *Material- und Rohstoffversorgung* denkbar. Im Rahmen einer Standortanalyse können weiterhin als potenzielles Klassifikationsschema einerseits **harte Standortfaktoren** (direkt quantifizierbare und messbare Faktoren) wie bspw. *Mieten, Verkehrsanbindungen, Transportkosten, Anzahl und Ausbildung der verfügbaren Arbeitskräfte* analysiert werden. Andererseits sind auch **weiche Standortfaktoren** (nicht immer direkt quantifizierbare und messbare Faktoren) in der Analyse von Bedeutung, wie etwa das *Image des Standortes* oder der *Freizeitwert* für die Gründer und Mitarbeiter. Letztlich spielt die Art der Klassifikation für die Standortanalyse nicht die entscheidende Rolle. Vielmehr ist es von Bedeutung, dass die Gründerpersonen, die für ihre jeweilige Unternehmensgründung relevanten Standortfaktoren identifizieren und bewerten. [Bloech (1990); Domschke (1996); Domschke/Drexl (1996)] Siehe darüber hinaus die Aufsätze in Kinkel (2004). Für einen ersten Überblick zu empirischen Befunden einer Standortentscheidung im Kontext der Unternehmensgründung siehe Schmude (2003).

Da bei der Wahl eines geeigneten Standortes zahlreiche unterschiedliche Faktoren zu beachten sind, handelt es sich um ein Entscheidungsproblem mit multiplen Kriterien. Diese können nicht alle im Rahmen des Analyseprozesses betrachtet werden. Es muss daher eine Verdichtung der Faktoren und somit eine Komplexitätsreduktion auf ein überschaubares und bearbeitbares Maß hinsichtlich zeitlicher, finanzieller und personeller Ressourcen vollzogen werden.

Ziel der Standortanalyse und -wahl ist es, eine Übereinstimmung **zwischen** den gegebenen **Eigenschaften eines Standortes** und den **Anforderungen des Unternehmens** an einen Standort herzustellen.

Eine **Standortanalyse** kann dabei nach dem folgenden beispielhaften Schema erfolgen:

- Erstellung eines Kataloges von relevanten Standortfaktoren
- Beschreibung und nähere Definition der Standortfaktoren (Sollwerte)
- Erstellung eines Anforderungsprofils
- Vorauswahl von Standorten auf der Basis von K.-o.-Kriterien
- Bewertung der einzelnen Standorte durch ein Bewertungssystem, bspw. die Nutzwertanalyse

Bei der Erstellung einer Standortanalyse erstellen die Gründer zunächst einen Katalog relevanter Standortfaktoren. Die definierten Standortfaktoren müssen näher beschrieben und Kriterien zur Messung bzw. Bewertung festgelegt werden.

Aus einer Vielzahl denkbarer Standorte ist zunächst eine Vorauswahl zu treffen, um die Komplexität der Standortentscheidung zu reduzieren. Hilfreich können hierbei sogenannte K.-o.-Kriterien sein, die ein Standort mindestens erfüllen muss, um überhaupt näher betrachtet zu werden. Bei diesem Schritt werden bereits viele ungeeignete Standorte herausgefiltert. Beispielsweise kann die Verkehrsanbindung, d. h. die Notwendigkeit einer günstigen Anbindung an eine Autobahn, als ein K.-o.-Kriterium formuliert werden. Hier ist zu definieren, was unter einer günstigen Anbindung verstanden werden soll. Dies kann bspw. eine Anzahl von Kilometern oder aber die Zeit zur Erreichung der Autobahn sein. Wenn diese Kriterien durch einen potenziellen Standort nicht erfüllt werden, scheidet dieser direkt aus, da dieses Kriterium ein absolutes Muss für den Standort ist.

Im Rahmen der Bewertung der einzelnen Standortfaktoren kann eine Nutzwertanalyse angewendet werden. In der Praxis ist sie ein gängiges Verfahren der Bewertung mehrer Standortalternativen. Im Allgemeinen kann die Nutzwertanalyse dann angewendet werden, wenn bei den Gründern mehrdimensionale Zielsetzungen existieren und sich nicht alle Konsequenzen der Entscheidung monetär bewerten lassen. Bei der Nutzwertanalyse werden alle relevanten Standortfaktoren bzw. Zielkriterien in einer Matrix eingetragen. Danach erfolgt eine Gewichtung (G) der einzelnen Faktoren anhand der Bedeutung, die diese für das Unternehmen haben. Eine Bewertung der Standortfaktoren kann nunmehr für jeden Standort vorgenommen werden. Die Bewertung (B) erfolgt durch die Vergabe von Punkten, etwa auf einer Skala von 1 bis 10. Die Multiplikation der Bewertung mit der jeweiligen Gewichtung ergibt einen spezifischen Nutzwert pro Standortfaktor. Durch die Aufsummierung der einzelnen Nutzwerte ergibt sich der Gesamtnutzen des einzelnen Standortes. Auch wenn im Rahmen der Nutzwertanalyse subjektive Einflussfaktoren nicht auszuschließen sind, sollten die Gründer versuchen, eine möglichst objektive Bewertung der Standorte zu erzielen.

Tabelle 10 verdeutlicht den möglichen Aufbau einer Nutzwertanalyse im Rahmen der Standortwahl. Die Nutzwertanalyse beinhaltet dabei die Gewichtung (G) der einzelnen Standortfaktoren sowie die Bewertung (B) anhand einer Punkteskala von 1 bis 10.

		Standort A		Standort B		Standort C	
Standortfaktor	G	B	G*B	B	G*B	B	G*B
Nähe zum Flughafen	10 %	5	50	8	80	8	80
Nähe zum Zulieferer	15 %	5	75	6	90	7	105
Nähe zum Absatzmarkt	15 %	8	120	8	120	5	75
Qualifizierte Mitarbeiter	20 %	4	80	8	160	8	160
Lohnkosten	25 %	4	100	6	150	5	125
Lebens-/Freizeitqualität	15 %	4	60	4	60	8	120
Gesamtwert	100 %		485		660		665
Rang			3		2		1

Tabelle 10: Nutzwertanalyse für Standortwahl

Nach der durchgeführten Nutzwertanalyse kann es zur Überprüfung der Entscheidung ratsam sein, eine Sensitivitätsanalyse durchzuführen. Hierbei werden die Gewichtungen überprüft und variiert. Danach wird eine erneute Bewertung mit den gleichen Punktwerten vorgenommen sowie die einzelnen Nutzwerte und die Gesamtwerte neu berechnet. Durch diese Vorgehensweise soll überprüft werden, wie das erste Ergebnis auf die Veränderung der Randbedingungen der Gewichtung reagiert. [Vgl. grundlegend zur Nutzwertanalyse Zangemeister (1976); Hoffmeister (2000)]

3.2.3   Gesetzliche Anmeldepflichten

Bevor eine unternehmerische Tätigkeit aufgenommen werden kann, sind gesetzliche Anmeldepflichten zu beachten. Die folgende überblicksartige Erörterung der **gesetzlichen Anmeldepflichten** umfasst die *Aspekte des*

Gewerberechts und der Gewerbeanmeldung, die *steuerliche Erfassung des Unternehmens*, die *Eintragung in das Handelsregister*, die *Eintragung in das Partnerschaftsregister*, die *Eintragung in die Handwerksrolle/Anzeige bei der Handwerkskammer* sowie *weitere Anmeldepflichten im Kontext der Gründung*. [Zur Vertiefung siehe bspw. von Collrepp (2004); Hebig (2004)].

Aspekte des Gewerberechts und der Gewerbeanmeldung
In Deutschland besteht grundsätzlich die sogenannte **Gewerbefreiheit**, nach der es jeder *natürlichen* oder *juristischen Person erlaubt ist, ein Gewerbe freier Wahl auszuüben*, sofern dieses Gewerbe nicht der Gewährung einer bestimmten Erlaubnis unterliegt. Diese Ausnahmeregelungen werden nach den §§ 30ff. der Gewerbeordnung (GewO) sowie in gewerberechtlichen Nebengesetzen wie bspw. der Handwerksordnung geregelt. Somit kann ein Gewerbe erst aufgenommen werden, wenn die gesetzlichen Voraussetzungen erfüllt werden und daraufhin eine Konzession, Genehmigung oder Bewilligung der gewerblichen Tätigkeit erteilt wird. Als **erlaubnispflichtige Tätigkeiten** sind u. a. Gewerbe wie der Betrieb von *Spielhallen*, das *Bewachungs- und Versteigerungsgewerbe, Makler, Bauträger und Baubetreuer* sowie vor allem *Gaststätten*, der *Einzelhandel* und *Handwerksbetriebe* zu nennen.

Unabhängig davon, ob es sich um eine erlaubnispflichtige Tätigkeit handelt oder nicht, ist die Aufnahme einer gewerblichen Tätigkeit im Rahmen einer Gewerbeanmeldung anzuzeigen. Die Gewerbeanmeldung wird bei der Gewerbemeldestelle des jeweiligen Ordnungsamtes einer Stadt vorgenommen. Hierbei handelt es sich um eine Pflicht des Gewerbetreibenden nach § 14 GewO. Wann ein Gewerbe vorliegt, wird über § 15 Abs. 2 des Einkommensteuergesetzes (EStG) geregelt. Bei einem Gewerbe nach dem Einkommensteuerrecht handelt es sich um

> „[…] *eine selbstständige nachhaltige Betätigung, die mit der Absicht, Gewinn zu erzielen, unternommen wird und sich als Beteiligung am allgemeinen wirtschaftlichen Verkehr darstellt, […] wenn die Betätigung weder als Ausübung von Land- und Forstwirtschaft noch als Ausübung eines freien Berufes noch als eine andere selbstständige Arbeit“*

anzusehen ist. Diese Definition verdeutlicht, dass freie Berufe wie bspw. Rechtsanwälte oder Steuerberater kein Gewerbe betreiben. Für sie gelten die Regelungen des § 18 EStG. (Siehe auch Kapitel 3.2.1) Auch die Ausübung von Land- und Forstwirtschaft nach § 13 EStG ist kein Gewerbe.

Im Rahmen der Gewerbeanmeldung ist eine Anmeldegebühr zu entrichten, und es sind obligatorische Angaben zum Betrieb bzw. Unternehmen wie bspw. der Beginn der Tätigkeit und die Art der Tätigkeit zu machen. Diese Erfassung besitzt nicht allein statistischen Charakter. Vielmehr werden aufgrund der Art der Tätigkeit auch spezifische Kontrollen des Gewerbes durch das Ordnungsamt durchgeführt. Durch die Gewerbeanmeldung erfolgt auch eine **Information weiterer Institutionen** über die Aufnahme einer gewerblichen Tätigkeit. Hierbei handelt es sich zum einen um die *Gewerbesteuerstelle* des Steueramtes der jeweiligen Stadt. Zum anderen werden das *Finanzamt* (Steuer), das *Gewerbsaufsichtsamt* (Arbeitsschutz), die *Berufsgenossenschaft* (Arbeitsschutz und Versicherung bei Arbeitsunfällen), die *Industrie- und Handelskammer* (IHK) bzw. bei Handwerkern die *Handwerkskammer* benachrichtigt. Des Weiteren werden bisweilen auch die *Ausländerbehörde* und das *statistische Landesamt* benachrichtigt. [Hebig (2004)]

Steuerliche Erfassung des Unternehmens
Die **steuerliche Erfassung** der Gewerbetreibenden erfolgt im Rahmen der Gewerbeanmeldung. Dabei wird ein Durchschlag der Gewerbeanmeldung von den Gewerbemeldestellen des jeweiligen Ordnungsamtes an das Finanzamt weitergeleitet. Demgegenüber müssen sich Angehörige der freien Berufe sowie der Land- und Forstwirtschaft selbst beim Finanzamt anmelden. Ist das Finanzamt in Kenntnis gesetzt, wird dem Gewerbetreibenden ein Fragebogen zugesandt. Dabei sind durch den Gewerbetreibenden Angaben zu *persönlichen Daten, weiteren Einkunftsarten des Unternehmers und* – soweit vorhanden – *seines Ehepartners* sowie zum *Unternehmen* an sich wie bspw. das *Gründungsdatum*, die *Rechtsform* sowie *erste Schätzungen des Umsatzes und des Gewinns des Unternehmens* zu machen. Diese gesamten Daten werden benötigt, um eine steuerlich korrekte Erfassung des Unternehmers und – je nach Rechtsform – unternehmensbezogener Steuern vornehmen zu können. Speziell die Schätzungen des Gewinns sowie die Angaben zu weiteren Einkunftsarten dienen der Prüfung, welche Steuererklärungen durch den Unternehmer zukünftig beim Finanzamt einzureichen sind und ob *Vorauszahlungen der Körperschaftssteuer* (abhängig von der Rechtsform), *Gewerbesteuer des Unternehmens* oder *Einkommen- und Kirchensteuer des Unternehmers* zu leisten sind. In vielen Fällen werden im ersten Geschäftsjahr zumeist jedoch wohl keine Vorauszahlungen zu leisten sein, da oftmals keine Gewinne erwirtschaftet werden. [Hebig (2004)]

Wichtig im Rahmen der steuerlichen Erfassung ist die **Abführung der Umsatzsteuer**. Das Finanzamt sendet dem Unternehmer auf der Basis der Höhe des Umsatzes jeweilige *Vordrucke der Umsatzsteuervoranmeldung* zu. Es ist von

Anfang an darauf zu achten, dass jeder einzelne Geschäftsvorfall korrekt erfasst und die Umsatzsteuer an das Finanzamt abgeführt wird.

Beschäftigt das junge Unternehmen bereits zu Beginn der unternehmerischen Tätigkeit Mitarbeiter, gehen dem Unternehmer Vordrucke zur Lohnsteueranmeldung zu. Der Unternehmer ist für den Einbehalt und die Abführung der Lohnsteuer verantwortlich.

Eintragung in das Handelsregister

Eine weitere Formalität im Rahmen der Unternehmensgründung ist die **Eintragung des Unternehmens in das Handelsregister**. Beim Handelsregister handelt es sich um ein *öffentliches Verzeichnis*, in welchem *Kaufleute des Bezirks des jeweiligen Registergerichts verzeichnet sind*. Dabei soll das Handelsregister eine Publikations-, Beweis-, Kontroll- und Schutzfunktion im wirtschaftlichen Verkehr erfüllen. Aufgeteilt ist das Handelsregister in zwei Abteilungen. Die Abteilung A enthält Daten zu Personengesellschaften und Einzelkaufleuten sowie zu juristischen Personen des öffentlichen Rechts. In Abteilung B werden die Kapitalgesellschaften eingetragen.

Die Eintragungen in das Handelsregister sind nach zwei Kategorien zu differenzieren. Zum einen können Eintragungen **konstitutiven bzw. rechtsbegründenden Charakter** haben. Hierbei wird die Rechtswirkung erst bei einer Eintragung in das Handelsregister erreicht. Ein Beispiel ist die Eintragung einer GmbH in das Handelsregister, die dadurch erst die Rechte einer juristischen Person erlangt. Die Eintragung ist konstitutiv. Zum anderen können Eintragungen **deklaratorischen bzw. rechtserklärenden Charakter** haben. Eine Rechtswirkung ist bereits vor der Eintragung in das Handelsregister existent. Durch die Eintragung wird diese lediglich deklariert. Ein Beispiel hierfür ist das Vorliegen einer OHG als Rechtsform aufgrund spezifischer Tatbestände, auch wenn die OHG noch nicht als solche in das Handelsregister eingetragen ist.

Anmeldungen zur Eintragung in das Handelsregister müssen nach § 12 Abs. 1 HGB *in öffentlich beglaubigter Form* erfolgen. Diese Auflage wird durch einen Notar erfüllt. Alle Eintragungen erfolgen grundsätzlich nur auf Antrag der einzutragenden Person(en) oder Gesellschaft(en). In das Handelsregister erfolgte Eintragungen werden bspw. im Bundesanzeiger bzw. in einer örtlichen Tageszeitung bekannt gegeben. Nichteintragungen, die aber qua Gesetz erforderlich sind, können mit einem Ordnungsgeld geahndet werden.

Die **Angaben des Handelsregisters** umfassen u. a. die *Firma* (Name des

Unternehmens), den *Sitz*, die *Rechtsform*, die *Höhe des Stamm- bzw. Grundkapitals* bei Kapitalgesellschaften sowie die *vertretungsberechtigten Personen* wie bspw. den oder die Geschäftsführer, den Vorstand, den oder die Prokurist(en) sowie den oder die vertretungsberechtigten Gesellschafter des Unternehmens.

Das **Handelsregister besitzt öffentlichen Glauben.** Danach gelten die Eintragungen als richtig, sodass jeder auf diese vertrauen kann. *Eingetragene und bekannt gemachte Tatsachen muss ein Dritter gegen sich gelten lassen.* Das bedeutet in praktischer Konsequenz auch, dass nach § 9 HGB ein Dritter das Recht hat, gegen eine geringe Gebühr einen Handelsregisterauszug anzufordern.

Ob ein Unternehmen in das Handelsregister eingetragen werden muss, ist abhängig vom Umfang der gewerblichen Tätigkeit und der jeweiligen Rechtsform (siehe hierzu auch Kapitel 3.2.1).

Eintragung in das Partnerschaftsregister
Ein spezieller Fall der Rechtsformwahl, die nicht in das Handelsregister eingetragen wird, ist die Partnerschaftsgesellschaft für Angehörige der freien Berufe. Diese wird jedoch in das Partnerschaftsregister eingetragen. Auch die Eintragung in das Partnerschaftsregister hat konstitutiven Charakter. Für die Eintragung in das Partnerschaftsregister wird eine Stellungnahme der jeweiligen Berufskammern der freien Berufe benötigt.

Eintragung in die Handwerksrolle/Anzeige bei der Handwerkskammer
Bei der Gründung eines handwerklichen Unternehmens bzw. Betriebes ist eine Gewerbeanmeldung und ggf. eine Eintragung in das Handelsregister erforderlich, sofern es sich um eine eintragungspflichtige Rechtsform handelt. Darüber hinaus ist eine Eintragung in die Handwerksrolle vorzunehmen. Bei der **Handwerksrolle** handelt es sich um das *Verzeichnis aller Inhaber eines Betriebes eines zulassungspflichtigen Handwerks im Kammerbezirk* gemäß der Anlage A der Handwerksordnung (HandwO bzw. HwO). Die Handwerksrolle wird von der Handwerkskammer geführt. Ob für einen Betrieb bzw. ein Unternehmen eine Eintragung in die Handwerksrolle notwendig ist, muss nach dem jeweiligen Handwerksgewerbe entschieden werden. Welche Gewerbe überhaupt als Handwerk geführt werden können, wird durch die Anlagen A und B der **Handwerksordnung** im Einzelnen bestimmt. Es wird zwischen *zulassungspflichtigen Handwerken* nach § 1 Abs. 2. HandwO in Kombination mit der Anlage A der HandwO sowie *zulassungsfreien Handwerken* und *handwerksähnlichen Gewerben* gemäß § 18 Abs. 2 HandwO in Verbindung mit Anlage B der HandwO differenziert.

Zulassungspflichtige Handwerke sind in Anlage A der HandwO im Einzelnen aufgeführt (Gültigkeit ab 1. April 2005). Dazu zählen etwa Maurer, Zimmerer, Dachdecker, Steinmetz, Maler, Friseur, Schornsteinfeger, Kraftfahrzeugtechniker, Elektrotechniker, Tischler, Bäcker und Augenoptiker. Im Rahmen der zulassungspflichtigen Handwerksgewerbe ist der Betrieb dieses Gewerbes nur bei einer Eintragung in die Handwerksrolle der jeweiligen Handwerkskammer zulässig. Dabei kann eine Eintragung lediglich vorgenommen werden, wenn die Meisterprüfung oder gleichwertige Prüfungen wie bspw. Industriemeister abgelegt wurden. Aber es können nach § 8 der HandwO auch Ausnahmebewilligungen in bestimmten Fällen erlassen werden. Die Voraussetzung hierfür ist unter anderem der Nachweis entsprechender Kenntnisse und Fertigkeiten. Anlage B Abschnitt 1 der HandwO enthält ein Aufzählung **von zulassungsfreien Handwerken,** (Gültigkeit ab 1. April 2005). Dabei handelt es sich bspw. um Fliesenleger, Gold- und Silberschmied, Rollladen- und Jalousiebauer, Modellbauer, Damen- und Herrenschneider sowie Orgel- und Klavierbauer. **Handwerksähnliche Gewerbe** nach Anlage B Abschnitt 2 der HandwO (Gültigkeit ab 1. April 2005) sind z. B. Theater- und Ausstattungsmaler, Änderungsschneider, Schirmmacher, Maskenbildner, Bestattungsgewerbe sowie Klavierstimmer und Requisiteur.

Auch zulassungsfreie Handwerke und handwerksähnliche Gewerbe müssen nach § 18 HandwO der Handwerkskammer, in deren Bezirk die gewerbliche Niederlassung liegt, angezeigt werden. Bei juristischen Personen sind weiterhin die Namen der gesetzlichen Vertreter, bei Personengesellschaften die Namen der vertretungsberechtigten Gesellschafter anzuzeigen. Im Vorfeld einer handwerklichen Gründung ist es empfehlenswert, die zuständige Handwerkskammer zu kontaktieren, um dort alle relevanten Informationen zu erhalten, ob es sich bei dem angestrebten Handwerksbetrieb um ein zulassungspflichtiges Handwerk, ein zulassungsfreies Handwerk oder ein handwerksähnliches Gewerbe handelt. Da sich die gesetzlichen Rahmenbedingungen und Anforderungen im Zeitablauf ändern können, ist es notwendig, die aktuellen Informationen bei den Handwerkskammern anzufragen, um den gesetzlichen Auflagen und Vorschriften zu genügen.

Weitere Anmeldepflichten im Kontext der Gründung

Im Kontext eines Gründungsvorhabens sind die Anmeldepflichten vielfältig und umfassend. Neben der bereits aufgeführten erforderlichen Pflicht zur Gewerbeanmeldung, durch die im Regelfall auch das Finanzamt informiert wird, gibt es weitere Formalitäten, die es zu berücksichtigen gilt.

Hierzu gehören *Anmeldungen*

- *beim Arbeitsamt* (Vergabe einer Betriebsnummer zur Eintragung in die Versicherungsnachweise),

- *bei der Krankenkasse* (Krankenversicherungsschutz) sowie

- *bei der Berufsgenossenschaft* (Haftpflichtschutz bei Arbeitsunfällen).

Die jeweilige Berufsgenossenschaft wird wie das Finanzamt im Regelfall bereits im Rahmen der Gewerbeanmeldung durch die Gewerbemeldestelle des Ordnungsamts informiert. Allerdings kann es hierbei im Einzelfall zu Schnittstellenproblemen kommen, sodass mitunter nicht alle relevanten Institutionen informiert werden. Daher ist es anzuraten, dass sich die Gründer mit diesen Institutionen separat in Verbindung setzen, um ihre jeweilige Anmeldung zu überprüfen. Auf diese Weise wird sichergestellt, dass alle Meldefristen und rechtlichen Vorschriften eingehalten werden. [Hebig (2004)]. Im Kontext der Anmeldepflichten ist weiterhin zu beachten, dass alle Mitarbeiter, d. h. etwa auch Praktikanten, bei den zuständigen Institutionen (z. B. der Berufgenossenschaft) anzumelden sind, damit ein entsprechender Versicherungsschutz sichergestellt ist.

3.3   Verständnisfragen und Literaturempfehlungen

Verständnisfragen

- Was ist ein Businessplan und wer sollte diesen schreiben? (3.1.1)

- An welche Zielgruppen richtet sich ein Businessplan? (3.1.1)

- Aus welchen grundlegenden Kernbereichen ist ein Businessplan aufgebaut? (3.1.2)

- Arbeiten Sie die wesentlichen Inhalte der Kernbereiche heraus. (3.1.2)

- Was ist unter dem Begriff der Executive Summary zu verstehen? (3.1.2.1)

- Was ist unter den Begriffen Liquiditätsplan(ung), Ergebnisplan(ung) und Planbilanz zu verstehen? (3.1.2.7)

- Wie sind die Liquiditätsplan(ung), Ergebnisplan(ung) und Planbilanz miteinander verbunden und was sind die Unterschiede? (3.1.2.7)

- Wie könnte ein Liquiditätsplan beispielhaft aufgebaut sein? (3.1.2.7)

- Was sind potenzielle Fehler bei der Erstellung eines Businessplanes? (3.1.3)

- Warum wird bei der Rechtsform- und Standortwahl von konstituierenden Entscheidungen gesprochen? (3.2.1)

- Erläutern Sie den Unterschied zwischen der Geschäftsführung und der Vertretung im Rahmen des Gesellschaftsrechts. (3.2.1)

- Was sind grundlegende Unterschiede zwischen Personengesellschaften und Kapitalgesellschaften? (3.2.1)

- Erörtern Sie die Unterschiede zwischen einer GmbH und einer Ltd. (3.2.1)

- Welche Standortfaktoren gilt es bei der Standortwahl zu beachten? (3.2.2)

- Erläutern Sie kurz, inwiefern eine Nutzwertanalyse zur Auswahl eines geeigneten Standortes verwendet werden kann? (3.2.2)

- Welche grundlegenden gesetzlichen Anmeldepflichten sind bei einer Unternehmensgründung zu beachten? (3.2.3)

- Welchen Zweck hat das Handelsregister und was kann diesem entnommen werden? (3.2.3)

- Was ist bei der Gründung eines Unternehmens im Handwerk zu beachten? (3.2.3)

Literaturempfehlung

Business Plan

Klandt, H. (2006): Gründungsmanagement: der integrierte Unternehmensplan, 2. Aufl., München; Wien 2006.

Nagl, A. (2005): Der Businessplan: Geschäftspläne professionell erstellen, 2. Aufl., Wiesbaden 2005.

Struck, U. (2001): Geschäftspläne: für erfolgreiche Expansions- und Gründungsfinanzierung, 3. Aufl., Stuttgart 2001.

Stutely, R. (2002): The Definitive Business Plan: the fast-track to intelligent business planning for executives and entrepreneurs, 2. Aufl., London 2002.

Rechtsformwahl

Eisenhardt, U. (2005): Gesellschaftsrecht, 12. Aufl., München 2005.

Klunzinger, E. (2004): Grundzüge des Gesellschaftsrechts, 13. Aufl., München 2004.

Rechte und Pflichten sowie Haftungsrisiken im Kontext einer GmbH Gründung

Jula, R. (2004): Der GmbH-Gesellschafter: GmbH-Gründung, Rechte und Pflichten, Haftungsrisiken, Ausscheiden und Abfindung, 2. Aufl., Berlin u. a. 2004.

Jula, R. (2006): Der GmbH-Geschäftsführer: Rechte und Pflichten, Anstellung, Vergütung und Versorgung, Haftung und Strafbarkeit, Berlin u. a. 2006.

Anmeldepflichten, Steuern und Sonstiges

Hebig, M. (2004): Existenzgründungsberatung: steuerliche, rechtliche und wirtschaftliche Gestaltungshinweise zur Unternehmensgründung, 5. Aufl., Berlin 2004.

Heussen, B. (Hrsg.) (2005): Unternehmer-Handbuch: Recht, Wirtschaft, Steuern von der Gründung bis zur Abwicklung, München 2005.

4   Marketing

4.1   Marketing als Erfolgsfaktor

Das Marketing ist für den Erfolg oder Misserfolg eines Unternehmens von
zentraler Bedeutung. Denn letztendlich entscheidet sich der Unternehmenserfolg erst am Markt, im Wettbewerb um die Zielkunden. Der Begriff Marketing
wird in der Literatur unterschiedlich definiert. Zahlreiche Definitionen des
Begriffs haben als Kernaussage gemeinsam, dass das **Marketing** eine an den
*Kundenbedürfnissen ausgerichtete und somit marktorientierte Unternehmensführung im
Sinne systematischer und zielgerichteter betriebswirtschaftlicher Maßnahmen* ist. [Mef-
fert (1997)] Dabei geht es um die Schaffung von Kundenpräferenzen und
nachhaltigen Wettbewerbsvorteilen durch aktives unternehmerisches Handeln.
Oftmals vernachlässigen gerade technologieorientierte Unternehmensgründungen die Kundenbedürfnisse und das Marketing. Investoren legen aber
einen besonderen Wert auf ein funktionierendes zielorientiertes Marketing bei
jungen Unternehmen. Beispielsweise führte eine Befragung der Wharton
School in den USA von mehr als 200 Venture-Capital-Gebern zu dem Ergebnis, dass dem Marketing der höchste Stellenwert mit 6,7 von maximal 7 er-
reichbaren Punkten unter allen betriebswirtschaftlichen Funktionen beigemessen wurde. Allerdings ist Marketing im weiteren Sinne nicht nur als Unter-
nehmensfunktion, sondern als ganzheitlich zu implementierendes Konzept zu
verstehen, das sich über das gesamte Unternehmen erstreckt.

Das **Marketing junger Unternehmen** ist vor allem aufgrund des *Neuheitsgrades des Unternehmens,* seiner *Produkte und Dienstleistungen,* des *fehlenden Bekanntheitsgrades* sowie der *Ressourcenknappheit unter spezifischen Gesichtspunkten zu betrachten.*
Die Ressourcen bzw. die Kombination von einzelnen Ressourcen ermöglichen die Erfüllung der Kundenbedürfnisse im Sinne einer Kundenorientie-
rung und Kundenbindung. Im Unterschied zu großen, etablierten Unternehmen, wie etwa *Nokia* oder *Microsoft,* sind junge Unternehmen in ihren Ressourcen erheblich stärker begrenzt. Für junge Unternehmen besteht die Herausforderung, einen Bekanntheitsgrad und Markennamen erst aufbauen zu
müssen. Dies ist bspw. der ostdeutschen Sektkellerei *Rotkäppchen* gelungen. In
Deutschland ist das Unternehmen, gemessen am Umsatz, in den ersten Jahren
des neuen Jahrtausends zum Marktführer avanciert und hat damit alle bis
dahin bekannten deutschen Markennamen im Sektbereich überholt. In der
Studie best brands (2005), dem ersten auf der Basis einer repräsentativen
Studie durchgeführten deutschen Markenranking, belegte die Marke Rotkäpp-

chen im Jahr 2005 in der Kategorie „*stärkste Produktmarke*" den zehnten Platz unter so großen anderen Marken wie bspw. *Adidas, Persil, Tchibo* oder *Nivea.*

Kunden können unterschiedlichen Zielgruppen zugeordnet werden, die sich auch in der Ausrichtung des Marketings widerspiegeln. In funktionsbezogener Betrachtung kann das Marketing bspw. wie folgt differenziert werden:

- Konsumgütermarketing (Business to Consumer/B2C)
- Investitionsgütermarketing (Business to Business/B2B)
- Dienstleistungsmarketing
- Beteiligungsmarketing
- Finanzmarketing
- Non-Profit-Marketing
- internes Marketing

Das Marketing im B2C-Bereich vieler großer, etablierter Unternehmen wie etwa von *Procter & Gamble* oder *Coca Cola* ist eine sehr kostenintensive unternehmerische Aufgabe. Die aufwendigen Marketingmaßnahmen, die von spezialisierten Marketingabteilungen der Großunternehmen sowie externen A-genturen konzipiert und umgesetzt werden, konkretisieren sich z. B. in teuren TV-Werbespots und Radio-Commercials oder in farbigen ganzseitigen Anzeigen in renommierten Tageszeitungen oder Zeitschriften.

Für junge Unternehmen, die über *geringe Marketingbudgets* verfügen, sind derart kostenintensive Marketingaktivitäten wohl kaum finanzierbar. Dabei ist es für kleine und junge Unternehmen heute besonders schwierig, die Aufmerksamkeit eines von Werbung und Informationsflut übersättigten Kunden zu gewinnen und den Markteintritt erfolgreich zu bewältigen. Dennoch ist es immer wieder beeindruckend, wie es neuen Unternehmen gelingt, durch geschicktes Marketing auch in gesättigten Märkten erfolgreich zu agieren. Beispielsweise konnte das 1987 gegründete österreichische Unternehmen *Red Bull* im Wettbewerb mit großen Getränkeproduzenten wie etwa *Coca-Cola* und anderen Weltkonzernen durch unkonventionelle Vermarktungsstrategien zunächst mit einem Budget von nur umgerechnet 1 Million Euro im Segment koffeinhaltiger Softdrinks, ausgehend von Österreich, sukzessive Marktanteile in Europa und anderen Teilen der Welt erobern. Ein Unternehmen wie Red Bull, dessen Produkt, ein nach Gummibärchen schmeckendes Energiegetränk, prinzipiell austauschbar und leicht zu kopieren ist, kann nur durch ein außergewöhnlich originelles und kreatives Marketing erfolgreich sein.

Die Herausforderung besteht für nahezu alle Unternehmensgründungen mit geringen Markteintrittsbarrieren darin, durch innovative Marketingmethoden und originelle unterhaltsame Aktionen sowie den kostengünstigen Einsatz und die kreative Nutzung der verfügbaren Ressourcen und der Netzwerke die Aufmerksamkeit der Kunden auf sich zu lenken. Der erfolgreiche Gründer des Computerunternehmens *Dell*, Michael Dell, begeisterte sich schon frühzeitig für neue Kommunikations- und Vertriebswege. Als starke Unternehmerpersönlichkeit lenkte er einerseits die Aufmerksamkeit der Kunden durch Formulierungen wie *„Es macht Freude, Dinge zu tun, die andere für unmöglich halten"* auf sich. Andererseits war es vor allem die Schaffung des damals innovativen Vertriebsweges Internet, durch die er seine Computer kostengünstiger als die Konkurrenten wie etwa *IBM* vermarktete und damit Wettbewerbsvorteile erzielen konnte.

In theoretischer Betrachtung hat insbesondere Jay Conrad Levinson mit seinem Buch **Guerilla-Marketing** in den USA bereits in den 1980er-Jahren einen maßgeblichen Beitrag für kleine und junge Unternehmen geleistet, um ihnen neue, innovative und kreative Wege zur kostengünstigen Kommunikation mit potenziellen Zielkunden aufzuzeigen. In der Marketingliteratur wird Guerilla-Marketing vielfach auch als *Low-Budget-Marketing* bezeichnet. Die grundlegende Zielsetzung des Guerilla-Marketings ist, dass bei einem gegebenen kleinen Budget die maximale Aufmerksamkeit in der Kundenzielgruppe durch unkonventionelle, originelle Ideen und deren Umsetzung erreicht werden soll. In Zeiten, in denen Kosteneinsparungen für Unternehmen von großer Bedeutung sind, wenden zahlreiche kleine und große Unternehmen Guerilla-Marketing an. Beispiele für Instrumente des Guerilla-Marketings sind der Aufkauf von restlichen Werbesekunden im Fernsehen zu vermeintlich unattraktiven nächtlichen Zeiten, Leserbriefe mit versteckten Verweisen auf eigene Produkte oder ungewöhnliche Promotionaktionen, die nicht als solche erkennbar sind. Das Guerilla-Marketing ist überraschend, effizient, rebellisch bzw. unkonventionell und spektakulär durchzuführen, um einen größtmöglichen (Aufmerksamkeits-)Effekt bei der Zielgruppe zu erreichen. Dabei sind viele konkrete Handlungen des Guerilla-Marketings *einmalig* sowie *zeitlich begrenzt*, da sie den zuvor beschriebenen Vorgaben folgen. Oftmals werden im Guerilla-Marketing auch konventionelle Normen bzw. Regeln übertreten, um zu schockieren und zu provozieren. Problematisch ist hierbei, dass mitunter ein gegenteiliger Effekt erzielt wird, als beabsichtigt wurde, und sich die gewählte Form des Guerilla-Marketings als kontraproduktiv erweist. Die Grenzen sind hier fließend. Gleichermaßen fließend sind die Grenzen zwischen einer moralischen Normen- bzw. Regelübertretung und einer gesetzlichen

Regelübertretung. Denn es können bspw. durch ein aggressives und schockie-
rendes Guerilla-Marketing die guten Sitten verletzt werden. Unabhängig von
diesen grenzwertigen Fällen ist das Guerilla-Marketing *kreativ und unkonventionell*, um wie bereits erwähnt eine hohe Aufmerksamkeit zu erzielen. [Levin-
son (1995); Levinson (1998)].

Als Beispiel kann in diesem Kontext die wachstumsstarke amerikanische
Kaffeekette *Starbucks* aufgeführt werden, die 2005 mit einer originellen Wer-
beaktion für Schlagzeilen sorgte. In großen Städten der USA, wie New York,
Seattle, Chicago und San Francisco, fuhren Autos mit speziellen magnetischen
Tassen auf dafür geeigneten Autodächern. Die Tassen sahen aus wie die
Starbucks-Becher. Passanten, die auf eine fahrende Tasse auf einem Autodach
aufmerksam wurden und dies mitteilten, bekamen einen Starbucks-
Geschenkgutschein. Eine derart ungewöhnliche Werbeaktion, die durchgeführt wurde, um die Aufmerksamkeit der Kunden auf Starbucks zu lenken, ist
wahrscheinlich nicht nur kostengünstiger als klassische Werbemaßnahmen,
sondern auch wirksamer.

Nach Jay Conrad Levinson sind die 13 wichtigsten Marketinggeheimnisse:

„*1.   You must have commitment to your marketing program.*

2.   Think of that program as an investment.

3.   See to it that your program is consistent.

4.   Make your prospects confident in your firm.

5.   You must be patient in order to keep a commitment.

6.   You must see that marketing is an assortment of weapons.

7.   You must know that profits come subsequent to the sale.

*8.   You must aim to run your firm in a way that makes it convenient for your
      customers.*

9.   Put an element of amazement in your marketing.

10. Use measurement to judge the effectiveness of your weapons.

11. Establish a situation of involvement between you and your customers.

12. Learn to become dependent upon other businesses and they upon you.

*13. You must be skilled with the armament of guerrillas, which means
      technology.*" *[Levinson (1998), S. 26]*

Junge Unternehmen stehen vor vielfältigen **Herausforderungen im Marketing**. Einerseits müssen bei der Einführung neuer Produkte durch geeignete Marketingmaßnahmen verlässliche Marktanalysen und Marktforschungen getätigt, Preise kalkuliert, Marketingziele festgelegt, Marketingstrategien entwickelt und implementiert, eine Vertriebslogistik aufgebaut und ein Marketingcontrolling eingeführt werden. Hierbei muss das Unternehmen bereits über spezifische Kompetenzen und Ressourcen verfügen, um eine Neuprodukteinführung erfolgreich zu bewältigen. Andererseits muss ein Marketing des Unternehmens erfolgen, um den Bekanntheitsgrad zu erhöhen sowie ggf. einen Markennamen zu etablieren. Kundenbeziehungen müssen nicht nur zum Produkt aufgebaut werden, auch das Unternehmen muss seine Zielkunden segmentieren und eine eigene Positionierung am Markt erreichen. Die Kundenbeziehung und Produktorientierung bezieht sich nicht nur auf den Verkauf eines Produktes. Kundenbeziehungen werden bereits vor dem Verkauf, z. B. durch eine freundliche und kompetente Beratungs- und Unterstützungsleistung, aufgebaut. Weiterhin umfassen die Beziehungen auch Service und Wartung des Produktes nach dem Kauf (After Sale Service). Gerade bei serviceorientierten und betreuungsintensiven Industriegütern bestehen seitens der Kunden hohe Ansprüche. Dabei sind die Beziehungen des Kunden zu dem jungen Unternehmen durch typische Vorbehalte gekennzeichnet. Junge Unternehmen sind im Regelfall unbekannt, ihre Produkte sind noch nicht markterprobt und verfügen möglicherweise über Mängel. Die Gefahr, dass junge Unternehmen scheitern und insolvent werden, ist statistisch deutlich größer als bei etablierten, langfristig am Markt tätigen Unternehmen. Das bedeutet, dass sie ihren vertraglichen Verpflichtungen möglicherweise nur noch unzureichend oder nicht mehr nachkommen können. Vor diesem Hintergrund ist es eine zentrale Herausforderung für das junge Unternehmen, dass Kunden Vertrauen in das Unternehmen gewinnen. Dies kann vor allem durch den Aufbau eines positiven Images durch eine hohe Kompetenz und Problemlösungsfähigkeit oder eine Nachhaltigkeit in der umfassenden Kundenbetreuung erreicht werden. Weiterhin ist die Schaffung von Wettbewerbsvorteilen, die für die Kunden klar erkennbar sind, von Bedeutung. Dabei kann etwa das Produkt wesentlich preiswerter oder qualitativ wesentlich hochwertiger oder das Marketing des jungen Unternehmens entscheidend besser als das der Konkurrenz sein.

Im Vergleich zu jungen Unternehmen steht den meisten etablierten großen Unternehmen ein umfassenderes Spektrum an Marketingstrategien und -maßnahmen zur Verfügung, da sie über größere Marketingbudgets verfügen.

In großen Unternehmen werden häufig Marketingstrategien verwendet, die auf eine Vermarktung von großen Mengen von Produkten ausgerichtet sind. Diese Ausrichtung erfordert andere Strategien, Instrumente und Ressourcen als ein Marketing in kleinen, jungen Unternehmen, wo eher eine individuell, personalisierte Kundenbetreuung genutzt werden kann. Die Unterschiede zwischen großen und kleinen Unternehmen lassen allerdings keine generellen Aussagen und Bewertungen von Strategien und Maßnahmen zu. Vielmehr erfordern unterschiedliche Ziele und Ressourcen unterschiedliche Strategien. Junge Unternehmen besitzen aufgrund ihrer häufig noch gering formalisierten Organisationsstruktur eine bessere Möglichkeit, auf Kundenbedürfnisse schneller und flexibler zu reagieren als große etablierte Unternehmen. Der Nachteil der geringen Größenstruktur wird somit zum Vorteil. Kunden können durch junge Unternehmen i. d. R. intensiver betreut werden. Dabei kann eine persönliche und enge Hersteller-Kunden-Beziehung aufgebaut werden, was zu einem komparativen Wettbewerbsvorteil des jungen Unternehmens führen kann.

Günstige Voraussetzungen, eine geschickte unkonventionelle bzw. originelle Vermarktung und das notwendige Fortune sind wichtige Erfolgsfaktoren für Unternehmensgründungen. Wesentlich ist aber auch die Erstellung eines fundierten und überzeugenden Marketingkonzeptes bzw. Marketingplanes, aus dem die Marketingziele, -strategien und -maßnahmen hervorgehen.

4.2   Marketingplanung und Marketingplan

Der Unternehmensgründer von *Red Bull,* Dietrich Mateschitz, gab seine Funktion als Marketingleiter bei dem Zahnpastahersteller *Blendax* Mitte der 1980er-Jahre auf, um an einem Marketingplan für das Energiegetränk Red Bull zu arbeiten. Die Anregung für die Gründungsidee holte er sich 1982 im Rahmen einer Dienstreise in Japan, wo er von dem Hersteller des Energy-Drinks Lipovitan erfuhr, ein Unternehmen, das damals eine bedeutende Marktposition in Japan hatte. Auf der Basis eines fundierten Marketingplanes erwarb Mateschitz gemeinsam mit einem thailändischen Partner die Lizenz für Lipovitan mit dem Ziel, dieses Softgetränk auch in Europa einzuführen. Der Marketingplan mit seinen unkonventionellen Marketingmaßnahmen für ein originelles Produkt „Red Bull" sowie die geschickte Marktpositionierung waren von Anfang an zentrale Erfolgsfaktoren des Unternehmens. Bis heute ist Red Bull durch den kreativen Einsatz von Marketingmaßnahmen, insbesondere durch Werbung, Sport- und Eventsponsoring sowie Sampling, aber auch durch

Public Relations, erfolgreich. Werbespots werden im Kino, Fernsehen und Radio immer mit dem Slogan „Red Bull verleiht Flügel" ausgestrahlt. Aufgrund des zunächst knappen Werbebudgets war das Unternehmen Red Bull frühzeitig im Sportsponsoring, vor allem im Trendsportbereich wie etwa Freeclimbing, Beachvolleyball und Mountainbiking, aktiv. Zum Eventmarketing zählen bspw. die Red Bull Flugtage, das Red Bull Sun Fest oder die Nacht der roten Bullen. Ziel des Samplings ist, dass durch das Verteilen von Getränkeproben in Supermärkten oder Kaufhäusern potenzielle Kunden Geschmack am Kultgetränk Red Bull finden. Häufig berichteten in der Vergangenheit Medien, z. B. Tageszeitungen, über Red Bull, sowohl in positiver als auch negativer Form, wobei die Negativschlagzeilen dem Unternehmen bis heute nicht geschadet haben. [Siehe hierzu ausführlich Schmeh (2004)]

Das Beispiel Red Bull verdeutlicht, dass die Marketingplanung heute ein wesentlicher Bestandteil der gesamten Business- und Unternehmensplanung neuer bzw. junger Unternehmen ist. Dies ist vor allem im Hinblick auf eine kunden- und marktorientierte Ausrichtung des Unternehmens von Bedeutung. Die Marketingplanung kann die Grundlage für weitere Teilpläne im Rahmen des Businessplanes bzw. der späteren Unternehmensplanung bilden. Ein Beispiel hierfür ist die Umsatzplanung, die in Form von Absatzmenge und Preis aus der Marketingplanung abgeleitet wird.

Allgemein kann die **Marketingplanung** definiert werden als *systematische, rationale Durchdringung und Analyse der zukünftigen Entwicklung des Marktes und des Unternehmens zur Ableitung von Zielen, Strategien und Verhaltensrichtlinien im Marketingbereich.* Die **Phasen der Marketingplanung** umfassen in dieser Sichtweise die *Situations- und Umweltanalyse sowie Zukunftsprognose,* die *Zielplanung,* die *Strategieplanung,* die *Maßnahmenplanung im Sinne des Marketing-Mix,* die *Implementierung* sowie das *Marketingcontrolling.* Konkretisiert wird die Marketingplanung im Marketingplan.

Der **Marketingplan** enthält insbesondere *Ziele, Strategien und Instrumente des Unternehmens, etwa zur Generierung der Aufmerksamkeit des Kunden und die Erreichung einer nachhaltigen Kundenbindung.* Dabei ist der Marketingplan kein statisches Gebilde, sondern unterliegt einem stetigen Wandel innerhalb der Unternehmensentwicklung. Daher müssen im Zeitablauf Ziele und Marketingstrategien angepasst oder neu entwickelt werden, um den Anforderungen der sich verändernden Umwelt oder des Unternehmenswachstums besser gerecht zu werden. In der Gründungsphase bildet der Marketingplan als Bestandteil des Businessplanes die Basis für die Marketingaktivitäten des jungen Unternehmens. Zunächst wird in einer ersten Phase eine Strategie der Produkt- oder Dienstleistungseinführung und Vermarktung unter Einsatz der Instrumentarien des Marketing-Mix entwickelt und implementiert. Die benötigten Ressourcen werden zur Sicherung des Unternehmensbestandes verwendet. Ausgegangen wird dabei von begrenzten finanziellen und personellen Ressourcen junger Unternehmen. In der weiteren Unternehmensentwicklung kann bei einer Stabilisierung des Unternehmens der Marketingplan bspw. verstärkt auf die Bildung einer Marke, die Erhöhung des Bekanntheitsgrades sowie den Aufbau eines soliden Images des Unternehmens ausgerichtet sein. Dieses kann bei der Einführung neuer Produkte unterstützend wirken.

Auch müssen Marketingpläne generell veränderte Ressourcenbedingungen beachten, da erweiterte Ressourcen auch neue Instrumente, etwa in der Werbung durch große farbige Zeitungsanzeigen, ermöglichen. Eine übereilte Anpassung eines Marketingplanes ist jedoch zu vermeiden, da gerade eine nachhaltige Verpflichtung (Commitment) zur Einhaltung des Planes ein entscheidender Erfolgsfaktor für das Unternehmen sein kann. Marketing ist ein intensiver Prozess, der möglicherweise zeitlich verzögerte Auswirkungen zeigt. Positive wie auch negative Resultate des Marketings stellen sich erst nach einiger Zeit ein. In diesem Kontext stellt sich das Problem der Messbarkeit der Marketingaktivitäten. Daher sollte ein Marketingcontrolling aufgebaut werden. Das Marketingcontrolling kann insgesamt bei strategischen wie auch operativen Marketingentscheidungen in beratender Weise Hilfestellung leisten.

Für die Erstellung des Marketingplanes eines jungen Unternehmens können folgende Aktivitäten, Schritte und Bereiche empfehlenswert sein:

- Situations-, Umweltanalyse und Zukunftsprognose
  - Analyse und Prognose des Wettbewerbs
  - Analyse und Prognose des Zielmarktes
  - Marktsegmentierung und -positionierung
  - Analyse des Unternehmenspotenzials
  - Analyse des Kundenpotenzials
  - Analyse der Kundenwünsche
  - Herausstellung des Kundennutzens
  - Analyse und Prognose von Umweltentwicklungen
- Festlegung der Marketingziele
- Festlegung der Marketingstrategien
- Festlegung des Marketingbudgets

- Festlegung der Marketinginstrumente

  □ Produkt- bzw. Leistungspolitik

  □ Preis- bzw. Kontrahierungspolitik

  □ Kommunikationspolitik

  □ Distributionspolitik

- Etablierung des Marketingcontrollings

Der Marketingplan beinhaltet i. d. R. *Analysen und Prognosen zur Marktentwicklung* und *zum Wettbewerb sowie zu den Kunden*, d. h. dem Kundenpotenzial und ihren Präferenzen. Weiterhin sind die Marketingziele und die Marketingstrategien, wie z. B. Markteintrittsstrategien, zu planen. Dabei ist als Restriktion die Ressourcenknappheit, etwa in Form eines geringen Marketingbudgets, zu beachten. Im Hinblick auf die Planung, Steuerung und Kontrolle der Wirkung von Marketingstrategien und -maßnahmen ist die Etablierung eines Marketingcontrollings notwendig. Insgesamt kann der Marketingplan im Einzelfall recht komplex werden. Eine Herausforderung kann die Kommunikation dieses Planes innerhalb des Unternehmens gegenüber den Mitarbeitern darstellen. Dies ist jedoch im Sinne einer marktorientierten Unternehmensführung notwendig. Es kann empfehlenswert sein, eine kurze, komprimierte Version des Marketingplanes zum Zwecke der unternehmensinternen Kommunikation zu erstellen, der die Kernaussagen des gesamten Planes umfasst. Für eine zielgerichtete Marketingplanung können folgende Fragen relevant sein:

- Was sind übergeordnete Marketingziele?

- Welches Budget kann zu welchem Zeitpunkt bereitgestellt werden?

- Was ist der Zielmarkt des Unternehmens?

- Wer sind die Kunden des Unternehmens und wie wird eine Kundenbeziehung aufgebaut?

- Wie befriedigt das Produkt die Bedürfnisse des Kunden?

- Wie erfüllen Konkurrenzprodukte die Kundenbedürfnisse?

- Wie sieht der Kunde das Unternehmen?

- Was ist das Alleinstellungsmerkmal des Unternehmens?

- Welche Marketinginstrumente sollen angewendet werden?

- Wie wird Aufmerksamkeit erzeugt?

- Wie werden Kundenbeziehungen aufgebaut?

4.2.1 Situations- und Umweltanalyse

Die **Situationsanalyse** bzw. die Analyse der **Ausgangslage** bezieht sich auf eine umfassende *Analyse des Unternehmens selbst sowie der Unternehmensumwelt.* Sie bildet die Grundlage für eine fundierte Marketingplanung. Innerhalb der Situationsanalyse werden alle relevanten Informationen im Unternehmen sowie in der Mikro- und Makroumwelt gesammelt. Die gewonnen Informationen und Daten bilden die Entscheidungsgrundlage für die Zielsetzung, Strategieentwicklung und Maßnahmenplanung des Marketing. Daher ist es für junge Unternehmen erforderlich, die Situationsanalyse systematisch und detailliert durchzuführen. Eine exakte Situations- und Umweltanalyse ist meist zeitintensiv. Dabei umfasst die Situationsanalyse nicht nur die aktuelle Lage des Unternehmens und der Umwelt, vielmehr ist auch eine Abschätzung möglicher Entwicklungstendenzen und -trends sowie Zukunftsperspektiven von Bedeutung.

Zur Durchführung einer Situationsanalyse ist die Anwendung zahlreicher Verfahren möglich. Beispielhaft können als **Verfahren der Situationsanalyse** die *Unternehmens- und Potenzialanalyse,* die *Markt- und Wettbewerbsanalyse* sowie die *Umfeldanalyse* mit ihren jeweiligen Ausprägungsformen genannt werden

4.2.1.1 Unternehmens- und Potenzialanalyse

Bei der **Unternehmens- bzw. Potenzialanalyse** erfolgt eine *Analyse und Identifikation der internen Stärken und Schwächen des Unternehmens.* Bereits im Rahmen der Businessplanerstellung sollten die Stärken und Schwächen des Unternehmens ermittelt werden, um Stärken ausbauen und Schwächen verringern bzw. umwandeln zu können. Alle Bereiche des Unternehmens können bei der Erstellung einer solchen Analyse von Bedeutung sein, auch wenn die Situationsanalyse innerhalb der Marketingplanung eingesetzt wird. Aufgrund der kunden- und marktorientierten Sichtweise stellt das Marketing einen gewichtigen Baustein in der unternehmensstrategischen Ausrichtung dar. Durch die Unternehmensanalyse werden Engpässe aufgezeigt, die bei der Marketingzielbildung und den abgeleiteten Strategien und Instrumente beachtet werden müssen. Nicht alle Ziele und Strategien sind zum Analysezeitpunkt umsetzbar. Realisierbare Maßnahmen müssen erarbeitet werden.

4.2.1.2 Markt- und Wettbewerbsanalyse

Eine wesentliche Grundlage im Marketingprozess bildet die Markt- und Wettbewerbsanalyse. Die **Markt- und Wettbewerbsanalyse** umfasst die Bereiche *Marktforschung, Marktvolumen und Marktpotenzial, Marktsegmentierung und Positionie-*

rung sowie die *Konkurrenzanalyse.*

Im Rahmen der Marketingplanung wird oftmals von der Bedeutung der Marktanalyse im Rahmen der Businessplanung oder der Wachstumsplanung junger Unternehmen gesprochen. Jedoch stellt die Marktanalyse prinzipiell nur eine punktbezogene Darstellung der Markt- und Wettbewerbsituation dar. Es werden Informationen und Daten als Basis für Entscheidungen gesammelt. Jedoch ist eine punktuelle Betrachtung des Marktes durch eine kontinuierliche, laufende Betrachtung zu erweitern, d. h., es ist eine zeitpunktbezogene Marktanalyse in eine **kontinuierliche Marktbeobachtung** zu überführen. Kontinuierliche Beobachtungen sind notwendig, um aktuelle relevante Informationen, etwa über Kunden, Konkurrenten, den Markt und die Unternehmensumwelt, zu erhalten. Auf der Basis einer fundierten Daten- und Informationsgrundlage ist es dem jungen Unternehmen möglich, zielgerichtete Strategien und Maßnahmen zu entwickeln und umzusetzen. Dabei lassen sich folgende Fragen stellen:

- Wer sind die Kunden des Unternehmens?
- Wer sind die Konkurrenten des Unternehmens?
- Was ist das Alleinstellungsmerkmal der Konkurrenten?
- Wie alt sind die Produkte der Konkurrenten?
- Wie alt sind die Konkurrenzunternehmen?
- Was ist das Alleinstellungsmerkmal des Produktes und des Unternehmens?
- Was ist der relevante Teilmarkt für das Produkt?

Es gelten prinzipiell die gleichen Anforderungen, die in der Markt- und Wettbewerbsanalyse bei der Businessplanerstellung zu erfüllen sind.

Marktforschung
Für Gründungsunternehmen bzw. junge Unternehmen ist es wichtig, den Markt zu kennen, auf dem sie wirtschaftlich tätig sein wollen. Daher sollte eine den finanziellen Mitteln und dem Know-how entsprechende Marktforschung durchgeführt werden. Mitunter sind nicht alle nachfolgend dargestellten Methoden, Instrumente und Vorgehensweisen für junge Unternehmen einfach realisierbar bzw. überhaupt durchführbar. Aber trotz der bestehenden Probleme ist auch für junge Unternehmen mit begrenzten Mitteln die Durchführung einer Marktforschung ratsam, wenngleich in einem kleineren Rahmen.

Die **Marktforschung** befasst sich mit der *systematischen Gewinnung und Auswertung von Daten und Informationen über Einflussgrößen und Entwicklungstendenzen eines definierten Marktes* unter Berücksichtigung relevanter Rahmenbedingungen. Die Marktforschung kann sich sowohl auf den *Beschaffungs-* als auch den *Absatzmarkt* beziehen. Das Ziel der Marktforschung ist die Bereitstellung (möglichst) objektiver Informationen. Auf der Basis einer fundierten Marktforschung können Aussagen über die Größe des Marktvolumens, -potenzials und -anteils getroffen werden. Diese bilden die *Grundlage für die Planung, Durchführung und Kontrolle von konkreten Maßnahmen des Marketings.* Je genauer eine Marktforschung durchgeführt wird, desto zielgerichteter können die Marketinginstrumente angewendet werden. Dieser Bereich bildet die **Marktforschung im engeren Sinne.** Davon abzugrenzen ist die **Marktforschung im weiteren Sinne,** die auch als *Marketingforschung* bezeichnet wird. Im Rahmen der Marketingforschung wird neben einer Analyse der unternehmensrelevanten Märkte bspw. auch die Wirkungsweise der Marketinginstrumente untersucht. Die folgenden Erörterungen basieren auf dem Verständnis der Marktforschung im engeren Sinne oder kurz Marktforschung. [Thommen/Achleitner (2003); Berekoven/Eckert/Ellenrieder (2006)]

Die Marktforschung bedient sich systematischer statistischer Methoden zur Messung und Ermittlung der gewünschten Informationen über den Markt. Idealerweise unter Beachtung der Gütekriterien der *Objektivität* (Unabhängigkeit des Untersuchungsgegenstandes von Einflüssen des Untersuchungssubjektes), der *Reliabilität* (Zuverlässigkeit bzw. Genauigkeit einer Messung) und der *Validität* (misst das Verfahren das, was es messen soll). [Siehe zu Gütekriterien und deren Relevanz die Ausführungen in Lienert/Raatz (1998)]

Nach der Art der Datengenerierung kann die Marktforschung in die Formen der *Primärmarktforschung* und *Sekundärmarktforschung* unterteilt werden. Die **Primärmarktforschung** (Field Research) umfasst *eigene, selbst durchgeführte originäre Befragungen* (qualitativ, quantitativ), *Tests* (Produkt-Markttests, Instrument-Markttests) oder *Beobachtungen* (Laborbeobachtungen, Feld- bzw. Realbeobachtungen). Für junge Unternehmen ist die Generierung primärer Daten von hoher Bedeutung, da innerhalb dieses Prozesses eine intensive Beschäftigung mit den Kunden erfolgt. Als mögliche konkrete Instrumente der Primärforschung lassen sich u. a. *postalische Befragungen, persönliche (schriftlich gestützte) Interviews* (bspw. direkte Befragungen potenzieller Kunden), *Telefoninterviews* oder *Laborbeobachtungen* und *-tests* anführen. Die Erzielung von Primärinformationen erfordert zusätzlich zu einem speziellen Befragungsdesign und -bogen die Auswahl einer geeigneten Stichprobe, die einen gesicherten Rückschluss auf die Grundgesamtheit der Zielgruppe zulässt. Eine Auswertung der erhobenen Daten wird im Bereich der Datenanalyse über methodisch fundierte statistische Verfahren, wie z. B. die Faktorenanalyse oder die Regressionsanalyse, erzielt. Bevor jedoch eine Primärmarktforschung durchgeführt wird, sollte als Erstes eine Sekundärmarktforschung vollzogen werden. [Berekoven/Eckert/Ellenrieder (2006)]

Die **Sekundärmarktforschung** (Desk Research) setzt auf der Basis bereits generierter Daten an, die nicht originär im Rahmen einer eigenen Primärmarktforschung des Unternehmens erzeugt wurden. Sie ist zumeist kostengünstiger als die Primärmarktforschung. Es ist hierbei allerdings darauf zu achten, dass auch ein Zugriff auf potenzielle Quellen erfolgen kann. Dabei kann die Sekundärmarktforschung durch *unternehmensinterne Quellen* sowie *unternehmensexterne Quellen* gebildet werden. Sekundärinformationen sind somit bereits erstellte und mitunter auch analysierte Daten und Informationen, die im Vergleich zur Primärforschung dem Unternehmen Kosteneinsparungen ermöglichen. [Berekoven/Eckert/Ellenrieder (2006)] **Unternehmensinterne Quellen der Sekundärmarkforschung** sind, bei bereits bestehenden Unternehmen, *Produktions- und Absatzstatistiken, Informationen aus dem Rechnungswesen* oder bereits *durchgeführte primäre Marktforschungsunterlagen* (die nun als Sekundärinformationen dienen). Beispiele für **unternehmensexterne Quellen der Sekundärmarktforschung** sind bspw. *statistische Landes- und Bundesämter, Industrie- und Handelskammern, lokale und regionale Wirtschaftsförderungen, Internet, Messen und Messebroschüren, Unternehmenszeitungen, Wirtschaftsinformationsdienste (Hoppenstedt), Datenbanken, Publikationen von Forschungsinstitutionen und Universitäten, Publikationen von Marktforschungsinstitutionen* sowie *Zeitungen* und *Fachzeitschriften*. Gerade die Sekundärmarktforschung ist für junge Unternehmen aufgrund der geringen Kosten ratsam, wenngleich es gerade bei komplexen Gründungen, bspw. im Hightechbereich, bisweilen problematisch sein kann, geeignete Informationen aus sekundären Quellen zusammengetragen. Aber alleine die Beschäftigung mit der Problematik und die tiefe Einarbeitung können helfen, ein differenzierteres Bild über das Problem und den Markt zu generieren.

Die Marktforschung kann sowohl *unternehmensintern* als auch *unternehmensextern* durchgeführt werden. Bei der unternehmensinternen Marktforschung wird diese durch Mitarbeiter des Unternehmens oder die Gründerpersonen selbst durchgeführt. Unternehmensextern können die Unternehmen spezielle Marktforschungsinstitute beauftragen, Studien zu erstellen. Auftragsstudien sind allerdings i. d. R. mit hohen Kosten verbunden, die für junge Unternehmen zumeist nicht finanzierbar sind. Eine kostengünstigere Möglichkeit besteht darin, bereits fertige Studien zu erwerben, wobei zu prüfen ist, ob diese dem jungen Unternehmen einen Nutzen bieten. Bekannte Markt- und Sozialforschungsinstitute in Deutschland sind z. B. EMNID, Nielsen, die Gesellschaft für Konsumforschung (GfK) oder das Institut für Demoskopie Allensbach. Weiterhin gibt es Institute, die einen speziellen Fokus auf einen Markt besitzen. Beispiele für den Bereich der Informationstechnologie sind die Unternehmen AMR Research, Datamonitor oder Gartner Group. Diese Institute bilden fundierte Informationsquellen für Unternehmen zur Abschätzung, Beobachtung und Prognose von Marktentwicklungen und -trends im IT-Markt. Im Rahmen der Marktforschung können die folgenden Fragen zu einem besseren Verständnis beitragen:

- Wie kann die Zielgruppe des Unternehmens definiert werden?

- Was sind die Wünsche und Bedürfnisse der Kunden?

- Wie entwickeln sich die Wünsche des Kunden?

- Was kaufen sie?

- Wie erfahren die Kunden von den Produkten?

- Wie oft kaufen die Kunden ein bestimmtes Produkt?

Letztendlich sind alle Informationen von Bedeutung, die die Zielbildung, den strategischen Entscheidungsprozess und die operativen Maßnahmen im Marketing sowie in den anderen Unternehmensbereichen unterstützen. Eine Marktforschung in klassischem Sinne, die möglichst genaue Angaben über die Zielgruppe liefert, ist für junge Unternehmen aus Kostengründen nicht immer einfach zu realisieren. Gerade umfassende Produkttests und breit angelegte Umfragen bei der Zielgruppe können zumeist nur von großen, etablierten Unternehmen oder Marktforschungsunternehmen durchgeführt werden. Allerdings können junge Unternehmen im Allgemeinen die Instrumente der Marktforschung nutzen, um Informationen über den Markt zu erhalten. Diese sind mitunter, bspw. aufgrund eines geringen Stichprobenumfanges, nicht immer repräsentativ. Aber auch eine von etablierten Unternehmen bzw. Marktforschungsunternehmen durchgeführte Studie muss nicht zwingend immer genau den Markt abbilden und eine realistische Einschätzung generieren.

Marktpotenzial, Marktvolumen, Marktanteil
Im Hinblick auf die für das junge Unternehmen geeignete Bildung von Marktsegmenten ist eine exakte Differenzierung zwischen den Begriffen Marktpotenzial, -volumen und -anteil zweckmäßig. Das **Marktpotenzial** gibt die

theoretisch maximale Größe des Marktes an, d. h. entweder ausgedrückt in Form des maximal möglichen Absatzes oder des maximal möglichen Umsatzes. Das Marktpotenzial spiegelt die maximale Aufnahmefähigkeit eines Marktes wider, wenn alle potenziellen Kunden ihren Bedarf decken würden. Einflussfaktoren auf das Marktpotenzial sind z. B. Veränderungen in der Preis- oder Bevölkerungsentwicklung. Das **Marktvolumen** bezeichnet den gesamten tatsächlichen Absatz oder den Wert des gesamten tatsächlichen Umsatzes eines Produktes, einer Produktart oder einer Branche *in einem vorgegebenen Zeitraum* (z. B. ein Jahr) in einem bestimmten Absatzgebiet. Der **Marktanteil** bildet die kleinste Einheit im Sinne des prozentualen Anteils eines Unternehmens am gesamten Marktvolumen. Dieser Anteil kann mengenmäßig oder wertmäßig gemessen werden. Mengenmäßig handelt es sich z. B. um die Anzahl der verkauften Produkte eines Unternehmens in einer Periode, gemessen an dem gesamten Absatz des Produktes in der Branche (z. B. verkaufte PKW-Erstzulassungen von Toyota in Deutschland, gemessen an allen PKW-Neuzulassungen in einem Jahr). Wertmäßig wird der Marktanteil z. B. durch den erzielten Umsatz am tatsächlichen Umsatz in einer Branche erfasst.

Vielfach ist es problematisch, das **Marktpotenzial**, d. h. die theoretisch maximale Größe des Marktes, zu erfassen. Ein Beispiel ist der Markt für Mobiltelefone. Theoretisch würde hierfür die gesamte Weltbevölkerung mit Ausnahme von Kleinkindern in Betracht kommen. Jedoch kann es auch sein, dass Personen über zwei oder drei Mobiltelefone verfügen, sodass die Berechnung des Marktpotenzials nur näherungsweise aufgrund bestimmter Annahmen ermittelt werden könnte. Einfacher kann sich demgegenüber die Berechnung des Marktvolumens gestalten. In diesem Sinne lag nach Schätzungen des Technologieanalystenhauses Gartner das **Marktvolumen** von Mobiltelefonen im Jahr 2005 bei 779 Millionen Einheiten. Der größte Mobiltelefonhersteller der Welt, Nokia, erwartete für 2005 ein Marktvolumen von ca. 780 Millionen Mobiltelefonen, wobei die Schätzungen im Laufe des Jahres angehoben wurden. Nach Angaben von Gartner betrug der weltweite **Marktanteil** von Nokia in 2005 rund 33 Prozent. Nokia war mit diesem Marktanteil Weltmarktführer. Auf Platz zwei lag Motorola mit rund 19 Prozent. 2008 wird ein Marktvolumen von 980 Millionen Mobiltelefonen erwartet. Im Jahre 2009 sollen Schätzungen zufolge dann erstmals über eine Milliarde Mobiltelefone abgesetzt werden. Allerdings hat sich gezeigt, dass die Prognosen in den letzten Jahren meist angehoben werden mussten.

Eine Herausforderung bei der Bestimmung des Marktvolumens und Marktanteils liegt in der Abgrenzung des relevanten Marktes nach sachlichen, räumlichen oder zeitlichen Kriterien. Dabei kann im Einzelfall die Zuordnung vergleichbarer Produkte zu einem Markt problematisch sein. Auch kann es für ein einzelnes Unternehmen schwierig sein, die relevanten Daten und Informationen zur Erfassung des Marktanteils zu ermitteln.

Abbildung 20 verdeutlicht grafisch den Zusammenhang zwischen dem Marktpotenzial, dem Marktvolumen und dem Marktanteil.

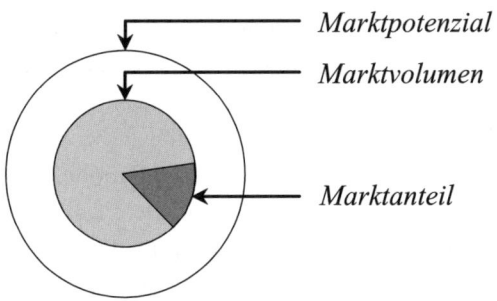

Abbildung 20: Marktpotenzial, Marktvolumen, Marktanteil

Marktsegmentierung und Positionierung

Bei der Marktsegmentierung erfolgt die Zerlegung eines großen heterogenen Gesamtmarktes in homogene Teilmärkte. Das Ziel ist, Bedürfnisse und Wünsche der Kunden, die eine größtmögliche Übereinstimmung aufweisen, in einem gemeinsamen Teilmarkt abzubilden. Dieser Teilmarkt sollte sich möglichst eindeutig von anderen Teilmärkten abgrenzen. Zur Durchführung einer Marktsegmentierung bedarf es einer differenzierten Marktforschung sowie fundierten Markt- und Wettbewerbsanalysen. Aufbauend auf den Branchen-, Markt- und Wettbewerbsanalysen erfolgt die Marktsegmentierung und -positionierung. Für eine möglichst genaue und zielgerichtete Durchführung der **Marktsegmentierung** und -positionierung sind *Kenntnisse über das Verhalten der (potenziellen) Kunden und Wettbewerber* wichtig. Je sorgfältiger die Marktsegmentierung erfolgt, umso genauer können Marktpotenzial, -volumen und -anteil bestimmt werden.

Eine **Differenzierung des Gesamtmarktes** kann nach unterschiedlichen Kriterien erfolgen. Eine Systematisierung kann bspw. nach *sozioökonomischen* und *psychografischen Kriterien* sowie *Kriterien des beobachtbaren Kaufverhaltens* erfolgen. **Sozioökonomische Kriterien** können differenziert werden in *geografische Kriterien* (bspw. Stadt, Region, Land etc.), *soziodemografische Kriterien* (bspw. Geschlecht, Alter, Familienstatus, Haushaltsgröße, Einkommen, Schulbildung,

Beruf etc.). **Psychografische Kriterien** stellen *allgemeine Persönlichkeitsmerkmale der Zielgruppe* (bspw. soziale Orientierung, Einstellungen, Lebensstil, Erwartungen, Werte etc.) sowie *produktspezifische Merkmale* (bspw. Kaufmotive, produktspezifische Einstellungen und Erwartungen) dar. Darüber hinaus gewinnen zunehmen auch **emotionale Kriterien** an Bedeutung. Die Gruppe der **Kriterien des beobachtbaren Kaufverhaltens** bildet abschließend die Ausprägungen des *Preisverhaltens* (bspw. Preiselastizitäten, Hoch- und Niedrigpreisverhalten, Kauf von Sonderangeboten), der *Mediennutzung* (Nutzung welcher Medien in welcher Form zu welcher Zeit in welcher Häufigkeit), *Einkaufsstättenwahl* (bspw. Geschäftstreue, Häufigkeit) sowie Kriterien zur *Produktwahl* (bspw. Markentreue, Kaufhäufigkeit und Volumen) ab.

In Bezug auf die Messbarkeit sollten die *Kriterien empirisch erfassbar* sein. Weiterhin ist eine *Zeitstabilität* von Bedeutung, sodass die gewählten Kriterien für einen gewissen Zeitraum Gültigkeit besitzen. Vor allem sollte die empirische Ermittlung vor dem Hintergrund ökonomischer Kosten-Nutzen-Relationen erfolgen.

Die **Positionierung** eines Produktes ist einerseits z. B. von dem Produkt, seinen Qualitäten, Ausstattungen und seinem Preis abhängig. Anderseits ist die strategische Ausrichtung des Unternehmens von Bedeutung, die eine Positionierung innerhalb eines Teilmarktes als strategischen Weg vorgibt. Eine Positionierung kann somit über eine *Produktpositionierung* als auch über eine *Unternehmenspositionierung* erfolgen.

Konkurrenzanalyse

Inhalt der Konkurrenzanalyse ist die Generierung von Informationen über Konkurrenten. Im Interesse stehen dabei u. a. Stärken und Schwächen, Produkte, Arbeitsweisen, Organisation sowie Ziele und Strategien. Ziel ist, ein möglichst exaktes Bild bzw. einen detaillierten Eindruck von einem Konkurrenzunternehmen zu erhalten, um etwaige Handlungsweisen antizipieren sowie Strategien und Maßnahmen ableiten zu können. Die Daten der Konkurrenzanalyse können auch zur Positionierung des eigenen Unternehmens und der Produkte verwendet werden.

Zur Beschaffung von Informationen über Konkurrenten können z. B. folgende Instrumente und Maßnahmen dienen:

■ Messen und Messekontakte

■ Analyse der Internetseiten

■ Analyse von Unternehmens- und Produktbroschüren

■ Gespräche mit Kunden des Konkurrenzunternehmens

■ Gespräche mit Lieferanten des Konkurrenzunternehmens

■ Beobachtung, Analyse und Ableitung von Marketingstrategien und Instrumenten (Price, Product, Promotion, Place)

■ Beobachtung und Analyse der Kommunikationspolitik

■ Probebestellungen und Messung der Durchlaufzeiten

■ Produktanalyse inklusive Reverse Engineering (Vorgang des Verstehens und der Rekonstruktion des Aufbaus eines bestehenden Konkurrenzproduktes durch eine Untersuchung der Funktionen, Strukturen, Materialien, Verhältnisse etc.)

■ öffentliche und private Auskunfteien bzw. Auskunftsstellen

Auch junge Unternehmen können mit einfachen Mitteln, auch unter zeitlichen und finanziellen Restriktionen, akzeptable Informationen über die Konkurrenz erhalten. Die Relevanz der Konkurrenzanalyse sollten junge Unternehmen nicht unterschätzen. Denn der Erfolg des Unternehmens zeigt sich erst am Markt im Wettbewerb um die Kunden.

Für ein junges Unternehmen ist es empfehlenswert, aufbauend auf der Konkurrenzanalyse eine kontinuierliche Konkurrentenbeobachtung zu errichten. In großen, etablierten Unternehmen werden hierfür ganze Abteilungen bzw. Teams eingerichtet. In diesen Fällen kann von einer sogenannten **Business Intelligence** bzw. **Competitive Intelligence** gesprochen werden.

4.2.1.3 Umfeldanalyse

Die **Umfeldanalyse** befasst sich im weiteren Sinne mit der Analyse der externen Rahmenbedingungen eines Unternehmens. Rahmenbedingungen können etwa *ökologischer, technologischer, ökonomischer, politischer, rechtlicher, kultureller* und *sozialer* Ausprägung sein und unterschiedliche Relevanz für ein junges Unternehmen besitzen. Die gesammelten Daten und Informationen können zu einer Abschätzung der Einflussstärke und Entwicklungstendenzen dienen. Auf diesen Grundlagen können dann Auswirkungen in Bezug auf das Unternehmen, seine Ziele, Strategien und operativen Maßnahmen abgeleitet werden. Eine kontinuierliche Beobachtung wird als **Umfeldbeobachtung** bezeichnet.

Abbildung 21 verdeutlicht den Zusammenhang zwischen Markt und Marketing.

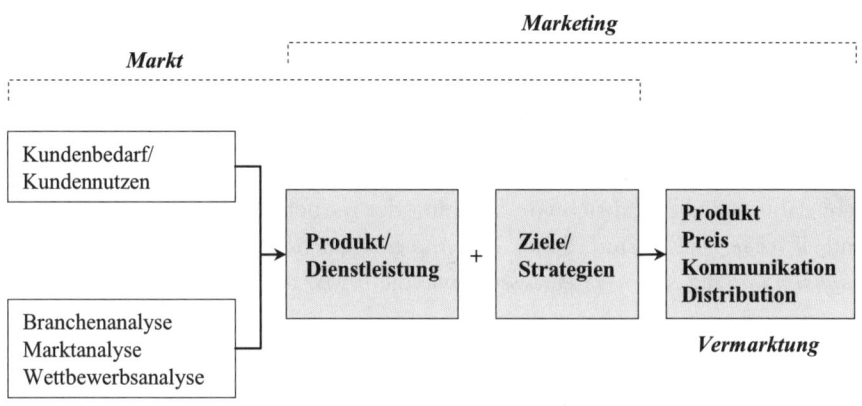

Abbildung 21: Markt und Marketing

Die im Rahmen der Umfeldanalyse gewonnenen Daten und Informationen fließen in die strategische Planung des Unternehmens ein und dienen somit als Basis für Entscheidungen der Unternehmensführung. Im Sinne einer kunden- und marktorientierten Unternehmensführung stellen die Informationen Grundlagen für die Planung der Marketingziele, Marketingstrategien und Marketingmaßnahmen dar.

4.2.2 Planung der Marketingziele

Je nachdem, welchen Stellenwert das Marketing für ein junges Unternehmen einnimmt, können die Marketingziele den generellen Unternehmenszielen zugeordnet oder auch davon abgeleitet werden. Die Marketingziele bilden dann die Grundlage für die Entwicklung von Marketingstrategien und operativen Marketinginstrumenten. Die Planung der Marketingziele erfolgt insbesondere auf der Basis der Ergebnisse der Situations- und Umweltanalyse. Marketingziele haben für die Unternehmensführung eine Steuerungs- und Koordinationsfunktion. Für die Mitarbeiter können sie eine Orientierung und einen Motivationsanreiz bilden. Im Rahmen einer einfachen Systematisierung können **Marketingziele** als *ökonomische* und *marktpsychologische Ziele* formuliert werden.

Ökonomische Marketingziele zielen auf die Steigerung des Umsatzes bzw. sie versuchen, durch Instrumentalziele auf die Gestaltung der Absatzmenge und des Absatzpreises Einfluss zu nehmen. Im Gegensatz zu jungen, kleinen Unternehmen wird im Marketing von Großunternehmen auch eine Marketing-/Vertriebserfolgsrechung auf der Basis der Deckungsbeitragsrechung vollzogen. Die Deckungsbeitragsrechnung kann auch jungen Unternehmen hilfreich sein, um eine Relation zwischen den im Marketing eingesetzten Instrumenten und den daraus resultierenden Marketingerfolgen zu bilden.

Den ökonomischen Marketingzielen stehen die marktpsychologischen Ziele gegenüber. **Marktpsychologische Marketingziele** sind qualitative Ziele. Sie beschreiben beabsichtigte zielkonforme Änderungen des Kaufverhaltens. Es geht dabei um die beabsichtigte Wirkung der monetären Marketingziele. Ziel- und *Wirkungsgrößen* sind dabei die *Markenbekanntheit*, das *Markenimage*, die *Kaufintensität*, die *Kundenzufriedenheit* sowie die *Produkt-, Service- bzw. Markentreue*.

Unabhängig von dieser beispielhaft aufgeführten Systematisierung können für junge Unternehmen verschiedene Marketingziele von Bedeutung sein. Beispielsweise zählen zu den häufig von Unternehmen angestrebten Zielen die *Verbesserung* der *Marktstellung*, der *Marktpräsenz*, der *Preisposition*, der *Qualitätsposition* sowie eine *Steigerung des Produkt- und Unternehmensimages bzw. Bekanntheitsgrades*. Die Erreichung dieser Ziele lässt sich durch den Einsatz geeigneter Strategien und Instrumente des Marketings realisieren. Wichtig für die Formulierung der Marketingziele ist, dass die Kundenperspektive und die Bedürfnisse der Kunden berücksichtig werden. Somit steht der Kunde im Zentrum aller Zielformulierungen. Wie alle Ziele eines Unternehmens sollten auch die Marketingziele realistisch und erreichbar sein. Ziele sind allerdings nur dann sinnvoll, wenn auch Vorgehensweisen zu ihrer Erreichung bestimmt werden. Das bedeutet mit den Worten von Antoine de Saint-Exupéry formuliert:

„A goal without a plan is just a wish." [Antoine de Saint-Exupéry]

4.2.3   Planung des Markteintritts

4.2.3.1   Markteintrittsstrategien

Eine fundierte und zielorientierte **Markteintrittsplanung** ist für den Markterfolg einer Unternehmensgründung im Regelfall von grundlegender Bedeutung. Allerdings vernachlässigen viele Gründerpersonen bereits in der Phase
der Erstellung des Businessplanes die **Markteintrittstrategie**. Sobald eine
zündende Geschäftsidee vorhanden und der Businessplan formuliert ist,
erfolgen Vorgehensweise und Zeitpunkt des Markteintritts eher nach dem
Zufallsprinzip.

Im Rahmen der Situationsanalyse ist es auf der Basis der Ergebnisse der
Marktforschung erforderlich, die für das Gründungsunternehmen Erfolg
versprechenden Eintrittsmärkte unter Berücksichtigung der damit verbunde-
nen Chancen und Risiken sowie der spezifischen Stärken und Schwächen des
Unternehmens zu identifizieren. Entscheidungskriterien zur Beurteilung der
Erfolgschancen sind z. B. die jeweilige Marktattraktivität und relevante
Markteintrittsbarrieren. Die Marktattraktivität konkretisiert sich dabei z. B. im
Marktvolumen, im Marktwachstum, der Branchen- und Wettbewerbsstruktur
sowie dem Kundenpotenzial. **Markteintrittsbarrieren** sind etwa *Unterneh-
mensgrößenvorteile der Konkurrenten*, ein *eingeschränkter Zugang zu finanziellen oder
personellen Ressourcen, Patente,* der *Zugang zu Vertriebskanälen, Umstellungskosten für
den Kunden* oder *rechtliche bzw. institutionelle Restriktionen.*

Generell gibt es vielfältige Formen von Markteintrittsstrategien. Dabei können
bspw. **klassische und virtuelle Formen** unterschieden werden. Bei den
klassischen Formen handelt es sich etwa um Strategien der Fokussierung oder
Differenzierung. *Virtuelle Markteintrittsstrategien* erfolgen durch Online-Medien,
insbesondere durch das Internet.

In klassischer Betrachtungsweise kann ein Markteintritt z. B. unter Verwendung der Wettbewerbsstrategien nach Porter erfolgen. [Porter (1999)] Danach
ist zwischen drei **strategischen Stoßrichtungen** zu unterscheiden:

- Kostenführerschaft
- Differenzierungsstrategie
- Konzentration auf Schwerpunkte bzw. Nischenstrategie

Abbildung 22 veranschaulicht den Zusammenhang zwischen den Wettbewerbsstrategien nach Porter (1999).

		Strategischer Vorteil	
Strategisches Zielobjekt	*branchenweit*	Differenzierungsstrategie (Einzigartigkeit)	Kostenführerschaft (Kostenvorsprung)
	Segment	Konzentration auf Schwerpunkte (Nischenstrategie)	

Abbildung 22: Systematisierung von Wettbewerbsstrategien nach Porter

Eine Kombination mehrerer Ansätze durch ein Unternehmen ist möglich.
Jedoch erfordert schon die Verfolgung eines Ansatzes einen hohen Ressour-
ceneinsatz. Daher kann eine Kombination mehrerer Strategien gerade für
Gründungsunternehmen bzw. junge Unternehmen schwierig sein.

Kostenführerschaft

Die Kostenführerschaft basiert auf dem *Konzept der Erfahrungskurve*. Dieser
Ansatz verdeutlicht eine empirische Relation zwischen der Veränderung direk-
ter Fertigungskosten und dem kumulierten Produktionsvolumen im Laufe der
Zeit. Dabei wird durch die gesammelte Erfahrung in der Produktion eine
Degression der inflationsbereinigten Stückkosten bei zunehmendem Zeithori-
zont möglich.

Innerhalb der Branche wird ein *umfassender Kostenvorsprung* gegenüber den
Konkurrenten angestrebt. Ermöglicht werden kann dies durch die Realisierung von *economies of scale* (Fixkostendegressionseffekte). Die Stückkosten eines
Unternehmens sollen dabei unter das Niveau des bedeutendsten Konkurrenzunternehmens sinken. Erreicht werden kann dies bspw. durch die *Investition*
und somit den *Aufbau von hohen Produktionskapazitäten*, welche einen effizienten
Output erzeugen können. Dabei sind die Möglichkeiten der *Ausnutzung erfah-
rungsbedingter Kostensenkungen*, einer strengen Kontrolle von variablen Kosten
und Gemeinkosten, Kostenminimierung in Bereichen der Forschung und
Entwicklung, des Marketings und des Vertriebes von Bedeutung. Weiterhin
werden *Verfahrensinnovationen* oder *Standardisierungen* angestrebt. Qualität und
Service sollen allerdings im Konzept der Kostenführerschaft nicht negativ
beeinflusst werden. **Vorteile der Kostenführerschaft** sind der *Schutz vor
starken Abnehmern* oder *auch starken Lieferanten*. Kostenführer haben das Poten-

zial, die fünf von Porter definierten Kräfte des Branchenwettbewerbs abzuwehren. Bei diesen handelt es sich um die Verhandlungsstärke der Lieferanten, die Bedrohung durch Ersatzprodukte, die Verhandlungsmacht der Abnehmer, die Bedrohung durch neue Konkurrenten und die Rivalität unter den bestehenden Unternehmen. Zur **Realisierung der Kostenführerschaft** ist i. d. R. ein *hoher Marktanteil* des Unternehmens notwendig. [Porter (1999)]

Junge, innovative, wachstumsorientierte Unternehmen streben möglicherweise eine Kostenführerschaft, z. B. durch den Einsatz neuer Prozess- und Produktionsverfahren, neuer Materialien oder durch neue Organisations- und Vertriebskonzepte, an. Diese können jungen Unternehmen zu einem Kostenvorteil gegenüber der Konkurrenz verhelfen. Aber gerade im Bereich neuer Prozess- und Produktionsverfahren kann ein hoher Kapitaleinsatz erforderlich werden, den neu gegründete Unternehmen mitunter nicht aufbringen können. Insgesamt ist für junge Unternehmen die Realisierung einer Strategie der Kostenführerschaft aufgrund der für sie typischen Ressourcenknappheit prinzipiell schwierig. Eine *Steigerung des Marktanteils erfordert vielfach hohe Investitionen* sowie eine aggressive Preisstrategie. Weiterhin kann in frühen Phasen der Unternehmensentwicklung *meist noch nicht auf hinreichende Erfahrungen zur Kostensenkung* zurückgegriffen werden. Auch *Einsparungen bei Forschungs- und Entwicklungsaufwendungen sind nicht empfehlenswert,* da Innovationen zur Generierung von Wachstum vielfach notwendig sind. Eine Strategie der Kostenführerschaft wählen Unternehmen meist erst in einer späteren Phase der Unternehmensentwicklung, z. B. nach Verlassen einer Marktnische. Jedoch gibt es auch erfolgreiche Beispiele, denen bereits der Markteintritt durch die Verfolgung einer Strategie der Kostenführerschaft gelungen ist. Ein klassisches Beispiel hierfür ist die Discount-Handelskette Aldi.

Differenzierungsstrategie

Die Differenzierungsstrategie zielt auf eine Unterscheidung des *Unternehmens von der Konkurrenz.* Angestrebt wird die *Schaffung eines unverwechselbaren Profils* innerhalb der Branche des Unternehmens. Die konkrete Ausgestaltung der Unverwechselbarkeit kann sich bspw. auf die Technologie eines Produktes, den Markennamen, den Kundendienst oder die Vertriebsstruktur beziehen. Somit muss eine Differenzierung nicht alleine durch das physische Produkt erfolgen. Mit der Differenzierungsstrategie soll eine *nachhaltige Kundenbindung* an das Produkt und die Marke erreicht werden. Zudem kann eine *Verringerung der Preisempfindlichkeit* der Kunden erzielt werden. Im Gegensatz zur Kostenführerschaft setzt die Differenzierungsstrategie keinen hohen Marktanteil voraus. Vielmehr kann dieser hinderlich sein, da durch Differenzierung häufig auch eine Exklusivität angestrebt wird. Die Unverwechselbarkeit eines Produktes oder einer Dienstleistung soll somit auch eine Markteintrittsbarriere für potenzielle Nachfolger generieren. [Porter (1999)] Insbesondere geht es auch um ein Erkennen und Umsetzen bestehender Trends am Markt durch das Marketing. Vielfach wird durch das Marketing ein differenzierter Nutzen angestrebt, der auch die Emotionen des Kunden ansprechen soll.

Als ein Beispiel einer Differenzierungsstrategie kann das Konzept der *Kieser Training AG* gesehen werden, die im Bereich des gesundheitsorientierten Krafttrainings eine Differenzierungsstrategie vollzogen hat. Im Jahre 1967 gründete Werner Kieser sein erstes Sportstudio in Zürich. Das Konzept des Sport- bzw. Fitnessstudios wurde aber im Laufe der Zeit zum Konzept des Kieser Training weiterentwickelt. Der Slogan lautet „Ein starker Rücken kennt keine Schmerzen". Eine Differenzierung von einem Sport- bzw. Fitnessstudio soll durch ein gesundheitsorientiertes Krafttraining als Dienstleistung zur Prävention und Therapie erreicht werden. Eine Zielgruppe sind speziell ältere Menschen. Der Differenzierungsaspekt eines gesundheitsorientierten Krafttrainings zeigt sich auch darin, dass z. B. Trainingsmaschinen eingesetzt werden, die speziell für medizinische Anwendungen in der Rehabilitation entwickelt wurden. Das Konzept des Kieser Training integriert somit die Bereiche Fitnesstraining, Rehabilitation und Prävention.

Gerade junge Unternehmen können eine Differenzierung auch über ihre Corporate Identity im Sinne eines Selbstverständnisses bzw. Erscheinungsbildes erreichen. Die **Corporate Identity** beinhaltet dabei das *Corporate Image*, die beabsichtigte Wahrnehmung des Unternehmens im Sinne eines Unternehmensbildes, das *Corporate Design* (CD), die audiovisuellen Kennzeichen des Unternehmens, die *Corporate Communication* (CC), die Kommunikation des Unternehmens, sowie die *Corporate Behaviour* (CB) im Sinne einer Unternehmenskultur.

Eine **Gefahr der Differenzierungsstrategie** besteht darin, dass die *Differenzierung nicht weit genug vorgenommen wird* bzw. die *Differenzierung vom Kunden als solche nicht wahrgenommen* wird. Weiterhin ist zu prüfen, wie schnell die getroffene Differenzierung durch Konkurrenten kopiert werden kann und welche Schutzrechte möglicherweise bestehen.

Nischenstrategie

Bei der Anwendung der Nischenstrategie erfolgt eine *Konzentration bzw. Fokussierung auf ausgewählte Kundengruppen* oder Teile eines Produktprogramms. Weiterhin ist die *Abgrenzung eines geografischen Marktes* möglich. Die Nischenstrategie bietet auch bei einer Fokussierung die Chance, positive Erträge zu erzielen. Erreicht wird dies entweder durch einen Kostenvorsprung, bezogen auf das verfolgte Zielobjekt, oder durch einen hohen Differenzierungsgrad. Beide Varianten sind auch zugleich realisierbar. Somit stellt diese Strategieform eine Mischung zwischen den zwei zuvor erörterten Positionen dar. Als möglicher negativer Aspekt ist der Konflikt zwischen der Rentabilität und dem maximalen Umsatz zu nennen, da der Nischenmarktanteil eine Begrenzung im Vergleich zum Gesamtmarkt darstellt. [Porter (1999)]

Aufgrund der zumeist knappen finanziellen und personellen Ressourcen sowie des kritischen Faktors Zeit bietet sich für junge Unternehmen die Realisierung einer Nischenstrategie an. Dabei sollte das Produkt, im Sinne eines *Spezial- bzw. Individualproduktes*, nach den Wünschen des Marktes bzw. der Kunden gestaltet werden. In diesem Kontext wird auch von einer **Einzelnischenstrategie** gesprochen. [Kotler/Bliemel (2001)]

Bei der Verfolgung der Nischenstrategie ist darauf zu achten, dass das Unternehmen über ein fundiertes, tief gehendes Spezialwissen in der jeweiligen Nische verfügt. Zu prüfen bleibt bei dieser Strategieform, wie leicht andere Anbieter in die Nische vordringen können und ob die Nische einen Markt darstellt, der das Überleben sowie das Wachstum des Unternehmens auch auf längere Sicht ermöglicht.

Die drei Wettbewerbsstrategien nach Porter können einem Unternehmen zunächst einen allgemeinen Orientierungsrahmen geben und ihm helfen, eine grundsätzliche strategische Stoßrichtung zu finden. Im Hinblick auf die praktische Umsetzung dürfte für eine Unternehmensgründung im Regelfall aber eher ein stufenweiser Prozess der Strategieformulierung in Betracht kommen. Dabei geht es jedoch nicht um die Anpassung an eine statische Umwelt. Für ein Unternehmen ist vielmehr die Interaktion mit einer sich dynamisch verändernden Umwelt von Bedeutung. Dies gilt unabhängig davon, ob es sich um ein junges oder ein etabliertes Unternehmen handelt.

Insbesondere strategische Ansätze in der jüngeren Literatur versuchen sich im Hinblick auf die Arbeiten von Porter bewusst zu unterscheiden. In diesem Kontext können bspw. Kim/Mauborgne (2005) mit ihrem Buch „Der Blaue Ozean als Strategie" genannt werden.

Strategie einer Nutzeninnovation

In Abgrenzung zu den wettbewerbsbasierten Strategien von Porter formulierten Kim und Mauborgne die *Strategie einer Nutzeninnovation*, bei der es um die Schaffung neuer Märkte geht, in denen die Wettbewerber (noch) nicht aktiv sind und bei der die Nachfrage erst zu erschließen ist. In einer bildhaften Betrachtung unterscheiden sie zwischen einem roten Ozean als bekanntem Markt und einem blauen Ozean als unbekanntem Markt. Im **roten Ozean** herrscht in einer Branche *ruinöser Wettbewerb* zwischen Unternehmen vor. Dabei treten Konkurrenten in feststehenden Strukturen gegeneinander an. Demgegenüber sollen in einem **blauen Ozean** durch *kreative innovative Strategien neue Märkte erschlossen* werden.

Abbildung 23 beschreibt Strategieformen für rote und blaue Ozeane. [Kim/Mauborgne (2005)]

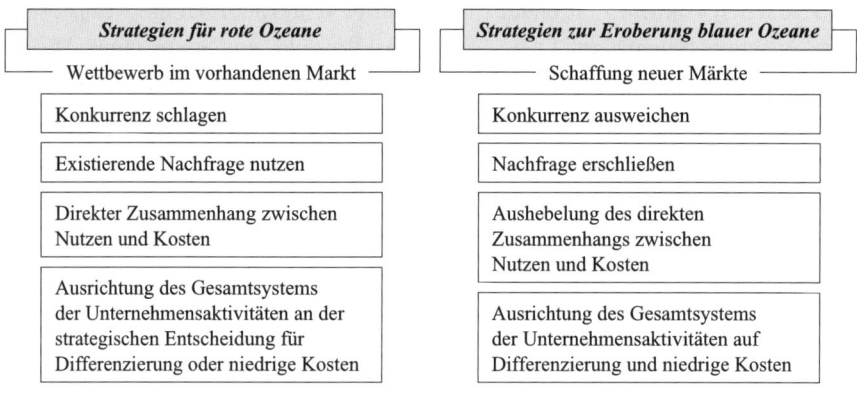

Abbildung 23: Strategien für rote und blaue Ozeane

Nach Kim und Mauborgne stellt das Konzept des blauen Ozeans mit seiner *Strategie der Nutzeninnovation,* die auf einem ganzheitlichen Ansatz basiert, *mehr als nur eine Innovation* dar. Diese Strategie zielt bei allen Aktivitäten, bereits beim Markteintritt eines Unternehmens, auf einen Nutzengewinn sowohl für den Kunden als auch das Unternehmen selbst ab. **Strategien zur erfolgreichen Eroberung blauer Ozeane** sind dabei gekennzeichnet durch die Kriterien *Fokus, Divergenz,* im Sinne der Abgrenzung des eigenen Profils von den Wettbewerbern, sowie einen überzeugenden *Slogan.* [Kim/Mauborgne (2005)]

Wettbewerbsbasierte oder innovationsorientierte theoretische Konzepte können insbesondere den wachstumsorientierten Unternehmensgründern grundsätzlich helfen, die für sie geeignete strategische Stoßrichtung zu finden.

Unabhängig davon ist es zur Erreichung eines erfolgreichen Markteintritts empfehlenswert, dass eine klare und eindeutige Strategie vorhanden ist. Denn sonst bestehen vielfältige Gefahren, am Markt erfolglos zu bleiben, etwa dass das junge Unternehmen nicht die von ihm angestrebte Marktposition oder kein unverwechselbares Profil erreicht.

4.2.3.2 Auswahl des Zeitpunktes des Markteintritts

Im Kontext der Markteintrittsstrategie sind der Zeitpunkt des Markteintritts und die zeitliche Reihenfolge des Eintritts in die ausgewählten Zielmärkte wesentlich. Vor allem in technologieintensiven, schnell wachsenden Märkten kann der richtige Zeitpunkt des Markteintritts von entscheidender Bedeutung für den Markterfolg eines jungen Unternehmens sein. Dabei können die Unternehmen grundsätzlich eine Pionierstrategie oder eine Folgerstrategie wählen. Im Rahmen der Folgerstrategie kann weiterhin zwischen *frühen* und *späten Folgern* differenziert werden.

Pionierstrategie

Die Pionierstrategie ist auf die frühzeitige Einführung eines neuen Produktes oder die Verwendung einer neuen Produktionstechnologie ausgerichtet, um Wettbewerbsvorteile gegenüber den (potenziellen) Konkurrenten zu generieren. In theoretischer Betrachtung zielt die Pionierstrategie auf die Schaffung einer temporären Monopolstellung, z. B. durch Erreichung eines Technologievorsprungs. Der Pionier hat die Möglichkeit, die größten *Economies of Scale* zu realisieren. [Kotler/Bliemel (2001)] Vorteile einer Pionierstrategie entstehen z. B. durch Patente und andere Schutzrechte, die Generierung von Imagevorteilen und Markenbildung sowie die Schaffung von Standards. Darüber hinaus kann ein Produktwechsel mit hohen Umstellungskosten (Switching Costs) für Kunden verbunden sein. Die Verfolgung einer Pionierstrategie kann auch Nachteile umfassen. Beispielsweise können Unsicherheiten in Bezug auf die weitere technologische Entwicklung oder die Entwicklung der Nachfrage und die Bedürfnisse der Kunden bestehen. Weiterhin kann die Markterschließung durch den Pionier auch Folgern zugutekommen (Free-Rider-Effekt). Zudem kann ein Imageschaden für das junge Unternehmen entstehen, wenn unausgereifte Produkte zu früh auf den Markt kommen. Die nachhaltig langfristige Schaffung von Pioniervorteilen ist für Unternehmen eine Herausforderung und in der Praxis nur schwer realisierbar. Eine ständige Verbesserung und Ausweitung der Vorreitervorteile muss angestrebt werden, um somit aktiv z. B. Markteintrittsbarrieren aufbauen zu können.

Hier zeigt sich, dass die Pionierstrategie nicht immer vorteilhaft sein muss. Denn gerade eine Vernachlässigung von Nachfolgeinnovationen kann zu einer Gefahr für den Pionier werden. Ein Beispiel hierfür ist der ehemalige Computerhersteller *Commodore*. Mit seinem Heimcomputer *Amiga* wurde in den 1980er-Jahren eine innovative Computerplattform geschaffen. Für die damaligen Verhältnisse besaß der Amiga außergewöhnliche Multimediafähigkeiten sowie ein leistungsfähiges präemptives Multitasking-Betriebssystem. Allerdings konnten diese Pioniervorteile im Heimcomputerbereich nicht genutzt werden, um eine nachhaltige Marktposition zu generieren. Unter anderem wurde es versäumt, die Grafiktechnologie nachhaltig weiterzuentwickeln und neue (Folge-)Innovationen zu generieren, um gegenüber Konkurrenten, wie bspw. IBM oder Apple, bestehen zu können. Darüber hinaus haftete dem Amiga das Image eines Spielecomputers an, sodass er oftmals nicht als seriöser Arbeitsrechner in der Geschäftswelt anerkannt wurde. Das Unternehmen Commodore konnte die Pioniervorteile des Systems Amiga nicht nutzen und als Resultat ging das Unternehmen Mitte der 1990er-Jahre in die Insolvenz.

Die Entscheidung, für eine Pionierstrategie erfordert umfassende Umwelt- und Unternehmensanalysen. Die Verwendung einer Pionierstrategie für einen Branchenneuling ist lediglich im Falle umfangreicher Erfahrungen und technologischer Kompetenz zu empfehlen. Die Unternehmenspraxis hat gezeigt, dass eine Pionierstrategie gegenüber einer Folgerstrategie vor allem dann vorteilhaft ist, wenn Branchen durch eine hohe Dynamik und kurze Innovations- und Produktlebenszyklen gekennzeichnet sind.

Beispielsweise hat die rasante Entwicklungsdynamik in der Internetbranche gezeigt, dass es Unternehmen möglich geworden ist, Pioniervorteile auch über einen längeren Zeitraum hinweg zu realisieren. In diesem Sinne ist es amazon.com im Online-Buchhandel gelungen, vor allem durch einen schnellen Markteintritt und kurze Entwicklungszeiten von Produkten eine Pionierrolle und langfristige Vorreitervorteile zu erreichen. Amazon war in der Lage, schnell neue Technologien einzusetzen und auch davon zu profitieren. Bei Amazon ist der Kunde bspw. in der Lage, bei bestimmten Büchern bereits digital Einblick in den Inhalt nach dem Konzept des „Search Inside the Book" zu nehmen, bevor das Buch gekauft wird. Bisher ist dies zwar nur für einen relativ geringen Anteil der Bücher möglich. Allerdings ist die Technologie vorhanden und kann weiter ausgebaut, genutzt und vermarktet werden. Derzeit plant Amazon, nicht nur ganze Bücher zu verkaufen, sondern in digitaler Form auch einzelne Seiten oder Kapitel. Diese Vorgehensweise würde eine Loslösung des physischen Produktes Buch in seiner Gesamtheit von dem Inhalt bedeuten.

Eine im Gegensatz hierzu etwas ältere Innovation des Pioniers *Amazon* ist bspw. das patentierte „1-Click"-Shopping. Dieses Patent ermöglicht es einem Kunden, seine Kreditkartennummer und Adressinformationen einmalig einzugeben, sodass bei Folgebesuchen der Webseite lediglich ein Mausklick für das Einkaufen auf der Seite nötig ist. Amazon hat hiermit auch ein neues Synonym bzw. eine Marke für ein direktes Einkaufen mit einem Mausklick geschaffen. Der Konkurrent *Barnes & Noble* verwendete ein ähnliches Konzept. Allerdings untersagte Amazon, nachdem das Patent bewilligt wurde, dem Konkurrenten Barnes & Noble den Einsatz dessen sogenannter Express Lane. Jedoch kann das Patent von Amazon etwa dadurch umgangen werden, dass nicht ein Klick, sondern zwei Klicke zur Bestellung nötig sind. Der zweite Klick kann bspw. über eine Bestätigung der Bestellung realisiert werden. Die Marke und das Bewusstsein der Kunden, ein 1-Click-Shopping vornehmen zu können, beziehen sich aber letztlich auf den Pionier Amazon.

Folgerstrategie

Der Markteintritt des Folgers kann im Anschluss an den Pionier relativ schnell oder zu einem späteren Zeitpunkt erfolgen. Abbildung 24 zeigt in Anlehnung an Buchholz (1998), dass auf der Basis des Marktlebenszyklusmodells die frühen Folger typischerweise innerhalb der Gründung- und Frühentwicklungsphase bzw. im Übergang zur Wachstumsphase in den Markt eintreten. Der Eintritt der *späten* Folger kann innerhalb der gesamten Wachstumsphase oder auch im Reifestadium möglich sein, obwohl in diesem Falle schon Sättigungstendenzen auf dem Markt erkennbar sind.

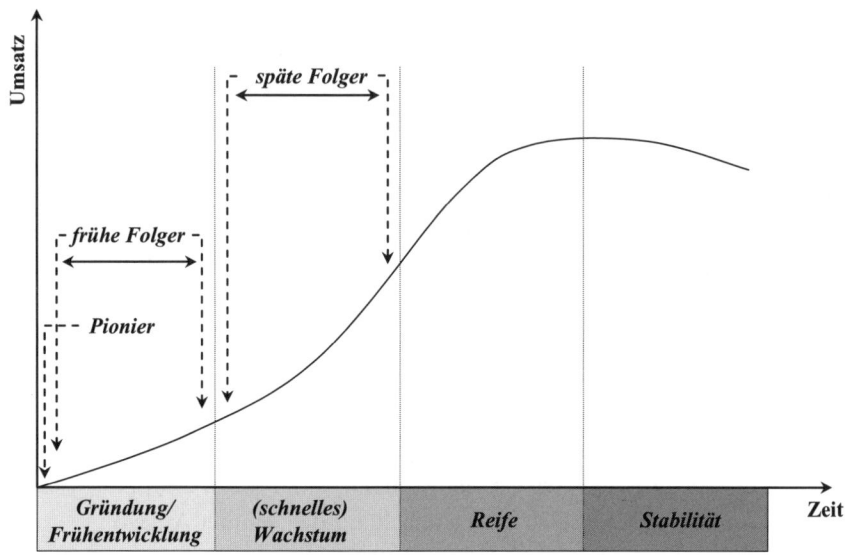

Abbildung 24: Markteintrittspunkte im Marktlebenszyklus

Frühe Folger

Die Strategie der frühen Folger ist der des Pioniers sehr ähnlich. Dabei kann von einem gleichen situativen Umfeld ausgegangen werden. Die Ungewissheit der zukünftigen Marktentwicklung ist, mit geringen Differenzen zur Pionierstrategie, noch relativ hoch. Von einer Markteintrittsituation ohne Wettbewerber kann nicht mehr ausgegangen werden. Vielmehr ist eine wechselseitige Beziehung zwischen Pionier und Folger anzunehmen. [Remmerbach (1988)] Ein früher Folger strebt quasi die Erreichung einer Pionierposition an. Dabei erlangt der Folger i. d. R. zwar nicht eine temporäre Angebotsmonopolstellung, jedoch kann ein früher Folger bei genügend großem Markt und einer Produktunterdeckung durch den Pionier aufgrund zu geringer Produktionskapazitäten eine Quasimonopolstellung erreichen. Weiterhin nimmt der frühe Folger an den Investitionen sowie den Erfahrungswerten des Pioniers teil und verwendet diese im Rahmen seiner eigenen Strategie. Aus möglichen Fehlern des Pioniers kann gelernt werden. Somit können innerhalb der Folgerstrategie spezifische Vorteile einer Pionierstrategie und der Strategie des Folgers miteinander verbunden werden. Der frühe Folger hat aufgrund erster erkennbarer Auswirkungen und Reaktionen der Kunden bessere Chancen einer stärkeren Marktorientierung. Allerdings stellen mögliche Markteintrittsbarrieren des Pioniers eine Gefahr für den frühen Folger dar. [Remmerbach (1988)] Die

Frage ist, ob in manchen Fällen die Entscheidung eines frühen Folgers, den Markt später zu betreten, eine bewusste Entscheidung ist, um die marktliche Entwicklung und die Markteinführung des Pioniers zu beobachten, zu analysieren und aus den Fehlern zu lernen, oder ob der frühe Folger nicht schnell genug war, Pionier zu werden.

Späte Folger
Der Markteintritt des späten Folgers kann u. U. Jahre nach dem des Pioniers erfolgen. In der Wachstums- bzw. Stagnationsphase ist eine nahezu technologische und marktliche Stabilität vorhanden. Aufgrund der Marktreife ist hierbei eine Abschätzung des gesamtmarktlichen Potenzials möglich. Somit können sich einige Unsicherheiten verringern, die bei der Pionierstrategie typischerweise noch bestehen. Aufbauend auf den technologischen und innovationsspezifischen Investitionen und den damit verbundenen Erfahrungen des Pioniers und der frühen Folger ergibt sich eine Minimierung der eigenen technologischen und marktlichen Risiken. I. d. R. handelt es sich um eine bewusste Entscheidung der späten Folger, zu einem späten Zeitpunkt den Markt zu betreten. Vorteile für den späten Folger können darin bestehen, dass durch eine längere Beobachtung der Wettbewerber aus deren Fehlern gelernt wird. Auch können aus Schwachstellen der Konkurrenten eigene Stärken zur Erzielung von Wettbewerbsvorteilen generiert werden. Ferner kann der späte Folger von der Markterschließung der Pioniere und frühen Folger profitieren. Ein Nachteil der späten Folgerstrategie kann in den geschaffenen Markteintrittsbarrieren durch die Pioniere und frühen Folger bestehen. Dabei kann das Marktpotenzial durch die Konkurrenten bereits weitgehend abgeschöpft worden sein und die Kunden können bereits spezifische Produktpräferenzen und eine Markentreue gegenüber den Konkurrenten gebildet haben. Ein Beispiel für einen späten Folger ist die Discount-Handelskette Lidl. Dabei hat Lidl das Konzept des Pioniers Aldi aufgegriffen und selbst erfolgreich angewendet. [Siehe zum Markteintritt junger Unternehmen auch Boersch/Elschen (2002)]

4.2.4   Planung der Marketingstrategien

Marketingstrategien bilden den *Leit- bzw. Orientierungsrahmen* für die nachgeordneten Entscheidungen im Hinblick auf den Einsatz operativer Marketinginstrumente. Generell bestimmen Marketingstrategien maßgeblich den Markterfolg eines Unternehmens. Sie stehen dabei im Einklang mit der Gesamtstrategie und den zuvor definierten Zielen des Unternehmens. Durch die Generierung unterschiedlicher Strategieoptionen sowie die Bewertung und Auswahl der Strategie sollen mögliche marktbezogene Wirkungen transparent und besser abschätzbar werden. *Marketingstrategien sind eher längerfristig zu planen.* Strategische Marketing- sowie Produktentscheidungen haben eine grundlegende, langfristige Bedeutung im Hinblick auf die Zukunft bzw. Überlebensfähigkeit von Gründungsunternehmen. Dabei können strategische Entscheidungen nur schwer korrigiert werden. [Szyperski/Nathusius (1999)]

In theoretischer Sicht gibt es ein breites Spektrum an Konzepten im Bereich der Marketingstrategien. Die Ausprägungen möglicher Marketingstrategien sind derart vielfältig, dass sie an dieser Stelle nicht ausführlich behandelt werden können. In Abhängigkeit von der zugrunde liegenden Systematisierung können verschiedene Strategien jeweils den Marketingstrategien zugeordnet werden. Dabei handelt es sich bspw. um Strategien zum Markteintritt und Marktwachstum, zur Marktpositionierung und Markenbildung sowie um Preis- und Wettbewerbsstrategien. Klassische Konzepte zur Systematisierung von Marketingstrategien sind etwa die Produkt-Markt-Matrix von Ansoff oder die Wettbewerbsstrategien von Porter.

Abbildung 25 zeigt beispielhaft Dimensionen einer Marketingstrategie. [Nieschlag/Dichtl/Hörschgen (2002); Müller-Hagedorn (2003)]

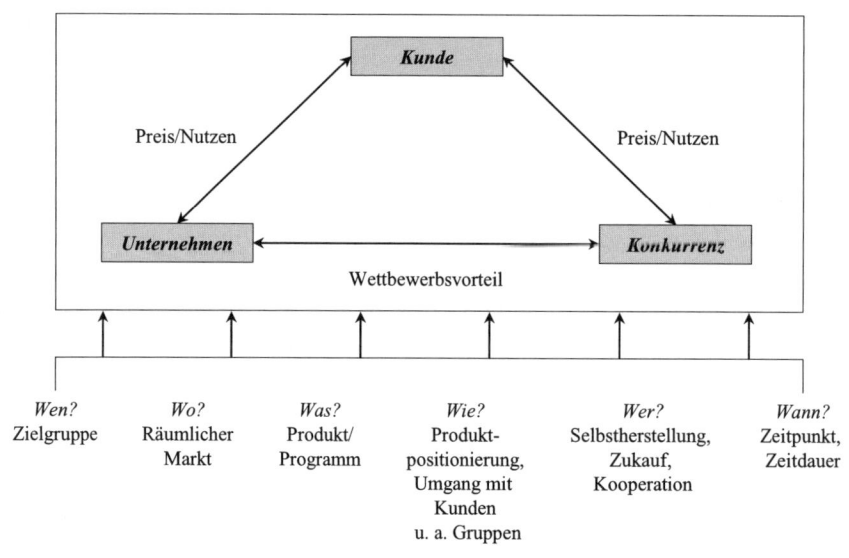

Abbildung 25: Dimensionen einer Marketingstrategie

Unabhängig davon, welches der vielfältigen Konzepte Gründerpersonen als Grundlage wählen, sind es letztendlich immer die spezifischen praktischen Notwendigkeiten und Besonderheiten des Unternehmens wie auch des Marktes und der Kunden, die bei der Formulierung der Marketingstrategie zu berücksichtigen sind. Die auf diese Weise aus der Praxis heraus entstandenen Marketingstrategien können durchaus unkonventionell und neuartig sein und von den bisherigen theoretischen Konzepten abweichen. Denn für ein junges Unternehmen stellen die Faktoren Zeit, Personal und Finanzen knappe Ressourcen dar. Daher ist eine schnelle erfolgreiche Umsetzung und hohe Wirksamkeit der Marketingstrategie in Bezug auf die Zielkunden entscheidend. In diesem Kontext ist wesentlich, dass eine kunden- bzw. marktorientierte und -zentrierte Ausrichtung des Unternehmens gebildet wird. Unternehmensintern ist es wichtig, dass die von den Gründerpersonen bzw. dem Management formulierten Marketingstrategien und -instrumente auch den Mitarbeitern vermittelt werden. Somit wird es möglich, eine Identifikation und eine höhere Dynamik in der Umsetzung dieser Strategien und Maßnahmen zu erreichen. Unternehmensextern dienen Marketingstrategien in Bezug auf die Kunden dazu, ein unverwechselbares Profil des jungen Unternehmens zu generieren. Dabei beantworten Marketingstrategien im Kern die Frage: Warum soll der Kunde das Produkt bzw. die Leistung meines Unternehmens kaufen? Die Perspektive und die Bedürfnisse der Kunden sollten demnach grundlegend die Marketingstrategie eines jungen Unternehmens beeinflussen.

Marketingstrategien können sowohl aus einer bewusst gedanklich antizipierten und zielgerichteten Vorgehensweise der Unternehmensführung entstehen als auch durch unbewusste Marketingerfahrungen. Gerade bei jungen Unternehmen werden Marketingstrategien oftmals im Vorfeld nicht systematisch bewusst geplant, sondern sind das Ergebnis aus den bereits eingesetzten operativen Marketingmaßnahmen und den im Marketing gesammelten Erfahrungen der Gründer.

Hilfreich ist es jedoch, wenn die Unternehmensgründer bereits frühzeitig Kenntnisse über unterschiedliche strategische Marketingoptionen und deren Wirkungsweise erlangen. Beispielsweise ist es bei einer Markenstrategie wichtig zu wissen, dass es sich bei der Markenbildung nicht um eine einmalige Aktion, sondern um einen komplexen nachhaltigen Prozess mit vielen Fallstricken handelt. Der Markenerfolg des Kultgetränkes *Red Bull* ist vor allem auf die fundierten Marketingkenntnisse und -erfahrungen des Unternehmensgründers Dietrich Mateschitz zurückzuführen. Er hat gezeigt, dass es durch gezielten, kreativen Einsatz von Marketingstrategien und -instrumenten möglich war, in einem hart umkämpften Markt eine Marke aufzubauen und zu einem nachhaltigen Erfolg zu führen.

Das Beispiel Red Bull verdeutlicht, wie wichtig es ist, eine **Zentrierung auf den Kunden** vorzunehmen bzw. ein Denken aus der Sicht des Kunden, seinen Bedürfnissen und Wünschen zu vollziehen. Denn die Erwartungen des Kunden sind entscheidend. In diesem Kontext erscheint gerade die Generierung vieler kleiner *positiver Details* von Bedeutung. In vielen Fällen kann in der heutigen Zeit ein Basisgrad an Serviceleistungen angenommen werden, die ein Kunde zur Befriedigung seiner Bedürfnisse mindestens erwartet. Dabei ist nicht alleine die reine Bedürfnisbefriedigung durch die Nutzenstiftung des Produktes von Bedeutung. Vielmehr sollten auch das **Kauferlebnis** und die **Betreuung des Kunden** im Sinne *individueller Serviceleistungen* berücksichtigt werden. Hierbei können kleine Details große Unterschiede in der Wahrnehmung generieren. Ganz entscheidend sind in diesem Zusammenhang die ersten Eindrücke und Kontakte zu den Produkten bzw. Dienstleistungen sowie zum Unternehmen selbst. Hierbei wird von der Wahrnehmung von Kleinigkeiten auf die zu erwartenden Leistungen, Produkte oder das Unternehmen insgesamt aufgrund einer zumeist *kognitiven Bequemlichkeit* geschlossen werden. Ist bspw. die Türklinke eines Restaurants verschmutzt oder der Empfang des Kunden durch das Personal nicht freundlich, kann dies bereits Auswirkungen auf eine negative Erwartungshaltung bzgl. des Essens haben. Umgekehrt erzeugen oder bestätigen kleine positive Details eine positive Erwartungshaltung des Kunden gegenüber den Produkten und Dienstleistungen des Unternehmens. Der erste Kontakt ist daher sehr entscheidend. Aus diesem Grunde sollte im Rahmen des Marketings auch eine **Strategie für einen ersten Kundenkontakt** entwickelt werden, die versucht, möglichst *positive erste Eindrücke* zu generieren, um diese im weiteren Verlauf der Geschäftsbeziehungen nutzen zu können.

Eine Abgrenzung zwischen den Marketingstrategien und den Instrumenten des Marketing-Mix ist nicht immer eindeutig möglich. Die Übergänge sind zum Teil fließend und es gibt Überschneidungen. Beispielsweise umfasst die Preisbildung eines Produktes sowohl strategische als auch operative Aspekte. Gleiches gilt für die Produktpositionierung als strategisches Element im Rahmen der Produktpolitik.

4.2.5 Planung des Marketing-Mix

Die klassische Einteilung von Marketinginstrumenten in Form des **Marketing-Mix** geht auf Jerome McCarthy (1960) zurück, der eine Systematisierung nach den sogenannten *4P*, **Product, Price, Promotion** und **Place,** vornahm. [Hansen/Bode (1999)] Im deutschen Sprachraum haben sich die Begriffe *Produkt-* bzw. *Leistungspolitik* (product), *Preis-* bzw. *Kontrahierungspolitik* (price), *Kommunikationspolitik* (promotion) und *Distributionspolitik* (place) durchgesetzt.

Abbildung 26 verdeutlicht beispielhaft die Zusammenhänge der Produkt-, Preis-, Kommunikations- und Distributionspolitik im Marketing-Mix.

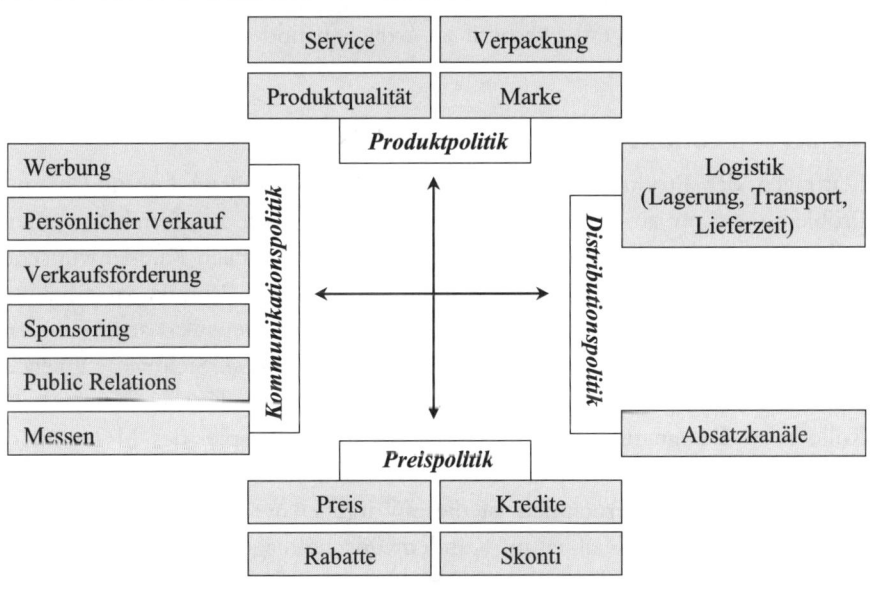

Abbildung 26: Marketing-Mix

Auch junge Unternehmen haben die Möglichkeit, die für ihre spezifischen Zwecke geeigneten Instrumente des Marketing-Mix auszuwählen. Allerdings entstehen durch Zeit- und Ressourcenknappheit vielfach Restriktionen hinsichtlich der Einsatzmöglichkeit einzelner Instrumente.

Der Marketingerfolg wird zumeist nicht durch den Einsatz eines einzelnen Marketinginstrumentes erreicht, sondern durch eine zielorientierte Auswahl und Kombination verschiedener Maßnahmen. Das bekannte schwedische Möbelunternehmen *IKEA* kann an dieser Stelle als Beispiel für eine erfolgreiche Kombination von Marketinginstrumenten aufgeführt werden. Das Unternehmen vermittelt den Zielkunden die Erlebniswelt Wohnen nicht nur in seinen Werbespots, Anzeigen und Katalogen mit dem Slogan *„Wohnst du noch oder lebst du schon?"*. Die Möglichkeit des eigenen Bauens und Gestaltens der Wohnwelt in Verbindung mit einem ansprechenden Preis-Leistungs-Verhältnis sollen die Zielkunden motivieren, bei IKEA einzukaufen. Für die potenziellen Kunden soll ein Besuch in den Möbelhäusern nicht nur durch die kreative Produktgestaltung und die kundennahe Zusammenstellung der Küchen, Wohn- und Schlafzimmer zum Wohnerlebnis werden. Es sind auch die vielfältigen Zusatznutzen, wie etwa ein kinderfreundliches Umfeld und eine integrierte Gastronomie, die das Einkauferlebnis emotional positiv beeinflussen sollen. IKEA ist es auch in Deutschland gelungen, eine deutliche Differenzierung von den Wettbewerbern zu erreichen und ein unverwechselbares Profil zu generieren.

4.2.5.1 Produkt- und Leistungspolitik

Leitfragen der Produkt- und Leistungspolitik sind, welche Leistungen und Problemlösungen am Markt angeboten und wie diese ausgestaltet werden sollen. Bereits in der Produktentwicklung sind die speziellen Kundenwünsche zu beachten, um ein marktfähiges, kundenorientiertes Produkt zu erhalten. Für einzelne junge Unternehmen kann es auch empfehlenswert sein, Kunden direkt in die Produktentwicklung mit einzubinden. Diese Sichtweise spiegelt sich dann auch im Marketingplan wider, wenn etwa der Kunde eine zentrale Rolle beim Design des Produktes spielt. Wie das Beispiel des Möbelunternehmens IKEA zeigt, wird das Produkt an die Wünsche der Kunden angepasst. Für junge Unternehmen ist diese Vorgehensweise von hoher Bedeutung, da diese häufig flexibler auf Kundenwünsche reagieren können als große etablierte Unternehmen. Sofern möglich, sollten junge Unternehmen die Kunden individuell betreuen, um eine Kundenbindung zu erzielen.

Die Gestaltungsmöglichkeiten im Rahmen der Produktpolitik sind vielfältig. Beispiele für Instrumente der Produktpolitik sind:

- Produktqualität

- Zusatzleistungen, Service- und Garantieleistungen

- Markierung bzw. Positionierung des Produktes als Marke

- Verpackung

Für junge Unternehmen besteht eine Möglichkeit der Differenzierung gegenüber Wettbewerbern darin, eine besondere Produktqualität zu produzieren sowie dem Kunden Zusatzleistungen anzubieten. Das Angebot an Zusatzleistungen wird gerade in der heutigen Zeit auf Märkten mit hoher Wettbewerbsintensität immer wichtiger. Häufig bestehen auch gesetzliche Verpflichtungen, Serviceleistungen, z. B. in Form von Garantieleistungen, bereitzustellen. Über die gesetzlichen Verpflichtungen hinaus muss das Unternehmen entscheiden, welche Service- bzw. Zusatzleistungen in welchem Umfang in welcher Zeit wo erbracht werden sollen. In diesem Kontext wesentlich ist auch die Frage, ob die Serviceleistungen kostenlos oder kostenpflichtig bereitzustellen sind.

Aber nicht nur kundenspezifische Serviceleistungen sind für junge Unternehmen von Interesse. Möglicherweise könnten auch das Design und die Herstellung individueller Produkte für den Kunden im Sinne des *Mass Customization* für junge Unternehmen von Bedeutung sein. Unter **Mass Customization** wird die Anpassung eines Produktes an die speziellen Wünsche und Bedürfnisse eines Kunden unter Verwendung von Instrumenten der Massenfertigung verstanden. Im Konzept der Mass Customization soll somit eine *Verbindung der Vorteile der Einzelfertigung* (individueller Kunden- bzw. Produktwünsche und -eigenschaften) mit den *Vorteilen der Massenfertigung* (economies of scale und economies of scope) vollzogen werden. Die Vorteile dieses Konzeptes bestehen darin, dass sich im Zuge des technologischen Fortschritts individuelle Produkte zu Kosten der Massenfertigung herstellen lassen. Heutige Massenprodukte, wie z. B. Kleidung, Autos oder Möbel, könnten künftig nach den spezifischen Wünschen der Kunden individualisiert werden. Dies erfordert veränderte bzw. neue Marketingstrategien und -konzepte. Marken könnten etwa an Bedeutung verlieren, da Produkte und Leistungen überwiegend individualisiert angeboten werden. [Pine (1999); Piller (2006)] Jungen Untenehmen wird allgemein ein spezifisches Know-how in der Beziehung zu ihren Kunden zugeschrieben. Dieses Wissen könnte in die Entwicklung neuer Produkt- und Prozessinnovationen mit einfließen, um in kleinen Schritten einer Verwirklichung des Konzeptes des Mass Customization nahezukommen. Hinsichtlich möglicher Probleme bei der Implementierung bzw. der Akzeptanz durch den Kunden sollten Ausweichstrategien entwickelt werden, die das Know-how in anderer Weise kanalisieren und nutzen.

Bei der Markierung besteht eine wesentliche Herausforderung darin, sich mit seinem Produkt von der Masse gleichartiger Produkte durch Individualisierung abzuheben. Die Möglichkeiten hierzu sind vielfältig. Beispielsweise kann eine Unverwechselbarkeit durch Gestaltung des Produktes oder eine originelle Werbung erreicht werden. Bekannte Beispiele für ein besonderes Design, verbunden mit einem hohen Qualitätsanspruch und technologischen Innovationen, sind Produkte der Unternehmen *Bang & Olufsen*, *Bose* oder *Apple*.

Die **Produktpositionierung** definiert und beschreibt die Vorteile gegenüber den Konkurrenzprodukten. Sie ist im Kontext der generellen Positionierung eines Unternehmens mit dem Ziel der Schaffung eines unverwechselbaren Unternehmensprofils zu sehen. Dabei ist die Generierung einer nachhaltig zuverlässigen Reputation und eines positiven Images des Unternehmens von Bedeutung. Im Rahmen der Positionierung nimmt der Aufbau einer Marke einen hohen Stellenwert ein. Marken bzw. Markengüter implizieren einen Qualitätsvermutungsaspekt. Ein mögliches Ziel ist, den Markenartikel durch einen Produktvorteil auszustatten, der über die objektiv prüfbaren Produkteigenschaften hinausgeht. Diese Vorgehensweise soll zu einer Kaufpräferenz führen. Im Idealfall repräsentiert der Markenname die Positionierung und Philosophie des Unternehmens. Wie das Beispiel *IKEA* zeigt, kann das Unternehmen selbst eine Marke darstellen, die eine Qualitätsvermutung impliziert.

Bei Konsumgütern, aber auch bei Gebrauchsgütern kann eine kundenspezifische, ansprechende Verpackung von hoher Bedeutung sein. In funktioneller Betrachtung dienen Verpackungen zunächst dem Schutz und der sicheren Logistik eines Produktes, unter Berücksichtigung der jeweiligen Recyclingvorschriften eines Landes. Verpackungen können aber auch gezielt als *Differenzierungsinstrumentarium* sowie zur *Generierung eines gewünschten Images* eingesetzt werden. Bereits die Verpackung kann zu einem spezifischen Markenproduktauftritt des Unternehmens beitragen. Sie soll das Interesse der Kunden wecken und sie ermuntern, das Produkt in die Hand zu nehmen. Zur Entwicklung der Produktverpackungsstrategie kann das aus der Werbung abgeleitete **AIDA-Prinzip** (**A**ttention, **I**nterest, **D**esire, **A**ction) herangezogen werden, welches in diesem Kontext das gesamte Spektrum von der Leitung des Verbrauchers zu einem Produkt bis hin zur abschließenden Kaufhandlung theoretisch beschreibt. Analog zur Produktgestaltung unterliegt eine Produktverpackung meist einem Marktforschungs-, Entwicklungs- und Testprozess. Die Verpackung kann folgende Eigenschaften bzw. Eigenschaftsfunktionen beinhalten:

- Erklärungsfunktion zum Produkt
- Differenzierungsfunktion zur Generierung von Aufmerksamkeit
- Widerspiegelung des Kundennutzens des Produktes
- Darstellung der Unternehmensphilosophie bzw. des -images
- Umweltfunktion durch Verwendung recyclebarer Materialien

4.2.5.2 Preispolitik

Die **Preis- bzw. Kontrahierungspolitik** befasst sich mit der Kernfrage, zu welchen Verkaufspreisen ein Unternehmen seine Produkte und Leistungen anbieten muss, damit es langfristig seine entstandenen Kosten deckt und einen Gewinn erwirtschaften kann.

Die Preise werden dabei nicht nur durch die Kosten des Unternehmens, sondern z. B. auch durch Kunden und Konkurrenten beeinflusst. Im Rahmen der Preispolitik ist es für junge Unternehmen von Bedeutung, dass sie über eine langfristige Preispolitik verfügen, die eine konsistente Kommunikation des Preises an den Kunden unter Beachtung der strategischen Ausrichtung des Unternehmens ermöglicht. Wesentlich ist eine konsistente Positionierung, bspw. entweder als Hochpreisanbieter oder als Niedrigpreisanbieter. Wandlungen in diesem Bereich bedürfen einiger Anstrengungen und führen zu einem Wandel in der Wahrnehmung des Unternehmens durch den Kunden. Insbesondere in der Einführungsphase neuer Produkte ist die Preisbildung ein wichtiges, aber mitunter schwieriges Unterfangen, da häufig keine Erfahrungswerte vorliegen.

Wesentliche Maßnahmen bzw. Instrumente der Preispolitik sind:

- Preis bzw. Preishöhe des Produktes
- Rabatte und Skonti
- Kreditvereinbarungen

Der Einsatz bzw. die Kombination der einzelnen Instrumente ist von vielen unterschiedlichen Faktoren abhängig. Ausgewählte Einflussfaktoren auf den Preis bzw. die Preisbildung sind z. B.:

- Marktsituation
  (Käufermarkt oder Verkäufermarkt)
- Wettbewerbssituation
  (polypolistisch, oligopolistischer oder monopolistischer Markt)
- situative Angebots- und Nachfragesituation eines Produktes
  (Angebots- oder Nachfrageüberhänge)
- Neuheitsgrad des Produktes
- Elastizität des Produktes

Ausgehend von diesen Einflussfaktoren kann die Preisbildung bspw. nachfrage-, wettbewerbs- oder kostenorientiert erfolgen. Im Sinne eines Value-Based-Pricing kann der Preis auch anhand des Produktnutzens für den Kunden

ermittelt werden. Wichtig für die Preispolitik ist eine zuvor sorgfältig durchgeführte Markt- und Wettbewerbsanalyse. Wesentlich für die Ermittlung der
Preisuntergrenze sind Kenntnisse über die Kostenstruktur sowie das erwartete
Absatzvolumen. Um mögliche Reaktionen der Nachfrage messen zu können,
wird die **Preiselastizität** der Nachfrage bestimmt. Diese gibt an, wie stark
sich prozentual die Nachfrage nach einem Produkt bei einer bestimmten
relativen Preiserhöhung oder -reduzierung verändert. Die praktische Implika-
tion der Preiselastizität liegt in der Möglichkeit, Auswirkungen von Preisänderungen eines Produktes auf den Umsatz von Unternehmen treffen zu können.

Hierzu wird als Basis die theoretisch einfache Funktion angenommen:

- Umsatz = Preis (p) × Menge (x)

Die Ausgaben der Konsumenten bzw. Kunden entsprechen dabei dem Produkt aus Preis und *gekaufter* Menge, was *gleichzeitig* dem Umsatz, der aus dem
Produkt von Preis und *abgesetzter* bzw. verkaufter Menge gebildet wird, entspricht.

Eine definierte Änderung des Preises (p) führt zu einer Reaktion der nachgefragten Menge (x). Diese mögliche Reaktion der Menge kann auf unterschiedliche Weise erfolgen, wobei die Preiselastizität die Gesamtwirkung beider
Effekte angibt. Es lassen sich die Formen *elastisch* (Mengenänderung größer
Preisänderung), *unelastisch* (Mengenänderung kleiner Preisänderung), *isoelastisch*
(Mengenänderung gleich Preisänderung) sowie die eher als Spezialfälle zu
behandelnden Formen *völlig unelastisch* (konstante Menge bei Preisänderungen)
und *völlig elastisch* (keine Nachfrage mehr bei Preisänderung) aufzeigen. Zur
Verdeutlichung soll als Beispiel die Reaktion der Nachfrage in elastischer und
unelastischer Form auf eine Preiserhöhung angeführt werden:

Elastische Reaktion

Es sei angenommen, dass der Preis durch ein Unternehmen um 10 Prozent
erhöht wird, daraufhin sinkt die Nachfrage um 30 Prozent. Als Folge werden
Ausgaben und Umsatz sinken. Diese Reaktion ist als *elastisch* zu bezeichnen.
Als ein konkretes Beispiel für diese Reaktion kann die Preiserhöhung der
Sektkellerei *Rotkäppchen* bei dem Produkt Mumm Sekt dienen. Im Jahre 2004
vollzog Rotkäppchen eine Preiserhöhung um ca. 10 Prozent mit dem Ziel, den
Sekt in einem anderen (exklusiveren) Marktsegment zu positionieren. Als
Reaktion auf diese ca. zehnprozentige Preiserhöhung sank der Absatz um ca.
30 Prozent. Dies kann als eine elastische Reaktion bezeichnet werden.

Unelastische Reaktion

Es sei angenommen, dass der Preis durch ein Unternehmen um 10 Prozent erhöht wird, daraufhin sinkt die Nachfrage um 5 Prozent. Als Folge werden Ausgaben und Umsatz steigen. Dies ist als *unelastische Reaktion* zu bezeichnen. Ein Beispiel für eine recht unelastische Reaktion ist der Benzinpreis und die hiermit verbundene Nachfrage (Verbrauch) nach Benzin. Trotz einer teilweise starken Erhöhung der Benzinpreise geht die nachgefragte Menge nur unterproportional (wenig) zurück.

Weiterhin sind auch isoelastische, völlig unelastische oder völlig elastische Reaktionen denkbar. Jedoch erscheinen die angeführten Beispiele als am praktikabelsten, um den Sachverhalt zu verdeutlichen.

Als Resümee lässt sich feststellen, dass eine Preiserhöhung nicht zwingend den Umsatz des Unternehmens erhöht. Dies ist lediglich bei einer unelastischen Nachfragereaktion der Fall. Das Beispiel lässt sich auch auf den umgekehrten Fall einer Preisreduktion anwenden. Hierbei ist jedoch auch die Preiselastizität umgekehrt zu bewerten. Das Ziel einer Preissenkung ist i. d. R., den Umsatz zu erhöhen. Diese Strategie ist jedoch nur im Falle einer elastischen Nachfragereaktion als erfolgreich zu bezeichnen. [Siehe allgemein zum Konzept der Elastizitäten die Ausführungen in Hardes/Mertes/Schmitz (1998)]

Praktische Relevanz für junge Unternehmen

Mit dem Wissen über Elastizitäten, hier im Speziellen der Preiselastizität, ist es Unternehmen möglich, Reaktionen auf Preisänderungen zu antizipieren. Die Frage, ob eine Preisänderung den gewünschten Effekt erzielt, ist besser abschätzbar.

Die **Preiselastizität** dient im Marketing dazu, eine Einschätzung des Kundenverhaltens und somit eine *strategische Preispolitik* zu gestalten. Im Gegensatz zu zeitpunktbezogenen bzw. zeitlich begrenzten Preismaßnahmen, die bspw. einen kurzzeitigen Abverkauf von Saisonware oder zur Unterstützung von Marketingaktionen dienen, hat die Kenntnis der Preiselastizität im Markt eine strategische Bedeutung. Es wird unter anderem erfasst, ab welchem Marktpreis eine Erhöhung der Preise die abgesetzte Menge so stark senkt, dass der Gesamtumsatz geringer ist als vor der Preiserhöhung. Auch für den Fall, dass der Absatz eines Produktes oder einer Dienstleistung hinter den Erwartungen zurückbleibt, kann man durch Errechnen der Preiselastizität bestimmen, ob eine Preissenkung aus der Unternehmenssicht sinnvoll ist. Somit kann die Preiselastizität als Kennzahl für das Controlling im Unternehmen verwendet werden, um die Stabilität der eigenen Preise bei Nachfrageschwankungen zu erfassen.

Die Preiselastizität ist eine Form von Elastizitäten. Mengenänderungen eines Produktes können auch durch andere Ursachen wie z. B. durch Preise bzw. Preisänderungen anderer Produkte als auch das zur Verfügung stehende Einkommen der Nachfrager bestimmt werden. In diesem Kontext sind die *Kreuzpreiselastizität* und die *Einkommenselastizität* zu nennen. Die **Kreuzpreis-elastizität** definiert den *positiven oder negativen Zusammenhang zwischen zwei Produkten oder Dienstleistungen*. Bei diesen Produkten handelt es sich entweder um *Komplementärgüter* (positiver Zusammenhang) oder um *Substitutionsgüter* (negativer Zusammenhang).

Komplementärgüter

Komplementärgüter können definiert werden als *Produkte, die den Nutzen eines anderen Gutes erhöhen* und somit als ergänzend (komplementär) zu diesen zu sehen sind. Einige Beispiele sind hierbei Kaffee und Zucker, Laptop und Laptop-Tasche, Software und Hardware. Als markante Beispiele für ein breites Angebot an Komplementärgütern können die Zusatzprodukte rund um den äußerst erfolgreichen Musik-Player iPod von *Apple* gesehen werden. Zum einen bietet Apple selbst eine Vielzahl von Komplementärgütern rund um den iPod an. Als Komplementärgüter können in diesem Kontext z. B. Schutzta-schen, Fernbedienungen, exklusive Anschlusskabel oder hochwertige Kopfhö-rer bezeichnet werden, die direkt mit dem iPod verwendet werden können und den Nutzen für den Konsumenten erhöhen sollen. Weiterhin kann, ein-gebettet in eine gesamtheitliche Unternehmensstrategie, der iTunes Musiksto-re, in dem Musik und Videos erworben werden können, als Komplementärgut gesehen werden. Diese Musik kann nach dem Kauf auf den iPod übertragen und dort gehört werden. Abhängig vom Modell können auch gekaufte Musik-videos auf dem iPod angesehen werden. Aber nicht nur Apple bietet Kom-plementärprodukte zum iPod an, denn es gibt es eine breite Palette unter-schiedlichster Komplementärgüter zum iPod von anderen Anbietern. Hierzu zählen bspw. Taschen, Schutzhüllen, Lautsprechersysteme, Armbänder oder Systeme zum Anschluss an das Autoradio, welche bspw. auch direkt von einzelnen Autoherstellern, wie z. B. *BMW*, angeboten werden. Unter strategi-schen Aspekten kann es daher für junge Unternehmen sinnvoll sein, aufbau-end auf einem Basisprodukt wie bspw. dem iPod eigene Komplementärgüter anzubieten. Darüber hinaus kann eine weitere Strategie darin bestehen, Kom-plementärgüter für bereits erfolgreiche bestehende Produkte anzubieten.

Substitutionsgüter

Substitutionsgüter können definiert werden als *Produkte, die den Nutzen eines anderen Gutes verringern oder ersetzen können* und somit austauschend bzw. ersetzend (substituierend) zu diesen zu sehen sind. Als Beispiele können Kaffee und Tee, CD und DVD, tragbare CD-Player und digitale Musik-Player angeführt werden. Die Einführung des iPod von Apple hat bspw. zu einem Boom der tragbaren Musik-Player, gerade im Segment hochwertiger Produkte, beigetragen. Der Nutzen des iPod liegt in seinem schlichten, eleganten Design, seiner einfachen Bedienbarkeit und der Vermittlung eines Lifestyle-Gefühls. Der iPod ist zum einen als Substitutionsgut zu Produkten auf der Basis älterer Technologien wie bspw. kassettenbasierter Musikabspielgeräte (z. B. der alte Walkman von Sony) oder tragbarer CD-Player zu sehen. Auch ist der iPod als ein Substitutionsgut zu anderen neuartigen Musik-Playern zu sehen, deren Nutzen von den Kunden oftmals nicht so hoch eingeschätzt wird wie der des iPod. Der iPod kann auch als Substitutionsgut für bspw. stationäre CD-Player und Musikanlagen gesehen werden. Das Beispiel iPod zeigt, dass insbesondere durch den technologischen Fortschritt immer wieder neue, innovative Produkte entstehen, die klassische Produkte teilweise oder vollständig substituieren und vom Markt verdrängen.

Preisstrategien

Unterschiedliche Faktoren wie z. B. die Marktsituation (Käufermarkt oder Verkäufermarkt), Wettbewerbssituation (polypolistisch, oligopolistischer oder monopolistischer Markt), die situative Angebots- und Nachfragesituation eines Produktes (Angebots- oder Nachfrageüberhänge), der Neuheitsgrad des Produktes sowie auch die zuvor genannten Einflüsse der Elastizität des Produktes wirken auf die Gestaltung des Preises ein. Aus diesen Gründen stellt die Preiskalkulation in Zusammenhang mit der Abschätzung der zu erwartenden Verkaufsmenge immer wieder eines der größten Probleme junger Unternehmen dar. In vereinfachter Betrachtung können zur Gestaltung des Preises vier grundlegende Formen von Preisstrategien unterschieden werden:

- *Hochpreisstrategie*
- *Abschöpfungsstrategie*
- *Niedrigpreisstrategie*
- *Penetrationsstrategie*

Die Verwendung einer **Hochpreisstrategie** ist bei einem *innovativen Produkt und entsprechenden Wettbewerbsvorteilen* sowie möglicherweise auch bei *Technologievorsprüngen gegenüber den Konkurrenten* zu empfehlen. Der Preis wird bei Einführung des Produktes auf einem hohen Preisniveau festgesetzt. Das Ziel ist bspw. eine angestrebte Qualitätsführerschaft oder eine Maßnahme im Rahmen einer Markenstrategie. Bei Letzterem wird bei hohen Preisen oftmals auch eine hohe Qualität vermutet. Gleichermaßen haben Markenprodukte oftmals eine Qualitätsvermutungsfunktion. Bei der Realisierung einer reinen Hochpreisstrategie wird der Preis im Laufe des Produktlebenszyklus nicht gesenkt. Ein Unternehmen, das eine konsequente Hochpreisstrategie verfolgt, ist der dänische Unterhaltungselektronikhersteller *Bang & Olufsen* (B&O). Bei Bang & Olufsen ist prinzipiell keine starke Preisreduktion infolge eines ständig wachsenden Konkurrenzdruckes zu erkennen. Vielmehr sieht sich Bang & Olufsen als Premiumanbieter. Bei den Kunden wird für ein exklusives, zeitloses Design eine höhere Zahlungsbereitschaft generiert. Viele B&O-Produkte sind so konzipiert, dass sie teilweise auch nach dem Kauf noch technologisch angepasst und aufgerüstet werden können. Oftmals bleibt ein einmal eingeführtes Design der Produkte von B&O in Grundzügen bestehen, nur erfolgt eine stetige Anpassung auf den Stand der aktuellen und künftigen Technik. Hierzu gehören bspw. schnurlose Telefone der BeoCom-Reihe.

Als eine Variation der Hochpreisstrategie kann die **Abschöpfungsstrategie** gesehen werden. Ausgehend von einem hohen Einführungspreis wird der Preis ab einem bestimmten Zeitpunkt verringert. Als einen solchen Zeitpunkt kann der Eintritt neuer Konkurrenten in den Markt gesehen werden. Hiermit ist zumeist einer Verringerung zeitlicher bzw. technologischer Vorsprünge verbunden. Der Wettbewerbsdruck führt dabei zu einer Verringerung des Preises über die Zeit. Daher sollte der Technologie- und Zeitvorsprung zur *Abschöpfung des Marktes* genutzt werden. Als eine Variation dieser Vorgehensweise ist die Einführung des Produktes auf hoher Preisbasis unter Antizipation und Beachtung der Erfahrungskurve zu sehen. Das Produkt wird zu einem hohen Preis eingeführt, um den Markt abzuschöpfen. Im Laufe der Zeit werden innerhalb des Unternehmens Erfahrungen im Prozess der Leistungserstellung gesammelt und Verbesserungen generiert, die bei unveränderten Bedingungen zu einer Verminderung der Kosten führen. Prozess- bzw. Verfahrensinnovationen ermöglichen eine komplementäre, zusätzliche Senkung der Produktionskosten. Somit kann der Preis im Laufe der Zeit verringert werden. Derartige Preisstrategien werden u. a. in den Bereichen Computerhardware und Unterhaltungselektronik verfolgt. Beispiele aus der Computertechnologie sind die Einführung neuer Prozessorvariationen und -generationen durch die Unternehmen *Intel* und *AMD* sowie Grafikchips der beiden führenden Unternehmen *NVIDIA* und *ATI*.

Die **Niedrigpreisstrategie** zielt auf die Einführung von *Produkten zu einem niedrigen Preis* ab, um diesen dann kontinuierlich auf diesem geringen Niveau zu halten. Das Ziel hierfür ist oftmals eine angestrebte Kostenführerschaft. Zumeist ist diese Vorgehensweise auf *Märkten mit hoher Wettbewerbsdichte* und gleichen oder ähnlichen Produkten zu empfehlen. Die Realisierung derartiger Strategien stellt für junge Unternehmen häufig eine Herausforderung dar, da die finanzielle Ausstattung hierfür nicht ausreicht. Es gibt in der Praxis aber durchaus Beispiele von Unternehmen, die als Newcomer mit einer Niedrigpreisstrategie in gesättigte Märkte erfolgreich eingetreten und darin gewachsen sind. Bekannte Markennamen sind in diesem Kontext die Discount-Handelsketten Aldi, Lidl sowie die Drogeriekette Rossmann oder aber auch der Discount-Optiker Fielmann.

Eine Variation der Niedrigpreisstrategie ist die **Penetrationsstrategie**. Bei dieser Preisstrategie soll das Produkt durch niedrige Preise schnell eingeführt und vertrieben werden. Als Ziel ist eine schnelle Durchdringung des Marktes bei einer niedrigen bis keiner oder negativen Marge (Gewinnspanne) angestrebt. Ein Ziel ist die Erreichung eines hohen Marktanteils in kurzer Zeit. Konkurrenten sollen teilweise oder vollständig von Markt verdrängt werden, um dann die Preise erhöhen zu können. Diese Strategie ist sehr kostenintensiv, da die Margen gering sind und gleichzeitig ein hoher Werbedruck bzw. hohe Kosten für die Kommunikationspolitik, etwa in Form von Werbemaßnahmen, entstehen. Oftmals bleibt es auch bei einer Niedrigpreisstrategie. Die Preise werden nicht angehoben oder können nicht angehoben werden, weil die Kunden an die niedrigen Preise gewöhnt sind. Ein Anheben führt dann oft zu einem (massiven) Verlust von Kunden.

Abbildung 27 soll den zuvor erörterten Sachverhalt der vier Preisstrategien in idealisierter Weise verdeutlichen.

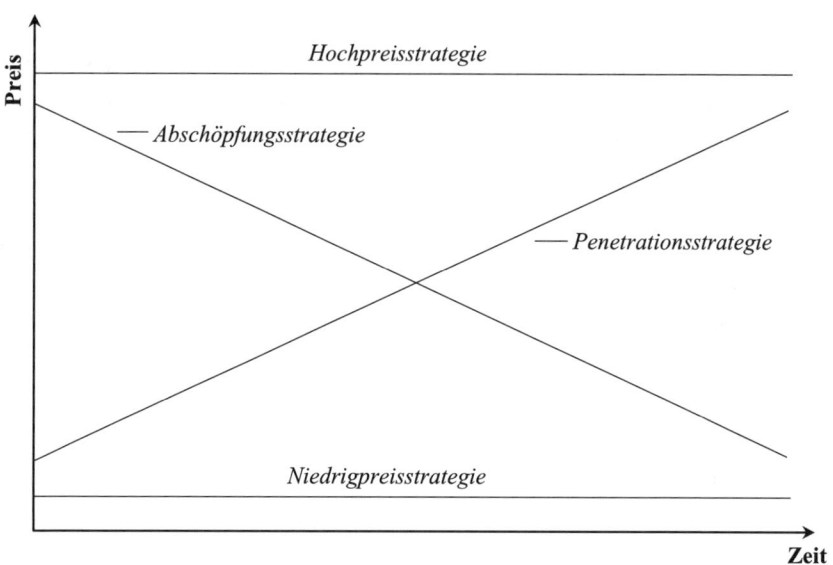

Abbildung 27: Idealisierte Preisstrategie

Weitere einfache Formen der **Preisgestaltung** sind die *Konkurrenzpreisbildung* sowie die *Kostenpreisbildung*. Bei der **Konkurrenzpreisbildung** können Preise von Konkurrenzprodukten und deren Preiselastizität zumindest als Ausgangbasis der weiteren internen Preisgestaltung verwendet werden. Dabei sind jedoch die eigene Produktpositionierung, der Leistungsumfang des Produktes, die Zielgruppe und deren Bedürfnisse, Distributionswege und Kommunikationsinstrumente zu beachten, die Einfluss auf den Preis nehmen. Die **Kostenpreisbildung** erfolgt auf der Basis des Einstandspreises bzw. der Produktionskosten eines Produktes. Prinzipiell bildet die Kosten- und Leistungsrechung in einem Unternehmen die Ausgangsbasis jeder Kalkulation. Je nach gewähltem Verfahren und Detaillierungsgrad lassen sich in der Kostenrechungen bedarfsgerechte Daten ermitteln. Generell sollten alle Kostenarten innerhalb des Unternehmens beachtet werden, denn letztendlich entstehen alle Kosten für ein Produkt bzw. sind diesem zurechenbar. Im Rahmen der **psychologischen Preisbildung** sind *gerade und ungerade Preisbeträge* von Bedeutung. *Ungerade Preisbeträge* lassen ein *Produkt psychologisch günstiger erscheinen*, bspw. 399 Euro statt 400 Euro oder 2,99 Euro statt 3 Euro. Dabei suggerieren ungerade Zahlen, insbesondere bei kleineren Beträgen, ein günstiges Angebot. Bei der **distributionsorientierten Preisbildung** kann die Gestaltung des Preises vor dem Hintergrund der gesamten Distributionskette vollzogen werden. Gerade bei einem mehrstufigen indirekten Verkauf sind entsprechende Margen der einzelnen Zwischenhändler zu berücksichtigen, da auch diese Einfluss auf den Endkundenpreis haben.

In vereinfachter Weise werden bei dieser Preisbildung die Kosten der Produktion, die Unternehmenskosten sowie eine Gewinnmarge, ein möglicher Skonto als auch ein möglicher Rabatt addiert, um zu einem Verkaufspreis zu gelangen. Eine vereinfachte Angebotskalkulation zeigt Tabelle 11.

Kalkulationsart	*Aufschläge in %*	*Kalkulationswert*
Einstandspreis/Produktionskosten		
+ weitere Kostenarten (z. B. Vertrieb, Verwaltung)	40	
= Selbstkostenpreis		
+ Zu erzielender Gewinn	10	
= Barverkaufspreis		
+ Skonto	2	
= Zielverkaufspreis (netto)		
+ Rabatt (+ Handelsmargen)	20	
= Listenverkaufspreis		

Tabelle 11: Beispiel einer Preiskalkulation

Die zuvor dargestellte Kalkulation ist prinzipiell für alle Unternehmensarten, seien es nun Handels-, Produktions- oder Dienstleistungsunternehmen, anwendbar. Von Bedeutung ist in diesem Zusammenhang, dass der zu erzielende Gewinn, ein etwaiger Skonto und mögliche Rabatte in den Preis direkt eingerechnet werden. Die Einbeziehung eines Gewinnaufschlages auf der Basis des Selbstkostenpreises ist unmittelbar nachvollziehbar, da dieser die Basis für die Gewinnerzielung bildet.

4.2.5.3   Kommunikationspolitik

Die Kommunikationspolitik befasst sich mit der Kernfrage, durch welche Maßnahmen bzw. Instrumente der Kunde die Vorteile eines Produktes oder auch eines Unternehmens vermittelt bekommt. Der heute im Regelfall vorherrschende Käufermarkt wie auch die Einführung des Internets haben zu einer ständig steigenden Bedeutung der Kommunikationspolitik geführt. Durch die Instrumente der Kommunikation sollen die Aufmerksamkeit und die Kaufbereitschaft der Zielkunden erreicht und ein Vertrauensverhältnis zwischen Unternehmen und Kunde geschaffen werden. Allgemein umfasst die **Kommunikationspolitik** *Instrumente und Maßnahmen der Marktbildung und Kundengewinnung* sowie der *Markt- bzw. Kundenbeeinflussung*. In der Regel werden in der Marketingliteratur und -praxis folgende Kommunikationsinstrumente unterschieden:

- Werbung
- persönlicher Verkauf
- Verkaufsförderung
- Sponsoring
- Messen
- Public Relations

Auf der Basis von *Werbemedien* und korrespondierender *Werbemittel* können verschiedene Formen von Instrumenten der **Werbung** gebildet werden. **Werbemedien** bzw. Werbeträger dienen dabei der Übermittlung von Werbebotschaften, wie etwa des Wettbewerbsvorteils oder des Produkt- bzw. Kundennutzens. Werbebotschaften zeigen ihre Wirkung erst, wenn diese über *zielgruppengeeignete Medien* transportiert werden. Innerhalb eines Werbemediums können unterschiedliche Instrumente an **Werbemitteln** zugeordnet werden.

Beispiele für **Werbemedien und zugehörige Werbemittel** sind in Tabelle 8 dargestellt. [In Anlehnung und Erweiterung an Löffler (2004); Becker (2006)]

Werbemedien	Zugehörige Werbemittel
Printmedien	
Zeitungen	• Anzeigen, Inserat
Zeitschriften	• Anzeigen, Inserat
Sonderwerbeformen innerhalb von Zeitungen und Zeitschriften	• Beilagen, Beihefter, Beikleber • Produktproben, Give-aways
Plakatklebestellen	• Plakate, Citylight-Poster
Elektronische Medien	
Fernsehen	• Fernsehspot, Splitscreen-Werbung, • TV Left Split, Road Block
Hörfunk	• Radiospot, Kurzteaser
Kino	• Kinowerbefilm
Internet	• Bannerwerbung, AdWords, E-Mail, • Interstitials, Prestitials, Flash-Spiele
Mobiltelefon	• SMS
Personalisierte Sonderformen	
Direktmarketing	• Mailings (Werbebriefe), Telefonmarketing • Interaktive Medien • Postwurfsendungen, Warenproben • Versandhauskataloge
Transportmittel	
S-Bahn, U-Bahn, Pkw, Lkw, Bus, Luftschiff, Flugzeug	• Plakate, Banner • Transparente • Vollbeschriftung
Sonstiges	
Personen (auch Sponsoring)	• Bekleidung und Accessoires

Tabelle 12: Werbemedien und Werbemittel

Die einzelnen Gruppen der Werbemedien und Werbemittel umfassen vielfältige **Gestaltungsmittel**. Beispiele hierfür sind ein *Motto, Slogan, Farb- und Schriftbild*, ein speziell entwickeltes *Layout, Bild, Logo* sowie eine spezifische *Klangfarbe von Werbetexten und Botschaften*. Die Gestaltungsmittel basieren insbesondere auf Konzepten von *Licht und Farbe* sowie von *Duft und Klang*. Darüber hinaus wird auch mit *haptischen Konzepten* gearbeitet (Konzepte der Sinneswahrnehmung über mechanische Reize bzw. den Tastsinn), indem z. B. speziell strukturierte Materialsorten verwendet werden. Die Entwicklung und Nutzung dieser einzelnen Gestaltungsmittel kann, je nach Aufwand, mit hohen Kosten verbunden sein.

Werbung ist generell ein kostenintensives Marketinginstrument. Für junge Unternehmen kann es sich bei begrenzten Budgets als vorteilhaft erweisen, **alternative Marketinginstrumente** innerhalb der Kommunikationspolitik einzusetzen. Dabei kommen z. B. der *persönliche Verkauf*, die *Verkaufsförderung*, die *Ausstellung auf Messen, das Sponsoring* sowie der Bereich *Public Relations* in Betracht.

Der **persönliche Verkauf** bietet jungen Unternehmen die Möglichkeit, zielgerichtet und genau über das eigene Produkt zu informieren und die Produkte direkt ohne Zwischenhandel zu verkaufen. Informationen werden direkt an den Kunden weitergeleitet, es entstehen keine Schnittstellenverluste in der Kommunikation. Auf Fragen der Kunden kann intensiv und individuell eingegangen werden. Der Kunde kann somit zu einem Kauf motiviert werden. Jedoch ist diese Maßnahme sehr zeit- und kostenintensiv und bindet mitunter die Kapazitäten der Gründerpersonen sehr stark.

Ein weiteres Marketinginstrument ist die Verkaufsförderung. Unter dem Begriff **Verkaufsförderung** bzw. Promotion werden Maßnahmen verstanden, die zur Erhöhung von Verkaufsergebnissen beitragen sollen. Zielgruppen der Verkaufsförderung können in erster Linie Kunden, aber auch der *Handel* (Groß- bzw. Einzelhandel) oder eigene *Vertriebsmitarbeiter des Unternehmens* sein. Maßnahmen der **Verkaufsförderung** können direkt auf den **Kunden** ausgerichtet sein (Consumer Promotion). Hierbei wird das Produkt meist zeitlich befristet und zielgruppengerecht an unterschiedlichen Orten beim Kunden beworben. Das Ziel ist eine Erhöhung der Nachfrage beim Endkunden. Bei dieser Art der Verkaufsförderung handelt es sich um eine Unterstützung der Händler durch den Einsatz verschiedener Instrumente, wie bspw. Preisausschreiben, Proben und Verkostung im Einzelhandel, Sonderpackungen des Produktes oder Leistungspakete mit Zusatznutzen wie bspw. die Zugabe von

Spielzeugen oder anderen Gimmicks. Klassische Verkaufförderungsmaßnah-
men werden z. B. in Filialen des Einzelhandels durchgeführt. Dabei werden
i. d. R. Geschmacksproben des Produktes an den Kunden verteilt, etwa Getränke in Getränkemärkten. Im Rahmen der Verkaufsförderung beim **Handel**
kann auch von Händler-Promotion bzw. Trade Promotion gesprochen werden. Das junge Unternehmen stellt dem Handel Produktinformationen oder
Displays über das Produkt zur Verfügung. Darüber hinaus können auch
Hinweise zu einer besseren Ladengestaltung bzw. Produktplatzierung gegeben
werden. Weiterhin können Aktionen zum Abverkauf von Produkten gestartet
werden. Derartige Maßnahmen sind jedoch im Hinblick auf die Erzielung
einer Breitenwirkung und hohen Reichweite kapitalintensiv und für ein junges
Unternehmen aufgrund der zumeist geringen Kapitalausstattung mit besonderen Herausforderungen verbunden. Kommunikationspolitische Maßnahmen
zur Verkaufsförderung können sich auch auf **Mitarbeiter des Außendiens-
tes** beziehen. Beispiele sind Schulungen, Fortbildungen sowie verkaufsunter-
stützende Materialen wie Prospekte oder Flyer. Durch Prämien sollen Außen-
dienstmitarbeiter die Verkäufer zu einer intensiveren Bearbeitung des Marktes
bzw. Kunden bewegen. Die Zielgruppe dieses Instrumentariums ist der Vertrieb. Auch die Durchführung dieser Maßnahmen dürfte für junge Unternehmen aufgrund ihrer im Regelfall knappen finanziellen Ressourcen schwierig
sein.

Sponsoring ist die *Unterstützung einer Einzelperson*, einer *Gruppe*, einer *Institution*
oder einer *Veranstaltung* durch *Finanz-* oder *Sachmittel* sowie *Dienstleistungen*.
Sponsoring zeichnet sich durch eine Leistungserbringung des Sponsors und
des Gesponserten aus. *Leistung für Gegenleistung* ist das Prinzip, wodurch sich
Sponsoring auch von einer Spende unterscheidet. Neben der direkten Öffent-
lichkeitswirkung und Verbreitung bspw. des Logos des Sponsors ist ein Ziel
des Sponsors zumeist auch ein Transfer der vorhandenen Sympathie des
Gesponserten auf den Sponsor selbst und somit eine positive Imagewirkung.
Generell liegen die Vorteile des Sponsorings in einer Ansprache der Zielgrup-
pe in nicht kommerziellen Situationen wie bspw. bei Sportveranstaltungen.
Dabei können auch Zielgruppen angesprochen werden, die mit klassischen
Kommunikationsmaßnahmen nicht erreicht werden können. Dies ist beson-
ders im Falle von jungen Unternehmen relevant, da eine Sponsoring-
Maßnahme finanziell betrachtet mitunter günstiger sein kann als eine direkte
Werbemaßnahme. Weiterhin können auch das Fernsehen, Publikumszeit-
schriften oder Tageszeitungen als Multiplikator für Sponsoringbotschaften
genutzt werden, ohne dass direkt ein Kauf von Werbekapazitäten notwendig

ist. Somit kann kostengünstig eine Steigerung des Bekanntheitsgrades des Unternehmens durch das Sponsoring erreicht werden. Ein Beispiel für ein gezieltes und öffentlichkeitswirksames Sponsoring ist *Red Bull.* Das Unternehmen sponsert individuell Sportler, Sportteams (bspw. in der Formel 1) oder Veranstaltungen wie bspw. die Red Bull Flugtage, das Red Bull Air Race oder Meisterschaften im Papierfliegerbau und -weitwurf.

Ausstellungen auf Messen können für junge Unternehmen ein geeignetes kommunikationspolitisches Instrument sein. Hierbei präsentieren die Unternehmen ihre Produkte zielgruppenorientiert. Die Ausstellung auf einer Messe ist marketingtechnisch vor- und nachzubereiten. Möglicherweise ist es sinnvoll, die potenziellen Kunden im Vorfeld über die Teilnahme an einer Messe zu informieren bzw. diese gezielt einzuladen. Messen bieten die Gelegenheit, z. B. Produkte vorzuführen und möglicherweise konkret bereits Verträge aufzuhandeln. In diesem Kontext erlangt das für ein junges Unternehmen spezifische Messemarketing einen besonderen Stellenwert.

Insbesondere für junge Unternehmen kann der Bereich der Public Relations von grundlegender Bedeutung sein. **Public Relations** (Öffentlichkeitsarbeit) hat zum Ziel, eine positive Einstellung der Unternehmensumwelt gegenüber dem Unternehmen zu schaffen. Dies ist als *externe Public Relations* zu verstehen. Zielgruppe der Öffentlichkeitsarbeit sind dabei alle Personen, die Einfluss auf das Unternehmen haben können. Im Vergleich zu Werbespots, die in Fernsehen und Rundfunk zu hohen Preisen platziert werden, sind die Kosten für Public-Relations-Maßnahmen üblicherweise deutlich geringer. Für junge Unternehmen, die ein positives Image aufbauen und das Vertrauen der Kunden gewinnen möchten, ist das Instrument der Öffentlichkeitsarbeit allein schon unter Kostenaspekten empfehlenswert. Die Arbeit mit Pressevertretern erfordert jedoch eine gewisse Erfahrung sowie Professionalität und sollte von den Verantwortlichen im jungen Unternehmen kompetent und sehr gut vorbereitet durchgeführt werden. Systematisch ist der Bereich der externen Public Relations von den *internen Public Relations* zu unterscheiden. Im Rahmen der internen Public Relations werden z. B. Mitarbeiter über den Stand des Unternehmens und geplante Aktivitäten informiert und motiviert. Das junge Unternehmen kann eine positive und möglicherweise auch längerfristige Bindung zu seinen Mitarbeitern aufbauen. Auch die Mitarbeiter können als Multiplikatoren fungieren.

Aus Sicht junger Unternehmen ergeben sich insgesamt zwei entscheidende **Teilbereiche der Public Relations**. Zum einen ist eine *Generierung eines* *positiven, öffentlichkeitswirksamen Bildes bzw. Images* anzustreben. Dadurch werden möglicherweise Werbeaussagen unterstützt und (potenzielle) Kunden in ihren Kaufentscheidungen positiv beeinflusst. Positive *Imagewirkungen* bilden somit die *Basis für weitere kommunikationspolitische Aktivitäten*. Zum anderen sollte konkret versucht werden, eine *Platzierung von Produkten über Public-Relations-Maßnahmen im redaktionellen, nicht werblichen Teil unterschiedlicher Medien*, wie z. B. Zeitung und Zeitschriften, aber auch im Radio und Fernsehen, vorzunehmen. In diesem Sinne wird das Instrument der Public Relations als Substitut anderer Formen von Werbemaßnahmen eingesetzt. Vorteilhaft für die Platzierung ist in diesem Zusammenhang ein innovatives Produkt mit einem eigenständigen Kundennutzen, der in einfacher Weise vermittelbar sein sollte. Gerade bei außergewöhnlichen Produktideen, die eine inhaltliche Bereicherung des redaktionellen Teiles eines Mediums darstellen, besteht eine relativ große Chance einer erfolgreichen Platzierung. Auch in diesem Zusammenhang ist die Planung der Public-Relations-Aktivitäten von Bedeutung, da diese zielgerichtet und nach Möglichkeit zielgruppenorientiert ausgestaltet sein sollten. Die Erstellung eines **Stufenplanes** könnte helfen, einen entsprechenden Werbedruck zu erzielen. Hierbei ist eine Strategie zu formulieren, in welcher Weise, zu welchem Zeitpunkt und in welcher Reihenfolge Public-Relations-Maßnahmen bei unterschiedlichen Werbemedien erzeugt werden sollten. Dies sollte insgesamt im Rahmen einer **integrierten Kommunikationspolitik** geschehen, d. h. im Sinne einer *Abstimmung aller Kommunikationsmaßnahmen*.

Als maßgebliche **Instrumente der Public Relations** können u. a. gute (Netzwerk-)Kontakte zu Medienvertretern unterschiedlicher Bereiche gesehen werden. Dabei ist eine gezielte Ansprache der Vertreter mit Presseberichten zu dem Unternehmen und zu den Produkten vorzubereiten und durchzuführen. Als weitere Instrumente sind Pressekonferenzen, die Verwendung zielgruppenorientierter und ansprechender Geschäftsberichte, Boschüren, Flyer und eine Hauszeitschrift zu nennen. Darüber hinaus ist die Organisation von Betriebsbesichtigungen oder Tagen der offenen Tür relevant. Auch können Verfahrens- und Prozessinnovationen als Anlass für Public-Relations-Maßnahmen gesehen werden, gerade wenn diese eine Verbesserung bspw. der ökologischen Produktionsbedingungen beinhalten. Auch historische Entwicklungen, bspw. bei Betriebsübernahmen, können einen Anhaltspunkt bilden.

4.2.5.4   Distributionspolitik

Im Rahmen der Distributionspolitik stellt sich die Kernfrage, auf welchem Wege die Produkte und Leistungen zum Kunden gelangen sollen. Dabei werden unter dem Begriff der Distributionspolitik alle marktlichen Tätigkeiten des Unternehmens zusammenfasst, die sich auf einen physischen oder informationstechnischen Transport eines Produktes oder einer Dienstleistung vom Ort der Leistungserstellung bis zum Ort des Konsums bzw. des Leistungsempfangs beziehen. Dies umfasst die *Auswahl und Gestaltung der Absatzwege* und somit die Einbeziehung des Handels in qualitativer und quantitativer Hinsicht. Der Absatzweg zwischen dem Unternehmen und dem Kunden kann als *direkter Absatzweg* (direkte Verbindung zwischen Hersteller und Kunden bspw. über das Internet) oder *indirekter Absatzweg* (indirekte Verbindung zwischen Hersteller über Groß- oder Einzelhändler zum Kunden) gestaltet sein.

Abbildung 28 charakterisiert in vereinfachter Form mögliche Formen des Absatzweges.

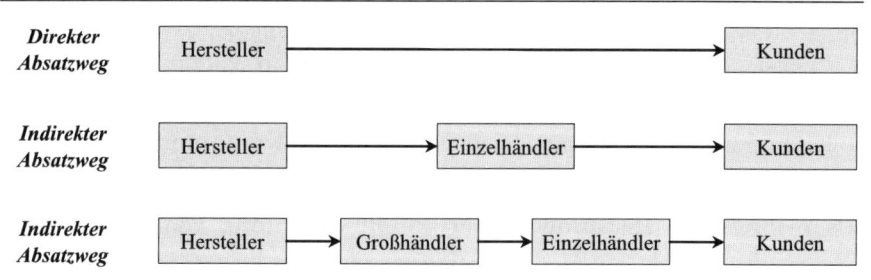

Abbildung 28: Formen des Absatzwegs

Die Wahl einer geeigneten Distributionspolitik ist von unterschiedlichen Faktoren abhängig. Dabei kann, je nach Produkt oder Dienstleistung, die Distribution über direkte oder indirekte Absatzwege erfolgen. Abhängig ist die Ausgestaltung der Distributionswege für junge Unternehmen von der zu erwarteten Marktfähigkeit und Annahme durch den Kunden und den daraus abgeleiteten monetären Gewinnaussichten bzw. Interessen des Groß- und Einzelhandels bei einem **indirekten Vertrieb**.

Die Distributionskapazitäten bzw. Lager- und Ausstellungsflächen der Händler sind i. d. R. limitiert und somit konkurrieren neue Produkte eines jungen Unternehmens je nach Alter und Struktur des Marktes u. U. mit einer Vielzahl komplementärer oder substitutiver Produkte anderer junger oder etablierter

Unternehmen. Entscheidend sind in diesem Zusammenhang die Gewinnmargen des Groß- und Einzelhandels sowie die zu erwartende Umschlagshäufigkeit des Produktes. Beide Variablen bilden *zusammen* bestimmende Zielgrößen im Sinne einer (einfachen) Umsatzfunktion Preis mal Menge während einer bestimmten Betrachtungsperiode. Für junge Unternehmen sind in diesem Zusammenhang auch vereinbarte Zahlungsziele mit dem Händler von Bedeutung, denn es kann mitunter zu sehr langen Zahlungszielen kommen, die ein junges Unternehmen einem Händler gewähren muss, um in dessen Sortiment aufgenommen zu werden. Wird bspw. der Lebensmitteleinzelhandel betrachtet, lässt sich feststellen, dass hier Zahlungsziele bei großen Händlern von u. U. zwei bis drei Monaten eingeräumt werden müssen. In Kombination mit der zu erwartenden Umschlagshäufigkeit und den damit verbundenen zusätzlichen Vertriebs- und Versandkosten des jungen Unternehmens muss eine hohe Liquidität vorgehalten werden. Es kann bspw. vorkommen, dass Produkte durch den Händler mehrmals umgeschlagen (verkauft) werden, bis eine Begleichung der ersten Warenlieferung erfolgt. Die Wertschöpfung des Einzelhändlers entsteht somit einerseits durch die Gewinnmarge des Produktes an sich. Andererseits generiert der Einzelhändler ein langes Zahlungsziel und somit einen Lieferantenkredit.

Insgesamt ist es für junge Unternehmen im Rahmen der Distributionspolitik empfehlenswert, zeitlich frühe Einnahmen gegenüber zeitlich stark versetzten, späteren Ausgaben zu bilden. Somit wird eine hohe Zahlungszieldifferenz zwischen Einkauf und Verkauf sichergestellt.

Im Hinblick auf den **direkten Vertrieb** von Produkten wurden durch die informations- und kommunikationstechnischen Entwicklungen der letzten Jahrzehnte entscheidende Möglichkeiten zur Realisierung von direkten Vertriebsstrategien geschaffen, die gerade von jungen Unternehmen genutzt werden können. Als erfolgreiche Pioniere lassen sich in diesem Kontext die Unternehmen *Dell* und *Amazon* anführen. Das Internet ermöglicht einem jungen Unternehmen die Einrichtung eines Direktvertriebes über einen Onlineshop bzw. ein Marktplatzsystem. Waren Onlineshopsysteme aufgrund eines kleinen Angebotes zunächst noch teuer, kann heute der Kostenfaktor weitgehend vernachlässigt werden. Durch die Open-Source-Bewegung existieren sogar kostenlose Systeme, die in Kombination von unterschiedlichen Modulen von einem Content-Management- über ein Dokumentenmanagement- bis hin zu einem Shopsystem integriert werden können. Kostenfreie bzw. kostengünstige Content-Management-Systeme sind bspw. *Typo3* oder *Mambo* bzw. *Joomla!*. Als umfangreiches Open-Source-E-Commerce-System (Shopsystem) kann bspw. osCommerce genannt werden.

Teilweise ist es sogar nicht mehr erforderlich, eine eigene Soft- und Hardware zu verwenden. Kommerzielle Handelsplattformen, wie z. B. *eBay* oder teilweise *Amazon*, bieten auch jungen Unternehmen die Möglichkeit, ihre Plattform für die Bereitstellung eigener Produktangebote zu nutzen. Die Handelsplattformen können sowohl als alleinige Vertriebsinstrumente als auch in Form einer integrierten eigenen direkten und indirekten Vermarktungsstrategie Verwendung finden. Hierbei kann von kollaborativen Strategien der Zusammenarbeit gesprochen werden, die es ermöglichen, dass prinzipiell jede Person bzw. Institution eine Händlerfunktion einnehmen und mit Kunden in Kontakt treten kann.

Neben einer direkten Vermarktung über das Internet lassen sich Produkte auch über das *Fernsehen* in speziellen Shop-Sendungen bzw. Shop-Sendern anbieten, wie bspw. bei *QVC* oder dem *RTL-Shop*. Aber auch *„klassische"* *Formen des Direktvertriebs* wie bspw. bei *Tupperware, Ha-Ra* oder *Avon* sind denkbar. Hierbei werden oftmals u. a. sogenannte Produktpartys in häuslichem Kreise veranstaltet, bei dem die Produkte vorgestellt, getestet und direkt gekauft bzw. bestellt werden können.

4.2.6   Mediaplanung

Die **Mediaplanung** ermöglicht eine zielgerichtete Kombination und einen *Mix der einzelnen Werbemedien und Werbemittel für eine spezielle Zielgruppe* und somit die *Verteilung des Werbebudgets auf die einzelnen Werbemedien bzw. Werbemittel*. Für die gezielte Durchführung einer Mediaplanung müssen relevante Daten, etwa bzgl. des Nutzungsverhaltens und der Nutzungshäufigkeit der Zielgruppe von einzelnen Werbemedien, vorliegen.

In der Regel entwickeln professionelle **Medienagenturen** softwaregestützt maßgeschneiderte Mediapläne. Dabei kann die verwendete Software auf Zielgruppenprofile und Nutzungszeiten der einzelnen Werbemedien zugreifen und diese integriert auswerten. Somit ist die Erstellung eines detaillierten **Mediamix** möglich, der auf die jeweilige Zielgruppe zugeschnitten ist. Jungen Unternehmen steht diese Möglichkeit i. d. R. nicht zur Verfügung, da die Inanspruchnahme einer professionellen Agentur kostenintensiv ist und bei einem im Regelfall kleinen Werbebudgets nicht erwogen werden kann. Üblicherweise erhalten Mediaplanungsagenturen einen prozentualen Anteil am Gesamtwerbebudget für ihre Planungsleistungen. Kleine Werbebudgets sind für Agenturen aufgrund der zu geringen Marge nicht von Interesse.

In einigen Fällen bietet es sich aber auch für junge Unternehmen an, einen Mediamix durchzuführen. Denn die Werbemedien weisen unterschiedliche Reichweiten auf und auch mit einem geringen Budget wird generell eine möglichst optimale Reichweite und Struktur der Werbemaßnahmen angestrebt. Aus diesem Grund werden nachfolgend einige **Kennzahlen der Mediaplanung** wie die *Reichweite, Bruttoreichweite* oder *Nettorechweite* sowie *interne und externe Überschneidungen* als auch die *Affinität* kurz erörtert, sodass in einem groben Rahmen die wichtigsten Kennzahlen bekannt sind und somit die Angaben bei bspw. Zeitschriftenanzeigen richtig eingeordnet werden können.

Als Ausgangsbasis für die Mediaplanung soll die Reichweite dienen. Die **Reichweite** gibt den Nutzungsanteil von Personen in Prozent an, die ein Medium (Fernsehen, Radio, Zeitung etc.) in einem Erscheinungsintervall nutzen. Die Reichweite bezieht sich dabei immer auf das Werbemedium bzw. den Werbeträger und nicht auf das Werbemittel, da nicht sichergestellt werden kann, ob bspw. eine Printanzeige in einer Zeitschrift auch wirklich angesehen wurde. Die Reichweite wird bei Printmedien auch als LpA (Leser pro Ausgabe) oder LpN (Leser pro Nummer) bezeichnet. [Löffler (2004)]

Als **Bruttoreichweite** wird die Summe aller Reichweiten eines Mediaplanes über alle Medien bezeichnet, bei der keine Herausrechnung bzw. Subtraktion von Überschneidungen erfolgt. Die Bruttoreichweite bezeichnet somit die *Anzahlhäufigkeit von Kontakten.* Die Bruttoreichweite kann durch Multiplikation der Reichweite eines Mediums mit der zugehörigen Belegungsfrequenz berechnet werden. Sie wird ermittelt durch den Anteil der erreichten Personen multipliziert mit den jeweiligen Durchschnittskontakten. In diesem Kontext wird häufig auch von einem sogenannten **Gross Rating Point (GRP)** gesprochen. Dabei bezeichnet der GRP die *Bruttoreichweite in Prozent.* Der GRP ist ein Maß für den Werbedruck eines Mediaplanes, da verdeutlicht wird, wie viele durchschnittliche Kontakte auf 100 Zielpersonen erreicht werden. Interne und externe Überschneidungen bleiben hierbei unberücksichtigt. Als **interne Überschneidung** wird der Kontakt des gleichen Werbemittels in mehreren Ausgaben eines gleichen Werbemediums bezeichnet. **Externe Überschneidungen** beschreiben Kontakte mit einem gleichen Werbemittel in unterschiedlichen Medien. Der GRP dient zum Vergleich unterschiedlicher Mediapläne bei gleichen Zielgruppen. Somit ermöglicht die Berechnung von GRP den Vergleich unterschiedlicher Mediapläne. Für die Ermittlung des GRP werden die Bruttoreichweiten aller Medien eines Planes gebildet und die Produkte addiert. Da die Bruttoreichweite immer nur für eine spezielle Zielgruppe definiert ist, dürfen lediglich gleiche Zielgruppenprodukte addiert werden. Eine Addition unterschiedlicher Zielgruppen ist grundsätzlich nicht möglich. [Löffler (2004)]

Die **Nettoreichweite** beschreibt den Nutzungsanteil der Zielgruppe, die in einem Mediaplan über die Medien mindestens einmal erreicht wird. Es erfolgt eine Herausrechung von Überschneidungen und Mehrfachkontakte werden subtrahiert.

Über die einzelnen Reichweiten hinaus ist eine Bestimmung eines geeigneten Werbemediums über die Affinität der Zielgruppe zum Werbemedium zu beachten. Die **Affinität** gibt dabei die Über- oder Unterrepräsentierung der Zielgruppe im Verhältnis zur Gesamtheit in einem Medium wieder.

Den Abschluss dieser kurzen Einführung bilden das *1. Kumulationsgesetz* sowie das *2. Kumulationsgesetz*. Das **1. Kumulationsgesetz** besagt, dass je höher die Überschneidung bei den Werbemedien ist, desto geringer ist die Reichweite, aber desto höher ist der Werbedruck. Unter dem **2. Kumulationsgesetz** wird verstanden, dass je geringer die Überschneidung ist, desto höher ist die Reichweite, aber desto geringer ist der Werbedruck.

Die einzelnen Reichweiten sind nicht als Maß für den letztendlichen Erfolg einer Werbekampagne zu sehen. Darüber hinaus sind weitere Faktoren wie die Gestaltung des Mediaplanes insgesamt sowie die Ausgestaltung der Werbeträger durch zielgruppenspezifische Formen von Gestaltungsmitteln zu berücksichtigen. Der Erfolg der jeweiligen Werbebotschaften ist auch abhängig von der Nutzungsintensität und der Aufmerksamkeitsgenerierung des Mediums durch die Zielgruppe sowie etwaige nicht zu kalkulierende Störereignisse in der Planungsperiode.

Die Mediaplanung ist ein weites Feld, das an dieser Stelle nur überblicksartig dargestellt werden kann. Jedoch kann die Mediaplanung von jungen Unternehmen systematisch genutzt werden, um eine möglichst zielgerichtete Werbewirkung mit hoher Intensität zu erreichen. Dabei können vermutlich nicht alle Formen der klassischen Mediaplanung durch ein junges Unternehmen angewendet werden, da vielfach das Know-how oder spezifische Daten über den Medienmarkt fehlen. Allerdings kann ein junges Unternehmen externe Unterstützung in diesem Bereich suchen. Ob eine Mediaplanungsagentur beauftragt werden kann, hängt von dem Gesamtbudget der geplanten Marketingkampagne des jungen Unternehmens ab. Denn Mediaplanungsagenturen fordern für ihre Dienstleistungen eine Vergütung. Möglicherweise kann auch eine Zusammenarbeit mit Hochschulen in diesem Bereich gesucht werden. Auf diese Weise kann sich ein junges Unternehmen Eindruck über das

Einsatzfeld, die Stärken und Schwächen sowie die Probleme der Mediaplanung verschaffen. Es gibt sehr gute theoretische und praxisbezogene Literatur zum Themenkomplex der Mediaplanung. [Siehe z. B. Löffler (2004)]

Innerhalb der Kommunikationspolitik sind viele Werbemedien für junge Unternehmen nicht realisierbar, da sie zu kostenintensiv sind. In diesem Kontext sind bspw. Fernsehspots, aber auch Zeitschriftenanzeigen oder große Anzeigen in Tageszeitungen zu nennen. Es ist zu beachten, dass eine hohe Reichweite bzw. ein kritischer Werbedruck aufgebaut werden muss, um die Zielgruppe überhaupt zu erreichen. Dabei ist zu planen, in welchem Umfang, in welchem Zeitraum und in welcher geografischen Reichweite die Zielgruppe erreicht werden soll. Ein junges Unternehmen könnte mit den ihm zur Verfügung stehenden Mitteln und seinem gegebenen Budget versuchen, einen Mediamix durchzuführen, um zumindest eine kritische Reichweite der Werbemaßnahmen zu realisieren.

4.3   Verständnisfragen und Literaturempfehlungen

Verständnisfragen

- Erläutern Sie, inwiefern das Marketing Einfluss auf den Erfolg eines jungen Unternehmens haben kann. (4.1)

- Erläutern Sie kurz die verschiedenen Ausrichtungen des Marketings. (4.1)

- Definieren Sie den Begriff Marketingplanung und erläutern Sie kurz die unterschiedlichen Phasen. (4.2)

- Was sind die Bestandteile einer Markt- und Wettbewerbsanalyse? (4.2.1.2)

- Grenzen Sie die Begriffe Marktpotenzial, Marktvolumen und Marktanteil anhand eines Beispiels gegeneinander ab. (4.2.1.2)

- Nach welchen Kriterien kann eine Marktsegmentierung und Positionierung vorgenommen werden? (4.2.1.2)

- Nennen Sie potenzielle Instrumente einer Konkurrenzanalyse. (4.2.1.2)

- Erörtern Sie ökonomische und marktpsychologische Marketingziele. (4.2.2)

- Nennen und erörtern Sie die drei strategischen Stoßrichtungen des Markteintritts bzw. Wettbewerbsstrategien nach Porter. (4.2.3.1)

- Erläutern Sie die Begriffe roter und blauer Ozean und die zugehörigen Strategien. (4.2.3.1)

- Charakterisieren Sie im Kontext der Markteintrittsstrategien die Pionier- und Folgerstrategie und diskutieren Sie hiermit verbundene Vor- und Nachteile für junge Unternehmen. (4.2.3.2)

- Skizzieren Sie grafisch die Dimensionen einer Marketingstrategie. (4.2.4)

- Beschreiben Sie ausführlich die einzelnen Bereiche des klassischen 4P-Marketing-Mix und deren Relevanz für junge Unternehmen. (4.2.5)

- Erörtern Sie das Konzept der Preiselastizität und stellen Sie die Bedeutung für junge Unternehmen heraus. (4.2.5.2)

- Charakterisieren Sie ausführlich bedeutende Instrumente der Kommunikationspolitik, speziell bei einer geringen Finanzausstattung. (4.2.5.3)

- Stellen Sie potenzielle Absatzwege in der Distributionspolitik dar. (4.2.5.4)

- Erörtern Sie den Begriff der Mediaplanung und stellen Sie einzelne Kennzahlen der Mediaplanung dar. (4.2.6)

Literaturempfehlung

Marketing – Standardwerke

Becker, J. (2006): Marketing-Konzeption: Grundlagen des ziel-strategischen und operativen Marketing-Managements, 8. Aufl., München 2006.

Nieschlag, R./Dichtl, R./Hörschgen, H. (2002): Marketing, 19. Aufl., Berlin 2002.

Guerilla-Marketing

Levinson, J. C. (1994): Guerilla-Marketing für Fortgeschrittene: Erfolg in kleineren Unternehmen: 50 goldene Regeln, 2. Aufl., Frankfurt a. M. u. a. 1994.

Levinson, J. C. (1995): Guerilla-Werbung: ein Leitfaden für kleine und mittlere Unternehmen, Frankfurt a. M. u. a. 1995.

Marktforschung und Mediaplanung

Berekoven, L/Eckert, W./Ellenrieder, P. (2006):Marktforschung: methodische Grundlagen und praktische Anwendung, 10. Aufl., Wiesbaden 2006.

Löffler, J. T. (2004): MEDIA: Planung für Märkte, 7. Aufl., Hamburg 2004. [Direkt zu beziehen über den Axel Springer Verlag, Hamburg]

Unger, F./Durante, N.-V./Gabrys, E./Koch, R./Wailersbacher, R. (2004): Mediaplanung: methodische Grundlagen und praktische Anwendungen, 4. Aufl., Berlin u. a. 2004.

Entrepreneurship und Marketing

Bjerke, B./Hultman, C. M. (2004): Entrepreneurial marketing: the growth of small firms in the new economic era, Cheltenham u. a. 2004.

Hills, G. E./LaForge, R. W. (1992): Research at the marketing interface to advance entrepreneurship theory, in: Entrepreneurship Theory And Practice,Vol. 16, Nr. 3, 1992, S. 33–60.

Smilor, R. W. (1989): Customer-driven marketing: lessons from entrepreneurial technology companies, Lexington u. a. 1989.

Würth, R./Gaul, W./Jung, V. (Hrsg.) (2005): The entrepreneurship innovation marketing interface: proceedings of the symposium, Künzelsau 2005.

5 Organisation und Personal

Fragen der Organisation sowie der Personalplanung und -führung sind nicht für alle neu gegründeten Unternehmen relevant. Für diejenigen Gründungen, die jedoch ein Wachstum anstreben, sind im Rahmen eines zielorientierten und systematischen Wachstumsmanagements organisatorische und personelle Aspekte von zentraler Bedeutung.

Sind die Rollen der Gründer in der Start-up-Phase häufig noch überschaubar und funktioniert die Aufgabenteilung informell auf Zuruf, können im Zeitablauf bei zunehmendem Wachstum des Unternehmens in einem verstärkten Ausmaß Unklarheiten bezüglich der Kompetenzen und Verantwortlichkeiten entstehen. In diesem Kontext kommt der frühzeitigen Schaffung von Organisationsstrukturen und einer klaren Regelung von Kompetenzen und Verantwortlichkeiten eine entscheidende Bedeutung für den wirtschaftlichen Erfolg eines jungen Unternehmens zu. Die Kunst der Unternehmensführung besteht dann darin, einerseits Überorganisation und andererseits Unterorganisation zu vermeiden. Bei Überorganisation besteht die Gefahr, dass formale Regelungen zu detailliert erfolgen und ein zu geringer Handlungsspielraum für den Einzelnen verbleibt. Unterorganisation beinhaltet das Risiko, dass aufgrund zu geringer Regelungen Ineffizienzen durch Doppelarbeiten oder nicht durchgeführter Aufgaben entstehen. Gerade bei dynamisch wachsenden jungen Unternehmen hinkt die organisatorische Entwicklung der unternehmerischen Entwicklung zumeist hinterher. Fragen der Organisation stellen sich oftmals erst dann, wenn etwa neue Mitarbeiter im Unternehmen zuzuordnen sind oder eine Projektorganisation nicht erfolgreich durchgeführt wurde und die Kunden daher unzufrieden sind. Nicht selten liegen die Ursachen für Wachstumsschmerzen oder sogar Wachstumskrisen in der fehlenden oder mangelnden Organisation eines jungen Unternehmens begründet.

Unternehmen sind nach der Gründung durch interne und externe Veränderungen einem stetigen Wandlungsprozess ausgesetzt. Um die dynamischen Wandlungen erfolgreich zu bewältigen und Veränderungen zielgerichtet vornehmen zu können, sind adäquate organisatorische Strukturen und Prozesse notwendig. In diesem Sinne werden in diesem Kapitel Aspekte der Organisation behandelt, die junge Unternehmen dabei unterstützen können, Veränderungen strukturiert und zielorientiert zu gestalten. Weiterhin wird im Kontext der Organisation auf die Personalplanung und -führung eingegangen. Denn für junge Unternehmen ist die Gewinnung, Motivation sowie Entwicklung und Bindung qualifizierter Mitarbeiter von zentraler Bedeutung.

5.1   Organisationsplanung und -gestaltung

5.1.1   Organisation als Herausforderung junger Unternehmen

Organisationsstrukturen unterliegen im Lebenszyklus eines Unternehmens einem vielfältigen Wandlungsprozess. Im Wachstumsprozess vernachlässigen jedoch Unternehmensgründer oftmals die Gestaltung und Entwicklung der Organisation, da sie sich auf das operative Tagesgeschäft konzentrieren. Die Notwendigkeit von organisatorischen Maßnahmen wird dabei vielfach unterschätzt. Frühzeitige organisatorische Anpassungen junger, wachsender Unternehmen an interne und externe Veränderungen können eine effektive organische Entwicklung ermöglichen und Ineffizienzen oder sogar Krisen vermeiden helfen. Tidd/Bessant/Pavit (2005) sprechen hierbei von einer Routine des Wandels.

Organisatorische Zusammenhänge können unter verschiedenen Blickwinkeln betrachtet werden. Unter Organisation wird in diesem Kontext die Gesamtheit der unternehmerischen Regelungen, Abläufe und Strukturen verstanden, die von der Führung eines jungen Unternehmens festzulegen und umzusetzen sind. Eine allgemeine **Aufgabe der Organisation** ist dabei die *Sicherung des nachhaltigen Erfolges unternehmerischer Tätigkeiten*. Als spezifische Aufgaben können bspw. genannt werden:

- Bildung, Delegation und Koordination von Aufgaben
- Führung und Motivation von Mitarbeitern
- Sicherung der Entwicklungsfähigkeit der Organisation

In der Organisationslehre wird grundsätzlich zwischen der **Aufbau-** und der **Ablauforganisation** unterschieden. Bei der Aufbauorganisation geht es im Kern um die Festlegung der geeigneten Organisationsstruktur, während die Ablauforganisation die Ordnung der betrieblichen Abläufe regelt. In der Praxis sind die Aufbau- und Ablauforganisation eng miteinander verbunden und bedingen sich gegenseitig.

Gründungsunternehmen verfügen i. d. R. noch nicht über komplexe formale organisatorische Abläufe und Strukturen mit Abteilungen oder Funktions- und Geschäftsbereichen. Sofern junge Unternehmen überhaupt Organisationsstrukturen aufweisen, sind sie überwiegend recht einfach gestaltet. In der frühen Phase der Unternehmensentwicklung funktionieren die Organisationen zumeist noch informell. Mit zunehmendem Wachstum des jungen Unternehmens werden jedoch formelle Organisationsstrukturen erforderlich. In einer handlungsorientierten Betrachtungsweise steht bei jungen Unternehmen vor allem das *Doing*, also das konkrete Tun, im Vordergrund. Handlungen bzw. Aktivitäten erfolgen zumeist ohne große formelle organisatorische Begrenzungen bei einer im Regelfall direkten Kommunikation und Kontrolle durch einen informellen Führungsstil. Im weiteren Verlauf der Unternehmensentwicklung wird das *Doing* durch das *Managing* substituiert. Im Unternehmen werden stärker formale Organisationsstrukturen und Kommunikationswege sowie Stellen mit spezifischen Kompetenzen geschaffen. Weiterhin erfolgt eine zunehmende Spezialisierung in den Aufgaben und der Aufgabenverteilung. Mit dem Wachstum verändern sich die Anforderungen an die Gründerpersonen, aber auch an die Mitarbeiter. Operative Aufgaben werden zunehmend von den Mitarbeitern durchgeführt. Die Gründerpersonen konzentrieren sich verstärkt auf die Delegation und Kontrolle. In der Literatur gibt es unterschiedliche Aussagen darüber, wann es etwa empfehlenswert ist, eine zweite Führungsebene aufzubauen. Empirischen Untersuchungen zufolge kann, je nach Branche und unternehmensspezifischen Besonderheiten, eine zweite Führungsebene bereits bei ca. 40–50 Mitarbeitern notwendig werden. Timmons/Spinelli (2004) sehen die kritische Wachstumsschwelle bei etwa 75 Mitarbeitern und ab ca. 10 Millionen US-Dollar Jahresumsatz.

In einer weiteren Entwicklungsphase wird das *Managing* durch das *Managing Managers* ersetzt. Die Komplexität des Unternehmens erfordert eine Unterstützung der Gründer. Es werden neue Führungsebenen bzw. Leitungsfunktionen implementiert. Die Gründerpersonen führen und leiten nunmehr die Führungskräfte bzw. Manager und übernehmen in erster Linie strategische Aufgaben. [Timmons (1999); Timmons/Spinelli (2004); Rumpf/Schütze (2004)]

Abbildung 29 verdeutlicht die kritischen Übergänge in der Entwicklung eines Unternehmens in Anlehnung an Timmons/Spinelli (2004).

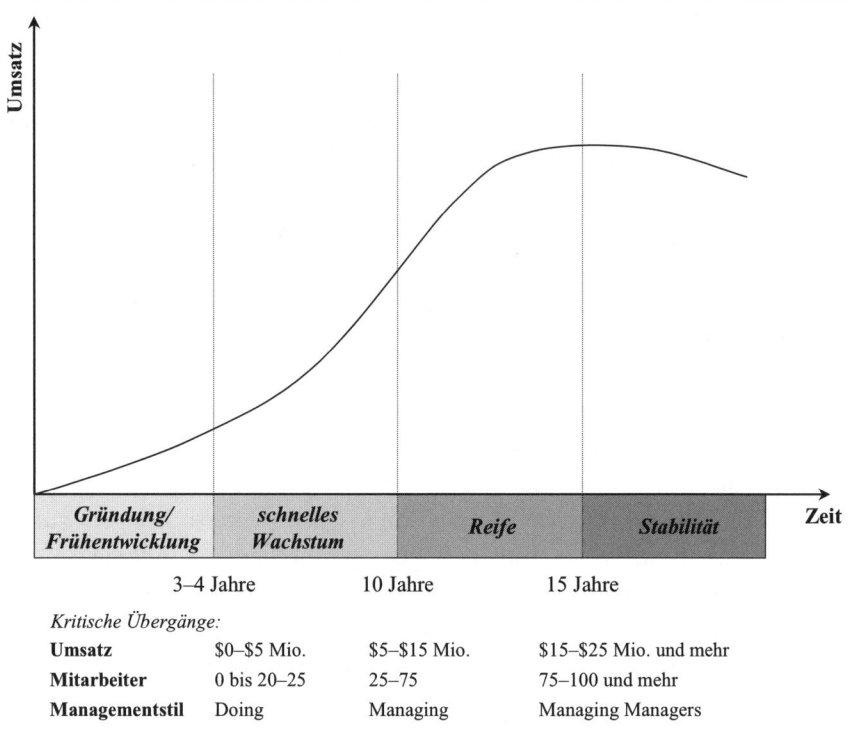

| Gründung/
Frühentwicklung | schnelles
Wachstum | Reife | Stabilität | Zeit |

	3–4 Jahre	10 Jahre	15 Jahre

Kritische Übergänge:

Umsatz	$0–$5 Mio.	$5–$15 Mio.	$15–$25 Mio. und mehr
Mitarbeiter	0 bis 20–25	25–75	75–100 und mehr
Managementstil	Doing	Managing	Managing Managers

Abbildung 29: Kritische Übergänge in der Unternehmensentwicklung

Vielfach erfolgt die Schaffung von formellen Organisationsstrukturen in jungen, wachsenden Unternehmen zu einem recht späten Zeitpunkt, wobei oftmals die Geschäftsentwicklung der organisatorischen Entwicklung schon deutlich vorausgeeilt ist. Gründerpersonen widmen sich dem Thema Organisation vielfach erst dann, wenn organisatorische Ineffizienzen das Tagesgeschäft nachhaltig beeinträchtigen.

5.1.2 Informale und lernende Organisation

Die Gründungsphase eines Unternehmens ist meist durch eine *informale Organisation* gekennzeichnet. Die Gründer konzentrieren sich zunächst auf die Geschäftstätigkeit und die Beziehungen mit Kunden, Lieferanten und Kapitalgebern. Da es keine oder nur wenige Mitarbeiter in dieser Phase der Unternehmensentwicklung gibt, spielen Organisationsaspekte keine oder nur eine untergeordnete Rolle. Die Kommunikation erfolgt persönlich, direkt und unmittelbar ohne hierarchische Strukturen. Die Situation ändert sich jedoch

mit zunehmendem Größenwachstum von jungen Unternehmen. Mit steigender Auftragslage werden neue Mitarbeiter eingestellt, um weiterhin alle Aufgaben bewältigen zu können. Allerdings verändert sich in diesem Kontext auch
häufig das Verhältnis zwischen Mitarbeitern und Gründern. Insbesondere
infolge der wachsenden Aufgabenteilung wird der räumliche und inhaltliche
Abstand zwischen Gründern und Mitarbeitern größer. Eine direkte Kommunikation ist dann oftmals nicht mehr so einfach möglich. In dieser Phase
werden dann zumeist erste formale Organisationsstrukturen und möglicherweise bereits eine zweite Führungsebene gebildet. Diese Entwicklung erfolgt
i. d. R. nicht kontinuierlich und reibungslos, sondern kann mit Konflikten
zwischen Mitarbeitern einerseits wie auch zwischen der Unternehmensführung und Mitarbeitern andererseits verbunden sein.

Im Laufe der Unternehmensentwicklung werden junge Unternehmen immer
wieder mit neuen Situationen und Herausforderungen konfrontiert, die es zu
meistern gilt. Es ist von einem Lernprozess auszugehen, der sich sowohl in
positiver als auch negativer Weise auf das Unternehmen auswirken kann.
Positive Lernprozesse ermöglichen es, Strukturen zu generieren, die eine
gewisse Ordnung schaffen, um den Gründern und ihren Mitarbeitern die
Erfüllung der vielfältigen Aufgaben zu erleichtern.

Informale Organisation
Gründungsunternehmen sind vielfach **informale Organisationen**, auf die
vielfältige interne und externe Einflussfaktoren einwirken. Unabhängig davon,
ob ein Unternehmen als Einzel- oder Teamgründung entsteht, ist es für die
frühe Phase der Unternehmensentwicklung typisch, dass *Führungsstrukturen und
Normen sowie die Informations- und Kommunikationswege informal* sind. Die informellen Strukturen können sich in vielfältiger Weise auf das junge Unternehmen
auswirken. Ein positiver und fördernder Einfluss besteht etwa durch motivier-
te, leistungsorientierte Mitarbeiter. In umgekehrter Weise können passive,
unmotivierte Mitarbeiter das Betriebsklima und die Entwicklung der Organisation negativ beeinflussen.

Unter dem Aspekt der Organisation ist es für Unternehmensgründungen
charakteristisch, dass eine begrenzte Anzahl von Gründern und Mitarbeitern
über einen bestimmten Zeitraum miteinander in eine direkte Verbindung
treten kann. Unternehmensintern sind die Türen der Gründer i. d. R. offen.
Die Arbeitsabläufe und Prozesse funktionieren informal, häufig auf Zuruf.
Mit zunehmender Größe des jungen Unternehmens wird es erforderlich,
formale Strukturen und Prozesse zu etablieren. Eine wesentliche Aufgabe der

Gründerpersonen ist es in diesem Kontext, informal arbeitende Mitarbeiter im Verlauf des Wachstums des Unternehmens in formale Gruppen und Organisationseinheiten zu transformieren.

Die **Unternehmensführung** funktioniert informal, zumeist durch die Gründer. Der Führungsstil ist, insbesondere bei Teamgründungen, vielfach kooperativ oder partizipativ bzw. demokratisch. Hierarchien sind noch nicht vorhanden oder flach ausgeprägt. Mit der informalen Führerschaft gibt es bereits auch in jungen Unternehmen Normen, die i. d. R. maßgeblich durch die Gründer geprägt werden.

Informale Normen sind Verhaltenserwartungen bzw. Einstellungen der Mitglieder informaler Gruppen, d. h. hier konkret im Verhältnis zwischen den Gründern und Mitarbeitern. In diesem Sinne bestimmen Normen das Verhalten der Gründer und Mitarbeiter eines jungen Unternehmens untereinander sowie auch im Außenverhältnis. Trotz fehlender formaler Strukturen können sich bereits auch in informal geführten Unternehmen frühzeitig Rangordnungen nicht nur zwischen den Gründern und Mitarbeitern, sondern auch im Verhältnis zwischen den einzelnen Mitarbeitern bilden.

Die **informale Information und Kommunikation** kann sich auf unterschiedliche Weise vollziehen. In jungen Unternehmen erfolgt oftmals eine informale, direkte und persönliche Kommunikation zwischen den Gründern und den Mitarbeitern. Im Gründungskontext bedeutet informale Kommunikation, dass unternehmensrelevante und für die Erfüllung einer Aufgabe benötige Informationen an Mitarbeiter weitergegeben werden, ohne dass formale Informations- und Kommunikationsstrukturen vorhanden sind. Informale Kommunikation erfolgt darüber hinaus über persönliche Gespräche, die nicht in einem direkten Zusammenhang mit der Aufgabenerfüllung stehen. Eine informale Kommunikation hat z. B. den Vorteil, dass diese sehr schnell und unbürokratisch erfolgt. Nachteilig kann z. B. jedoch sein, dass Mitarbeiter Informationen erhalten, die nicht für sie bestimmt sind.

Im Laufe des Wachstums eines jungen Unternehmens werden meist stärker formalisierte Kommunikationswege erforderlich. Die Gründer haben dabei die Möglichkeit, durch die frühzeitige Generierung von Strukturen die Unternehmensführung und -normen sowie Informations- und Kommunikationsprozesse in ihrem Sinne aktiv zu gestalten und zu institutionalisieren. Für die Gründer ist es daher sinnvoll, sich frühzeitig mit denen für ihr Unternehmen relevanten Formen der Aufbau- und Ablauforganisation vertraut zu machen. In diesem Kontext ist auch die Frage nach dem Strukturierungsgrad der Organisation von Bedeutung. Ohne dass diese Frage hier eindeutig beantwortet werden kann, ist grundsätzlich darauf zu achten, dass Organisationsstrukturen einerseits ausreichend stabil und andererseits auch flexibel gestaltet werden. Für die Zukunftssicherung ist es wesentlich, dass junge Unternehmen als lernende Organisationen offen für Veränderungen und Innovationen sind.

Lernende Organisation

Im Sinne der Organisationstheorie beschreibt der Begriff **lernende Organisation** allgemein eine *prozessuale Generierung, Weiterentwicklung und Sicherung bzw. Speicherung von Wissen in einer Organisation*. Synonym für den Begriff lernende Organisation steht auch die Bezeichnung *organisationales Lernen*. Bei dem Konzept der lernenden Organisation sind zwei Bereiche für etablierte wie auch für junge Unternehmen von Bedeutung. Zum einen kann zunächst von einem **Lernen der Organisationsmitglieder**, d. h. im Kontext junger Unternehmen der Gründer sowie der Mitarbeiter, ausgegangen werden. Zum anderen kann auch von einem **Lernen der Organisation** selbst gesprochen werden. Wissen kann in einem Unternehmen als Organisation bspw. in nachfolgenden Bereichen generiert und für neue Mitarbeiter nutzbar gemacht werden: [Bea/Haas (2005); Bea/Göbel (2006)]

- Unternehmenskultur
  (System von Grundannahmen, Normen- und Wertesystem, Symbolsystem)
- ethische Ausrichtung
  (Reflexion von Handlungsweisen, Normen, Werte, formelle und informelle Regeln)
- Aufbau- und Ablaufstrukturen
- Führungsrichtlinien, allgemeine Richtlinien, Kompetenzen
- Abläufe, Routinen, Vorgehensweisen
- entwickelte Innovationen und Technologien

Den Zusammenhang zwischen dem Lernen einer Organisation und dem unternehmerischen bzw. entrepreneurialen Prozess zu erforschen, hat sich die prozessorientierte Entrepreneurship-Forschung zur Aufgabe gemacht. Dabei gibt es Ansätze, die lernenden Organisationen bzw. organisationales Lernen im Kontext von Entrepreneurship untersuchen. [Siehe hierzu z. B. Deakins (1999); Harrison/Leitch (2005); Lueger/Keßler (2006)] In dieser Sichtweise wird Lernen durch die Identifikation und Wahrnehmung unternehmerischer Chancen bzw. Gelegenheiten ausgelöst.

Allerdings impliziert ein **Lernprozess** *nicht zwangsläufig auch eine positive Entwicklung*. Es handelt sich zunächst generell lediglich um eine Veränderung innerhalb des jungen Unternehmens, unabhängig davon, ob die daraus resultierenden Auswirkungen positiv oder negativ sind. In dieser Sichtweise kann der Widerstand von Mitarbeitern gegen bspw. Veränderungen, die von der Unternehmensführung initiierten wurden, ebenso organisationales Lernen sein wie die Umsetzung bestimmter innovativer Ideen der Gründer, die das junge Unternehmen in die Insolvenz führen. [Lueger/Keßler (2006)] Im positiven Sinne kann eine *lernende Organisation* eine effektive Gestaltung der Organisationsentwicklung ermöglichen. [Siehe auch Thommen/Struß (2002)]

Zwischen dem Lernen der Organisationsmitglieder und dem Lernen der Organisation bestehen interdependente Beziehungen. Im Rahmen einer lernenden Organisation erfolgt im Kern eine **Kollektivierung individuellen Wissens**. Somit wird eine **organisationale Wissensbasis** generiert. Gerade im Wachstumsprozess eines jungen Unternehmens bedarf es zur **Förderung eines Lernens der Organisation** einer *Kollektivierung individuellen Wissens*, einer *Anwendung gelernten, gespeicherten und vorhandenen Wissens* sowie einer *nachhaltigen Förderung des Lernens bzw. der Lernprozesse*. Im Kontext der Entrepreneurship-Forschung beziehen sich kollektive Lernprozesse auf die Identifikation von Chancen und den damit in Zusammenhang stehenden betrieblichen Innovationsprozessen. Die von den Organisationsmitgliedern als sinnvoll bewerteten Chancen sind in einem kollektiven Prozess in die Struktur des Unternehmens zu transformieren. Dabei sind aber auch etwaige Probleme, z. B. entstehende Konflikte, im Kontext der Veränderungs- und Lernprozesse zu berücksichtigen.

Als **Vorteile einer lernenden Organisation** sind bspw. eine *Minimierung der Gefahr von Abhängigkeiten* durch eine *Dezentralisierung von Wissen* und auch eine *Vermeidung von Informations- und Zeitverlusten* durch Schnittstellenprobleme zwischen einzelnen Organisationseinheiten zu nennen. Weiterhin kann durch eine lernende Organisation ein *positives Innovationsklima* innerhalb des Unternehmens geschaffen werden, durch das etwa die *Generierung von Produkt-, Prozess- oder Sozialinnovationen* ermöglicht wird. Innovationen tragen somit zu einer Sicherung bzw. zu einem Wachstum des Unternehmens positiv bei. Weiterhin können lernende Organisationen möglicherweise auch *schneller auf Veränderungen des Marktes* reagieren.

Ein potenzieller **Nachteil einer lernenden Organisation** besteht in der *Gefahr von nicht intendierten Wissensabflüssen und Offenlegungen von Wissen*. Dabei vergrößert eine Dezentralisierung von Wissen die Gefahr, dass internes Wissen an externe Dritte gelangt, da mehrere Mitarbeiter an einem spezifischen Wissen teilhaben. In diesem Zusammenhang ist im Einzelfall zwischen den Vor- und Nachteilen einer Dezentralisierung bzw. Offenlegung von Wissen abzuwägen.

5.1.3   Ausgewählte Organisationskonzepte

In der betriebswirtschaftlichen Literatur gibt es viele verschiedene Organisationskonzepte und -modelle, die der unternehmerischen Praxis als mögliche Gestaltungsformen zur Verfügung stehen. Zahlreiche dieser Organisationskonzepte kommen grundsätzlich auch für junge Unternehmen in Betracht. Im Hinblick auf die Wahl der geeigneten Organisationsform sind verschiedene Aspekte von Bedeutung. Zunächst stellt sich für ein junges Unternehmen die Frage, welche Organisationseinheiten sinnvollerweise gebildet werden. In diesem Kontext lässt sich als weitere Frage ableiten, welche Beziehungen bzw. Interaktionen der verschiedenen Einheiten im Organisationsgefüge bestehen bzw. bestehen sollen.

Gestaltungsparameter einer Aufbauorganisation im Kontext junger Unternehmen

Als Gestaltungsparameter der Aufbauorganisation sind insbesondere die Spezialisierung, Aufgabenteilung, Delegation sowie die Koordination von Bedeutung.

Generell sind der Umfang der arbeitsteiligen Aufgaben sowie die **Spezialisierung** nach Art (Verrichtung/Objekten) und Grad (hohe/niedrige Spezialisierung) entscheidende Einflussgrößen bei der Bestimmung der Organisationsform. Bei der Arbeitsteilung ist die räumliche bzw. sachliche Ordnung von Aufgaben von Bedeutung. Dabei besteht etwa die Möglichkeit, Aufgaben funktional oder je Objekt bzw. Projekt zu organisieren. Aus dem *Grad der Spezialisierung* kann die Anzahl der zu bildenden Stellen abgeleitet werden. Ein hoher Grad der Spezialisierung kann zu Effizienzsteigerungen führen. Vorteilhaft auswirken können sich die Erzielung von Lerneffekten bei wiederholenden Tätigkeiten sowie Zeit- und Kostenersparnisse infolge von Größeneffekten. Jedoch kann durch zu starke Spezialisierung eine Einengung des Umfanges sowie des Inhaltes der Arbeit im Sinne einer monotonen Tätigkeit auch zur Demotivation der Mitarbeiter führen. Die Art und der Grad der Spezialisierung sind bei jungen Unternehmen primär von der Qualifikation und dem Leistungsvermögen der Mitarbeiter sowie dem Prozess der Leistungserstellung abhängig. Bei der Wahl der Aufbauorganisation kann sich gerade bei jungen Unternehmen ein niedriger Grad der Spezialisierung als vorteilhaft erweisen. Da die verfügbaren Ressourcen i. d. R. knapp sind, besteht für Mitarbeiter in jungen Unternehmen oftmals ein umfassendes und vielfältiges Aufgabenspektrum. Ein niedriger Spezialisierungsgrad führt im Idealfall zu einer Motivationssteigerung. Mitarbeiter können dabei besser auf das Gesamtarbeitsergebnis bzw. die Unternehmensziele hin arbeiten. Hierzu müssen die Unternehmensziele allerdings mitgeteilt werden. Eine Spezialisierung nach Objekten erfordert, dass mehrere Objekte existieren. Dabei müssen die Mitarbeiter über eine hohe fachliche Kompetenz verfügen, um ein Objekt bearbeiten zu können.

Die **Delegation** kann definiert werden als eine *Übertragung von Kompetenzen (Entscheidungsrechte, Kontrollrechte, Anordnungsrechte) und Verantwortung auf andere* (i. d. R. nachgeordnete) *Organisationsmitglieder.* Delegation bedeutet gleichzeitig eine *Dezentralisation von Kompetenzen* (Entscheidungsrechte, Kontrollrechte, Anordnungsrechte) auf die jeweilige Organisationseinheit an dem jeweiligen Entscheidungsort. Hingegen kann von einer *Zentralisation* gesprochen werden, wenn eine *Konzentration von Kompetenzen auf der höchsten Leitungsebene* verbleibt. Bezogen auf den Gründungskontext heißt dies, dass eine Zentralisation vorliegt, wenn die Gründer keine oder nur geringe Kompetenzen auf die Mitarbeiter übertragen. Entscheidungen werden somit zentralisiert allein durch die Gründer getroffen. Durch den Grad der Zentralisation bzw. Dezentralisation wird auch die Ausgestaltung der Hierarchie, die Anzahl der einzelnen Leitungs- und Kompetenzebenen, beeinflusst. Als Extrembeispiele lassen sich eine *steile Hierarchie* einerseits und eine *flache Hierarchie* andererseits anführen. Bei einer steilen Hierarchie erfolgt eine geringe Delegation und somit eine starke Zentralisation. Bei einer flachen Hierarchie erfolgt eine umfassende Delegation von Kompetenzen und somit eine Dezentralisation von Verantwortung. Dies bedeutet, dass die Gründer bzw. die Führung des jungen Unternehmens wesentliche Kompetenzen und Verantwortungen auf ihre Mitarbeiter übertragen, sodass diese prinzipiell selbstständig entscheiden, anordnen und kontrollieren dürfen. Mögliche Vorteile der Delegation sind bspw. die *Entlastung der Gründerpersonen,* die *Motivation der Mitarbeiter,* schnellere *Entscheidungen durch Mitarbeiter* oder die *Generierung von potenziellen Nachfolgern.* Nachteilig sind in diesem Zusammenhang die *Entstehung von Kontrollproblemen* sowie *Probleme hinsichtlich der Abstimmung auf die Unternehmensziele* zu sehen. Von zentraler Bedeutung ist auch die spezifische Disposition der Mitarbeiter, die für eine Delegation von Aufgaben und Verantwortung grundsätzlich in Betracht kommen. Entscheidungskriterien hierfür sind bspw. die Qualifikationen, Einstellungen, Werte, Normen und die persönlichen Ziele der Mitarbeiter. Diese lassen sich allerdings, wenn überhaupt, nur schwer und bisweilen unter hohem Ressourceneinsatz ermitteln.

Spezialisierung und Delegation erfordern die **Koordination** von arbeitsteiligen Aktivitäten und Prozessen. Koordination und Spezialisierung stehen in einem wechselseitigen Verhältnis. Je höher der Grad der Spezialisierung, desto höher ist der Koordinationsaufwand et vice versa. Im Hinblick auf die Aufbauorganisation sind die *Fremdkoordination* und die *Selbstkoordination* als Instrumente der Koordination von Bedeutung. Die **Fremdkoordination** im Kontext junger Unternehmen bedeutet, dass die Koordination durch die Gründerpersonen bzw. die Unternehmensführung und nicht durch die jeweiligen Mitarbeiter erfolgt. Als Instrumente der Fremdkoordination sind in diesem Zusammenhang die *Koordination durch persönliche Weisungen* im Rahmen aufbauorganisatorischer Beziehungen der Über- und Unterordnung zu sehen. Dabei können Leitungs- bzw. Liniensysteme durch *Einlinien-, Mehrlinien-* oder *Stabliniensysteme* (Struktur der Weisungsbeziehungen) unterschieden werden. Leitungs- bzw. Liniensysteme sind in diesem Kontext zu verstehen als hierarchische Strukturen, bei denen die Stellen unter dem Aspekt der Weisungsbefugnis zueinander in Relation stehen. Somit entsteht ein hierarchischer Aufbau der Leitung, der ausgehend von der Führung bis zur untersten Stelle im Unternehmen durch einen eindeutigen Weg der Weisungsbefugnis und Verantwortung gekennzeichnet ist. Weitere Instrumente der Fremdkoordination sind die *Koordination durch Programme* im Sinne von Verhaltensrichtlinien und Standardisierungen sowie die *Koordination durch Pläne* im Verständnis von Zielen und Zielvorgaben. Ein relevantes Instrument der **Selbstkoordination** junger Unternehmen ist die *Koordination durch Selbstabstimmung bzw. -bestimmung der Mitarbeiter* im Sinne einer gegenseitigen Abstimmung. Die Selbstabstimmung kann dabei als Spiegelbild der persönlichen Weisung betrachtet werden. Hierbei erfolgt die Bildung von Gruppen als Organisationseinheiten. Entscheidungen werden zwischen den einzelnen Gruppen und nicht hierarchisch getroffen. Gerade bei jungen Unternehmen können hier schnelle und flexible Entscheidungen getroffen werden. Eine wesentliche Voraussetzung für die Koordination durch Selbstabstimmung sind die Fähigkeit und Bereitschaft der jeweiligen Mitarbeiter für eine Kooperation. Selbstbestimmung kann formell oder informell stattfinden und nimmt bei jungen Unternehmen oftmals einen großen Raum ein. Problematisch kann die Selbstkoordination werden, wenn es im Laufe der Unternehmensentwicklung zu einer (informalen) Gruppenbil-

dung mit einen Konkurrenzdenken zwischen diesen Gruppen kommt.
[Bea/Göbel (2006)]

Für die Gründerpersonen ist es eine wesentliche Herausforderung zu erkennen, inwieweit die Mitarbeiter in der Lage sind, eigenverantwortlich zu handeln. Denn nicht jeder Mitarbeiter ist in der Lage, mit dem potenziellen Freiraum in der Koordination umzugehen. Konkret bedeutet dies, dass einige Mitarbeiter geführt werden wollen und somit eine Fremdbestimmung bevorzugen.

Junge Unternehmen präferieren in der Praxis vielfach das Einliniensystem aufgrund der Einfachheit, geringen Hierarchie und der Vermeidung von Doppelunterstellungen. Denn im Liniensystem werden Weisungen und Anordnungen nur von der jeweils übergeordneten Instanz, d. h. i. d. R. den Unternehmensgründern, gegeben. Aufgrund einer zumeist geringen Mitarbeiterzahl wird hierdurch eine klare Kompetenz- und Aufgabenteilung vollzogen. In der Literatur genannte Nachteile schwerfälliger, langer Dienst- und Kommunikationswege sind im Kontext von neu gegründeten und jungen Unternehmen zunächst eher nicht anzutreffen. Im Wachstumsprozess der jungen Unternehmen verändern sich jedoch die Anforderungen an die Aufbauorganisation. Dabei können dann im Zeitablauf auch unzureichende, lange und ineffiziente Kommunikations- und Entscheidungswege zum Problem werden. Stablinensysteme sind in jungen Unternehmen eher selten relevant, da sie meist nicht über Stabsstellen (z. B. Controlling, strategische Planung) verfügen. Diese haben i. d. R. keine Weisungsbefugnis, sondern beratende Funktionen. Potenzielle Leitfragen zum vorangestellten Kontext können sein:

- Wie können Aufgaben zerlegt und diese danach wieder zu kleineren Aufgabenkomplexen zusammengefügt werden?
- Wer leistet die Aufgabenzerlegung? Muss dies durch den Gründer geschehen?
- Welche Aufgaben können delegiert werden? Welche Aufgaben müssen beim Gründer verbleiben?
- In welcher Weise und Häufigkeit sollten Arbeitsergebnisse kontrolliert werden?
- Wie wird eine Sicherstellung der Zielgerichtetheit einzelner Arbeitsergebnisse auf das Unternehmensziel gewährleistet?

Spezialisierung, Delegation und Koordination sind wesentliche Parameter zur Gestaltung unterschiedlicher Organisationskonzepte, -formen bzw. -modelle.

Allgemein bekannte Konzepte sind die *funktionale Organisation*, die *divisionale Organisation* sowie die *Matrixorganisation*. Diese Organisationsmodelle können in ihrer Reinform als Grundformen bezeichnet werden. In der Praxis sind allerdings vielfach nicht die Reinformen, sondern Mischformen erkennbar. Dabei wird die Aufbauorganisation den spezifischen Bedürfnissen angepasst, was zu einer Vermischung unterschiedlicher Ansätze führen kann. Da jedoch die Grundformen die Basis für die Organisationsstruktur vieler Unternehmen bilden, sollen ausgewählte Modelle im Folgenden erörtert werden. Ausgehend von einer zunächst kaum strukturierten informellen Organisation ist im Kontext junger Unternehmen vor allem das funktionale Organisationsmodell von grundlegender Bedeutung. Weiterhin lassen sich in der Praxis die Projektorganisation sowie die Teamorganisation als typisch relevante Organisationsformen im Kontext junger Unternehmen auffinden. Dabei kann die Projektorganisation, je nach Ausprägung, Anteile bzw. Formen der divisionalen Organisation sowie der Matrixorganisation enthalten. In diesem Kontext sei für etablierte Unternehmen auch auf die Möglichkeit organisationaler Ergänzungsstrukturen im Rahmen innovativer Vorhaben hingewiesen. Hierbei handelt es sich bspw. um das Konzept der internen Venture-Teams, das eng mit dem Gedanken des Corporate Entrepreneurship verbunden ist. Auf diese Form soll in diesem Kontext aber nicht weiter eingegangen werden. Siehe zu organisationalen Ergänzungsstrukturen bspw. Kieser/Walgenbach (2003). Nachfolgend soll auf grundlegende Organisationsformen, die funktionale Organisation, die Projektorganisation sowie die Teamorganisation im Hinblick auf ihre jeweiligen Anwendungsmöglichkeiten speziell für junge Unternehmen näher eingegangen werden.

5.1.3.1 Funktionale Organisation

Die funktionale Organisation basiert auf dem Einliniensystem. Hieraus resultiert eine **Gliederung nach Funktionen**, wie etwa *Forschung, Entwicklung, Beschaffung, Produktion, Marketing, kaufmännische Verwaltung* oder *Personal*. Die funktionale Organisation wird auch als verrichtungsorientierte Organisation oder Verrichtungsorganisation bezeichnet. Diese Organisationsstruktur ist prinzipiell nur auf der ersten Hierarchieebene funktionsorientiert. Die folgenden Hierarchieebenen können einer anderen Systematisierung im Sinne einer wiederholten funktionalen Ausrichtung oder aber auch einer objektorientierten Ausrichtung (Kunde, Produkt, Region etc.) folgen.

Abbildung 30 zeigt das Beispiel einer funktionalen Organisation.

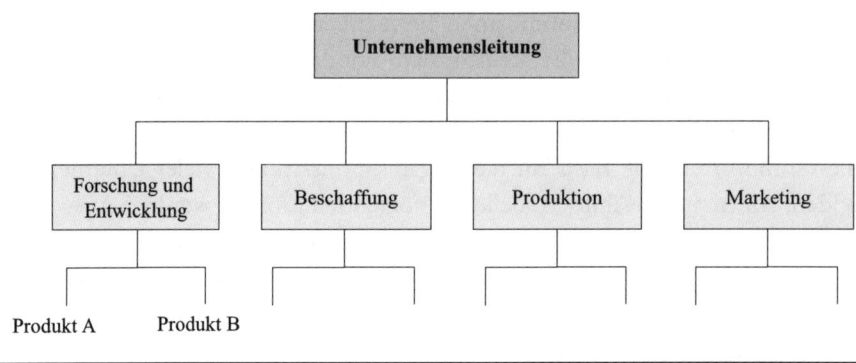

Abbildung 30: Funktionale Organisation

Aufgrund des Charakters des Einliniensystems bestehen in der funktionalen Organisation ungeteilte Weisungs- und Verantwortungsbeziehungen. Es gibt *klare Unterstellungsverhältnisse* sowie *geringe Kompetenzüberschneidungen*. Weiterhin sind alle Bereiche klar voneinander abgegrenzt. Prinzipiell besteht bei dieser Organisationsform ein *starker Koordinationsbedarf* zwischen den einzelnen Bereichen. Im Kontext junger Unternehmen erfolgen die *Koordinationen* üblicherweise *durch die Gründer*. Vorteilhaft ist hierbei, dass durch die Gründer selbst eine Ausrichtung der einzelnen Maßnahmen und Entscheidungen auf ihre Vision bzw. Ziele und Strategien erfolgen kann. Jedoch kann diese Vorgehensweise zu dem Nachteil führen, dass eine sehr starke Einbeziehung der Gründer in operative Aktivitäten und Prozesse erfolgt. Dabei besteht die Gefahr einer Überlastung der Gründer. Dies ist insbesondere dann der Fall, wenn durch das operative Tagesgeschäft wesentliche strategische Aufgaben vernachlässigt werden.

Die funktionale Organisation eignet sich speziell für Einproduktunternehmen und Unternehmen mit einer geringen Produktpalette. Dabei wird eine **Eignung dieses Grundmodells** bei einer *geringen Unternehmensgröße*, einer *relativ stabilen Umwelt* sowie einem *geringen bzw. homogenen Produktprogramm* angenommen. Zunächst beschäftigen junge Unternehmen oft keine oder nur eine geringe Anzahl an Mitarbeitern. Ihre Unternehmensgröße ist gering. Fraglich ist jedoch, ob die Annahme einer stabilen Umwelt im Kontext junger Unternehmen realistisch ist. Generell ist eher davon auszugehen, dass auch die Umwelt von jungen Unternehmen komplex ist und sich schnell verändert. Die Umwelt ist allenfalls in kurzfristiger Betrachtung relativ stabil. Gleichwohl kann eine flexible funktionale Organisation auch auf dynamische Umweltveränderungen in geeigneter Weise reagieren. Junge Unternehmen verfügen i. d. R. zunächst über eine überschaubare Anzahl von Produkten. Im Idealfall sind die Produkte ähnlich und können somit innerhalb der einzelnen Funktionsbereiche in analoger Weise behandelt werden. Durch die Funktionsorientierung ist es für das Unternehmen relativ einfach, sich an quantitative Veränderungen der nachgefragten und somit der zu produzierenden Menge anzupassen.

Während der frühen Phasen der Unternehmensentwicklung, in denen zunächst ein erstes ungleichmäßiges bzw. diskontinuierliches, aber noch überschaubares Wachstum unterstellt werden kann, ist die funktionale Struktur eine einfache und pragmatische Möglichkeit der Aufbauorganisation. Bei der hier dargestellten funktionalen Organisationsform handelt es sich um ein idealtypisches Grundmodell. Dieses Modell kann nach den jeweiligen individuellen und situativen Bedürfnissen eines Unternehmens angepasst und um Elemente anderer Organisationskonzepte erweitert werden. Häufig sind die Funktionsbereiche in kleinen jungen Unternehmen mitunter nur durch eine Stelle ausgefüllt, zwischen denen kein aufwendiger Koordinierungsbedarf besteht. Mit steigender Unternehmensgröße nimmt der erforderliche Koordinierungsaufwand deutlich zu. Sollte in größeren jungen Unternehmen bereits eine zweite Hierarchieebene bestehen, sind auf dieser Ebene ergänzend auch andere Formen der Organisation bspw. nach Objekten möglich. Letztlich ist es wichtig, dass die Organisationsstruktur effiziente interne Aktivitäten und Prozesse ermöglicht, die Innovationsfähigkeit fordert und ein erfolgreiches Agieren am Markt unterstützt.

5.1.3.2 Projektorganisation

Projekte lassen sich durch unterschiedliche Parameter kennzeichnen. Als **Charakteristika eines Projektes** sind die *Einmaligkeit*, eine (i. d. R.) *zeitliche Befristung* sowie eine *relative Neuartigkeit* (Neuheitsgrad für das Unternehmen an sich) mit einem *gesetzten Zeitrahm*en und somit einem *definierten Beginn* und einen zugehörigen *Abschluss* zu nennen. Im projektorganisatorischen Kontext herrscht gerade aufgrund der relativen Neuartigkeit ein Grad an *Unsicherheit* vor, wodurch eine exakte Planung und Strukturierung erschwert wird. Zur Durchführung von Projekten werden üblicherweise unterschiedliche finanzielle und personelle Ressourcen benötigt, über die junge Unternehmen häufig nicht in ausreichendem Maße verfügen. Dennoch können einfache Formen der Projektorganisation gerade in den frühen Phasen der Entwicklung für ein

junges Unternehmen eine sinnvolle Organisationsform darstellen. Denn bereits die Gründung eines Unternehmens, die Einführung eines Produktes, die
Bearbeitung von bspw. kundenindividuellen Aufträgen können als Projekt
organisiert werden. Die praktischen Ausprägungen sind jedoch individuell und
situativ auf das jeweilige junge Unternehmen bezogen.

Grundsätzlich kann die Projektorganisation in unterschiedliche Formen differenziert werden. Im Kontext junger Unternehmen sollen in diesem Kapitel die
reine Projektorganisation und die Projektorganisation im Sinne einer Matrixorganisation behandelt werden.

Bei der **reinen Projektorganisation** handelt es sich um eine *objektorientierte
Organisation* bzw. *divisionale Organisation* und somit um eine Objektorientierung
bzw. eine objektorientierte Aufgabenstrukturierung. Als Objekt werden hierbei ein oder mehrere Projekt(e) angenommen. Wie bei einer objektorientierten
Organisation werden die Objekte (Projekte) mit den zur Projektabwicklung
notwendigen Kompetenzen (Entscheidungsrechte, Kontrollrechte, Anordnungsrechte) sowie Ressourcen (finanzielle, personelle) ausgestattet. Eine
Projektleitung dient als hierarchischer Ansprechpartner für die übergeordneten Hierarchieebenen. Der Projektleitung sind die Projektmitglieder direkt
unterstellt. Im Grundmodell der objektorientierten Organisation werden zur
Unterstützung und Koordination der einzelnen Objekte sogenannte zentrale
Abteilungen gebildet. Die zentralen Abteilungen stellen Dienstleistungen für
die einzelnen Objekte im Sinne von Stäben dar, die allerdings mit unterschiedlichen Kompetenzen gegenüber den einzelnen Objekten ausgestattet sein
können. Die zentralen Abteilungen sollen Doppelarbeiten vermeiden helfen
und können bisweilen als interne Dienstleister gesehen werden. [Kie-
ser/Walgenbach (2003)]

Abbildung 31 zeigt das Beispiel einer Projektorganisation. [In Anlehnung an
Schreyögg (2003)]

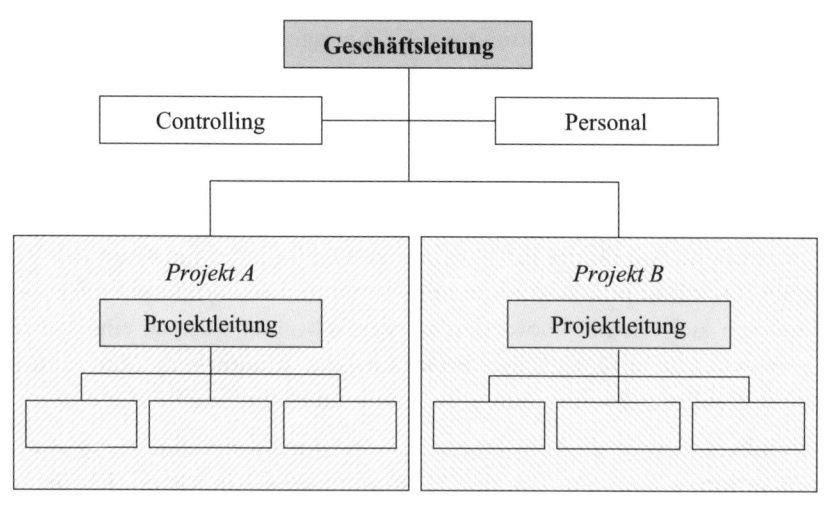

Abbildung 31: Beispiel einer Projektorganisation

Bei jungen Unternehmen in Form einer Projektorganisation ist die Bildung
unterschiedlicher zentraler Abteilungen möglich. In einzelnen Fällen sind bei
jungen Unternehmen bereits ein oder zwei zentrale Abteilungen vorzufinden,
welche die einzelnen Projekte bei ihrer Arbeit unterstützen, wie bspw. eine
Stelle Controlling oder Personalangelegenheiten.

Die Projektorganisation unterscheidet sich in theoretischer Hinsicht von der
Grundform der objektorientierten Organisation durch die zeitliche Befristung.
Im Unterschied zu einer Projektorganisation wird bei einer objektorientierten
Organisation das Objekt (die Sparte) bspw. durch das Produkt A gebildet und
dieses ist prinzipiell auf Dauer ausgelegt und besitzt keine zeitliche Begrenzung. Bei der reinen Projektorganisation handelt es sich bei dem Objekt um
ein Projekt, das per Definition zeitlich begrenzt ist. Dies ist ein theoretischer
Differenzierungspunkt beider Organisationsformen. Gerade im Kontext
junger Unternehmen können allerdings auch längerfristige Projekte angenommen werden. So muss ein Projektteam nicht aufgelöst werden, wenn das
Projekt beendet ist. Vielmehr können Anschlussprojekte an das Projektteam
übergeben werden, sodass die Organisationseinheit prinzipiell längerfristig
bestehen kann. In theoretischer Sicht würde es sich zur Kennzeichnung einer
Projektorganisation um eine Aneinanderreihung einzelner abgeschlossener

Projekte handeln. [Schreyögg (2003); Bea/Haas (2005)]

Prinzipiell gelten die Vor- und Nachteile einer divisionalen Organisation auch für die Projektorganisation. Als ein Vorteil lässt sich ein starker Objektbezug bei gleichzeitig hoher Ausstattung mit Kompetenzen zur Zielerreichung feststellen. Nachteile können sich bei egoistischem Verhalten der einzelnen Objekte bzw. Projekte für das Gesamtunternehmen ergeben, da die Zielerreichung des jeweiligen Projektes für die Projektmitglieder im Vordergrund steht. Jedoch ist anzumerken, dass gerade bei jungen Unternehmen die Organisation in vielen Fällen eine überschaubare Größe insbesondere in Bezug auf die Mitarbeiter und Anzahl der Projekte besitzt. Die Gründer fungieren i. d. R. als zentrale Koordinations- und Steuerungselemente. Die einzelnen Projektarbeiten müssen zielgerichtet koordiniert werden. Mitunter ist auch eine Vermittlung zwischen unterschiedlichen Projekten bzw. Mitarbeitern nötig, um potenzielle Zieldivergenzen zu minimieren bzw. zu eliminieren.

In der Literatur wird die Projektorganisation oftmals im Sinne einer **Matrixorganisation** verstanden. Bei der *Matrixorganisation* handelt es sich in ihrer Reinform zunächst um ein *mehrdimensionales Organisationsmodell*. Dieses ist durch zwei Dimensionen geprägt, die bei einer grafischen Darstellung eine Matrix in der obersten Hierarchieebene bilden. Die Dimensionen können prinzipiell unterschiedliche Ausprägungen annehmen. Oftmals erfolgt eine Bildung der Matrix anhand einer *Kombination* aus einer *funktionalen Verrichtung* (Forschung und Entwicklung, Beschaffung, Marketing, Finanzen etc.) in der ersten Dimension und einer *Objektorientierung* (Produkt, Region etc.) in der zweiten Dimension.

Die *Schnittpunkte der beiden Dimensionen* bilden *Aufgaben* oder *organisatorische Einheiten*. Durch die Doppelunterstellung der organisatorischen Einheiten in beiden Dimensionen können sich *Konfliktpotenziale* ergeben. Einerseits soll eine Doppelunterstellung zu einer Förderung von Problemlösungen durch Kreativität und Kommunikation beitragen. Andererseits können hieraus allerdings auch negative Effekte resultieren, z. B. durch Machtkämpfe oder Verzögerungen von Entscheidungen. Eine funktionale und objektorientierte Arbeitsweise kann u. U. zu einer Demotivation einzelner funktionaler Mitarbeiter führen, wenn sie sich bspw. unterfordert fühlen und sich persönlich lieber der Projektorganisation zugehörig fühlen. Dies kann bspw. zu einer Verzögerung von Entscheidungen führen. Um derartige negative Effekte im Rahmen einer Matrix- bzw. Projektorganisation zu mildern oder nicht aufkommen zu lassen, ist bereits in jungen Unternehmen eine starke und zielgerichtete Unternehmenskultur erforderlich. Weiterhin sind für den Einsatz einer Matrix- bzw. Projektorganisation ein hohes Maß an fachlicher und sozialer Kompetenz sowie ein kooperativer Führungsstil vorteilhaft.

Abbildung 32 veranschaulicht eine mögliche Ausprägungsform der Projektorganisation in Form einer Matrix. [In Anlehnung an Bea/Haas (2005)]

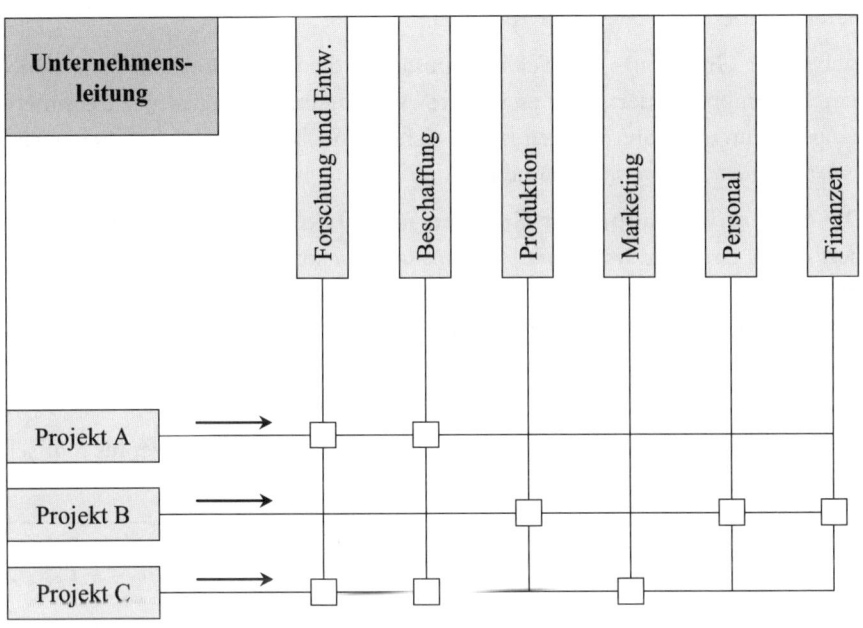

Abbildung 32: Matrix-Projektorganisation

Bei vielen jungen Unternehmen könnte die praktische Relevanz einer Projektorganisation in Matrixform eingeschränkt sein, etwa aufgrund einer unzureichenden Unternehmensgröße in Form einer noch zu geringen Mitarbeiterzahl.

5.1.3.3   Teamorganisation

Die Form der **Teamorganisation** ist charakterisiert durch eine *Übertragung von Kompetenzen* (Entscheidungsrechte, Kontrollrechte, Anordnungsrechte) *auf Gruppen* bzw. Teams im Gegensatz zu einer sonst üblichen Übertragung auf Einzelpersonen. Der Begriff des Teams beinhaltet die *Merkmale der Dauer des Teambestandes* (befristet/unbefristet), die *Mitgliederanzahl* (beschränkte Anzahl von Teammitgliedern), *Zielsetzung* (Erreichung spezifischer Ziele), *hohe Autonomie* (eigenverantwortliches Handeln) sowie die Arbeitsform im Sinne der *Teamarbeit*. Die einzelnen Merkmale definieren somit ein Team, wobei je nach

Gestaltung unterschiedliche Schwerpunkte im Hinblick auf den Aufbau eines
Teams gesetzt werden können. Wichtig ist, dass die Mitglieder des Teams so
gewählt werden, dass diese zur Erreichung der vorgegebenen oder gesetzten
Ziele bestmöglich beitragen. Um die Ziele zu erreichen, weisen die Teammit-
glieder unterschiedliche spezifische Kompetenzen auf. Eine trennscharfe
Abgrenzung von Teams und Projektgruppen ist nicht immer möglich. Beide
Bereiche überlappen einander zum Teil.

Neben der Grundform der Teamorganisation, die in der Praxis in verschiedenen Varianten existiert, gibt es weitere Ausprägungsformen. Im Zusammenhang mit jungen Unternehmen lassen sich das *System überlappender Gruppen nach*
Likert sowie *teilautonome Teams* nennen.

Das **System überlappender Gruppen nach Likert** ist vor allem charakterisiert durch einen *hierarchischen Organisationsaufbau* sowie durch unterschiedliche,
spezialisierte Teams, die sich horizontal oder vertikal überschneiden können. Gebildet
wird diese Überschneidung durch Personen, die in zwei verschiedenen Teams
als Mitglied fungieren. Diese Personen werden als *linking pin* bezeichnet, da sie
zwei Gruppen über ihre eigene Person miteinander verbinden. [Likert (1972)]

Die folgende Abbildung 33 soll den generellen Aufbau des Konzeptes grafisch
veranschaulichen.

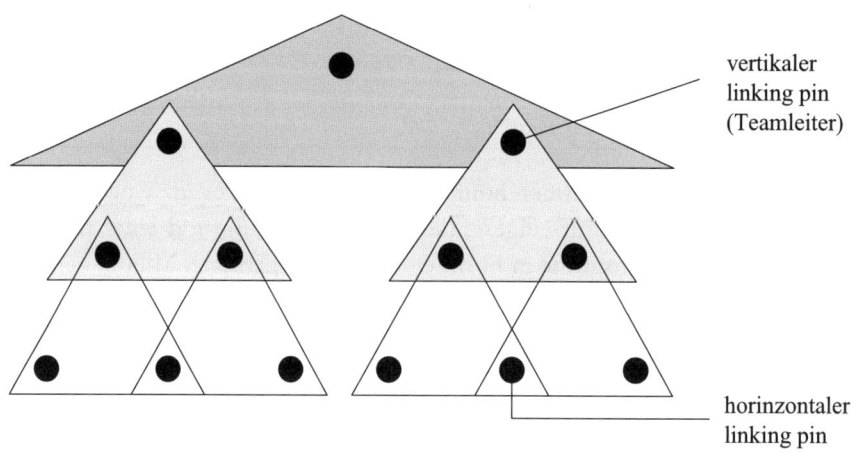

vertikaler
linking pin
(Teamleiter)

horinzontaler
linking pin

Abbildung 33: System überlappender Gruppen nach Likert

Linking-pin-Teammitglieder übernehmen eine Koordinations- und Abstim-
mungsfunktion, da sie über Informationen von zwei Teams und Bereichen
verfügen. Sie können helfen, Doppelarbeiten zu vermeiden. Entscheidungen

werden in der Gruppe auf der nach Möglichkeit niedrigsten hierarchischen Ebene getroffen, um Entscheidungen auf der jeweiligen Ebene „vor Ort" zu erzielen. Aufgrund einer angenommenen schwach ausgeprägten Hierarchie innerhalb eines Teams kann es mitunter zu Verzögerungen bzw. keinen Entscheidungen kommen. In diesem Falle soll nach Likert der Teamleiter (vertikaler linking pin) eine Entscheidung treffen. Bei dieser Vorgehensweise handelt es sich dann jedoch um erhöhte Kompetenzen des Teamleiters gegenüber den Teammitgliedern. Prinzipiell wird somit eine Vermischung der Struktur der Weisungsbeziehungen vorgenommen, da es sich bei den Entscheidungen des Teamleiters dann theoretisch um ausgewählte Kompetenzen im Sinne eines Einliniensystems handelt. Um diesen Nachteil zu vermeiden, sind wie schon bei der Projektorganisation eine kommunikations- und mitarbeiterorientierte Unternehmenskultur sowie ein kooperativer Führungsstil von Vorteil.

Das Modell nach Likert kann auch mit anderen Organisationsformen kombiniert werden, um die individuellen Bedürfnisse abzubilden. Im Kontext junger Unternehmen erscheint der Einsatz von linking pins und somit die Überschneidung von unterschiedlichen Gruppen mitunter vorteilhaft, da hierdurch eine zielgerichtete Koordination ermöglicht wird. Im Hinblick auf die Mitarbeiter sollte das Ziel aller Koordinationsbemühungen klar definiert sein und entsprechend mitgeteilt werden. Dabei sind die Gründer zentrale Personen, denen die Aufgabe zukommt, den einzelnen linking pins Ziele vorzugeben. In jungen Unternehmen könnten Teams auf einer flachen Hierarchie nebeneinanderstehen und durch einzelne linking pins horizontal verbunden werden. Als entscheidende vertikale linking pins sind die Gründer zu sehen, die im Bedarfsfall auch Entscheidungen für die Gruppe und somit im Hinblick auf die von ihnen angestrebten Ziele treffen können.

Als weitere Form der Teamorganisation im Kontext junger Unternehmen sind sogenannte **teilautonome Teams** zu nennen. Teilautonome Teams sind primär in *produktionsrelevanten Organisationsumgebungen* zu finden. Sie bilden prinzipiell keine Aufbauorganisation. Vielmehr werden teilautonomen Teams spezifische, ausgewählte Kompetenzen übertragen, die lediglich für einen kleinen Teil innerhalb des Unternehmens gelten. Beispielhaft lassen sich teilautonome Teams in der Automobilproduktion finden. Hier werden Produktionsprozesse selbstständig durchgeführt. Die Autonomie kann sich dabei auf die Arbeitseinsatzplanung, zum Teil auch auf die Arbeitsorganisation beziehen. Ein teilautonomes Team ist für die Erfüllung eines ihm übertragenen Aufgabenbereiches zuständig. Auch bei jungen produzierenden Unternehmen könnten teilautonome Teams eingesetzt werden, um zu einer Erweiterung des Aufgabenspektrums der Mitarbeiter in der Produktion beizutragen. Die Übertragung von Aufgabenkomplexen kann helfen, Verantwortungsbewusstsein und Motivation gerade bei mitunter monotonen Arbeitsbedingungen zu generieren.

Teams können in nahezu allen Bereichen eines jungen Unternehmens gebildet und für unterschiedliche Zwecke eingesetzt werden. Jedoch sind Konflikte zu berücksichtigen, die durch persönliche bzw. formelle und informelle Regeln hervorgerufen werden. Bei der Zusammensetzung des Teams ist auf das Konfliktpotenzial sowie das Konfliktlösungspotenzial der einzelnen Teammitglieder zu achten. Über die regulären Arbeitsaufgaben hinaus können sie zur Verbesserung der Qualität in einzelnen Bereichen dienen. In diesem Sinne sind *Qualitätszirkel* ein probates Mittel, das auch von jungen Unternehmen zielorientiert angewendet werden kann.

Insgesamt können die in diesem Kapitel aufgeführten Organisationskonzepte im Kontext junger Unternehmen bedarfsgerecht eingesetzt werden. Dies gilt für die funktionale Organisation ebenso wie für die einzelnen Formen der Projekt- oder Teamorganisation. Es bieten sich unter Berücksichtigung der Besonderheiten eines spezifischen jungen Unternehmens unterschiedliche Varianten und Möglichkeiten der Ausgestaltung an. Wichtig ist, dass im Falle des Wachstums eines jungen Unternehmens eine Strukturierung der Organisation vorgenommen wird. Dabei sind organisatorische Veränderungen umso eher erforderlich, je dynamischer das Unternehmen wächst. Insgesamt können verschiedene Anforderungen relevant sein. Beispielsweise kann es erforderlich sein, dass die Organisationsform eine Flexibilität bietet, um auf Veränderungen der Umwelt schneller und zielgerichtet reagieren zu können. Es existiert jedoch kein allgemeingültiges Organisationskonzept, das von allen jungen Unternehmen gleichermaßen erfolgreich eingesetzt werden könnte. Vielmehr sind die jeweiligen Organisationsstrukturen maßgeschneidert für das jeweils junge Unternehmen zu entwickeln.

5.2   Personalplanung und -führung

Für wachstumsorientierte junge Unternehmen sind die Personalplanung und -führung von grundlegender Bedeutung. Diese Bereiche umfassen vielfältige Aufgaben. **Personalführung** bedeutet in diesem Kontext, das *Handeln aller Mitarbeiter auf die gemeinsamen Unternehmensziele auszurichten*. Ausgehend von einer sorgfältigen und fundierten Planung sowie Personaleinstellung, erstreckt sich die Personalführung über die *Entwicklung und Förderung* sowie *Motivation* bis hin zur *Freistellung von Mitarbeitern*. Abgesehen von Insolvenzen junger Unternehmen, ist die Personalfreistellung in dieser Unternehmensentwicklungsphase zumeist noch von nachrangiger Bedeutung. Fehlentscheidungen können im Personalkontext zu hohen Kosten sowie ggf. zu rechtlichen Konsequenzen für die Unternehmer führen und bei jungen Unternehmen im Extremfall möglicherweise eine Bedrohung der Existenz zur Folge haben. Daher ist diesem Bereich auch in Unternehmen mit nur wenigen Mitarbeitern besondere Aufmerksamkeit zu widmen.

Fragen der Personalführung stellen sich bereits frühzeitig im Anschluss an den ermittelten Personalbedarf sowie der erfolgreichen Gewinnung neuer Mitarbeiter. Die Leistungsmotivation der Mitarbeiter zu erhalten bzw. zu stärken ist eine zentrale Aufgabe der Personalführung. Um eine langfristige Bindung der qualifizierten Mitarbeiter zu realisieren, ist es wichtig, dafür zu sorgen, dass sie sich mit dem Unternehmen identifizieren und im Sinne des Unternehmens denken und handeln. Eine persönliche, offene und leistungsorientierte Unternehmenskultur ist in diesem Zusammenhang vielfach kennzeichnend für junge Unternehmen. Für lange und zeitintensive Teambesprechungen, wie sie häufig in etablierten Großunternehmen erfolgen, bleibt in den jungen Unternehmen i. d. R. nicht die Zeit. Die Mitarbeitermotivation wird vor allem durch den Führungsstil der Unternehmensgründer geprägt, die i. d. R. eine Vorbildfunktion wahrnehmen. Für die Motivation wesentlich ist in diesem Kontext die Schaffung von materiellen und immateriellen Anreizsystemen. Dabei ist eine Förderung der Leistungs- und Innovationsbereitschaft der Mitarbeiter für die Generierung eines langfristigen Unternehmenserfolges von entscheidender Bedeutung.

Ausgangspunkt der Personalführung in jungen Unternehmen bildet die **Personalplanung** nach *Art und Anzahl der benötigten Mitarbeiter*. Wesentliches Ziel der Personalplanung ist, die für das jeweilige junge Unternehmen richtigen Mitarbeiter zu gewinnen und an das Unternehmen zu binden. Denn ob ein junges Unternehmen erfolgreich am Markt agieren und wachsen kann, hängt entscheidend von der Qualifikation und dem Engagement der Mitarbeiter ab. Dabei ist zunächst zu prüfen, für welche Aufgaben und in welcher Anzahl ein Bedarf an Mitarbeitern besteht und wie diese gewonnen werden sollen. Konkret ist zu klären, welche Aufgaben die Gründer selbst übernehmen müssen und welche operativen Tätigkeiten zu ihrer Entlastung an eine bestimmte Anzahl neu einzustellender Mitarbeiter delegiert werden können. Damit in Zusammenhang stehen zahlreiche weitere Fragen, z. B. wie eine entsprechend kluge Arbeitsteilung aussehen könnte und welches Kosten-Nutzen-Verhältnis eine Investition in Mitarbeiter hat. Aus diesen Fragestellungen resultiert für junge Unternehmen eine spezifische Personalplanung. Abbildung 34 zeigt, dass die Personalplanung und -führung gedanklich in verschiedene Schritte zerlegt werden können. Idealtypisch erfolgt, ausgehend von der Ermittlung des Personalbedarfs, die Personalgewinnung, die Einarbeitung und der Einsatz, die Entwicklung sowie die Motivation und letztlich auch die Freistellung. In der Praxis stehen diese Phasen in einem wechselseitig interdependenten Verhältnis. Dabei ist bspw. die Mitarbeitermotivation nicht als einzelner isolierter Schritt zu sehen, sondern stellt einen Kernbestandteil des gesamten Prozesses der Personalführung dar. Auch ist nach der Ermittlung des Personalbedarfs direkt eine Personalentwicklung geeigneter Mitarbeiter innerhalb des Unternehmens denkbar, sodass der Schritt der Personalgewinnung nicht durchgeführt werden muss.

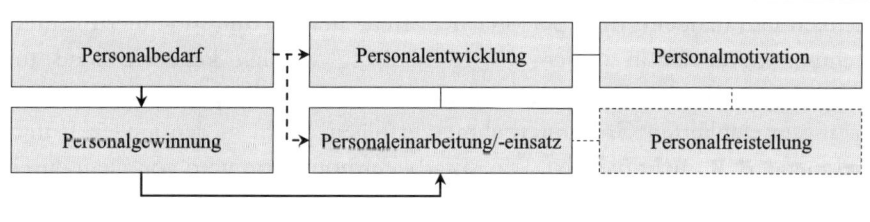

Abbildung 34: Personalplanung und -führung

5.2.1 Personalbedarf

Als Bezugsgrößen der **Personalbedarfsplanung** sind generell die erforderliche *Anzahl und Qualifikation der Mitarbeiter,* die *Bestimmung der Zeitperiode,* der *Einsatzort* sowie die *Kosten* zu berücksichtigen. Unter Kostenaspekten ist zu prüfen, ob die Erträge aus dem Personaleinsatz in kurzfristiger Betrachtung mindestens die Personalkosten decken bzw. langfristig Gewinne generiert werden können. Die benötigte Mitarbeiterzahl und -struktur kann aus der Umsatzplanung und den geplanten Aufgaben nach Art und Umfang abgeleitet

werden. Im Dienstleistungsbereich errechnet sich der Personalbedarf vereinfacht aus dem geplanten Umsatz, der durch die kalkulierten Tagessätze bei
Kunden und die möglichen Arbeitstage geteilt wird. Auf der Grundlage von
branchentypischen Vergleichskennzahlen kann der Personalbedarf für weitere
Aufgaben, z. B. Verwaltung und Vertrieb, ermittelt werden.

Die Personalbedarfsplanung hat die Aufgabe, den Istwert dem Sollwert ge-
genüberzustellen, um so den tatsächlichen Bedarf im Sinne eines Neu- oder
Ersatzbedarfes oder einer Verminderung des Personals durch Abgänge zu
ermitteln. In der praktischen Ausprägung kann eine Übersicht in Form einer
einfachen tabellarischen Kalkulation über den Personalbedarf für einen bestimmten Zeitraum hilfreich sein. Dabei ist es einerseits zweckmäßig, eine
detaillierte Planung vorzunehmen. Andererseits ist es aber notwendig, ausreichende Flexibilitätsspielräume zu generieren, um auf unternehmensinterne
und -externe Veränderungen schnell reagieren zu können. Externe Veränderungen können sich etwa durch Preissenkungen oder Innovationen von Wettbewerbern auswirken. Interne Veränderungen entstehen z. B. durch Wachstum oder Änderungen in den Arbeitsabläufen. Die folgende Tabelle 13 zeigt
die Berechnung des Personalbedarfs auf der Basis einer einfachen Zugangs-
Abgangs-Kalkulation.

Zugänge		Abgänge	
Abteilung/Geschäftsfeld:		Periode:	
Bestand:			
Art der Abgänge:	Anzahl:	Art der Zugänge:	Anzahl:
▪ Beförderung ▪ Versetzung ▪ Aus-/Weiterbildung ▪ Einberufung Wehr-/-Zivildienst ▪ Mutterschutz ▪ Entlassung ▪ Kündigung durch Arbeitnehmer ▪ Pensionierung ▪ Sonstige		▪ Beförderung ▪ Versetzung in Abteilung ▪ Rückkehr Aus-/-Weiterbildung, Wehr-/-Zivildienst ▪ Beendigung Mutterschutz ▪ Übernahme aus Ausbildungsverhältnis ▪ Feststehende Einstellungen ▪ Sonstige	
Summe der Abgänge:		Summe der Zugänge:	

Tabelle 13: Systematisierung der Personalbestandsveränderung

Ein Diskussionspunkt in jungen Unternehmen im Rahmen der Deckung des Personalbedarfs ist, ob eine Einstellung eigener fester Mitarbeiter erfolgen soll oder ob eine Deckung des Personalbedarfs über Externe, sogenannte **Freelancer** (Freie Mitarbeiter), oder über Auslagerungen von Teilbereichen der Wertschöpfung im Sinne eines kooperativen Netzwerkes bzw. Reziprozitätsnetzwerkes erfolgen sollte. Reziprozität bedeutet eine gegenseitige Begünstigung. In **Reziprozitätsnetzwerken** erfolgen Zusammenarbeiten von eigentlich konkurrierenden Unternehmen, was allerdings im Gründungskontext zu Vorteilen führen kann, da keine Arbeitskräfte vorgehalten werden müssen. Vielmehr werden Arbeitslasten unternehmensübergreifend auf andere Unternehmen des eigenen Netzwerkes verteilt und somit können Projekte bzw. Arbeiten durch ein beauftragtes Unternehmen als Projektträger unter Zuhilfenahme von Reziprozitätsnetzwerken durchgeführt werden. Als Basis von Reziprozitätsnetzwerken dient das Vertrauen der Netzwerkpartner. Eine vorteilhafte Durchführung im Sinne einer Win-win-Situation kann nur durch Vertrauen generiert werden. Reziprozitätsnetzwerkbeziehungen können durch die einzelne Netzwerkpartner zu eigenen Vorteilsnahmen ausgebeutet werden. Hier ist auf entsprechende formelle und informelle Regelungen (Institutionen) abzustellen, die helfen sollen, solche Gefahren zu minimieren. An dieser Stelle soll hierauf jedoch nicht vertiefend eingegangen werden.

Arten von Beschäftigungsverhältnissen
Im Kontext des Personalbedarfs ist eine wesentliche Frage die nach der Art des Beschäftigungsverhältnisses. In Abhängigkeit von den Zielen des jungen Unternehmens, den zur Verfügung stehenden finanziellen Ressourcen, dem Arbeitsaufkommen im Kontext der benötigten Arbeitszeit sowie der geplanten vertraglichen Bindung können unterschiedliche Beschäftigungsverhältnisse identifiziert werden:

- Arbeitszeit
  - Vollzeitbeschäftigung
  - Teilzeitbeschäftigung/geringfügige Beschäftigungsverhältnisse (z. B. auch als Aushilfen)
- Nach vertraglicher Bindung
  - Festeinstellung (befristet, unbefristet)
  - freie Mitarbeit
  - Zeit-/Leiharbeit
  - Outsourcing

Es handelt sich insbesondere um die *Vollzeitbeschäftigung*, die *Teilzeitbeschäftigung*, den Einsatz von *Zeitarbeitskräften*, *geringfügige Beschäftigungsverhältnisse*, Aushilfen sowie *freie Mitarbeiter* und *Outsourcing* im Sinne von Auslagerung von Bereichen oder Tätigkeiten auf ein Netzwerk. Dabei ist zu entscheiden, ob das junge Unternehmen eigene feste Mitarbeiter in Vollzeit oder Teilzeit einstellen möchte. Alternativ kann eine Deckung des Personalbedarfs über eine befristete Einstellung, freie Mitarbeiter (Freelancer), Zeit- oder Leiharbeit oder Outsourcing erfolgen. Vorübergehend kann ein Personalengpass ggf. auch durch Überstunden von bereits beschäftigten Mitarbeitern gelöst werden.

Personalentscheidungen sind Investitionen zur Zukunftssicherung des jungen Unternehmens. Dabei fallen etwa bei der Festeinstellung eines in Vollzeit beschäftigten Mitarbeiters Kosten an, ohne dass dieser Umsatz erzielt. Nachstehende Beispielrechnung zeigt überblicksartig, welche Kosten für einen Arbeitgeber in Deutschland bei Festeinstellung eines Mitarbeiters mit einem Grundgehalt von 3.000 Euro (Arbeitnehmer-Brutto) unter Berücksichtigung der Berufsgenossenschaft sowie des Arbeitgeberanteils an der Sozialversicherung ohne sonstige Kosten (z. B. Sonderzahlungen) anfallen.

Position	*Betrag*
Grundgehalt (Arbeitnehmer-Brutto)	3000,00 €
Lohnnebenkosten:	
Berufsgenossenschaft (ca. 1,5 %)	45,00 €
AG-Anteil Sozialversicherung	
Krankenversicherung (7,6 %) (Durchschnittssatz)	210,00 €
Pflegeversicherung (0,85 %)	25,50 €
Rentenversicherung (9,75 %)	292,50 €
Arbeitslosenversicherung (3,25 %)	97,50 €
Umlage 1 Krankheit (1,7 %)	51,00 €
Umlage 2 Mutterschutz (0,25 %)	7,50 €
Summe Lohnnebenkosten (24,90 %)	729,00 €

Tabelle 14: Beispielberechung von Lohnnebenkosten

In diesem Beispielfall entsteht für das junge Unternehmen nach geltendem Recht (Stand 2006) eine Belastung an **Lohnnebenkosten** von rund 25 Prozent des Bruttolohnes. In diesem Kontext von Bedeutung ist, dass die Gründerpersonen für die fristgerechte Abführung der Sozialversicherungsbeiträge und Lohnsteuer persönlich haften. Dies gilt unabhängig von der gewählten Rechtsform.

Möchte das junge Unternehmen die Kosten für die Festeinstellung von Mitarbeitern vermeiden, gibt es zahlreiche Alternativen. Beispielsweise ist eine Möglichkeit das Outsourcing oder die Auslagerung von Teilbereichen der Wertschöpfung im Sinne eines kooperativen Netzwerkes. Für das Outsourcing kommen vor allem operative Aufgaben, bspw. Buchhaltungs- oder EDV-Aufgaben, in Betracht. In kooperativen Netzwerken erfolgt häufig die Zusammenarbeit von eigentlich konkurrierenden Unternehmen. Im Gründungskontext kann dies vorteilhaft sein, da keine Arbeitskräfte vorgehalten werden müssen. Vielmehr werden Arbeitslasten übergreifend auf andere Unternehmen des eigenen Netzwerkes verteilt. Somit können Projekte bzw. Arbeiten durch ein beauftragtes Unternehmen als Projektträger durchgeführt werden. Als Basis dient das Vertrauen der Netzwerkpartner, wodurch die kooperierenden Unternehmen die Chance haben, dass jeder Vorteile erzielen kann.

Jede der oben aufgeführten Beschäftigungsformen ist jeweils mit spezifischen Vor- und Nachteilen verbunden. Vorteile der Festeinstellung gegenüber der freien Mitarbeit sind etwa eine mögliche längerfristige Mitarbeiterbindung und geringe Fluktuation bei einer gewissen Arbeitsplatzsicherheit. Nachteile können in Deutschland vor allem in den vergleichsweise hohen Fixkosten durch feste Löhne bzw. Gehälter und den hohen Lohnnebenkosten gesehen werden. Die Verfügbarkeit an freien Mitarbeitern kann andererseits eingeschränkt sein, da diese meist noch für andere Auftraggeber arbeiten und es zu zeitlichen Überschneidungen kommen kann. Die Gründer sollten die Vor- und Nachteile für ihr junges Unternehmen sorgfältig abwägen, bevor sie eine Personalentscheidung treffen.

Anhand des ermittelten Personalbedarfs und der Festsetzung der geplanten Beschäftigungsverhältnisse können die Planungen der *Personalgewinnung*, der *Personaleinarbeitung und des -einsatzes* sowie der *Personalentwicklung* erfolgen.

5.2.2 Personalgewinnung

Auf der Basis des ermittelten Personalbedarfs erfolgt die **Personalgewinnung**. Dabei sind die bereits in der Personalbedarfsplanung zugrunde gelegten Kriterien der Anzahl und Qualifikation der Mitarbeiter, Zeitperiode, Einsatzort und Kosten von Bedeutung. In der Literatur wird in diesem Kontext häufig eine Unterscheidung zwischen *internen* und *externen Maßnahmen der Personalgewinnung oder -beschaffung vorgenommen.*

Die **interne Personalgewinnung** ist gekennzeichnet durch:

- Besetzung der freien Stellen durch Mitarbeiter aus dem Unternehmen
- interne Stellenausschreibung
- Mitarbeiterbeurteilung (Versetzung, Beförderung)
- Personalentwicklung (Versetzung, Beförderung)

Hingegen wird die **externe Personalgewinnung** charakterisiert durch:

- Besetzung der freien Stellen durch externes Personal
- Stellenanzeige (Zeitung, Internet)
- Personalmittler (Personalberater, Arbeitsämter)
- Personalleasing bzw. Zeitarbeit
- Kontakt zu Ausbildungseinrichtungen

Das **Personalmarketing** umfasst die nach Art und Umfang eingesetzten Medien zur Ansprache potenzieller Mitarbeiter. Instrumente sind hierbei bspw. *gezielte formelle und informelle Ansprache möglicher Multiplikatoren, Mund-zu-Mund-Propaganda, Zeitungsinserate, Internetstellenausschreibungen, interne Ausschreibungsplakate.* Junge Unternehmen beschränkten sich bei der Personalanwerbung meist auf Stellenanzeigen oder die jeweilige Homepage des Unternehmens [Moog (2005)]. Weitere kostengünstige und effektive Maßnahmen können z. B. darin bestehen, Multiplikatoren wie etwa Professoren, Absolventen und Studierende an Hochschulen gezielt anzusprechen. Sofern von den Hochschulen gestattet, können auch dort Stellenausschreibungen, z. B. über die Fachbereiche, veröffentlicht werden.

Mit Blick auf die Personalanwerbung können mitunter Nachteile in Bezug auf das u. U. niedrigere Gehalt, die geringeren Aufstiegschancen in einem jungen Unternehmen und der ggf. noch nicht vorhandenen Reputation gegenüber großen etablierten Unternehmen bestehen. Das Personalmarketing könnte daher die Vorteile des jungen Unternehmens für Interessenten deutlich herausstellen und durch flankierende Maßnahmen (z. B. die Präsentation des Unternehmens auf Messen) zur Informationsbereitstellung nutzen. Da junge Unternehmen oftmals nicht über eine Erfolgs- und Erfahrungsgeschichte (Track Record) verfügen, wird Personal häufig über Eigenmotivation und Interesse der potenziellen Mitarbeiter an der Sache bzw. an der Geschäftsidee gewonnen. Weitere Argumente im Hinblick auf die Personalanwerbung könnten sich bspw. auf das eigenverantwortliche bzw. selbstständige und vielseitige Arbeitsgebiet, das persönliche und familiäre Betriebsklima oder die direkte, offene Kommunikation bei gleichzeitig flachen Hierarchien beziehen.

Als weiterer Bereich der Personalgewinnung ist die **Personalauswahl** zu nennen. Die Personal- bzw. Bewerberauswahl kann in einem systematischen, mehrstufigen Prozess erfolgen. Sie beginnt mit dem Eingang der Bewerbungsunterlagen und endet mit einer möglichen Einstellungszusage.

Die folgende Abbildung 35 stellt eine mögliche Systematisierung des Personalauswahlprozesses dar.

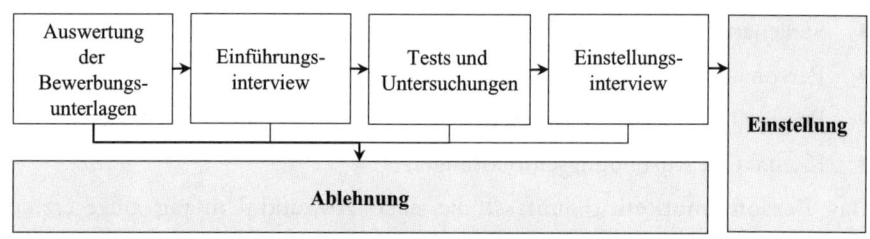

Abbildung 35: Systematisierung eines Personalauswahlprozesses

Bei der Personalauswahl müssen die Anforderungen der zu besetzenden Stelle (z. B. Auszubildende, Hilfskräfte, Fach- und Führungskräfte) mit den Qualifikationen der Bewerber abglichen werden. Als Grundlage dienen die Stellenbeschreibung und das Anforderungsprofil. Die Qualität der Auswahlentscheidung ist abhängig von der Genauigkeit der Formulierungen im Anforderungsprofil, von den Möglichkeiten der Qualifikationsüberprüfung und der Vergleichbarkeit der Ergebnisse mit dem (zuvor) angefertigten Profil. Die Anzahl der Stufen und deren Inhalte sind meist abhängig von den Stellenanforderungen, der angesprochenen Bewerbergruppe und von den jeweiligen personalpolitischen Grundsätzen des Unternehmens. Die Auswahl geeigneter Methoden bei der Bewerberauswahl ist von besonderer Bedeutung, um die in der Stellenanforderung festgelegten Fähigkeiten und Fertigkeiten zu überprüfen.

Der quantitative oder qualitative Umfang der Bewerbergruppe nimmt in der Praxis ebenfalls Einfluss auf die Gestaltung des Auswahlverfahrens. Bei sehr großen Bewerbergruppen (z. B. Abiturienten) wird eine noch intensivere und sorgfältigere Analyse und Bewertung des Qualifikationsprofils vorgenommen, da unter der Gesamtheit der Bewerber erfahrungsgemäß nur sehr wenige Bewerber mit den gewünschten Schlüsselqualifikationen für die vakante Stelle zu finden sind. Sollten hingegen nur sehr wenige Bewerber mit den gesuchten Qualifikationen vorhanden sein, wird auf ein aufwendiges Auswahlverfahren meist verzichtet.

In der Praxis wählen junge Unternehmen meist lediglich das Einstellungs- oder Vorstellungsgespräch als Auswahlverfahren, etwa aus Kostengründen oder weil sie mit weiteren Instrumenten der Bewerberauswahl nicht vertraut sind. Über die Einstellung eines Bewerbers entscheidet dabei häufig nicht eine systematische Beurteilung nach spezifischen Kriterien, sondern letztlich die Sympathie des Bewerbers oder das Bauchgefühl der Unternehmensgründer. Die häufigsten Fehler entstehen bei der Personalauswahl und bei der Gestaltung des Arbeitsvertrages. Hierdurch können sich die Kosten für das junge Unternehmen erhöhen oder Umsätze sinken, wenn etwa Kunden, durch den Mitarbeiter verursacht, wegbleiben. Für junge Unternehmen kann es demnach nachhaltig vorteilhaft sein, sich mit verschiedenen Instrumenten der Personalauswahl vertraut zu machen, um diese dann systematisch und zielgerichtet einsetzen zu können. Mögliche Instrumente der Bewerberauswahl sind z. B. die *Analyse und Bewertung der Bewerbungsunterlagen*, das *Einstellungs- oder Vorstellungsgespräch*, unterschiedliche Formen von *Testverfahren*, *Arbeitsproben* sowie das *Assessment-Center*. Zur Bewerberauswahl siehe bspw. Stracke (2005); Hossiep/Mühlhaus (2005) oder Weuster (2004).

Nach erfolgter Bewerberauswahl ist die Gestaltung des Arbeitsvertrages von Bedeutung zu. Dieser sollte bei einem jungen Unternehmen grundsätzlich einfach, klar und verständlich gehalten werden und einen Umfang von zwei bis drei Seiten nicht übersteigen. Kernbestandteil des Arbeitsvertrages sollten die Beschreibung des Tätigkeitsbereiches, Beginn und Dauer des Arbeitsverhältnisses, Probezeit, Vergütung sowie Arbeitszeit und Urlaub sein. Darüber hinaus können spezifische Maßnahmen zur Entwicklung des Mitarbeiters vereinbart werden. Ist der Arbeitsvertrag abgeschlossen, müssen sich die Gründer darüber bewusst sein, dass sie zur Führung einer Personalakte verpflichtet sind.

5.2.3   Personaleinarbeitung und -einsatz

Im Kontext junger Unternehmen ist es meist Aufgabe der Unternehmensgründer, die Mitarbeiter ihrer Qualifikation entsprechend einzuarbeiten und einzusetzen. Personaleinarbeitung und -einsatz befassen sich vor allem mit folgenden Aufgabenbereichen:

- Zuordnung von Arbeitskräften und Arbeitsplätzen
- Personalführung
- Anpassung der Arbeit und der Arbeitsbedingungen an den Menschen
  - Arbeitsaufteilung

- Arbeitsplatzgestaltung
- Arbeitszeitgestaltung

Grundsätzlich können *feste* oder *flexible* Möglichkeiten des Personaleinsatzes unterschieden werden. Weitgehend feste Personaleinsätze bedeuten, dass die Mitarbeiter zu einem bestimmten Zeitpunkt und Dauer an einem Einsatzort tätig sind. Einzelne Kriterien, wie z. B. die Anfangszeit, können dabei nicht flexibel von dem Mitarbeiter selbst bestimmt werden. Hierbei müssen Mitarbeiter zu definierten Zeiten an einem Produktionsort sein, um z. B. einen reibungslosen Produktionsprozess zu ermöglichen. Demgegenüber erlauben flexible Personaleinsätze den Mitarbeitern in einem vordefinierten Rahmen, etwa die Anfangs- und Endzeiten im Sinne einer *Gleitzeit* selbst zu bestimmen.

Eine weitere Möglichkeit, einen flexibleren Arbeitseinsatz auch hinsichtlich eines z. B. saisonalen oder projektbezogenen Bedarfs zu generieren, ist der Einsatz eines *Arbeitszeitkontos*. Als **Arbeitszeitkonto** wird die *Gegenüberstellung der gesamten Sollarbeitszeit* (tägliche Sollarbeitszeit × Anzahl der Arbeitstage in der Abrechnungsperiode) *und der gesamten Istarbeitszeit* (tägliche Istarbeitszeit × Anzahl der Arbeitstage in der Abrechnungsperiode) eines Mitarbeiters *während einer definierten Betrachtungsperiode* (Monat, Quartal, Jahr etc.) verstanden. Zum Ende der Betrachtungsperiode wird ein Saldo gebildet, der positive Stunden bzw. Zeitgutschriften oder negative Stunden bzw. Zeitabzüge ausweisen kann, die dem Mitarbeiter in der Folgeperiode gutgeschrieben oder abgezogen werden. Das Instrument des Arbeitszeitkontos trägt somit in positiver Weise zu einer Flexibilisierung der Arbeitszeit in einem Unternehmen bei. Arbeitslasten sowie Arbeitsspitzen lassen sich durch das Arbeitszeitkonto besser verteilen, was gerade bei Unternehmen, deren Hauptarbeitsspitzen saisonal oder projektbezogen verteilt sind, zu einer Flexibilisierung der Arbeitszeit führt.

Für junge Unternehmen, bei denen insbesondere projektbezogene Arbeiten anfallen, können sich flexible Arbeitszeitmodelle als vorteilhaft erweisen. Dabei kann die Periode etwa monatlich, quartalsweise oder halbjährlich gesehen werden. In frühen Phasen der Unternehmensentwicklung kann möglicherweise eine Mehrleistung in Bezug auf die Arbeitszeit des Mitarbeiters notwendig werden, die sich über einen längeren Zeitraum erstreckt. Dabei ist es denkbar, dass bei Mitarbeitern junger Unternehmen mitunter hohe positive Gutschriften auf dem Arbeitszeitkonto entstehen können, wenn eine zeitweise hohe Arbeitsbelastung gefordert wird. Gutschriften des Kontos können dann entweder mit der zu leistenden Arbeitszeit einer folgenden Periode mit geringerer Zeitanforderung, wie bspw. einem nicht zeitkritischen Projekt, verrechnet und somit abgebaut werden. Andererseits ist eine Vergütung der Mehrarbeit möglich. Hier sind allerdings die finanziellen Voraussetzungen junger Unternehmen zu beachten.

5.2.4 Personalentwicklung

Empirische Studien zeigen, dass insbesondere die Qualifikation sowie die Motivation und das Engagement der Mitarbeiter zum wirtschaftlichen Erfolg eines Unternehmens beitragen. Dem Bereich der **Personalentwicklung** ist daher bereits für junge Unternehmen von besonderer Bedeutung. Wesentliche Ziele der Personalentwicklung sind die *Ausbildung und Stärkung von Fach-, Methoden-, Handlungs- und Sozialkompetenzen* sowie spezifischen *unternehmensrelevanten Schlüsselqualifikationen* der Mitarbeiter. *Fachkompetenzen* umfassen fachbezogenes und fachübergreifendes Wissen und die Fähigkeit, erworbenes Wissen zu verknüpfen, zu vertiefen, kritisch zu prüfen sowie in Handlungszusammenhängen anzuwenden. *Methodenkompetenzen* beziehen sich auf die Fähigkeit, Fachwissen zu generieren und zu verwerten sowie allgemein mit Problemen umzugehen. Methodenkompetenzen dienen auch dazu, Fachkompetenzen aufzubauen und erfolgreich zu nutzen. *Sozialkompetenzen* betreffen das Geschick im sozialen Umgang und das Beziehungsverhalten. Hierunter fallen vor allem Fähigkeiten zur Kommunikation, Kooperation, Motivation und Überzeugung sowie Konflikt- und Kritikfähigkeit. *Persönlichkeitskompetenzen* umfassen innere Einstellungen und Merkmale einer Persönlichkeit, die sich nicht in einen der anderen drei Befähigungsbereiche einordnen lassen. Darunter ist etwa die Fähigkeit zu verstehen, mit sich selbst kritisch und reflektierend umgehen zu können. Hierunter fallen z. B., eigene Kenntnisse, Fähigkeiten und Fertigkeiten zu hinterfragen und eventuell Maßnahmen, z. B. zur Qualifikation oder Verhaltensänderung, einleiten zu können. Durch entsprechende *Handlungskompetenzen* wird es möglich, dass die zuvor genannten Kompetenzen tatsächlich zum Tragen kommen können. Somit dienen die Maßnahmen zur Personalentwicklung einer zielgerichteten Verbesserung der Qualifikation eines Mitarbeiters bzw. einer Gruppe von Mitarbeitern.

Bei Maßnahmen zur **Personalentwicklung** handelt es sich bspw. um:

- Ausbildung, Fort- und Weiterbildung (z. B. durch Seminare, Trainings)
- Ausbildung von Mediatoren (Verhandlungsführern in Konfliktfällen)
- Coaching, Mentoring, Supervision
- E-Learning
- Einarbeitungsprogramme

- Führungsnachwuchsprogramme

- Arbeitsplatzgestaltung, -wechsel und Aufgabenbereicherung (z. B. durch Projektarbeit)

- Entwicklungsgespräche

Wesentliches Ziel der Maßnahmen zur Personalentwicklung ist, dass sie zu mehr Kompetenz und Verantwortung sowie zu einer Erhöhung der Eigenmotivation der Mitarbeiter führen. Es geht um die Erreichung einer zielgerichteten Weiterentwicklung der Mitarbeiter, auch auf der Basis von innovativen Methoden und Kenntnissen. Dabei ist jeweils die individuelle Familien- und Karriereplanung des Mitarbeiters zu beachten. Junge Unternehmen können Maßnahmen zur Personalentwicklung auch bei geplanten Änderungen der Organisation begleitend einsetzen, um diese zielgerichtet zu unterstützen. In diesem Kontext ist es möglicherweise empfehlenswert, dass bereits in frühen Phasen der Unternehmensentwicklung Anreize zur Mitarbeitermotivation und -bindung geschaffen werden.

5.2.5   Personalmotivation

Allgemein ist unter **Motivation** die *Bereitschaft* zu verstehen, *Aufgaben zu übernehmen, um die eigenen Fähigkeiten und Kompetenzen unter Beweis zu stellen.* Führungsverhalten, Unternehmenskultur, Personalmotivation und Personalzufriedenheit stehen dabei in einem engen Zusammenhang.

Die betriebswirtschaftliche Literatur unterscheidet grundsätzlich verschiedene Anreizsysteme zur Motivation von Mitarbeitern. Dabei ist zunächst zu prüfen, welche Anreize insbesondere für junge Unternehmen relevant sind. Beispielsweise kommt die Einführung eines betrieblichen Vorschlagwesens mit Betriebsvereinbarung und Prämiensystem für ein junges Unternehmen mit fünf Mitarbeitern kaum in Betracht und würde wahrscheinlich auch keine hohe Mitarbeiterakzeptanz finden. Demgegenüber sind möglicherweise andere Formen von materiellen und immateriellen Anreizen geeignet, um den jeweiligen Zielen der Unternehmer und Mitarbeiter besser gerecht zu werden.

Mehr *Entscheidungskompetenz* und die *Freiheit, Arbeitszeit und -ort frei zu wählen,* zählen zu den **nicht monetären (immateriellen) Anreizen** und werden gerade in jungen Unternehmen häufig eingesetzt. Im Unterschied dazu sind die **monetären (materiellen) Anreize** zu sehen. Grundsätzlich stehen auch jungen Unternehmen zur Personalmotivation vielfältige Möglichkeiten offen.

Eine mögliche Systematisierung der Anreize liefert die folgende Abbildung 36.
[Plaschke (2003)]

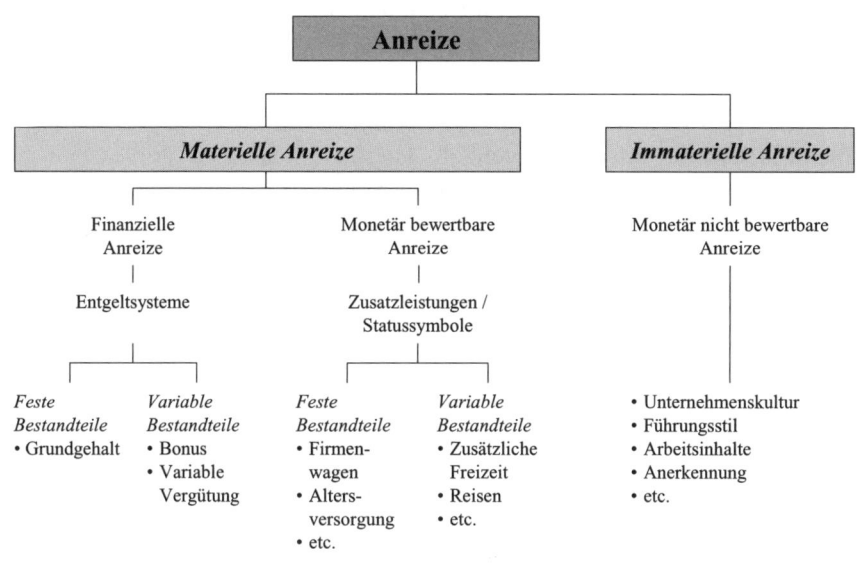

Abbildung 36: Klassifizierung von Anreizen

5.2.5.1   Immaterielle Anreize

Immaterielle Anreize *entziehen sich einer direkten monetären Bewertung.* Sie reichen
von der *Unternehmenskultur* über *Führungsstile der Gründerpersonen* im Kontext
von Mitarbeitergesprächen bis hin zu den *Arbeitsinhalten* und einer *lobenden
Anerkennung für die geleistete Arbeit.* Da die Aufstiegs- bzw. Karrierechancen in
jungen Unternehmen aufgrund der wenigen Führungspositionen und der
zumeist flachen Hierarchien i. d. R. kaum gegeben sind, stehen andere immaterielle und materielle Anreize im Vordergrund. Ein wesentlicher Einflussfaktor auf die Personalmotivation ist in den frühen Phasen der Unternehmensentwicklung der *Führungsstil der Gründerpersonen.* Die Gründerpersönlichkeit
prägt dabei maßgeblich die Kultur des jungen Unternehmens. In der betriebswirtschaftlichen Literatur gibt es allgemein verschiedene Ansätze zur
Systematisierung von Führungsstilen. Klassisch ist eine Darstellung der möglichen Ausprägungsformen *von autoritären bis hin zu kooperativen Führungsstilen.*
Beim **autoritären Führungsstil** werden die *betrieblichen Aktivitäten vom Vorgesetzten gestaltet und angeordnet,* ohne dass die Mitarbeiter beteiligt werden. Der
Vorgesetzte trifft seine Entscheidung ohne Begründung und erwartet Gehor-

sam. Beim **kooperativen Führungsstil** werden die *betrieblichen Aktivitäten im Zusammenwirken des Vorgesetzten und der Mitarbeiter beeinflusst*. Den Mitarbeitern werden Verantwortungsbereiche und Entscheidungskompetenzen übertragen. Eigenverantwortliches Denken und Handeln der Mitarbeiter wird gefördert. *Delegation ist dabei Ausdruck von Vertrauen* in die Fähigkeiten der Mitarbeiter und kann sich somit positiv auf die Mitarbeitermotivation auswirken. In diesem Kontext sind **Zielvereinbarungen** ein wichtiges *Führungsinstrument*, damit eine solche Delegation erfolgreich verläuft. Hierbei vereinbaren Vorgesetzte und Mitarbeiter, am besten schriftlich, welche Aufgaben bis wann, vom wem und mit welchen Ressourcen erledigt werden sollen. Zwischen den beiden Extremen autoritär und kooperativ gibt es Zwischenformen wie etwa der *patriarchalische, partizipative oder demokratische Führungsstil*. Waren in den Gründungen nach dem Zweiten Weltkrieg in Deutschland häufig autoritäre, patriarchalische Führungsstile vorherrschend, sind in jüngerer Zeit, insbesondere im Technologiebereich, oftmals kooperative und partizipative Führungsstile anzutreffen.

Weiterhin für die Motivation von Bedeutung sind Mitarbeitergespräche, die bereits in jungen Unternehmen ein fester und regelmäßiger Bestandteil der Personalführung sein sollten. Sie bieten den Gründerpersonen die Möglichkeit, den Mitarbeitern in gut vorbereiteter und strukturierter Form eine Rückmeldung über ihre Arbeitsleistung zu geben, neue Arbeitsziele bzw. -aufgaben und Perspektiven zur Weiterentwicklung aufzuzeigen. **Kernbestandteil von Mitarbeitergesprächen** sind *Zielvereinbarungen*, die eine Reihe von Aufgaben erfüllen, bspw.:

- fachliche Hilfe und Anleitung zur Aufgabenerledigung
- Überprüfung der bisherigen Zielerreichung (Feststellung von Abweichungen)
- Einleitung eventuell notwendig gewordener Anpassungsmaßnahmen
- Weitergabe von unternehmensinterner Informationen
- Mitarbeiterrückmeldung bezüglich der Arbeitsleistung
- Austausch von Erwartungen des Mitarbeiters an die Arbeit
- Schaffung eines „Wir-Gefühls"

Ziele sollten nicht vorgegeben, sondern mit den Mitarbeitern vereinbart werden. Damit sie sich positiv auf die Motivation der Mitarbeiter auswirken, müssen sie messbar und transparent sein. Aus Sicht der Mitarbeiter müssen die Ziele realistisch und mit Anstrengung auch erreichbar sein.

Junge Unternehmen sind stark von den Gründerpersönlichkeiten geprägt.

Zwischen den Gründern und den Mitarbeitern in jungen Unternehmen besteht eine enge persönliche Beziehung und ein starkes Commitment. Die in großen Unternehmen vielfach anzutreffende Anonymität ist in jungen Unternehmen kaum vorhanden. Allerdings sind die Mitarbeiter möglicherweise einem größeren sozialen Druck des Teams und den kontrollierenden Blicken der Unternehmer ausgesetzt. Obwohl die Kommunikationswege in jungen Betrieben vorteilhaft kurz sind, werden sie nicht immer für enge Beziehungen genutzt. Es wird zu wenig delegiert und die Entscheidungsbefugnisse konzentrieren sich vielfach zu stark auf die Gründerpersonen.

Da für das Arbeitsergebnis, die Arbeitsleistung, nicht nur die **Leistungsfähigkeit**, sondern auch die **Leistungsbereitschaft** von Bedeutung sind, erhält die psychologische Dimension der Motivation eine entscheidende Bedeutung. Das Ausmaß der Leistungsmotivation ist bei jedem Menschen anders ausgeprägt und beeinflusst demzufolge ganz individuell deren Neigung, nach Erfolg zu streben und ihre eigenen Leistungen zu bewerten. Es handelt sich um eine Herausforderung, die gute Realisierungschancen besitzt. Der Anreiz besteht in der Bewältigung der Aufgabe selbst, die daher mit großem Engagement übernommen wird. Zufriedenheit schafft vor allem die erbrachte Leistung *(intrinsische Motivation)*, Honorierung und Anerkennung *(extrinsische Motivation)* sind dagegen zweitrangig. Aufgrund von fehlenden Entscheidungskompetenzen ist intrinsische Motivation kaum mit einem autoritären Führungsstil vereinbar. Darüber hinaus streben die meisten Mitarbeiter nach Anerkennung für gut geleistete Arbeit. Anerkennung, aber auch konstruktive Kritik, ist ein wesentliches Anreizinstrument zur Leistungssteigerung von Mitarbeitern.

5.2.5.2 Materielle Anreize

Junge Unternehmen haben i. d. R., im Vergleich zu großen, etablierten Unternehmen, weniger Spielraum bei der Bemessung des festen Einkommens. Daher sind in diesem Kontext **finanzielle Anreizstrategien in Form von Erfolgs- oder Kapitalbeteiligungen** von besonderer Bedeutung. Darüber hinaus kommen grundsätzlich *feste und variable Zusatzleistungen* in Betracht. Eine feste Zusatzleistung kann etwa eine betriebliche Altersversorgung für den Mitarbeiter oder ein Firmenwagen sein. Eine betriebliche Alterversorgung ist jedoch für junge Unternehmen eher untypisch. Eine variable Leistung könnte bspw. in der Gewährung von zusätzlicher Freizeit bestehen. Mitarbeiterbeteiligungen sind finanzielle Anreize zur Motivation, die in der Praxis auch von jungen Unternehmen in verschiedenen Varianten eingesetzt werden. Sie sollen direkt oder indirekt zur Erhöhung des unternehmerischen Erfolges wie bspw.

einer Produktivitäts-, Umsatz- oder Gewinnsteigerung beitragen. Weiterhin führt eine Eigenkapitalbeteiligung der Mitarbeiter zu einer Stärkung der Eigenkapitalbasis des jungen Unternehmens.

Ein Mitarbeiterbeteiligungsmodell, dem klar definierte, transparente Regelungen und Verfahrensweisen zugrunde liegen, kann zu einer nachhaltigen Sicherung sowie zum Wachstum eines Unternehmens beitragen. Wesentliche Formen von Mitarbeiterbeteiligungen sollen nachfolgend überblickartig dargestellt werden.

Formen von Mitarbeiterbeteiligungssystemen

Bei der Mitarbeiterbeteiligung können zunächst zwei unterschiedliche Arten festgestellt werden. Es handelt sich dabei um verschiedene Formen von **materiellen** und **immateriellen Mitarbeiterbeteiligungen**.

Abbildung 37 veranschaulicht verschiedene Formen der Mitarbeiterbeteiligung im Überblick. [Kombination von der Ausführungen von Berthel (1995); Kürten (2001); Backes-Gellner/Kay (2002)]

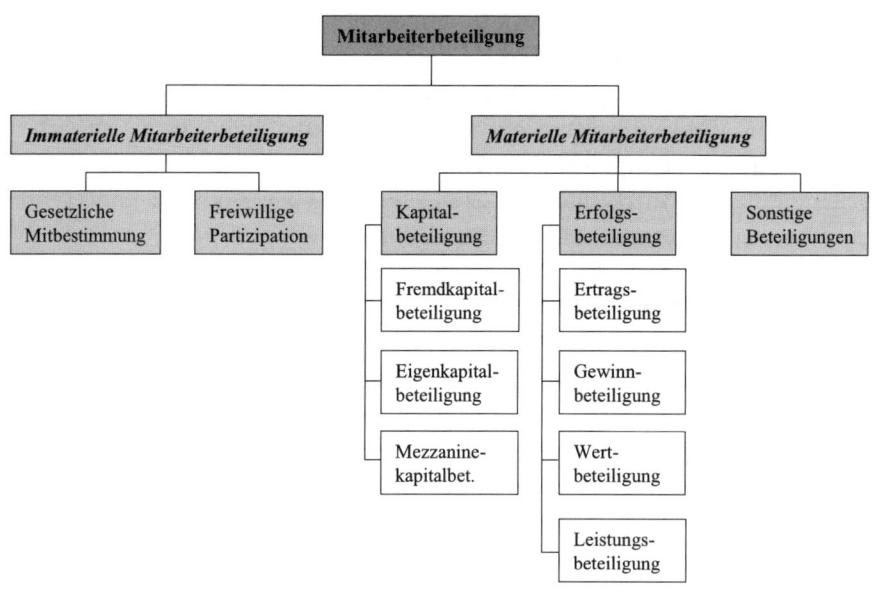

Abbildung 37: Systematisierung der Mitarbeiterbeteiligung

Die **immaterielle Mitarbeiterbeteiligung** kann definiert werden als die *Partizipation der Mitarbeiter an Entscheidungen des Unternehmens,* in dem sie beschäftigt sind. Unterschiedliche Ausprägungen von Beteiligungen der Mitarbeiter hinsichtlich der Mitwirkung und Mitbestimmung sind Kennzeichen einer immateriellen Mitarbeiterbeteiligung. Es lassen sich dabei die beiden Gruppen der **gesetzlichen Mitbestimmung** (z. B. Gründung eines Betriebsrates) sowie der **freiwilligen Partizipation** (weitgehende Entscheidungs- und Informationsrechte auf freiwilliger Basis) anführen. Im Rahmen der gesetzlichen Mitbestimmung ist für die **Gründung eines Betriebsrates** das Betriebsverfassungsgesetz (BetrVG) maßgeblich. Gewählt werden kann ein **Betriebsrat** nach § 1 Abs. 1 BetrVG in jedem Betrieb mit i. d. R. mindestens fünf ständigen wahlberechtigten Arbeitnehmern, von denen drei wählbar sind. Wahlberechtigt sind dabei nach § 7 BetrGV alle Arbeitnehmer des Betriebs, die das 18. Lebensjahr vollendet haben. Die Wählbarkeit wird in § 8 BetrGV geregelt. Nach § 8 Abs. 1 BetrVG sind alle Wahlberechtigten wählbar, die sechs Monate dem Betrieb angehören oder als in Heimarbeit Beschäftigte in der Hauptsache für den Betrieb gearbeitet haben. Nicht wählbar ist, wer infolge strafgerichtlicher Verurteilung die Fähigkeit nicht besitzt, Rechte aus öffentlichen Wahlen zu erlangen. Ein Betriebsrat muss allerdings nicht zwingend gegründet werden, wenn die Voraussetzungen hierfür bestehen. Vielmehr haben die Mitarbeiter das Wahlrecht der Gründung eines Betriebsrates nach den Bestimmungen des BetrVG. Eine Vielzahl von Unternehmen, auch Großunternehmen, haben keinen Betriebsrat. Vielmehr wird hier meist auf freiwillige Partizipation gesetzt. Der Einsatz immaterieller Beteiligung soll zur *Förderung der Motivation, Identifikation* und den *Leistungseinsatz der Mitarbeiter* im Rahmen ihrer Arbeit für das Unternehmen beitragen.

Die **materielle Mitarbeiterbeteiligung** kann definiert werden als die *Partizipation von Mitarbeitern am Erfolg und/ oder Kapital des Unternehmens,* in dem sie beschäftigt sind. Mögliche Ziele des Einsatzes eines materiellen Mitarbeiterbeteiligungssystems können dabei bspw. die Erhöhung des Eigenkapital- und des Fremdkapitalanteils, die Sicherung der Liquidität, aber auch die Steigerung der Motivation und Leistungsbereitschaft der Mitarbeiter sein. Innerhalb der materiellen Mitarbeiterbeteiligung sind weiterhin die **Kapital- und Erfolgsbeteiligung** sowie die **sonstigen Beteiligungen** zu unterscheiden.

Kapitalbeteiligungen können definiert werden als *Partizipation der Mitarbeiter am Unternehmen in Form von Eigenkapital (z. B. Belegschaftsaktien), Fremdkapital (z. B. Mitarbeiterdarlehen) oder Mezzanine-Kapital (z. B. Genussscheine).* Die Kapitalbeteiligungen ermöglichen es den Mitarbeitern des Unternehmens, anteilsmäßig *materiell* am Unternehmen beteiligt zu sein. [Kürten (2001)]

Erfolgsbeteiligungen können definiert werden als *Partizipation der Mitarbeiter am Erfolg des Unternehmens.* Die Erfolgsbeteiligungen werden dabei i. d. R. *zusätzlich zum regulären Lohn nach einem definierten Schema* an die Arbeitnehmer bei einer Erfüllung einer festgelegten Steigerung des Unternehmenserfolges vergütet. Als Ausprägungsklassen der Erfolgsbeteiligung lassen sich die *Ertragsbeteiligung (z. B. Umsatzbeteiligung und Umsatzprovision), Gewinnbeteiligung (z. B. Tantiemen), Wertbeteiligung (z. B. Stock-Options) und Leistungsbeteiligung (z. B. Bonussysteme)* nennen. Dabei kann die Erfolgsbeteiligung in diesen vier Klassen gruppenorientiert oder individualorientiert sein. [Kropp (1997); Kürten (2001)]

Abbildung 38 klassifiziert die einzelnen Formen nach den Dimensionen *Gruppenorientierung, Individualorientierung* sowie nach *Ertragsbeteiligung* (Ertrag), *Gewinnbeteiligung* (Gewinn), *Wertbeteiligung* (Wert) und *Leistungsbeteiligung* (Leistung). [Vereinfachte Darstellung von Schneider (2002)]

Gruppenorientierung	**Individualorientierung**
Ertrag	Umsatzbeteiligung	Umsatzprovision
	Wertschöpfungsbeteiligung	Deckungsbeitragsprovision
	Nettoertragsbeteiligung	
Gewinn	Gewinnbeteiligungen	
Wert	(Aktien-)Optionen	
Leistung	Produktionsbeteiligung	Bonussysteme
	Produktivitätsbeteiligung	Leistungsbeurteilungsprämien
	Kostenersparnisbeteiligung	Zielvereinbarungsprämie

Long Term/Short-Term Incentive

Abbildung 38: Formen der Erfolgsbeteiligung

Zu Informationen über die Wirkungsweise und die Voraussetzungen von Mitarbeiterbeteiligungen in kleinen und mittleren Unternehmen siehe bspw. Backes-Gellner/Kay/Schröer/Wolff (2002).

Ausgestaltung leistungsorientierter Entgeltsysteme
Unter **leistungsorientierten Entgeltsystemen** können alle Ausprägungen von Bonussystemen, Leistungsprämien oder Zielvereinbarungsprämien im Sinne eines materiellen Mitarbeiterbeteiligungssystems verstanden werden. Leistungsorientierte Entgeltsysteme sind gekennzeichnet durch fixe und variable Vergütungskomponenten. Sie sind sowohl im Produktions- als auch Handels- und Dienstleistungsunternehmen anwendbar. Primäre Ziele sind dabei die Erhöhung der Motivation und Leistungsbereitschaft sowie die Gewinnung und Bindung von qualifizierten Mitarbeitern.

Abbildung 39 zeigt eine mögliche Systematisierung der Bestandteile eines Leistungsentgeltes. [In Anlehnung an Wälchli (1995); Danielsen (2003)]

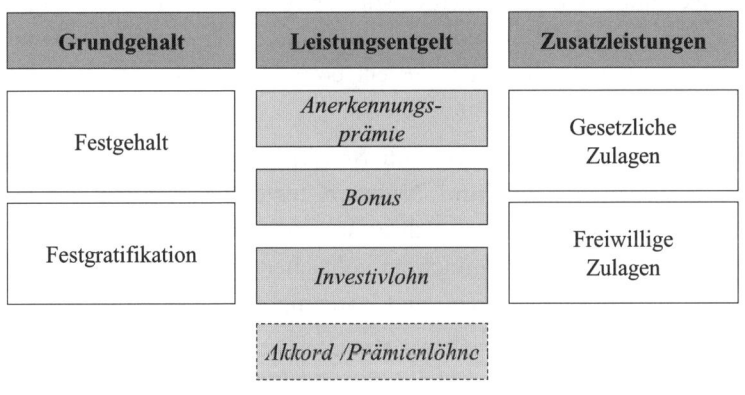

Abbildung 39: Komponenten des Leistungsentgelts

Die *Anerkennungsprämie* ist ein Instrument zur Würdigung einer speziellen, nicht periodisch wiederkehrenden besonderen Leistung. Bei *Akkord- und Prämienlöhnen* handelt es sich um produktionsbedingte Zulagen. Die Komponente des *Bonus* beschreibt einen Vergütungsanteil, der von der Erfüllung kurzfristiger operativer Zielsetzungen abhängig ist. Demgegenüber ist der *Investivlohn* ein an langfristige strategische Zielsetzungen gekoppelter Vergütungsanteil.

Die leistungsorientierte Vergütung kann zur Verdeutlichung in einen idealtypischen Prozess unterteilt werden. Abbildung 40 zeigt beispielhaft ein leistungsorientiertes Vergütungssystem, das in einen fünf Stufen umfassenden Prozess gegliedert ist.

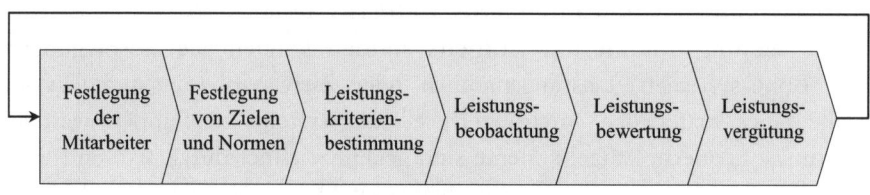

idealtypisch: transparenter, offener Prozess

Abbildung 40: Prozess leistungsorientierter Vergütung

Als Erstes wird die **Zielgruppe** der leistungsorientierten Vergütung definiert. In der betriebswirtschaftlichen Literatur wird als Zielgruppe des Einsatzes leistungsorientierter Entgeltsysteme häufig das mittlere Management genannt. Im Kontext junger Unternehmen existiert aufgrund der geringen Mitarbeiterzahl und der flachen Hierarchie oft kein mittleres Management. Daher kann die Zielgruppe entsprechend den jeweiligen Zielsetzungen des jungen Unternehmens erweitert werden.

Im zweiten Schritt der leistungsorientierten Vergütung müssen die gewünschten und geforderten **Ziele und Normen festgelegt** werden. Im Kontext junger Unternehmen ist dieser Schritt im Vergleich zu großen, etablierten Unternehmen i. d. R. recht einfach zu vollziehen, da organisatorische Hierarchien meist flach ausgebildet sind und keine mehrstufigen Zielbildungsprozesse erforderlich werden. Potenzielle Zielbereiche sind z. B. *Finanzziele, Markt- und Marketingziele, Forschungs- und Entwicklungsziele, Kunden- und Lieferantenziele, Organisationsziele und Personal- und Personalentwicklungsziele.* Die Ziele sind realistisch und für die Mitarbeiter nachvollziehbar zu planen, damit sie sich positiv auf die Leistungserbringung auswirken. Zu hohe Ziele können sich ebenso wie zu niedrige Ziele negativ auf die Motivation auswirken. Bei der Zielbildung sind insbesondere die individuelle Persönlichkeitsstruktur sowie die fachlichen, methodischen und sozialen Kompetenzen des Mitarbeiters zu berücksichtigen.

Bei der Bestimmung der **Leistungskriterien** handelt es sich um die Operationalisierung von Zielen in quantifizierbare Leistungskriterien, die zur Messung der Zielerreichung verwendet werden. Von Bedeutung ist, dass potenzielle Leistungskriterien im Verantwortungs- und Beeinflussungsbereich der betroffenen Personen liegen und somit die Ziele wirklich durch die Leistung der Beteiligten erreicht werden können. Während der Zielvereinbarungsperiode sollte die **Leistung** der Mitarbeiter kontinuierlich **beobachtet** werden, um einen laufenden Eindruck über die Entwicklungen zu erhalten und bei möglichen Problemen Korrekturen vornehmen zu können. Dabei sollte jedoch nicht der Eindruck einer umfassenden Kontrolle entstehen, die den Mitarbeiter verunsichert und u. U. seine Leistungsbereitschaft mindert. Die Prozessstufe der **Leistungsbewertung** generiert die Basisdaten für den letzten prozessualen Schritt, die Leistungsvergütung. Die Leistungsbewertung sollte im Rahmen eines vertraulichen Gespräches vollzogen werden. Dabei sollte nicht einfach die Erfüllung der Kriterien gemessen werden. Vielmehr ist bei einer Zielabweichung auch zu prüfen, warum ein Ziel erreicht worden ist oder warum gerade nicht. Danach können u. U. Anpassungsmaßnahmen zur verbesserten Leistungsbewertung durchgeführt werden.

Bei der **Leistungsvergütung** wird zunächst auf der Basis der vorgenommen Leistungsbewertung der Grad der Zielerreichung ermittelt. Aus dem Zielerreichungsgrad und dem gewählten Vergütungssystem kann die Höhe der Vergütung anhand von definierten Tabellen, Festsätzen, prozentualen Regelungen oder per Bonusfaktor und zugehöriger Bonusfunktion ermittelt werden. Für weiter gehende Informationen zur Ausgestaltung leistungsorientierter Entgeltsysteme siehe bspw. Plaschke (2003).

5.2.6   Personalfreistellung

Die Personalfreistellung ist auch im Kontext junger Unternehmen von Bedeutung. Denn gerade in kleinen Unternehmen können ein zu hoher Personalbestand oder nicht leistungsbereite und unmotivierte Mitarbeiter zu einer Gefährdung des Wachstums bzw. des Unternehmensbestandes führen.

Der Abbau von Personal sollte dabei geplant und gezielt vorgenommen werden. **Formen der Personalfreistellung** sind u. a. die *Ausnutzung natürlicher Fluktuationen* in einem Unternehmen wie bspw. eine arbeitnehmerseitige Kündigung oder aber *Pensionierungen* sowie *frühzeitige Pensionierungen* älterer Mitarbeiter, wenngleich die letztgenannten beiden Formen für junge Unternehmen eher selten in Betracht kommen dürften. Bei diesen Formen werden dann die frei gewordenen Stellen nicht besetzt. Weiterhin kann ein *Einstellungsstopp* erfolgen. Eine grundlegende Form der Personalfreistellung ist die *Kündigung*.

Eine **Kündigung durch den Arbeitnehmer** ist unproblematisch. Zu beachten ist, dass die Kündigung schriftlich und unter Berücksichtigung der jeweiligen Fristen eingereicht werden muss. Bei einer **Kündigung durch den Arbeitgeber** bestehen hingegen viele unterschiedliche Vorschriften, Gesetze und Regelungen, die es zu beachten gilt. Wichtig ist hierbei vor allem die Beachtung des Kündigungsschutzgesetzes. Die Kündigung kann in die *Beendigungskündigung* (Entlassung) sowie die *Änderungskündigung* unterschieden werden. Bei der **Entlassung** wird eine Beendigung des Arbeitsverhältnisses intendiert. Im Rahmen der **Änderungskündigung** ist das Ziel eine Änderung des Aufgabenbereiches einer Person, die nicht im Rahmen des regulären Weisungsrechts durchgesetzt werden kann. Mit einer Änderungskündigung ist oftmals eine Verschlechterung des Arbeitsverhältnisses für einen Mitarbeiter verbunden. Daher besteht für den Arbeitnehmer in diesem Falle ein Rechtsschutz, denn der Arbeitnehmer kann die Änderungskündigung und den Arbeitsplatz zunächst unter dem Vorbehalt annehmen, dass sich die Änderungen der Arbeitsbedingungen durch arbeitsgerichtliche Überprüfung als sozial gerechtfertigt erweisen. Neben der Beendigungskündigung und der Änderungskündigung gibt es die *ordentliche* sowie die *außerordentliche Kündigung*. Die **ordentliche Kündigung** erfolgt unter *Beachtung der jeweils geltenden Kündigungsfristen*. Bei einer **außerordentlichen Kündigung** wird eine *sofortige Beendigung des Arbeitsverhältnisses* als fristlose Kündigung angestrebt. Um dies aber durchführen zu können, ist die Voraussetzung nach § 626 BGB, dass Tatsachen vorliegen, die eine Einhaltung der Kündigungsfristen unzumutbar machen. Dabei kann eine außerordentliche Kündigung nach § 626 Abs. 2 lediglich innerhalb von zwei Wochen nach dem Kenntniserhalt des Grundes für die außerordentliche Kündigung ausgesprochen werden.

Generell ist bei einer Kündigung das Kündigungsschutzgesetz (KSchG) zu beachten. Nach § 1 KSchG ist eine Kündigung nur zulässig, wenn diese sozial gerechtfertigt ist. Was als sozial gerechtfertigt angesehen wird, wird durch das KSchG nicht positiv, sondern negativ formuliert. Sozial nicht gerechtfertigt nach § 1 Abs. 2 KSchG sind Kündigungen dann, wenn diese nicht durch Gründe, die in der Person oder in dem Verhalten des Arbeitnehmers liegen, oder durch dringende betriebliche Erfordernisse, die einer Weiterbeschäftigung des Arbeitnehmers in diesem Betrieb entgegenstehen, bedingt sind. Hieraus können *personenbedingte, verhaltensbedingte* und *betriebsbedingte Kündigungen* differenziert werden. Bei **personenbedingten Kündigungen** können Kündigungsgründe durch die *Leistung- oder Gesundheit des Arbeitnehmers* bedingt werden. **Verhaltensbedingte Kündigungen** liegen bei *disziplinarischen Verstößen des Arbeitnehmers* vor. Im Rahmen **betriebsbedingter Kündigungen** muss die Ursache *im Unternehmen* selbst liegen. So kann etwa aufgrund von Umstrukturierungen ein Arbeitsplatz entfallen. Bevor personenbedingte Kündigungen oder verhaltensbedingte Kündigungen ausgesprochen werden können, ist aufgrund des Verhältnismäßigkeitsgrundsatzes vorher eine *Abmahnung* des Arbeitnehmers durch den Arbeitgeber bzw. Gründer erforderlich. Die **Abmahnung** soll dem Arbeitnehmer anzeigen, dass der *Fortbestand des Arbeitsver-*

hältnisses gefährdet ist.

Kündigungen sind ein komplexer Themenbereich, bei dem sehr viele Fehler durch die Gründer begangen werden können. Wenn eine Kündigung ansteht, sollte u. U. rechtlicher Rat eingeholt werden, um alle Gesetze und Vorschriften zu wahren und die Kündigung rechtlich wirksam werden zu lassen.

Welche Form der Personalfreistellung gewählt wird, ist abhängig von der jeweiligen Situation. Soll etwa einem Mitarbeiter gezielt gekündigt werden, weil dieser wiederholt seinen Verpflichtungen bei der Arbeit nicht nachgekommen ist, oder befindet sich das Unternehmen in einer problematischen wirtschaftlichen Lage, in der Umstrukturierungsmaßnahmen und Kostensenkungen vollzogen werden müssen, dann wird eine Kombination der oben geschilderten Maßnahmen eingesetzt, um das Personal freizustellen. Zu beachten ist in letzterem Falle, dass eine sozial verträgliche und geplante Personalfreistellung durchgeführt werden sollte, die versucht, die Härten der Freistellung für die Arbeitnehmer zu mildern. In solchen Fällen sollten die Betroffenen umfassend und frühzeitig informiert werden. Es sollte eine transparente, umfassende und vor allem rechtzeitige Information der betroffenen Mitarbeiter erfolgen. Speziell bei Freistellungen in einer wirtschaftlichen Problemsituation ist auf eine faire Vorgehensweise zu achten. In diesem Prozess haben die Gründer eine hohe soziale Verantwortung für die Mitarbeiter wahrzunehmen. Generell kann eine Missachtung der zuvor genannten Bereiche in der Personalfreistellung, sei ein nun in einem Einzelfall oder aber in einer wirtschaftlichen Problemsituation, zu unterschiedlichen Folgeproblemen führen. Gerade in jungen Unternehmen arbeiten die Gründer und Mitarbeiter sehr eng zusammen und schnell können bei einer **intransparenten Durchführung der Personalfreistellung** *Demotivationen* und *Ängste* entstehen. Hieraus ergeben sich oftmals *Leistungsverminderungen* und eine *Verschlechterung der Unternehmenskultur*. Darüber hinaus kann es vorkommen, dass gerade die qualifizierten Mitarbeiter das Unternehmen als Folge einer intransparenten Freistellung freiwillig verlassen, weil sie sich nicht mehr sicher fühlen. Dies kann zu einem nicht gewünschten *Know-how-Verlust* führen.

Ist im jungen Unternehmen ein **Betriebsrat** vorhanden, unterliegt die Personalfreistellung zusätzlich dem Betriebsverfassungsgesetz (BetrVG). Danach sind bei Kündigungen oder innerbetrieblichen Versetzungen die Mitbestimmungsrechte des Betriebsrates gemäß den §§ 99 und 102 BetrVG zu beachten.

5.3   Verständnisfragen und Literaturempfehlungen

Verständnisfragen

- Erläutern Sie kurz den Unterschied zwischen Aufbau- und Ablauforganisation. (5.1.1)

- Wie wichtig sind die Begriffe der informalen und lernenden Organisation für junge Unternehmen? (5.1.2)

- Skizzieren Sie die Relevanz der einzelnen Konzepte der Spezialisierung, Delegation und Koordination im Kontext junger Unternehmen. (5.1.3)

- Stellen Sie potenzielle Vor- und Nachteile einer funktionalen Organisation für junge Unternehmen heraus. (5.1.3.1)

- Was wird unter einer Projektorganisation verstanden und wie relevant ist diese Organisationsform für junge Unternehmen? (5.1.3.2)

- Skizzieren Sie die Organisationsform der Teamorganisation und arbeiten Sie die Bedeutung für junge Unternehmen heraus. (5.1.3.3)

- Wie kann ein Personalplanungs- und -führungsprozess charakterisiert werden? (5.2)

- Erläutern Sie kurz die wesentlichen Bezugsgrößen, die für eine Personalbedarfsplanung zu berücksichtigen sind. (5.2.1)

- Erläutern Sie typische Maßnahmen der Personalgewinnung junger Unternehmen. Beachten Sie dabei deren praktische Realisierbarkeit. (5.2.2)

- Was ist ein Arbeitszeitkonto und wie bedeutsam ist sein Einsatz bei jungen Unternehmen? (5.2.3)

- Welche Maßnahmen der Personalentwicklung kennen Sie und warum sind diese für das junge Unternehmen und die Mitarbeiter so wichtig? (5.2.4)

- Diskutieren Sie die Vor- und Nachteile unterschiedlicher Motivationsformen. Erörtern Sie, ob Sie persönlich eher eine materielle oder immaterielle Mitarbeitermotivation bevorzugen würden und warum. (5.2.5)

- Wann und wie kann ein Betriebsrat gegründet werden? (5.2.5.2)

- Warum ist die Planung der Personalfreistellung bedeutend? (5.2.6)

- Erläutern Sie kurz die unterschiedlichen Formen der Kündigung und ihre Besonderheiten. (5.2.6)

Literaturempfehlung

Organisation – Standardwerke

Bea, F. X./Göbel, E. (2006): Organisation. Theorie und Gestaltung, 3. Aufl., Stuttgart 2006.

Kieser, A./Walgenbach, P. (2003): Organisation, 4. Aufl., Stuttgart 2003.

Organisation und Entrepreneurship

Lueger, M./Keßler, A. (2006): Organisationales Lernen und Wissen: Eine systemtheoretische Betrachtung im Kontext von Corporate Entrepreneurship, in: *Frank, H.* (Hrsg.), Corporate Entrepreneurship, Wien 2006, S. 33–75.

Thommen, J.-P./Struß, N. (2002): Gestaltung und Entwicklung organisatorischer Infrastruktur, in: *Hommel, U./Knecht, T. C.* (Hrsg.), Wertorientiertes Start-Up-Management: Grundlagen, Konzepte, Strategien, München 2002, S. 187–211.

Minkes, A. L./Foxall, G. R. (2000): Entrepreneurship and Organization: thoughts on an old theme, in: Entrepreneurship and Innovation, Vol. 1, Nr. 2, 2000, S. 85–89.

Personal – Standardwerke

Rosenstiehl, L. v./Regnet, E./Domsch, M. E. (Hrsg.) (2003): Führung von Mitarbeitern: Handbuch für erfolgreiches Personalmanagement, 5. Aufl., Stuttgart 2003.

Personal und Entrepreneurship

Moog, P. (2005): Der Faktor Personal in der Unternehmensgründung - Bedeutung und Management, in: *Konrad, E. D.* (Hrsg.), Aspekte erfolgreicher Unternehmensgründungen: Hinweise – Vorgehen – Empfehlungen, Münster u. a. 2005, S. 229–241.

Rumpf, M./Schütze, C. (2004): Management des Wandels: Personalgewinnung und -führung, in: *Rumpf, M/Feyerabend, K.-F.* (Hrsg.), Erfolgsfaktoren junger Unternehmen, Management von Wachstum: Berichte aus Theorie und Praxis, Gießen 2004, S. 45–75.

6 Gründungs- und Wachstumsfinanzierung

Kenntnisse über Finanzierungsstrategien sowie über Funktions- und Wirkungsweisen verschiedener Finanzierungsformen und -instrumente sind notwendig, damit drohende Finanzierungskrisen und Liquiditätsengpässe rechtzeitig erkannt und Maßnahmen zur Gegensteuerung ergriffen werden können. In diesem Zusammenhang kommt der Optimierung der Kapital- und Risikostruktur im Gründungs- und Wachstumskontext eine besondere Bedeutung zu. Aus einer geringen Eigenkapitalausstattung resultiert nicht selten eine mangelnde Krisenfestigkeit, wie dies bspw. durch eine Vielzahl an Insolvenzen junger Unternehmen in den Jahren 2000 bis 2002 deutlich wurde. Obwohl zahlreiche junge Unternehmen über aussichtsreiche Geschäftsmodelle verfügten, lag ein wesentlicher Grund für ihre Insolvenzen in Finanzierungsproblemen, die sie nicht lösen konnten. Die Gründer waren vielfach nicht in der Lage, Kapital zur Überwindung der Krise zu beschaffen und die Zahlungsströme effektiv zu optimieren.

Vor diesem Hintergrund ist es auch für Unternehmensgründungen erforderlich, unter Berücksichtigung ihrer jeweils spezifischen Besonderheiten und Zielsetzungen eine geeignete Finanzierungsstrategie zur Optimierung ihrer respektiven Kapitalstruktur zu entwickeln und umzusetzen. Dabei ist das Spektrum an Kriterien zur Aufnahme von Eigen- oder Fremdfinanzierungen vielfältig. Beispiele für **Entscheidungskriterien** sind neben den gesamten *Finanzierungskosten, Kündigungsrechte, Kreditsicherheiten, bilanzpolitische Ziele, spezifische Mitwirkungsrechte* oder *Informationspflichten sowie die Höhe des benötigten Finanzierungsvolumens.* Unter Berücksichtigung des Kriteriums Kreditsicherheiten sind für schnell wachsende Unternehmen klassische Instrumente der Fremdfinanzierung tendenziell ungeeignet. Denn hohen Risiken in der Gründungsphase stehen im Regelfall keine verwertbaren Kreditsicherheiten gegenüber. Möglicherweise kommt für diese Unternehmen Venture Capital als Finanzierungsform in Betracht. Eine grundlegende Voraussetzung für die Generierung von Venture Capital ist jedoch, dass das junge Unternehmen überdurchschnittlich hohe Entwicklungsperspektiven und Wertzuwächse erwartet.

Ausgehend von einem allgemeinen Überblick werden in diesem Kapitel grundlegende Möglichkeiten der Finanzierung für neu gegründete und junge Unternehmen aufgezeigt. Dabei wird auch auf spezifische Vor- und Nachteile der jeweiligen Finanzierungsalternativen eingegangen.

6.1 Finanzierungsalternativen im Überblick

6.1.1 Systematisierungsansätze von Finanzierungsarten

In der betriebswirtschaftlichen Literatur gibt es bislang keine einheitliche Definition des Begriffs Finanzierung. Auch die **Systematisierung der Finanzierungsarten** *erfolgt nach verschiedenen Kriterien.* Nach einem allgemeinen Begriffsverständnis umfasst die Finanzierung alle Maßnahmen zur Kapitalbeschaffung. Im betriebswirtschaftlichen Kontext bezieht sich Finanzierung jedoch nicht nur auf die Kapitalbeschaffung, sondern auch auf die Optimierung der Kapitalstruktur und Zahlungsströme. Für Unternehmen allgemein und für junge Unternehmen im Besonderen liegt der Fokus vor allem auf der Deckung des Kapitalbedarfs durch den gezielten Einsatz geeigneter Finanzierungsalternativen. Tabelle 15 zeigt überblicksartig grundlegende Systematisierungsansätze, wie sie in der klassischen Literatur zur Finanzwirtschaft zu finden sind.

Kriterium	*Formen*
Finanzierungsanlass	▪ Gründungsfinanzierung ▪ Wachstumsfinanzierung ▪ Übernahmefinanzierung ▪ Sanierungsfinanzierung
Rechtsstellung der Kapitalgeber	▪ Eigenfinanzierung ▪ Fremdfinanzierung
Mittelherkunft	▪ Außenfinanzierung ▪ Innenfinanzierung

Fristigkeit	▪ Unbefristete Finanzierung
	▪ Befristete Finanzierung
	  – kurzfristig: bis 1 Jahr
	  – mittelfristig: 1 bis 4 oder 5 Jahre
	  – langfristig: über 4 oder 5 Jahre

Häufigkeit der Finanzierungsakte	▪ einmalige, gelegentliche Finanzierung ▪ laufende, regelmäßige Finanzierung

Tabelle 15: Systematisierung von Finanzierungsalternativen

Die klassische finanzwirtschaftliche Literatur folgt zumeist entweder der Systematisierung nach der Rechtsstellung der Kapitalgeber in Eigen- und Fremdfinanzierung oder der Unterscheidung nach der Mittel- bzw. Kapitalherkunft in Außen- und Innenfinanzierung. Neben dem originären Eigen- und

Fremdkapital hat als Zwischenform das Mezzanine-Kapital in den letzten Jahren zunehmende Bedeutung erlangt. Es handelt sich um hybride Finanzierungsinstrumente, die als Mischformen sowohl Eigenschaften von Eigenkapital als auch Fremdkapital aufweisen.

Die folgende Abbildung 41 zeigt den Zusammenhang zwischen diesen Finanzierungsformen im Überblick. [In Anlehnung an Wöhe/Bilstein (2002)]

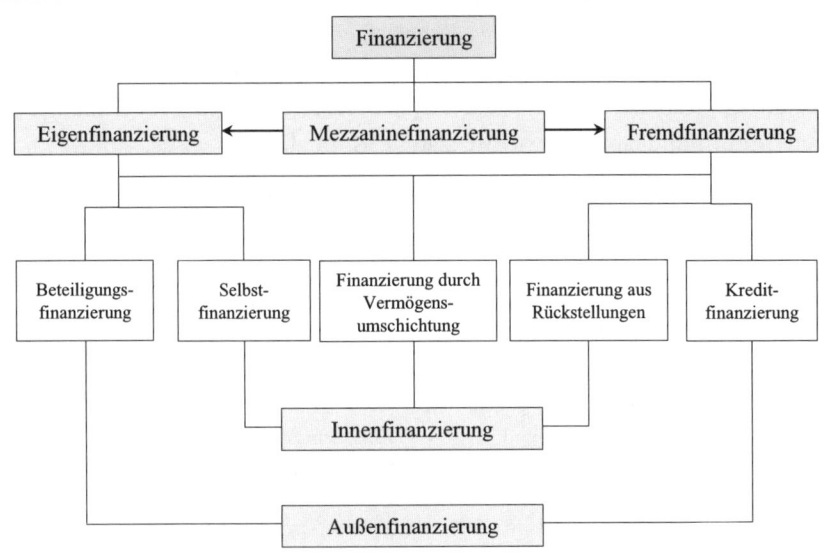

Abbildung 41: Systematisierung von Finanzierungsformen

Als Finanzierungsquellen eines Unternehmens kommen generell Eigenkapital, Fremdkapital und Mezzanine-Kapitalformen in Betracht. Bei der **Beteiligungsfinanzierung** als Form der Eigenfinanzierung einerseits und der Außenfinanzierung andererseits erfolgt die *Zuführung von Eigenkapital durch die Einlagen der Anteilseigner bzw. Gesellschafter.* Bei der **Selbstfinanzierung** wird *Eigenkapital durch den Umsatzprozess* erwirtschaftet. Die Selbstfinanzierung kann sowohl der Eigenfinanzierung als auch der Innenfinanzierung zugeordnet werden. Aus unternehmerischer Sicht bietet die Selbstfinanzierung zahlreiche Vorteile. Beispielsweise wird die Liquidität geschont, da keine Zinszahlungen für Kredite erfolgen müssen, die Stärkung des Eigenkapitals verbessert die Kreditwürdigkeit und verringert die Anfälligkeit für Krisen. Weiterhin wird die unternehmerische Unabhängigkeit, etwa vom Einfluss durch Kapitalgeber, gewahrt. **Finanzierungen durch Vermögensumschichtungen** sowie **Finanzierungen aus Rückstellen** kommen für junge Unternehmen aufgrund der geringen Größe tendenziell eher weniger in Betracht. Die **Kreditfinanzierung** ist gleichzeitig Fremd- und Außenfinanzierung. Sie umfasst die Finanzierung über Kredite und Anleihen (Gläubigerpapiere).

Mezzanine-Finanzierungen, auch als hybride Finanzierungen bezeichnet, sind zwischen Eigen- und Fremdkapital einzuordnen. Typische Ausgestaltungsformen von Mezzanin-Finanzierungen sind Nachrangdarlehen, atypische und typische stille Beteiligungen, Genussscheine sowie Wandel- und Optionsanleihen. Je nach Ausgestaltungsform haben diese Finanzierungsformen stärker Eigen- oder Fremdkapitalcharakter. Entsprechend erfolgt auch ihre bilanzielle Zuordnung. Tabelle 16 zeigt eine Systematisierung und Abgrenzung von Eigen- und Fremdkapital sowie Mezzanine-Kapital.

Kriterium	Eigenkapital	Mezzanine-Kapital	Fremdkapital
Rechtsstellung Haftung	(Mit-)Eigentümer ▪ Haftung zumindest in Höhe der Einlage	Unterschiedlich ▪ Haftung möglich je nach Vertragsgestaltung	Gläubiger ▪ Keine Haftung
Vergütung	Erfolgsabhängig ▪ Beteiligung an Gewinn und Verlust	Je nach Vertragsgestaltung ▪ Zinsanspruch, ggf. ▪ Beteiligung am Gewinn und Verlust	Erfolgsunabhängig ▪ Zinsanspruch
Vermögensanspruch (Rückzahlungsverpflichtung)	Residualanspruch (Rückzahlungsverpflichtung besteht nicht)	Je nach Vertragsgestaltung	Nominalanspruch (Rückzahlungsverpflichtung besteht)
Einfluss auf das Unternehmen	Kontroll- und Stimmrechte	Kontroll- und Stimmrechte möglich	Keine Kontroll- und Stimmrechte
Verfügbarkeit der finanziellen Mittel	Unbefristet	i. d. R. langfristig	i. d. R. befristet
Rangstellung im Insolvenzfall	Nachrangig (Haftungskapital)	Nachrangig nach Fremdkapital	Vorrangig
Besicherung	Keine	Keine oder Rangrücktritt	(vorrangige) Kreditsicherheiten

Tabelle 16: Abgrenzungsmerkmale von Eigenkapital und Fremdkapital

6.1.2 Systematisierung im Gründungs- und Wachstumskontext

Spezifische Probleme ergeben sich im Gründungs- und Wachstumskontext bei der Innenfinanzierung. Die Beschaffung finanzieller Mittel aus dem Unternehmen selbst ist für junge Unternehmen schwierig, da die Möglichkeiten der Eigenkapitalbildung aus dem Umsatzprozess zumeist nicht vorhanden oder zu gering sind. Die Gründungsphase ist dadurch gekennzeichnet, dass zunächst keine Umsatzerlöse vorhanden sind, aber Anlaufverluste entstehen. Damit stehen in dieser Phase keine Gewinne zur Selbstfinanzierung zur Verfügung. Gewinnthesaurierungen als möglicher Weg der Innenfinanzierung zeigen erst mittelfristig positive Auswirkungen, die sich in der Bilanz des jungen Unternehmens widerspiegeln. Auch die finanziellen Gegenwerte der Abschreibungen, die dem Unternehmen aus Umsatzerlösen wieder zufließen, wirken sich erst über einen mittel- bis langfristigen Zeithorizont spürbar aus. Dabei liegt eine betriebswirtschaftliche Begründung für Abschreibungen darin, dass Güter des Anlagevermögens einem regelmäßigen Werteverzehr unterliegen und daher nach ihrer Nutzungsdauer meist durch Ersatzinvestitionen erneuert werden müssen. Eine Veräußerung von Vermögensgegenständen kommt als Quelle der Innenfinanzierung für ein junges Unternehmen üblicherweise zunächst nicht in Betracht. Weiterhin sind Finanzierungen durch Auszahlungsminderung bis zur Inanspruchnahme von Rückstellungen, wie dies langfristig etwa bei Pensionsrückstellungen möglich werden könnte, für junge Unternehmen eine nicht wirklich realistische Alternative der Innenfinanzierung. Denn der Finanzierungseffekt wird erst mittel- bis langfristig in der Weise wirksam, dass die Bildung und Auflösung der Rückstellungen zeitlich auseinanderfallen. Je länger der Zeitraum zwischen der Bildung und Auflösung ist, desto größer wird der Finanzierungseffekt.

Da die Innenfinanzierung aus den dargestellten Gründen für junge Unternehmen kaum möglich ist, erscheint die Systematisierung nach der Kapitalherkunft nach der Innen- und Außenfinanzierung in diesem Kontext als nicht geeignet. Vielmehr wird hier zwischen Eigen-, Fremd- und Mezzanine-Kapital unterschieden.

Bei der Systematisierung nach der rechtlichen Stellung der Kapitalgeber wird zwischen Gläubigerrechten (Fremdkapitalgeber) und Eigentümerrechten (Eigenkapitalgeber) unterschieden. Dabei wird auf die Finanzierungsfunktion im eigentlichen Sinne abgestellt. Das bedeutet, dass Eigenkapital grundsätzlich bei der Gründung eines Unternehmens erforderlich wird. Darüber hinaus wird Eigenkapital für die Gestaltung von spezifischen Entwicklungsprozessen, d. h.

z. B. von Wachstumsprozessen eines jungen Unternehmens, benötigt. Das bedeutet, dass Eigenkapital dem Unternehmen unbefristet zur Verfügung gestellt wird. Im Unterschied dazu wird mittel- bis langfristig Fremdkapital meist befristet und mit einer definierten Zweckbindung vergeben, wie dies etwa bei Betriebsmittel- oder Investitionskrediten der Fall ist. Die Zuführung von Eigenkapital durch Einlagen der Unternehmenseigner oder Gesellschafter ist eine der häufigsten Finanzierungsformen im Gründungskontext. Sind banktübliche Sicherheiten vorhanden, können auch verschiedene Formen von Fremdkapital eine Finanzierungsalternative für junge Unternehmen sein. Mezzanine-Finanzierungen sind weniger für Gründungsunternehmen als vielmehr für junge Unternehmen in der Wachstumsphase oder etablierte Unternehmen unter der Voraussetzung einer stabilen Ertragserwartung von Bedeutung.

6.2 Modelle der Gründungs- und Wachstumsfinanzierung

Spezifische Modelle von Gründungs- und Wachstumsfinanzierungen finden bislang vor allem in der amerikanischen Literatur Berücksichtigung. Es handelt sich insbesondere um **Low-Budget-Modelle** (z. B. Self-Feeding- und Bootstrap-Ansatz) sowie das **Big-Money-Modell**, das die Grundlage für die Finanzierung innovativer oder schnell wachsender Unternehmen mit einem hohen Kapitalbedarf bildet. [Siehe hierzu z. B. Bhidé (1999); Nathusius (2001)] Die verschiedenen Modelle resultieren vor allem aus den unterschiedlichen Geschäftsmodellen, den erwarteten Marktchancen und den finanziellen Ressourcen, die den Gründerpersonen zum Aufbau ihres Unternehmens zur Verfügung stehen. Weiterhin unterscheiden sich diese Modelle in ihrer respektiven strategischen Ausrichtung sowie in der ihr jeweils zugrunde liegenden Führungskultur. Den spezifischen Modellen und Ansätzen können Finanzierungsinstrumente zugeordnet werden, die für die Finanzierung der Gründungs- und Wachstumsphase eines Unternehmens typisch sind.

Finanzierungsentscheidungen haben sowohl eine strategische als auch eine operative Dimension, die sich auf alle Unternehmensbereiche und im Extremfall auf die Existenz eines Unternehmens auswirken können. Dies gilt insbesondere für Gründungsunternehmen und junge Unternehmen, die aufgrund der zumeist noch geringen Eigenkapitalbasis sehr krisenanfällig sind. Vor diesem Hintergrund sind Finanzierungsentscheidungen, vor allem unter strategischen Aspekten, sehr sorgfältig zu treffen. Dabei beeinflussen sich Finanzierung und Unternehmensstrategie wechselseitig. In diesem Kontext können zwei strategische Vorgehensweisen von Gründungs- und Wachstumsunternehmen unterschieden werden: [Nathusius (2001)]

- **Strategy follows Finance** (Strategie folgt der Finanzierung) und

- **Finance follows Strategy** (Finanzierung folgt der Strategie).

Beim ersten Ansatz **Strategy follows Finance** stellt die *Finanzierung die limitierende Größe für die Strategie* dar. Die Verwirklichung der Strategie eines Gründerteams wird durch die Finanzierungsmöglichkeiten beschränkt. Die Finanzierung bildet somit den wesentlichen Engpassbereich bei der Strategieentwicklung und ihrer Umsetzung.

Bei dem Ansatz **Finance follows Strategy** ist die *Finanzierung nicht ein wirklich begrenzender Faktor*. Diesem Ansatz folgen Gründungsunternehmen und junge Unternehmen, deren Geschäftsmodelle und Strategien derart überzeugend sind, dass sie für finanzstarke Investoren attraktiv erscheinen.

6.2.1   Low-Budget-Modelle

Bei den **Low-Budget-Modellen** stehen den Unternehmensgründern Finanzierungsalternativen nur in einem eingeschränkten Ausmaß zur Verfügung. Als wesentliche Ausprägungsformen können der **Self-Feeding-Ansatz** *im Sinne einer Selbstfinanzierung* und der **Bootstrap-Ansatz** unterschieden werden. Bei dem Selbstfinanzierungsansatz sind die Gründer weitgehend auf ihre Möglichkeiten zur *Eigenfinanzierung und den Einsatz ihrer eigenen Arbeitskraft* angewiesen. Die *Aufnahme von Fremdkapital ist i. d. R. keine Alternative*, da keine oder nicht im ausreichenden Umfang bankübliche Sicherheiten zur Verfügung stehen. Die nicht vergütete Arbeitsleistung der Gründer und die selbst finanzierten Vermögenswerte, wie eigene Fahrzeuge oder Computer, bilden häufig die wesentlichen Grundlagen für die Gründung. Die durch den „Schweiß" der Gründer geschaffenen Werte werden in der amerikanischen Literatur auch als **Sweat Equity** bezeichnet. Typische Beispiele hierfür sind Gründungsunternehmen, die im Keller oder der Garage der Familie entstanden sind und sich schrittweise weiterentwickelt haben.

In einem engen Zusammenhang mit dem Selbstfinanzierungsansatz steht der **Bootstrap-Ansatz**, der dem Gründungsunternehmen einen erweiterten Finanzierungsspielraum ermöglicht. Das amerikanische Wort *Bootstrap* bedeutet übersetzt Schnürsenkel. Danach bezieht sich der Bootstrap-Ansatz im übertragenen Sinne auf ein eng festgelegtes strategisches Vorgehen zur Gründung und Entwicklung eines Unternehmens, das vor allem durch die geringe Verfügbarkeit an finanziellen Mitteln gekennzeichnet ist. Als typische Finanzierungsinstrumente im Rahmen des Bootstrap-Ansatzes kommen das Eigenkapital der Gründer, das Eigenkapital von Familien und Freunden, öffentliche Fördermittel in Form von Eigen- und Fremdkapital, Bank- und Lieferantenkredite sowie Leasingfinanzierungen in Betracht. [Bhidé (1999); Neeley (2004)]

Beim Selbstfinanzierungsansatz und beim Bootstrap-Ansatz sind zwei Entwicklungsausrichtungen möglich, entweder „klein starten und klein bleiben" oder „klein starten und wachsen". Gründungsunternehmen, die dem Bootstrap-Ansatz folgten, d. h. als kleines Unternehmen begannen, gewachsen sind und heute die Stellung von bedeutenden Weltunternehmen einnehmen, sind bspw. *Microsoft*, *Dell* und *SAP*.

6.2.2   Big-Money-Modell

Ein tragfähiges Geschäftsmodell, eine aussichtsreiche unternehmerische Gelegenheit sowie ein überzeugender Businessplan bilden die Grundlage für die Verwirklichung des **Big-Money-Modells**. In der Regel handelt es sich hierbei um junge *Unternehmen, die aufgrund ihres zu erwartenden starken und dynamischen Wachstums einen hohen Kapitalbedarf haben.* Der Entwicklungsansatz bei diesem Modelltyp lautet *„groß starten und wachsen"*. Mögliche Investoren, die auch in der Lage sind, den hohen Kapitalbedarf zu decken, sind vor allem Business Angels und Venture-Capital-Gesellschaften. Weitere Finanzierungsmöglichkeiten sind Mezzanine-Finanzierungen, Privatplatzierungen (Private Placements) und in einer späteren Phase u. U. die Erstemission an der Börse im Sinne eines Initial Public Offering (IPO).

Die dem Big-Money-Modell folgenden Unternehmen sind häufig forschungs- und kapitalintensiv. Das typische Branchespektrum reicht dabei von der Informations- und Biotechnologie über die Medizintechnik bis hin zur Nanotechnologie. Beispiele für Unternehmen, die das Big-Money-Modell zur Finanzierung ihres Wachstums zugrunde legten, sind *Intel*, *Apple*, *Genentech* und *Qiagen*.

6.2.3   Bedeutung der Finanzierungsmodelle in der Praxis

Die skizzierten Modelle und Ansätze haben idealtypischen Charakter, d. h., es kann in der Praxis durchaus zu Überschneidungen, bspw. beim Selbstfinanzierungsansatz und beim Bootstrap-Ansatz, kommen. Weiterhin können sich im Zeitablauf fließende Übergänge zwischen den Modellen bilden. So ist es möglich, dass ein Unternehmen auf dem Selbstfinanzierungsansatz basierend gründet, nach einiger Zeit Gewinne erwirtschaftet, somit Eigenkapital generiert und damit dem Bootstrap-Ansatz folgend weitere Eigen- oder Fremdmittel zur Finanzierung des Wachstums erhalten kann. Beispielsweise haben *Dell* und *SAP* gezeigt, dass auch ein Übergang vom Bootstrap-Ansatz zum Big-Money-Modell grundsätzlich im Laufe des Wachstums möglich.

Nach Schätzungen starten etwa 85 bis 90 Prozent der Gründungsunternehmen in Deutschland im Sinne des Low-Budget-Modells klein und bleiben klein. Etwa 8 bis 12 Prozent aller Unternehmensgründungen beginnen klein und wachsen. Lediglich 1 bis 2 Prozent der Unternehmen folgen dem Big-Money-Modell, d. h., die Unternehmen beginnen bereits, etwa als Technologieunternehmen, groß und wachsen dynamisch weiter [Nathusius (2001)]. Tabelle 17 zeigt die einzelnen Modelle im Überblick.

Modell	Kriterium	Entwicklungsansatz	Ausprägungsformen
Low-Budget-Modell *Strategy follows Finance*	Einfluss der Finanzierung auf die Unternehmensstrategie	▪ Variante 1: „klein starten und klein bleiben" Häufigkeit des Auftretens: 85–90 %* ▪ Variante 2: „klein starten und wachsen" Häufigkeit des Auftretens: 8–12 %*	▪ Self-Feeding-Ansatz ▪ Bootstrap-Ansatz
Big-Money-Modell *Finance follows Strategy*	Einfluss der Finanzierung auf die Unternehmensstrategie	▪ „groß starten und wachsen" Häufigkeit des Auftretens: 1–2 %*	▪ Privatinvestoren ▪ Business Angels ▪ Venture Capital ▪ Privatplatzierungen
* in Deutschland nach Schätzungen			

Tabelle 17: Übersicht Low-Budget- und Big-Money-Model

Insgesamt fehlt es in Deutschland, aber auch in anderen europäischen Ländern an geeigneten empirischen Untersuchungen, um die praktische Relevanz der Modelle und Ansätze tatsächlich beurteilen zu können. So könnte bspw. vermutet werden, dass etwa Frauen mit jungen Kindern eher kleine Gründungen bevorzugen, die zunächst auch klein bleiben. Demgegenüber dürfte ein gut ausgebildetes Gründerteam, bspw. aus den Bereichen Biotechnologie, Chemie und Betriebswirtschaft, eher ein auf Wachstum ausgerichtetes Unternehmen gründen, das dem Big-Money-Modell folgt. Empirische Belege für die genannten Schätzungen und Vermutungen gibt es allerdings bislang nur unzureichend.

6.2.4   Typische Finanzierungsphasen

Ein Unternehmen durchläuft von der Gründung bis zur Liquidation verschiedene Phasen, die unterschiedlich lange Zeithorizonte haben können. Die einzelnen Phasen sind für jedes Unternehmen individuell verschieden und abhängig von den jeweils intern und extern relevanten Einflussfaktoren. [Siehe hierzu auch Kapitel 7.1.3.1] In den einzelnen Phasen stehen Unternehmen auch jeweils unterschiedliche Finanzierungsquellen zur Verfügung. Typische Quellen, die ein neu gegründetes Unternehmen in den ersten Finanzierungsphasen in Anspruch nimmt, sind private Geldgeber bzw. Investoren, die im angelsächsischen Sprachraum auch als die **4Fs** bezeichnet werden. [Bygrave (1997)]. Im Einzelnen handelt es sich um

- Founder (Gründer mit ihren persönlichen Ersparnissen),

- Family (Familie),

- Friends (Freunde),

- Foolhardy Investors (tollkühne Investoren).

Unter die Bezeichnung *Foolhardy Investors* fallen wohl vor allem Privatinvestoren und Business Angels.

Als eine weitere Möglichkeit der Eigen- und Fremdfinanzierung gibt es in verschiedenen Ländern oftmals öffentliche Förderprogramme. So gibt es etwa in Deutschland spezielle Eigenkapitalprogramme mit der Zielsetzung, die typischerweise schwache Eigenkapitalbasis von kleinen und mittleren wie auch jungen Unternehmen zu stärken. Öffentliche Fördermittel werden als Eigenkapital, Fremdkapital sowie als Mezzanine-Kapital gewährt.

Aufgrund der spezifischen Besonderheiten und Einzigartigkeit einer jeden Unternehmensgründung ist zu berücksichtigen, dass es sich bei Abbildung 42 um einen idealtypischen Ablauf handelt. [In Anlehnung an Schefczyk (2000) und Schefczyk/Pankotsch (2003)]

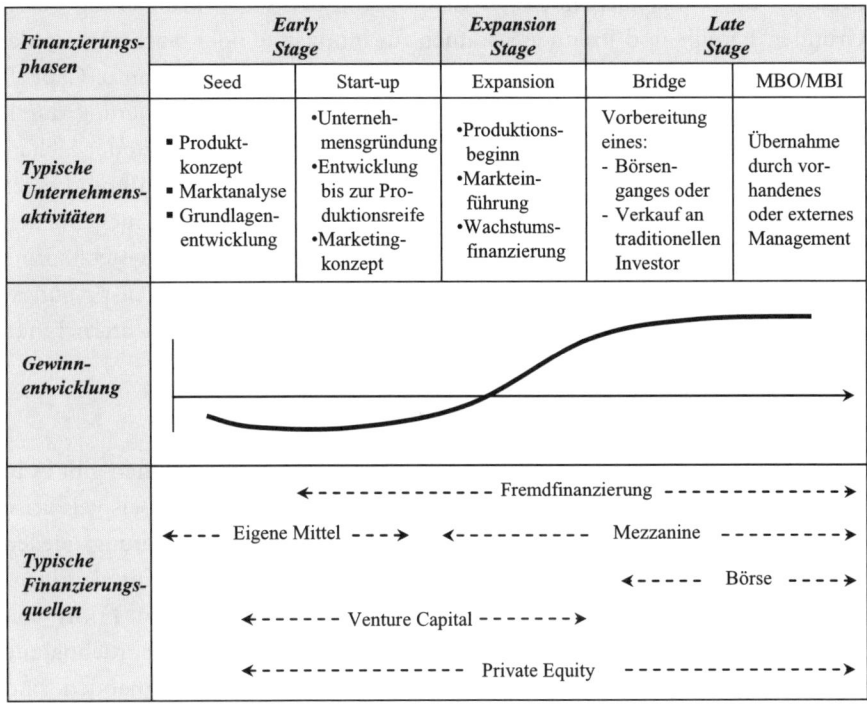

Finanzierungs-phasen	Early Stage		Expansion Stage	Late Stage	
	Seed	Start-up	Expansion	Bridge	MBO/MBI
Typische Unternehmens-aktivitäten	▪ Produkt-konzept ▪ Marktanalyse ▪ Grundlagen-entwicklung	•Unterneh-mensgründung •Entwicklung bis zur Pro-duktionsreife •Marketing-konzept	•Produktions-beginn •Marktein-führung •Wachstums-finanzierung	Vorbereitung eines: - Börsen-ganges oder - Verkauf an traditionellen Investor	Übernahme durch vor-handenes oder externes Management

Abbildung 42: Finanzierungsformen in der Unternehmensentwicklung

Seed-Phase (Early Stage)

Eine Unternehmensgründung erfordert eine sorgfältige und detaillierte Vorbe-reitung. In einem ersten Schritt sollte die grundsätzliche Machbarkeit über-prüft (Feasibility Study) werden. Sind die unternehmerische Gelegenheit und das Geschäftsmodell aussichtsreich, wird in einem weiteren Schritt ein Busi-nessplan erstellt. Diese Phase wird typischerweise durch Eigenmittel der Gründer sowie durch finanzielle Mittel aus dem familiären und befreundeten Umfeld getragen. Eine weitere Möglichkeit besteht in der Inanspruchnahme öffentlicher Fördermittel. Auch Business Angels investieren selektiv bereits in dieser Phase. Von den Venture-Capital-Gesellschaften stellt allerdings nur eine sehr geringe Anzahl Seed-Kapital zur Verfügung, da die Risiken und ein mög-licher Totalverlust in dieser Phase noch ausgesprochen hoch sind.

Start-up-Phase (Early Stage)

In dieser Phase erfolgt die eigentliche Gründung des Unternehmens. Der Finanzbedarf ist, je nach Wachstumsperspektiven und in Abhängigkeit der

Branche, unterschiedlich hoch. In Erweiterung der Eigenfinanzierung durch Gründer, Familie und Freunde kommen für innovative oder wachstumsstarke Unternehmen als Alternativen Business Angels und Venture-Capital-Gesellschaften in Betracht. Die Möglichkeiten der Kreditfinanzierung durch Banken sind in dieser Phase zumeist davon abhängig, ob die Gründer Sicherheiten stellen können. Typischerweise wird Mezzanine-Kapital aufgrund eines meist noch schwer abschätzbaren Risiko-Rendite-Verhältnisses nicht in den frühen Unternehmensphasen der Seed- und Start-up-Phase eingesetzt. Eine Ausnahme bildet etwa das Gesellschafterdarlehen, das als eine Ausprägungsform des Mezzanine-Kapitals bereits in dieser Phase für junge Unternehmen von Bedeutung sein kann.

Expansionsphase (Expansion Stage)
Insbesondere für schnell wachsende, innovative junge Unternehmen gibt es in dieser Phase vielfältige mögliche Finanzierungsalternativen. Beispielsweise stehen Venture Capital oder strategische Investoren als Finanzierungsquellen zur Verfügung. Wird ein positiver Cashflow erwirtschaftet, kommt als Finanzierungsalternative in dieser Phase auch Fremdkapital, z. B. in Form von Bankkrediten, in Betracht. Typische Voraussetzung für die Inanspruchnahme von Krediten ist, dass entweder bankübliche Sicherheiten vorhanden sind oder die Zins- und Tilgungszahlungen aus dem Cashflow des Unternehmens geleistet werden können. Bei einem moderaten Wachstum des jungen Unternehmens und einer stabilen positiven Ertragslage können weiterhin Mezzanine-Finanzierungen relevant sein.

Bridge, MBO/MBI (Late Stage)
Über die Gründung und das Wachstums hinaus gibt es Finanzierungsphasen in der weiter fortgeschrittenen Entwicklung eines jungen Unternehmens, die hier erwähnt, aber nicht vertiefend behandelt werden sollen. Bei diesen Finanzierungsphasen handelt es sich um:

- Bridge-Phase
  (Vorbereitung des Börsengangs)
- Management-Buy-out (MBO)
  (Übernahme eines Unternehmens durch internes Management)
- Management-Buy-in (MBI)
  (Übernahme eines Unternehmens durch externes Management)
- Turnaround-Phase
  (Sanierung und Neubeginn eines Unternehmens).

6.3   Eigenfinanzierung

6.3.1   Begriff und Formen der Eigenfinanzierung

Der Begriff der Eigenfinanzierung umfasst allgemein die Zuführung und Erhöhung des Eigenkapitals durch die Eigentümer bzw. die Gründer des Unternehmens oder durch die Einbehaltung von erwirtschafteten Gewinnen im Unternehmen.

Eigenfinanzierung als Innenfinanzierung erfolgt, wie bereits oben ausgeführt, durch offene oder stille **Selbstfinanzierung** (Gewinne, Rücklagen, Abschreibungen, Vermögensumschichtungen). Da die Selbstfinanzierung für junge Unternehmen meist nicht in Betracht kommt, wird sie im Rahmen der folgenden Ausführungen nicht weiter behandelt. Bei der Eigenfinanzierung als Außenfinanzierung wird das Kapital durch **Einlagen** (der Eigentümer) oder durch **Beteiligung** (der Anteilseigner) eingebracht. Die klassische Form der Beteiligungsfinanzierung ist die direkte Beteiligung. Die Gestaltung der Beteiligung ist abhängig von der Rechtsform. In Deutschland wird die Einlage bei einer GmbH als Stammeinlage bezeichnet und bei einer Aktiengesellschaft als Anteil am Grundkapital in Form von Aktien. Bei allen Gesellschaftsformen können die Einlagen durch **Bareinzahlung** in Form von Geldmitteln oder durch **Sacheinlagen** in Form von Vermögenswerten geleistet werden. Bei den Vermögenswerten handelt es sich bspw. um Maschinen, Gründstücke, Fahrzeuge oder Rechte (z. B. Patente, Lizenzen). Wesentlich in diesem Zusammenhang ist die Frage nach der Ermittlung des Wertes, mit dem die Sacheinlage in das Unternehmen eingebracht wird.

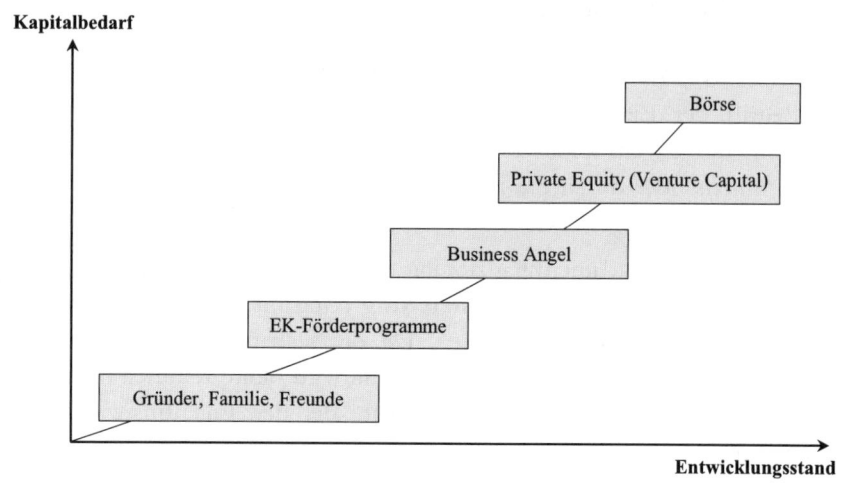

Abbildung 43: Entwicklungen des Eigenkapitals

Abbildung 43 zeigt in idealtypischer Betrachtung, dass die Höhe des (Eigen-)Kapitalbedarfs vom Entwicklungsstand des Gründerunternehmens abhängig ist. Mit einem zunehmenden Unternehmenswachstum erlangen zusätzlich zu den informellen Eigenmitteln der Gründer, Familie und Freunde weitere Eigenkapitalquellen, etwa Business Angels, Venture-Capital-Gesellschaften oder auch Beteiligungen durch Mitarbeiter, an Bedeutung.

6.3.2 Eigenfinanzierung: Gründerpersonen, Familie und Freunde

Die meist erste und wichtigste Quelle an Eigenkapital wird von den Gründern selbst in das Unternehmen eingebracht. Dabei handelt es sich um informelles Kapital, das entweder durch Bareinlage oder durch Sacheinlage zugeführt werden kann. Diese Form der Finanzierung wird auch als Einlagenfinanzierung bezeichnet. Häufig nicht unproblematisch ist die Bewertung der Sacheinlagen, bspw. in Form von Fahrzeugen oder Maschinen. Hierzu sind entsprechende rechtliche Bewertungsvorschriften zu beachten.

Durch die Einbringung von Eigenkapital zeigt die Gründerperson, dass sie bereit ist, ein persönliches finanzielles Risiko zu tragen. Das persönliche finanzielle Engagement der Gründer in Form von Eigenkapital ist für andere potenzielle Kapitalgeber wichtig und hat damit **Signalfunktion**. Die Unternehmensgründer dokumentieren, dass sie von der wirtschaftlichen Tragfähigkeit ihres Geschäftsmodells überzeugt sind.

Familienangehörige und Freunde sind Personen, zu denen die Gründer häufig eine enge Beziehung und ein besonderes Vertrauensverhältnis haben. Von daher liegt die Inanspruchnahme dieser Personen als Finanzierungsgeber besonders nahe. Die Gestaltung des Mittelzuflusses kann auf vielfältige Weise erfolgen. Abgesehen von Schenkungen, bei denen besonders steuerliche Aspekte im Vordergrund stehen, können die Finanzmittel als typische oder atypische stille Beteiligung eingebracht werden. Im Falle eines Darlehens durch Verwandte und Freunde müssen notwendigerweise vertragliche Vereinbarungen über Verzinsungs- und Rückzahlungsmodalitäten verhandelt werden. Damit können Familienangehörige oder befreundete Personen zu Gesellschaftern oder Gläubigern des Unternehmens werden. Dem Vorteil der engen Vertrauensbeziehung steht als ein wesentlicher Nachteil der Finanzierung durch Familie und Freunde gegenüber, dass es möglicherweise zu Spannungsverhältnissen zwischen den Beteiligten kommen kann, die im Extremfall zu einer Gefährdung des Aufbaus bzw. der Entwicklung des Unternehmens führen können. Von daher sollten diese Finanzierungsquellen detailliert überprüft und gegenüber anderen Alternativen in ihren Vor- und Nachteilen sorgfältig abgewogen werden.

Die Mittel der Gründerpersonen, Familienangehörige und Freunde reichen allerdings bei den meisten innovativen oder schnell wachsenden Unternehmensgründungen nicht aus, um den hohen Finanzierungsbedarf zu decken. Daher benötigen solche Gründungen weitere Finanzierungsquellen.

6.3.3   Eigenfinanzierung: Business Angel

6.3.3.1   Begriff und Kennzeichen eines Business Angels

Business Angels sind natürliche Personen die, im bildlichen Sinne gesprochen, über einen *Know-how-Flügel* und einen *Kapitalflügel* verfügen. [Günther (2005)] Zur näheren Charakterisierung von Bedeutung ist, dass beide Flügel vorhanden sein müssen, wenngleich ein Business Angel mehr Kapital und ein anderer mehr Wissen und Erfahrung bereitstellt. [Kleinhückelskoten (2002)] In anderen Fällen, in denen jeweils nur ein Flügel vorhanden ist, handelt es sich z. B. entweder um Berater (Know-how) oder Finanzinvestoren (Kapital), aber nicht um Business Angels.

Business Angels *investieren Teile ihres Privatvermögens direkt und risikotragend* in Unternehmen. Bei den Investitionen handelt es sich um Eigenkapital, für das grundsätzlich keine Rückzahlungspflicht besteht. [Benjamin/Margulis (2000)] Ein Business Angel ist meist ein *aktiver bzw. ehemaliger erfolgreicher Unternehmer oder leitender Angestellter*, der aufgrund seiner Berufstätigkeit über ein *hohes Maß an Erfahrungen*, weitreichende *Kontakte* und ein *erhebliches Privatvermögen* verfügt. Mit seinem Kapital, Know-how und Kontakten unterstützt er durch ein Investment in ein Start-up oder ein junges Unternehmen dessen Etablierung sowie das Wachstum. Seine Motive liegen insbesondere in der Erzielung einer risikoadäquaten Rendite, aber auch in der Freude an der Tätigkeit und in der Herausforderung, junge Unternehmen zu unterstützen. [Brettel (2004)]. Ein Business Angel übernimmt allerdings keine operativen Managementaufgaben. Das Unternehmen wird durch die Gründer geführt. Es erfolgt lediglich eine Unterstützung des Managements. Somit entsteht zwischen Unternehmer und Business Angel ein Vertrauensverhältnis, das von grundlegender Bedeutung für den Unternehmenserfolg ist.

Business Angels sind finanziell unabhängig, meist männlich und etwa 50 Jahre alt. Sie sind i. d. R. ehemalige Unternehmer oder Manager, die Kapital sowie spezifisches Wissen und Erfahrungen in das Unternehmen einbringen. Darüber hinaus vermitteln sie u. U. den jungen Unternehmen auch Netzwerkkontakte. Durch ihr Coaching, ihr finanzielles Engagement sowie die Vermittlung von Netzwerkkontakten tragen sie zum Aufbau und zur Weiterentwicklung der jungen Unternehmen bei. Mit finanziellen Mitteln aus ihrem Privatvermögen finanzieren sie unmittelbar und risikotragend in der Seed- bzw. in der Start-up-Phase eines Unternehmens. Darüber hinaus investieren zahlreiche Business Angels z. B. auch in Turnaround-Unternehmen.

Im historischen Kontext wird in der Literatur die Entstehung und Verbreitung der Business-Angel-Finanzierung in den USA gesehen. Bereits 1903 unterstützten fünf Business Angels Henry Ford beim Aufbau seines Automobilunternehmens. 1977 investierten Business Angels in *Apple Computer* und 1978 initiierten Business Angels die Verbreitung von *Body Shops*. [Van Osnabrugge/Robinson (2000)] Zahlreiche heute weltweit bedeutende Unternehmen wie *Microsoft*, *Dell* oder *Intel* wurden in ihren frühen Entwicklungsphasen durch Business Angels finanziert. Auch in Deutschland gab es bereits zu Beginn des 20. Jahrhunderts wohlhabende Industrielle, die finanzielle Mittel zum Aufbau von Unternehmen zur Verfügung stellten, ohne dass sie jedoch als Business Angels bezeichnet wurden. Beispielsweise zählte Werner von Siemens zu den ersten Finanziers der Brüder Mannesmann. [Tschammer-Osten (1996)].

In Deutschland gibt es schätzungsweise 1.000 Business Angels von denen, je nach Studie, etwa zwischen 2 und 5 Prozent weiblich sind. Die folgende Synopse in Tabelle 18 soll die typischen Merkmale eines Business Angels in

Deutschland verdeutlichen. [Volkmann/Tokarski/Günther (2006)]

Merkmale	Brettel, Jaugey & Rost 2000	Just 2000	Stedler & Peters 2002	BAND 2003
Methodik	BA-Befragung	BA-Befragung	BA- Befragung	Netzwerkbefragung
Geschlecht [%]	100% männlich	96 % männlich	95 % männlich	97,6 % männlich
	0 % weiblich.	4 % weiblich	5 % weiblich	2,4 % weiblich
durchschnittliches Alter	48 Jahre	48,6 Jahre	48 Jahre	51,5 Jahre
Akademische Qualifikation [%]	k. A.	96 %	k. A.	k. A.
unternehmerische Erfahrungen [%]	85 %	98 %	k. A.	83 %
Jahreseinkommen [T€]	255–510	127–255	k. A.	k. A.
Beteiligungen pro Jahr	4,5	1	3	k. A.
Investitionshöhe [T€]	511	220	150	k. A.
Renditeerwartung [%]	Durchschnitt: 42 %	Durchschnitt: 21 %	k. A.	k. A.

Tabelle 18: Synopse von Business-Angel-Studien in Deutschland

Business Angels investieren i. d. R. in früheren Lebenszyklusphasen und mit geringeren Finanzierungsbeträgen als Venture-Capital-Geber oder strategische Investoren. Das Investitionsvolumen liegt in Deutschland zwischen 25.000 und 500.000 Euro, während Venture-Capital-Gesellschaften erst etwa ab einem Betrag von 250.000 Euro in das junge Unternehmen investieren. Das Tätigkeitsfeld des Business Angels erstreckt sich üblicherweise auf die regionale Ebene. Die Vergütung seines Einsatzes für das Unternehmen wird dem Business Angel zumeist in Form von Gesellschaftsanteilen zuteil. Die Haltezeit der Gesellschaftsanteile ist – je nach Motiv und Zielsetzung – verschieden und beläuft sich i. d. R. auf drei bis sieben Jahre.

Der **Beteiligungsmarkt für Business Angels ist informell**, d. h. im Wesentlichen *anonym*. Dabei erfolgt das Zusammentreffen von einem jungen Unternehmen und einem Business Angel über *persönliche, informelle Kontakte*. Allerdings sind heute auch viele Business Angels in regionalen oder überregionalen Netzwerken organisiert, die es seit einigen Jahren verstärkt nicht nur in den USA, sondern auch in Europa gibt. Die Netzwerke leisten in vielfältiger Weise sowohl für die Angebots- als auch die Nachfrageseite Unterstützung, z. B. in Form der Bereitstellung von relevanten Daten und Informationen sowie bei Screening- und Matching-Prozessen.

6.3.3.2 Beteiligungsprozess von Business Angels

Kontakte zu Business Angels, die nicht in Netzwerken organisiert sind, entstehen meist nur zufällig oder über persönliche Ansprache bzw. Beziehungen. Einfacher und weniger abhängig von direkten Kontakten ist der Weg über Business-Angel-Netzwerke.

Die folgende Abbildung 44 verdeutlicht den idealtypischen Verlauf eines Beteiligungsprozesses eines Business Angels an einem kapitalsuchenden Unternehmen.

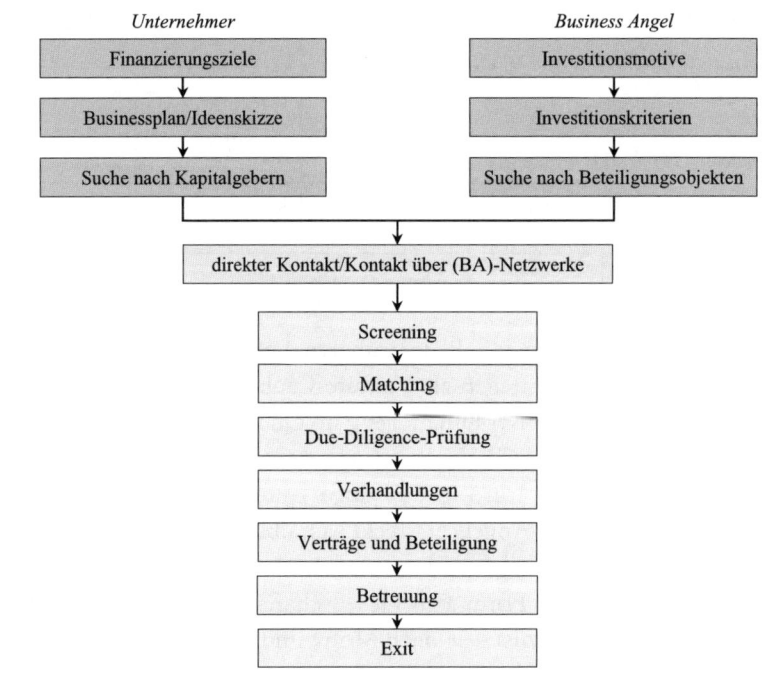

Abbildung 44: Beteiligungsprozess eines Business Angels

Für eine Übersicht über die Business-Angels-Netzwerke in Deutschland seien als Einstieg die Internetseiten des *Business Angels Netzwerkes Deutschland e. V.*

(BAND) empfohlen. BAND ist ein Metanetzwerk der Business-Angels-Netzwerke. Es versteht sich u. a. als Netz der Netze in Deutschland und engagiert sich für den Aufbau sowie die Professionalisierung der Business-Angels-Kultur in Deutschland. [www.business-angels.de]

Nachfolgend soll der Beteiligungsprozess mit einer Kontaktaufnahme über ein Business-Angels-Netzwerk kurz erörtert werden. Viele Business-Angel-Netzwerke haben verschiedene Verfahren entwickelt, um interessierte Unternehmen und Business Angels zusammenzuführen. Typischerweise durchlaufen die Unternehmen dabei einen vorbereiteten Screening- und Matching-Prozess, bevor das erste vertiefende Gespräch mit einem interessierten Business Angel zustande kommt. Der **Screening**-Prozess umfasst die Auswahl und Bewertung von Businessplänen, die von den kapitalsuchenden Unternehmen eingereicht werden. Teilweise genügt die Einreichung einer Ideenskizze für eine erste Prüfung. Bei der *Business Angels Agentur Ruhr e. V.* (BAAR) [www.baar-ev.de] bewerben sich bspw. kapitalsuchende Unternehmer und skizzieren die Geschäftsidee, das Produkt bzw. die Dienstleistung, das Wachstumspotenzial sowie den Kapitalbedarf und geben einen Überblick über das Team. Darüber hinaus ist die Executive Summary ihres Businessplans an das Netzwerk zu übersenden, wobei ein vertraulicher Umgang garantiert wird. Die eingegangenen Unterlagen werden bei BAAR gesichtet und geprüft. Danach werden die Unternehmer über das Ergebnis der Prüfung informiert. Dieser Selektionsprozess des Screenings wird in der Praxis häufig innerhalb eines Netzwerkes durch ein Komitee von Business Angels und kooperierenden Personen vorgenommen, die über umfassende Erfahrungen in der Bewertung von Businessplänen verfügen.

Diejenigen Unternehmen, die den Screening-Prozess erfolgreich durchlaufen haben, werden zu einer sogenannten **Matching**-Veranstaltung eingeladen. Dieser Matching-Prozess, an dem etwa sechs bis zehn Unternehmen teilnehmen, wird allgemein als Gruppen-Matching, im Unterschied zum Einzel-Matching und Internet-Matching, bezeichnet. Die Matching-Veranstaltung, die meist regelmäßig (z. B. monatlich) stattfindet, dient der ersten persönlichen Kontaktaufnahme zwischen den ausgewählten Unternehmen und den Business Angels. Dabei wird den Unternehmern die Gelegenheit zur Präsentation ihrer Geschäftsidee in einem fest vorgegebenen Zeitrahmen (z. B. zehn Minuten) gegeben. Möglicherweise verlangen die Unternehmer bereits in dieser Phase eine Vertraulichkeitserklärung. Allerdings ist nicht garantiert, dass vertrauliche Informationen trotz einer unterzeichneten Vertraulichkeitserklärung nicht doch (inoffiziell) weitergegeben und genutzt werden. Hierbei handelt es sich dann um sogenannte Business Devils, die, wenn identifiziert, aus den Netzwerken ausgeschlossen werden. Die Mitwirkung der Netzwerke ist nach Ablauf der Matching-Veranstaltung im Normalfall beendet.

Im Beispiel von BAAR werden Unternehmer, die den Screening-Prozess positiv durchlaufen haben, aufgefordert, einen sogenannten *One Pager* auszufüllen und eine Vertraulichkeitserklärung zu unterzeichnen. Bei dem **One Pager** handelt es sich um ein Dokument, im dem *Kerndaten zum Unternehmen, die Branche, das Geschäftskonzept in einem Satz,* der *Produkt- und Kundennutzen,* die *Technologie bzw. Alleinstellungsmerkmale und Patente, Marktinformationen,* das *Management und Team, Erfolge, Status und zusätzliche Informationen* kurz aufzuführen sind. Abschließend sind das *Finanzierungskonzept* (Mittelherkunft und Mittelverwendung) sowie einige *Finanzdaten,* wie bspw. der *Umsatz, EBIT* (Earnings Before Interest and Taxes), die *Mitarbeiteranzahl* und der *Investitions- und Kapitalbedarf* für fünf Jahre darzustellen. Wenn alles passt, werden die Unternehmer eingeladen, das Unternehmen im Kreise der Mitglieder von BAAR zu präsentieren. Erhält der Unternehmer keine direkte Präsentationsmöglichkeit, stellt BAAR Kontakte zu Business-Angels-Netzwerken in anderen Regionen oder Kooperationspartner in der Gründerszene her. Auch hier endet im Normalfall die Beteiligung des Netzwerkes.

Die Gespräche, der **Due-Diligence**-Prozess und die weiteren Verhandlungen werden dann bilateral zwischen Business Angel und Unternehmen weitergeführt. Bei einem wechselseitigen Interesse von Business Angel und Unternehmer kann es in einem weiteren Schritt zu einem vertiefenden Gespräch und darauf folgend zur Due Diligence durch den Business Angel kommen. Der Due-Diligence-Prozess umfasst eine sorgfältige Prüfung des Unternehmens und bildet eine wesentliche Grundlage für die Ermittlung des Unternehmenswertes.

Handelt es sich um ein Unternehmen in der Vorgründungs- oder Gründungsphase, konzentriert sich die detaillierte Due-Diligence-Prüfung üblicherweise auf den **Businessplan** sowie das **Gründerteam** und seine spezifischen (technischen, kaufmännischen und unternehmerischen) Kompetenzen. Dabei wird ein besonderer *Wert auf das Gründerteam* gelegt. Denn für einen Business Angel ist dies eines der bedeutsamsten Kriterien hinsichtlich der Frage, ob ein Investment durchgeführt wird oder nicht. Der Einfluss von Gründungsteams auf die unternehmerische Leistungsstärke wird bei Ensley (1999) untersucht. Gründungsteams werden dabei als Determinanten der unternehmerischen Leistung betrachtet. Bei dem Businessplan und dessen Annahmen achten die

Business Angels insbesondere auf die strategischen, finanziellen und technischen Chancen und Risiken des Gründungsvorhabens. Grundsätzlich steht die erwartete wirtschaftliche Tragfähigkeit des Geschäftsmodells im Mittelpunkt der Betrachtung. Darüber hinaus sind z. B. Aspekte wie spezielle Produktvorteile gegenüber Wettbewerbern und das geschätzte Markt- und Kundenpotenzial des Unternehmens von Bedeutung. In Einzelfällen bezieht der Business Angel Experten mit in die Prüfung ein, bspw. dann, wenn spezielles Know-how über eine bestimmte Technologie im Zusammenhang mit der Gründungsidee gefragt ist. Mit Blick auf die Finanzplanung interessieren vor allem die Plausibilität und Nachvollziehbarkeit der Umsatz-, Ergebnis- und Liquiditätsplanung sowie der Kapitalbedarfsplanung. Typische Fehler der Unternehmensgründer sind in diesem Zusammenhang, dass die Umsatzerlöse zu optimistisch, die Preise zu hoch, die Kosten zu niedrig und der Kapitalbedarf zu gering geplant werden. Eine realistische Planung ist allerdings wichtig, um Glaubwürdigkeit und Vertrauen bei dem interessierten Business Angel zu erlangen. Wichtig sind weiterhin etwaige gewerbliche Schutzrechte des jungen Unternehmens, sei es in Form von Patenten, Marken oder sonstigen Schutzrechten. Angaben zu diesen immateriellen Werten dürfen im Businessplan nicht fehlen und werden von den Business Angels detailliert geprüft. Von besonderem Interesse für die Business Angels sind in der Gründungsphase und darüber hinaus auch bereits abgeschlossene Verträge des Unternehmens, etwa Geschäftsführer- und Gesellschaftsverträge, Verträge mit Kapitalgebern oder Kooperationsverträge.

Ist ein junges Unternehmen schon die ersten Jahre tätig, werden zusätzliche Unterlagen im Rahmen der Due Diligence erforderlich. So bieten bspw. die ersten Jahresabschlüsse einen Einblick in die Ertragslage, die Werthaltigkeit des Anlage- und Umlaufvermögens sowie die Eigen- und Fremdkapitalsituation des Unternehmens. Durch Referenzkunden zeigt das Unternehmen, dass es bereits Erfolge am Markt erzielt hat. In dieser Phase können bereits Reputation und Image des jungen Unternehmens eine Rolle für die Bewertung spielen.

Die Ergebnisse der Due-Diligence-Prüfung bilden die Basis für die **Verhandlungen** des Unternehmers mit dem Business Angel über den **Unternehmenswert**. Die Verhandlungen gestalten sich häufig komplex und zeitintensiv. Haben die beiden Parteien ihre jeweiligen Interessengegensätze überwunden und Einigkeit über den Unternehmenswert erzielt, folgen Verhandlungen über die Beteiligungshöhe bzw. -quote des Business Angels. Einem positiven Abschluss der Verhandlungen folgt die konkrete Ausgestaltung der **Verträge**.

In diesen werden insbesondere die jeweiligen Rechte und Pflichten, bspw. bei einer GmbH im Gesellschafts- und Geschäftsführervertrag, sowie materielle Aspekte (z. B. Gewinnverwendung und -verteilung, Geschäftsführergehalt) festgeschrieben. Vertraglich vereinbart wird im Regelfall auch, wie der **Exit** des Business Angels nach etwa fünf bis sieben Jahren aussehen soll (z. B. Trade Sale oder Rückkauf der Anteile durch die Unternehmensgründer). Ein Börsengang als Exitstrategie dürfte eher nur in Ausnahmefällen in Betracht kommen.

Die Verhandlungs-, Vertrags- und Exitphase sind bei Business Angels und Venture-Capital-Gesellschaften ähnlich. Ein Unterschied besteht jedoch im Hinblick auf die **Betreuung** der Beteiligungsobjekte. Die ist im Normalfall bei Business Angels wesentlich intensiver ausgeprägt als bei Venture-Capital-Gesellschaften. Business Angels stellen – wie bereits ausgeführt – den Unternehmen neben den finanziellen Mitteln auch ihre Erfahrung und ihr Know-how zur Verfügung. Das bedeutet, dass Business Angels nur wenige Beteiligungen gleichzeitig betreuen können und damit die Anzahl an Beteiligungsobjekten üblicherweise auch deutlich geringer im Vergleich Venture-Capital-Gesellschaften ist. [Zum Nutzen von Business Angels und Venture-Capital-Gesellschaften siehe bspw. Bell (1999)]

6.3.4   Eigenfinanzierung: Venture-Capital-Gesellschaften

6.3.4.1   Begriff und Bedeutung von Venture Capital

Der Ursprung der Venture-Capital-Finanzierungen liegt in den Vereinigten Staaten. Nach Bygrave und Timmons wurde die erste Venture-Capital-Gesellschaft, die American Research and Development Cooperation (ARD), 1946 in den USA gegründet. [Bygrave/Timmons (1992)] In Deutschland entstanden erste Venture-Capital-Gesellschaften ab Mitte der 1960er-Jahre. [Schefczyk (2000)]

Im Unterschied zu Fremdkapital ist **Venture Capital** *Eigenkapital.* Dieses Eigenkapital oder die eigenkapitalähnlichen Mittel unterliegen den vollen unternehmerischen Chancen und Risiken. Venture Capital wird von VC-Gebern ohne Stellung von Sicherheiten langfristig, vielfach drei bis sieben Jahre, dem Unternehmen (VC-Nehmer) zur Verfügung gestellt. Der VC-Geber ist nicht wie Kreditgeber Gläubiger, sondern *Gesellschafter des Unternehmens,* der mit seiner Einlage haftet. Es besteht *keine Rückzahlungspflicht des VC-Nehmers.* Der VC-Geber hat meist *keinen festen jährlichen Zinsanspruch* und sein Investment ist im Insolvenzfall verloren. In bestimmten Fällen leistet der VC-

Geber auch Managementberatung und -unterstützung. Im **Unterschied zur Fremdfinanzierung** hat der VC-Geber *Informations-, Kontroll- und Mitsprache-rechte*. Allerdings streben die VC-Geber bei jungen Unternehmen i. d. R. die Rolle eines Mehrheitsgesellschafters an. Bei etablierten Unternehmen werden auch Minderheitsbeteiligungen eingegangen. [Siehe grundlegend bspw. auch Schefczyk (2006)]

In die deutsche Sprache wird Venture Capital meist mit Wagnis- oder Risiko-kapital übersetzt. Jedoch partizipiert Venture Capital nicht nur an den Risiken, sondern auch an den Chancen eines jungen Unternehmens. Von daher wird Venture Capital vielfach auch als Chancenkapital bezeichnet. Vor diesem Hintergrund erscheinen weder Chancen- noch Risikokapital geeignete Be-zeichnungen zu sein, um den Begriff Venture Capital treffen in die deutsche Sprache zu übersetzen.

Zusammenhang von Private Equity und Venture Capital

Grundsätzlich gibt es verschiedene Definitionen des englischen Begriffs Priva-te Equity. Nach der Definition der European Venture Capital and Private Equity Association (EVCA) ist **Private Equity** *Eigenkapital, welches Unterneh-men zur Verfügung gestellt wird, die nicht börsennotiert sind.* Dabei wird Private Equi-ty als Oberbegriff für den gesamten Markt des privaten Beteiligungskapitals gesehen. Private Equity kann zur Finanzierung verschiedener Anlässe einge-setzt werden, z. B. zur Entwicklung neuer Produkte und Technologien, Erhö-hung des Working Capitals, Durchführung von Akquisitionen oder die Ver-besserung der Bilanzstruktur eines Unternehmens. Darüber hinaus kann es verwendet werden, um Anteilseigner- sowie Managementprobleme zu lösen. Beispiele hierfür sind die Lösung einer Nachfolgeproblematik familiengeführ-ter Unternehmen oder ein Management-Buy-out bzw. Management-Buy-in. **Venture Capital** ist eine Teilmenge von Private Equity. Es handelt sich um eine Form der Eigenfinanzierung durch Beteiligungskapital in der Early-Stage-Phase (Seed- bzw. Gründungsphase, Start-up-Phase) sowie in der Expansi-onsphase eines Unternehmens. Als ein bedeutender Teilbereich des Private-Equity-Marktes wird Venture Capital vornehmlich zur Finanzierung junger, technologieorientierter Unternehmen eingesetzt. [EVCA (2006)]

In Deutschland besteht jedoch oftmals eine Vermischung bzw. andere Ver-wendung der beiden Begriffe Private Equity und Venture Capital. In diesem Sinne wird der Begriff des Venture Capital in vielen Fällen auch im Rahmen der Finanzierung von Management-Buy-outs oder Management-Buy-ins bei etablierten Unternehmen verwendet und erstreckt sich somit über alle Unternehmensentwicklungsphasen bis zur Later Stage hinweg, obwohl streng genommen nach den Definitionen der EVCA eine Private-Equity- und nicht eine Venture-Capital-Finanzierung vorliegt.

Die Abbildung 45 soll den Zusammenhang der Begriffe Private Equity und Venture Capital veranschaulichen.

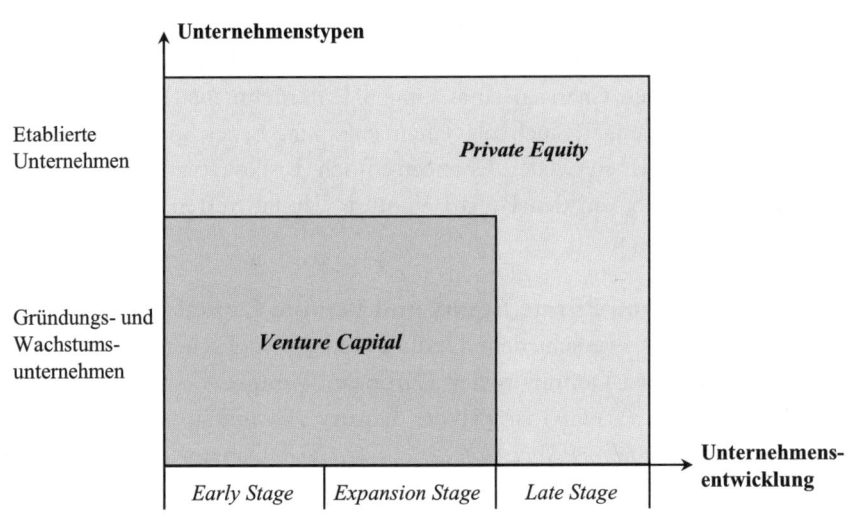

Abbildung 45: Zusammenhang von Public Equity und Venture Capital

Im Kontext der Unternehmensnachfolge erlangt der Private-Equity-Markt besondere Bedeutung. Dies verdeutlicht auch eine Studie der *EVCA*, die vom *Centre for Management Buy-out Research* (CMBOR) durchgeführt wurde. Die Auswertungen basieren auf 117 ausgefüllten Befragungsbögen, die aus einer schriftlichen Befragung von 1.645 europäischen vormals familiengeführten Unternehmen, die einen Private-Equity-gestützten Buy-out im Zeitraum von 1994 bis 2003 vollzogen haben, zurückkamen. Die Auswertung ergab, dass Private Equity ein wesentliches Instrumente in der Nachfolgeregelung europäischer kleiner und mittlerer Unternehmen ist. Ohne Private Equity wäre in vielen Fällen eine Nachfolge gescheitert und zahlreiche Unternehmen hätten als eigenständige Einheit nicht weiter bestehen können. [EVCA/CMBOR (2005)]

6.3.4.2   Struktur von Venture-Capital-Gesellschaften

VC-Gesellschaften investieren i. d. R. in kleine und mittlere Unternehmen zu verschiedenen Finanzierungsanlässen. Die Unternehmen sind nicht börsennotiert, innovativ und weisen ein hohes Wachstumspotenzial auf. Venture-Capital-Gesellschaften werden vielfach danach unterschieden, ob sie dem öffentlichen oder privaten Sektor zuzuordnen sind oder ob ihr Geschäftszweck stärker auf Förderung oder Renditeerzielung ausgerichtet ist. Ziel der VC-Gesellschaften ist die Erwirtschaftung einer für die beteiligten Investoren im Vergleich zu anderen Anlageformen überdurchschnittlichen Rendite, die i. d. R. bei Veräußerung der Unternehmensanteile erzielt wird. Die Rendite des VC-Gebers resultiert aus dem eventuell gestiegenen Unternehmenswert des Unternehmens in Abhängigkeit seiner jeweiligen Beteiligungsquote sowie der getroffenen vertraglichen Vereinbarungen.

Venture-Capital-Gesellschaften können nach verschiedenen Kriterien differenziert werden, z. B. nach

- dem Geschäftszweck (Förderung vs. Renditeorientierung),

- den Kapitalgebern (öffentlich, privat),

- der Gesellschaftsform,

- der Zielgruppe (Branchen, Regionen, unterschiedliche Phasen der Unternehmensentwicklung).

Venture-Capital-Gesellschaften sammeln von Investoren finanzielle Mittel ein und investieren diese in Unternehmen. Der Venture-Capital-Markt wird im Unterschied zum informellen Business-Angel-Markt auch als formeller Beteiligungsmarkt bezeichnet.

Die Tabelle 19 verdeutlicht wesentliche Unterschiede zwischen dem informellen und dem formellen Beteiligungskapitalmarkt. [In Anlehnung an Engelmann et al. (2000) und Brettl/Rudolf/Witt (2005)]

Merkmale	Informeller Beteiligungskapitalmarkt	Formeller Beteiligungskapitalmarkt
Investment nach Unternehmensphasen	Early Stage	Early Stage, Expansion Stage, Late Stage
Finanzierungsvolumen	bis 0,5 Mio. €	mehr als 0,5 Mio. €
Geografische Reichweite	meist regionale Begrenzung	meist keine Begrenzung
Motive	monetäre und nicht monetäre Motive	rein monetäre Motive
Informationsrechte	geringe Formalisierung	formalisiertes Berichtswesen
Kontrollrechte	weniger wichtig	sehr wichtig
Unterstützung	unregelmäßig	regelmäßig, systematisch
Personelle Ressourcen	persönliche Einbringung des Business Angels	Venture-Capital-Partner, Investment-Analysten

Tabelle 19: Informeller und formeller Beteiligungskapitalmarkt

Der formelle Beteiligungskapitalmarkt weist vornehmlich monetäre Motive auf. Venture-Capital-Gesellschaften sind dabei professionelle Akteure auf diesem Markt. Die Venture-Capital-Gesellschaften betreuen und verwalten einen VC-Fonds, aus dem Beteiligungen an jungen Unternehmen vorgenommen werden können. Zur Auflegung eines Fonds sind allerdings unterschiedliche gesetzliche Auflagen und Regelungen zu prüfen und zu beachten, wie bspw. das *Verkaufsprospektgesetz*, die *Erlaubnispflicht nach dem Kreditwesengesetz*, die *Erlaubnispflicht einer Managementgesellschaft* sowie die *Erlaubnispflicht einer Vertriebsgesellschaft*. [Siehe hierzu Weitnauer (2001)]

Neben der Betreuung und Verwaltung ist die VC-Gesellschaft auch für die Auflage und Erhaltung dieses Fonds und somit für das Fundraising bzw. die Kapitalbeschaffung des Fonds durch Anleger verantwortlich. Anleger sind bspw. Versicherungen, Banken, Pensionsfonds oder vermögende Privatinvestoren (z. B. Privatiers). Der Fonds bildet die Grundlage einer VC-Gesellschaft, da aus diesem die Beteiligungen an jungen Unternehmen erfolgen.

Bei der Betrachtung der verschiedenen Ebenen ist zwischen der *Anlegerebene* (den Investoren in den VC-Fonds), der *Intermediärebene* (die der VC-Gesellschaft) sowie der *Unternehmensebene* (bzw. der Unternehmer) zu unterscheiden.

Abbildung 46 verdeutlicht den Zusammenhang zwischen der Anleger-, Intermediär- und Unternehmensebene. [In Anlehnung an Achleitner (2001)]

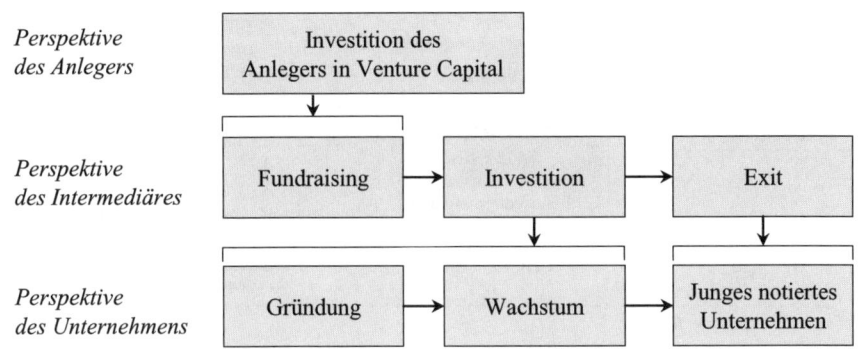

Abbildung 46: Zusammenhang Anleger, Investor und Unternehmen im VC-Prozess

Ist das Fundraising erfolgt, kann die VC-Gesellschaft aus diesem Fonds eine Beteiligung eingehen. Dabei wird die Beteiligung einer VC-Gesellschaft durch Erwerb von Anteilen an einem Unternehmen vorgenommen. Da die VC-Gesellschaft als Intermediär gegenüber den Anlegern eine Verantwortung für dic Fondsmittel besitzt, übernimmt sie auch die Kontrolle, Überwachung und Unterstützung der Unternehmensführung, um das Investment zu sichern bzw. zu vermehren. Denn das Ziel der VC-Gesellschaften ist es, eine hohe Steigerung des Unternehmenswertes sowie eine dem Risiko angemessene Rendite zu erreichen. Nach der Investitionsphase erfolgt der Exit der VC-Gesellschaft. Hierbei gibt es verschiedene **Möglichkeiten eines Exits**. Konkret handelt es sich um einen *Börsengang* (Initial Public Offering – IPO), *Trade Sale* (Verkauf der Beteiligungen an industrielle Investoren), *Buy Back* (Rückkauf der Beteiligungen durch Gesellschafter) und *Secondary Purchase* (Verkauf der Beteiligungen an einen anderen institutionellen Investor). Alle verfolgen das Ziel der Generierung eines Gewinns, der dann zu einem bestimmten Teil der VC-Gesellschaft sowie den Investoren zugutekommt. Beim Trade Sale, dem Buy Back oder dem Secondary Purchase kann es u. U. auch zu einem Verkauf unter Wert der Beteiligung kommen. Hier wird dann kein Gewinn erzielt. Darüber hinaus werden auch einige junge Unternehmen in die Insolvenz gehen. Die VC-Gesellschaft muss in diesen Fällen das Investment abschreiben.

Abbildung 47 verdeutlicht den Aufbau und Ablauf eines Venture-Capital-Geschäftes in vereinfachter Form. [In Anlehnung an Frommann (2005)]

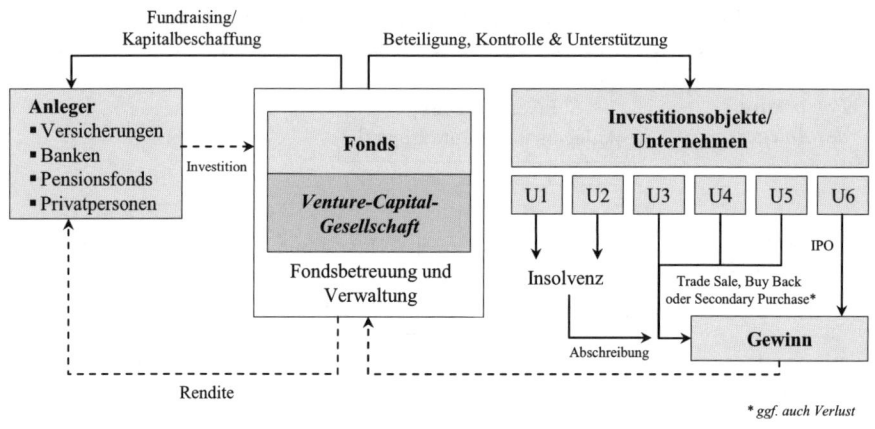

Abbildung 47: Struktur des Venture-Capital-Geschäftes

Die Struktur ist eine vereinfachte Darstellung der realen Gegebenheiten und stellt den Prozess eines Venture-Capital-Geschäftes lediglich überblicksartig dar. Der gesamte Beteiligungsprozess ist komplex und zeitaufwendig. Für nähere Informationen über die Anzahl und Struktur von Venture-Capital-Gesellschaften sowie Daten über den Venture-Capital-Markt in Deutschland sei auf die Internetseiten des Bundesverbandes Deutscher Kapitalbeteiligungsgesellschaften verwiesen. [www.bvk-ev.de]

6.3.4.3   Beteiligungsprozess aus Sicht der VC-Gesellschaft

Venture-Capital-Finanzierungen sind durch einen mehrstufigen Entscheidungsprozess der Investoren gekennzeichnet. Dies veranschaulicht Abbildung
48. [In Anlehnung an Schefczyk (2000)]

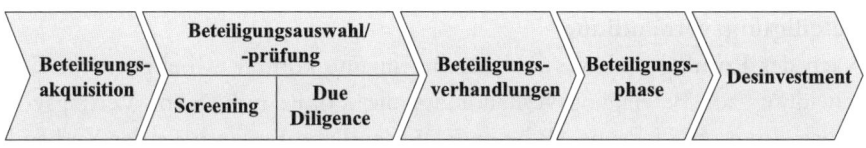

Abbildung 48: Vereinfachter Venture-Capital-Beteiligungsprozess

Beteiligungsakquisition

Zunächst versuchen die VC-Geber, im Rahmen der Beteiligungsakquisition
Kenntnis über potenzielle Investitionsobjekte zu erlangen. Dabei geht es
konkret um die Beschaffung von Informationen über die kapitalsuchenden
Unternehmen, die in das Portfolio der VC-Geber passen. Neben der direkten
Beteiligung kommen auch Möglichkeiten der Syndizierung in Betracht, d. h.
eine gemeinsame Durchführung der Beteiligung mit anderen Venture-Capital-
Gesellschaften.

Beteiligungsauswahl und -prüfung

Die Beteiligungsprüfung und -auswahl ist ein komplexer mehrstufiger Prozess,
der üblicherweise mit einer Grobanalyse beginnt und in weiteren Schritten
detaillierter erfolgt. Das Screening basiert primär auf unternehmensinternen
Daten, bspw. dem Businessplan. Nach erfolgreicher Vorprüfung im Hinblick
auf die Realisierbarkeit des Businessplanes erfolgt eine Due-Diligence-
Prüfung. Das Unternehmen wird dabei hinsichtlich unterschiedlichster Kriterien wie bspw. Umfeld, Finanzen, Strategie, Recht, Umwelt, Organisation,
Personal, Marketing, Technik und Kultur überprüft. [Siehe hierzu auch die
Ausführungen zur Due Diligence in Kapitel 7.4.4.2.2] Das VC-Unternehmen
wählt üblicherweise nach seinen Beteiligungskriterien und Anlagegrundsätzen
geeignete Angebote aus. Weiterhin sind Portfolioziele bei der Beurteilung von
potenziellen Engagements von Bedeutung.

Wesentliche Kriterien zur Beteiligungsauswahl sind die erwartete Verzinsung
des eingesetzten Kapitals, die Fähigkeiten und Persönlichkeiten des Unter-
nehmerteams bzw. des Managements, das Marktpotenzial und die Marktattraktivität, die Wachstumsperspektiven des Marktes und der erreichbare

Marktanteil für das Unternehmen sowie ggf. Produktinnovation und -differenzierung. Grundsätzlich investieren VC-Geber in Teams und nicht in eine einzelne Person. Denn in einem Team sind unterschiedliche Kompetenzen vorhanden. Außerdem kann bspw. die anfallende Arbeitsbelastung besser auf mehrere Personen verteilt werden.

Beteiligungsverhandlung

Nach der Prüfung und Auswahl der Beteiligung kommt es bei positiver Entscheidung zur Beteiligungsverhandlung, die i. d. R. mit einem Vertragsvorschlag (Investment Proposal) beginnt. Wesentliche Bestandteile der Verhandlung sind die Konditionen über Bewertung, Beteiligungshöhe sowie Informations-, Mitsprache- und Kontrollrechte. Einigen sich VC-Geber und VC-Nehmer, erfolgt der Vertragsabschluss.

Grundlage für die Preiserhandlung bildet u. a. die Unternehmensbewertung (Wert des Unternehmens). Die Bewertung junger Unternehmen ist jedoch insgesamt ein schwieriger Prozess. [Siehe hierzu Kapitel 7.4.4.2.2] Die Verhandlungen umfassen weiterhin z. B. Fragen im Hinblick auf Höhe der Beteiligung und die Laufzeit. Darüber hinaus werden Meilensteine im Venture-Capital-Prozess geplant. Hierzu gehören bspw. die Zeitpunkte, in denen dem Unternehmen Kapital zugeführt wird. Dabei sind auch die Vorgehensweisen für weitere Finanzierungsrunden festzulegen. Weitere monetäre Aspekte sind Regelungen über die Gewinnverteilung oder Regelungen im Hinblick auf potenzielle Kapitalerhöhungen. Auch die möglichen Formen des Exits und die damit verbundenen Rechte und Pflichten sind zu verhandeln. Weitere Aspekte betreffen die Arbeitsverträge des Managements, die Berichterstattungspflichten und Kontrollrechte. Darüber hinaus werden Art und Umfang der Managementunterstützung für das Beteiligungsunternehmen geregelt. Prinzipiell werden viele Details vertraglich festgelegt, um klare Regelungen für die VC-Gesellschaft einerseits und das kapitalsuchende Unternehmen andererseits zu treffen.

Beteiligungsphase

Innerhalb der Beteiligungsphase erfolgt eine Kontrolle bzw. Überwachung (Monitoring) und Unterstützung (Beratung) des jungen Unternehmens durch die Venture-Capital-Gesellschaft.

Im Zusammenhang einer Venture-Capital-Beteiligung bestehen, nach den Erklärungsansätzen der neoinstitutionenökonomischen Finanzierungstheorie, Informationsasymmetrien zwischen VC-Gesellschaft einerseits und dem kapitalsuchenden Unternehmen andererseits. Daraus resultieren Probleme zwischen *Principal* (VC-Gesellschaft) und *Agent* (Unternehmer/-team). Als Problemtypen lassen sich in diesem Kontext *Hidden Characteristics* (vor Vertragsabschluss), *Hold Up* (vor/nach Vertragsabschluss) und *Moral Hazard* (vor/nach Vertragsabschluss) identifizieren. **Hidden Characteristics** bezeichnen die *verborgenen Eigenschaften, im Sinne einer* Qualitätsunsicherheit, des Vertragspartners, die der Principal vor Vertragsabschluss nicht erkennen bzw. beurteilen kann. Unter **Hold Up** wird das opportunistische Ausnutzen von Vertragslücken durch den Agenten (Unternehmer/-team) verstanden. Durch die Vertragslücken wird dem Agenten ein bewusst schädigendes Verhalten ermöglicht. **Moral Hazard** bezeichnet die Fälle, bei denen der Principal (VC-Gesellschaft) das Verhalten des Agenten (Unternehmer/Gründerteam) sowohl vor als auch nach Vertragsabschluss nicht beurteilen kann. Dabei kann, z. B. bei Auftreten eines Problemfalles, die VC-Gesellschaft nicht unterscheiden, ob dieser durch das Verhalten des Unternehmers oder durch Veränderungen des Umfeldes ausgelöst wurde. [Vgl. hierzu ausführlich z. B. Spremann (1990); Göbel (2002); Richter/Furubotn (2003)]

Die nachvertraglichen Problemtypen einer Principal-Agent-Beziehung im Venture-Capital-Kontext lassen sich durch die Einführung eines *Monitoring* (Principal) sowie eines *Reporting* (Agent) reduzieren. Vor dem Hintergrund der hier aufgezeigten Agency-Probleme sollte ersichtlich werden, warum ein **Monitoring** aus der Sicht einer Venture-Capital-Gesellschaft so bedeutsam ist. Das Monitoring ist formalisiert und zeitlich festegelegt. Dabei sind definierte Kennzahlen aus der operativen laufenden Betriebsführung sowie zusätzlich aus der Bilanz sowie der Gewinn-und-Verlust-Rechung zu übermitteln. Darüber hinaus sind aber auch Informationen bspw. über neue Produkte, deren Entwicklungsstatus, die geplanten Kosten der Entwicklung oder aber die Kosten der Markteinführung von Bedeutung. Als Informationen werden z. B. Umsatz, Ergebnis, Cashflow, Investitionsvorhaben oder der Entwicklungsstand von Projekten zur Verfügung gestellt. Berichtszeiträume können sehr unterschiedlich sein (z. B. monatlich, quartalsweise, halbjährlich). Darüber hinaus sind ad hoc Berichte möglich. Wichtig ist jedoch ein intensiver regelmäßiger Kontakt, auch über vordefinierte Berichtszeiträume hinaus.

Die VC-Gesellschaft gewährt aber auch eine *Unterstützung* (Beratung), die tendenziell eher inhaltlicher Natur ist und dem möglichen Erkennen von Gefahren dienen kann. Denn nicht nur durch die Ausnutzung von Informationsasymmetrien kann aus Sicht einer VC-Gesellschaft ein Investment gefährdet sein, sondern auch durch die „reguläre" unternehmerische Tätigkeit.

Wichtig ist hierbei ein umfassender Informationsfluss zwischen beiden Partnern. Denn eine **Unterstützung** durch die VC-Gesellschaft kann nur erfolgreich sein, wenn das junge Unternehmen alle erforderlichen Daten und Informationen zur Verfügung stellt. Mitunter erkennt die VC-Gesellschaft (drohende) Gefahren bzw. Probleme schneller als das junge Unternehmen selbst. Dies kann durch einen breiteren Erfahrungshintergrund der VC-Gesellschaft bedingt sein. Auch sind junge Unternehmen bzw. deren Gründer oftmals operativ überlastet. Es fehlt ihnen die Zeit, um auf Frühwarnsignale zu achten.

Desinvestment
Nach etwa drei bis sieben Jahren eines Investments erfolgt der Ausstieg (Exit) der Venture-Capital-Gesellschaft. Die Höhe der Finanzmittelrückflüsse beläuft sich in Höhe der Verzinsung auf das eingesetzte Kapital. In dieser Phase zeigt es sich, ob die erwartete Rendite erzielt werden konnte.

6.3.4.4   Exitmöglichkeiten bei Venture-Capital-Finanzierung

Der Ausstieg des VC-Gebers (Desinvestment) als Investor muss sorgfältig geplant und mit dem VC-Nehmer im Detail besprochen werden. Eine wesentliche Aufgabe des VC-Managers ist es, mögliche Exitstrategien zu erläutern. Aufgrund der umfassenden Erfahrungen im Umgang mit dem Kapitalmarkt sind Venture-Capital-Geber als Berater auch in dieser Phase von besonderer Bedeutung. Folgende **Exitkanäle** bzw. Exitvarianten kommen im Wesentlichen in Betracht.

- Initial Public Offering (IPO)
  - Erstemission des Unternehmens an der Börse
- Trade Sale
  - Verkauf der Beteiligungen an industrielle Investoren, die zumeist in gleichen oder verwandten Branchen tätig sind
- Buy Back
  - Rückkauf der Beteiligungen durch Gesellschafter/Unternehmer
- Secondary Purchase
  - Verkauf der Beteiligungen an einen anderen institutionellen Investor
- Insolvenz/Abschreibung
  - i. d. R. Realisierung eines Verlustes oder Totalverlustes

Bei den ersten vier Desinvestitionsvarianten handelt es sich um aktive strategische Gestaltungsmaßnahmen. Allerdings ist ein Rückkauf der Anteile durch die Altgesellschafter in der Praxis eher eine seltene Ausstiegsvariante. Liquidation oder Kündigung treten erst dann ein, wenn die anderen Desinvestitionskanäle nicht mehr realisierbar sind.

Initial Public Offering

Als **Initial Public Offering (IPO)** wird die *Erstemission des Unternehmens an einer Wertpapierbörse* bezeichnet. Synonyme Bezeichnungen sind auch Börsengang oder Going Public. Die **Durchführung eines IPO** kann in mehrere Phasen differenziert werden. Als Erstes ist die *Prüfung der grundsätzlichen Börsenfähigkeit* zu nennen. Danach erfolgt eine Festlegung der *Anzahl der konsortialführenden Banken*, welche den Börsengang begleiten. Im Rahmen der Vorbereitung eines IPO ist durch das junge Unternehmen sowie die Konsortialbanken eine *Ausarbeitung einer Equity Story* vorzunehmen. Die Equity Story beschreibt, warum die Aktie durch einen Investor erworben werden sollte. Sie kann als Marketinginstrument gesehen werden. Die *Durchführung einer Due Diligence*, der Durchleuchtung und Bewertung des Unternehmens [siehe hierzu auch die Ausführungen in Kapitel 7.4.4.2.2], ist ein wesentlicher Schritt, um erste Anhaltspunkte über den Wert des Unternehmens zu erhalten. Denn hierauf aufbauend kann die Zeichnungsspanne der Aktien ermittelt werden. Hiernach erfolgt eine *Abgleichung der Voraussetzung eines Börsenganges* nach den börsen- und aufsichtsrechtlichen Vorgaben vor dem Hintergrund eines speziellen Börsensegmentes. Denn nicht jedes Unternehmen ist für einen Gang an die Börse geeignet. Vielmehr sind spezifische formal-qualitative und -quantitative Voraussetzungen für eine Zulassung zu erfüllen. Als Rahmenbedingungen der Zulassung sind das Aktiengesetz sowie die jeweiligen Bestimmungen der einzelnen Börsen maßgeblich. Eine wesentliche Voraussetzung in Deutschland ist z. B., dass das Unternehmen in der Rechtsform einer Aktiengesellschaft (AG) oder aber Kommanditgesellschaft auf Aktien geführt sein muss. Aus formeller Sicht müssen dem Kapitalmarkt Jahresabschlüsse und Quartalsberichte offengelegt werden. Der Hintergrund ist die Schaffung von Transparenz. Die rechtlichen Zulassungsbestimmungen sind im *Börsengesetz*, in der *Börsenzulassungsverordnung*, im *Wertpapierprospektgesetz* sowie in der Börsenordnung geregelt. Sind alle Voraussetzungen erfüllt, ist ein *Zeichnungsprospekt* zu erstellen und eine *zeitliche Planung* zu vollziehen. Der Börsengang selbst wird durch spezifische *Marketingmaßnahmen* begleitet.

In Europa existieren derzeit zwei **Zugänge zum Kapitalmarkt**. Zum einen sind dies die *EU-Regulated Markets*, von der EU regulierte Märkte. Zum anderen sind dies *Regulated Unofficial Markets*, also Märkte, die von den Börsen

selbst reguliert werden. Ein Börsengang, z. B. an der Frankfurter Wertpapierbörse (FWB), führt im von der EU regulierten **Amtlichen Markt** oder **Geregelten Markt** zu einer Notierung im *General Standard* oder seinem Teilbereich
dem *Prime Standard*. Die deutschen Indizes DAX, MDAX, TecDAX und
SDAX werden ausschließlich durch Unternehmen gebildet, die im Prime
Standard enthalten sind. Eine Notierung im **Open Market** (Freiverkehr) kann
in den von der Börse selbst regulierten *Entry Standard* führen. Die Emittenten
im General Standard und Prime Standard müssen höchste europäische Trans-
parenzanforderungen erfüllen, um dort aufgenommen zu werden. Im Rahmen
des Entry Standard hingegen wird insbesondere kleineren und mittleren Unternehmen eine einfache, schnelle und (relativ) kostengünstige Einbeziehung
in den Börsenhandel ermöglicht. Ein Aufstieg bzw. eine Notierung im General Standard oder Prime Standard ist auch nach einer ersten Notierung im
Entry Standard möglich. Der Entry Standard ist dabei als Einstiegssegment zu
betrachten, das eine spätere Notierung im General Standard oder Prime Standard nicht ausschließt. [Deutsche Börse (2003); Deutsche Börse (2005)]

Die Systematisierung der Wahlmöglichkeiten bei Erstemission verdeutlicht
Abbildung 49. [In Anlehnung an Deutsche Börse (2005)]

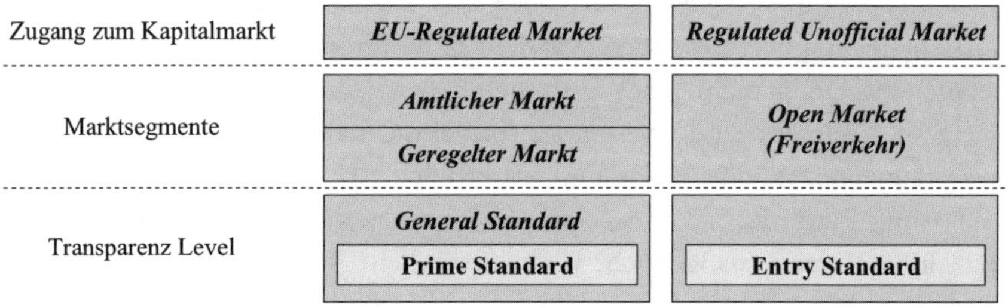

Zugang zum Kapitalmarkt	*EU-Regulated Market*	*Regulated Unofficial Market*
Marktsegmente	*Amtlicher Markt* *Geregelter Markt*	*Open Market* *(Freiverkehr)*
Transparenz Level	*General Standard* **Prime Standard**	**Entry Standard**

Abbildung 49: Wahlmöglichkeiten bei Emission

Die folgenden Erörterungen zu den Marktsegmenten *Amtlicher Markt, Geregelter Markt* und *Open Market* basieren auf den Ausführungen und Datenblättern
der *Deutsche Börse AG* (Deutsche Börse Group) [www.deutsche-boerse.com]
mit dem *Abfragestand* Juni 2006. [Siehe auch Deutsche Börse (2003); Deutsche
Börse (2005); Deutsche Börse (2006)]

Der **Amtliche Markt** ist nach § 2 Abs. 5 des Wertpapierhandelsgesetzes
(WpHG) ein organisierter Markt. [Vgl. hierzu Deutsche Börse (2005)] Um am
Amtlichen Markt zugelassen zu werden, ist vom Emittenten der Wertpapiere
die Zulassung zum Amtlichen Markt zu beantragen. Dies muss zusammen mit

einem Kreditinstitut, einem Finanzdienstleistungsinstitut oder einem Unternehmen, das nach § 53 Abs. 1 Satz 1 oder § 53b Abs. 1 Satz 1 des Gesetzes über das Kreditwesen tätig ist, geschehen. Das jeweilige Institut oder Unternehmen muss an einer inländischen Wertpapierbörse mit dem Recht zur Teilnahme am Handel zugelassen sein und ein haftendes Eigenkapital in Höhe von 730.000 Euro nachweisen. Erfüllt der Emittent selbst diese Voraussetzungen, kann der Zulassungsantrag alleine gestellt werden.

Wesentliche Kriterien bei der Erstzulassung von Aktien am Amtlichen Markt sind, dass der Emittent als Unternehmen seit mindestens drei Jahren bestehen muss. Darüber hinaus muss der voraussichtliche Kurswert der zuzulassenden Aktien oder das Eigenkapital des Unternehmens mindestens 1,25 Millionen Euro betragen. Die Mindestanzahl der Aktien beträgt bei Stückaktien 10.000 bei einem Streubesitzanteil von mindestens 25 Prozent. Erforderlich ist ein Zulassungsdokument in Form eines Börsenzulassungsprospektes mit den Angaben über die tatsächlichen und rechtlichen Verhältnisse, die für die Beurteilung des Emittenten und des Wertpapiers wesentlich sind. Dabei muss der Börsenzulassungsprospekt richtig und vollständig sein. Dazu zählen auch Bilanzen, Gewinn-und-Verlust-rechnungen und Kapitalflussrechnungen der letzten drei Geschäftsjahre sowie Anhang und Lagebericht des letzten Geschäftsjahres. Die Publikationssprache ist grundsätzlich Deutsch. Ausländische Emittenten können die englische Sprache wählen. Das Entscheidungsgremium über die Zulassung ist die Zulassungsstelle der Frankfurter Wertpapierbörse.

Als *wesentliche Folgepflichten* für die Emittenten von Aktien sind die Veröffentlichung eines Jahresabschlusses, die Veröffentlichung eines Zwischenberichts für die ersten sechs Monate des Geschäftsjahres, die Ad-hoc-Publizität gemäß § 15 Wertpapierhandelsgesetz (WpHG) sowie die Mitteilungspflicht gemäß § 21 WpHG zu nennen.

Der **Geregelte Markt** ist nach § 2 Abs. 5 des WpHG ein organisierter Markt. Die Beantragung der Zulassung zum Geregelten Markt erfordert ein Kreditinstitut, Finanzdienstleistungsinstitut oder ein Unternehmen, das nach § 53 Abs. 1 Satz 1 oder § 53b Abs. 1 Satz 1 des Gesetzes über das Kreditwesen tätig ist. Dabei muss das Institut oder Unternehmen an einer inländischen Wertpapierbörse mit dem Recht zur Teilnahme am Handel zugelassen sein und ein haftendes Eigenkapital in Höhe von 730.000 Euro nachweisen. Erfüllt der Emittent selbst diese Voraussetzungen, kann der Zulassungsantrag alleine gestellt werden. Über die Zulassung entscheidet die Zulassungsstelle der

Frankfurter Wertpapierbörse.

Im Geregelten Markt sind die Zulassungsvoraussetzungen weniger streng als im Amtlichen Markt. Als *wesentliche Kriterien bei der Erstzulassung* von Aktien am Geregelten Markt sind zu nennen, dass der Emittent als Unternehmen mindestens drei Jahre bestanden haben soll. Weiterhin beträgt die Mindestanzahl der Aktien bei Stückaktien 10.000. Das Zulassungsdokument bildet ein Unternehmensbericht mit den Angaben über die tatsächlichen und rechtlichen Verhältnisse, die für die Beurteilung der Wertpapiere wesentlich sind. Dieser Unternehmensbericht muss richtig und vollständig sein. Weiterhin müssen die Bilanzen, Gewinn-und-Verlust-Rechnungen und Kapitalflussrechnungen der letzten drei Geschäftsjahre sowie der Anhang und der Lagebericht für das letzte Geschäftsjahr enthalten sein. Als Entscheidungsgremium fungiert die Zulassungsstelle der Frankfurter Wertpapierbörse.

Die *wesentlichen Zulassungsfolgepflichten* sind die Veröffentlichung eines Jahresabschlusses, die Veröffentlichung eines Zwischenberichts für die ersten sechs Monate des Geschäftsjahres, die Ad-hoc-Publizität gemäß § 15 WpHG sowie die Mitteilungspflicht gemäß § 21 WpHG.

Der **Open Market** ist ein nicht amtliches, privatrechtliches Segment, das eine Börse nach § 57 BörsG zulassen kann, wenn die Wertpapiere weder im Amtlichen noch Geregelten Markt zugelassen oder einbezogen sind und eine ordnungsgemäße Durchführung des Handels und der Geschäftsabwicklung gewährleistet erscheint. [Vgl. hierzu auch Deutsche Börse (2006)] An der Frankfurter Wertpapierbörse werden im Open Market deutsche Aktien, aber zum großen Teil auch ausländische Aktien sowie Renten deutscher und ausländischer Emittenten, Zertifikate und Optionsscheine gehandelt. Speziell für kleinere und mittlere Unternehmen kann der Open Market geeignet sein, da diese von einer einfachen, schnellen und kosteneffizienten Einbeziehung in den Börsenhandel profitieren.

Nach § 2 Abs. 5 WpHG ist der Open Market kein organisierter bzw. geregelter Markt. Die Freiverkehrsrichtlinien der Deutsche Börse AG sind die Grundlage für die Einbeziehung von Wertpapieren in den Open Market (Freiverkehr). Gestellt werden kann der Antrag für die Einbeziehung in den Börsenhandel über einen an der Frankfurter Wertpapierbörse registrierten Handelsteilnehmer. Das Entscheidungsgremium über die Einbeziehung ist die Deutsche Börse AG als Träger des Open Market.

Als *wesentliches Kriterium* ist ein Antrag auf Einbeziehung in den Open Market zu stellen. Dieser Antrag muss eine genaue Bezeichnung des einzubeziehenden Wertpapiers sowie Angaben darüber enthalten, ob bzw. an welchem in- oder ausländischen organisierten Markt bereits Preise für dieses Wertpapier festgestellt werden. Bei Wertpapieren, die an keinem organisierten Markt gehandelt werden, muss der Antragsteller nähere Angaben über den Emittenten in Form eines von der nationalen Aufsichtsbehörde gebilligten Prospekts oder Exposés vorlegen. Dabei muss dieses eine fundierte Beurteilung ermöglichen. Im Rahmen einer Verpflichtungserklärung hat der Antragsteller die Deutsche Börse AG über wesentliche Umstände bezüglich der einbezogenen Wertpapiere bzw. der Emittenten unverzüglich und schriftlich zu informieren. Die Publikationssprache ist Deutsch oder Englisch. Am Open Market existieren *keine Folgepflichten* für den Emittenten.

Unabhängig davon, welches Marktsegment gewählt wird und wie die jeweiligen Zugangsvoraussetzungen aussehen, ist zu beachten, dass die Börsenfähigkeit eines Unternehmens stark davon abhängt, inwieweit sich die Aktien überhaupt am Kapitalmarkt platzieren lassen. Wichtig ist hierbei die Akzeptanz des Geschäftsmodells und des Unternehmens an sich. Darüber hinaus muss auch das Bankenkonsortium überzeugt werden, dass eine Platzierung lohnenswert erscheint. Zu beachten ist hierbei auch das generelle Marktumfeld und die Stimmung sowie Einstellung zum Aktienmarkt. Ein hohes Wachstumspotenzial des Unternehmens, ein attraktives Marktumfeld sowie eine gute Wettbewerbsposition sind Grundvoraussetzungen für die Durchführung eines erfolgreichen Börsenganges. Weiterhin ist ein fachlich kompetentes und erfahrenes Management von essenzieller Bedeutung. Im Hinblick auf die Schaffung der notwendigen Voraussetzungen für die Börsenfähigkeit eines jungen Unternehmens kann prinzipiell auch die Venture-Capital-Gesellschaft unterstützen.

Trade Sale

Eine Alternative zum Börsengang ist der sogenannte Trade Sale. Bei einem Trade Sale handelt es sich um den Verkauf bzw. Teilverkauf von Unternehmensanteilen. Erwerber können z. B. strategische Investoren sein. Die strategischen Investoren versprechen sich durch den Erwerb eigene unternehmerische Vorteile, bspw. Umsatzwachstum, Gewinnung von Marktanteilen, Synergien oder Ergänzungen zu den eigenen Produkten. Der wesentliche Vorteil eines Trade Sales liegt darin, dass im Unterschied zum Börsengang keine Mindestanforderungen (Zulassung, Prospekterstellung etc.) erfüllt werden müssen. Darüber hinaus wird der Verkaufspreis durch die Unternehmensbewertung ermittelt und vertraglich fest vereinbart und im Regelfall sofort bezahlt. Eine Herausforderung kann ein Trade Sale unter mehreren Gesichtspunkten sein. Beispielsweise kann sich im Verkaufsprozess die Suche und Verhandlung mit möglichen Erwerbern als schwierig erweisen.

Buy Back
Der Begriff des Buy Back bezeichnet den Rückkauf der Beteiligungen durch die Gesellschafter bzw. Unternehmer. Als Verkäufer fungiert in diesem Falle die Venture-Capital-Gesellschaft, die ihre Anteile veräußert. Gekauft werden die Anteile meist durch die Gründer, Unternehmer bzw. Gesellschafter.

Secondary Purchase
Unter dem Begriff Secondary Purchase wird der Verkauf der Beteiligungen an einen anderen institutionellen Investor (Finanzinvestor) verstanden. Ein solcher Finanzinvestor kann bspw. eine andere Venture-Capital-Gesellschaft sein. Die erwerbende VC-Gesellschaft kann verschiedene Motive für einen Secondary Purchase haben. Beispielsweise kann sie auf spätere Phasen in der Unternehmensentwicklung spezialisiert sein. Weiterhin kann sie mitunter auch über ein umfassendes Know-how in einer speziellen Branche verfügen. Zumeist sind die erwerbenden VC-Gesellschaften in der Lage, eine höhere Kapitalbeteiligung einzugehen als die bisher beteiligten VC-Gesellschaften. Im Rahmen des Secondary Purchase sind aber nicht nur Veräußerungen einzelner Investments üblich. Insbesondere bei zeitlich befristeten Venture-Capital-Fonds werden oftmals gesamte Beteiligungsportfolios an einen anderen Finanzinvestor veräußert. Eine weitere Möglichkeit den Secondary Purchase als Exit zu nutzen, besteht im Falle der Geschäftsaufgabe einer VC-Gesellschaft.

Insolvenz/Abschreibung
Die denkbar schlechteste Form eines Exits, sowohl aus Sicht der Venture-Capital-Gesellschaft als auch aus Sicht des Beteiligungsunternehmens, ist die Insolvenz. Bei einer drohenden Insolvenz ist eine Wertberichtigung vorzunehmen. Tritt die Insolvenz tatsächlich ein, erfolgt eine Abschreibung auf das Investment.

6.4   Fremdfinanzierung

Historisch gesehen dominierten in Deutschland nach dem Zweiten Weltkrieg zunächst viele Jahrzehnte Kreditinstitute das Finanz- und Bankensystem. Dabei unterscheidet sich die Finanzierungskultur in Deutschland bspw. von der Finanzierungskultur in den USA deutlich. Auch heute noch steht einem hohen Anteil an Fremdfinanzierungen in Deutschland ein hoher Anteil an Eigenkapitalfinanzierungen in den USA gegenüber.

Charakteristisch für die Entwicklung des deutschen Bankensystems sind insbesondere das **Universalbankensystem** und das **Hausbankprinzip**. Universalbanksystem bedeutet im Unterschied zum Trennbankensystem, dass Kreditinstitute sämtliche Bankgeschäfte betreiben. Die Bankenlandschaft in Deutschland wird strukturell in die Gruppen Kreditbanken, öffentlich-rechtliche Banken, genossenschaftliche Banken und Spezialbanken unterteilt, wobei die drei erstgenannten Gruppen als Universalbanken bezeichnet werden. Hausbankprinzip bedeutet, dass ein Kunde mit einer Bank einen großen Teil seiner finanziellen Tranksaktionen abwickelt. Insbesondere kleine und mittlere Unternehmen haben in Deutschland oftmals auch heute nur ein oder zwei Bankverbindungen. In jüngerer Zeit haben neben den verschiedenen Bankengruppen auch andere Fremdfinanzierungsgeber, z. B. institutionelle Kapitalgeber, einen wachsenden Stellenwert erlangt. In diesem Kontext können, analog zur Differenzierung nach *Private Equity* und *Public Equity*, auch im Fremdkapitalbereich systematisch verschiedene Formen von *Private Debt* und *Public Debt* unterschieden werden. [Siehe hierzu ausführlich Achleitner/Einem/Schröder (2004) sowie Wahl (2004)]

In dieser Betrachtungsweise können unter **Private Debt i. w. S.** – neben dem *klassischen Bankkredit* – auch Formen von Unternehmensfinanzierungen subsumiert werden, die vor allem von institutionellen Kapitalgebern *privat und nicht auf einem organisierten, anonymen Kapitalmarkt* platziert werden. Das von institutionellen bzw. privaten Kapitalgebern außerhalb des Bankensektors zur Verfügung gestellte Kapital wird auch als **Private Debt i. e. S.** bezeichnet. Hierbei handelt es sich um Formen von erstrangigen und nachrangigen Fremdfinanzierungen sowie Mezzanine-Finanzierungen, die als Direktfinanzierungen oder fondsbasierte Finanzierungen befristet, i. d. R. fünf bis zehn Jahre, zur Verfügung gestellt werden. [Achleitner (2005)] Demgegenüber umfasst Public Debt Finanzierungsformen, die am *organisierten, anonymen Kapitalmarkt (Börse)* notiert sind.

6.4.1   Hausbankprinzip

Die Finanz- und Bankensysteme in Großbritannien und den Vereinigten
Staaten sind marktbasiert, während es sich in Deutschland um ein bankbasier-
tes System handelt. Das bedeutet, dass die Finanzierung von Unternehmen in
Deutschland zum großen Teil über Bankkredite und weniger über den Kapi-
talmarkt erfolgt. Dabei ist im Unterschied zu vielen anderen Ländern das
Hausbankprinzip vorherrschend. In der Praxis erlangen Hausbanken nicht
nur beim Bankkredit, sondern vor allem auch bei der Vergabe von öffentli-
chen Fördermitteln besondere Bedeutung. Die Hausbank nimmt hierbei eine
Rolle als **Vermittler für Anträge von öffentlichen Fördermitteln** zwischen
Fördergeber und Unternehmen ein. Dabei ist wichtig, dass die Hausbank eine
Prüfung und Bewertung des zu finanzierenden Konzeptes vornimmt. Der
Hausbank kommt somit eine bedeutende Rolle zu, denn ein Förderantrag
wird von der Hausbank nur dann gestellt, wenn sie von der Tragfähigkeit des
Konzeptes überzeugt ist. Dies gilt auch dann, wenn die Hausbank von der
Haftung des Kredites teilweise durch den Fördergeber, typischerweise bis zu
80 Prozent der ausgereichten Kreditsumme, befreit ist. Eine **Haftungsfreistellung** für einen Kredit wird durch den Fördergeber **immer nur für die
Hausbank gewährt, nicht für den Kreditnehmer.** Dies bietet eine Sicherheit und Anreizfunktion für die Gewährung von Krediten an Gründer bzw.
junge Unternehmen.

Gerade bei jungen Unternehmen, bei denen das Kreditausfallrisiko vielfach
sehr hoch ist, legen Hausbanken Wert auf die Stellung von Kreditsicherheiten.
Es besteht i. d. R. eine relative enge Beziehung zwischen Unternehmen und
Hausbank, woraus sich spezifische Vor- und Nachteile ergeben können. Aus
Sicht der Hausbank kann der Kunde bei einer engen Bindung möglicherweise
leichter überwacht werden. Nachteile werden vielfach in der Gefahr eines
Machtmissbrauchs der Hausbanken und einer möglichen Einschränkung des
Wettbewerbs gesehen. Das Hausbankprinzip dominiert in Deutschland insbe-
sondere bei kleinen und mittleren Unternehmen.

Abbildung 50 veranschaulicht das Hausbankprinzip im Kontext der Beantragung von öffentlichen Fördermitteln.

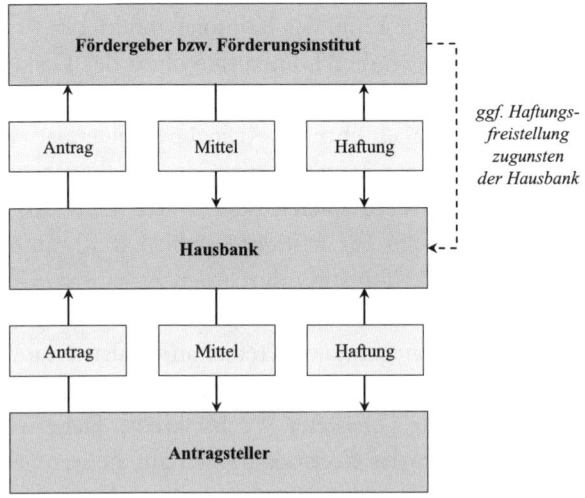

Abbildung 50: Hausbankprinzip

Fremdkapitalfinanzierungen von Gründungsunternehmen sind für Kapitalgeber i. d. R. mit hohen Risiken verbunden. Sicherheiten können vom Gründerteam vielfach nicht gestellt werden. Ein dem Risiko entsprechender Zins wäre kaum finanzierbar. Daher sind diese Unternehmen in ihrer frühen Entwicklungsphase, insbesondere für die Großbanken, im Regelfall noch keine Zielgruppe von Fremdkapitalgebern.

6.4.2 Begriff und Formen der Fremdfinanzierung

Fremdfinanzierungen können nach verschiedenen Arten differenziert werden. Vielfach wird eine Unterteilung nach dem Kriterium der Fristigkeit gewählt, d. h. der Dauer der möglichen Inanspruchnahme des Kredites. Im Unterschied zu Eigenkapital wird dabei Fremdkapital dem Unternehmen befristet mit kurz-, mittel oder langfristigen Laufzeiten zur Verfügung gestellt. Kredite bis zu einem Jahr werden üblicherweise als kurzfristig und solche mit einer Laufzeit von über einem Jahr und bis zu vier Jahren als mittelfristig zu bezeichnen. Bei einer Laufzeit von mehr als vier Jahren handelt es sich um langfristige Kredite [Jährig/Schuck (1990)].

6.4.3 Kurzfristige Fremdfinanzierung

Eine kurzfristige Fremdfinanzierung wird vor allem zur **Finanzierung des**

Umlaufvermögens und zur Liquiditätsverbesserung benötigt. Dabei fallen im Rahmen von Umsatzprozessen Aus- und Einzahlungen zu unterschiedlichen Zeitpunkten an. Die daraus resultierenden Differenzen müssen überbrückt werden. Hierzu dient in erster Linie der Kontokorrentkredit. Praktisch kaum von Bedeutung sind demgegenüber Lombardkredite oder Diskont- und Akzeptkredite (Formen von Wechselkrediten). Ein Lombardkredit, der im Firmenkundengeschäft von Banken eher die Ausnahme bildet, ist eine Form des Kontokorrentkredites, den ein Unternehmen durch die Verpfändung von markt- bzw. börsenfähigen Wertpapieren oder Waren (z. B. Rohstoffe) besichert. Der Diskontkredit ist ein kurzfristiger Kredit (i. d. R. mit einer Laufzeit bis zu 90 Tagen), den ein Kreditinstitut durch den Ankauf von Wechseln vor deren Fälligkeit dem Verkäufer der Wechsel gewährt. In der Praxis handelt es bei diesem Instrument überwiegend um Kredite an Industrie- und Handelsunternehmen zum Zwecke der Absatzfinanzierung. Der Akzeptkredit ist im Regelfall ein auf drei Monate befristeter Wechselkredit. Dabei räumt die Akzeptbank dem Unternehmen das Recht ein, einen auf sie gezogenen Wechsel zu ziehen, der dann von der Bank als Bezogener akzeptiert wird. Der Akzeptkredit ist ebenso wie der **Avalkredit** eine Form der Kreditleihe. Bei dem Avalkredit haftet das Kreditinstitut für die Verbindlichkeiten eines Kunden gegenüber Dritten, entweder in Form einer Bürgschaft (für die Erfüllung einer Zahlungsverpflichtung) oder einer Garantie (z. B. für die vertragsgemäße Ausführung von Lieferungen und Leistungen).

Abbildung 51 soll die Beziehung der Beteiligten im Rahmen eines Avalkredits veranschaulichen. [Übelhör/Warns (2002)]

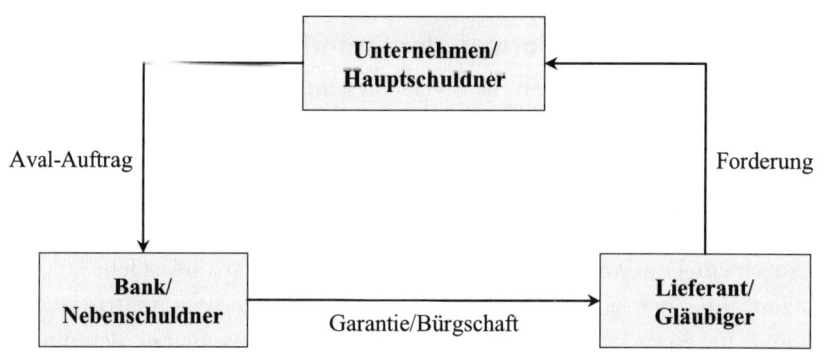

Abbildung 51: Darstellung der Zusammenhänge eines Avalkredits

Neben diesen kurzfristigen Bankenfinanzierungen sind in der Praxis weitere

Formen der kurzfristigen Fremdfinanzierung von Bedeutung (z. B. der Lieferantenkredit, Kundenanzahlungen).

6.4.3.1 Kontokorrentkredit

Kontokorrentkredite sind die *klassische kurzfristige Kreditform* und das am weitesten verbreitete Instrument der kurzfristigen Fremdfinanzierung. Ein Kontokorrentkredit kann vom Kreditnehmer in Abhängigkeit seines Bedarfs bis zum vertraglich vereinbarten Limit (Kreditlinie) in Anspruch genommen werden. Bei Unternehmen erfolgt die Abwicklung i. d. R. über ein laufendes Geschäftskonto.

Kontokorrentkredite werden in der Praxis als *Betriebsmittel-, Umsatz-, Zwischenfinanzierungskredite* sowie *Überbrückungs-* und *Saisonkredite* genutzt. Sie dienen vor allem der *Finanzierung des Umlaufvermögens*. Nach der **goldenen Finanzierungsregel** sollte allerdings eine bestehende freie Kontokorrentlinie nicht für die Anschaffung von Wirtschaftsgütern des Anlagevermögens verwendet werden. Ein wesentlicher Grund hierfür ist darin zu sehen, dass der Sollzinssatz für Kontokorrentkredite üblicherweise über den Zinssätzen für langfristige Darlehen liegt und damit vergleichsweise hoch ist. Der Grundsatz einer **fristenkongruenten Finanzierung** von Anlage- und Umlaufvermögen wird jedoch in der Praxis nicht selten von jungen Unternehmen vernachlässigt.

Kontokorrentkredite dienen der Liquiditätsverbesserung und damit der Sicherung der laufenden Zahlungsbereitschaft. Formal werden Kontokorrentkredite nur kurzfristig gewährt, de facto laufen sie infolge ständiger Prolongation i. d. R. über viele Jahre. Eine Verlängerung erfolgt z. B. nicht, wenn sich die wirtschaftlichen Verhältnisse des Kreditnehmers nachhaltig verschlechtern bzw. keine zusätzlichen Kreditsicherheiten gestellt werden können.

Wird die eingeräumte Kreditlinie überzogen, berechnet der Kreditgeber neben den Sollzinsen eine Überziehungsprovision. Für die Besicherung kommen alle banküblichen Kreditsicherheiten infrage. Vorteile des Kontokorrentkredites sind die flexible Inanspruchnahme, die Verfügbarkeit für alle banküblichen Transaktionen und die Zweckungebundenheit. Diesen Vorteilen steht vor allem der Nachteil hoher Kosten gegenüber.

6.4.3.2 Lieferantenkredit

Im Unterschied zur Kreditvergabe der Kreditinstitute werden Kredite im Rahmen des gegenseitigen Liefer- und Leistungsverkehrs der Unternehmen als Lieferantenkredite bezeichnet. Ein **Lieferantenkredit** entsteht dadurch, dass ein *Lieferant seinem Kunden eine bestimmte Zahlungsfrist* einräumt. Beispielsweise kann der Lieferant dem Kunden einen Nachlass auf den Kaufpreis (**Skonto**) gewähren, wenn die Rechnung innerhalb einer bestimmten Skontofrist (z. B. zehn Tage), d. h. möglichst schnell, bezahlt wird. Nach Ablauf der Skontofrist wird dem Kunden ein **Zahlungsziel** eingeräumt, das im Regelfall einen Zeitraum von zehn bis 90 Tagen umfasst.

Ein kurzes Beispiel soll verdeutlichen, warum der Lieferantenkredit als teure Fremdfinanzierungsform gesehen werden kann. Das Beispiel ist einfach aufgebaut und betrachtet bei der Berechnung des Zinssatzes mit der nachstehenden Näherungsformel keine unterjährige Verzinsung. Die einfache Formel zur Berechung der Zinsen (p) für ein Jahr lautet:

$$p = \frac{\textit{Skontosatz in \%}}{\textit{Zahlungsziel} - \textit{Skontofrist}} = \frac{S}{z - s} \cdot 360$$

Dabei ist (S) der Skontosatz, (s) die Skontofrist und (z) das Zahlungsziel. Als Skontospanne wird in diesem Kontext die Differenz aus dem Zahlungsziel und der Skontofrist (z − s) bezeichnet.

Für das Beispiel seien als konkrete Daten angenommen: (S) = 3 Prozent (Skonto), (s) = 10 Tage (Skontofrist), (z) = 30 Tage (Zahlungsziel). Hieraus ergibt sich:

$$p = \frac{3\%}{30 - 10} \cdot 360 = 54\%$$

Aus diesen Daten würde sich ein Zinssatz von 54 Prozent für das gesamte Jahr ergeben. Der auf diese Weise ermittelte Zinssatz erscheint im Vergleich zu den derzeitig gültigen Zinssätzen eines Bankkredites natürlich hoch. Genauer kann der Jahreszinssatz durch die folgende Formel berechnet werden:

$$p = \frac{\dfrac{\textit{Skontosatz in \%}}{100\% - \textit{Skontosatz in \%}}}{\textit{Zahlungsziel} - \textit{Skontofrist}} = \frac{\dfrac{S}{100\% - S}}{z - s} \cdot 360$$

Typisches **Merkmal des Lieferantenkredites** ist die *enge Verbundenheit zum Warenabsatz*. Die Tilgung erfolgt dann aus dem Umsatzerlös der kreditierten Ware, d. h., es werden hier keine finanziellen Mittel direkt zur Verfügung gestellt, sondern der Kaufpreis wird gestundet. Der Lieferantenkredit kann bspw. eine Maßnahme der Absatzförderung darstellen oder durch Konkurrenzdruck erzwungen werden. Der Lieferant ist – im Unterschied zum Kreditinstitut – nicht wegen des Kreditgeschäftes, sondern zur Steigerung seines

Umsatzes an der Einräumung eines Kredites interessiert, d. h., er finanziert den Absatz seiner Produkte. Üblicherweise ist der Skontobetrag bereits in das Preisangebot einkalkuliert und damit im Verkaufspreis enthalten. Ein Vorteil ist die relativ unkomplizierte Handhabung gegenüber den anderen Kreditarten. Im Vergleich zum Bankkredit ist der Lieferantenkredit insofern vorteilhaft, da er formlos und ohne besondere Sicherheiten gewährt wird. Mögliche Nachteile bestehen in starken wirtschaftlichen Abhängigkeiten, relativ hohen Kosten und dem Eigentumsvorbehalt des Lieferanten (zur Sicherung seiner Forderung behält sich der Lieferant das Eigentum an der gelieferten Ware vor).

Lieferantenkredite erlangen vielfach an Bedeutung, wenn Kapitalausstattung und Liquidität eines Unternehmens gering sind und keine ausreichenden Sicherheiten zur Verfügung stehen, um Fremdkapital aufnehmen zu können. Auch bei jungen Unternehmen besteht die Gefahr, dass sie im Falle von Liquiditätsproblemen Lieferantenkredite nicht nur zur Finanzierung des Umlaufvermögens, sondern auch zur Finanzierung von langfristig gebundenem Kapital verwenden. Diese Vorgehensweise kann im Extremfall zur Zahlungsunfähigkeit führen.

6.4.3.3 Kundenanzahlungen

Kundenanzahlungen (Kundenkredite) sind eine weitere Möglichkeit, kurzfristiges Fremdkapital zu generieren. Bei den **Kundenanzahlungen** leistet der *Kunde vor Erhalt der Lieferung oder Leistung eine Anzahlung.* Sie bilden eine Art *Vorauszahlungskredit* durch den Kunden, der damit als Kreditgeber auftritt. In den meisten Fällen werden Kundenanzahlungen nicht verzinst. Somit handelt es sich um eine sehr günstige Finanzierungsquelle. Anzahlungen durch Kunden sind vor allem in kapitalintensiven Industrien, z. B. der Investitionsgüterindustrie (Maschinen-, Flugzeug-, Schiffbau etc.) sowie in der Bauindustrie üblich, da die alleinige Finanzierung des Objektes infolge der langen Produktionszeiten und der hohen Produktionskosten durch den Hersteller nicht durchführbar ist. Bei jungen Unternehmen spielen Kundenanzahlungen vereinzelt bspw. in der Beratungsbranche oder auch bei Internetprojekten eine Rolle.

6.4.4 Mittel- und langfristige Fremdfinanzierung

Mittel- und langfristige Fremdfinanzierungen erfolgen i. d. R. zweckgebunden und dienen vor allem der Finanzierung des Anlagevermögens (z. B. Beschaffung oder Ersatz von Produktionsanlagen, Bau oder Erwerb von Geschäftsgebäuden). Die meist festverzinslichen Fremdmittel sind zu vertraglich bestimmten Terminen und Kursen auszuzahlen und zurückzuzahlen. Mittel- und langfristige Fremdfinanzierungen werden von Kreditinstituten sowie von öffentlichen und privaten Kreditgebern gewährt.

6.4.4.1 Darlehen

Die Grundform der mittel-, und langfristigen Fremdfinanzierung ist das Darlehen. Die rechtliche Grundlage bildet in Deutschland § 607 BGB, wonach unter einem **Darlehen** die *Hingabe von Geld oder anderen vertretbaren Sachen (z. B. Rohstoffen) mit der Vereinbarung zu verstehen ist, dass der Empfänger Sachen gleicher Art, Güte und Menge zurückzugeben hat.* Die Darlehensbedingungen werden in einem Darlehensvertrag festgehalten. Falls die Kündigungsfrist vertraglich nicht geregelt ist, kann gesetzlich nach § 609 BGB ein Darlehen mit einer dreimonatigen Frist gekündigt werden. Ein außerordentliches Kündigungsrecht besteht sowohl für den Kreditgeber als den auch Kreditnehmer, z. B. bei Vertragsverletzung oder Vermögensverfall. In der Praxis werden die Begriffe Darlehen und Kredit oftmals als synonym verstanden. Der Begriff Kredit ist gegenüber dem Darlehen jedoch insgesamt weiter gefasst. Als langfristig werden üblicherweise Darlehen mit einer Laufzeit von mehr als vier Jahre bezeichnet. Darlehen werden i. d. R. zur Finanzierung von Investitionen eingesetzt. Investitionen beziehen sich dabei auf das betriebliche Anlagevermögen, etwa in Form von Gebäuden oder Einrichtungen. Sie werden meist gegen dingliche Sicherheiten (z. B. Wertpapiere, Grundstücke) ausgereicht. Darlehensformen, die in der Praxis eine wesentliche Rolle spielen, sind Hypothekardarlehen (§ 113 BGB) und die Schuldverschreibungen und Schuldscheindarlehen.

Die Kosten eines Darlehens sind abhängig vom Nominalzinssatz, Auszahlungskurs, Provision des Darlehensgebers und etwaiger sonstiger Kosten. Nach Art der Zins- und Tilgungszahlung wird zwischen Abzahlungsdarlehen, Annuitätendarlehen und Festdarlehen unterschieden, wobei die letztgenannte Form die teuerste der drei Ausprägungsformen ist.

6.4.4.2 Unternehmensanleihen

Allgemein sind Anleihen (Bonds) Schuldverschreibungen, d. h. verbriefte Kredite. Sie werden auch als Obligationen oder Renten bezeichnet. **Unternehmensanleihen** (Corporate Bonds, Industrieobligationen) sind *Anleihen, die von der gewerblichen Wirtschaft emittiert werden.* Dabei handelt es sich um Schuldverschreibungen privater Unternehmen, die sich auf diese Weise langfristiges

Fremdkapital (im Regelfall fünf bis 15 Jahre) auf dem organisierten anonymen Kapitalmarkt beschaffen (Public Debt). Die klassische Form der Unternehmensanleihe ist die Festzinsanleihe (Straight Bond).

In Deutschland ist die Anforderung an das Emissionsvolumen von Anleihen im Regelfall hoch und liegt bei einem Mindestbetrag von etwa 100 Millionen Euro. In jüngerer Zeit besteht jedoch eine Tendenz zur Verringerung des Mindestvolumens. Mit dem Ziel einer breiten Risikostreuung wird eine Anleihe in Teilbeträge gestückelt und in Form von Teilschuldverschreibungen verbrieft und an Anleger verkauft. Der Anleger (Eigentümer) einer Unternehmensanleihe hat die Rechtsstellung eines Gläubigers und besitzt gegenüber dem Emittenten Anspruch auf Zinszahlungen während der Laufzeit und Rückzahlung des Nennbetrages am Ende der Laufzeit. Anleihen sind seitens der Investoren nicht kündbar, können aber aufgrund ihrer Fungibilität an Wertpapierbörsen zum jeweils aktuellen Kurs gekauft bzw. verkauft werden.

In Deutschland ist der Markt für Unternehmensanleihen im internationalen Vergleich, insbesondere gegenüber den USA, noch nicht so stark entwickelt, wobei jedoch in den letzten Jahren ein steigendes Wachstum zu beobachten ist. Unternehmensanleihen als Finanzierungsinstrument sind mit spezifischen Vor- und Nachteilen verbunden. Dabei können Unternehmensanleihen grundsätzlich eine Finanzierungsalternative zum langfristigen Bankkredit darstellen und die bestehenden Kreditlinien entlasten. Darüber hinaus sind Anleihebedingungen für das emittierende Unternehmen relativ flexibel gestaltbar.

Allerdings sind die Emissionskosten von Anleihen derzeit recht hoch und können durchaus mehrere Prozentpunkte des Nominalwertes einer Anleihe erreichen. Dabei fallen im Regelfall auch Kosten für das externe Rating an. Ein Rating ist zwar nicht zwingend vorgeschrieben, aber zur Erreichung einer guten Platzierung über den Kapitalmarkt empfehlenswert. Der Jahresumsatz des emittierenden Unternehmens sollte bei mindestens 500 Millionen Euro liegen und das Unternehmen sollte eine gute Bonität aufweisen. Mit der Emission der Anleihe steigt der Verschuldungsgrad bzw. die Fremdkapitalquote des Unternehmens. Die Emissionsfähigkeit ist grundsätzlich nicht an eine bestimmte Rechtsform gebunden. In der Praxis dominieren größere Aktiengesellschaften. In einzelnen Fällen haben auch bereits große GmbHs Anleihen emittiert. Die Zulassung zum Börsenhandel erfordert aber die Einhaltung von weitgehenden Transparenz- und Publizitätsvorschriften.

Vor dem Hintergrund der hohen Kosten und Anforderungen, die mit der

Emission von Unternehmensanleihen verbunden sind, steht diese Finanzierungsalternative jungen Unternehmen in Deutschland derzeit nur in einem sehr eingeschränkten Umfang zu Verfügung. Im Vergleich zu großen etablierten Unternehmen sind junge Unternehmen aufgrund ihrer meist geringen Größe und schlechteren Bonität im Nachteil bei der Emission von Anleihen.

6.4.4.3 Schuldscheindarlehen

Schuldscheindarlehen sind eine Sonderform des mittel- oder langfristigen Darlehens (§ 607 HGB), die gegen eine Schuldurkunde gewährt werden können. Bei einem **Schuldscheindarlehen** handelt es sich *nicht um ein börsengängiges Wertpapier*, sondern um eine *Fremdfinanzierungsform, die privat (am nicht organisierten Kapitalmarkt) bei Kapitalsammelstellen bzw. institutionellen Anlegern platziert wird (Private Debt)*. Bei den Anlegern handelt es sich typischerweise um öffentlich-rechtliche Körperschaften, Kreditinstitute mit Sonderaufgaben (z. B. KfW) oder auch große Unternehmen. Kapitalgeber sind i. d. R. Versicherungsgesellschaften.

Um eine bessere Platzierung zu erreichen, erfolgt bei größerem Volumen eine Stückelung in Teilbeträge. Als Sicherheiten dienen Negativerklärungen, erstrangige Grundpfandrechte und Covenants, d. h. die Verpflichtung, während der Darlehenslaufzeit bestimmte finanzwirtschaftliche Kennzahlen einzuhalten. Als Bedingungen müssen die vertraglich vereinbarte Verzinsung und Rückzahlung als gewährleistet erscheinen, muss eine erstrangige Besicherung erfolgen und darf die Laufzeit von 15 Jahren nicht überschritten werden.

Vorteile der Schuldscheindarlehen liegen in ihren individuellen, flexiblen Gestaltungsmöglichkeiten. Beispielsweise können tilgungsfreie Jahre vereinbart werden, um die Liquidität des Unternehmens zu Beginn nicht zu belasten. Weiterhin vorteilhaft ist, dass keine aufwendige Börsenzulassung und Publizitätspflichten notwendig sind, wodurch sich geringere Emissionskosten im Vergleich zu Unternehmensanleihen ergeben. Nachteile bestehen insbesondere aufgrund der mangelnden Fungibilität der Schuldscheindarlehen (Illiquidität im Sekundärmarkt), was zu einer höheren Verzinsung im Vergleich zu Unternehmensanleihen führt.

Schuldscheindarlehen kommen aufgrund einer geringen Mindestgröße des Finanzierungsvolumens in Höhe von etwa 50.000 Euro grundsätzlich auch für größere junge Unternehmen, allerdings nur mit ausgezeichneter Bonität, infrage. Entscheidend ist hierbei die Risikobereitschaft der Investoren, denn im Regelfall sind die Risiken bei größeren jungen Unternehmen mit Wachstumspotenzial im Vergleich zu großen, etablierten Unternehmen deutlich höher. Die Anzahl potenzieller Investoren dürfte daher eher klein sein. Im Einzelfall ist nach spezifischen Kriterien, z. B. Kosten, zu prüfen, ob das Schuldscheindarlehen tatsächlich im Vergleich zu einem langfristigen Bankkredit vorteilhaft ist.

6.4.4.4 Asset Backed Securities

Bei dem Grundkonzept der **Asset Backed Securities** handelt es sich um die *Strukturierung, Bündelung und Herauslösung von bestimmten Aktiva (Assets) aus der Bilanz eines Unternehmens und ihrer* **Verbriefung** *(Securitisation)*. Die Aktiva werden in Form von Wertpapieren verbrieft und i. d. R. bei institutionellen Anlegern platziert. In der Praxis sind dies bei den verbrieften Vermögensgegenständen zumeist **Forderungen**, wobei es sich häufig um Autofinanzierungs-, Leasing- oder Kreditkartenforderungen handelt. [Brettel/Rudolf/Witt (2005)]

Der Ankauf, die Strukturierung und die Bündelung der Forderungen erfolgt über rechtlich selbstständige Finanzierungsgesellschaften (Special Purpose Vehicle). Die Zweckgesellschaft refinanziert den Forderungspool über die Ausgabe von Wertpapieren (Asset Backed Securities). Die aus den übertragenen Forderungen resultierenden Zahlungsströme werden für die Zins- und Tilgungsleistungen verwendet. Bei der Berechnung der Zinsen ist nicht die Bonität des Forderungsschuldners, sondern die **Qualität** des **Forderungspools** maßgeblich. Die Bonität der Forderungen wird durch externe Ratingagenturen geprüft und beurteilt. Asset Backed Securities sind ihrer Konstruktion nach dem Factoring ähnlich, denn in beiden Fällen handelt es sich um einen Forderungsverkauf gegen Freisetzung liquider Mittel.

Ein **Vorteil** der Asset Backed Securities ist, dass durch den Verkauf der Forderungen eine *Verbesserung der Bilanzstruktur des Unternehmens* erreicht wird (**Bilanzverkürzung**), wodurch sich positive Auswirkungen auf Finanzierungskennzahlen (z. B. Verschuldungsgrad, Eigenkapitalrentabilität ergeben). Asset-Backed-Securities-Finanzierungen stellen hohe **Anforderungen** an den Forderungsverkäufer. Da der Forderungsankauf revolvierend erfolgt, kommen Asset-Backed-Finanzierungen im Regelfall für Unternehmen in Betracht, die über ein konstantes, diversifiziertes Forderungsvolumen mit einem geringen Ausfallrisiko verfügen. Asset-Backed-Securities-Finanzierungen erfordern darüber hinaus ein fundiertes EDV-gestütztes Berichtswesen, da ständig Daten- und Informationsströme über die Qualität der Forderungen verfügbar sein müssen. Weiterhin ist es notwendig, dass die Forderungen einen positiven und prognostizierbaren Cashflow generieren. Asset Backed Securities waren in der Vergangenheit vor allem für Großunternehmen von Bedeutung. Heute können zunehmend auch mittelgroße Unternehmen von diesem innovativen Finanzierungsinstrument profitieren, denn es gibt mittlerweile speziell auf sie zugeschnittene Programme. Inwieweit bereits junge Unternehmen auf Asset Backed Securities als Finanzierungsinstrument zurückgreifen können, ist im Einzelfall zu prüfen. Die Inanspruchnahme dieser Finanzierungsform ist insbesondere davon abhängig, ob die jungen Unternehmen in der Lage sind, die umfassenden Anforderungen an den Forderungsverkäufer bzw. die Forderungen zu erfüllen.

6.4.4.5   Kreditvergabeprozess aus der Sicht der Bank

Der gesamte **Prozess der Kreditvergabe** ist *komplex und umfassend*, da er die spezifischen wirtschaftlichen Verhältnisse und Besonderheiten eines jeden Kreditnehmers berücksichtigen muss. Jede Kreditentscheidung ist immer eine individuelle Entscheidung, die sich auf das kreditsuchende Unternehmen bezieht. Dennoch soll im Folgenden der Versuch unternommen werden, exemplarisch bestimmte Prozessbestandteile hervorzuheben, die typisch bei der Kreditvergabe sind. Diese Darstellung erhebt jedoch keinen Anspruch auf Vollständigkeit. Vielmehr sollen *charakteristische Aspekte des Kreditvergabeprozesses* und ihre besonderen Herausforderungen und Probleme in Bezug auf junge Unternehmen aufgezeigt werden.

Abbildung 52 zeigt den typischen Verlauf eines Kreditvergabeprozess aus Sicht der Bank.

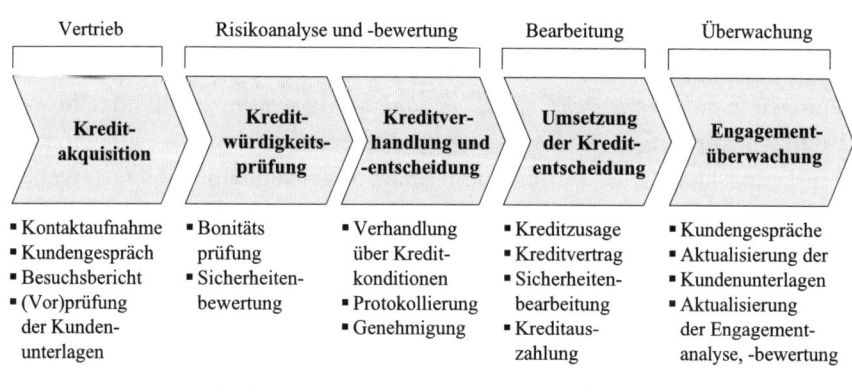

Abbildung 52: Aspekte des Kreditvergabeprozesses aus Sicht der Bank

Der idealtypische **Verlauf eines Kreditvergabeprozesses** beginnt klassischerweise mit der **Kreditakquisition** durch den Kundenbetreuer eines Kreditinstitutes. Der Kundenbetreuer beschafft, analysiert und dokumentiert möglichst umfassend Daten und Informationen über die wirtschaftliche Situation des Kreditnehmers. In einer Vorprüfung stellt der Kundenbetreuer zunächst fest, ob Volumen und Laufzeit des gewünschten Kredites überhaupt in einem realistischen Verhältnis zu den vorliegenden Unterlagen (wirtschaftlichen Verhältnissen) des Kunden stehen. Verläuft seine grobe Vorprüfung positiv, werden sein Besuchsbericht und die vollständigen Unterlagen des Kunden an die Kreditabteilung weitergeleitet. Die *Bonitätsprüfung* eines Kreditinstitutes stellt im Rahmen der sogenannten **Kreditwürdigkeitsprüfung** darauf ab, Transparenz über den Risikogehalt eines potenziellen Kreditengagements zu erhalten. Die Prüfung der Bonität bezieht sich üblicherweise auf quantitative ökonomische (historische und zukunftsbezogene) Daten sowie auf qualitative Aspekte in Bezug auf die Kreditnehmer. Typisch für junge Unternehmen ist, dass sie weder über eine *Kredithistorie* noch über eine *Reputation* am Markt verfügen. Daher ist das Risikopotenzial, im Sinne der Rückzahlungsfähigkeit eines Kredites durch den Unternehmensgründer, generell nur schwer abschätzbar. Bei der Kreditvergabe an neu gegründete bzw. junge Unternehmen stehen bei der Engagementbewertung (Bonitäts- und Sicherheitenbewertung) vor allem drei Aspekte im Vordergrund:

- die Nachvollziehbarkeit und Plausibilität des eingereichten Businessplans (insbesondere der Finanzplanung),

- die Gründerpersönlichkeiten und ihre Kompetenzen sowie

- die zur Absicherung des Engagements zur Verfügung stehenden werthaltigen Sicherheiten.

Ein Businessplan, der fundiert und nachvollziehbar ist und auf absehbare Zeit eine wirtschaftliche Tragfähigkeit erkennen lässt, bildet die beste Grundlage zur Erreichung einer Kreditzusage im Rahmen der **Kreditverhandlung und -entscheidung**. Der Betrachtungsfokus von Banken ist dabei häufig stark auf die Beurteilung der Planungsrechnungen und deren Annahmen ausgerichtet. Von Interesse ist vor allem, ob die Finanzplanung einen ausreichenden Cashflow (im Wesentlichen Betriebsergebnis zzgl. Abschreibungen) zur Rückzahlung des Kredites (Zins und Tilgung) erwarten lässt.

Ein weiterer wesentlicher Gesichtspunkt ist, welchen persönlichen Eindruck die Unternehmensgründer bei dem Kreditinstitut hinterlassen. Sind die Gründer sachlich präzise und unternehmerisch denkende Gesprächspartner, bei denen auch eine wirtschaftliche Kompetenz erkennbar ist, sind dies gute

Voraussetzungen dafür, um Glaubwürdigkeit und Vertrauen bei den Kunden-betreuern zu erzeugen. Typische Fehler der Unternehmensgründer sind in diesem Zusammenhang eine fehlende oder unzureichende Vorbereitung auf das Kreditgespräch, ein nicht nachvollziehbarer Businessplan oder eine schlechte Präsentation des Businessplans. Wichtig ist, dass die Unternehmens-gründer die von dem Kreditinstitut geforderten Unterlagen frühzeitig im Vorfeld des Kreditgespräches zur Verfügung stellen, damit sich die Kunden-betreuer vorbereiten können.

Aufgrund des hohen Risikogehaltes und der hohen Ausfallwahrscheinlichkeit des potenziellen Kreditengagements stellen Banken bei jungen Unternehmen gerne auf die Stellung werthaltiger Sicherheiten ab.

Die von Kreditinstituten üblicherweise akzeptierten typischen Sicherheiten und ihre Bewertung sind in der folgenden Tabelle 20 zusammengefasst darge-stellt.

Art der Sicherheit	Wertansatz
Grundschulden (Hypotheken)	▪ Beleihungswert
Bürgschaften/Garantien	▪ Regelung des Höchstbetrags im Bürgschafts-vertrag
Lebensversicherungen	▪ Rückkaufswert
Bausparverträge	▪ Angespartes Guthaben (zzgl. Zinsen)
Festgelder, Sparguthaben, Sparbriefe	▪ In voller Höhe
Festverzinsliche Wertpapiere	▪ I. d. R. 75% des Kurswertes
Aktien	▪ Inländische Standardwerte: i d. R. 50 % ▪ Ausländische Standardwerte: individuelle Regelungen
Sicherungsübereignung (z. B. Maschinen, Einrichtungen, Fahrzeuge, Warenlager etc.)	▪ Sicherungsübereignete Gegenstände bleiben im Besitz des Kunden; Eigentümer wird das Kreditinstitut ▪ Bewertung nach dem voraussichtlichen Veräußerungspreis
Forderungsabtretung	▪ Bewertung der Forderungen des Kunden zu einem bestimmten Prozentsatz (Berücksichtigung von Forderungsausfällen)

Tabelle 20: Sicherheiten und ihre Bewertung durch Kreditinstitute

Im Rahmen der Risikoanalyse wird ein Rating (Risikofaktor) des jungen Un-ternehmens ermittelt, das die Grundlage für die Festlegung der Höhe der

Kreditkonditionen bildet. Von Bedeutung sind in diesem Kontext die Vorschriften von *Basel II* (Neue Baseler Eigenkapitalvereinbarung). Der Begriff Basel II bezeichnet die Neugestaltung der Eigenkapitalvorschriften der Kreditinstitute mit dem Ziel, die Stabilität des internationalen Finanzsystems zu erhöhen.

Basel II soll zu Beginn des Jahres 2007 in Kraft treten und auf nationaler bzw. europäischer Ebene umgesetzt werden. Allerdings werden die Vorschriften bereits heute in der Bankenpraxis berücksichtigt. Das Konzept von Basel II basiert auf den drei Säulen der *quantitativen Eigenkapitalnormen* (Säule 1: Minimum Capital Requirements), der *qualitativen Aufsicht* (Säule 2: Supervisory Review of Capital Adequacy) sowie den *Transparenzvorschriften* (Säule 3: Market Discipline). Die **quantitativen Eigenkapitalnormen** (Säule 1) bilden den Hauptbestandteil von Basel II. Hierin sind die Regeln zur Festlegung der Mindestkapitalanforderungen für Banken definiert. Das Ziel der Vorschriften der ersten Säule ist eine möglichst genaue Berücksichtigung der Risiken einer Bank im Rahmen der Bemessung ihrer Eigenkapitalausstattung. Wie hoch diese ist, soll unter Berücksichtigung dreier Risiken, den *Kreditrisiken*, den *Marktrisiken* sowie den *operationellen Risiken,* bestimmt werden. Das jeweilige *Kreditrisiko* bzw. die Ermittlung des jeweiligen *Kreditausfallrisikos* wird durch ein internes Rating (Bank) oder externes Rating (Ratingagentur) bestimmt. Beim internen Rating kann die Bank zwischen drei Ansätzen zur Risikogewichtung wählen, dem Standardansatz, dem IRB-Ansatz (Internal Ratings-Based Approach) sowie dem fortgeschrittenen IRB-Ansatz. Je nach Ansatz werden unterschiedliche Risikogewichte verwendet. Das *Marktrisiko* umfasst bspw. das Zinsänderungsrisiko oder das Wechselkursrisiko. Die *operationalen Risiken* werden definiert als die Gefahr von Verlusten, die infolge der Unangemessenheit oder des Versagens von internen Verfahren, Menschen und Systemen oder infolge von externen Ereignissen eintreten. Alle drei Risikoansätze werden zur Berechnung des zu unterlegenden Eigenkapitals benötigt. In Säule 2, der **qualitativen Aufsicht** von Basel II, wird die qualitative Überprüfung durch die Bankenaufsicht definiert. Durch die Säule 3, die Transparenzvorschriften, soll eine Stärkung der Marktdisziplin durch vermehrte Offenlegung von Informationen im Rahmen der externen Rechnungslegung der Banken erreicht werden. [Füser/Gleißner (2005)]

Aus Sicht der Bank ist die Analyse der mit einem Kreditengagement verbundenen Risiken von Bedeutung. Bei neu gegründeten Unternehmen sind diese Risiken besonders hoch. Danach kommt eine Kreditfinanzierung für ein junges Unternehmen üblicherweise nur dann in Betracht, wenn die hohen

Risiken durch verwertbare Kreditsicherheiten abgedeckt sind. Um die generell mit einer Unternehmensfinanzierung verbundenen Risiken besser abschätzen zu können, verfügen die Banken über ein meist differenziertes Ratingsystem, das einen Katalog an qualitativen und quantitativen Kriterien zur Engagementbeurteilung beinhaltet.

In Tabelle 21 sind qualitative und quantitative Kriterien des Ratings von Unternehmen aufgeführt.

Qualitative Kriterien	Quantitative Kriterien
Qualitäten und Potenzial des Managements	Finanzkennzahlen
Unternehmensstrategie	Umsatzentwicklung, -perspektiven
Marktposition und -aussichten, Marketing	Ertragskraft, Cashflow
Produkte und Innovationsfähigkeit	Kapitalausstattung, -struktur
Rechnungswesen, Controlling	Erreichung von Planzahlen
Generelle Zukunftsperspektiven	

Tabelle 21: Qualitative und quantitative Ratingkriterien

Die Verhandlungsmöglichkeiten über Konditionen sind zwar in Einzelfällen wohl gegeben, aber aufgrund der Vorschriften zur Eigenkapitalunterlegung der Kreditengagements nach Basel II insgesamt sehr eingeschränkt. Die Kreditentscheidung erfolgt bei Banken nach dem Vier-Augen-Prinzip. Eine Kreditentscheidung kann also grundsätzlich keine Einzelperson treffen.

Hat das junge Unternehmen alle schwierigen Hürden des Risikoanalyse und -bewertungsprozesses überwunden, kommt es im Rahmen der **Umsetzung der Kreditentscheidung** zur Kreditzusage und -auszahlung durch das Kreditinstitut. Allerdings schließt sich dem Kreditvergabeprozess eine kontinuierliche **Engagementüberwachung** an, bei dem das junge Unternehmen sich zu einer regelmäßigen Berichterstattung über die wirtschaftliche Entwicklung und Perspektiven seines Unternehmens verpflichtet. Die Bank ist sofort zu kontaktieren, wenn bspw. unvorhergesehene Risiken auftreten, die zu einer Gefährdung der planmäßigen Kreditrückzahlung führen können.

Insgesamt ist die Kreditvergabe an junge Unternehmen typischerweise nicht nur mit hohen Risiken und Ausfallwahrscheinlichkeiten für das Kreditinstitut behaftet, sondern auch ein aufwendiger und teurer Prozess, der oft in keinem Verhältnis zu den Ertragsperspektiven steht. Zudem leiden viele Kreditinstitute unter dem Schock der Folgen einer zu großzügigen Kreditvergabe im Zuge der dot.com-Euphorie. Dennoch können durch kontinuierlich verbesserte Instrumente zur Vergabe und Steuerung von Kreditprozessen künftig möglicherweise die Kosten der Kreditvergabe weiter gesenkt und die Risiken weiter reduziert werden. Damit könnten sich langfristig die Chancen einer Kreditgewährung für junge Unternehmen erhöhen. Für kreditsuchende Klein- und Kleinstunternehmen könnte sich der mittlerweile auch in Deutschland entstehende Mikrokreditmarkt (Microlending-Markt) künftig als Finanzierungschance erweisen.

6.4.5   Microlending

Microlending umfasst als Begriff den Prozess der Vergabe von Kleinstkrediten für unternehmerische Tätigkeiten von privaten Akteuren durch öffentliche oder private Organisationen. [Vgl. Koch/Tokarski (2004)]

6.4.5.1   Begriff und Formen des Microlending

Ursprung und Ausprägungen des Microlending
Die Wurzeln des Microlending liegen u. a. im Bereich entwicklungspolitischer Aktivitäten. In Bangladesch wurde im Jahre 1976 durch Muhammed Yunus die Grameen-Bank (siehe hierzu www.grameen-info.org) mit dem Ziel gegründet, *kurzfristige Kleinstkredite an Selbstständige auszugeben.* Bis zu diesem Zeitpunkt fand durch die ansässigen Banken eine Kreditvergabe mangels Sicherheiten bzw. zuverlässiger Kredithistorien nicht hinreichend statt. Banken wie die Grameen Bank lassen sich als Prototypen für Microlending-Programme nennen, wie sie danach nicht nur in Entwicklungs- und Schwellenländern, sondern auch in Industrieländern, vor allem den Vereinigten Staaten von Amerika, Einzug hielten.

Anknüpfend an diese Historie können heute insbesondere zwei **Hauptausprägungen des Microlending** unterschieden werden, wobei die Differenzierung am Entwicklungsgrad nationaler Bankensysteme orientiert ist: [Reifner (2002)]

- **Vorbankliches Microlending** (Entwicklungs-/Schwellenländer)
  Kennzeichen: unterentwickelter Bankensektor
  Motivation: Vorbereitung einer späteren Bankenstruktur

- **Soziales Microlending** (Industrieländer)
  Kennzeichen: entwickelter Bankensektor
  Motivation: Gewährung von Krediten an Akteure, die bisher durch Banken von dieser Möglichkeit ausgeschlossen waren

Das **soziale Microlending** soll sich insbesondere auf folgende Bereiche positiv auswirken:

- den Kreditnehmer und seinen Finanzierungsspielraum,

- den Arbeitsmarkt,

- die Kommunal- bzw. Regionalentwicklung sowie

- die Generierung eines gesellschaftlichen Wohlstandes.

Allerdings muss eingeschränkt werden, dass messbare Erfolge mit Zahlen bislang nicht ausreichend belegt werden konnten. Die genannten Positiveffekte des sozialen Microlending basieren zumeist auf Plausibilitätsüberlegungen. So wird etwa in der Form argumentiert, dass das soziale Microlending auch Akteuren die Beteiligung am Erwerbsleben ermögliche, die anderenfalls temporär oder dauerhaft davon ausgeschlossen blieben. [Reifner (2002)]

Neben den Ausprägungen des vorbanklichen und des sozialen Microlending besteht eine weitere gängige Kategorisierung von Microlending nach der **Form der Kreditvergabe** in *direktes Microlending* und *indirektes Microlending*.

Direktes und indirektes Microlending

Beim **direkten Microlending** erfolgen *Kommunikation, Kreditvergabe, Kreditüberwachung* und *Kreditrückzahlung* in direkter Weise zwischen Microlender (Kreditgeber) und Microlendee (Kreditnehmer). Es kommt ein unmittelbarer Kreditkontrakt zwischen den genannten Parteien zustande.

Beim **indirekten Microlending** wird ein *Intermediär zur Unterstützung bzw. Abwicklung des Kreditgeschäftes* eingesetzt. Als Intermediär kann bspw. eine *Bank* auftreten, die die *Ausgabe des Kredites* vollzieht. Als weitere Möglichkeit des indirekten Microlending kann in Betracht kommen, dass eine spezifische *Microlending-Institution als Intermediär* zwischen einer *kreditausreichenden Bank* und einem *Microlending-Nehmer* auftritt. In dieser Variante werden die Phasen der Kreditanbahnung, Kreditvorauswahl und Kreditüberwachung durch die Microlending-Institution übernommen. Dabei wird aus Sicht der *kreditgewährenden Bank* ein Outsourcing bestimmter operativer Tätigkeiten vorgenommen; denn sie übernimmt lediglich die *Ausgabe des Kredites*, während die operative Ausführung und Überwachung des Microlending durch die Microlending-Institution erfolgt.

Abbildung 53 zeigt die Differenzierung zwischen direktem und indirektem Microlending.

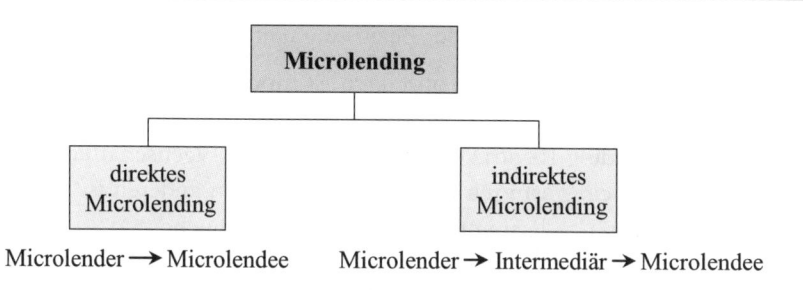

Abbildung 53: Übersicht direktes und indirektes Microlending

6.4.5.2 Informationsasymmetrie einer Kreditbeziehung

Beim Microlending ist das Verhältnis zwischen Kreditgeber und Kreditnehmer durch eine *Asymmetrie bei der Verteilung relevanter Informationen* gekennzeichnet. In diesem Punkt unterscheidet sich das Microlending daher in Theorie und Praxis nicht von den klassischen Formen der Kreditbeziehung zwischen Unternehmen und Kreditinstituten. Aufseiten des Kreditgebers bestehen i. d. R. Unsicherheiten vor allem hinsichtlich der Kreditwürdigkeit des Kreditnehmers. Die Informationen zu der vorhandenen oder nicht vorhandenen Kreditwürdigkeit sind zwischen den Akteuren ungleichmäßig oder asymmetrisch verteilt. Um die vorhandene Informationsasymmetrie abzubauen, bedarf es grundsätzlich der Bereitstellung unternehmens- bzw. geschäftsspezifischer Zahlen, Daten und Fakten in Form von Plangrößen, Unternehmensbilanzen, Gewinn-und-Verlust-Rechnungen usw. Dem gegenüber stehen jedoch häufig die realen Probleme von Kleinstbetrieben. Denn verfügbare Informationen bieten in punkto Aussagefähigkeit und Vollständigkeit vielfach bei weitem nicht die für einen tragfähigen **Finanzierungskontrakt** erforderliche Qualität.

6.4.5.3 Microlending-Kontrakte

Die theoretischen Grundbausteine eines Finanzierungskontraktes sind analog auf das Microlending übertragbar. Ein Finanzierungskontrakt ist ein Vertrag über die temporäre Überlassung einer bestimmten Kapitalsumme durch einen Kapitalgeber an einen Kapitalnehmer unter genau definierten Bedingungen. Zu den definierten Bedingungen zählen zum einen standardisierte Rechte und Pflichten unabhängig von der spezifischen Situation der Kontraktpartner wie etwa der Marktzins oder die Laufzeit des Kontraktes. Zum anderen gehören dazu individuell angepasste Rechte und Pflichten, die situationsabhängig Bestandteil der Finanzbeziehung werden können; hierzu lassen sich u. a. individuelle Risikozuschläge bei der Bezinsung nennen.

Der Aufbau von Microlending-Kontrakten ist modular an individuelle Risiko- und Renditeprofile der einzelnen Vertragspartner anzupassen. Im Kern zeichnen sich Microlending-Kontrakte jedoch durch zwei Eigenschaften aus. Zum einen besitzen sie ein **geringes Kreditvolumen**. Zum anderen ist eine **kurze Kreditlaufzeit** von i. d. R. unter einem Jahr kennzeichnend.

6.4.5.4 Praktische Ausprägungen des Microlending

Im Unterschied zu konventionellen banküblichen Verfahren der Kreditvergabe, siehe hiezu Evers (2001), weisen Microlending-Beziehungen zusätzlich zu den bereits erwähnten allgemeinen Charakteristika in ihrer praktischen Umsetzung häufig die folgenden **Kennzeichen** auf:

- kurze Kreditlaufzeiten – hohe Zinsen

- Garantierung eines Anschlusskredites bei zeitgenauer Begleichung der Zinsraten

- Kreditwürdigkeitsprüfung durch Besichtigung des Unternehmens und intensive persönliche Evaluierung des potenziellen Kreditnehmers (Zahlungsmoral, Charakter)

- Bevorzugung schuldrechtlicher Sicherungen (Bürgschaften) im Gegensatz zu sachenrechtlichen Sicherungen (Sachsicherheiten)

- aktives Risikomanagement und Betreuung

Die besondere Vorgehensweise bei der **Kreditwürdigkeitsprüfung** wird im Wesentlichen mit den bereits genannten Schwierigkeiten begründet, die sich Kleinstunternehmen im Zusammenhang mit der Bereitstellung üblicherweise notwendiger Informationen stellen. Unternehmensbesichtigungen inklusive einer umfassenden Analyse des unternehmerischen Verhaltens sowie der Produktqualität treten an die Stelle sonst gängiger Analysen der externen und internen Rechnungslegung. So kommt es vor, dass z. B. eine Abrechnungsprüfung von Telefon-, Wasser- und Stromrechnungen vorgenommen wird, um in Ermangelung einer Kredithistorie einen Indikator für die Zahlungsmoral des Microlending-Nehmers zu erhalten; oder man versucht, Indizien für die unternehmerischen Fähigkeiten über persönliche Referenzen von Geschäftsfreunden, Vermietern usw. zu erlangen.

Als weiteres Instrumentarium zur Verringerung von Informationsasymmetrien kann das sogenannte **co-signing** dienen. Hierbei soll die Bereitschaft der Gewährung von Bürgschaften für den Antragsteller überprüft werden. Als Bürgen werden u. a. Geschäftspartner des Unternehmers anerkannt, wohingegen Familienangehörige im Allgemeinen nicht akzeptiert werden. Ziel ist nicht primär die Inanspruchnahme des Bürgen bei einem möglichen Kreditausfall. Vielmehr dient der Bürge zur Reduzierung von Informationsasymmetrien, da man bei ihm einen deutlich höheren Informationsgrad hinsichtlich der o. g. Gegebenheiten und Fähigkeiten auf Seiten des Kreditnehmers vermuten kann.

Typisch für Microlending ist weiterhin die Technik des **stepping**. Während im Rahmen regulärer Kreditwürdigkeitsprüfungen durch Banken potenzielle Kreditnehmer auf der Basis formaler Informationsgrundlagen gerastert werden, weshalb die typische Zielgruppe des Microlending regelmäßig keinen ausreichenden Zugang zu Krediten erhält, sieht das Microlending eine Art „Bewährungsprozess" vor. Wird eine im obigen Sinne vergleichsweise individualisierte Kreditwürdigkeitsprüfung als Eingangshürde bestanden, erhält der Kreditsuchende zunächst Zugang zu kleinvolumigen Krediten. Erfolgt darauf eine fristgerechte Tilgung, ist der Weg für die Gewährung eines höheren Kreditvolumens frei. Die Gesamtzahl solcher Schritte im Rahmen des stepping oder auch stepp-lending wird durch den jeweiligen Microlender bzw. sein Kreditprogramm vorgegeben. Eine solche Vorgehensweise ermöglicht dem Kreditnehmer den Aufbau einer positiven Kredithistorie. Ein mögliches und zugleich wichtiges Ziel des Microlending ist damit die „Transformation" des Microlendees zum normalen Kreditkunden einer regulären Bank. Oder mit anderen Worten, durch die Nutzung des Instrumentariums des Microlending kann aus einer vormals kreditunwürdigen Person eine kreditwürdige Person werden. [Evers (2001)]

Abbildung 54 verdeutlicht diesen Zusammenhang grafisch.

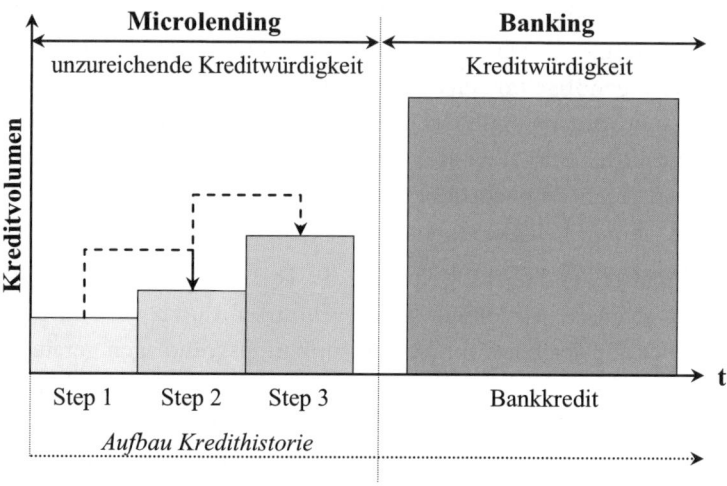

Abbildung 54: Transformationsfunktion des Microlending

Monitoring der Microlending-Beziehung

Innerhalb des Microlending steht die Kreditgewährung zwar im Mittelpunkt des Finanzierungskontraktes, allerdings unterliegt diese Form der Kreditbeziehung auch besonderen Ansprüchen an eine weiterführende Begleitung des Microlendee. Dem Kreditnehmer werden **Zusatzleistungen** wie bspw. eine *Beratung für sein Unternehmen* und *Qualifizierungsmaßnahmen* geboten. Insbesondere im Falle einer negativen Unternehmensentwicklung kommt dieser Funktion eine wichtige Bedeutung zu.

Durch ein *kontinuierliches* **Monitoring** der Kreditbeziehung wird es dem Microlender ermöglicht, bei auftretenden Problemen wie etwa dem Ausfall einer Rückzahlungsrate unmittelbar persönlich mit dem Microlendee Kontakt aufzunehmen. Ein sogenanntes Kreditinformationssystem steht dafür, über den gesamten Prozess der Kreditanalyse, Kreditgewährung und Kreditrückzahlung hinweg entsprechende Informationen zu generieren.

Perspektiven des Microlending

Der Zugang zu Kleinstkrediten stellt gerade für Kleinstgründungen ein häufig unterschätztes Problem dar. Welche Möglichkeiten und Grenzen ergeben sich für das Microlending?

Grundsätzlich lassen die besonderen Merkmale des Microlending die Einschätzung zu, dass hier ein theoretisches Angebot gegeben ist, welches insbesondere Kleinstunternehmen und kleinen Unternehmen einen Zugang zu Fremdkapital ermöglicht. Das Gesamtkonzept des Microlending wird dabei den typischen Problembereichen von Gründungsunternehmen wie die nicht vorhandene Kredithistorie oder auch fehlende Sicherheiten gerecht. Eine enge Begleitung des Kreditnehmers durch den Microlender soll beiden am Kreditprozess beteiligten Partnern helfen, das Risiko des Scheiterns bzw. des Kreditausfalls zu verringern.

In Deutschland ist vor dem Hintergrund bestehender konstitutiver Rahmenbedingungen wie bspw. dem deutschen Kreditwesengesetz (KWG) der Zugang kleiner und junger Unternehmen zu Micro-Krediten teilweise noch stark rationiert. [Koch/Tokarski (2004)] Dennoch sind im Hinblick auf das Microlending einige positive Entwicklungstendenzen zu verzeichnen. Es wurden zahlreiche Initiativen, Programme und Kooperationen gebildet, um das Microlending in Deutschland voranzutreiben. Gegründet wurde bspw. das Deutsche Mikrofinanz Institut (DMI). [www.mikrofinanz.net] Das Ziel des DMI ist die Errichtung eines Netzwerkes regionaler Organisationen, die Micro-Finanzierungen vergeben. In diesem Kontext werden u. a. Trainingsmaßnahmen sowie ein Monitoring und spezifische Werkzeuge zur Verfügung gestellt.

6.4.6 Sonderformen der Finanzierung: Kreditsubstitute

6.4.6.1 Leasing

Der Begriff des Leasings (englisch für Miete oder Pacht) ist im deutschen Sprachgebrauch weder einheitlich definiert noch rechtlich eindeutig geregelt, etwa in Abgrenzung zu Miete, Pacht, Kauf oder Abzahlungsgeschäft. **Leasing** bezeichnet allgemein die *entgeltliche Nutzungsüberlassung von beweglichen oder unbeweglichen Wirtschaftsgütern oder Arbeitskräften an gewerbliche oder an private Leasingnehmer sowie an die öffentliche Hand.* Leasinggeber können die Hersteller der Wirtschaftsgüter selbst (direktes Leasing) oder Finanzierungsinstitute bzw. Leasinggesellschaften (indirektes Leasing) sein.

Abbildung 55 veranschaulicht beispielhaft die Beziehung der Beteiligten beim Leasing.

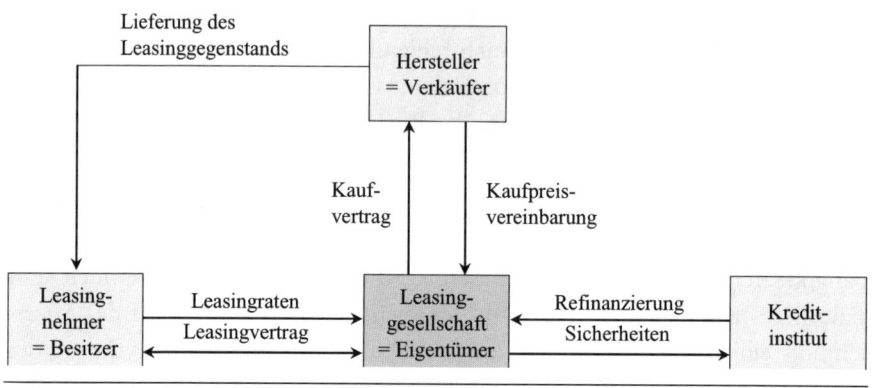

Abbildung 55: Veranschaulichung des Leasingprozesses

Leasing kann in die zwei Grundformen des

- Operate Leasing (unechtes Leasing) und

- Finance Leasing (Finanzierungsleasing) differenziert werden.

Das **Operate Leasing** ist ähnlich einem Mietverhältnis im Sinne des § 553 BGB durch eine *kurz- bis mittelfristige Nutzungsüberlassung* gekennzeichnet. Operate-Leasing-Verträge sind unter Einhaltung der Kündigungsfristen relativ kurzfristig von beiden Seiten (Leasinggeber und Leasingnehmer) kündbar. Es werden keine festen Grundmietzeiten vereinbart. Das mit dem Eigentum eines Wirtschaftsgutes verbundene Risiko liegt beim Leasinggeber. Die Leasingobjekte werden in der Bilanz des Leasinggebers aktiviert und über den Zeitraum der betriebsgewöhnlichen Nutzungsdauer abgeschrieben. Der Leasingnehmer zahlt Leasingraten, die in seiner Gewinn-und-Verlust-Rechnung Aufwand (Betriebsausgaben) darstellen. Das Operate-Leasing kommt vor allem bei *Massengütern* in Betracht.

Mit dem Begriff **Finanzierungsleasing** wird üblicherweise eine *mittel- bis langfristige Nutzungsüberlassung von Wirtschaftsgütern* bezeichnet. Häufig handelt es sich um *kapitalintensive Individualgüter* (z. B. Spezialmaschinen, Flugzeuge). Kennzeichnend für das Finanzierungsleasing ist die Vereinbarung einer festen, nicht kündbaren Grundmietzeit, die maximal der betriebsgewöhnlichen Nutzungsdauer entspricht. Bei den Vertragsformen des Leasings sind **Vollamortisations- und Teilamortisationsverträge** zu unterscheiden. Bei Vollamortisationsverträgen werden während der Grundmietzeit die Aufwendungen des

Leasinggebers zuzüglich einer Gewinnspanne gedeckt. Bei Teilamortisationsverträgen wird bei Vertragsabschluss ein kalkulierter Restwert des Leasingobjektes nach Ablauf der Grundmietzeit vereinbart. Am Ende der Laufzeit sind typische Varianten die Einräumung einer Kaufoption, Mietverlängerungsoption für den Leasingnehmer oder ein Andienungsrecht des Leasinggebers, der den Leasingnehmer zum Kauf des Leasingobjektes verpflichtet. Beim Finanzierungsleasing verbleibt das rechtliche Eigentum des Objektes beim Leasinggeber und wird auch bei ihm bilanziert, sofern die Grundmietzeit zwischen 40 und 90 Prozent der betriebsgewöhnlichen Nutzungsdauer des Wirtschaftsgutes liegt.

Das Finanzierungsleasing ist eine *Sonderform der Fremdfinanzierung* und stellt üblicherweise eine **Alternative zur Kreditfinanzierung** dar. Die durch Leasing herbeigeführte *Verbesserung der Liquiditätssituation* kann gerade für junge Unternehmen von besonderer Bedeutung sein. Weiterhin bieten Leasingfinanzierungen vielfältige flexible Gestaltungsmöglichkeiten und sind damit auch für junge Unternehmen mit zahlreichen Vorteilen verbunden. Die für die Kreditfinanzierung typischen aufwendigen Prüfungs- und Genehmigungsprozesse sind bei Leasingfinanzierungen oftmals geringer. Liquidität und möglicherweise auch die Kreditlinien bleiben erhalten, was zu einem höheren Finanzierungsspielraum für den Leasingnehmer führt. Zur Sicherung der Leasingfinanzierung dienen die Leasingobjekte, ohne dass die Stellung weiterer Sicherheiten erforderlich wird. Allerdings führt Leasing nicht in jedem Fall zu einer Entlastung des Verschuldungsspielraumes, da die Banken auch die Leasingverbindlichkeiten des Kreditnehmers bei der Kreditwürdigkeitsprüfung berücksichtigen. Leasing ist im Vergleich zur Kreditfinanzierung vielfach die teurere Variante. Zumeist erheben Leasinggesellschaften beim Finanzierungsleasing eine Abschlussgebühr in Höhe von bis zu 5 Prozent der Anschaffungskosten des Leasingobjektes und die Leasingraten belaufen sich während der Vertragslaufzeit auf zumeist 120 bis 150 Prozent des Anschaffungspreises. Bei Teilamortisationsverträgen sind zusätzlich noch Kosten, z. B. für die Kauf- oder Mietverlängerungsoption am Ende der Vertragslaufzeit, zu berücksichtigen.

Ob und in welchem Umfang Leasing eine Finanzierungsalternative für ein junges Unternehmen sein kann, ist individuell nach den spezifischen Bedürfnissen und auf der Basis der Angebote der respektiven Leasinggeber zu entscheiden. Generell könnte Leasing als Kreditsubstitut auch für junge Unternehmen, insbesondere aufgrund von Basel II, künftig wachsende Bedeutung erlangen. Da die Leasingobjekte im Regelfall nicht beim Leasingnehmer verbucht werden, ergibt sich für das Unternehmen eine verbesserte Bilanzrelationen, wodurch positive Auswirkungen auf das Bonitätsrating resultieren können.

6.4.6.2   Factoring

Factoring ist der vertraglich festgelegte laufende *Ankauf von kurzfristigen Forderungen aus Lieferungen und Leistungen eines Unternehmens im Rahmen einer vereinbarten Höchstgrenze (Debitorenlimite)*. Der Ankauf erfolgt meist vor Fälligkeit durch einen Factor (z. B. Factoring-Gesellschaft oder Kreditinstitut) unter Übernahme bestimmter Servicefunktionen und häufig auch des Ausfallrisikos. Es werden nur Forderungsgesamtheiten und nicht einzelne Forderungen verkauft. Je nach Vertragsgestaltung überträgt der Verkäufer der Forderung dem Factor auch die Debitorenbuchhaltung, das Inkasso- und Mahnwesen.

Abbildung 56 verdeutlicht systematisch die wesentliche Beziehungen zwischen Factor (Finanzierungsinstitut), Factor-Kunden (Lieferant, Factoring-Nehmer) und einem Kunden (Debitor bzw. Drittschuldner).

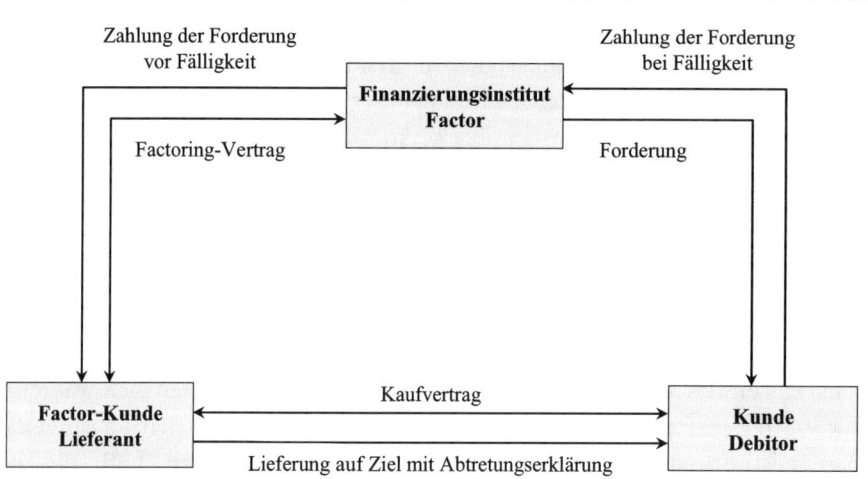

Abbildung 56: Darstellung eines Factoringprozesses

Generell bestehen folgende Funktionen des Factorings:

- Finanzierungsfunktion
  (Prüfung der Bonität des Kunden, Ankauf und Kreditierung der Forderung)

- Dienstleistungsfunktion
  (Verwaltung des Forderungsbestandes, Debitorenbuchhaltung, Mahnwesen und Inkasso)

- Delkrederefunktion
  (der Factor übernimmt das Risiko des Forderungsausfalls)

Beim **echten Factoring** übernimmt der *Factor die Finanzierungs-, Dienstleitungs- und Delkrederefunktion*. Dabei kauft der Factor die Forderungen ohne Rückgriffsrecht an. Demgegenüber verbleibt beim **unechten Factoring** das *Kreditrisiko beim Verkäufer der Forderungen* (Factor-Kunde). Die Bezeichnung **(nicht) notifiziertes Factoring** bzw. die Differenzierung in *offenes* und *stilles Factoring* beschreibt, ob der Schuldner über die Abtretung einer Forderung informiert wurde. Der Einsatz des Finanzierungsinstrumentariums des Factorings kann zu folgenden Vorteilen führen:

Ein wesentlicher **Vorteil für den Verkäufer** der Forderung resultiert daraus, dass die in den Forderungen des Unternehmens gebundenen Mittel bereits vorzeitig freigesetzt werden und sich damit die *Liquidität verbessert*. Die verkauften Forderungen aus Lieferungen und Leistungen führen unmittelbar nach ihrer Entstehung zum Zufluss liquider Mittel. Bilanziell schlägt sich der Abschluss des Factoring-Vertrages beim Forderungsverkäufer als Aktivtausch nieder. Forderungen aus Lieferungen und Leistungen verringern sich, Bankguthaben erhöhen sich. Dadurch kann eine Verbesserung der Bilanzstruktur im Sinne einer Bilanzverkürzung und damit ein *Verbesserung des Bonitätsratings* erreicht werden. Im Regelfall wird zwischen Factor und Factor-Nehmer eine Auszahlungsquote von 80 bis 90 Prozent des Forderungsbetrages vereinbart. Eine Restquote verbleibt als Sicherheit zur Deckung etwaiger Rechnungskürzungen beim Factor, wird aber bei Zahlungseingang oder im Falle des Forderungsausfalls an den Factor-Nehmer ausgezahlt. Da das Kreditrisiko und damit die Debitorenbuchhaltung und das Mahnwesen beim echten Factoring auf den Factor übertragen werden, ergeben sich für den Verkäufer der Forderungen in diesem Bereich Kosteneinsparungen.

Jedoch entstehen dem **Forderungsverkäufer Factoring-Gebühren**. Diese sind abhängig vom Umsatz und dem Ausfallrisiko. Zudem fallen Zinsen für die Bevorschussung der Forderungen an. Für das Factoring eignen sich vor allem junge, wachsende Unternehmen, die Gewinne erzielen und einen Jahresumsatz von i. d. R. mindestens 250.000 Euro aufweisen sowie Zahlungsziele von bis zu 90 Tagen gewähren. Teilweise haben sich Factoring-Gesellschaften aber auf kleinere Unternehmen spezialisiert, die einen Mindestumsatz von bspw. 50.000 Euro generieren. Die Forderungen müssen sich gegen gewerbliche Kunden (Debitoren) richten und aus Lieferungen und Leistungen resultieren. Voraussetzung ist, dass Forderungsstruktur und -volumen weitgehend konstant und die Beträge der Einzelforderungen nicht zu niedrig sind. Junge Unternehmen, für die Factoring grundsätzlich in Betracht kommt, sollten die damit verbundenen Kosten und Nutzen sorgfältig abwägen. Gerade in Wachstumsphasen kann der aus dem Factoring resultierende Zufluss an Liquidität zur Expansion genutzt werden. Auch lohnt es sich für ein junges Unternehmen u. U. nicht, eigene Kapazitäten zur Übernahme von Dienstleistungs- und Delkrederefunktionen aufzubauen bzw. vorzuhalten. Für eine Übersicht von Factoring-Gesellschaften für junge Unternehmen siehe bspw. die Ausführungen beim Bundesverband Factoring für den Mittelstand. [www.bundesverband-factoring.de]

6.5 Mezzanine-Finanzierung

6.5.1 Begriff und Formen der Mezzanine-Finanzierung

Die Bezeichnung **Mezzanine-Kapital** (Mezzanin = Zwischengeschoss) ist ein Sammelbegriff für eine *Vielzahl verschiedener Finanzierungsformen, die zwischen Eigen- und Fremdkapital angesiedelt sind.* Mezzanine-Finanzierungsinstrumente werden auch als *hybride Finanzierungsformen* bezeichnet. Je nach Ausgestaltung können typische Merkmale des Eigenkapitals oder des Fremdkapitals dominieren. Eine eindeutige Zuordnung zum Eigenkapital oder zum Fremdkapital ist häufig nicht ohne Weiteres möglich.

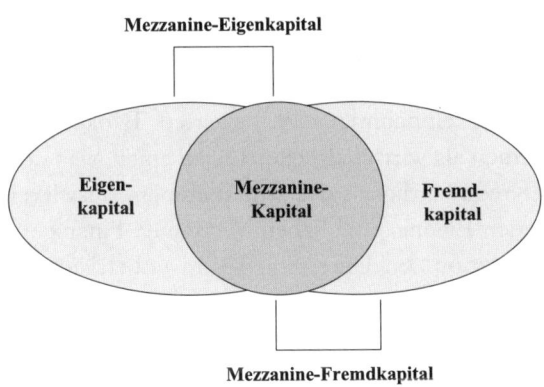

Abbildung 57. Mezzanine-Kapital

Der Ursprung des Mezzanine-Kapitals (Debt Mezzanine Capital und Equity Mezzanine Capital) liegt in den Vereinigten Staaten. Dort gab es bereits in den 1960er-Jahren Mezzanine-Finanzierungen in Form von nachrangig besicherten Darlehen (Subordinated Debt). Auch in Deutschland sind Mezzanine-Finanzierungsformen prinzipiell nicht neu. Beispielsweise gehören etwa die stille Beteiligung oder das Genussrecht zu den klassischen Finanzierungsinstrumenten. Der Begriff Mezzanine-Kapital erlangte in Europa in den 1980er-Jahren Bedeutung, insbesondere bei der Finanzierung von Buy-in- bzw. Buy-out-Transaktionen, d. h. bei größeren Übernahmen von Unternehmen durch externe oder interne Manager.

In der Finanzierungsliteratur werden dem Mezzanine-Kapital **charakteristische Merkmale** zugeschrieben. Allerdings besteht keine einheitliche Auffassung darüber, welches nun die eindeutigen Charakteristika in Abgrenzung zum

Eigen- und Fremdkapital sind. Üblicherweise wird Mezzanine-Kapital durch folgende typische Eigenschaften charakterisiert: [Bspw. Müller-Känel (2004)]

- Nachrangigkeit in Bezug auf die sonstigen Gläubiger/Fremdkapitalgeber
- Vorrangigkeit gegenüber dem haftenden Eigenkapital
- höheres Entgelt für die Kapitalbereitstellung im Vergleich zum klassischen Fremdkapital aufgrund der Nachrangigkeit
- zeitliche Befristung der Kapitalüberlassung auf etwa fünf bis zehn Jahre
- Flexibilität und Vielseitigkeit bei der Vertragsgestaltung sowie von Preis und Konditionen
- Verzicht auf die Stellung von Sicherheiten

Charakteristisch für Mezzanine-Finanzierungen ist, dass sie gegenüber „klassischen" Bankkrediten als nachrangiges Fremdkapital eingestuft werden. Ist Mezzanine-Kapital eigenkapitalähnlich, kann es im Insolvenzfall die Funktion von Haftungskapital einnehmen. So bewerten Banken u. U. Mezzanine-Finanzierungsformen als wirtschaftliches Eigenkapital, was sich positiv auf das Rating und die Kreditwürdigkeit des Unternehmens auswirken kann. Gegenüber dem haftenden Eigenkapital haben Mezzanine-Finanzierungen allerdings eine vorrangige Position. Im Unterschied zum unbefristeten Eigenkapital ist die zeitliche Befristung der Kapitalüberlassung ein weiteres Merkmal. Für eigenkapitalnahe Mezzanine-Formen ist die Beteiligung an der Wertsteigerung des Unternehmens (z. B. atypische stille Beteiligung) charakteristisch. Mezzanine-Investoren werden oftmals an der Wertsteigerung des Unternehmens beteiligt. Dabei werden bspw. Bezugsrechte (Wandlungs-, Optionsrechte) auf Gesellschaftsanteile eingeräumt oder es erfolgt eine Sonderzahlung, die an die Wertsteigerung des Unternehmens gekoppelt ist. In der Praxis wird in diesem Zusammenhang auch von einem Equity Kicker gesprochen. Dieser wird bspw. durch eine Option ermöglicht, über die der Mezzanine-Kapitalgeber das Recht erhält, Unternehmensanteile zu erwerben. Für fremdkapitalnahe Mezzanine-Finanzierungsinstrumente ist typisch, dass sie nicht an dem Wertzuwachs des Unternehmens partizipieren, aber eine feste oder auch variable Verzinsung aufweisen (z. B. Nachrangdarlehen). Im Vergleich zum klassischen Bankkredit weisen Nachrangdarlehen aufgrund der Nachrangigkeit eine höhere Verzinsung auf.

Weitere typische Fremdkapitaleigenschaften werden vor allem durch die erfolgsunabhängige, laufende Verzinsung und die Rückzahlungsverpflichtung dokumentiert. Üblicherweise werden aufgrund des größeren Risikos höhere

Verzinsungen im Vergleich zur klassischen Fremdfinanzierung gefordert. Dabei ist für den Kapitalnehmer die Erzielung eines stabilen, nachhaltigen Cashflows erforderlich, damit der Kapitaldienst geleistet werden kann. Da die Kapitalüberlassung im Vergleich zum Eigenkapital befristet ist, muss auf die Endfälligkeit des Engagements geachtet werden. Gewöhnlich werden Laufzeiten zwischen fünf und zehn Jahren vereinbart. Weiterhin ist für Mezzanine-Kapital charakteristisch, dass auf die Stellung von Sicherheiten i. d. R. verzichtet wird, die Verträge gekündigt werden können und dass die Zinszahlungen als Betriebsausgaben steuerlich abzugsfähig sind.

Bei einem erhöhten Kapitalbedarf können Mezzanine-Finanzierungen dazu dienen, die Finanzierungslücke zwischen Eigenkapital und Fremdkapital zu schließen. Somit bilden Mezzanine-Finanzierungen meist eine Ergänzung zu der aus Eigenkapital und Fremdkapital bestehenden Kapitalstruktur. Ist bspw. der Fremdkapitalanteil bereits sehr hoch, sodass keine weiteren Kredite gewährt werden, können eigenkapitalähnliche Mezzanine-Mittel, die als Mezzanine-Eigenkapital zu einer Verbesserung der Eigenkapitalquote führen, eine geeignete Finanzierungsalternative sein. Die konkrete Finanzierungsstruktur hängt im Einzelfall jedoch vor allem von dem Geschäftsmodell und der geplanten Entwicklung des Unternehmens sowie seinen Rahmenbedingungen ab.

Aufgrund des hohen Finanzierungsrisikos werden Mezzanine-Finanzierungen meist in der Wachstums- und Reifephase eines Unternehmens eingesetzt. In Deutschland traditionell typisch sind Mezzanine-Finanzierungen bei Buy-in-/Buy-out-Transaktionen, d. h. bei fremdfinanzierten Übernahmen von Unternehmen durch externe bzw. interne Manager. [Dörscher (2004)]

Für **junge Unternehmen** sind Mezzanine-Finanzierungen insbesondere zur *Optimierung ihrer Kapitalstruktur*, zur *Wachstumsfinanzierung* sowie im *Rahmen von Projektfinanzierungen* interessant. Bei größeren börsenfähigen jungen Unternehmen kann Mezzanine-Kapital grundsätzlich auch zur Börsenvorfinanzierung (Bridge-Finanzierung) eingesetzt werden. Durch eigenkapitalähnliche Mezzanine-Instrumente kann die Eigenkapitalposition des jungen Unternehmens gestärkt werden, ohne dass sich an den bestehenden Eigentümerverhältnissen etwas ändert. Es verbessert somit seine Bilanzstruktur und die Bonität des Ratings, wodurch u. U. zusätzlich eine Kreditaufnahme möglich wird. Mezzanine-Kapital kann bei jungen Unternehmen mit einem hohen Wachstumspotenzial in verschiedenen Fällen vorteilhaft sein. Beispielsweise kommt Mezzanine-Kapital dann in Betracht, wenn der Investitionsbedarf

zunächst sehr hoch ist, etwa zur Produktionserweiterung oder der Erschließung neuer Märkte, eine stabile Gewinnerzielung aber erst zu einem späteren
Zeitpunkt zu erwarten ist. Dabei hätte der Einsatz von Mezzanine-Kapital
gegenüber einer Venture-Capital-Beteiligung z. B. den Vorteil, dass die Mezzanine-Kapitalgeber geringere unternehmerische Mitwirkungsrechte haben.

Allerdings sind mit Blick auf die geeignete Finanzierungslösung durchaus
weitere Überlegungen von Bedeutung. So ist etwa das Risiko-
/Renditeerwartungs-Profil der Investition in das junge Unternehmen zu berücksichtigen, wobei Chance hier im Sinne von Renditeerwartung des Investors verstanden werden soll, d. h., je höher die Chance, desto höher ist auch
die Renditeerwartung. Die Renditeerwartungen sind grundsätzlich in Abhängigkeit von dem geschätzten Risiko der Investition zu sehen. Diese liegen bei
Mezzanine-Investoren zwischen den Renditeerwartungen der Eigen- und
Fremdkapitalgeber (derzeit bei etwa 10 bis 20 Prozent p. a.). Abbildung 58 soll
den Zusammenhang zwischen der Risikoerwartung und der Renditeerwartung
der einzelnen Finanzierungsform von Eigen-, Fremd- und Mezzanine-Kapital
verdeutlichen. [In Anlehnung an Dörscher/Hinz (2003)]

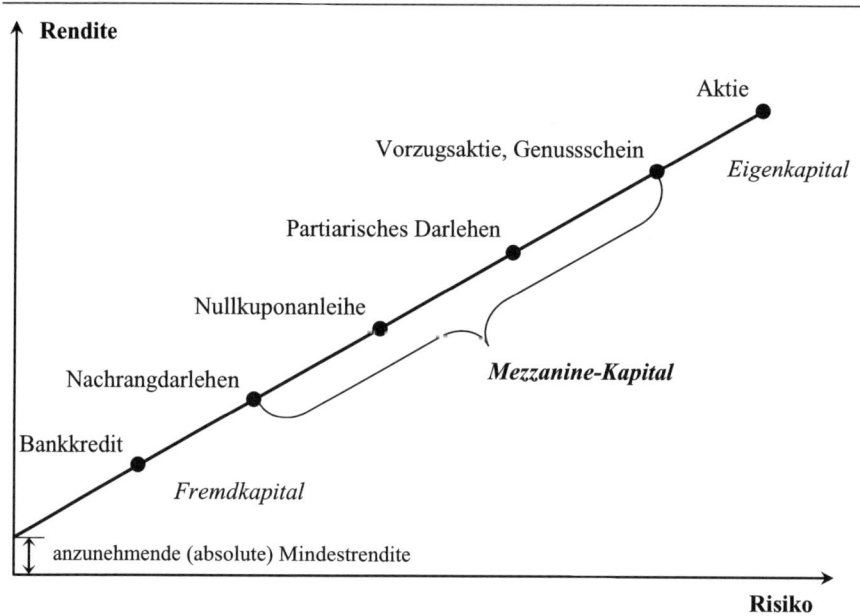

Abbildung 58: Risiko-/Renditeerwartung von Eigen-, Fremd- und Mezzanine-Kapital

Die Instrumente des Mezzanine-Kapital sollen nachfolgend erörtert werden.

6.5.2 Formen der Mezzanine-Finanzierung

Aus der Verbindung typischer Eigenschaften von Eigenkapital und Fremdkapital kann eine Vielzahl von Gestaltungsmöglichkeiten abgeleitet werden. Diese werden in der Praxis auf die jeweiligen unternehmensspezifischen Bedürfnisse individuell zugeschnitten. Das Spektrum an Mezzanine-Finanzierungen reicht von eigenkapitalnahen Formen bis hin zu fremdkapitalnahen Formen.

Typische Formen von Mezzanine-Finanzierungen sind *Nachrangdarlehen, Gesellschafterdarlehen, typisch und atypisch stille Gesellschaft bzw. Beteiligung, Genussscheine* sowie *Wandelschuldverschreibungen und Optionsanleihen.* [Dörscher/Hinz (2003)]

Einzelne Instrumente sollen aufbauend auf den vorhergegangenen Grundlagen näher erörtert werden.

Nachrangdarlehen sind dadurch gekennzeichnet, dass sie im Insolvenzfall nachrangig gegenüber den Forderungen anderer Gläubiger behandelt werden (Rangrücktrittsvereinbarung besteht i. d. R. z. B. gegenüber Banken). Allerdings werden sie vorrangig gegenüber den Eigenkapitalgebern bedient. Obwohl bei einem solchen Darlehen quasi nur eine schuldrechtliche Verpflichtung besteht, wird in der praktischen Durchführung eine eigenkapitalähnliche Haftung erreicht. Das Instrument des Nachrangdarlehens ist insbesondere im angelsächsischen Raum beliebt.

Im Kontext des Mezzanine-Kapitals ist das **Gesellschafterdarlehen** von besonderer Bedeutung. Dem Gesellschafter bzw. den Gesellschaftern einer Kapitalgesellschaft ist es zusätzlich zur Einbringung von Eigenkapital erlaubt, dem Unternehmen *Fremdkapital in Form eines Darlehens* zuzuführen. Aus steuerlicher Sicht wird dieses in Deutschland wie Fremdkapital eines Gläubigers behandelt. Dies hat bspw. Auswirkungen auf die Ermittlung der Gewerbesteuer. Darüber hinaus sind die Fremdkapitalzinsen prinzipiell als Aufwand des Unternehmens steuerlich abzugsfähig. Bei der Gewährung von Gesellschafterdarlehen ist jedoch in Deutschland der § 32a des GmbH-Gesetzes (GmbHG) zu beachten. Nach § 32a GmbHG kann ein Gesellschafter im Falle einer *Insolvenz* sein Darlehen nicht als Forderung geltend machen, wenn das Darlehen bereits zu einem Zeitpunkt gewährt wurde, bei dem „ordentliche Kaufleute Eigenkapital zugeführt hätten". Das Darlehen, das als Fremdkapital zugeführt wurde, wird nachträglich im Sinne des Gesetzes als Eigenkapital behandelt und somit der vollen Haftung ohne Rückzahlungsanspruch unterworfen. Dieses Problem besteht, wenn unternehmerische finanzielle Schwierigkeiten zum Zeitpunkt der Darlehensgewährung bereits absehbar waren bzw. hätten erkennbar sein müssen.

Die **stille Gesellschaft** entsteht durch *Beteiligung mit einer Vermögenseinlage an einem Unternehmen*. Sie ist eine Innengesellschaft bürgerlichen Rechts, die nicht im Handelsregister eingetragen wird und die nicht nach außen in Erscheinung tritt. Bei einer **typisch stillen Beteiligung** hat der *stille Gesellschafter lediglich Anspruch auf Rückzahlung des Nominalbetrages in Höhe seiner Einlage* sowie der auf diese entfallenden *Gewinn- und Verlustanteile*. Im Gesellschaftsvertrag kann jedoch Verlustbeteiligung ausgeschlossen werden. Der stille Gesellschafter haftet nur mit seiner Einlage. Er hat nur im geringen Umfang unternehmerische Mitwirkungsrechte. Demgegenüber ist die **atypisch stille Gesellschaft** dadurch gekennzeichnet, dass der *stille Gesellschafter auch am Vermögenszuwachs des Unternehmens beteiligt* ist und *unternehmerische Mitwirkungsrechte* bestehen.

Die Ausgestaltungsmöglichkeiten von **Genussrechten** sind vielfältig. Es bestehen hierzu keine gesetzlichen Regelungen. Systematisch kann zwischen *obligationsartigen* und *beteiligungsähnlichen Genussrechten* unterschieden werden. Das bedeutet, dass je nach Ausgestaltung Genussscheine ihrem Charakter nach mehr festverzinslichen Wertpapieren oder mehr Aktien nahekommen. Ist eine Verbriefung von Genussrechten gegeben, handelt es sich um eine Urkunde in Form eines Genussscheins. Im Unterschied zu Aktien werden dem Inhaber von Genussscheinen aber keine Eigentümerrechte gewährt. Genussscheine können durch Gläubigerrechte und eine feste Verzinsung charakterisiert sein (Fremdkapital) oder durch eine reine erfolgsabhängige Verzinsung und Verlustbeteiligung (Eigenkapital). Bei hybriden Formen von Genussscheinen bestehen eine Mindestverzinsung sowie zusätzlich eine erfolgsabhängige Verzinsung.

Wandel- und Optionsanleihen verbriefen neben dem Forderungsrecht bestimmte Sonderrechte. Bei einer **Wandelschuldverschreibung** hat der Inhaber (Gläubiger) das *Recht, diese innerhalb einer bestimmten Frist in einen bestimmten Betrag (neuer) Aktien des emittierenden Unternehmens umzutauschen*. Mit diesem Tausch wird der bisherige Gläubiger zum Gesellschafter bzw. Aktionär des Unternehmens. Im Aktiengesetz ist die **Optionsanleihe** nicht explizit geregelt, sondern fällt unter den Begriff der Wandelschuldverschreibung (§ 221 AktG). Die Option bezieht sich meist auf den Erwerb von Aktien, kann aber auch andere Rechte wie den Umtausch in eine Anleihe ermöglichen. Bei der Optionsanleihe wird den Anleihegläubigern innerhalb einer bestimmten Frist die Möglichkeit eingeräumt, bspw. Aktien in einer bestimmten Höhe zu einem festgesetzten Kurs, d. h. dem Zeichnungspreis, zu beziehen. Der Inhaber des Optionsscheins wird mit Ausübung der Option zum Aktionär.

Vor allem wegen der vielfältigen rechtlichen und wirtschaftlichen Gestaltungsmöglichkeiten, z. B. im Hinblick auf Laufzeiten, Sicherheiten, Zinsen und Rückzahlungsmodalitäten, sind Mezzanine-Instrumente im Vergleich zu klassischen Finanzierungsalternativen interessant. Vorteilhaft ist dabei, dass Mezzanine-Finanzierungen flexibel und individuell auf den jeweiligen Finanzierungsbedarf des jungen Unternehmens hin ausgestaltet werden können. Im Vergleich zur klassischen Kreditfinanzierung entstehen jedoch üblicherweise höhere Zinsen. Im Unterschied zur Eigenfinanzierung ist zu berücksichtigen, dass die Laufzeit der Mezzanine-Finanzierung befristet ist. Ein junges Unternehmen sollte die unternehmensspezifischen Vor- und Nachteile einer Mezzanine-Finanzierung gegenüber relevanten Eigen- oder Fremdfinanzierungsalternativen sorgfältig abwägen.

Tabelle 22 zeigt Unterschiede zwischen einzelnen Mezzanine-Finanzierungen nach den Kriterien Vergütung, Rendite, Informations- und Zustimmungsrechte, Haftung, bilanzielles Eigenkapital sowie grundlegender gesetzlicher Regelungen.

Kriterien	Nachrang-darlehen	Typisch stille Beteiligung	Atypisch stille Beteiligung	Genuss-scheine	Wandel-/Optionsanleihe
Vergütung	Fix	Fix und variabel (gewinnabhängig)	Fix und variabel (gewinnabhängig, oft Teilnahme an Wertsteigerung)	Fix oder variabel	Fix und Wandlungsrecht
Rendite	ca. 8–16 %	ca. 12–18 %	ca. 12–18 %	6–18 %	2–17 % bei Wandlung 20–30 %
Informations- und Zustimmungs-rechte	Gläubiger-stellung	Vertraglich vereinbart	Vertraglich vereinbart; Mitunter-nehmerstellung	Gläubiger-stellung	Gläubiger-stellung; nach Wandel Gesellschafterstellung
Haftung	Nein, aber Rangrücktritt	Nein, aber Rangrücktritt	Ja	Nein	Nein, ggf. aber Rangrücktritt
Bilanzielles Eigenkapital	Nein	Je nach Vertragsgestaltung	Ja	Je nach Vertragsgestaltung	Erst nach Wandlung
Gesetzliche Regelungen	§§ 607–610 BGB	§§ 230–237 HGB, §§ 705–740 BGB	§§ 230–237 HGB, §§ 705–740 BGB	Nicht geregelt	§ 221 AktG

Tabelle 22: Ausprägungen der Mezzanine-Finanzierung

Gerade bei den Renditen lassen sich unterschiedliche Spannbreiten auffinden. Diese sind von der individuellen Situation des Unternehmens als auch von der allgemeinen wirtschaftlichen Lage abhängig. Daher können die aufgezeigten Renditen bzw. Renditeerwartungen lediglich als Anhaltspunkt gesehen werden.

6.6 Öffentliche Gründungs- und Wachstumsfinanzierung

In Deutschland gibt es eine Vielzahl von Förderprogrammen für verschiedene Zielgruppen. Die Ziele des **Fördergebers** sind meist *wirtschafts- und strukturpolitisch* bestimmt. Hierzu gehört einerseits die *Erhaltung von Arbeitsplätzen* in bereits bestehenden Unternehmen, andererseits ist die *Schaffung neuer Arbeitsplätze* von Bedeutung. **Öffentliche Fördermittel** werden z. B. in Form von *Zuschüssen* oder *zinsgünstigen Krediten* für Unternehmen gewährt. Spezielle Förderprogramme zielen auf die *Unternehmensnachfolge* ab, wobei es auch hier um die Erhaltung und Schaffung von Arbeitsplätzen geht. Öffentliche Förderungen haben vielfach einen regionalen Schwerpunkt, z. B. im Hinblick auf strukturschwache Regionen.

Um öffentliche Fördermittel in Anspruch nehmen zu können, ist es eine Herausforderung für ein junges Unternehmen, ein geeignetes Programm zu identifizieren. Dabei handelt es sich im Sinne einer direkten Förderung um Formen von öffentlichem Eigen-, Fremd- oder Mezzanine-Kapital. Hierbei können u. U. mehrere Programme interessant und relevant sein. Für eine Prüfung öffentlicher Förderprogramme im Fremdkapitalbereich wesentlich sind insbesondere folgende Kriterien:

■ Antragsberechtigung und ggf. regionale Gültigkeit des Programms

■ Verwendungszweck

■ Finanzierungsanteil, Förderbetrag (Auszahlungsbetrag), Laufzeit

■ Konditionen (Zinsen, Gebühren bzw. sonstige Kosten)

■ Tilgungsmodalitäten

■ Sicherheiten und Haftungsfreistellung

■ Antragstellung (Hausbank, Kombinationsmöglichkeiten)

Anhand der Kriterien können die relevanten Alternativen öffentlicher Fremdfinanzierung ausgewählt werden. Darüber hinaus werden vom Staat bzw. staatlichen Institutionen oftmals auch indirekte Förderungen in Form von Bürgschaften gewährt.

Bei einer **Bürgschaft** handelt es sich um einen *einseitig verpflichtenden Vertrag, durch den sich der Bürge gegenüber dem Gläubiger eines Dritten verpflichtet, für die Erfüllung der Verbindlichkeiten des Dritten (Schuldner) einzustehen.* Für den Gläubiger ist die Bürgschaft eine Absicherung im Falle einer Zahlungsunfähigkeit des

Schuldners. Im Kontext der öffentlichen Förderung sind Bürgschaften indirekte Subventionen durch den Staat, die nicht eindeutig einen Eigenkapital-,
Zuschuss- oder Fremdkapitalcharakter haben. Bürgschaften werden meist für
langfristige Investitions- und Betriebsmittelkredite jungen Unternehmen bzw.
KMU gewährt. Durch die Übernahme einer Bürgschaft müssen durch den
Kreditnehmer keine Sicherheiten gestellt werden, denn die Bürgschaft haftet
für den Kredit. [Brettel/Rudolf/Witt (2005)] Typische Bürgschaften im Kontext öffentlicher Fördermittel sind bspw. Landesbürgschaften oder Bürgschaften der KfW.

Die Anzahl und Vielfalt öffentlicher Förderprogramme ist kaum zu überbli-
cken, sodass häufig auch von einem „Förderdschungel" gesprochen wird. Da
sich Inhalte und Modalitäten der einzelnen Programme häufig ändern, sollen
sie hier nicht umfassend und detailliert behandelt werden. Vielmehr soll ein
kleiner Einblick in die Landschaft öffentlicher Förderprogramme gewährt und
wenige ausgewählte Programme dargestellt werden. Zur Vertiefung des The-
menspektrums wird an dieser Stelle auf die einschlägige Finanzierungsliteratur
sowie relevante Internetseiten verwiesen. [Siehe bspw. Betz (2006); www.kfw-
mittelstandsbank.de oder www.subventionen.de]

Öffentliche Eigenkapitalfinanzierung
Wesentlich Instrumente der öffentlichen Eigenkapitalfinanzierung sind der
ERP-Startfonds und das *ERP-Beteiligungsprogramm*. Eine hybride Finanzierung
aus öffentlichen und privaten Mitteln eines Fonds ist der High-Tech Gründer-
fonds. Weiterhin von Bedeutung ist der neue *Gründungszuschuss,* mit dessen
Erörterung auf der Basis der Vorgängerinstrumente begonnen werden soll.

In der Vergangenheit gab es zwei unterschiedliche Programme zur Finanzierung von Gründungen aus der Arbeitslosigkeit. Hierbei handelte es sich um
das *Überbrückungsgeld* sowie den *Existenzgründungszuschuss*. Prinzipiell kann in
diesem Zusammenhang zwischen unbedingt rückzahlbaren, bedingt rückzahlbaren und nicht rückzahlbaren Zuschüssen unterschieden werden.
[Wey (2000)] Das **Überbrückungsgeld** war ein Zuschuss, der durch die
Bundesagentur für Arbeit gewährt wurde. Im Falle des Überbrückungsgeldes
handelte es sich um Zuschüsse, die nicht zurückgezahlt werden mussten.
Konkret wurde arbeitslosen Existenzgründern ein befristeter finanzieller
Zuschuss zum Lebensunterhalt in Höhe des zuletzt erhaltenen Arbeitslosengeldes gewährt. Die Regelungen zum Überbrückungsgeld endeten am 31. 7.
2006. Der **Existenzgründungszuschuss**, auch bekannt unter der Bezeichnung Ich-AG-Zuschuss, ist für Arbeitslose und Personen in Arbeitsbeschaf-

fungsmaßnahmen (ABM) gewährt worden. Im Unterschied zum Überbrückungsgeld bestand hierbei ein Rechtsanspruch. Für maximal drei Jahre konnte ein Zuschuss gewährt werden. Dieser musste jährlich neu bewilligt werden. Hierbei galten spezielle Voraussetzungen. Die Förderung über den Existenzgründungszuschuss endete am 30. 6. 2006. Es gelten Übergangsregelungen für die beiden weggefallenen Förderinstrumentarien.

Als Ersatz für das Überbrückungsgeld sowie den Existenzgründungszuschuss wurde ein neues Förderinstrumentarium geschaffen, der **Gründungszuschuss**. Das Ziel des Gründungszuschusses ist die Förderung von Unternehmensgründungen aus der Arbeitslosigkeit. Darüber hinaus ist mit nur noch einem Förderinstrumentarium die Schaffung von mehr Transparenz intendiert, was die Übersichtlichkeit für Gründungsinteressierte aus der Arbeitslosigkeit erhöhen und die Arbeitsverwaltung entlasten soll. Der Gründungszuschuss stellt eine neue kombinierte Förderung dar, die in einer ersten Förderphase den Lebensunterhalt und die soziale Sicherung des Gründers sichern soll. In ersten Phase sollen Gründer in den ersten neun Monaten monatlich einen Zuschuss in Höhe ihres Arbeitslosengeldes I zuzüglich einer Pauschale von 300 Euro für die soziale Absicherung erhalten. Nach einer Überprüfung der wirtschaftlichen Geschäftstätigkeit der Gründung am Ende der ersten Phase kann die Arbeitsagentur die pauschalen Zuschüsse von monatlich 300 Euro für weitere sechs Monate gewähren. In einer zweiten Förderphase wird dann lediglich der Sozialversicherungsschutz unterstützt. Durch den Gründungszuschuss werden nur noch Gründer gefördert, die tatsächlich arbeitslos sind und mindestens einen Restanspruch auf das Arbeitslosengeld I von 90 Tagen haben.

ERP-Startfonds

Der **ERP-Startfonds** der KfW stellt Beteiligungskapital für junge, innovative Technologieunternehmen in der Start-up- bzw. **Early-Stage-Phase** bereit. Als allgemeine Voraussetzung der Beteiligung der KfW gilt, dass sich ein weiterer Beteiligungsgeber (Lead-Investor) in mindestens gleicher Höhe beteiligt. Dabei erfolgt eine Beteiligung der KfW zu den gleichen wirtschaftlichen Konditionen wie die des Lead-Investors.

Gefördert werden durch den ERP-Startfonds junge Technologieunternehmen, die nicht älter als fünf Jahre sind und gleichzeitig die Kriterien der EU-Kommission für kleine Unternehmen erfüllen. Darüber hinaus können sich auch ältere Unternehmen bei Folgerunden über den ERP-Startfonds finanzieren, sofern diese zuvor eine Finanzierung aus Vorgängerprogrammen *BTU*,

BTU-Frühphase, *FUTOUR* erhalten haben.

Durch das Beteiligungskapital kann der Finanzierungsbedarf innovativer Technologieunternehmen gedeckt werden. Eine Bedingung für das Programm ist, dass die Entwicklung neuer oder wesentlich verbesserter Produkte, Verfahren oder Dienstleistungen und/oder deren Markteinführung durch das Technologieunternehmen erfüllt wird. Dabei ist die Kerninnovation im Unternehmen selbst zu entwickeln. Gleichermaßen müssen sich die neu entwickelten Produkte, dies können auch Verfahren oder Dienstleistungen sein, in wesentlichen Funktionen von bisherigen Produkten bzw. Verfahren oder Dienstleistungen des Unternehmens unterscheiden und dabei auf eigener Forschung und Entwicklung (FuE) basieren.

Angefordert werden kann ein Höchstbetrag von maximal 3 Millionen Euro pro Technologieunternehmen. Es sind mehrere Finanzierungsrunden möglich, hierbei zunächst maximal 1,5 Millionen Euro bei einer erstmaligen Finanzierung. Die Laufzeit, Konditionen und Beteiligungsform können verhandelt werden und richten sich nach der Beteiligung des Lead-Investors.

Potenzielle Lead-Investoren sind Beteiligungsgesellschaften, Unternehmen als strategische Investoren oder Business Angels. Wird als Lead-Investor eine Beteiligungsgesellschaft angestrebt, muss diese bei der KfW akkreditiert sein. Unternehmen und Business Angels werden auf Einzelfallbasis zugelassen.

Die Aufgaben des Lead-Investors umfassen die Überwachung der Geschäftsführung und Entwicklung des Technologieunternehmens. Weiterhin hat der Lead-Investor die KfW über den Stand und die Entwicklung des Unternehmens regelmäßig zu informieren. Außerdem soll der Lead-Investor dem Technologieunternehmen in allen wirtschaftlichen und finanziellen Belangen beratend und unterstützend zur Seite stehen.

ERP-Beteiligungsprogramm

Im Later-Stage-Bereich der Beteiligungsfinanzierung wird durch die KfW eine Vielzahl an Eigenkapitalprodukten für den Mittelstand mit Beteiligungsvolumina zwischen 1 Million Euro bis 5 Millionen EUR angeboten. Als Produkte der KfW sind das *ERP-Beteiligungsprogramm*, das *EK für den breiten Mittelstand*, das *ERP-Innovationsprogramm (Beteiligungsvariante)* sowie das *KfW-Risikokapitalprogramm* zu nennen.

Im **ERP-Beteiligungsprogramm** können kleine und mittlere Unternehmen der gewerblichen Wirtschaft mit bis zu 499 Mitarbeitern und einem Jahresumsatz von maximal 50 Millionen Euro teilnehmen, wobei der Umsatz verbundener Unternehmen mitgerechnet wird. Finanziert werden u. a. die Errichtung neuer oder die Erweiterung bestehender Betriebe, die grundlegende Rationalisierung bestehender Betriebe oder Innovations- und Kooperationsvorhaben. Das ERP-Beteiligungsprogramm soll zur Versorgung des sogenannten kleinen Mittelstandes mit Beteiligungen bis grundsätzlich 1 Million Euro dienen.

Das Programm **EK für den Mittelstand** ist für Unternehmen des Mittelstands mit einem Kapitalbedarf von 1 Million Euro bis 5 Millionen Euro konzipiert. Unternehmen, die dieses Programm in Anspruch nehmen wollen, müssen seit mindestens fünf Jahren am Markt bestehen und es dürfen keine Verluste erwirtschaftet werden. Speziell finanziert werden die Optimierung der Kapitalstruktur des Unternehmens, die Expansion sowie die Regelung der Unternehmensnachfolge. Die Laufzeit liegt i. d. R. zwischen sechs und acht Jahren. Das Beteiligungsvolumen beträgt zwischen 1 Million Euro und 5 Millionen Euro.

Am **ERP-Innovationsprogramm (Beteiligungsvariante)** können innovative kleine und mittlere Unternehmen der gewerblichen Wirtschaft und freiberuflich Tätige teilnehmen. Der Jahresumsatz bei Gruppen darf i. d. R. 125 Millionen Euro nicht überschreiten. Dabei wird auch der Umsatz verbundener Unternehmen einbezogen. Als Innovationen werden die Entwicklung bzw. Markteinführung von Produkten, Verfahren oder Dienstleistungen gewertet. Dabei muss es sich um eine Neuheit für das geförderte Unternehmen handeln. Finanziert werden Investitionen und Kosten im Rahmen von Forschung, Entwicklung und Markteinführung, wie Personaleinzelkosten, Gemeinkosten, Reisekosten, Materialkosten, FuE-Aufträge, Beratungskosten, Marktforschung, Marktinformation, Messekosten, Ausbildung oder Investitionen in Maschinen. Im Rahmen von Beteiligungen in den alten Bundesländern und Berlin (West) erhält der Beteiligungsgeber eine 75-prozentige Refinanzierung seiner Beteiligung bis maximal 5 Millionen Euro. Bei Beteiligungen in den neuen Bundesländern und Berlin (Ost) hingegen erhält der Beteiligungsgeber eine 85-prozentige Refinanzierung seiner Beteiligung bis maximal 5 Millionen Euro. Die Laufzeit richtet sich prinzipiell nach der Laufzeit der Beteiligung. Jedoch ist diese auf maximal zehn Jahre begrenzt.

Das **KfW-Risikokapitalprogramm** beinhaltet Garantien, die anteilig Kapitalbeteiligungsgesellschaften gewährt werden. Eingesetzt werden kann dieses Instrument vor allem im Later-Stage-Bereich im Rahmen der Erschließung neuer Geschäftsfelder, für Nachfolgeregelungen und bei Brückenfinanzierungen. Förderungsberechtigt sind kleine und mittlere Unternehmen der gewerb-

lichen Wirtschaft, insbesondere innovative Unternehmen mit einem Jahresumsatz bis zu 500 Millionen Euro, wobei der Umsatz verbundener Unternehmen mitgerechnet wird. In den alten Bundesländern und Berlin (West)
wird die Erschließung neuer Geschäftsfelder, Nachfolgeregelungen und Brü-
ckenfinanzierung bis zur Börseneinführung finanziert, bei einer Risikoübernahme von bis zu 40 Prozent der Beteiligung. In den neuen Bundesländern
und Berlin (Ost) hingegen werden alle Maßnahmen, die der Beteiligungsneh-
mer in seiner Betriebsstätte durchführt, sowie Hilfen im Management und
Kooperationen finanziert, bei einer Risikoübernahme von bis zu 50 Prozent
der Beteiligung. Dabei ist die Dauer der Risikoübernahme auf einen Zeitraum
von maximal zehn Jahren beschränkt

Die Wahl eines geeigneten Beteiligungsprogramms ist nicht einfach und von
vielen Faktoren abhängig und daher situativ zu prüfen und zu entscheiden.
Auch die Komplexität in diesem Bereich sollte nicht unterschätzt werden.
Daher sind eine fundierte selbstständige Information sowie ein qualifizierte,
fachliche Beratung unerlässlich. Besteht die Chance auf die Finanzierung
durch ein Beteiligungsprogramm, sollte dies als Alternative bspw. zu einer
Fremdfinanzierung geprüft werden.

High-Tech Gründerfonds
Der High-Tech Gründerfonds investiert Risikokapital in junge, innovative
und potenziell wachstumsstarke Technologieunternehmen in der Seed-Phase
sowie in einer frühen Start-up-Phase. Er stellt technologieorientierten Unternehmensgründungen Startkapital zur Verfügung und bietet eine Betreuung
und Unterstützung des Managements. Beteiligungen werden mit jungen Unternehmen eingegangen, wenn die Aufnahme der Geschäftätigkeit maximal
ein Jahr zurückliegt. Dabei muss das gegründete Unternehmen ein kleines
Unternehmen im Sinne der Definition der Europäischen Union sein. Hiernach sind kleine Unternehmen solche, die weniger als 50 Mitarbeiter und
einen Jahresumsatz oder eine Jahresbilanzsumme von höchstens 10 Millionen
Euro haben. Wichtig ist, dass das technologische Know-how im Unternehmen selbst gebunden sein muss. Somit sollen Schutzrechte und geistiges
Eigentum dem Unternehmen uneingeschränkt und exklusiv zur Verfügung
stehen bzw. ins Unternehmen eingebracht werden.

Beteiligungen mit bis zu 500.000 Euro werden in einer Kombination aus
offener Beteiligung und Darlehen eingegangen. Dabei sind allerdings Eigenmittel der Gründer in Höhe von 20 Prozent (10 Prozent in den neuen Bundesländern inklusive Berlin) bezogen auf die Beteiligung des High-Tech

Gründerfonds erforderlich. Die Hälfte hiervon kann über Seed-Investoren dargestellt werden. Der High-Tech Gründerfonds erwirbt damit 15 Prozent der Gesellschaftsanteile (nominal, ohne Unternehmensbewertung) und gewährt ein nachrangiges Gesellschafterdarlehen mit einer Laufzeit von sieben Jahren. Hierbei stundet der High-Tech Gründerfonds die Zinsen von 10 Prozent p. a. für das ausgereichte Nachrangdarlehen für die Dauer von vier Jahren, um die Liquidität des Unternehmens zu schonen.

Der High-Tech Gründerfonds wird vornehmlich aus Mitteln des Bundes, namentlich des *Bundesministeriums für Wirtschaft und Technologie*, der *Kreditanstalt für Wiederaufbau (KfW)*, sowie finanziellen Mitteln aus der Privatwirtschaft von den Unternehmen *BASF*, *Siemens* und der *Deutschen Telekom* gebildet. Es handelt sich somit um eine **Public-Private-Partnership**. Für nähere Informationen und Erörterungen sei auf die Internetseiten des High-Tech Gründerfonds verwiesen. [www.high-tech-gruenderfonds.de]

Öffentliche Fremdkapitalfinanzierung

Einen **Antrag auf einen Förderkredit** kann ein Unternehmen im Regelfall nicht beim Fördergeber, bspw. der KfW, direkt stellen. Vielmehr ist der *Antrag bei der Hausbank* der Gründer bzw. des Unternehmens zu stellen. Die Hausbank ist somit die erste Anlaufstelle für öffentliche Förderkredite (Hausbankprinzip).

Zu den **Aufgaben der Hausbank** zählen u. a. die *Beratung, Konzeptprüfung, Antragstellung, Kreditwürdigkeitsprüfung bzw. Bonitätsprüfung, Antragstellung auf mögliche Bürgschaften, die Einordnung in Bonitätsklassen* – wenn erforderlich – sowie die *Verwaltung und Ausreichung des treuhänderisch zur Verfügung gestellten Kredites*. Wichtig ist, dass die Hausbank eine Prüfung und Bewertung des zu finanzierenden Konzeptes vornimmt. Der Hausbank kommt somit eine gewichtige Rolle zu, denn ein Förderantrag wird von der Hausbank nur dann gestellt, wenn sie von der Tragfähigkeit des Konzeptes überzeugt ist. Dies gilt auch dann, wenn die Hausbank von der Haftung des Kredites teilweise durch den Fördergeber befreit ist. Eine etwaige **Haftungsfreistellung** durch den Fördergeber für einen Kredit, typischerweise bis zu 80 Prozent der ausgereichten Kreditsumme, gilt **immer nur für die Hausbank, nicht für den Kreditnehmer**. Dies bietet eine Sicherheit und Anreizfunktion für die Gewährung von Krediten an Gründer bzw. junge Unternehmen.

Voraussetzungen einer Beantragung öffentlicher Förderkredite sind die *Finanzierungszusage der Hausbank*, eine *fachliche und kaufmännische Qualifikation der Gründer* sowie ein *Nachweis einer auf Dauer angelegten hauptberuflichen Gründung,* wenngleich einige Vorhaben auch zunächst im Nebenerwerb begonnen werden dürfen. Wichtig für eine Antragstellung eines Förderkredites ist, dass der Antrag immer *vor* dem Abschluss von Verträgen, wie z. B. Kaufverträge, bzw. vor dem Start des Vorhabens gestellt werden muss. Investitionen, die bereits durchgeführt wurden, sind von der Forderung ausgeschlossen.

Öffentliche Fördermittel werden in Deutschland vor allem von der KfW vergeben. Wesentliche Programme der KfW sind derzeit das *Mikro-Darlehen*, das *StartGeld*, der *Unternehmerkredit*, in den Ausprägungsformen *In-* und *Ausland*, das *ERP-Regionalförderprogramm* sowie das *ERP-Innovationsprogramm*. Nachfolgend sollen die Programme überblicksartig skizziert werden. Die Ausführungen basieren dabei auf den jeweils aktuellen Informationen der KfW. Da sich Programme, Bedingungen und Konditionen in einem ständigen Wandel befinden, sei auf die jeweiligen tagesaktuellen Informationen der KfW im Internet verwiesen. [www.kfw-mittelstandsbank.de] Auch sind die Hausbanken eine mögliche Anlaufstelle für eine Beratung zu Instrumenten der öffentlichen Fremdfinanzierung.

Mikro-Darlehen

Das Mikro-Darlehen ist insbesondere für die Finanzierung von Kleinstgründungen ausgerichtet, wie etwa Nebenerwerbsgründungen, Existenzgründungen aus der Arbeitslosigkeit und Gründungen im Dienstleistungsbereich mit einem geringeren Finanzierungsbedarf. Durch unbürokratisches Antrags- und Entscheidungsverfahren soll diesen Gründungen eine schnelle Finanzierung ermöglicht werden. Dabei ist der Zinssatz bei einer recht kurzen Laufzeit aber relativ hoch. Die Kombination mit anderen KfW-Programmen ist nicht möglich.

StartGeld

Durch das StartGeld sollen alle Formen der Existenzgründung unterstützt werden. Dazu zählen auch die Errichtung oder der Erwerb eines Betriebes sowie die Übernahme einer tätigen Beteiligung. Dabei wird bei Gründungen von Personen- oder Kapitalgesellschaften sowie bei tätigen Beteiligungen eine aktive Mitunternehmerschaft vorausgesetzt. Im Falle einer Antragstellung durch eine natürliche Person muss der Antragsteller Anteile am Gesellschaftskapital halten und zum Geschäftsführer bestellt sein. Eine Förderung ist auch bei einer Führung des Unternehmens zunächst im Nebenerwerb möglich. Mittelfristig muss das geförderte Unternehmen jedoch als ein Vollerwerbsbetrieb angestrebt sein.

Unternehmerkredit

Der Unternehmerkredit eignet sich für Investitionsvorhaben in Deutschland, die ein höheres Volumen besitzen. Für Investitionsvorhaben deutscher Unternehmen im Ausland ist der „Unternehmerkredit Ausland" vorgesehen. Gegenüber dem Mikro-Darlehen und dem StartGeld, die beide eher für kleine Gründungsvorhaben konzipiert sind, ist der Unternehmerkredit ein Instrumentarium für tendenziell größere Vorhaben. Antragsberechtigt sind Existenzgründer im Bereich der gewerblichen Wirtschaft und Freiberufler sowie in- und ausländische Unternehmen der gewerblichen Wirtschaft.

ERP-Regionalförderprogramm

Das ERP-Regionalförderprogramm dient einer Förderung der Errichtung oder Übernahme, Erweiterung, einer grundlegenden Rationalisierung und Umstellung von Betrieben unter der Voraussetzung, dass mit dem Vorhaben eine angemessene Zahl von Arbeitsplätzen geschaffen oder die vorhandenen Arbeitsplätze gesichert werden. Nicht förderfähig sind Ersatzinvestitionen. Antragsberechtigt sind in- und ausländische Unternehmen der gewerblichen Wirtschaft sowie Freiberufler.

ERP-Innovationsprogramm

Das ERP-Innovationsprogramm ist aufgeteilt in zwei Programmteile. In Programmteil I werden FuE-Maßnahmen gefördert. Der Programmteil II fördert die Markteinführung neuer Produkte, Verfahren oder Dienstleistungen. Dabei besteht das Programm aus einem klassischen Kredit (Fremdkapitaltranche) und einem Nachrangdarlehen (Nachrangtranche). Das Ziel ist die Stärkung der Kapitalstruktur des Unternehmens. In diesem letztgenannten Programm werden, neben Fremdfinanzierungsinstrumenten, auch Instrumente eingesetzt, die der Mezzanine-Finanzierung zugeordnet werden können.

Öffentliche Mezzanine-Finanzierung

Mezzanine Finanzierungsinstrumente zeichnen dadurch aus, dass diese *sowohl Eigenkapital- als auch Fremdkapitalcharakter* haben. In vielen öffentlichen Förderprogrammen wird das Instrument des Nachrangdarlehen als klassisches mezzanines Finanzierungsinstrumentarium eingesetzt. Im Falle einer Insolvenz eines Unternehmens ist zunächst reines Fremdkapital in Form von Krediten vorrangig.

Ein bedeutendes öffentliches mezzanines Förderprogramm der KfW ist das **Unternehmerkapital** mit seinen drei Ausprägungen *ERP-Kapital für Gründung*, *ERP-Kapital für Wachstum* sowie *Kapital für Arbeit und Investitionen*.

Die Nachrangdarlehen dieses Programms haften unbeschränkt und erfüllen somit Eigenkapitalfunktion. Sie sind als haftende Mittel ausschließlich und unmittelbar für die genannten Vorhaben einzusetzen. Es besteht ein Verzicht auf Sicherheiten sowie nachrangige Haftung. [Vgl. Brettl/Rudolf/Witt (2005)]

Übersicht ausgewählter öffentlicher Förderprogramme
Die Tabelle 23 gibt einen Überblick über ausgewählte Förderprogramme.

Projektname	Art und Höhe der Förderung	Ziel
ERP-Startfonds	Einbringung von Beteiligungskapital in Form von Risikokapital in max. von 3,0 Mio. €	Innovative Unternehmen können mit dem aufgenommenen Beteiligungskapital ihren Finanzierungsbedarf decken.
ERP-Beteiligungsprogramm	Einbringung von Beteiligungskapital von max. 1 Mio. € für max. 15 Jahre	Finanzierung einer Vielzahl von unternehmerischen Maßnahmen, wie z. B. Innovationen.
ERP-Innovationsprogramm (Beteiligungsvariante)	Beteiligung in Form einer Refinanzierung von max. 85 %. Höchstbetrag 5,0 Mio. €	Einsatz des Beteiligungskapitals für FuE-Maßnahmen und die Markteinführung neuer Produkte oder Verfahren.
Mikro-Darlehen	Kredit von max. 50.000 € (10.000 € bei Mikro 10) für max. 10 Jahre	Unterstützung von Gründungen und Unternehmenskäufen durch Vergabe von Darlehen
StartGeld	Kredit von max. 50.000 € für max. 10 Jahre	Unterstützung von Gründungen und Akquisitionen durch Vergabe von Darlehen
Unternehmerkredit	Kredit für langfristige Investitionen bis 5 Mio. €	Finanzierung von Projekten mit nachhaltigem wirtschaftlichen Erfolg
ERP-Regionalförderprogramm	Kredit in Höhe von max. 75 % einer Investitionsmaßnahme bis max. 500.000 €	Investitionen, wenn damit Arbeitsplätze geschaffen oder bestehende gesichert werden. Verbleib der Investition in der geförderten Betriebsstätte für mindestens 5 Jahre.
ERP-Innovationsprogramm	Kredit zur Deckung laufender Investitionen bis max. 1 Mio. €, neue Bundesländer bis max. 2,5 Mio. €	Darlehen zur Förderung von Start-ups und Jungunternehmen von FuE bis zur Serienproduktion
Unternehmerkapital	Mezzanines Kapital von max. 500.000 € für max. 15 Jahre	Unterstützung von Gründungen und Unternehmenskäufen durch Vergabe von Darlehen

Tabelle 23: Übersicht ausgewählter Förderprogramme

Es ist darauf hinzuweisen, dass die Konditionen, aber auch die Programme selbst mitunter einem Wandel unterliegen. Daher sei für die Daten aktueller Programme auf die jeweiligen Internetseiten der Fördermittelgeber verwiesen.

Kombinationsmöglichkeiten von öffentlichen Förderprogrammen

Von den zahlreichen öffentlichen Förderprogrammen sind einige auch miteinander kombinierbar. Nachfolgend soll anhand eines verkürzten Fallbeispiels abschließend gezeigt werden, welche Kombinationsmöglichkeiten für öffentliche Förderprogramme prinzipiell bestehen. Im Einzelfall ist es allerdings empfehlenswert, die Beratung durch ein Kreditinstitut einzuholen, denn nicht alle öffentlichen Förderprogramme können auch parallel beantragt werden. Zudem vollziehen sich in diesem Bereich häufig Änderungen, sodass Informationen über die aktuellen Regelungen am besten direkt von den Förderbanken oder Kreditinstituten zu erhalten sind.

Fallbeispiel
Die Naturwissenschaftler Dr. Müller und Dr. Schulz beabsichtigen, das Technologieunternehmen *GasOnLightTech GmbH* zu gründen. Der Unternehmenszweck ist die Entwicklung einer neuen Technologie zur Detektion von Gasen mittels Infrarottechnik. Nach Aufstellung aller Kosten wurde ein Gesamtkapitalbedarf von 250.000 Euro ermittelt.

Dieser setzt sich folgendermaßen zusammen:

- Investitionen: 110.000 Euro
- Betriebsmittel: 100.000 Euro
- Gründungskosten: 10.000 Euro
- Forschungs- und Entwicklungskosten: 30.000 Euro

Der ermittelte Kapitalbedarf kann zum Teil durch Eigenkapital der Gründer in einer Höhe von insgesamt 70.000 Euro gedeckt werden (je Gründer 35.000 Euro). Um den verbleibenden Kapitalbedarf in Höhe von 180.000 Euro zu decken, wurden folgende öffentliche Förderprogramme kombiniert:

- Unternehmerkredit Investition: 80.000 Euro
- Unternehmerkredit Betriebsmittel: 40.000 Euro
- ERP-Kapital für Gründung: 60.000 Euro

Die Antragstellung erfolgt über die Hausbank der Gründer. Nach einer erfolgreich verlaufenen Unternehmensentwicklung in den ersten Jahren hat sich das Unternehmen zwischenzeitlich zum Marktführer in diesem Segment entwickelt.

6.7   Verständnisfragen und Literaturempfehlungen

Verständnisfragen

- Grenzen Sie die Begriffe Eigenkapital, Mezzanine-Kapital und Fremdkapital gegeneinander ab. (6.1.1)

- Erörtern Sie den Self-Feeding-Ansatz sowie den Bootstrap-Ansatz als Low-Budget-Modelle der Finanzierung und arbeiten Sie deren Eignung zur Finanzierung junger Unternehmen heraus. (6.2.1)

- Was sind Kennzeichen des Big-Money-Modells? (6.2.2)

- Skizzieren Sie typische Finanzierungsphasen im Rahmen der Entwicklung junger Unternehmen. (6.2.4)

- Erörtern Sie den Begriff des Business Angels und stellen Sie die Bedeutung sowie Vor- und Nachteile für junge Unternehmen dar. (6.3.3.1)

- Beschreiben Sie einen potenziellen Beteiligungsprozess eines Business Angels mit seinen unterschiedlichen Phasen. (6.3.3.2)

- Was wird unter dem Begriff Venture Capital verstanden? (6.3.4.1)

- Erörtern Sie die Struktur und Vorgehensweise einer Venture-Capital-Gesellschaft. (6.3.4.2)

- Diskutieren Sie potenzielle Exitmöglichkeiten einer Venture-Capital-Gesellschaft. Stellen Sie dabei auch die Vor- und Nachteile für das junge Unternehmen dar. (6.3.4.4)

- Was wird unter dem Hausbankprinzip verstanden? (6.4.1)

- Arbeiten Sie potenzielle Vor- und Nachteile der einzelnen Formen der kurzfristigen Fremdfinanzierung für junge Unternehmen heraus. (6.4.3)

- Erörtern Sie, warum der Lieferantenkredit als teuer bezeichnet wird. Verdeutlichen Sie Ihre Ausführungen anhand eines Beispiels. (6.4.3.2)

- Was sind Asset Backed Securities? (6.4.4.4)

- Stellen Sie potenzielle Sicherheiten für einen Kredit dar und erörtern Sie die Möglichkeiten der Stellung dieser Sicherheiten durch junge Unternehmen. (6.4.4.5)

- Erörtern Sie das Konzept des Microlending und diskutieren Sie die Relevanz für junge Unternehmen in Deutschland. (6.4.5)

- Erarbeiten Sie eine Übersicht typischer Formen der Mezzanine-Finanzierung. (6.5)

Literaturempfehlung

Finanzierung – Standardwerke

Wöhe, G./Bilstein, J. (2002): Grundzüge der Unternehmensfinanzierung, 9. Aufl., München 2002.

Perridon, L./Steiner, M. (2004): Finanzwirtschaft der Unternehmung, 13. Aufl., München 2004.

Finanzierung und Entrepreneurship

Achleitner, A.-K. (2001): Entrepreneurial Finance – eine konzeptionelle Einführung, Working Paper 01-01, München 2001.

Achleitner, A.-K./Einem, C. von/Schröder, B. von (Hrsg.) (2004): Private Debt – alternative Finanzierung für den Mittelstand: Finanzmanagement, Rekapitalisierung, institutionelles Fremdkapital, Stuttgart 2004.

Bhidé, A. (1999): Bootstrap Finance: the Art of Start-ups, in: *Sahlman, W. A./Stevenson, H. H./Roberts, M. J./Bhidé, A.* (Hrsg.), The Entrepreneurial Venture, 2. Aufl., 1999, S. 223–237.

Kollmann, T./Kuckertz, A. (2003): E-Venture-Capital: Unternehmensfinanzierung in der net economy, Wiesbaden 2003.

Business Angels Agentur Ruhr e. V. (Hrsg.) (2002): Business Angels: wenn Engel Gutes tun! Wie Unternehmensgründer und ihre Förderer erfolgreich zusammenarbeiten. Ein Praxishandbuch, Frankfurt a. M. 2002.

Müller-Känel, O. (2004): Mezzanine Finance: neue Perspektiven in der Unternehmensfinanzierung, 2. Aufl., Bern u. a. 2004.

Nathusius, K. (2001): Grundlagen der Gründungsfinanzierung: Instrumente – Prozesse – Beispiele, Wiesbaden 2001.

Schefczyk, M. (2006): Finanzieren mit Venture Capital und Private Equity: Grundlagen für Investoren, Finanzintermediäre, Unternehmer und Wissenschaftler, 2. Aufl., Stuttgart 2006.

Schefczyk, M. (2000): Erfolgsstrategien deutscher Venture Capital-Gesellschaften, 2. Aufl., Stuttgart 2000.

7 Wachstum und Wachstumsmanagement

Innovative und insbesondere schnell wachsende Unternehmen schaffen neue Arbeitsplätze, neue Produkte und Leistungen oder neue Märkte. Sie verbessern ihre Marktposition, erhöhen ihren Umsatz und erwirtschaften möglicherweise auch steigende Gewinne. In diesem Sinne sind wachsende Unternehmen nicht nur unter gesamtwirtschaftlichen, sondern auch unter einzelwirtschaftlichen Aspekten von zentraler Bedeutung. Zahlreiche europäische Unternehmen, die auf der Basis zukunftsträchtiger Innovationen gegründet wurden, haben die unternehmerische Chance genutzt und erzielen profitables Wachstum. Als Beispiel kann in diesem Zusammenhang das niederländisch-deutsche Biotechzulieferunternehmen *Qiagen* genannt werden. [Kock (2002)] Dennoch ist die Anzahl der schnell wachsenden Unternehmen (Gazellen) in Europa deutlich geringer als in den USA. [Z. B. Twaalfhoven (2005)] Die Ursachen sind vielfältig und liegen wohl nicht allein in den kulturellen Unterschieden begründet. Hierzu bedarf es noch differenzierter empirischer Forschungen, um das Phänomen Wachstum junger Unternehmen, auch im internationalen Vergleich, zu ergründen.

Im Rahmen dieses Kapitels stehen grundlegende Fragen des Wachstums im Kontext relevanter Wachstumsstrategien junger Unternehmen im Mittelpunkt der Betrachtung. Denn das Wachstum eines jungen Unternehmens vollzieht sich nicht automatisch. [Kock (2002)] In diesem Zusammenhang sind diejenigen jungen Unternehmen von Interesse, die sich bewusst oder durch spezifische Umweltsituationen aufgezwungen für eine Wachstumsstrategie entscheiden. Auch wenn ein junges Unternehmen Wachstum anstrebt, gibt es dennoch vielfältige unternehmensinterne und -externe Faktoren, die dieses Wachstum negativ beeinflussen oder sogar verhindern. Daher wird im abschließenden Abschnitt dieses Buches auf einzelne wesentliche Problemreiche junger, wachsender Unternehmen eingegangen.

7.1 Grundlagen

7.1.1 Begriff des Unternehmenswachstums

Im Hinblick auf die Frage, was unter Unternehmenswachstum zu verstehen ist, gibt es in der Literatur keine eindeutige Antwort im Sinne einer einheitlichen Definition. Wachstum wird meist als rein *positives* Wachstum im Sinne einer positiven Größenänderung gesehen. [Albach (1965)] Dabei wird das Unternehmenswachstum allgemein in die beiden Ausprägungen des **quantita-**

tiven und **qualitativen Wachstums** differenziert. Voraussetzung für die Realisierung von Wachstum ist, dass das junge Unternehmen über ein wirtschaftlich tragfähiges Geschäftsmodell und einen ausreichend großes Marktpotenzial verfügt. [Siehe auch Albach (1986); Hahn (1970)] Tabelle 24 verdeutlicht, dass allgemein unterschiedliche Wachstumsformen nach verschiedenen Kriterien abgegrenzt werden können. [Vgl. auch Witt (2002)]

Kriterium	*Wachstumsformen*		
Art des Wachstums	Quantitativ	Qualitativ	
Kooperationsgrad	Intern	Kooperativ	Extern
Geografie	Ethnozentrisch	Polyzentrisch	Geozentrisch
Wertschöpfungskette	Vorwärtsintegration	Diversifikation	Rückwärtsintegration
Kundengruppen	Stammkunden	Neukunden	
Vertriebskanäle	Direkt	Indirekt	
Produktentwicklungen	Eigenentwicklung	Kooperation	Lizenzierung

Tabelle 24: Systematisierung von Wachstumsformen

Als grundlegendes Werk zum Themenkomplex des Wachstums sei Penrose (1959) genannt. Zur weitergehenden Frage, warum Unternehmen verschieden sind siehe bspw. Knyphausen-Aufseß (1993); Agell (2004).

7.1.1.1 Quantitatives Wachstum

Quantitatives Wachstum umfasst die Zunahme von *messbaren* Variablen. Messbare Größen sind etwa *Absatz, Umsatz, Marktanteil, Gewinn* (vor Steuern), *Bilanzsumme, Neuinvestitionen, Kapital* (Eigen-, Fremdkapital, Mezzanine-Kapital), *Anzahl der Mitarbeiter, Zahl der Patentanmeldungen* oder *regionale Reichweite*. Die Erhebung der quantitativen Variablen kann im Einzelfall problematisch sein, da junge Unternehmen meist nicht der Publizitätspflicht unterliegen. Gängige *Variablen zur Messung* des quantitativen Wachstums sind der *Umsatz* und die *Anzahl der Mitarbeiter*. Die Frage ist allerdings, ob die Erhöhung des Umsatzes oder Mitarbeiterbestandes sinnvolle Kriterien zur Messung des Wachstums sind, sofern ein Unternehmen nicht gleichzeitig auch eine Steigerung des Gewinns erreichen kann. Aber auch der buchhalterisch ermittelte Jahresgewinn ist eine statische, vergangenheitsbezogene Größe, der keinen geeigneten Maßstab für das künftige Gewinnwachstum und die potenzielle Wertsteigerung eines Unternehmens darstellt. Konkret wird die Problematik der quantitativen Messung des Wachstums junger Unternehmen bspw. bei

Fragen der Unternehmensbewertung deutlich. Hierbei spielt die Berücksichtigung der Einflussgrößen auf zukünftige Gewinn- und Wertsteigerungspotenziale eine zentrale Rolle. [Vgl. hierzu z. B. auch Kock (2002)]

Im Kontext des quantitativ messbaren Unternehmenswachstums wird häufig über schnell wachsende Unternehmen gesprochen, ohne dass jedoch eine sprachliche Übereinkunft darüber besteht, was unter der Bezeichnung „schnell wachsend" zu verstehen ist. Wie aus Tabelle 25 hervorgeht, stammen Abgrenzungen zur Kennzeichnung schnell wachsender junger Unternehmen ursprünglich insbesondere aus den USA.

Quelle	Definitionen
Eisenhardt/ Schoonhoven (1990)	Jährliches Umsatzwachstum von 20 % oder höher
Siegel/ Siegel/ MacMillan (1993)	Erhöhung des Umsatzes von mindestens 25 % in jedem der drei vorangegangenen Jahre
Babson College [zitiert nach Timmons (1999)]	Umsatzwachstum von 30 % pro Jahr und Umsatz von mindestens 1 Mio. $
National Commission on Entrepreneurship (2001)	Hohes Mitarbeiterwachstum von mindestens 15 % pro Jahr über fünf Jahre oder 100 % in fünf Jahren. [Teildefinition des Growth Company Index (GCI)]
Kauffman Center [zitiert nach Dowling/ Drumm (2003)]	Erhöhung des Umsatzes von mindestens 30 % oder Erhöhung der Mitarbeiterzahl um mindestens 20 % in den drei vorangegangenen Jahren
Barringer/ Neubaum/ Jones (2005)	Jährliches Wachstum des Umsatzes von mindestens 80 % über drei aufeinanderfolgende Jahre

Tabelle 25: Definitionen schnellen Wachstums

In der englischen Sprache werden *schnell wachsende Unternehmen* auch als **Gazelles** (Gazellen) bezeichnet. In diesem Zusammenhang hat der Begriff Gazellen auch in Deutschland seit einigen Jahren Verbreitung gefunden. Nach Birch/Medoff (1994) können junge Unternehmen in Gazellen (Gazelles) und Mäuse (Mice) differenziert werden. Mäuse sind dabei KMUs, die lediglich ein oder zwei weitere Personen beschäftigen. Dagegen sind Gazellen schnell wachsende Unternehmen, die viele neue Arbeitsplätze schaffen. Diese Unternehmen realisieren auf eine zielgerichtete Art unternehmerische Gelegenheiten (opportunities). Dabei werden die Marktchancen durch den Unternehmer erkannt und auf unternehmerische Art und Weise ergriffen. [Siehe auch

Birch (1987); Birch (1999)] Das Wachstum ist mit einem Prozess des strategischen Wandels und der Neuausrichtung aller Bereiche des Unternehmens verbunden. Dabei ist auf einen **strategischen Fit** zwischen dem *Unternehmen und seinen Ressourcen* sowie *seiner Umwelt* zu achten. [Zajac/Kraatz/Bresser (2000)] Das starke Wachstum vollzieht sich zumeist innerhalb eines geringen Zeitraums von zirka vier bis fünf Jahren.

Die Abgrenzungen des Begriffs *Gazelles* (Gazelle) im Sinne schnell wachsender Unternehmen sind in der Literatur vielfältig und uneinheitlich. Beispielsweise definieren Autio/Wallenius/Arenius (1999) in ihrer Studie über das Wachstum finnischer Unternehmen eine *Gazelle* als ein Unternehmen, das ein Umsatzwachstum von mindestens 50 Prozent innerhalb eines jeden von drei aufeinanderfolgenden Jahren aufweisen kann und das mindestens 170.000 Euro Umsatz im Laufe des dritten Jahres erzielt. Eine umfassende und allgemeingültige Definition schnell wachsender Unternehmen bzw. der *Gazelles* existiert in diesem Zusammenhang bislang nicht. Verschiedene Definitionen führen dazu, dass unterschiedliche Arten schnell wachsender Unternehmen innerhalb einer Population identifiziert werden. [Delmar (1997); Delmar/Davidsson (1998)]

7.1.1.2 Qualitatives Wachstum

Qualitatives Wachstum kann definiert werden als Zunahme der Leistungsfähigkeit des Unternehmens hinsichtlich nicht unmittelbar *quantifizierbarer* Kriterien bzw. Variablen. Als qualitatives Wachstum kann z. B. die *Verbesserung der Ergebnisse der Unternehmenstätigkeit ohne Veränderung der Unternehmensgröße in Bezug auf die Unternehmensinputs* definiert werden. [Kürpick (1981)] Beispiele hierfür sind eine Verbesserung der Produktqualität oder die Qualität der Kundenbeziehungen. Zu den qualitativen Variablen zählen weiterhin die Managementkompetenz, Innovationen, Qualität der Mitarbeiter sowie eine Nachhaltigkeit in der Unternehmensentwicklung. Qualitatives Wachstum ist allerdings insgesamt nur schwer messbar.

7.1.2 Systematisierung von Wachstumsarten

Eine Systematisierung von Wachstum kann in vielfältiger Weise vorgenommen werden. Grundsätzlich können als **Wachstumsarten** die drei Formen des *internen, externen* und *kooperativen Wachstums* unterschieden werden.

7.1.2.1 Internes Wachstum

Internes Wachstum bezeichnet das *Wachstum innerhalb des Unternehmens aus eigener Kraft durch interne Unternehmenswertschöpfungsprozesse.* Das interne Wachstum stellt die Ausgangsbasis aller Wachstumsformen dar. Primäres Wachstum ist somit i. d. R. internes Wachstum. Es sichert die Überlebensfähigkeit des Unternehmens und stellt eine ökonomische Existenzberechtigung durch zunächst theoretisch effektive und effiziente Ressourcenallokation und -verwendung dar. [Homburg (2000)]

Junge, auf Wachstum ausgerichtete Unternehmen sichern ihre Überlebensfähigkeit häufig zunächst über internes Wachstum mit einem wirtschaftlich tragfähigen Geschäftsmodell. Ausgehend von dieser Basis können in Erweiterung des internen Wachstums externe und kooperative Wachstumsstrategien entwickelt und realisiert werden.

7.1.2.2 Externes Wachstum

Externes Wachstum bezeichnet Wachstum außerhalb des internen Wertschöpfungsprozesses eines Unternehmens. Formen des externen Wachstums sind z. B. die *Akquisition, Fusion* bzw. *Konzernbildung.* Als mögliche Ziele sind bspw. die Generierung von Umsatz- und Gewinnwachstum zu nennen. Weiterhin steht häufig die *Erzielung von Synergieeffekten* im Vordergrund (Erwerb komplementärer Ressourcen, Effizienzsteigerung durch Zukauf kombinierter Ressourcen, Einkauf qualifizierter Mitarbeiter, effizientere Arbeitsabläufe, Fixkostendegression). Externes Wachstum wird bspw. genutzt zur *geografischen Unternehmensausweitung,* zum *Eintritt in neue Märkte* sowie zur *Verfolgung einer Diversifikationsstrategie* (horizontal, vertikal oder lateral bzw. konglomerat).

Grundsätzlich lassen sich zahlreiche Beispiele für externes Wachstum in unterschiedlichen Branchen aufzeigen. Ein Beispiel aus der Net-Economy ist das Unternehmen *Amazon* mit seinen Akquisitionen von *Bookpages, Telebuch* oder *Internet Movie Database.* Als ein weiteres Beispiel für starkes externes Wachstum ist der Netzwerkausrüster *Cisco* zu nennen. Das Ziel von Cisco ist es, in allen aktiven Geschäftsfeldern die Nummer 1 bzw. die Nummer 2 im Sinne einer Produkt- und Marktführerschaft zu werden. Hierzu nimmt Cisco kontinuierlich eine Vielzahl von Akquisitionen (kleiner) innovativer Unternehmen vor. Den langfristigen Unternehmenserfolg sieht Cisco in strategischen Investitionen und Innovationen. Bisher scheint diese Strategie zielgerichtet aufzugehen. Das Unternehmen hat sich im Laufe der letzten 20 Jahre von einem Start-up zu einem Unternehmen von über 24 Milliarden Dollar Umsatz entwickelt.

Gerade in der jüngeren Literatur wird der Erfolg bzw. die Generierung von Synergieeffekten bei Akquisitionen oder Fusionen allerdings auch kritisch gesehen. In diesem Sinne empfehlen etwa Shulman und Stallkamp den Unternehmen, eine Strategie des *„getting bigger by growing smaller"* gegenüber einer Strategie des schnellen Unternehmenswachstums durch Akquisition zu präferieren. [Shulman/Stallkamp (2004)] Nach der Auffassung von Wendelin Wiedeking, dem Vorstandsvorsitzenden von Porsche, ist ein Überleben auf (globalen) Märkten auch ohne groß angelegte Akquisitionen und Fusionen möglich. In diesem Sinne äußert er sich auch generell zum Größenwachstum von Unternehmen kritisch:

„Wenn Größe das entscheidende Kriterium wäre, müssten die Dinosaurier heute noch leben." *[Wendelin Wiedeking, Vorstand Porsche]*

7.1.2.3   Kooperatives Wachstum

Kooperatives Wachstum ist eine (hybride) Strategieform zwischen internem und externem Wachstum. Vollzogen wird kooperatives Wachstum über die *Nutzung formeller oder informeller Netzwerkstrukturen oder einzelner Partnerschaften.* Das primäre **Ziel** ist dabei die *Gewinnung komplementärer Ressourcen.* Eine wichtige Voraussetzung für das erfolgreiche Gelingen von Kooperation ist, dass die Partner jeweils einen Nutzen durch die Kooperation generieren können. Konkrete Anreize für Kooperationen können etwa durch Kernkompetenzen in Basistechnologien oder Schlüsselfunktionen geschaffen werden. Als Ausprägungen der Kooperation sind bspw. *Joint Ventures* und *strategische Allianzen* zu nennen. Kooperationen können differenziert werden nach der Größe der Kooperation des Unternehmens mit kleinen Unternehmen (gleiche Größenstruktur bei Gründungsunternehmen im Kontext des Entrepreneurship) oder Kooperationen mit großen Unternehmen (ungleiche Größenstruktur). Kooperationsformen lassen sich „klassischerweise" bspw. in den Bereichen Lizenzierung (Biotechnologie etc.), Forschung und Entwicklung, Outsourcing (z. B. der Produktion) oder im Marketing aufzeigen. [Hutzschenreuter (2001); Welge/Al-Laham (2003)]

Beispiele für Motive und potenzielle Ziele eines kooperativen Wachstums sind
in Tabelle 26 zusammenfassend dargestellt.

Wachstumsmotive	*Potenzielle Ziele*
Ressourcenorientierung	▪ Technologiezugang ▪ Ausgleich knapper Ressourcen
Zeitorientierung	▪ Verkürzung von Forschungs- und Ent- wicklungs- sowie Produkteinführungszyklen ▪ Know-how-Transfer
Kostenorientierung	▪ Senkung von Fixkosten ▪ Nutzen von Effekten auf der Basis der Erfahrungskurve ▪ Generierung einer kritischen Unterneh- mensgröße
Marktorientierung	▪ Zugang zu Märkten ▪ Überwindung von Markteintrittsbarrieren ▪ Erweiterung der Produktpalette

Tabelle 26: Motive und potenzielle Ziele kooperativen Wachstums

7.1.3   Ausgewählte Wachstumsmodelle

In Literatur und Praxis existieren zahlreiche verschiedene Modelle zur Beschreibung und Erklärung des Wachstums von Unternehmen. Bekannte
Ansätze sind etwa das Wachstumsmodell nach Greiner und das St. Gallener
Management-Konzept nach Bleicher, Pümpin, Prange. In vielen Fällen basieren die einzelnen Wachstumsmodelle dabei auf ähnlichen Ansätzen. Zum
tieferen Verständnis der Problematik des Unternehmenswachstums werden in
diesem Kontext grundlegende Konzepte zur Beschreibung und Erklärung des
Wachstums von Unternehmen vorgestellt.

Einigen Autoren zufolge kann eine Theorie alleine das Wachstum neuer,
junger Unternehmen nicht in adäquater, zufriedenstellender Weise erklären.
[Z. B. Gibb/Davies (1990)] Vielmehr ist das Wachstum ein vielschichtiger
Prozess, der nur schwer in seiner gesamten Komplexität abgebildet werden
kann. In der Literatur lassen sich zahlreiche Modelle auf das ursprüngliche
Konzept des **Lebenszyklusmodells** bzw. **Phasenmodells** zurückführen. Im
Sinne einer groben Klassifizierung kann grundsätzlich zwischen *evolutionären*
und *revolutionären* Wandlungs- und Wachstumsmodellen differenziert werden.
Ein evolutionäres Modell ist danach etwa das *Basiskonzept des Lebenszyklusmo-
dells*, ein revolutionäres Wandlungs- und Wachstumsmodell das *Modell von*

Greiner. Weiterhin werden in der Literatur auch **Prozessmodelle** beschrieben, bspw. das Complexity-Management-Wachstumsmodell. Dabei werden potenzielle Variablen bzw. Einflussgrößen des Wachstums und ihre Interdependenzen innerhalb eines prozessorientierten Modells beschrieben.

7.1.3.1 Lebenszyklus- und Phasenmodelle

Im Lebenszykluskonzept, das der Biologie entlehnt wurde, spielt Wachstum eine maßgebliche Rolle. Erste Ansätze einer Lebenszyklusanalyse gehen bspw. auf den Soziologen E. G. Tarde (ca. 1900) zurück. Weiterentwicklungen des Lebenszykluskonzeptes zu einem strategischen Planungsinstrument erfolgten durch Wissenschaftler in den 1950er- und 1960er-Jahren, etwa Dean (1950), Forrester (1959), Patton (1959), Levitt (1965), Cox (1967). In Anlehnung an den biologischen Lebenszyklus, der Entstehung und des Vergehens von Lebewesen, umfasst das Modell typischerweise Phasen des Werdegangs eines Produktes von der Einführung bis zur Elimination. Der gesamte Lebenszyklus ist üblicherweise in vier bis sechs Phasen eingeteilt, deren Bezeichnungen oft nicht einheitlich sind. Die Verlaufsform der Lebenszykluskurve wird durch die Absatz- oder Umsatzentwicklung des jeweiligen Produktes determiniert, deren Darstellungsweise in der klassischen Literatur meist einer glockenförmigen normalverteilten Kurve (Gauß'sche Normalverteilung) entspricht. Die kumulierten Absatz- oder Umsatzentwicklungen werden vereinzelt auch in alternativen Formen, etwa als logistische S-Kurve, dargestellt.

In Erweiterung des klassischen Produktlebenszyklus ist der integrierte Produktlebenszyklus zu sehen, der zusätzlich zur Marktphase noch die (Früh-)Entwicklungsphase und weitere Teilphasen umfasst. [Pfeiffer/Bischof (1974)] Dieses Modell wird nicht nur zur Klassifizierung von Produkten verwendet, sondern auch zur Darstellung und Erklärung von typischen Verläufen in der Unternehmensentwicklung, die sich durch einzelne Phasen charakterisieren lassen. Die Lebenszyklusmodelle werden in diesem Kontext auch als Phasenmodelle bezeichnet. Die Abgrenzung der einzelnen Phasen erfolgt jeweils unterschiedlich. Abgrenzungskriterien sind bspw. die Zeit (zumeist in Jahren), Unternehmenskrisen, Unternehmensstruktur oder Wachstumsraten. Das Lebenszykluskonzept dient in der Entrepreneurship-Forschung und Entrepreneurship-Lehre als zentrales, wenn auch nicht unumstrittenes Modell zur Darstellung und Erklärung von typischen Entwicklungsverläufen eines Unternehmens. Abbildung 59 zeigt in Verbindung von Zacharias (2001) und Catlin/Matthews (2002) das Beispiel eines integrierten Lebenszykluskonzeptes von der Vorgründungs-, Gründungs-, Frühentwicklungs- bis zur Wachstumsphase eines jungen Unternehmens. Die Wachstumsphase ist dabei nochmals in anfängliches, schnelles und kontinuierliches Wachstum unterteilt. In den ersten Jahren nach der Unternehmensgründung ist das Umsatzwachstum gering ausgeprägt. Diese initiierende Phase umfasst typischerweise fünf bis sieben Jahre, kann aber je nach Branche davon deutlich abweichen. [Hisrich/Peters (2002)] In diesem Sinne zeigen die Beispiele von rasant wachsenden Unternehmen, wie etwa Amazon und Google, dass es durch die starke Nutzung des Internets als Kommunikations- und Vertriebssystem möglich geworden ist, bereits in der Anfangsphase ein sehr schnelles Umsatzwachstum zu generieren. Die darauf folgende Phase, die etwa fünf Jahre dauert, ist durch hohe Wachstumsraten in der Umsatzentwicklung gekennzeichnet. Danach erfolgt typischerweise eine Stabilisierung des Wachstums im Sinne eines kontinuierlichen Umsatzwachstums. Insgesamt werden evolutionäre und revolutionäre Wachstumsphasen miteinander verbunden. Das Wachstum kann allerdings durch unterschiedliche Turbulenzen beeinflusst werden. Turbulenzen stellen entscheidende Wachstumsschwellen innerhalb der Unternehmensentwicklung dar, die es zu bewältigen gilt. Die weiteren typischen Phasen des Lebenszyklusmodells, d. h. die Reifephase und Degenerationsphase, gehören im Kontext junger Unternehmen an dieser Stelle nicht zum Betrachtungsfokus.

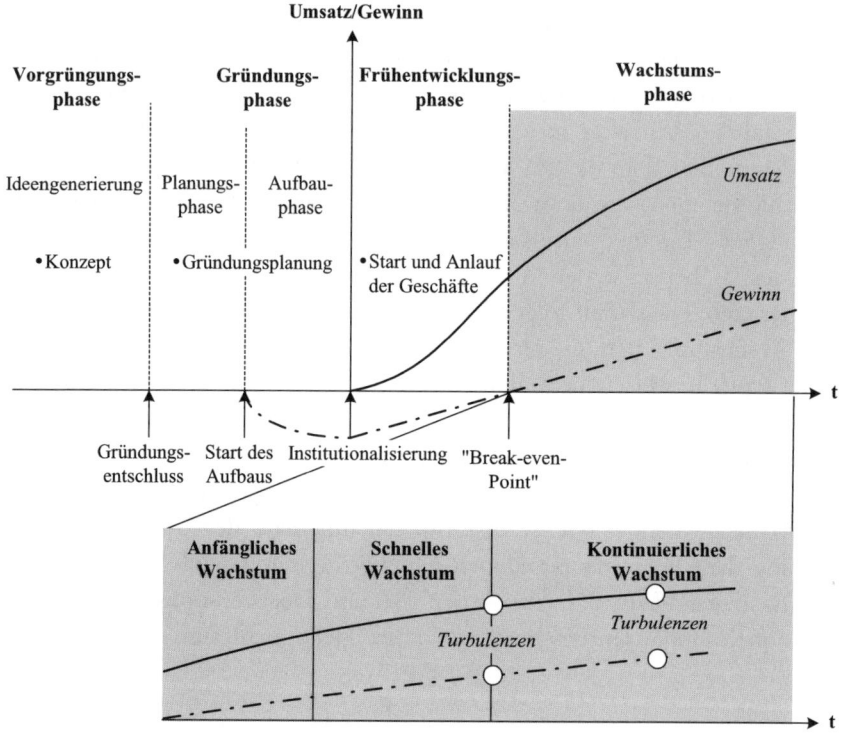

Abbildung 59: Integriertes Lebenszykluskonzept

Lebenszyklusmodelle veranschaulichen ein potenzielles Wachstum eines Unternehmens in nachvollziehbarer Weise. Problematisch im Hinblick auf die praktische Anwendung des Modells ist, dass für die Abgrenzung der Phasen keine allgemeingültigen Kriterien existieren. Weiterhin ist die angenommene Gauß'sche Normalverteilung bzw. S-Kurvenform vieler Lebenszyklusmodelle lediglich eine theoretische Annahme. Die tatsächlichen Entwicklungsverläufe von Unternehmen können hiervon abweichen und unterschiedliche Ausprägungsformen annehmen. Das Wachstum von Unternehmen ist i. d. R. kein uniformes bzw. gleichmäßiges Wachstum. Vielmehr kann es durchaus ungleichmäßige bzw. chaotische Züge annehmen.

Das folgende Fallbeispiel der Werbeagentur *Creactiv* zeigt den spezifischen Entwicklungsverlauf des Unternehmens anhand des integrierten Lebenszyklusmodells. Zur Entwicklungsgeschichte der Agentur Creactiv:

Vorgründungsphase: In den Jahren 1995 und 1996 wurde von den drei Gründern der Werbeagentur Creactiv, Andreas Brandfaß, Bernd Depenbrock sowie Katja Schettke, eine Ideengenerierung und Beobachtung des relevanten Marktes vorgenommen. Motive für den Weg in die Selbstständigkeit waren schlechte Erfahrungen im Angestelltenverhältnis, Lust auf berufliche Unabhängigkeit sowie Selbstverwirklichung. *Gründungsphase:* Im Jahre 1997 wurde die Gründung der Creactiv GbR vollzogen. Nach Institutionalisierung des Unternehmens (Geschäftseröffnung, Gewerbeanmeldung etc.) trat das Unternehmen in die Frühentwicklungsphase ein. In der *Frühentwicklungsphase* wurden erste Umsätze im zweiten Quartal der Agenturgeschichte erzielt. Das Unternehmen wuchs geringfügig. Mit kleineren Aufträgen konnten die monatlichen Kosten gedeckt werden. Nennenswerte Gewinne wurden zunächst jedoch nicht erzielt. Ein sprunghaftes Umsatzwachstum wurde durch die Gewinnung von *Coca-Cola Deutschland* als Auftraggeber im Jahr 1999 erzielt. Als Agentur von Coca-Cola Deutschland konnte Creactiv nunmehr weitere Kunden gewinnen. Creactiv war innerhalb kurzer Zeit bundesweit aktiv. Das Personal wurde aufgestockt und Investitionen getätigt. Das plötzliche und schnelle Wachstum beschreibt einer der Gründer als größte Herausforderung. Er hat „das Herz in beide Hände genommen" und sich der Herausforderung gestellt. Das Auftragsvolumen vervielfältigte sich. Als Konsequenz erfolgte ein Umzug des Unternehmens an den jetzigen Standort. Im Jahre 2002 konnte *T-Online* als weiterer Großkunde gewonnen werden. Jedoch gab es nicht nur Erfolge zu verzeichnen. Denn neben der erfolgreichen Gewinnung von Großkunden gab es Fehleinschätzungen bei der Produktion sowie hinsichtlich der Absatzzahlen einer CD-ROM zur Fußball-Weltmeisterschaft 2002. Erste Probleme waren ersichtlich. Im Rahmen der *Entwicklungsphase* kam es zu einer Unterdeckung von Projekten durch die Zahlungsunfähigkeit von Auftraggebern. Die Zahlungsunfähigkeit des Auftraggebers war für die Agentur unvorhersehbar, sodass eine deutliche Unterdeckung der Projekte zu kompensieren war. Im Jahre 2003 musste eine Finanzierungslücke aufgrund einer allgemeinen Marktflaute verzeichnet werden. Das Wachstum des Unternehmens war trotz der Gewinnung von *EDEKA* als Großkunden problematisch. Es kam zu einer Krisensituation des Unternehmens. Diese Turbulenzen wurden allerdings als Rücksprung und Einleitung einer neuen Wachstumsphase genutzt. Im Jahre 2005 wurde das Unternehmen als Einzelunternehmen neu gegründet. Ein Aufschwung konnte durch die Fußball-Weltmeisterschaft im Jahre 2006 verzeichnet werden. Das Unternehmen ist aktuell in den Bereichen *Marketing* (klassische Werbung, Verkaufsförderung, Öffentlichkeitsarbeit), *Sports, Promo & Event* (Sportevents, Promotioneinsätze, Konzeption und Umsetzung verschiedener Events) sowie *Media, Design & IT* (grafische Leistungen, Programmierung, CD-ROMs, Internetportale, Layout, Print) tätig. Abbildung 60 verdeutlicht die Unternehmensentwicklung des dargestellten Beispiels der Agentur Creactiv.

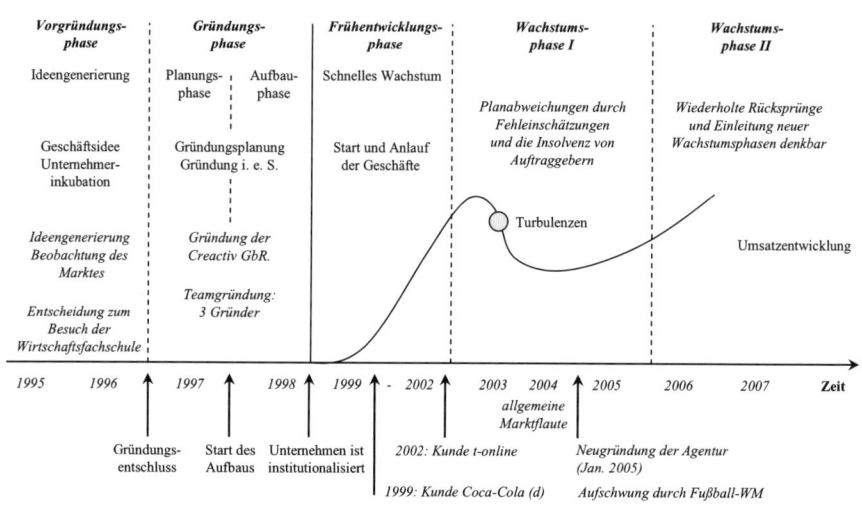

Abbildung 60: Beispiel für eine Unternehmensentwicklung

Wachstumskonzept nach Greiner

In dem **Wachstumskonzept nach Greiner** (1972) in der Originalfassung durchläuft ein Unternehmen in seinem Wachstum *fünf Phasen*. Dabei bauen die einzelnen Phasen aufeinander auf. Somit bildet eine Phase einerseits das Ergebnis der vorherigen Phase. Andererseits ist sie als Auslöser der nachfolgenden Phase zu betrachten. Kennzeichnend für dieses Modell ist der Wechsel von Zeiten des Wachstums und von darauf folgenden Wachstumskrisen. [Siehe zur Kommentierung und Verbesserung des Originalmodells auch Greiner (1998)]

Abbildung 61 zeigt das Wachstumskonzept nach Greiner.

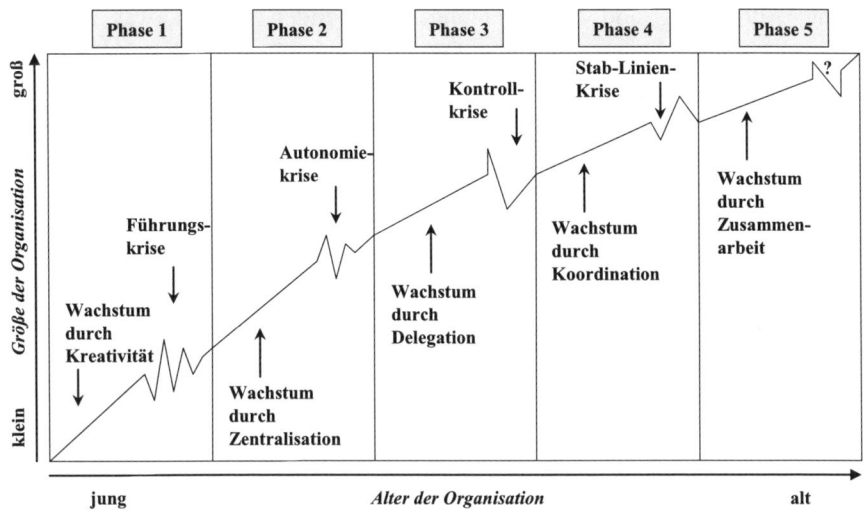

Abbildung 61: Wachstumskonzept nach Greiner

Phase 1

Die erste Phase der Unternehmensentwicklung ist gekennzeichnet durch ein Wachstum durch Kreativität. Das junge Unternehmen weist eine informelle Organisation auf. Es herrschen flache oder gar keine Hierarchien und unstrukturierte Arbeitsorganisationen vor. Kompetenzen sind mitunter nicht klar voneinander abgegrenzt. Auf dieses kreative Wachstum folgt eine Führungskrise.

Phase 2

Die Führungskrise kann durch eine Zentralisation der Führung überwunden werden. Bei einem stark ansteigenden Wachstum in dieser Phase werden Entscheidungen sowie Effizienz- und Koordinierungsprobleme durch eine zentralisierte, straffe Führung gelöst. Mit dem Unternehmenswachstum ist auch ein Wachstum der einzelnen Aufgabenbereiche verbunden. Eine zentralisierte Führung lässt nahezu keinen Freiraum für autonomes Handeln und Entscheiden der einzelnen Mitarbeiter. Hieraus resultiert einerseits eine Unzufriedenheit der Mitarbeiter. Andererseits erfolgt eine Überlastung der zentralisierten Führungsspitze, sodass hierdurch Entscheidungen verzögert werden. Dies mündet in die Autonomiekrise.

Phase 3

Die Autonomiekrise kann durch die Delegation von Kompetenzen (Entscheidung, Anordnung und Durchsetzung) überwunden werden, was zu einem Wachstum durch Delegation führt. Dezentralisierte Entscheidungen erfordern allerdings eine Kontrolle der Ergebnisse und eine Ausrichtung auf die strategischen Unternehmensziele. Im Wachstumskonzept nach Greiner mündet dies in die sogenannte Kontrollkrise.

Phase 4

In der vierten Phase des Unternehmenswachstums kann die Kontrollkrise durch Koordination in Form der Einführung von Stäben überwunden und in ein Wachstum überführt werden. Stäbe generieren Informationen und bereiten Entscheidungen vor. Sie besitzen jedoch prinzipiell keine Entscheidungs-, Anordnungs- und Durchsetzungskompetenzen. Im Rahmen der Stab-Linien-Krise, die auf das Wachstum durch Koordination folgt, ergeben sich Kompetenzabgrenzungsprobleme und organisatorische Probleme zwischen den Stäben und der Linienorganisation.

Phase 5

In dieser Phase soll durch die Zusammenarbeit und den Teamgeist aller Mitarbeiter die Stab-Linien-Krise überwunden werden. Hierbei ist die Generierung eines Wachstums durch Zusammenarbeit in multifunktionalen Projektgruppen das Ziel. Die letzte Krisenform wird bei Greiner im Modell zwar angedeutet, aber nicht näher erörtert.

Greiner lässt die Bezeichnung der Krise in Phase 5 offen. Dem Leser bleibt die Interpretation über den weiteren Entwicklungsverlauf selbst überlassen. So kann theoretisch angenommen werden, dass diese Krise zu einem Zusammenbruch oder zu einer grundsätzlichen Restrukturierung bzw. Erneuerung des Unternehmens, etwa ausgelöst durch eine Innovationskrise, führt.

Greiner beschreibt ein idealtypisches Phasenmodell zur Entwicklung des Unternehmenswachstums. Die einzelnen Phasen durchlaufen Unternehmen in der Realität allerdings nicht zwingend in dieser Form. In einer praktischen Ausprägung können einzelne Phasen übersprungen werden oder es ergeben sich andere Reihenfolgen. Das Modell von Greiner nimmt im Wesentlichen auf die internen organisatorischen Veränderungen Bezug. Diese verändern sich zwar im Laufe der Unternehmensentwicklung, allerdings können die einzelnen Krisen nicht nur als Ursache, sondern mitunter als Wirkungen anderer Einflüsse innerhalb des Unternehmenswachstums gesehen werden. Jedes Modell hat seine spezifischen Vor- und Nachteile. Im Konzept von

Greiner werden die verschiedenen Wachstumskrisen in anschaulicher Weise illustriert. Das Modell kann daher als Anregung zum Nachdenken über den Wachstumsprozess und etwaige Krisen dienen. Potenzielle Krisen können hierdurch möglicherweise frühzeitig antizipiert und schneller Gegenmaßnahmen beim Auftreten einer Wachstumskrise getroffen werden.

7.1.3.2 Complexity-Management-Wachstumsmodell

Das **Complexity Management** Modell von Covin/Slevin (1997) untersucht und erklärt das Wachstum eines Unternehmens unter prozessualen Aspekten. Das Management des Unternehmenswachstums ist eng mit dem *Change Management* verbunden. Das **Change Management** befasst sich mit der *aktiven Gestaltung von Veränderungsprozessen im Hinblick auf Strategien, Strukturen, Prozessen und Verhaltensweisen in einem Unternehmen.* In ähnlicher Weise vollzieht sich das Wachstumsmanagement. Auch hierbei geht es um die aktive Gestaltung des Wandels bzw. der Veränderung in einem Unternehmen. Abbildung 62 veranschaulicht das erweiterte Complexity-Management-Modell in prozessorientierter Betrachtung. Dabei wird der Zusammenhang zwischen Wachstumsmanagement und Change Management eines Unternehmens deutlich. Ausgehend von dem Wachstumsstreben, werden in dem Modell als *Wachstumsdeterminanten* das *Unternehmenskonzept, die Unternehmensressourcen, unternehmerischen Fähigkeiten der Gründer und Marktchancen* berücksichtigt. Das Unternehmenskonzept bildet in Kombination mit den *unternehmerischen Fähigkeiten* und den *Unternehmensressourcen* einen spezifischen, individuellen Fit des Unternehmens. *Externe Wachstumsdeterminanten* sind *Marktchancen* wie bspw. das Alter und die Struktur des Marktes und die Zusammensetzung der Konkurrenten bzw. generell strukturelle Löcher. Im Rahmen der unternehmerischen Tätigkeiten begünstigen oder behindern die einzelnen Ausprägungen der Wachstumsdeterminanten das Wachstum von Umsatz, Mitarbeitern und anderen Ressourcen. In ressourcenorientierter Betrachtung ist für ein Unternehmen vor allem die *Verfügbarkeit an finanziellen Mitteln* von Bedeutung.

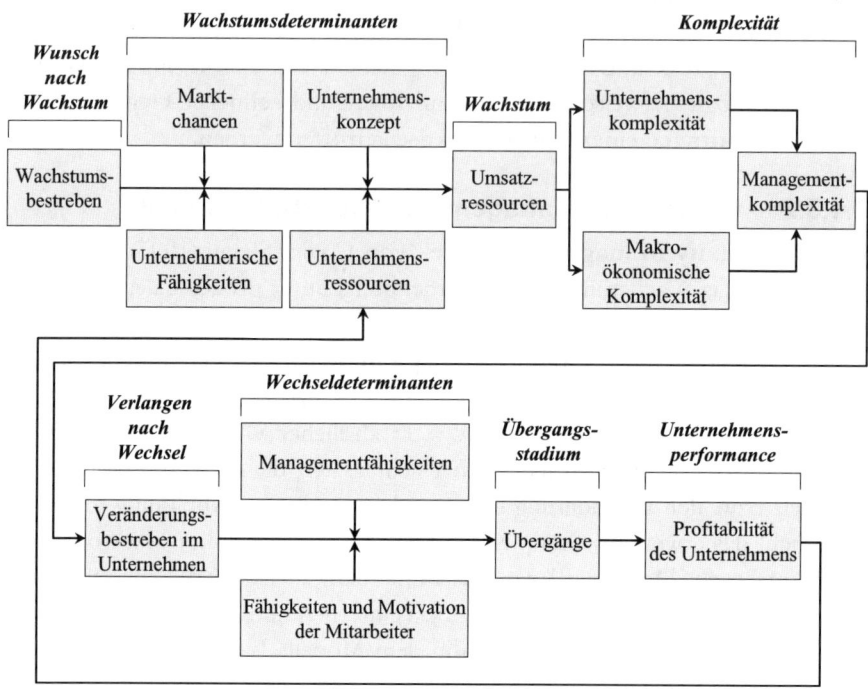

Abbildung 62: Erweitertes Complexity-Management-Modell

Dabei ist die Generierung von Wachstum durch eine hohe *interne und externe* **Komplexität** bestimmt. Der *internen Unternehmenskomplexität* steht die *makroökonomische Komplexität* oder Unternehmensumwelt als *externe Komplexität* gegenüber. Die Bestimmung eines strategischen und operativen Fits zwischen diesen beiden Dimensionen soll durch das Management bzw. die Gründerpersonen erzielt werden.

Das Management muss ein **Verlangen nach Wechsel** verspüren und durchsetzen wollen. Wachstum ist mit einem Wechsel bzw. mit einer Veränderung bestehender Strukturen im Unternehmen verbunden. Der Veränderungsprozess wird vom Management initiiert und ist abhängig von seinen jeweiligen Fähigkeiten und Kompetenzen in Form von Fach-, Methoden-, Sozial- und Handlungskompetenzen. Die Veränderungen im Unternehmen werden aber auch durch die *Mitarbeiter* beeinflusst. Nur wenn die Mitarbeiter Bereitschaft und Motivation zur Veränderung zeigen, ist ein erfolgreiches Unternehmenswachstum möglich. Der Prozess der Veränderung wird durch eine wachstumsorientierte Unternehmenskultur begünstigt. Im Kontext des Wechsels folgt ein **Übergangsstadium**. Maßnahmen werden implementiert, kontrolliert und ggf. angepasst. Gerade die Übergänge können kritisch für die weitere Unternehmensentwicklung sein. Dabei kann es sein, dass ein junges Unternehmen einige Jahre erfolgreich am Markt tätig gewesen ist und bereits Gewinne erwirtschaftet hat. Im Übergangsstadium gerät es jedoch in die Insolvenz, da es zu hohe Risiken eingegangen ist. Letztlich wirkt sich das Wachstum somit positiv oder negativ auf das *Ergebnis* und die *Profitabilität des Unternehmens* aus. Im Falle eines erfolgreichen Wachstums können neue Ressourcen akquiriert und in das Unternehmen integriert werden. Somit schließt sich ein prozessualer Kreislauf, der nun wieder mit einem Wunsch nach Wachstum erneut beginnen kann.

7.2 Wachstum, Vision und Ziele

7.2.1 Wachstum und Vision

Der Begriff **Vision** kann definiert werden als ein in *unbestimmter Zukunft vorstellbarer, wünschenswerter Zustand im Sinne eines Idealbilde*s. In der Zielhierarchie des strategischen Managements bildet die Vision die oberste Ebene. Aus ihr werden das *Unternehmensleitbild* und *Unternehmensziele* abgeleitet. Im betriebswirtschaftlichen Kontext stellt die Vision einen Zustand des Unternehmens in ferner Zukunft dar. Der Zustand kann etwa durch eine Technologie- oder Marktführerschaft, Steigerung des Unternehmenswertes, durch eine Änderung der Unternehmenskultur oder durch Kombinationen mehrerer Merkmale geprägt sein. Ein Visionär, sei es nun ein angestellter Manager oder ein Unternehmensgründer, prägt das Unternehmen durch seine Persönlichkeitsstruktur und Präferenzmuster in entscheidendem Maße. Visionen entstehen meist auf individueller Ebene. Eine Vermittlung der Visionen auf alle Unternehmensebenen ist wichtig, damit diese auch bei den Mitarbeitern Bedeutung erlangen und sie sich damit identifizieren können. Vor dem Hintergrund der Einbettung des Unternehmens in einen spezifischen Umweltkontext kann die Vision einerseits Auswirkungen auf das Unternehmen an sich und andererseits auf die Ebenen der engeren und weiteren Unternehmensumwelt haben. Als Beispiel sei zur Verdeutlichung eine fiktive Vision eines neu gegründeten Unternehmens in der Biotechnologiebranche angenommen:

> *„Wir steigern mit unseren Produkten die Gedächtnisleistung und Lernfähigkeit von Menschen."*

Als Vision wird eine Verbesserung der Gedächtnisleistung der Kunden angegeben. Auswirkungen ergeben sich dabei auf die interne und externe Unternehmensumwelt. Einerseits ergeben sich zur Realisierung der Vision u. a. konkrete interne Auswirkungen, wie z. B. die Entwicklung von Produkt- und Prozessinnovationen.

Unternehmensextern können Visionen auch helfen, starre Marktstrukturen und vorhandene Markteintrittsbarrieren zu durchbrechen. In diesem Sinne haben z. B. die Gründer des Unternehmens *DocMorris* mit der Vision einer *„Internetversandapotheke"* dazu beigetragen, die starren Marktstrukturen des Apothekenmarktes in Deutschland zu verändern. Das bedeutet bspw., dass im Internetversandhandel Medikamente den Kunden günstiger angeboten werden können, was zu einem verschärften Wettbewerb in diesem Marktsegment führen wird. [Opoczynski/Thomsen (2003)]

Visionen müssen nicht immer kompliziert oder technologisch fundiert sein. Die Vision des Discountoptikers *Fielmann*, „allen Bürgern modische Brillengestelle zu Kassenpreisen anzubieten", wurde zunächst von vielen Wettbewerbern belächelt. Sein darauf aufbauendes Wachstumskonzept und seine unternehmerischen Erfolge zeigen, dass Wettbewerber auch noch so einfach anmutende Visionen manchmal besser frühzeitig ernst nehmen sollten. Heute ist Fielmann in Deutschland mit großem Abstand vor *Apollo-Optik* Marktführer, 90 Prozent der Bundesbürger kennen Fielmann, etwa 14 Millionen tragen Brillen von ihm, darunter der Altbundeskanzler Gerhard Schröder. [Opoczynski/Thomsen (2003)]

Wichtig erscheint, dass auch die Mitarbeiter eine Ausrichtung auf die Vision erfahren und damit im Idealfall ihr Denken und Handeln auf die Vision ausrichten. Exemplarisch kann die Relevanz der Vision und die Einstellung der Mitarbeiter zu einer Vision an einem kurzen Beispiel an der Person eines Steinmetzes verdeutlicht werden:

- Person 1:
  „Ich arbeite an der Herstellung eines Steines." (Operative Denkweise)
- Person 2:
  „Ich arbeite an der Herstellung eines Turmes." (Strategische Denkweise)
- Person 3:
  „Ich baue eine Kathedrale." (Visionäre Denkweise)

Dieses kleine Beispiel verdeutlicht einerseits den Abstraktionsgrad von einer operativen zu einer visionären Denkweise. Andererseits impliziert es ein ganzheitliches Denken. Die Tätigkeit des Steinmetzes hat sich prinzipiell nicht verändert, er stellt einen Stein her. Jedoch wird das spezifische Ziel seiner Arbeit durch eine visionäre Denkweise klarer und der Beitrag der Arbeiten kann so in einen Gesamtkontext gesetzt werden. Für junge Unternehmen ist es wichtig, dass zunächst überhaupt eine Vision formuliert wird. Sie bildet die Ausgangsbasis des strategischen Handelns.

Kann eine Vision systematisch entwickelt werden oder entsteht sie zufällig, etwa durch den plötzlichen Einfall des Visionärs? Diese Frage nach der Entstehung von Visionen kann an dieser Stelle nicht eindeutig beantwortet werden, auch wenn es in der Literatur bereits Ansätze gibt, die davon ausgehen, dass nicht nur Strategien, sondern auch Visionen systematisch entwickelt werden können. [Z. B. Lipton (2003)]

Für ein besseres Verständnis sind nachfolgend beispielhaft Visionen von Unternehmen aufgeführt:

Zunächst zwei Visionen von Unternehmen aus der Biotechnologiebranche:

„Unsere Vision ist es, Krankheiten mit Substanzen zu bekämpfen, die die Natur hierfür vorgesehen hat. Hierbei nutzen wir die Biotechnologie, um anhand von genetischen Informationen innovative und sichere Wirkstoffe aus körpereigenen Substanzen zu erzeugen." [Biopharm]

„Die DASGIP AG ist weltweit Technologie- und Marktführer im Bereich paralleler Kultivierungssysteme für die biotechnologische Forschung, Entwicklung und Produktion der Pharma-, Chemie, und Lebensmittelindustrie, der erfolgreich wirtschaftet sowie mit seinen Produkten und Dienstleistungen seine Kunden erfolgreich macht und vielen Menschen Nutzen bringt." [DASGIP]

Nachfolgend dargestellt sind zwei Visionen von erfolgreichen Unternehmen aus den Bereichen Information und Kommunikation bzw. Internet:

„Cisco's vision is that the Internet will transform the way people work, live, play, and learn." [Cisco]

„Our vision is to be earth's most customer centric company; to build a place where people can come to find and discover anything they might want to buy online." [Amazon]

Die Vision des Unternehmens wird auch durch die Vision der Gründer bzw. der Managements geprägt. Die Absicht von Jeffrey Preston Bezos, dem Gründer vom *Amazon*, war zunächst der Aufbau des Unternehmens als *earth's biggest bookstore*. Im Laufe des Unternehmenswachstums hat sich diese Vision geändert. Amazon sollte zum *earth's biggest anything store* werden, was derzeit von Amazon strategisch verfolgt und operativ umgesetzt wird.

Hier zeigt sich, dass Visionen einem Wandel unterliegen. Dieser Wandel der Visionen kann bspw. durch neue oder veränderte Überzeugungen bzw. Einstellungen eines Unternehmers hervorgerufen werden. Da Visionen personenabhängig sind, kann dies, insbesondere bei Führungswechseln an der Unternehmensspitze, oftmals zu radikalen Wandlungen, aber auch vereinzelt zu ernsthaften Problemen führen. Die Vision von Edzard Reuter, ehemaliger Vorstandsvorsitzender der (damaligen) *Daimler-Benz AG*, war bspw. die *Schaffung eines integrierten Technologiekonzerns*. Das Kerngeschäft des Konzerns, der Automobilbau, wurde bspw. um die Herstellung von Elektrogeräten oder die Sparte der Luft- und Raumfahrt erweitert. Die Verwirklichung dieser Vision war allerdings mit vielfältigen strategischen sowie operativen Problemen verbunden. Nachdem Edzard Reuter das Unternehmen verließ, verwarf sein Nachfolger Jürgen Schrempp die vormalige Vision und konzentrierte sich stärker auf das Kerngeschäfts des Automobilbaus. Seine Vision war die *Schaffung einer Welt AG* im Sinne eines Weltmarktführers im Automobilbau. Daher wurde ein aggressives externes Wachstum durch zahlreiche Akquisitionen und Fusionen betrieben. [Siehe hierzu Kapitel 7.4.4.2.1] Allerdings waren auch mit der Verwirklichung des externen Wachstums unterschiedliche strategische und operative Probleme verbunden, sodass Schrempp seine Vision während seiner Tätigkeit als Vorstandvorsitzender der Daimler-Chrysler AG nicht realisieren konnte.

Visionen können sich auch durch direkte Einflüsse der Umwelt bzw. Marktentwicklungen verändern, wie dies durch das Beispiel der Herstellung von Babynahrung deutlich wird. Nach zahlreichen Skandalen um verunreinigte, gesundheitsgefährdende bzw. minderwertige Babynahrung boten sich Marktchancen im Bereich biologisch angebauter und hergestellter Nahrungsprodukte. In diesem Kontext entwickelte bspw. Georg Hipp die Vision der Herstellung von *Babynahrung aus organisch-biologischen Rohstoffen*.

7.2.2   Wachstumsziele

Idealtypisch werden aus einer Vision **Unternehmensleitbilder** bzw. Führungsgrundsätze abgeleitet. Sie bilden die *schriftlich formulierte Ausgangsbasis zur Verwirklichung der Vision* und tragen durch gesetzte fundamentale Leitbildaussagen zu einer erfolgreichen Realisierung bei.

Bei der Ableitung der **Unternehmensziele** geht es um eine Konkretisierung und Umsetzung der Vision. Typische strategische Unternehmensziele sind die Steigerung des Marktanteils um einen definierten Prozentsatz oder die Steigerung des Shareholder-Value. Aus den *strategischen* Unternehmenszielen werden *operative* Ziele abgeleitet, etwa Ziele für den Einkauf, die Produktion oder den Vertrieb. Dabei kann es sich um Ziele wie die Kostensenkung durch einen verbesserten Einkauf oder eine Verminderung des Ausschusses in der Produktion handeln. Eine Operationalisierung, Quantifizierung und Messung der einzelnen Ziele kann über unterschiedliche **Kennzahlen** wie z. B. den *Return on Investment* (RoI), den *Return on Equity* (RoE) oder den *Return on Sales* (RoS) vorgenommen werden.

Die Wachstumsziele sind systematisch den Unternehmenszielen zuzuordnen. Dabei können quantitative und qualitative Wachstumsziele unterschieden werden.

Als **quantitative Wachstumsziele** können alle *Zielvorgaben der Zunahme einer messbaren Variablen um einen absoluten oder relativen Betrag* verstanden werden. Messbare Größen in diesem Kontext sind, analog zur Definition des quantitativen Wachstums, bspw. Absatz, Umsatz, Marktanteil, Gewinn vor Steuern, Bilanzsumme oder die Summe der Neuinvestitionen. Quantitative Wachstumsziele sind Vorgaben und geplante Ziele in den zuvor genannten Bereichen. Beispielhafte quantitative Wachstumsziele junger Unternehmen sind die Steigerung des Absatzes um 40 Prozent (5.000 Einheiten), die Steigerung des Umsatzes um 50 Prozent (200.000 Euro) oder die Steigerung des Gewinns um 20 Prozent (20.000 Euro). Auch die Reduzierung (anfänglicher) Verluste in der Unternehmenstätigkeit kann als ein relatives Wachstum aufgefasst werden.

Qualitative Wachstumsziele beziehen sich auf *nicht direkt quantifizierbare Kriterien* bzw. Variablen. Das bedeutet, dass qualitative Wachstumszicle, analog zum qualitativen Wachstum, nur schwer bzw. mit erhöhtem Aufwand messbar sind. Konkrete qualitative Wachstumsziele sind etwa eine Verbesserung der Qualität der Kundenbeziehung, eine Erhöhung der Leistungsmotivation der Mitarbeiter, eine Verbesserung der Managementkompetenzen oder eine Verstärkung der Nachhaltigkeit in der Unternehmensentwicklung. Insgesamt können qualitative Wachstumsziele, verbunden mit einer mittel- bis langfristig ausgerichteten Wachstumsstrategie, zu einer verbesserten Realisierung der angestrebten quantitativen Wachstumsziele beitragen.

7.3   Wachstumsanalyse

Strategische Aspekte der Wachstumsplanung unter Berücksichtigung der sich
verändernden Gegebenheiten im Unternehmen und seiner Umwelt werden
von vielen Gründern nicht zwingend als notwendig erachtet. Häufig sehen
Gründer ihr Unternehmen als einzigartig und herausragend an und verklären
somit die Realität. [Szyperski/Nathusius (1999)] Dabei erfordert das Management des Wachstums junger Unternehmen realistische Veränderungen in den
Strategien und Strukturen des Unternehmens auf der Basis fundierter Analysen. Bevor geeignete Strategiealternativen entwickelt werden, sind zielgerichtete Analysen der Wachstumsmöglichkeiten und -potenziale notwendig. Im
Sinne einer systematischen Vorgehensweise können zu diesem Zweck verschiedene klassische, aber auch innovative Analyseinstrumente und -
methoden, eingesetzt werden.

7.3.1   Portfolioanalyse

Die **Portfolioanalyse** ist ein einfaches *klassisches Instrument des strategischen
Managements*, das in seiner ursprünglichen Konzeption für große, etablierte
Unternehmen entwickelt wurde, um verschiedene Geschäfts- oder Produktfelder der Unternehmen zu identifizieren und zu evaluieren. Beispielsweise
verwenden etwa drei Viertel der amerikanischen Top-500-Unternehmen diese
Methode zur Analyse ihres Geschäftsfeldportfolios. [Kotler (2001)] Die strategischen Geschäfts- oder Produktfelder sind allerdings nicht nur für etablierte, sondern auch für junge Unternehmen mit spezifischen Chancen und Risiken sowie Ertragsaussichten verbunden, die zu erkennen und zu bewerten
sind. Im Unterschied zu etablierten Unternehmen verfügen Neugründungen
oftmals nur über ein einziges neues Geschäftsfeld. In Fällen, in denen kein
oder nur ein geringes Wachstum angestrebt wird, sind Portfoliokonzepte nicht
sinnvoll einsetzbar. Möchte ein junges Unternehmen jedoch in mehreren
Geschäftsfeldern wachsen, kann die Portfolioanalyse zur Visualisierung und
Positionierung sowie Entwicklung von Strategiealternativen herangezogen
werden. Zu berücksichtigen ist jedoch, dass das Wachstum meist mit einem
erheblichen finanziellen Ressourceneinsatz verbunden ist, den viele junge
Unternehmen häufig nicht erbringen können. Portfoliokonzepte sind in ihrer
Anwendung meist einfach handhabbar und nachvollziehbar. Die grafische
Darstellung erfolgt häufig in Form einer zweidimensionalen Matrix. Portfoliokonzepte unterstützen das strategische Denken in einem Unternehmen. Weiterhin helfen sie, die Kommunikation der am Planungsprozess beteiligten

Akteure zu unterstützen.

In der Literatur und Praxis gibt es eine Vielzahl an unterschiedlichen Portfolioansätzen. Davon haben die klassischen **Portfoliokonzepte**, d. h. die *Marktwachstums-Marktanteils-Matrix* der Boston Consulting Group (BCG Matrix) und die *Marktattraktivitäts-Wettbewerbsvorteils-Matrix von McKinsey*, einen hohen Bekanntheitsgrad erreicht. Nachfolgend sei lediglich die BCG-Matrix erläutert und zur Konkretisierung der McKinsey-Matrix auf die Literatur des strategischen Managements verwiesen.

Marktwachstums-Marktanteils-Matrix
Die **BCG-Matrix** ist als eines der ersten Portfoliokonzepte entstanden und dient heute noch als Grundlage für die Entwicklung einer Vielzahl von Analyseinstrumenten.

Im Rahmen der BCG-Matrix werden die zwei Größen des relativen Marktanteils und des zukünftigen Marktwachstums abgebildet. Die Unternehmensdimension wird durch den **relativen Marktanteil** repräsentiert, der sich aus dem *Quotienten des eigenen Marktanteils und dem Marktanteil des stärksten Konkurrenten* ermitteln lässt. Die *Umweltdimension* spiegelt sich durch das **Marktwachstum** wider. Hohe relative Marktanteile deuten auf eine günstige relative Kostenposition hin, hohe Marktwachstumsraten hingegen erfordern einen hohen Finanzmittelbedarf.

Abbildung 63 zeigt, in Anlehnung an Hedley (1977), das Beispiel einer BCG-Matrix. Die Zuordnung strategischer Geschäftsfelder erfolgt innerhalb der vier Portfoliokategorien *Question Marks, Stars, Cash Cows, Poor Dogs*. Für die einzelnen Felder der Matrix und die dort positionierten strategischen Geschäfts- oder Produktfelder können Normstrategien (Desinvestition, Eliminierung, Förderung) in Bezug auf das weitere Vorgehen abgeleitet werden. Eine Positionierung der strategischen Geschäftsfelder kann für die aktuelle Istsituation, das Istportfolio, und für die zukünftige Sollsituation, das Sollportfolio, erfolgen. Die Differenz der beiden Portfolios ergibt die zukünftige strategische Stoßrichtung.

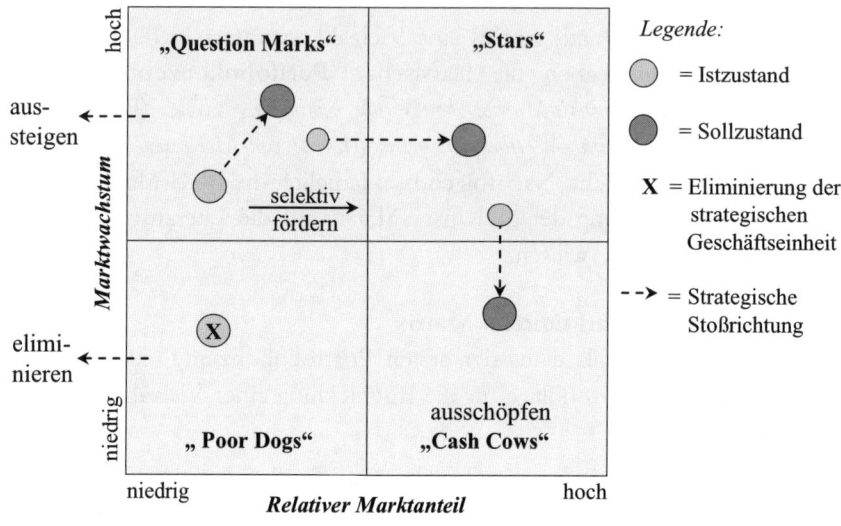

Abbildung 63: Marktwachstums-Marktanteils-Portfolio

Für Gründungsunternehmen ist die originäre BCG-Matrix zumeist nicht geeignet, da Cash Cows und Poor Dogs noch nicht vorhanden sind. Allerdings können aus diesem Grundmodell Analysen und Ansätze für junge Unternehmen, die in neue Geschäftsfelder investieren wollen oder bereits in mehreren Geschäftsfeldern tätig sind, abgeleitet werden. Wichtig ist hierbei, dass eine Visualisierung bereits bestehender strategischer Geschäftsfelder vorgenommen wird. Auch kann versucht werden, die strategischen Geschäftsfelder der (bedeutendsten) Konkurrenten zu analysieren und in die Matrix einzutragen, um einen Überblick über den Markt zu erhalten. Diese Visualisierung kann als eine *mögliche* Entscheidungshilfe für die Formulierung von Wachstumszielen und Wachstumsstrategien dienen.

Gerade im Bereich der Informations- und Kommunikationstechnologie sind die Produktlebenszyklen mitunter sehr kurz, was direkte Auswirkungen auf die strategischen Geschäftsfelder und ihre zugehörigen Produkte hat. Diese sind einem schnellen Wandel unterzogen. Dieser Wandel sollte kontinuierlich überwacht und eine Positionierung der Produkte und Geschäftsfelder vorgenommen werden. Auch kann sich das Unternehmenswachstum von Gründungsunternehmen in der Weise vollziehen, dass zu dem ursprünglichen, oftmals einzigen Geschäftsfeld in kurzer Zeit weitere strategische Geschäftsfelder hinzukommen. Internetunternehmen wie bspw. *Yahoo!*, *Amazon* oder

Google sind in den 1990er-Jahren gegründet worden und somit noch relativ jung. Diese haben aber bereits ein kontinuierliches Wachstum sowie eine Diversifikation in unterschiedliche strategische Geschäftsbereiche vollzogen.

7.3.2   ERSK-Quadrat

Die Methode des ERSK-Quadrates basiert auf den Annahmen von Kim/Mauborgne (2005) zur Erschließung blauer Ozeane. [Siehe hierzu auch Kapitel 4.2.3.1] Durch das ERSK-Quadrat sollen mit *kreativen innovativen Strategien neue Märkte erschlossen* werden. ERSK steht dabei für **E**liminierung, **R**eduzierung, **S**teigerung und **K**reierung. Für diese vier Zielbereiche sollen jeweils individuelle Strategien formuliert werden. Durch das ERSK-Quadrat werden gleichzeitig eine *Differenzierung sowie niedrige Kosten* angestrebt. Gleichermaßen visualisiert das Quadrat potenzielle Fokussierungen auf bestimmte Bereiche, was zu einem Ungleichgewicht führen kann. Beispielsweise kann das ERSK-Quadrat verdeutlichen, dass sich die Bemühungen zu stark auf die Bereiche der Steigerung und Kreierung eines Produktes oder einer Dienstleistung konzentrieren und somit als Resultat die Kostenstruktur des Unternehmens erhöht wird. Die Ursache hierfür ist möglicherweise ein Produkt mit zu vielen überflüssigen und kostenintensiven Funktionen. Durch diese Analysemethode sollen Einflussfaktoren in einfacher Weise visualisiert und implizite Annahmen bei der Strategieentwicklung veranschaulicht werden.

Als konkretes Beispiel stellen Kim/Mauborgne (2005) ein ERSK-Quadrat für den *Cirque du Soleil* (Sonnenzirkus) dar. Im Cirque du Soleil gibt es keine Tiernummern. Vielmehr erfolgt eine Konzentration auf Akrobatik, Artistik und eigene Musikkompositionen. Das Konzept ist tendenziell eher einem Varieté angenähert. Der Cirque du Soleil unterscheidet sich in seinem Konzept stark von bis dahin vorhandenen Zirkuskonzepten in Nordamerika. Nach nordamerikanischer Tradition besteht die Darstellungsfläche in einem Zirkus aus drei Manegen bzw. drei Ringen. Dieses Konzept wurde verworfen, da einerseits der Zuschauer sich nicht auf einen Ring konzentrieren kann und somit immer das Gefühl hat, etwas zu verpassen, was zu einer inneren Anspannung statt zu einer Entspannung führt. Weiterhin wurden im Cirque du Soleil keine Tiere mehr eingesetzt, welche aufgrund der medizinischen Versorgung, der Haltung und Fütterung einen hohen Kostenfaktor darstellten. Ein Nebeneffekt war, dass die Entfernung von Tieren aus dem Zirkus im Einklang mit einem neu aufkommenden Tierschutzverständnis lag. Denn Tiernummern wurden vermehrt durch die Öffentlichkeit abgelehnt. All diese Faktoren sind nicht mehr in dem Konzept des Cirque du Soleil enthalten (Quadrant: **Elimi-**

nierung). Traditionelle Clownnummern und Nummern, die auf einfachen Spaß und Humor oder aber Sensation und Gefahr ausgerichtet sind, wurden vermindert (Quadrant: **Reduzierung**). Der Cirque du Soleil sollte von den Zuschauern bzw. Kunden als einzigartiger Veranstaltungsort wahrgenommen werden (Quadrant: **Steigerung**). Geschaffen wurde ein spezifisches Thema, verbunden mit einer kultivierten Umgebung, in die der Cirque du Soleil eingebettet ist. Eine weitere Strategie des Cirque du Soleil sind Mehrfachproduktionen vor dem Hintergrund der Aufführung von künstlerischer Musik und Tanz (Quadrant: *Kreierung*). Das Konzept des Cirque du Soleil ist so erfolgreich, dass es eine Vielzahl unterschiedlicher Programme an festen Spielorten gibt, bspw. die Shows *O* (Las Vegas), *KÀ* (Las Vegas), *Mystère* (Las Vegas) oder *La Nouba* (Orlando). Darüber hinaus gibt es auch Programme, die auf einer Tour gezeigt werden, wie z. B. *Alegría*.

Die aufgeführten Faktoren beeinflussten die Entstehung des Cirque du Soleil grundlegend. Abbildung 64 verdeutlicht, in Anlehnung an Kim/Mauborgne (2005), das Konzept des ERSK am Beispiel des Cirque du Soleil. Die Ausführungen zeigen, dass das ERSK-Quadrat in vielerlei Hinsicht angewendet werden kann. Zum einen ist bereits im Rahmen der Businessplanung für Gründungsunternehmen ein Einsatz möglich, um ein potenzielles Unternehmenskonzept unter Berücksichtigung von wesentlichen Wettbewerbern zu generieren oder zu visualisieren. Darüber hinaus kann es im Rahmen des Unternehmenswachstums als Analysemethode verwendet werden, um neue Ideen zu generieren, neue Märkte zu schaffen und somit neue strategische Geschäftsfelder zu identifizieren und aufzubauen.

Eliminierung	**Steigerung**
▪ Tiernummern ▪ Manegen mit mehreren Ringen ▪ Stars	▪ Einzigartiger Veranstaltungsort
Reduzierung	**Kreierung**
▪ Spaß und Humor ▪ Sensation und Gefahr	▪ Thema ▪ Kultivierte Umgebung ▪ Mehrfachproduktionen ▪ Künstlerische Musik und Tanz

Abbildung 64: ERSK-Quadrat

7.3.3   SWOT-Analyse

Die SWOT-Analyse kann als Instrument zur Analyse und Planung im Rahmen des Unternehmenswachstums hilfreich sein. Gleichermaßen kann sie bereits bei der Erstellung des Businessplanes zur Analyse interner und externer Faktoren herangezogen werden.

Das Konzept **SWOT** (**S**trengths, **W**eaknesses, **O**pportunities and **T**hreats) hat zum Ziel, die Chancen/Risiken und Stärken/Schwächen eines Unternehmens transparent gegenüberstellen, um hieraus unterschiedliche unternehmerische Strategien entwickeln zu können. Somit dient die SWOT-Analyse der Eingrenzung der strategischen Ausgangssituation des Unternehmens durch eine *Umweltanalyse* (extern) und *Unternehmensanalyse* (intern). Die SWOT-Analyse ist durch drei Voraussetzungen gekennzeichnet. Zunächst erfolgt eine *Definition und Abgrenzung des Analysegegenstandes*. Allgemein gehaltene Informationen werden hierdurch vermieden, es ergibt sich eine Fokussierung auf ein Aufgabengebiet. Als zweites erfolgt die *Analyse* der strategischen Ausgangssituation, idealerweise durch ein interdisziplinäres Team. Um eine marktgerechte bzw. marktnahe Analyse zu erhalten, sollte vorrangig eine *Sichtweise des Kunden* eingenommen und die betriebliche Sichtweise nachrangig angewandt werden. Stärken/Schwächen sowie Chancen/Risiken sollen identifiziert und analysiert werden. Drei wesentliche Strategietypen können im Rahmen der SWOT-Analyse unterschieden werden. Als Erstes lassen sich *Matching-Strategien* nen-

nen. Diese werden durch eine Stärke und eine Chance gebildet. Die Strategie
ergibt sich aus der Frage, wie eine Stärke unter Berücksichtigung einer Chance
umgesetzt werden kann. Strategien, die Schwächen in Stärken bzw. Risiken in
Chancen umwandeln oder wenigstens neutralisieren können, werden als *Umwandlungs- oder Neutralisationsstrategien* bezeichnet. [Homburg (2000)]

Die in der SWOT-Analyse ermittelten Chancen und Risiken bestimmen die
Marktattraktivität. Abbildung 65 zeigt die Strategiearten der Matching-, Umwandlungs- sowie Neutralisationsstrategie und ihre Wirkungsrichtungen im
Rahmen einer Vier-Felder-Matrix. Die Matrix wird durch die Felder der Stärken, Schwächen, Chancen und Risiken gebildet, die den internen und externen
Dimensionen sowie den Vor- und Nachteilen zugeordnet wurden. [Homburg (2000)]

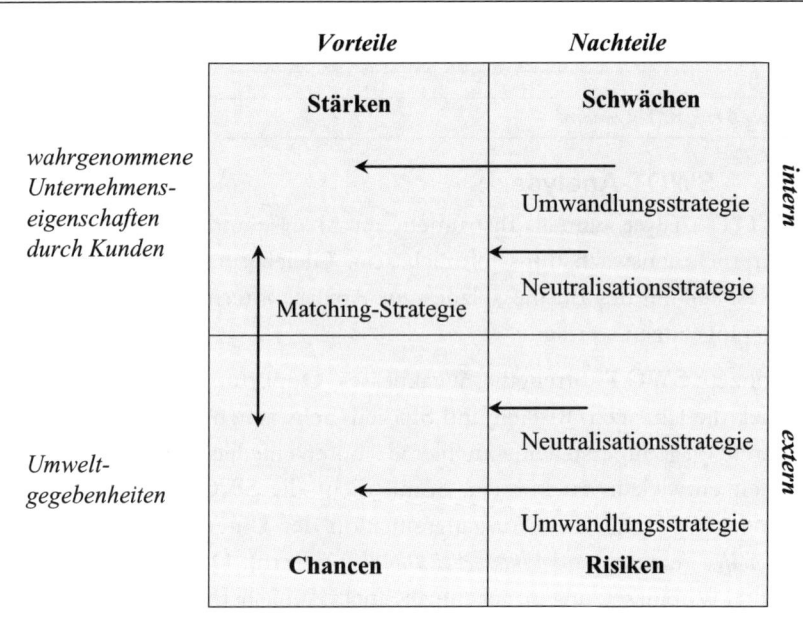

Abbildung 65: Strategieentwicklung durch SWOT-Analyse

7.4   Wachstumsstrategien

7.4.1   Begriff und Formen von Wachstumsstrategien

Unternehmensstrategien definieren die *strategische Positionierung und Stoßrichtung eines Unternehmens*. In diesem Sinne werden die zielgerichteten Vorgehensweisen und Handlungsalternativen des Unternehmens festgelegt. Auf der Basis des Lebenszykluskonzeptes können die *Gründungsstrategie*, die *Wachstumsstrategie*, die *Stabilisierungsstrategie* sowie die *Desinvestitionsstrategie* unterschieden werden. Wachstumsstrategien können nach verschiedenen Kriterien differenziert werden. Nach der geografischen Ausrichtung sind lokale, regionale, nationale, internationale und globale Wachstumsstrategien zu unterscheiden. Nach dem Kriterium des Kooperationsgrades ergibt sich eine Differenzierung zwischen *internen, externen und kooperativen Wachstumsstrategien*. Im Kontext junger Unternehmen können zur Entwicklung und Systematisierung von Wachstumsstrategien auch theoretische Konzepte des strategischen Managements eingesetzt werden wie etwa die bereits von Ansoff in den 1960er-Jahren entwickelte Produkt-Markt-Matrix. In dieser Matrix werden Produkt-Markt-Strategien dargestellt, die eine systematische Grundlage für die Entwicklung weiterer Wachstumsstrategien bilden können. Häufig erfolgt der Markteintritt von jungen Unternehmen durch ein neues Produkt auf einem bestehenden Markt. Es existiert also nur *ein* strategisches Geschäftsfeld im Sinne einer Produkt-Markt-Kombination. In diesem Sinne verfolgen sie in den frühen Phasen der Unternehmensentwicklung eine Fokussierungs- bzw. Nischenstrategie. Gelingt es einem jungen Unternehmen, im Verlauf des Wachstumsprozesses weitere finanzielle und personelle Ressourcen zu generieren, können durch Produktdifferenzierung als Wachstumsstrategie auch neue strategische Geschäftsfelder gebildet und erschlossen werden. Die verbesserte Ressourcenausstattung wachsender Unternehmen führt zu verbesserten Möglichkeiten der Diversifikation. Auch kann ein junges Unternehmen durch Wachstum eine bedeutende Marktposition erreichen und neue Produkt- und Verfahrenstechnologien möglicherweise besser am Markt durchsetzen. Unabhängig davon, welche Strategien ein junges Unternehmen verfolgt, ist es grundsätzlich empfehlenswert, dass die *Sicherung und Steigerung eines langfristigen sowie nachhaltigen Unternehmenserfolges* und *nicht* eine *kurzfristige Gewinnmaximierung* im Vordergrund steht.

Abbildung 66 zeigt typische Unternehmensstrategien auf der Basis des Lebenszykluskonzeptes im Überblick. [In Anlehnung an Bea/Haas (2005)]

Abbildung 66: Entwicklungsprozess von Unternehmens- und Wachstumsstrategien

Im Vorfeld der Gründung ist bereits eine geeignete *Gründungsstrategie* zu wählen, die auch im Businessplan näher erläutert werden sollte. Bereits frühzeitig ist aber auch die grundsätzliche strategische Stoßrichtung im Sinne von Wachstum oder Stabilisierung von den Unternehmensgründern bzw. dem Management festzulegen. Hierbei kommen auf der Basis der Produkt-Markt-Strategien grundsätzlich weitere Strategieformen, z. B. in geografischer Ausrichtung oder interne, externe oder kooperative Wachstumsstrategien, in Betracht. In diesem Kontext können gerade für junge Unternehmen *Wachstumsstrategien* von Bedeutung sein, die sich z. B. in Form einer Innovations- oder Produktdifferenzierungsstrategie konkretisieren. Auch sind spezifische nachgeordnete Strategien, etwa für die Beschaffung, Produktion, Marketing und Finanzen, zu entwickeln. Allerdings kann jungen Unternehmen nicht pauschal die Wahl einer bestimmten Strategiealternative empfohlen werden. Vielmehr sind Strategieentscheidungen von vielen unterschiedlichen internen und externen Faktoren abhängig und somit unternehmensindividuell zu treffen.

Für junge Unternehmen wird oftmals ein kontinuierliches Wachstum als Ziel angenommen. In der Realität vollzieht sich Wachstum aber meist nicht kontinuierlich, evolutionär, sondern es verläuft diskontinuierlich, revolutionär, was unter dem Aspekt der Stabilisierung für ein junges Unternehmen eine besondere Herausforderung darstellt. Bis zu einem gewissen Grad ist Unternehmenswachstum notwendig, um eine *kritische Masse* zu generieren. Im weiteren Verlauf der Entwicklung könnte dann eine *Stabilisierungsstrategie* implementiert werden, um einen gewünschten Zustand des Unternehmens zu erhalten. Die *Strategiewahl wird primär durch die Gründer* vollzogen. Ihre Visionen, Ziele und Motive sind wesentliche Determinanten für die Strategiewahl. Nicht alle Gründer streben jedoch zwingend ein Unternehmenswachstum an. Beispielsweise ist es in der Praxis z. B. für Handwerksunternehmen typisch, klein zu bleiben. In diesem Sinne können sich Gründerpersonen aus unterschiedlichen Motiven bewusst gegen Wachstum entscheiden. Allerdings sind bei dieser Entscheidung die damit verbundenen Vor- und Nachteile zu berücksichtigen. Aus Sicht der Gründerperson vorteilhaft könnte es z. B. sein, dass ein kleines Unternehmen eine stabile, in Bezug auf die Mitarbeiteranzahl überschaubare Organisation aufweist, die von den Gründern allein gesteuert und kontrolliert werden kann. Als möglicher Nachteil ist aber zu bedenken, dass Konkurrenten, die eine Wachstumsstrategie verfolgen, mitunter eine Verbesserung der internen und externen Ressourcenbasis erreichen und somit zu Wettbewerbsvorteilen gelangen.

Die in Abbildung 66 aufgeführte *Desinvestitionsstrategie* kommt vor allem für große, etablierte Unternehmen als Alternative in Betracht, die bspw. einen Rückzug aus nicht profitablen Geschäftsbereichen planen. Prinzipiell ist diese Strategieform auch im Kontext junger Unternehmen anwendbar. Jedoch erscheint die Wahl einer Desinvestitionsstrategie wohl eher eine Ausnahme der Strategiewahl junger Unternehmen zu sein und soll hier nicht weiter berücksichtigt werden.

Typischerweise wird die Generierung von Unternehmensstrategien in einem **Top-down-Prozess** von der obersten Strategieebene nach unten vollzogen. Dieses Vorgehen sichert ein homogenes Gesamtsystem in Bezug auf die Vision, Ziele, Strategien und einzelnen Maßnahmen. Doch gerade bei jungen Unternehmen, die noch eine geringe Unternehmensgröße und häufig gering formalisierte Strukturen aufweisen, kann diese Vorgehensweise durch einen **Bottom-up-Prozess** (Prozess von unten nach oben) *gestützt* oder *ergänzt* werden. Innerhalb des Strategieprozesses kann daher ein Multiple-Nucleus-Ansatz verfolgt werden, wenn die Strategieentwicklung an mehreren Stellen des jungen Unternehmens erfolgt. Die einzelnen Planungen müssen dabei allerdings koordiniert und zusammengeführt werden. In kleineren Unternehmen kann dies durchaus praktikabel realisiert werden. Eine Strategieentwicklung könnte auch als **Gegenstromplanung** durchgeführt werden. Danach würde zunächst eine Top-down-Planung erfolgen, die durch Informationen eines Bottom-up-Prozesses geprüft und ergänzt wird.

Die Anwendung von Wachstumsstrategien wird oft in Verbindung mit der Generierung von Innovationen gesetzt. Verbunden sind beide Teilbereiche mit hohen Unsicherheits- bzw. Risikofaktoren, da es sich um neue, bisher nicht markterprobte Produkt- oder Geschäftsfelder handelt. Durch Wachstumsstrategien werden oft neue strategische Geschäftsfelder generiert, in denen keine oder nur geringe Erfahrungen des Unternehmens vorliegen. Der hohe Neuheitsgrad und die Vielfalt und Komplexität an Informationen erfordern eine effektive Ressourcenkombination, um den angestrebten Wettbewerbserfolg der neuen strategischen Geschäftsfelder zu erreichen. Nicht nur ein verbessertes Informations- und Kommunikationssystem ist zur Bewältigung des Wachstums notwendig, sondern auch ein auf die veränderten Verhältnisse des jungen Unternehmens ausgerichtetes Organisations- und Führungssystem.

7.4.2   Produkt-Markt-Wachstumsstrategien

Der Ansatz der Produkt-Markt-Kombinationen wurde von H. Igor Ansoff entwickelt. Die *strategische Stoßrichtung im Sinne einer Wachstumsstrategie* wird durch die Dimensionen des *Neuheitsgrades von Produkten* (Produkt) sowie des *Neuheitsgrades des Marktes* (Markt) gebildet. In diesem Kontext werden die Dimension Produkt und Markt weiter durch die Ausprägungsformen *gegenwärtig* oder *neu* differenziert. In Bezug auf die zentrale Frage der Strategiewahl ist zu prüfen, ob gegenwärtige (bestehende, alte) Produkte oder neue Produkte auf gegenwärtigen (bestehenden, alten) Märkten oder neuen Märkten verkauft werden sollen. Abbildung 67 zeigt die Vier-Felder-Matrix von Ansoff, die vier spezifische Strategien und zugehörige Handlungsmuster bzw. Handlungsempfehlungen aufweist [Ansoff (1965); Ansoff (1966)]. Bei den vier Strategiearten der Produkt-Markt-Kombination handelt es sich um die *Marktdurchdringung*, die *Marktentwicklung*, die *Produktentwicklung* sowie die *Diversifikation*. [Ansoff (1965); Ansoff (1966)] Diese Strategieformen kommen als Alternativen grundsätzlich auch für junge Unternehmen in Betracht.

Produkte	Märkte (Zielgruppen)	
	alt/gegenwärtig	neu
alt/gegenwärtig	**Marktdurchdringung** • Verkaufsintensivierung • Neukundengewinnung • Konkurrenzverdrängung • Marktanteilssteigerung	**Marktentwicklung** • Erschließung von Zusatzmärkten • neue Zielgruppen
neu	**Produktentwicklung** • eigene Entwicklung • Innovationen • Vertragsentwicklung • Lizenzen • Austausch von Produkten	**Diversifikation** • horizontal (benachbarte Produkte) • vertikal (Produkte vor- oder nachgelagerter Wirtschaftsstufen) • lateral (völlig neue Produkte)

Abbildung 67: Produkt-Markt-Kombinationsmatrix

Die Strategie der **Marktdurchdringung** bezieht sich auf die derzeitig verfügbaren Produkte eines Unternehmens, die auf den gegenwärtigen Märkten angeboten werden. Oftmals handelt es sich dabei um gesättigte Märkte. Eine Steigerung des Marktanteils kann in dieser Situation i. d. R. lediglich über eine Verdrängung der Konkurrenten erzielt werden. In diesem wettbewerbsintensiven Markt bedeutet der Gewinn eigener Marktanteile einen Verlust von Marktanteilen der Konkurrenten. Die Strategiewahl der Marktdurchdringung sollte gerade von jungen Unternehmen sorgfältig analysiert und hinsichtlich ihrer Chancen und Risiken durchdacht werden. Gründungsunternehmen müssen zunächst hohe Produktionskapazitäten aufbauen, um erfolgreich in den bestehenden Markt eindringen zu können. Die Risiken eines Markteintritts sind hoch, da die etablierten Wettbewerber kurzfristig Gegenmaßnahmen ergreifen werden und es im Extremfall zu einem ruinösen Wettbewerb kommen kann. Jedoch haben es neue Unternehmen in der Vergangenheit auch geschafft, erfolgreich in gesättigte Märkte einzutreten. Ein klassisches Beispiel ist die Discount-Handelskette *Aldi*, die durch ein straffes Kostenmanagement in Verbindung mit kreativen Wachstumsstrategien gezeigt hat, wie auch gesättigte Märkte erfolgreich erobert werden können.

Die **Marktentwicklung** beschreibt die Erschließung von neuen Märkten mit
gegenwärtigen Produkten. Hierbei ermöglicht die Marktentwicklung jungen
Unternehmen die Erschließung neuer Zielgruppen. Bereits bestehendes
Know-how kann dabei auf neue Märkte und Kundenzielgruppen übertragen
werden. Eine Ausweitung des Marktes kann z. B. über ein regionales, nationa-
les, internationales oder globales Wachstum erfolgen. Hierbei ist allerdings
darauf zu achten, dass gerade bei der Erschließung neuer Märkte im internationalen und geografischen Wachstum nicht alleine eine Übertragung von
Produkten, Wissen oder Know-how vollzogen wird. Vielmehr ist eine Anpassung an die landes- und zielgruppenspezifischen Besonderheiten notwendig.
Nicht jedes junge Unternehmen wird geografisches Wachstum über eine
Internationalisierungs- bzw. Globalisierungsstrategie verfolgen können. Diese
Strategievarianten sind in Abhängigkeit des Geschäftsmodells sowie der verfügbaren Ressourcenausstattung und den spezifischen Möglichkeiten der
Ressourcenkombinationen zu sehen. Bei der Durchführung einer geografischen Wachstumsstrategie sind die kulturellen Besonderheiten des Zielmark-
tes zu beachten.

Bei der Strategie der **Produktentwicklung** erfolgt der Vertrieb eines neuen
Produktes auf alten bzw. gegenwärtigen Märkten. Bei den neuen Produkten
kann es sich um eigene Innovationen oder auch um die Nutzung von Lizenzen zur Produktentwicklung handeln. Produktinnovationen können sich auf
neue Produkte oder die Abwandlung bzw. Veränderung bestehender Produkte
beziehen. Hierbei bestehen theoretische Abgrenzungsprobleme. So könnte bei
der Produktdifferenzierung bzw. -variation eingewendet werden, dass es sich
nicht um ein neues Produkt, sondern im Kern um ein altes Produkt mit leichten Verbesserungen handelt. Somit wäre dies keine Produktentwicklungsstrategie im eigentlichen Sinne. Der praktische Nutzen für junge Unternehmen
resultiert allerdings nicht aus der Systematisierung, sondern der Anwendung
einzelner Strategieformen. In diesem Sinne kann für junge Unternehmen die
Produktentwicklungsstrategie eine mitunter vorteilhafte Strategieform darstellen, da ein neues Produkt auf bestehenden Märkten eingeführt wird. Hierbei
ist u. U. keine weiter gehende Differenzierung und Analyse der Zielgruppe
vorzunehmen. Vielmehr können bereits bestehende Zielgruppenprofile zur
Vermarktung neuer Produkte verwendet werden.

Die **Diversifikation** beschreibt nach der Systematisierung von Ansoff die
Kombination aus neuen Produkten für neue Märkte. Ausprägungsformen sind
die horizontale Diversifikation, die vertikale Diversifikation und die laterale
Diversifikation. Bei einer **horizontalen Diversifikation** wird ein Wachstum

über Produkte derselben Wertschöpfungsstufe im Sinne verwandter bzw. benachbarter Produkte angenommen. In diesem Zusammenhang wird eine Erzielung von Synergieeffekten angestrebt, da bereits Erfahrungen auf der gleichen Wertschöpfungsstufe bestehen, die für die Einführung und die Vermarktung ähnlicher Produkte derselben Wertschöpfungsstufe genutzt werden sollen. Dies gilt allerdings nicht für Gründungsunternehmen die ein neues Produkt auf einem neuen Markt anbieten. Allerdings ist in diesem Kontext nicht von einer Wachstumsstrategie, sondern vielmehr von einer Markteintrittsstrategie auszugehen. Die **vertikale Diversifikation** zielt auf eine Angebotserweiterung von Produkten vor- oder nachgelagerter Wirtschaftsstufen bzw. Wertschöpfungsketten im Sinne einer Vorwärts- und Rückwärtsintegration. Junge Unternehmen könnten durch die vertikale Diversifikation von Produkten versuchen, eine höhere Integration der Wertschöpfungskette bzw. -prozesse und somit Wachstum zu erzielen. Bei einer **lateralen Diversifikation** entsteht das Wachstum durch völlig neue Produkte, die in keinem Zusammenhang zu den bisherigen Aktivitäten bzw. Produkten zu sehen sind. In allen diesen Bereichen und besonders bei der lateralen Diversifikation sind der Investitionsaufwand sowie die Kosten als hoch einzuschätzen. Das Risiko ist gleichermaßen aufgrund des Neuheitsgrades hoch einzustufen. Allerdings sind hiermit auch Aussichten auf gute Chancen, Umsätze, Gewinne und Renditen verbunden. Eine Wahl der einzelnen Strategiearten sollte unter dem Blickwinkel einer Zentrierung auf Kundenbedürfnisse und Produkte unter Beachtung der internen Ressourcen des jungen Unternehmens erfolgen. Wesentlich ist vor allem eine Attraktivitätsbeurteilung der Branche im Hinblick auf die Realisierung von Gewinnpotenzialen.

7.4.3 Geografische Wachstumsstrategien

Geografische Wachstumsstrategien können unterteilt werden in *ethnozentrische Wachstumsstrategien* (lokal, regional, national), *polyzentrische Wachstumsstrategien* (international) und *geozentrische Wachstumsstrategien* (global).

Die ethnozentrische Wachstumsstrategie stellt in ihren Ausprägungen lokal, regional und national für viele junge Unternehmen die primäre Strategiewahl dar. Zunächst erfolgt eine Abgrenzung und Bearbeitung eines Kernmarktes durch Schaffung marktspezifischer Kernkompetenzen. Das Wachstum erfolgt dann ausgehend von lokalen über regionale hin zu nationalen Märkten. Andererseits können ethnozentrische Wachstumsstrategien eine Basis zur Realisierung von weiteren Wachstumsstrategien bilden, bspw. von polyzentrischen oder geozentrischen Wachstumsstrategien.

Unter einer polyzentrischen Wachstumsstrategie wird ein Wachstum über Internationalisierung verstanden. Der Begriff der Internationalisierung beschreibt in diesem Zusammenhang eine Ausweitung der Aktivitäten und Prozesse auf mehrere geografischer Orte bzw. Staaten. Im Gegensatz zur Globalisierung erfolgt lediglich eine ausgewählte Ausweitung von Aktivitäten in einzelne (internationale) Staaten. Das Wachstum, das über eine Weltmarktorientierung auf prinzipiell alle Länder ausgerichtet ist, kann als geozentrische Strategie bzw. Globalisierungsstrategie bezeichnet werden.

Von hoher Bedeutung für die Erzielung eines nachhaltigen Wachstums ist die Beachtung bspw. der Marktsituationen, Kundenstrukturen, Werte, Normen, formellen und informellen Regeln sowie der rechtlichen, technischen und ökonomischen Situation in den einzelnen Zielländern bei Verfolgung einer polyzentrischen oder geozentrischen Strategie. Ein Wachstum im Sinne einer poly- bzw. geozentrischen Wachstumsstrategie kann z. B. durch eine Produktentwicklung oder Diversifikation vollzogen werden. Hierbei sind im Vorfeld etwaige politisch-rechtliche Restriktionen eines Landes zu beachten.

Die Erzielung von Wachstum über eine geografische Wachstumsstrategie stellt zunächst lediglich eine strategische Entscheidung bzw. eine strategische Stoßrichtung im Sinne eines lokalen, regionalen, nationalen, internationalen oder globalen Tätigkeitsfeldes dar. Dabei kann das Wachstum über eine geografische Wachstumsstrategie durch kooperative Wachstumsstrategien sowie die zugehörigen Maßnahmen gestützt werden.

7.4.4   Wachstumsstrategien nach dem Kooperationsgrad

Wachstumsstrategien können nach Ausmaß bzw. Intensität der Kooperation in interne, externe und kooperative Wachstumsstrategien differenziert werden. Diese Wachstumsstrategien unterscheiden sich in ihren Auswirkungen, z. B. hinsichtlich des Ressourcenverbrauchs oder der Schnelligkeit, in der Wachstum realisiert werden kann. Somit ist die Realisierung der unterschiedlichen Wachstumsstrategien auch mit spezifischen Vor- und Nachteilen verbunden. In der Praxis werden interne, externe und kooperative Wachstumsstrategien von Unternehmen oftmals gleichzeitig oder zeitlich aufeinander folgend umgesetzt.

7.4.4.1   Interne Wachstumsstrategien

Bei einem **internen** oder **organischen Wachstum** erzielt das junge Unternehmen ein *Wachstum aus eigener Kraft* und somit durch *eigene Ressourcen*. In diesem Falle müssen sowohl in quantitativer als auch qualitativer Sicht ausrei-

chend eigene Ressourcen zur Durchführung eines internen Wachstums vorliegen. Sind keine oder nicht ausreichende interne Ressourcen zur Nutzung
vorhanden, kann versucht werden, diese durch die Verfolgung einer kooperativen Wachstumsstrategie zu generieren.

Es gibt vielfältige Formen des internen Wachstums. Sofern ein Markt insgesamt wächst, kann ein junges Unternehmen mit seinen spezifischen Produktvorteilen durch interne Wachstumsstrategien daran partizipieren. Viele Gründungen in der Software- und Internetbranche haben die unternehmerische
Gelegenheit genutzt, um durch die Generierung von spezifischen Produktvorteilen mit ihren Unternehmen zu wachsen. Heute bekannte, etablierte Unternehmen wie etwa *Apple*, *Dell*, *Oracle* oder *SAP*, aber auch eine Vielzahl kaum
bekannter kleiner und mittlerer Unternehmen, haben ihre Entwicklung zunächst durch internes Wachstum begonnen, bevor sie weitere Wachstumsformen realisierten. Möglichkeiten des internen Wachstums bieten aber nicht
nur Unternehmen aus der Informations- und Kommunikationstechnologiebranche.

Auch in nicht technologischen Branchen ergeben sich immer wieder unternehmerische Gelegenheiten für die Generierung eines internen Wachstums.
Ein Erfolgsbeispiel für die Realisierung einer primär internen Wachstumsstrategie ist die *Starbucks Coffee Company* (Starbucks), ein Anbieter von Kaffeepro-
dukten bzw. Kaffeespezialitäten. Die Kaffeeprodukte werden in sogenannten
Starbucks Coffee Houses (Starbucks-Filialen) angeboten. Kunden können
neben Kaffee weitere Getränke sowie kleine Snacks und andere Produkte
bestellen und diese mitnehmen oder gleich konsumieren. Die Ausstattung der
Kaffeehäuser ist verschieden, meist aber in einem modernen Stil gehalten und
es besteht oftmals die Möglichkeit, im Internet zu surfen. Die nachfolgend
kurze Geschichte von Starbucks verdeutlicht, dass das Unternehmen von
Anfang an primär eine interne Wachstumsstrategie verfolgt hat.

Im Jahr 1971 eröffnet Starbucks seinen ersten Standort am Pike Place Market
in Seattle, USA. Dieser Standort wurde damals noch von den ursprünglichen
Gründern des Unternehmens betrieben. Fast ein Jahrzehnt später, im Jahr
1982, übernahm Howard Schultz die Leitung des Einzelhandels und Marketings bei Starbucks. Zunächst lieferte das Unternehmen Kaffee an gehobene
Restaurants und Espressobars. Im Rahmen einer Reise nach Italien erkannte
Schultz die Möglichkeit der Umsetzung einer europäischen Kaffeekultur in
den USA. Wie viele andere US-amerikanische Gründungen verdeutlicht auch
die Gründung von Starbucks die typische amerikanische Vorgehensweise des

Erkennens und Wahrnehmens einer unternehmerischen Gelegenheit. 1984 überzeugte Schultz die ursprünglichen Gründer von Starbucks, sein Konzept an einem neuen Standort im Stadtzentrum von Seattle zu testen. Die positiven Ergebnisse dieses Tests änderten die Ausrichtung des Unternehmens und veränderten die Branche. Im Jahr 1987 kaufte Schultz mit einer Gruppe von Investoren Starbucks von den ursprünglichen Gründern und setzte seine (Wachstums-)Visionen um. Damit begann zunächst ein rasantes internes Wachstum.

Abbildung 68 veranschaulicht das Wachstum von Starbucks anhand der Gesamtanzahl der Starbucks Coffee Houses in den Jahren 1987 bis 2005.

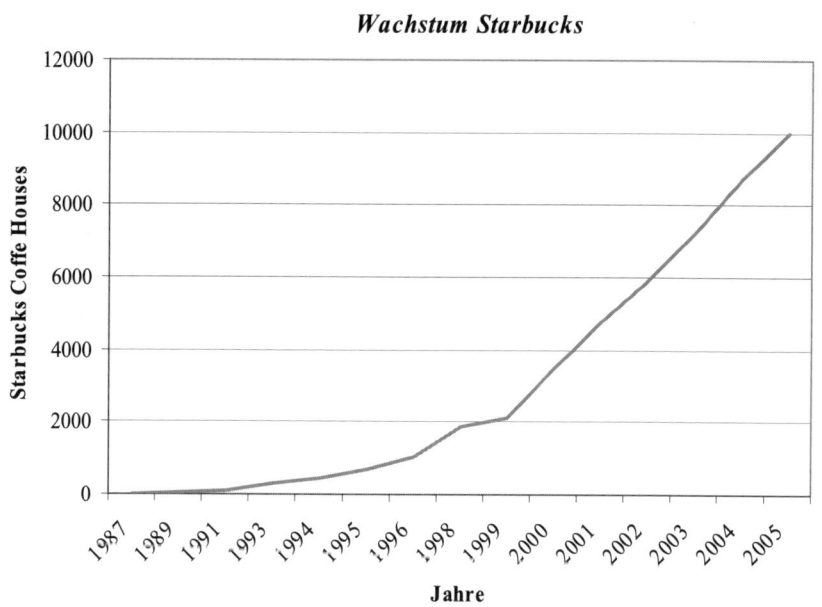

Abbildung 68: Wachstumskurve Starbucks

Derzeit gibt es mehr als 10.000 Starbucks Coffee Houses in 37 Ländern mit über 33 Millionen Kunden pro Woche. Dieses starke Wachstum führte zu einem Witz über Starbucks, der besagt, dass im Parkhaus von Starbucks gerade ein Starbucks eröffnet wird.

Starbucks selbst betont, dass das Unternehmen, etwa im Unterschied zu McDonald's, primär keine Franchise-Strategie verfolgt. Das Wachstum wird insbesondere über direkte Unternehmens- und Filialgründungen auf der ganzen Welt realisiert. Darüber hinaus besteht die Möglichkeit, eine Lizenz bei Starbucks für den Betrieb eines Starbucks Coffee Houses zu erwerben, allerdings meist nur bei gut gelegenen bzw. schwer zugänglichen Immobilien. Zurzeit werden in den USA etwa zwei Drittel der Coffee Houses durch Starbucks selbst betrieben, ein Drittel sind Lizenzierungen. Außerhalb der USA ist das Verhältnis umgekehrt, d. h. etwa ein Drittel der Coffee Houses wird durch Starbucks betrieben und zwei Drittel sind in Form von Joint Ventures und Lizenzierungen realisiert. Das interne Wachstum wird also teilweise durch ein kooperatives Wachstum ergänzt. Die strategische Ausgangssituation bildet aber ein starkes internes Wachstum vor dem Hintergrund interner Wachstumsstrategien.

Interne Wachstumsstrategien bilden die *Basis für unternehmerische Tätigkeiten*. Gerade junge Unternehmen haben häufig nicht die Wahlmöglichkeit und müssen durch *Fokussierung auf die eigenen Kräfte sowie auf die eigenen Ressourcen* Wachstum realisieren. Dabei ist die Generierung eines internen oder organischen Wachstums von einer Reihe von Faktoren abhängig. Dazu zählen in erster Linie die **Kernkompetenzen**. Unter Kernkompetenzen sind die Ressourcen und Fähigkeiten des jungen Unternehmens zu verstehen, die eine nachhaltige Grundlage für die Erreichung von Wettbewerbsvorteilen bilden. Durch die Einzigartigkeit des Produkt- bzw. Leistungsangebotes, die von den Wettbewerbern nur schwer imitiert werden kann, wird die Verfolgung und Umsetzung einer internen Wachstumsstrategie möglich. Für ein junges Unternehmen ist es daher von Bedeutung, sich seiner Kernkompetenzen bewusst zu werden und diese zielorientiert dazu zu nutzen, einen langfristigen Erfolg am Markt zu sichern. Weiterhin ist es notwendig, dass das junge Unternehmen über eine fundierte **Planung** verfügt. Denn ein planloses Vorgehen bei der Generierung des internen Wachstums ohne klare Richtung kann das junge Unternehmen ins Chaos führen. Organisches Wachstum ist häufig ein langsamer Prozess, der nicht nur eine eindeutige Fokussierung auf seine Kernkompetenzen, sondern auch vielfach Geduld und Nachhaltigkeit von den Unternehmensgründern erfordert. Die Verfügbarkeit an **Liquidität** ist eine grundsätzliche Voraussetzung zur Überlebenssicherung eines Unternehmens und damit für die Realisierung von Unternehmensstrategien. Zur Erzielung eines internen Wachstums wird Liquidität in vielfältiger Weise benötigt, sei es zur Produktentwicklung und -erweiterung, zur Erschließung oder Erweiterung von Märkten, zur Anstellung neuer Mitarbeiter oder dem Aufbau eines computergestützten Managementinformationssystems.

Wächst ein Markt insgesamt, besteht eine Möglichkeit für ein junges Unternehmen darin, mit seinem spezifischen Produktangebot daran zu partizipieren und seine Umsätze zu steigern bzw. neue Umsätze zu generieren. Das junge Unternehmen kann interne Wachstumsstrategien auch durch **Produktinnovationen** realisieren und ein direktes Marktwachstum forcieren. Allerdings müssen die Produkte nicht nur durch eigene Ressourcen entwickelt, sondern auch aus eigener Kraft vermarktet werden, damit die reine Form einer internen Wachstumsstrategie vorliegt. In der Praxis ist es aber häufig der Fall, dass ein junges Unternehmen ein unverwechselbares Produkt entwickelt, die Vermarktung jedoch über Kooperationspartner erfolgt. Dies ist vor allem dann der Fall, wenn ein junges Unternehmen bspw. über zu geringe interne Ressourcen im Vertriebsbereich verfügt. Durch den Aufbau und den Einsatz eines spezifischen Netzwerkes kann es jedoch versuchen, die benötigten Ressourcen über einzelne Kooperationen mit strategischen Partnern oder über Netzwerke zu erlangen. Dabei ergeben sich spezielle Netzwerkformen und Ausprägungen, die im Kapitel über kooperatives Wachstum näher erörtert werden.

Möglicherweise sind Kooperationspartner zum Vertrieb für Starbucks aufgrund der Unternehmensgröße derzeit nicht mehr so relevant wie etwa für junge Unternehmen. Allerdings kann Starbucks als konkretes Fallbeispiel für die Durchführung von Produktinnovationen auf der Basis von spezifischen Kernkompetenzen im Kontext interner Wachstumsstrategien herangezogen werden. Neben Kaffee- und Espressospezialitäten werden innovative Eigenkreationen und Weiterentwicklungen bestehender Kaffeeprodukte wie bspw. Frappuccino Ice Blended Beverages, geeiste bzw. eisgekühlte Kaffeevariationen, angeboten. Darüber hinaus gibt es saisonale Produkte, bspw. Sommer- und Wintergetränke wie einen speziellen Weihnachtskaffee. Wichtig bei den einzelnen Produkten von Starbucks ist, dass jedes Produkt nach den individuellen Bedürfnissen und Wünschen des Kunden angepasst werden kann. Aus Sicht von Starbucks ist es wesentlich, eine gleichbleibend hohe Qualität der Produkte zu garantieren. Um eine hohe Qualität der Produkte gewährleisten zu können, bedarf es spezieller Kernkompetenzen. Eine Kernkompetenz von Starbucks liegt in der Kaffeeverarbeitung und -röstung. Die Basis der Kaffeeprodukte bildet, aufbauend auf dieser Kernkompetenz, eine breite Palette unterschiedlicher Kaffeesorten und Kaffeeröstungen. Ein wichtiger Bestandteil des Konzeptes von Starbucks ist die Namensgebung der Produkte. Jedes Kaffeeprodukt hat einen speziellen Namen innerhalb einer Produktgruppe. Traditionelle Kaffeehäuser bzw. Restaurants weisen i. d. R. nicht eine derart große, individuelle Produktpalette auf, was eine Differenzierung gegenüber anderen Anbietern auf diesem Markt bedeutet. Auch erfolgt bei den klassischen Kaffeehäusern zumeist keine Kennzeichnung jeder einzelnen Kaffeevariation mit einem eigenen Namen. Bei Starbucks ist dies ein Teil des Konzeptes. Neben Kaffee bietet Starbucks noch weitere komplementäre und auch substitutive Produkte zum Kaffee an wie bspw. Konditoreiprodukte, Kakao, Tee oder Säfte. Die ursprüngliche Intention von Howard Schultz war es, den Kunden Starbucks als Philosophie und Lebensart im Sinne einer Kaffeekultur zu vermitteln. Zur Vermittlung dieser Kultur werden den Kunden auch Merchandising-Produkte angeboten. Durch die Vielzahl an kleinen Details, durch die sich Starbucks von klassischen Kaffeehäusern unterscheidet, konnten bislang ein internes und auch kooperatives Wachstum erfolgreich realisiert werden.

Das Beispiel Starbucks verdeutlicht, dass internes Wachstum durch die **Erschließung neuer Märkte**, bspw. über geografische Wachstumsstrategien, realisiert wird. Auch in diesem Zusammenhang ist die Verfügbarkeit einzelner Ressourcen zu bedenken. Mitunter ist es einfacher bzw. schneller möglich, ein Wachstum über externes Wachstum zu generieren, als dies im Vergleich über internes Wachstum möglich wäre. Dies gilt unter der Annahme, dass Ressourcen schneller über ein externes Wachstum akquiriert werden können, als diese durch internes Wachstum zu realisieren wären. Ein Beispiel wäre der Kauf von Patenten und Produktionsanlagen durch den Erwerb eines gesamten Unternehmens im Sinne einer externen Wachstumsstrategie. Jedoch kann im Regelfall wohl für junge Unternehmen keine umfassende, starke finanzielle Ressourcenbasis angenommen werden, die ein externes Wachstum im Unterschied zu einem internen Wachstum begünstigt. Vielmehr ist ein junges Unternehmen, zumindest über einen spezifischen Zeitraum hinweg, durch eine eher geringe finanzielle Ressourcenbasis gekennzeichnet. Daher gilt es, diese finanziellen Ressourcen zu stärken und weitere interne Ressourcen zu generieren. Auch das Konzept von Starbucks ist auf eine kontinuierliche Erschließung neuer Märkte ausgerichtet, was sich bspw. in der Gesamtanzahl der Starbucks Coffee Houses widerspiegelt. Zunächst verfolgte Starbucks eine ethnozentrische Wachstumsstrategie. Nach der Erschließung des nationalen US-amerikanischen Marktes folgte ein polyzentrisches und geozentrisches Wachstum in internationale bzw. globale Märkte.

7.4.4.2 Externe Wachstumsstrategien

7.4.4.2.1 Akquisition und Fusion

Externe Wachstumsstrategien werden i. d. R. erst in späteren Wachstumsphasen eines jungen Unternehmens sowie von etablierten Unternehmen verfolgt. Sie konkretisieren sich in der Praxis vor allem in *Akquisitions-* und *Fusionsstrategie*. Systematisch sind Akquisitionen und Fusionen Formen von **Mergers & Akquisitions-Transaktionen**, bei denen *Unternehmen ganz oder in Teilen den Gesellschafter wechseln.* Unter einer **Akquisition** wird der *Kauf eines rechtlich selbstständigen Unternehmens durch ein anderes Unternehmen* verstanden. Von der Akquisition ist die Fusion zu unterscheiden. Bei der **Fusion** handelt es sich um einen *freiwilligen Zusammenschluss zweier vormals rechtlich unabhängiger Unternehmen.* Die Grenzen zwischen der Akquisition und Fusion sind fließend. Aus dem angloamerikanischen Sprachraum in die deutsche Sprache übernommen wurde auch die Bezeichnung *takeover* im Sinne einer freundlichen Übernahme (friendly takeover) und feindlichen Übernahme (unfriendly bzw. hostile takeover).

Durch die Akquisition verliert das übernommene Unternehmen seine rechtliche Selbstständigkeit. Motive junger Unternehmen zur Akquisition sind vielfältig. Grundsätzlich spielen im Regelfall strategische, finanzielle oder persönliche Motive eine entscheidende Rolle. Einzelne **Motive** können z. B. *Umsatzwachstum, Zugang zu neuen Märkten oder Technologien, Ausnutzung von Synergieeffekten* oder die *Erweiterung des Produkt- und Leistungsprogramms* sein. Vielfach möchte das übernehmende Unternehmen Ressourcen erwerben, die eine sinnvolle Ergänzung zu den eigenen Ressourcen bilden und im Einklang mit der strategischen Ausrichtung des Unternehmens stehen. Dabei kann es sich sowohl um materielle als auch immaterielle Ressourcen handeln. Für junge Unternehmen bedeutsam sind in diesem Kontext z. B. die Übernahme von neuen Geschäftsfeldern, die Erfahrungen und Kompetenzen des Managementteams, die Übernahme von geschütztem Know-how (z. B. Patente, Gebrauchsmuster), aber auch die Übernahme von einem nicht schützbaren Know-how, wie z. B. Betriebsanleitungen oder spezielle Geheimrezepte zur Herstellung eines Produktes (z. B. eine spezielle Sauce).

Mögliche Vorteile einer Akquisition bzw. Fusion werden oftmals in einer schnellen Generierung von *Fixkostendegressionseffekten* (economies of scale) sowie einer Erzielung von *Synergieeffekten* (economies of scope) gesehen, die mit einer Neukombination der bisher unabhängigen Ressourcen bzw. Ressourcenkombination beider Unternehmen erzielt werden sollen. Allerdings lassen sich auch potenzielle Nachteile einer Akquisition bzw. Fusion aufzeigen. Zu beachten sind vor allem die Kosten der Akquisition. Dabei stellt sich dem jungen Unternehmen vorrangig die Frage, ob der gezahlte Kaufpreis tatsächlich dem Wert des übernommenen Unternehmens entspricht. In der Praxis ergeben sich oftmals Probleme hinsichtlich der Kompatibilität und Kombinierbarkeit einzelner unternehmensspezifischer Ressourcen. Dies kann z. B. bei den Informations- und Kommunikationsstrukturen und -systemen der Fall sein, wenn in beiden Unternehmen unterschiedliche Ansätze, Konzepte und Softwarelösungen verwendet werden wie z. B. unterschiedliche Planungssysteme. Hierzu zählen die Planung von Waren und Materialwirtschaft, Fertigung, Finanz- und Rechnungswesen, Controlling, Personalwirtschaft etc. Auch kann es vorkommen, dass unterschiedliche Softwareprogramme, bspw. in den respektiven Bereichen der Forschung und Entwicklung, eingesetzt werden, die nicht zueinanderpassen. Hier können hohe Integrations- und Folgekosten für das junge Unternehmen entstehen.

Von Bedeutung ist auch, inwieweit die Integration der übernommenen Ressourcen in die Organisation und Kultur des jungen Unternehmens effektiv erfolgt und die Akquisitionsziele erreicht werden können. Das Zusammenführen unterschiedlicher Unternehmenskulturen ist für die im Akquisitionsprozess beteiligten Unternehmen mit großen Herausforderungen verbunden. Unterschiede in den **Unternehmenskulturen** konkretisieren sich vor allem in unterschiedlichen Werten, Normen, formellen und informellen Regeln der jeweiligen Unternehmen. In vielen Fällen ist anzunehmen, dass die Inkompatibilität verschiedener Unternehmenskulturen ein wesentlicher Grund dafür ist, dass die angestrebten Vorteile, insbesondere die Synergieeffekte nicht erzielt werden. Unternehmenskulturen sind i. d. R. über eine gewisse Zeit gewachsen und haben sich im Laufe der Zeit zu individuellen Ausprägungen entwickelt. Daher kann es zu unterschiedlichen Auffassungen bezüglich der Arbeitsweisen, Prozesse, aber auch einer generellen moralisch-ethischen Weltanschauung kommen. Gerade in jungen Unternehmen kann die Unternehmenskultur stark durch die Gründer geprägt und ihre Mitarbeiter stark auf sie fokussiert sein. Gründerpersonen nehmen generell innerhalb des Unternehmens eine zentrale Stellung ein. Beispiele in der deutschen Unternehmensgeschichte gibt es zahlreiche, etwa die Gründer Heinz Nixdorf und Max Grundig, die jeweils über Jahrzehnte hinweg ihre Unternehmen als Patriarchen erfolgreich geführt haben. Bei beiden Unternehmen waren die Kulturen sehr stark durch die Gründer geprägt.

Auf der Basis einer festgelegten externen Wachstumsstrategie ist es zunächst im Hinblick auf die Durchführung von Bedeutung, ein geeignetes Unternehmen bzw. eine Unternehmensgruppe zu identifizieren, die als potenzielles Akquisitions- bzw. Fusionsobjekt von Interesse ist. Somit ist ein **Identifikationsprozess** zu vollziehen, in dem etwaige Übernahmeobjekte ausgewählt und diese in eine *Rangfolge (Long List, Short List) der Relevanz für das junge Unternehmen* gebracht werden. Dabei kann eine Marktanalyse helfen, entsprechende Objekte zu erkennen. Ausgehend von einer ersten Kontaktaufnahme mit dem Zielunternehmen und Feststellung des Verkaufinteresses sind, nach erfolgter Vertraulichkeitserklärung, erste interne Informationen über das Akquisitions- oder Fusionsobjekt zu generieren. In diesem Zusammenhang ist es bereits wichtig, erste Finanzierungskonzepte zu erstellen. Problematisch kann in dieser Phase die Informationsgenerierung sein, wenn es sich bei dem Zielobjekt bspw. um einen Wettbewerber handelt.

Verlaufen die weiteren Gespräche mit Gesellschaftern und Managern des Zielunternehmens positiv und kann ein grundsätzlicher Konsens über das weitere Vorgehen erzielt werden, sind konkrete Vorbereitungen für eine Übernahme zu treffen. Dabei ist zunächst eine grundsätzliche *Analyse über die Durchführbarkeit* (Feasibility Study) vorzunehmen. Potenzielle *Deal Breaker* (z. B. Abhängigkeiten von Kunden, Lieferanten oder Altlasten) sind in dieser Phase zu identifizieren. In diesem Kontext ist bei einer Akquisition auch eine frühzeitige Integrationsprüfung des Übernahmeobjektes sinnvoll. Weiterhin sind eine Due Diligence und eine Unternehmensbewertung auf der Basis mehrerer Verfahren vorzunehmen, um Anhaltspunkte für einen möglichen Kaufpreis zu erhalten. Wesentlich sind die Verhandlungen über die geplante Akquisition bzw. Fusion. Dabei sind die potenziellen Synergien zu kalkulieren. Im Rahmen der Vertragverhandlungen sollte frühzeitig über eine mögliche Exklusivität verhandelt werden. In diesem Zusammenhang muss vor Vertragsabschluss ein Finanzierungskonzept erstellt werden. [Siehe zur Vorgehensweise bei Akquisitions- und Fusionstransaktionen ausführlich z. B. Hölters (2005), Picot (2005)]

7.4.4.2.2 Due Diligence und Unternehmensbewertung

Im wörtlichen Sinne bedeutet **Due Diligence** *gebotene Sorgfalt*. Die Due Diligence dient im Rahmen externer Wachstumsstrategien zur detaillierten Analyse und Überprüfung eines potenziellen Investitions-, Übernahme- oder Fusionsobjektes. Innerhalb des Due-Diligence-Prozesses erfolgt eine *systematische und umfassende Analyse des potenziellen Vertragsobjektes*. Dabei ist der gesamte Prozess meist in eine Grobanalyse mit anschließender Feinanalyse gegliedert. Die Grundlage einer Due Diligence bildet hierfür i. d. R. ein Vorvertrag zwischen den potenziellen Käufer- und Verkäuferunternehmen. Zur Durchführung der Due Diligence sollte ein angemessener Zeitraum definiert werden, in dem dem Käufer die Gewährung eines Zugriffes auf relevante Daten und Informationen sowie ein Zugang zum Unternehmen und seinen Mitarbeitern zugesichert wird. In diesem Kontext der Due Diligence wird eine *Eruierung der Stärken und Schwächen* des Unternehmens und der damit verbundenen *Chancen und Risiken* vorgenommen. Hierbei wird gleichzeitig auch eine Grundlage für eine monetäre Bewertung des Unternehmens geschaffen. Bei einem Due-Diligence-Prozess sind prinzipiell alle Unternehmensbereiche von Bedeutung und Gegenstand der Analyse. Als **Untersuchungsobjekte der Prüfungen** ist eine externe *Umfeldanalyse* und interne *Unternehmensanalyse* zu vollziehen.

Im Rahmen der **Umfeldanalyse** werden insbesondere die *Struktur des Marktes*, der *Wettbewerber und der Branche* sowie die *sozioökonomischen, rechtlichen und politischen Rahmenbedingungen* einer Analyse unterzogen. Bei der Untersuchung sind bspw. *Marktdaten, Daten von Verbänden, Auszüge des Handelsregisters, allgemeine Unternehmensdatenbanken, Artikel in Zeitschriften und Zeitungen, Befragungen von Wirtschaftsprüfern, Banken, Lieferanten, Kunden und Konkurrenten* relevant.

Bei der **Unternehmensanalyse** wird das Unternehmen insbesondere im Hinblick auf die Bereichen *Finanzen, Strategie, Recht, Umwelt, Organisation, Personal, Marketing, Technik* sowie *Kultur* untersucht. Die Bedeutung der einzelnen Bereiche kann allerdings, etwa in Abhängigkeit der Branche, in der sich das Unternehmen befindet, unterschiedlich sein. Wesentlich ist, dass eine sorgfältige und systematische Betrachtung des gesamten Unternehmens erfolgt. Relevant sind u. a. die *Jahresabschlüsse der letzten Jahre, Mitarbeiter- und Managementbefragungen* sowie *Betriebsbesichtigungen*. Informationen werden z. B. über *materielle Ressourcen* (Anlage-, Umlaufvermögen etc.) und *immaterielle Ressourcen* (Patente, Lizenzen, Marken etc.) zumindest für die drei letzten Geschäftsjahre gesammelt und ausgewertet.

Im Bereich der *Finanzen* des Unternehmens wird eine Analyse des internen und externen Rechnungswesens im Zusammenhang mit der steuerlichen Situation und z. B. etwaiger Pensionsverpflichtungen des Unternehmens vorgenommen. Der Bereich der *Strategie* verdeutlicht die Ziele und Strategien und vor allem das Wachstumspotenzial des Unternehmens. Geplante Strategien müssen umsetzbar sein. Wichtig ist hierbei, wie und in welchem Zeitraum geplante Strategien umgesetzt werden sollen. Bei der Analyse im Kontext *Recht* werden rechtliche Aspekte wie bspw. Verträge oder ausstehende Rechtstreitigkeiten bzw. Prozesse analysiert. In diesem Bereich wird die Prüfung im Regelfall mit besonderer Sorgfalt vorgenommen, denn gerade mögliche Prozessrisiken bergen ein hohes Risikopotenzial und haben einen hohen Einfluss auf den späteren Kaufpreis. Im Kontext der *Umwelt* erfolgt eine Bewertung von Umwelt- bzw. Ökologierisiken und Altlasten des Unternehmens wie bspw. die Frage, ob das Produktionsgelände frei von Umweltaltlasten und nicht sanierungsbedürftig ist. Ein wichtiger Punkt ist die Organisation. Im Bereich der *Organisation* werden bspw. Untersuchungen zur Aufbau- und Ablauforganisation sowie etwaigen Verbindungen zu anderen Unternehmen vorgenommen. Durch eine Überprüfung des *Personalbestandes* soll z. B. die Struktur und Qualifikation des Personals sowie des Managements überprüft werden. Im Zusammenhang mit dem *Marketing und Vertrieb* werden u. a. die aktuellen Produkte, Patente, Lizenzen sowie die Forschung und Entwicklung näher betrachtet. Bei einer Überprüfung der *Technik* werden die Informations- und Kommunikationsstruktur sowie die Art und das Alter der Produktionsmittel untersucht. Nicht zu vernachlässigen ist eine Analyse der *Unternehmenskultur*, bei der primär eine Einschätzung der Werte und Normen sowie der ethischen Ausrichtung des Unternehmens erfolgt. Gerade bei Akquisitionen und Fusionen kann die Kompatibilität der respektiven Unternehmenskulturen eine entscheidende Rolle spielen.

Abbildung 69 stellt die einzelnen Teilbereiche der externen Umfeldanalyse sowie der internen Unternehmensanalyse im Rahmen der Due Diligence dar.

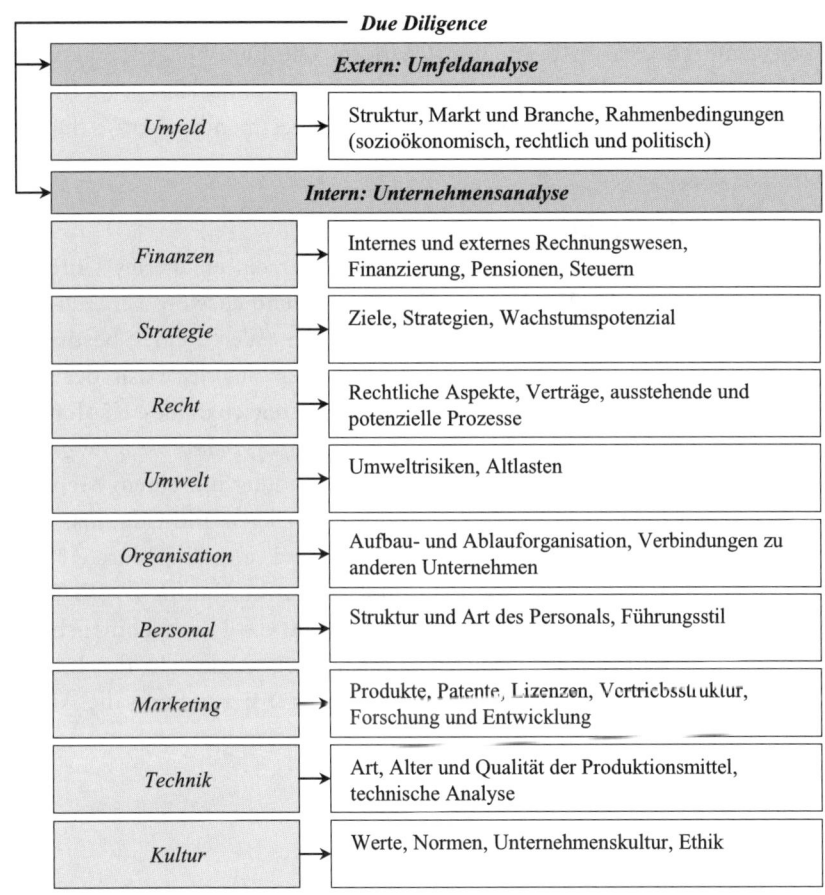

Abbildung 69: Teilbereiche Due Diligence

Die Due Diligence dient einer Verbesserung der Entscheidungsqualität im Kauf- bzw. Verkaufsprozess. Eine detaillierte Due Diligence kann dazu beitragen, potenzielle Risiken aufzudecken. Dabei können mögliche Folge- und Anpassungskosten nach dem Unternehmenskauf u. U. vermindert oder sogar verhindert werden. Risiken wie etwa ausstehende Patentstreitigkeiten oder eine gesetzlich nicht konforme Einhaltung von Umweltschutzrichtlinien können im Extremfall dazu führen, dass die Vertragsverhandlungen über den Kauf des Unternehmens abgebrochen werden. Andererseits können die erkannten Risiken auch als Basis für die folgenden Vertragsverhandlungen dienen, um etwaige Reduzierungen des Kaufpreises oder die Gewährung von Garantien des Verkäufers zu erzielen. Somit bilden die Ergebnisse der Due Diligence die Basis für die Kaufpreisverhandlungen nicht nur im Sinne von Risiken, sondern auch in Form von Chancen. Die Due Diligence kann von dem Unternehmen selbst oder in dessen Auftrag von Spezialisten (z. B. Wirtschaftsprüfern, Corporate-Finance-Beratern, Investmentbankern) durchgeführt werden.

Unternehmensbewertung
Unabhängig davon, ob es sich um ein junges oder ein etabliertes Unternehmen handelt, kann die Frage nach dem Unternehmenswert generell nicht eindeutig beantwortet werden. Es gibt nicht „den Wert" eines bestimmten Unternehmens. Letztlich ist der Unternehmenswert auf der Basis der Preisvorstellungen des Verkäufers und der Zahlungsbereitschaft des Käufers verhandelbar oder anders ausgedrückt: *Price is what you pay, value is what you get*. Der Begriff Wert erhält seine Bedeutung nur in Verbindung mit einem Menschen und ist abhängig von den Vorstellungen des jeweiligen Individuums. [Fishburn (1964)] Dennoch kann eine systematisch und sorgfältig durchgeführte Unternehmensbewertung eine solide Grundlage für die Kaufpreisverhandlungen bilden. In Abhängigkeit vom Zielobjekt sollte die Unternehmensbewertung anhand verschiedener Verfahren durchgeführt werden. In der Literatur besteht *keine Einheitlichkeit* in Bezug auf die Systematisierung und die Anwendung quantitativer Verfahren zur Unternehmensbewertung.

Abbildung 70 zeigt, in Anlehnung an Walter (2004), eine Systematisierung ausgewählter quantitativer Verfahren zur Unternehmensbewertung im Überblick.

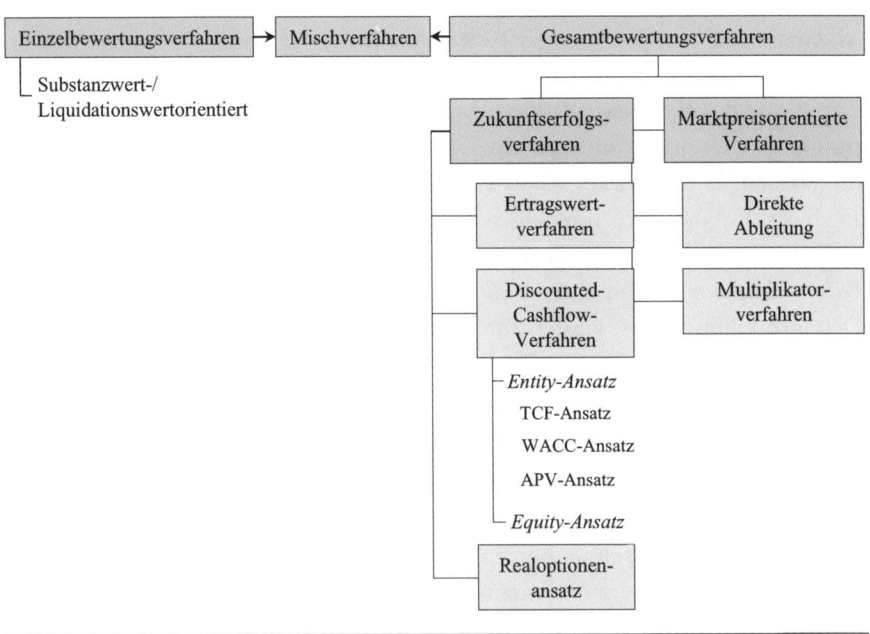

Abbildung 70: Systematisierung ausgewählter quantitativer Unternehmensbewertungsverfahren

Im Zusammenhang mit der **Bewertung junger Unternehmen** sollen nachfolgend kurz die ausgewählten Methoden *substanzorientierte Verfahren, Ertragswertverfahren, Discounted-Cashflow-Verfahren, der Realoptionenansatz* sowie das *Multiplikatorverfahren* behandelt werden. Eine ausführliche Erörterung kann an dieser Stelle aufgrund der Komplexität dieses Themenbereiches nicht gegeben werden. [Siehe zu Bewertungsverfahren in ausführlicher Form bspw. Damodaran (2001); Rudolf/Witt (2002); Ballwieser (2004); Brandl (2004); Walter (2004); Serf (2005) sowie in Richter/Timmreck (2004)]

Substanzorientierte Verfahren
In vereinfachter Betrachtung wird bei den **substanzorientierten Verfahren** der Unternehmenswert durch *Einzelbewertung der im Unternehmen vorhandenen Vermögensgegenstände und der Verbindlichkeiten bzw. des Fremdkapitals* ermittelt. Dabei wird davon ausgegangen, dass sich der Wert eines Unternehmens anhand seiner Ressourcen ermitteln lässt. Die Vermögensgegenstände werden

erhoben und addiert. Hiervon abgezogen wird das Fremdkapital. Entscheidend bei der Erhebung der Vermögensgegenstände ist ihr jeweiliger Bewertungsansatz.

Im Rahmen der Ermittlung des Substanzwertes können zwei Verfahren unterschieden werden. Zum einen ist die Ermittlung des *Rekonstruktionswertes bzw. Reproduktionswertes,* zum anderen die des *Liquidationswertes* möglich. Für die Ermittlung des **Rekonstruktions-** bzw. **Reproduktionswertes** wird der Wert ermittelt, der nötig wäre, um ein Unternehmen zum heutigen Stand wieder aufzubauen. Die Wiederbeschaffungspreise der Vermögenswerte bilden somit die Basis für die Berechung. Nach der Ermittlung der Reproduktionswerte wird das Fremdkapital hiervon subtrahiert. Grundsätzlich ist zwischen dem *Teilreproduktionswert* und dem *Vollreproduktionswert* zu unterscheiden. Bei dem Teilreproduktionswert werden für die Ermittlung des Substanzwertes nur die materiellen Vermögensgegenstände herangezogen. Der Vollreproduktionswert berücksichtigt demgegenüber auch immaterielle Werte wie eigene Patente, Goodwill, Markenwert und Kundenstamm.

Bei der Ermittlung des **Liquidationswertes** wird unterstellt, dass das Unternehmen liquidiert wird. Dabei wird der Erlös aus dem am Markt veräußerbaren Vermögensgegenstände berechnet. Der Liquidationswert ergibt sich somit aus der Summe der veräußerbaren Vermögenswerte bzw. Zerschlagungswerte abzüglich des Fremdkapitals sowie der für die Liquidation nötigen Aufwendungen. [Brandl (2004)]

Vorteilhaft ist, dass die substanzorientierten Verfahren konservative Verfahren der Wertermittlung sind und i. d. R. die mögliche Wertuntergrenze eines Unternehmens darstellen. *Nachteilig* ist jedoch, dass keine Berücksichtigung des zukünftigen Wachstumspotenzials erfolgt. Substanzorientierte Verfahren erscheinen somit für die Bewertung junger Unternehmen tendenziell nicht geeignet. Denn gerade bei jungen Unternehmen, bei denen im Regelfall noch keine nennenswerten materiellen und immateriellen Werte geschaffen wurden, ist vor allem die Bewertung der Zukunftsentwicklung entscheidend. Die Anwendung substanzorientierter Verfahren ist generell nur dann sinnvoll, wenn bereits ein erhebliches Unternehmensvermögen gebildet werden konnte, was bei jungen Unternehmen eher Ausnahmefälle sind.

Ertragswertverfahren

Im Unterschied zu den substanzorientierten Verfahren berücksichtigt das **Ertragswertverfahren** die zukünftige Entwicklung eines Unternehmens. Die Ertragswertmethode basiert auf Verfahren der Investitionsrechnung, indem der *Barwert zukünftiger Zahlungsüberschüsse* ermittelt wird. Im Rahmen von Ertragswertverfahren erfolgt eine *Diskontierung* bzw. *Abzinsung zukünftiger Zahlungsüberschüsse des Unternehmens an seine Gesellschafter bzw. Anteilseigner.* Zur Berechnung des Ertragswertes werden zukünftig erwartete Ausschüttungen an die Unternehmenseigner sowie ein Kalkulationszinsfuß zur Diskontierung verwendet. Bei dem Ertragswertverfahren handelt es sich um ein mehrperiodisches, dynamisches Verfahren, bei dem die Ausschüttungen aus den Erträgen (Gewinnen) der Planungsrechnung ermittelt werden. Von zentraler Bedeutung sind zur Ermittlung des Unternehmenswertes bei der Ertragswertmethode demnach die Gesellschafter bzw. Anteilseigner des Unternehmens. Es wird angenommen, dass die Gesellschafter einen Vergleich des Barwertes einer Investition mit alternativen Anlagemöglichkeiten vornehmen möchten, um so eine Maximierung des Ergebnisses (nach Steuern) zu erreichen. Daher werden Nettozahlungen wie bspw. Gewinnausschüttungen (Dividenden) oder aber ein Verkaufs- bzw. Liquidationserlös, der als Endwert bezeichnet wird, betrachtet. [Brandl (2003); Füser/Gleißner (2005); Serf (2005)]

Im Rahmen des Ertragswertverfahrens herrscht keine Einheitlichkeit in Bezug auf die Messung der Zukunftserfolge. Denn es können sowohl zahlungsstromorientierte Größen (Cashflows) als auch periodenerfolgsorientierte Größen verwendet werden. Es lassen sich als **betrachtungsrelevante Größen** die *Nettoeinnahmen des Investors, Nettoausschüttungen des Unternehmens, Einzahlungsüberschüsse des Unternehmens, Nettoeinnahmen des Unternehmens* sowie die *Periodenerfolge des Unternehmens* differenzieren. Als theoretischer Sicht sind die Nettoeinnahmen des Investors die theoretisch korrekteste Erfolgsgröße. Dabei sind für die Ermittlung dieser Nettoeinnahmen nicht alleine die Zahlungsströme zwischen Investor und Unternehmen relevant, sondern auch die Zahlungsströme zwischen dem Investor und Dritten, solange sie durch das Eigentümerverhältnis ausgelöst werden. [Walter (2004)]

Die Berechung des Ertragswertes kann auf der Basis der Formel der ewigen Rente oder detaillierter in Form eines Phasenmodells erfolgen. [Kasperzak (2001)] Für die Berechnung des Ertragswertes ist somit eine Prognose zukünftiger finanzieller Überschüsse und somit eine Annahme der künftigen Entwicklung des Unternehmens erforderlich. Die Prognose erfolgt i. d. R. auf der Basis der bereinigten Ergebnisse der Vergangenheit sowie einer darauf aufbauenden Planungsrechnung, die in der Praxis regelmäßig in *zwei Phasen* unterteilt wird. Die Bewertung sollte dabei in zwei Phasen vorgenommen werden. Zum einen ist in **Phase 1** eine *detaillierte Abzinsung der Einnahmenüberschüsse* mit einem risikoadäquaten Zins für eine spezielle Planungsperiode, meist zwischen drei und fünf Jahren, vorzunehmen. Drei bis fünf Jahre werden oftmals angesetzt, da hierfür angenommen wird, dass detaillierte Planungsrechnungen des Unternehmens zur Verfügung stehen. Abgeleitet werden die künftig angenommenen Ausschüttungen aus den ggf. für Zwecke der Unternehmensbewertung modifizierten Aufwands- und Ertragsrechnungen des Detailplanungszeitraums. [Brandl (2004); Nölle (2005); Serf (2005)] Eine besondere Herausforderung bei der Bewertung junger, meist innovativer Unternehmen besteht darin, dass das Unternehmen noch nicht lange existiert.

In **Phase 2** wird der *prognostizierte Jahresüberschuss* nach dem Prinzip der *ewigen Rente* auf den *Bewertungsstichtag abgezinst*. Bei unterstellter unendlicher Lebensdauer des Unternehmens wird regelmäßig ein gleichbleibender finanzieller Überschuss angesetzt. Die Summe der beiden Phasen ergibt den Unternehmenswert. Wichtig für die Berechnung des Unternehmenswertes ist, dass neben der Überschussprognose die Festlegung eines sachgerechten Kapitalisierungszinssatzes von entscheidender Bedeutung zur Berechnung des Unternehmenswertes ist. [Brandl (2004); Serf (2005)] Das Ziel der Einteilung in Phasen ist eine angemessene Berücksichtigung der in der Zukunft liegenden Unsicherheiten. [Nölle (2005)]

Abbildung 71 verdeutlicht in Anlehnung an Serf (2005) einen allgemeinen Aufbau des Ertragswertverfahrens auf der Basis einer zweiphasigen Bewertung eines Unternehmens.

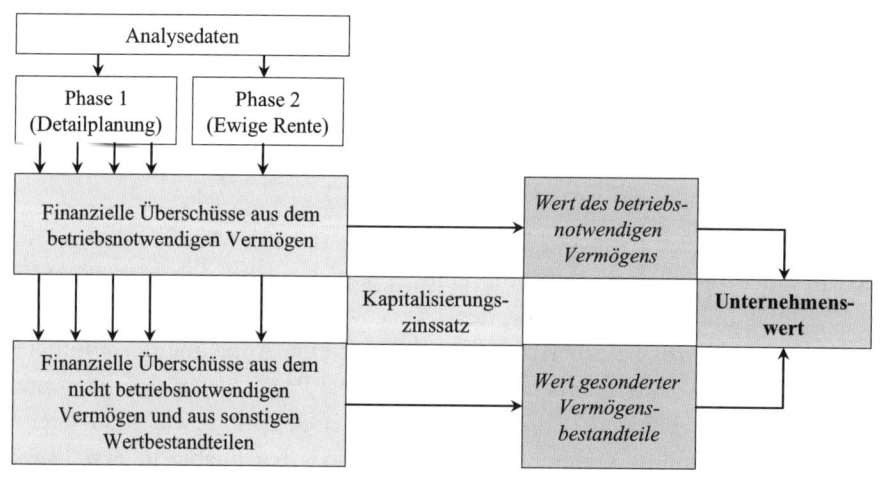

Abbildung 71: Bestandteile des Ertragswertverfahrens

Gerade junge Wachstumsunternehmen weisen in den ersten Geschäftsjahren hohe Verluste aus, da alle Zahlungsüberschüsse wieder in das Wachstum (z. B. Markenaufbau, Kundengewinnung und -bindung) des Unternehmens investiert werden. Dabei werden hohe Gewinne und Ausschüttungen erst für spätere Jahre geplant. In diesen Fällen ist die Anwendung der allgemeinen Form der Ertragswertmethode problematisch. Damit eine Anwendung des Ertragswertverfahrens auf junge Wachstumsunternehmen besser möglich wird, sind modifizierte Verfahren auf der Basis von Phasenmodellen entstanden. [Siehe hierzu z. B. Rudolf/Witt (2002)]

Anzumerken ist in diesem Zusammenhang, dass eine Bewertung in zwei Phasen nicht zwingenderweise erfolgen muss. Denkbar sind bspw. auch Modelle mit drei Phasen. [Keller/Hohmann (2004)] In der Literatur können unterschiedliche finanzmathematische Methoden der Abzinsung finanzieller Überschüsse mit einem Kapitalisierungszinssatz zur Berechnung des Unternehmenswertes bei der Ertragswertmethode identifiziert werden. Wichtig für die Berechung des Unternehmenswertes ist, welches finanzmathematische Modell gewählt wird. Denkbar sind bspw. *Formeln der Annahme einer unbegrenzten Lebensdauer und individueller bzw. konstanter Planung, Formeln der Annahme unbegrenzter Lebensdauer und Anwendung des Zweiphasenmodells* oder *Formeln der Annahme einer begrenzten Lebensdauer des Bewertungsobjektes.* [Siehe bspw. Rudolf/Witt (2002); Serf (2005)]

Der Ertragswert kann bspw. nach der folgenden Formel berechnet werden:

$$Ertragswert = \overset{\textit{Phase 1:}}{\sum_{t=1}^{T}} \frac{Z\ddot{U}_t}{(1+r)^t} + \overset{\textit{Phase 2:}}{\frac{Z\ddot{U}_{T+1}}{r(1+r)^T}}$$

Bei der Wahl des Zinssatzes zur Berechnung des Barwertes ist auf einen **risikoadäquaten Zinssatz** bzw. Kapitalisierungszinsfuß (r) zu achten. Grundlegende Überlegung ist hierbei, dass die zu erwartenden Zahlungsüberschüsse (ZÜ) nicht risikolos erwirtschaftet werden. Das eingesetzte Kapital muss eine höhere Rendite erwirtschaften als eine Anlage mit einem geringen Risiko, da ein größeres, d. h. in diesem Fall ein unternehmerisches Risiko besteht. Die Gesamtverzinsung besteht dabei aus einem *Basiszins einer risikolosen oder risikoarmen Investitionsalternative* (i), z. B. langfristige Staatsanleihen, und einem *Risikozuschlag* (z), bspw. Unternehmensrisiko. Der Basiszins ist im Sinne eines Opportunitätszinses zu verstehen. Der Risikozuschlag kann aus der Differenz zwischen den Renditen börsennotierter Unternehmen und Renditen für langfristige Staatsanleihen (z. B. Bundesanleihen) gebildet werden. Dabei ist darauf zu achten, dass bei der Differenzberechnung als börsennotierte Unternehmen solche gewählt werden, die dem zu bewertenden Unternehmen ähnlich sind. [Brandl (2004); Ballwieser (2004)] Diese praktische Vorgehensweise zur Ermittlung des Kapitalisierungszinsfußes ist eine recht einfache Methode. In der Praxis wird der Risikozuschlag oftmals auf der Basis einer sehr subjektiven Risikoeinschätzung bestimmt. Hierbei ist das Fingerspitzengefühl des Bewertenden entscheidend. Eine Rechtfertigung des Zuschlages kann dabei nur argumentativ erfolgen. [Keller/Hohmann (2004)]

Um diese rein subjektive Einschätzung zu vermeiden, kann darüber hinaus eine Berechnung eines risikoadäquaten Zinssatzes nach dem Capital Asset Pricing Model (CAPM) erfolgen. Hierbei wird die historische Rendite für kapitalmarktorientierte Eigenkapitalwerte in einen Teil für risikolose Verzinsung sowie eine Risikoprämie aufgeteilt. Die marktorientierten Eigenkapitalwerte werden dabei etwa anhand gängiger Börsenindizes gemessen wie bspw. dem Deutschen Aktien Index (DAX) oder dem Dow Jones Industrial Average (DJIA). Der Basiszinssatz der risikolosen bzw. risikofreien Verzinsung (r_{rf}) bemisst sich in diesem Verfahren anhand der Rendite langfristiger Staatsanleihen. Die Marktrisikoprämie wird ermittelt, indem von der Marktrendite (r_M) der Basiszinssatz der risikolosen Verzinsung (r_{rf}) subtrahiert wird ($r_M - r_{rf}$). Um das Risiko genauer abschätzen zu können, wird zusätzlich für die Einzeltitel ein individuelles Risikomaß ermittelt. Dieses Risikomaß wird als Betafaktor (β) bezeichnet. [Kasperzak (2001); Brandl (2004)]

Nach dem CAPM erfolgt die Berechnung eines risikoadäquaten Zinssatzes somit anhand der nachfolgenden Grundgleichung:

$$r_{EK} = r_{rf} + (r_M - r_{rf}) \times \beta_i$$

Für die Ermittlung eines risikoadäquaten Zinssatzes ist somit die Abschätzung des Betafaktors (β) von hoher Bedeutung. Für *börsennotierte Unternehmen* stellt eine Ermittlung von β kein großes Problem dar, da zur Ermittlung historische Börsenkurse verwendet werden können. Für *nicht börsennotierte Unternehmen* besteht aber das Problem, dass keine Börsenkurse verfügbar sind. Der Betafaktor wird somit abgeschätzt, indem vergleichbare börsennotierte Unternehmen des Inlands bzw. des Auslands als Vergleichsgröße herangezogen werden. Auf der Basis der vergleichenden Unternehmensdaten kann dann ein potenzieller Betafaktor abgeschätzt werden. Zu beachten ist, dass das Vergleichsunternehmen identische bzw. ähnliche Produkte, ein ähnliches Geschäftsmodell sowie ähnliche Risiken im finanziellen und operativen Bereich aufweist. Um eine Bewertung hierbei vornehmen zu können, sind sehr genaue Kenntnisse und ein detailliertes Fachwissen nötig. Möglicherweise problema-

tisch ist, wenn aufgrund eines innovativen Geschäftsmodells des zu bewertenden Unternehmens keine Konkurrenten identifiziert werden, die für die Berechnung des Betafaktors in Betracht kommen. [Kasperzak (2001); Bäz-
ner/Timmreck (2004); Brandl (2004)] Das CAPM-Modell ist aber in der
Theorie und empirischen Überprüfung gerade hinsichtlich der Betafaktoren
nicht unumstritten. Denn es hat sich gezeigt, dass Betaschätzungen instabil
sind und stark von der Beobachtungsperiode abhängen. [Rudolf/Witt (2002)]

Das *Capital Asset Pricing Model* kommt auch im Rahmen der nachfolgend aufgeführten Discounted-Cashflow-Methode zum Einsatz, wenn die Eigenkapitalkosten bzw. die Renditeforderung der Eigenkapitalgeber, bspw. im gewichteten Kapitalkostensatz, bestimmt werden sollen.

Discounted-Cashflow-Verfahren

Das **Discounted-Cashflow-Verfahren** (DCF-Verfahren) ist wie das Ertragswertverfahren ein *mehrperiodisches, dynamisches Verfahren.* Beide Methoden
sind in Deutschland in der Praxis weit verbreitet und nach den vom Institut
der Wirtschaftsprüfer (IDW) verfassten „Grundsätzen zur Durchführung von
Unternehmensbewertungen" anerkannte Verfahren zur Bewertung von Unternehmen. Im Rahmen des DCF-Verfahrens wird der Unternehmenswert
durch eine Diskontierung zukünftiger Cashflows ermittelt. Im Unterschied zur
Ertragswertmethode, bei der der Unternehmenswert durch eine Diskontierung zukünftiger Periodenerfolge ermittelt wird, ist das DCF-Verfahren eine
zahlungsstromorientierte Methode. Bei den DCF-Verfahren werden nicht die
im Rahmen der Rechnungslegung beeinflussten buchhalterischen Jahresüber-
schüsse als entscheidende Größe angenommen, sondern die tatsächlichen
Zahlungsmittelüberschüsse, die Cashflows. Die Cashflows können im Unternehmen zur Tilgung von Krediten, für Investitionen oder Ausschüttungen
(Dividenden) verwendet werden. Zur Diskontierung werden i. d. R. kapital-
markttheoretische Modelle herangezogen wie das bereits beim Ertragswertverfahren angesprochene CAPM. [Kasperzak (2001); Bäzner/Timmreck (2004);
Nölle (2005)]

In der Literatur ist die Darstellung der einzelnen DCF-Verfahren heterogen.
Die folgende Systematisierung folgt Ballwieser (2004). Beim DCF-Verfahren
werden zwei Hauptvarianten, der *Entity-Ansatz (Bruttomethode)* und der *Equity-
Ansatz (Nettomethode),* unterschieden. Dem **Entity-Ansatz** (Bruttomethode)
werden dann der *WACC-Ansatz,* der *Total-Cashflow-Ansatz (TCF-Ansatz)* sowie
der *APV-Ansatz* als unterschiedliche Differenzierungen zugeordnet. Der
Equity-Ansatz (Nettomethode) ist nicht weiter differenziert. Hier wird aber

manchmal von einem *Flow to Equity* gesprochen, was die bewertungsrelevante Größe betrifft. Die Unterschiede der einzelnen Verfahren liegen in den zur Berechnung verwendeten Cashflows und Kapitalisierungszinsen. [Kasperzak (2001); Bäzner/Timmreck (2004); Ballwieser (2004); Nölle (2005)] Generell unterscheiden sich TCF-, WACC- und APV-Ansatz vor allem durch die Vorgehensweise bei der Berücksichtigung der Verschuldung (Fremdfinanzierung) des Unternehmens. Diese ist beim TCF- und WACC-Ansatz (implizit) enthalten. Beim APV-Ansatz wird diese explizit berechnet. [Nölle (2005)]

Nachfolgend wird im Rahmen der Erörterungen des Entity-Verfahrens primär auf den WACC-Ansatz sowie APV-Ansatz eingegangen. Tabelle 27 zeigt die Unterschiede des Equity- und Entity-Ansatzes. [In Anlehung an Bäzner/Timmreck (2004)]

	Equity-Ansatz	Entity-Ansatz		
		WACC-Ansatz	APV-Ansatz	
Bewertungs-relevante Größe	Flow to Equity	Free Cashflow	Free Cashflow	Steuervorteil aus Fremdkapitalfinanzierung
Kapitalkos-tensatz	Eigenkapitalkosten unter Berücksichtigung bestehender Fremdkapitalfinanzierung	Gewichtete Kapitalkosten – Weighted Average Cost of Capital (WACC)	Eigenkapitalkosten ohne Berücksichtigung bestehender Fremdkapitalfinanzierung	Fremdkapitalkostensatz
Ergebnis	Marktwert des Eigenkapitals	Marktwert des Gesamtkapitals	Marktwert des Gesamtkapitals bei reiner Eigenkapitalfinanzierung	Marktwert des Steuervorteile aus Fremdkapitalfinanzierung

Tabelle 27: Varianten des DCF-Verfahrens

Die Berechnung des Cashflows kann direkt oder indirekt erfolgen. Je nach Ansatz wird der Cashflow unterschiedlich berechnet. [Vgl. hierzu bspw. Rudolf/Witt (2002); Ballwieser (2004); Blaschke (2005)]

Entity-Ansatz

Beim **WACC-Ansatz**, dem Weighted Average Cost of Capital (WACC), wird der *Unternehmenswert als Summe der Marktwerte von Eigen- und Fremdkapital (Marktwert des Gesamtkapitals)* auf der Basis der Werte der allen Kapitalgebern zustehenden Zahlungsströme ermittelt. Somit wird innerhalb des WACC-Ansatzes zunächst eine Bewertung des Unternehmens aus der Sicht aller

Kapitalgeber vorgenommen. Dabei werden insbesondere auch Zinszahlungen an Kreditgeber berücksichtigt. Die den Kapitalgebern zur Verfügung stehenden zukünftigen free Cashflows werden, basierend auf dem letzten explizit geschätzten free Cashflow der Zukunft, dem sogenannten Terminal Value, auf den Bewertungszeitpunkt mithilfe des WACC abgezinst. Es handelt sich somit um eine Bruttogröße. In einem zweiten Schritt wird dann von dem ermittelten Marktwert des Gesamtkapitals der Marktwert des Fremdkapitals subtrahiert. Auf diese Weise ergibt sich der Marktwert des Eigenkapitals des Unternehmens, d. h. der eigentliche Unternehmenswert. [Rudolf/Witt (2002); Ballwieser (2004); Bäzner/Timmreck (2004)]

Die freien Cashflows dienen im WACC-Ansatz zur Bedienung sowohl des Eigenkapitals als auch des Fremdkapitals. Aus diesem Grunde werden die freien Cashflows mit einem Mischzinsfuß in Form des gewichteten Kapitalkostensatzes, dem Weighted Average Cost of Capital (WACC), diskontiert. Dabei repräsentiert der WACC den marktwertgewichteten Durchschnittskosten von Eigen- und Fremdkapital. Im Rahmen des **WACC-Ansatzes** wird somit ein kapitalgewogener Durchschnittszins zwischen der Renditeforderung auf das Eigenkapital für ein marktüblich verschuldetes Unternehmen und der Renditeforderung der Fremdkapitalgeber ermittelt. [Kasperzak (2001); Ballwieser (2004); Füser/Gleißner (2005)] Im Rahmen des WACC-Ansatzes erfolgt die Ermittlung der Einnahmenüberschüsse, der free Cashflows, zunächst ohne die Berücksichtigung der abzugsfähigen Zinsaufwendungen. Erst bei der Diskontierung der free Cashflows wird die steuerliche Vorteilhaftigkeit der Fremdfinanzierung durch eine entsprechende Verminderung des Kapitalisierungszinssatzes (WACC) in Form eines Tax Shields berücksichtigt. [Löffler (2005)]

Somit wird im WACC-Ansatz die steuerliche Abzugsfähigkeit der Fremdkapitalzinsen im Rahmen der Ermittlung des WACC durch einen Tax Shield berücksichtigt. Dies bedeutet eine Kürzung der in den Diskontierungsfaktor eingehenden Fremdkapitalkosten. Werden die persönlichen Ertragssteuern der Anteilseigner bei der Wertermittlung berücksichtigt und erfolgt eine Thesaurierung der Gewinne, ist im WACC-Ansatz zusätzlich zu dem aus der Fremdfinanzierung resultierenden Tax Shield ein weiterer Tax Shield aus der Thesaurierung zu berücksichtigen. In diesem Kontext ist darauf hinzuweisen, dass grundsätzlich die Möglichkeit besteht, sowohl den Tax Shield aus der Thesaurierung als auch den Tax Shield der Fremdfinanzierung insgesamt im Zähler und somit bei der Ermittlung der Kapitalisierungsgrößen zu berücksichtigen. Eine Steuerberechnung erfolgt hierbei nicht auf der Basis der *Earnings before*

Interest and Taxes (EBIT), sondern auf der Grundlage der tatsächlichen Steuer-bemessungsgrundlage nach Abzug der Fremdkapitalzinsen. Daher hat eine Berücksichtigung eines Tax Shields im Nenner des WACC zu unterbleiben. [Löffler (2005)] Wird dieses Verfahren so angewendet, wird dies üblicherweise als **Total-Cashflow-Ansatz** bezeichnet. Der WACC-Ansatz unterscheidet sich vom TCF-Ansatz nur dahingehend, dass der Tax Shield statt bei den Kapitalkosten bei der Cashflow-Ermittlung berücksichtigt wird. [Nölle (2005); Löffler (2005)]

Für die exakte Ermittlung der free Cashflows, die Darstellung und Berech-nung des Unternehmenswertes bzw. des Marktwertes des Eigenkapitals nach dem WACC-Ansatz sowie ausführliche Beispiele sei an dieser Stelle aufgrund der Komplexität und des Detaillierungsgrades auf die Spezialliteratur verwie-sen. [Siehe hierzu bspw. Ballwieser (2004); Walter (2004); Hommel/Braun (2005) oder Drukarczyk/Schüler (2006)]

Der **Adjusted-Present-Value-Ansatz** versucht den Wert der Finanzierung gesondert darzustellen und den Unternehmenswert ohne Verschuldung ent-sprechend anzugleichen, d. h. zu adjustieren. Beim APV-Ansatz wird zunächst der Marktwert eines unverschuldeten Unternehmens ermittelt. Aus diesem Grunde werden die free Cashflows aus einem unverschuldeten Unternehmen herangezogen und mit den fiktiven Eigenkapitalkosten eines unverschuldeten Unternehmens diskontiert. Dazu wird der Steuervorteil aus der Fremdfinan-zierung, die mit den Fremdkapitalkosten zu diskontieren sind, in einem ge-sonderten Schritt hinzugezählt. Die Ermittlung des Unternehmenswertes erfolgt beim **APV-Ansatz** in drei Schritten. In einem ersten Schritt wird der Wert des Unternehmens bei fiktiv angenommener voller Eigenfinanzierung ermittelt. In einem zweiten Schritt wird der Wertbeitrag der Fremdfinanzie-rung errechnet. In diesem Schritt werden auch die Steuervorteile berücksich-tigt. Beides zusammen ergibt den Unternehmenswert (inklusive Fremdkapital). In einem dritten Schritt wird der Marktwert des Fremdkapitals ermittelt und vom Unternehmenswert subtrahiert. Hieraus ergibt sich der Wert des Eigen-kapitals des Unternehmens. Dieser Ansatz eignet sich gut für eine transparen-te Bewertung von Unternehmen mit variablen Kapitalstrukturen. [Schult-ze (2001); Brandl (2004); Nölle (2005)]

Den grundsätzlichen Aufbau des APV-Ansatzes zeigt die folgende Abbildung 72.

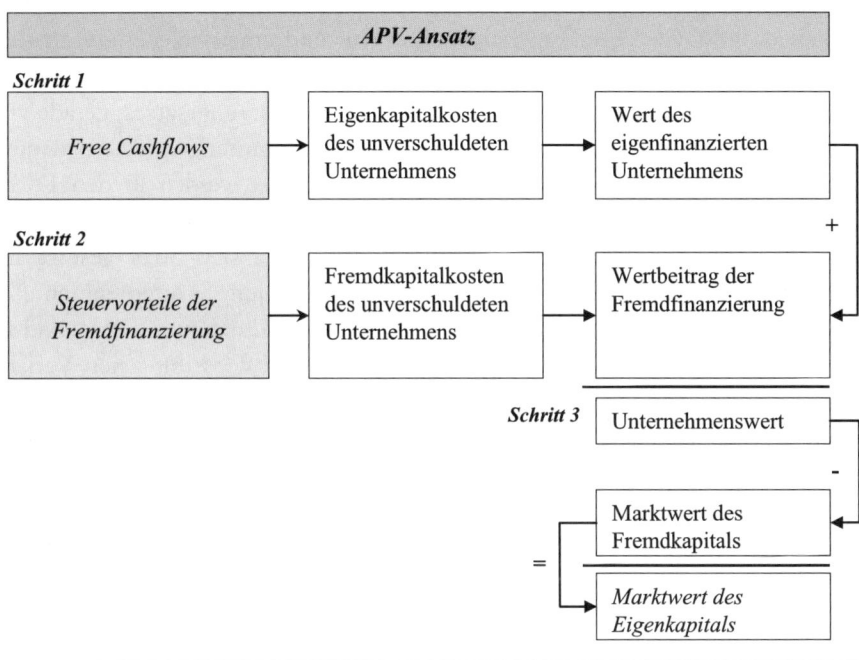

Abbildung 72: Aufbau des APV-Ansatzes

Die Ermittlung des Eigenkapitalkostensatzes wird unter Verwendung des CAPM durchgeführt. Spezielle Betafaktoren können etwa bei Beratungs- oder Wirtschaftsprüfungsgesellschaften angefragt werden.

Auf eine detaillierte Erörterung des APV-Ansatzes sei an dieser Stelle verzichtet und auf die Spezialliteratur verwiesen. [Siehe bspw. Ballwieser (2004)]

Equity-Ansatz
Ähnlich wie bei der Ertragswertmethode liegen beim Equity-Ansatz die Zahlungen des Unternehmens an die Anteilseigner zugrunde. Unterschiede zur Ertragswertmethode liegen vor allem in der Ableitung des Kalkulationszinses und der Erfassung der Steuern. Im **Equity-Ansatz** wird eine *direkte Ermittlung des Marktwertes des Eigenkapitals* vorgenommen. Die erwarteten zukünftigen Cashflows, die an die Anteilseigner ausgeschüttet werden sollen, werden auf den Bewertungszeitpunkt mithilfe des Kapitalisierungszinses diskontiert. Die Basis des Kapitalisierungszinses bildet die risikoäquivalente Renditeforderung

der Anteilseigner. [Kasperzak (2001); Ballwieser (2004)]

Anmerkungen zur Anwendung von DCF-Verfahren bei jungen Unternehmen
Im Hinblick auf junge Unternehmen bestehen in der Praxis mitunter Schwierigkeiten, die DCF-Verfahren zielgerichtet ein- und umzusetzen. Zunächst ist es für junge Unternehmen problematisch, zukünftige periodische Cashflows zu bestimmen. Auch ist die Ermittlung eines Diskontierungssatzes, gerade vor dem Hintergrund des CAPM-Modells und der Bestimmung eines zieladäquaten Betafaktors, nicht ganz einfach. Darüber hinaus werden in den DCF-Verfahren auch die Steuern berücksichtigt. Eine Prognose in diesem Kontext kann sich mitunter als recht schwierig erweisen, da sich Steuergesetze im Zeitablauf ändern. Im Allgemeinen liegen gerade für junge Unternehmen und unerfahrene Gründer Nachteile in der Vielzahl der Annahmen. Diese sind in der Praxis nicht immer einfach zu erfüllen. Aufgrund der zahlreichen Variablen und der zugehörigen Annahmen können sich für die Unternehmensbewertung unterschiedliche Ergebnisse ergeben. Wie bereits angeführt, existiert in diesem Kontext nicht der eine Wert eines Unternehmens. Darüber hinaus ist es ratsam, fachliche Hilfestellungen, bspw. bei einem Wirtschaftsprüfer, zu suchen. Denn die Bewertungsmaterie, gerade hinsichtlich der vielen Varianten der DCF-Verfahren, ist äußerst komplex.

Multiplikatorverfahren
Bei dem **Multiplikatorverfahren** ergibt das *Produkt aus einer intern bekannten Unternehmenskennzahl sowie einem Multiplikator* den Unternehmenswert. Als Ausgangsgrößen der Bewertung dienen Unternehmenskennzahlen wie bspw. *Gewinn, Cashflow* oder *Umsatz.* Theoretisch kann aber auch die Anzahl bzw. der Wert der Kunden des Unternehmens als eine Multiplikatorgröße dienen. Die Unternehmenskennzahl wird aus der integrierten Planungsrechnung ermittelt. Auf die gewählte Unternehmenskennzahl wird dann ein spezifischer Multiplikator angewendet, den es unter speziellen Bedingungen zu ermitteln gilt. [Brandl (2004)]

Gängige **Multiplikatoren** der Praxis sind bspw. das *Kurs-Gewinn-Verhältnis* (KGV), die *Price/Earnings/Growth-Ratio* (PEG), die *Enterprise Value/EBIT-Ratio* (EV/EBIT) sowie die *Enterprise Value/EBITDA-Ratio* (EV/EBITDA). Das Produkt aus der Unternehmenskennzahl und dem jeweiligen Multiplikator ergibt dann den Unternehmenswert. Somit wird der Wert des Unternehmens entscheidend durch den angewendeten Multiplikator bestimmt. Wichtig ist dabei eine *zieladäquate Ermittlung und Anwendung des Multiplikators.* [Pruss et al. (2003)] Die Multiplikatormethode ermöglicht eine schnelle Bewertung des

Unternehmens und somit gerade für junge nicht börsennotierte Unternehmen eine Ermittlung eines potenziellen Marktpreises. Bei börsennotierten Unternehmen lassen sich Über- und Unterbewertungen anhand der einzelnen Verfahren und Multiplikatoren ermitteln. Als Grundlage der anzuwendenden Multiplikatoren können bei jungen börsennotierten Unternehmen die Multiplikatoren direkt errechnet und angewendet werden. Bei nicht börsennotierten Unternehmen sind die Multiplikatoren über Vergleichswerte von Unternehmen einer sogenannten Peergroup anzuwenden, da einige Multiplikatoren bestimmte Werte voraussetzen wie bspw. den Aktienkurs eines Unternehmens, die bei nicht börsennotierten Unternehmen nicht vorhanden sind. Um dieses Problem zu beheben, ist die Definition einer speziellen Peergroup nötig. Bei einer **Peergroup** handelt es sich um eine *Gruppe vergleichbarer börsennotierter Unternehmen*, bei denen die Marktpreise bzw. die Aktienkurse sowie weitere Kennzahlen bekannt sind und sich hieraus die entsprechenden Multiplikatoren ableiten lassen. Bei der Auswahl der Unternehmen der Peergroup ist auf die Vergleichbarkeit der Branche, des Geschäftsmodells sowie ähnliche operative und finanzielle Risiken zu achten. Die Suche nach einem geeigneten Vergleichsunternehmen ist schwierig. Ist die Abgrenzung einmal getroffen, kann für *jedes Unternehmen* der Peergroup der *jeweilige Multiplikator* (KGV; PEG; EV/EBIT; EV/EBITDA) ermittelt werden. Danach kann für jede Multiplikatorgruppe aus den einzelnen Multiplikatorwerten ein Mittelwert auf der Basis des arithmetischen Mittels gebildet werden. Auch die Bildung des Medians ist möglich und als vergleichender Multiplikator in manchen Fällen sinnvoll. Wichtig ist, dass bei der Erstellung von Multiplikatoren aus der Peergroup eine *Vergleichbarkeit* dergestalt hergestellt wird, dass alle Multiplikatoren für einen *einheitlichen Zeitraum* und unter *gleichen (methodischen) Bedingungen* errechnet werden. Können keine adäquaten Multiplikatoren gebildet werden, bspw. weil keine Vergleichunternehmen identifiziert wurden, kann auf sogenannte *Market Multiples* zurückgegriffen werden. **Market Multiples** sind aus der Praxis der Unternehmensbewertung *abgeleitete Erfahrungssätze*. Aber auch hier gilt es, vorsichtig zu sein, denn mitunter ist es gleichermaßen schwierig, einen geeigneten Market Multiple zu identifizieren.

Probleme können gerade bei einem Versuch der Bewertung eines innovativen Unternehmens bestehen, da ggf. keine adäquate Peergroup für dieses gebildet werden kann und auch die Anwendung von Market Multiples schwierig ist, da gleiche Geschäftsmodelle nicht vorhanden sind. Dann ist darauf zu achten, den idealen Vorstellungen über die Peergroup nahezukommen und z. B. ähnliche Konzepte oder Branchen zu wählen.

Sind die Multiplikatoren (KGV; PEG; EV/EBIT; EV/EBITDA) erstellt worden, kann die Bewertung anhand der gängigen Verfahren vorgenommen werden. Bei der Anwendung der Multiplikatoren ist darauf zu achten, ob ein *verschuldetes Unternehmen* (Entity-Multiplikator) oder ein *unverschuldetes Unternehmen* (Equity-Multiplikator) angenommen wird. Bei **verschuldeten Unternehmen** ergibt sich der Unternehmenswert erst aus der *Subtraktion des Fremdkapitals von dem durch den Multiplikator berechneten Unternehmenswert* (Entity-Wert bzw. Bruttowert). Bei **unverschuldeten Unternehmen** ergibt sich der *Wert direkt aus der Berechnung durch den Multiplikator* (Equity-Wert bzw. Nettowert). [Pruss et al. (2003)] Durch den Einsatz unterschiedlicher Multiplikatoren ergibt es eine **hohe Bandbreite der Bewertung** eines Unternehmens. Den einen Wert gibt es nicht.

Beispielhafte Multiplikatoren sind:

Kurs-Gewinn-Verhältnis (KGV)

Das **Kurs-Gewinn-Verhältnis** (KGV) ist das *Verhältnis des (Aktien-)Kurses*, definiert als die Marktkapitalisierung (Marktwert des Eigenkapitals), zu dem (erwarteten) *Gewinn pro Aktie* einer zukünftigen Betrachtungsperiode eines Unternehmens. Um ein KGV berechnen zu können, muss das Unternehmen einen Gewinn erwirtschaften. Das KGV kann auf folgende Art ermittelt werden:

$$KGV = \frac{Kurs\ pro\ Aktie}{Gewinn\ pro\ Aktie}$$

Price/Earnings/Growth-Ratio (PEG)

Die **Price/Earnings/Growth-Ratio** (PEG) wird aus dem *Verhältnis des KGV zu einem erwarteten Gewinnwachstum (g)* gebildet. Eine Ermittlung ist nur möglich, wenn Gewinne erzielt werden. Die PEG wird auch als dynamisches KGV bezeichnet. [Schefczyk/Pankotsch (2003)] Als Hintergrund dient die Überlegung, dass ein sehr hohes aktuelles KGV gerechtfertigt werden kann, wenn der Gewinn künftig sehr stark wächst. Bei einem Verhältnis von 1 ist das Unternehmen fair bewertet. Ist das PEG kleiner als 1, ist das Unternehmen tendenziell unterbewertet, da das KGV geringer ist als die implizierte Wachstumsrate des Unternehmens. Bei einem Wert größer als 1 ist es überbewertet bzw. zu teuer.

$$PEG = \frac{KGV}{g}$$

Enterprise Value/EBIT-Ratio (EV/EBIT)

Die **Enterprise Value/EBIT-Ratio** (EV/EBIT) ist das *Verhältnis des Unternehmenswertes* (Enterprise Value, abgekürzt EV) und dem *Ergebnis vor Zinsen und Steuern* (Earnings before Interest and Taxes bzw. abgekürzt EBIT). Der Unternehmenswert (EV) setzt sich dabei zusammen aus dem Marktwert des Eigenkapitals und dem Fremdkapital. Für junge Unternehmen sind Multiplikatoren zwischen 5 und 40 typisch. Davon abweichend sind auch andere Multiplikatoren möglich. Dabei kann die Orientierung an der Branche erfolgen.

$$EV / EBIT - Ratio = \frac{EV}{EBIT}$$

Enterprise Value/EBITDA-Ratio (EV/EBITDA)

Die **Enterprise Value/EBITDA-Ratio** (EV/EBITDA) ist das *Verhältnis des Unternehmenswertes* (Enterprise Value, abgekürzt EV) und dem *Ergebnis vor Zinsen, Steuern und Abschreibungen* (Earnings before Interest, Taxes, Depreciation and Amortisation, abgekürzt EBITDA). Der Unternehmenswert (EV) setzt sich aus dem Marktwert des Eigenkapitals und dem Fremdkapital zusammen.

$$EV / EBITDA - Ratio = \frac{EV}{EBITDA}$$

Das Ziel der Multiplikatorverfahren ist eine recht einfache Bewertung des Unternehmens. Problematisch ist die Anwendung dieses Verfahrens jedoch bei innovativen jungen Unternehmen, da es mitunter schwierig ist, vergleichbare Unternehmen zu identifizieren. Weiterhin kann das Verfahren als statisch betrachtet werden.

Realoptionsansatz

Die Kritik an der Anwendbarkeit der DCF-Verfahren zur Bewertung junger Unternehmen hat in den letzten Jahren zu einer verstärkten Betrachtung des Realoptionsansatzes geführt.

Im Vergleich zu den traditionellen Verfahren berücksichtigen **Realoptionen** den Wert, der aus *Flexibilität des Unternehmens* entsteht. [Adams/Rudolf (2005)] Im Realoptionsansatz wird ein Unternehmen als flexibler Organismus betrachtet, welcher kontinuierlich auf Veränderungen ökonomischer Rahmenbedingungen reagiert. Vorteilhaft ist der Realoptionsansatz hinsichtlich des Realitätsgrades der Abbildung des unternehmerischen Entscheidungsumfeldes. [Hommel/Baecker (2002)]

Myers (1977) sieht den Wert eines Unternehmens nicht alleine in Abhängigkeit des Wertes der existierenden Geschäfte, sondern auch unter *Berücksichtigung des Barwertes der zukünftigen Wachstumsmöglichkeiten*. [Myers (1977)] Danach setzt sich der Unternehmenswert einerseits aus Vermögenswerten zusammen, deren erwartete Rückflüsse nicht von der zukünftigen Investitionsstrategie beeinflusst werden. Andererseits besteht er auch aus Vermögenswerten, deren erwartete Rückflüsse sich erst aus zukünftigen Investitionen ergeben. Diese Betrachtungsweise ist gerade für junge Unternehmen sinnvoll, da ein hoher Anteil des Unternehmenswertes durch den Wert der Handlungsspielräume gebildet wird. Bei jungen Unternehmen kann der Unternehmenswert als ein Optionsrecht auf entstehende Zukunftsmärkte aufgefasst werden. [Walter (2004)]

Abbildung 73 verdeutlicht in Anlehnung an Walter (2004) das theoretische Konzept des erweiterten Unternehmenswertes.

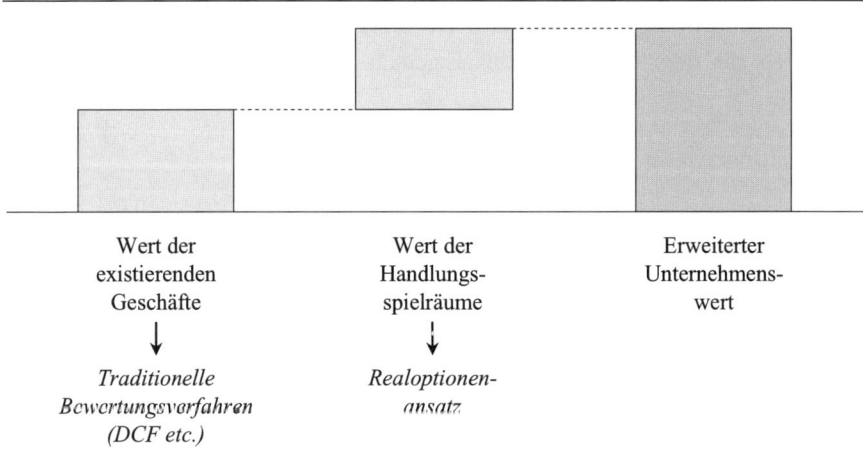

Wert der existierenden Geschäfte

↓

Traditionelle Bewertungsverfahren (DCF etc.)

Wert der Handlungs-spielräume

↓

Realoptionen-ansatz

Erweiterter Unternehmens-wert

Abbildung 73: Erweiterter Unternehmenswert

Realoptionen sind eine *Verbindung zwischen einer reinen finanzwirtschaftlichen Sichtweise und dem Fokus der Unternehmensstrategie*. Die Analogie zwischen Finanz- und Realoptionen besteht in ähnlichen Auszahlungs- und Risikostrukturen. Das Konzept der Realoptionen basiert auf der mathematisch komplexen Optionspreistheorie. Die Optionspreistheorie bildet zunächst die Grundlage. Eine exakte, direkte Übertragung ist jedoch nicht korrekt. [Walter (2004)]

Optionen sind für den Besitzer mit dem Recht, aber nicht der Verpflichtung verbunden, ein bestimmtes Gut oder Wertpapier während einer definierten

Zeitperiode zu einem bestimmten Preis zu kaufen (Kaufoption bzw. Call-Option) oder zu verkaufen (Verkaufoption bzw. Put-Option). Dieses Recht ist durch einen Optionsschein verbrieft. Dieser stellt ein standardisiertes und handelbares Wertpapier dar. In diesem Sinne ist eine Option ein asymmetrisches Instrumentarium, das nur unter spezifischen Umweltbedingungen zu Auszahlungen berechtigt. [Hommel/Baecker (2002); Adams/Rudolf (2005)]

Tabelle 28 zeigt nach Adam/Rudolf (2005) die Einflussfaktoren auf den Optionswert im Überblick.

Einflussfaktor	Wert der Kaufoption	Wert der Verkaufsoption
Preis des Basiswertes steigt	Steigt	Fällt
Höherer Ausübungspreis der Option	Fällt	Steigt
Volatilität (Schwankung) des Basiswertes steigt	Steigt	Steigt
Zinssatz steigt	Steigt	Fällt
Längere Laufzeit der Option	Steigt	Steigt

Tabelle 28: Einflussfaktoren auf den Wert von Optionen

Die Tabelle der unterschiedlichen Einflussfaktoren bildet eine Ausgangsbasis zur vergleichenden Bewertung unterschiedlicher Optionsscheine auf gleichem Basiswert. Bei Realoptionen ist eine Bewertung schwieriger. Zum einen müssen Realoptionen als solche identifiziert werden. Zum anderen ist es problematischer, Daten bzgl. des Basiswertes von Realoptionen zu erhalten, als bei „klassischen" Optionen. [Adams/Rudolf (2005)]

Die Übertragung des finanzwirtschaftlichen Konzeptes der Option auf die reale Welt wird als Realoption bezeichnet. Eine Realoption beinhaltet das Recht, nicht aber die Pflicht, eine bestimmte Aktion für einen bestimmten Zeitraum und zu bestimmten Kosten durchzuführen. Realoptionen werden als solche bezeichnet, wenn der Kapitalwert aus den diskontierten Cashflows von realen Gütern und dem Wert der Optionen, die sich aus dem Besitz des realen Gutes ergeben, besteht. Reale Güter sind auch nicht physische Güter. [Walter (2004); Adams/Rudolf (2005)] Realoptionen unterscheiden sich im Gegensatz zu Finanzoptionen dahingehend, dass unterschiedliche Werttreiber vor der Optionsausübung in einer für die Eigenkapitalgeber vorteilhaften Weise beeinflusst werden können. Optionen wie auch Realoptionen zeichnen sich durch Unsicherheit, Flexibilität und Irreversibilität aus. Realoptionen sind weiterhin durch ein asymmetrisches Auszahlungsprofil gekennzeichnet. Problematisch bei Realoptionen ist, dass im Gegensatz zu Finanzoptionen der Halter einer Realoption nicht immer eindeutig identifiziert werden kann. [Hommel/Baecker (2002)]

Realoptionen können auf unterschiedliche Weise entstehen, bspw. durch Forschungsprojekte, Neuinvestitionen oder die Gestaltung von Verträgen. In der wissenschaftlichen Literatur werden vier grundlegende Realoptionstypen klassifiziert. Dabei handelt es sich um *Wachstums- und Erweiterungsoptionen* (Kaufoption), *Abbruch- und Verkleinerungsoptionen* (Verkaufsoptionen), *Aufschuboptionen* (Kaufoptionen) und *Wechseloptionen*. **Wachstumsoptionen** stellen die Möglichkeit dar, neue Geschäftsfelder oder Märkte zu erschließen. **Erweiterungsoptionen** beziehen sich auf bereits bestehende Projekte. Da beide Varianten an einer positiven Entwicklung teilhaben können, sind sie mit einer Kaufoption vergleichbar. **Abbruch- und Verkleinerungsoptionen** verbriefen das Recht, eine Investition bzw. ein Projekt zu einem bestimmten Preis einstellen und/oder veräußern zu können. Beide Varianten sind einer Verkaufoption ähnlich. **Aufschuboptionen** bieten die Möglichkeit eines Aufschubes, was bei einer (temporären) Unsicherheit von Vorteil sein kann. Vergleichbar ist die Aufschuboption mit einer Kaufoption. Die **Wechseloption** charakterisiert das Recht zum Wechsel zwischen unterschiedlichen Technologien bzw. Verfahren. [Adams/Rudolf (2005)] In der Literatur ist die Klassifizierung allerdings nicht einheitlich. [Siehe auch Trigeorgis (1996); Hommel/Müller (1999); Hahn/Hungenberg (2001)]

Die Bewertung von Realoptionstypen kann anhand unterschiedlicher Verfahren erfolgen. Hierzu ist ein geeignetes Optionspreisverfahren zu wählen. In der Praxis sind bspw. *analytische* und *Lattice-Verfahren* relevant. Die Basis **analytischer Verfahren** bilden geschlossene Formeln für spezielle Bewertungsprobleme. Ein Beispiel für ein analytisches Verfahren ist die *Black-Scholes Gleichung* zur Bewertung europäischer Kauf- und Verkaufoptionen. Analytische Verfahren können eingesetzt werden, um Näherungslösungen zu liefern. Diese können als Basis für detailliertere Bewertungen verwendet werden. **Lattice-Verfahren** sind in der Praxis die gängigsten Verfahren zur Bewertung von Realoptionen. ein bekanntes Verfahren basiert auf dem Modell von Cox/Rubinstein/Ross (1979). Dieses Modell verwendet einen Binomialprozess und wird daher auch als Binomialmodell bezeichnet. [Hommel/Baeck (2002); Adams/Rudolf (2005)] [Siehe zur ausführlichen Erörterung des Realoptionsansatzes bspw. Hommel/Baeck (2002); Ernst/Haug/Schmidt (2004); Adams/Rudolf (2005)]

Realoptionen sind nicht nur für die Bewertung von Interesse. Gleichermaßen stellen sie auch eine Grundlage einer zeitgemäßen Managementphilosophie dar. [Hommel/Baecker] In diesem Kontext haben Hommel/Pritsch (1999) einen auf drei Stufen basierenden Führungszyklus konzipiert, der den Realoptionsansatz für die Unternehmensführung nutzbar machen soll.

Abschließende Bemerkungen zur Bewertung junger Unternehmen
Typisch für junge Unternehmen ist, dass dem *hohen Chancenpotenzial* ein *hohes Risikopotenzial der Geschäftsentwicklung* gegenübersteht. Dies gilt insbesondere für innovative Unternehmen, deren Marktpotenzial noch schwer abschätzbar ist, sowie für schnell wachsende Unternehmen, deren dynamisches Wachstum eine realistische Unternehmensbewertung zusätzlich erschwert.

Wie und nach welchen Kriterien können aber neu gegründete Unternehmen oder junge Unternehmen bewertet werden?

Sind keine oder nur in geringem Umfang quantitative Daten im historischen Kontext verfügbar, bewerten potenzielle Investoren junge Unternehmen in einer frühen Entwicklungsphase anhand von qualitativen Faktoren. Eine wichtige Rolle spielen dabei die zukünftigen Perspektiven des jungen Unternehmens. Diese Faktoren sind meist im Businessplan bzw. einem ersten Unternehmensplan umfassend dargestellt. Es handelt sich insbesondere um:

- die (komplementären) Kompetenzen und Erfahrungen des Managements bzw. der Unternehmensgründer,

- das Geschäftsmodell und seine Marktperspektiven,

- das Kundenpotenzial unter Berücksichtigung des Wettbewerbs sowie

- den Kundennutzen des Produktes.

Investoren prüfen dabei detailliert den Businessplan. Kommt grundsätzlich eine Investition infrage, folgt eine umfangreiche Due Diligence in der Weise, dass immaterielle Werte wie Rechte, Lizenzen, Patente, Finanzpläne, Lebensläufe des Managements bzw. der Gründer sowie ggf. bestehende Verträge vertiefend sorgfältig geprüft werden. Im letzten Schritt wird über den Kaufpreis im Sinne des Unternehmenswertes verhandelt. In der Praxis erfolgt in Einzelfällen die Kaufpreisfindung im Rahmen von Akquisitionen auch ohne den Einsatz von professionellen Bewertungsverfahren. In diesen Fällen verlassen sich die Unternehmer auf ihr „Bauchgefühl". Ein Unternehmen ist dann letztlich so viel wert, wie ein Unternehmer bereit ist, dafür zu bezahlen.

Insgesamt ist die Verfolgung einer externen Wachstumsstrategie für ein Unternehmen mit einem hohen finanziellen Ressourceneinsatz verbunden. Dabei kann sich die Durchführung externer Wachstumsstrategien für viele junge Unternehmen als mitunter schwierig erweisen, da diese i. d. R. über eine zu geringe finanzielle Ressourcenausstattung verfügen, um eine externe Strategie verfolgen zu können. Auch die Gewinnung von Investoren gestaltet sich für ein junges Unternehmen meist nicht einfach. Die Verfügbarkeit an finanziellen Ressourcen ist jedoch eine notwendige Voraussetzung für die Generierung weiterer benötigter Ressourcen. Ob eine externe Wachstumsstrategie zielgerichtet und erfolgreich vollzogen werden kann, kann an dieser Stelle nicht beantwortet werden. Denn dies ist situativ abhängig von vielen Faktoren. Jedoch ist die Beschäftigung mit den potenziellen Chancen und Risiken im Vorfeld notwendig. Die folgenden Fragen können hierbei mitunter einen Beitrag leisten:

- Welche Motive können für die Durchführung einer externen Wachstumsstrategie von Bedeutung sein?

- Existiert keine Möglichkeit, ein Wachstum über interne Wachstumsstrategien zu erzielen?

- Sind entsprechende monetäre Ressourcen zur Durchführung einer externen Wachstumsstrategie im Unternehmen vorhanden?

- Ist ein spezifisches Know-how zur Durchführung der Due Diligence sowie der Kaufpreisbewertung vorhanden?

- Wie soll bei einer Akquisition das aufgekaufte Unternehmen integriert werden?

- Welche Probleme können bei einer Akquisition entstehen?

- Sind die Unternehmenskulturen kompatibel und was kann unternommen werden, wenn dem nicht so ist?

Diese beispielhaft aufgeführten Fragen können helfen, den Prozess der externen Wachstumsstrategie besser zu verstehen und zu strukturieren. Sie können die Grundlage bilden, um konkrete Vorgehensweisen zu entwickeln.

7.4.4.3 Kooperative Wachstumsstrategien

Bei **Kooperationen** von Unternehmen geht es um die *Zusammenarbeit von mindestens zwei wirtschaftlich und rechtlich selbstständigen Unternehmen* im Hinblick auf die Erreichung eines gemeinsamen Zieles (z. B. Steigerung des Marktanteils, der Wettbewerbsfähigkeit, Risikoverminderung). Im Vergleich zum alleinigen Vorgehen streben die kooperierenden Unternehmen eine höhere Zielerreichung an. Kooperationen erfordern von den Unternehmen ein arbeitsteiliges Vorgehen auf der Basis vertraglicher Vereinbarungen.

Kooperationsformen können nach verschiedenen **Kriterien** abgegrenzt werden. Typische Beispiele hierfür sind die *Intensität der Zusammenarbeit* (z. B. Informations-, Erfahrungsaustausch, Gemeinschaftsgründung), *beteiligte Wirtschaftsstufen* (horizontal, vertikal, lateral), *Funktionen* (z. B. Beschaffung, Produktion, Vertrieb), *geografische Reichweite* (z. B. regional, national, international) oder *Zeitdauer* (kurz-, mittel-, langfristig). Ausgehend von der Vielfalt an Kooperationsformen sind auch verschiedene kooperative Wachstumsformen eines Unternehmens denkbar. Dabei handelt es sich bspw. um *Netzwerke, strategische Allianzen* und *Joint Ventures*. Wie auch andere Wachstumsstrategien ist das kooperative Wachstum mit spezifischen Vor- und Nachteilen für junge Unternehmen verbunden. **Vorteilhaft** können sich Kooperationen auf junge Unternehmen z. B. in der Weise auswirken, dass ein *verbesserter Markt- oder Ressourcenzugang, Kostensenkungen*, eine *effektivere Nutzung von Technologien*, eine *verbesserte Kapitalbeschaffung* oder ein Zeitvorteil erreicht werden. Kooperationen können sich für ein Unternehmen aber auch nachteilig auswirken. Dies ist bspw. dann der Fall, wenn die Absorption von Know-how von einem der Partner für eigene Zwecke erfolgt. Gerade Kooperationen von jungen Unternehmen mit größeren, etablierten Unternehmen können zu Abhängigkeiten des jungen Partners führen. Zur Absorption von Know-how gehören dabei bspw. auch Prozess- und Verfahrensstandards sowie Organisationsstrukturen und -konzepte in einem jungen Unternehmen, die aufgrund von gesetzlichen Bestimmungen nicht durch gewerbliche Schutzrechte abgesichert werden können. Auch im Bereich der gewerblichen Schutzrechte selbst können sich Abhängigkeiten dergestalt ergeben, dass ein junges Unternehmen aufgrund mangelnder finanzieller, zeitlicher oder wissensbasierter Ressourcen nicht in der Lage ist, seine Innovationen bspw. durch Patente oder Gebrauchsmuster zu schützen oder dies schlichtweg im Produktentwicklungsprozess vergessen wird. Ein etabliertes Unternehmen könnte durch seine Ressourcen und sein Wissen in diesem Bereich ohne das junge Unternehmen das Patent bzw.

Gebrauchsmuster anmelden. Zu Abhängigkeiten und Rechtsstreitigkeiten kann es auch im Bereich der Markenanmeldung kommen. Um generell Rechtsstreitigkeiten in Bezug auf Leistungsschutzrechte zu vermeiden, sollten alle diesbezüglichen Punkte in einem Vertrag im Vorfeld der Kooperation geregelt werden. Kooperationen von jungen Unternehmen mit großen, etablierten Unternehmen können mit zahlreichen Vor-, aber auch Nachteilen verbunden sein. Die Chancen und Risken einer Kooperation sind im Einzelfall abzuwägen und kontinuierlich zu überwachen.

Der etablierte Netzwerkausrüster *Cisco* geht bspw. häufig Kooperationen mit jungen, innovativen Unternehmen ein. Cisco verfolgt hierbei eine Strategie, die als Window-on-Technology bezeichnet wird. Das bedeutet, dass Cisco immer einen Einblick und einen potenziellen Zugriff auf die neuesten Innovationen im Bereich der Informations- und Kommunikationstechnologie anstrebt. Für das junge Kooperationsunternehmen ergeben sich hierbei vielfältige Vorteile. Durch die hohen Ressourcenkapazitäten von Cisco können gemeinsame Kooperationsprojekte zielorientiert realisiert werden. Aber auch Vertriebs- und Marketingstrategien sind denkbar. Ist ein Unternehmen für Cisco interessant und entspricht dieses der Strategie von Cisco, in jedem tätigen Marktsegment die Nummer 1 oder 2 zu werden, kann es sich als potenzielles Akquisitionsobjekt eignen. Ob die Übernahmestrategie von Cisco positiv oder negativ bewertet wird, hängt von den Einstellungen des jungen Unternehmens, seiner Gründer und Anteilseigner ab. Möglicherweise ist eine Akquisition von Cisco auch eine Strategieoption für das junge Unternehmen selbst.

Idealerweise nutzen die kooperierenden Unternehmen ihre jeweiligen Stärken zum Vorteil aller beteiligten Partner. Gerade junge Unternehmen können durch eine Kooperation bereits in frühen Entwicklungsphasen Vorteile zum Aufbau ihrer eigenen Ressourcen und damit zum Wachstum generieren. Kooperationen zwischen jungen Unternehmen erfolgen meist in kleinen wirtschaftlichen Einheiten, d. h. konkret zwischen zwei oder nur einer geringen Anzahl an Partnern. Diese engen Kooperationen bestehen in der Praxis z. B. in den Bereichen Forschung und Entwicklung oder Vertrieb. Darüber hinaus ist es für den Markterfolg eines jungen Unternehmens von entscheidender Bedeutung, dass es über zahlreiche Kontakte und Beziehungen zu Akteuren in seinem Umfeld, etwa zu Kapitalgebern und Forschungseinrichtungen, verfügt.

7.4.4.3.1 Netzwerke und Netzwerkmanagement

Netzwerke finden in unterschiedlichen Disziplinen Anwendung, etwa in der Soziologie, der Informatik, der Elektrotechnik und den Wirtschaftswissenschaften. Je nach Betrachtungsschwerpunkt wird der Netzwerkbegriff anders definiert und an die speziellen Bedürfnisse angepasst. Ausgehend von der Graphen- bzw. Netzwerktheorie kann ein **Netzwerk** definiert werden als *Verbindungen*, d. h. den Kanten, *einer Menge von (autonomen) Elementen bzw. Objekten*, d. h. den Knoten. Als konkrete Ausprägungsformen gibt es z. B. Computernetzwerke, Telekommunikationsnetzwerke, Stromnetzwerke sowie soziale Netzwerke und ökonomische Netzwerke oder Unternehmensnetzwerke.

Im Rahmen der Betrachtung kooperativer Wachstumsstrategien von jungen Unternehmen sind vor allem ökonomische Netzwerke im Kontext sozialer Netzwerke von Bedeutung. In frühen Phasen der Unternehmensentwicklung sind zunächst vor allem die sozialen Netzwerke der Gründer wesentlich. Weiterhin werden häufig insbesondere bei jungen Unternehmen die sozialen Netzwerke der Mitarbeiter in die Gestaltung eines Unternehmensnetzwerkes eingebracht. Vor allem in Netzwerken kleiner sowie junger Unternehmen werden häufig über freundschaftliche oder verwandtschaftliche Beziehungen auch geschäftliche Beziehungen zu anderen Akteuren und Institutionen gepflegt. Diese Beziehungen können zu einem Austausch von Informationen, Arbeitsleistungen bzw. in generellem Sinne zu Transaktionen materieller und nicht materieller Ressourcen führen. In einem Netzwerk junger Unternehmen besteht oftmals keine organisatorisch legitimierte Autorität eines einzelnen Akteurs. Ein Netzwerk kann prinzipiell als offen und veränderbar gesehen werden.

Innerhalb des Netzwerkes kann die Intensität der Bindungen zwischen den einzelnen Akteuren unterschiedlich sein. Beispielsweise kann zwischen *starken Bindungen (strong ties), schwachen Bindungen, (weak ties)* und *Kontakten zu Fremden (contacts with strangers)* unterschieden werden [Aldrich/Brickman Elam (1997)]

Abbildung 74 verdeutlicht grundsätzliche Typen von Netwerkbeziehungen.
[Vgl. Aldrich/Brickman Elam (1997)]

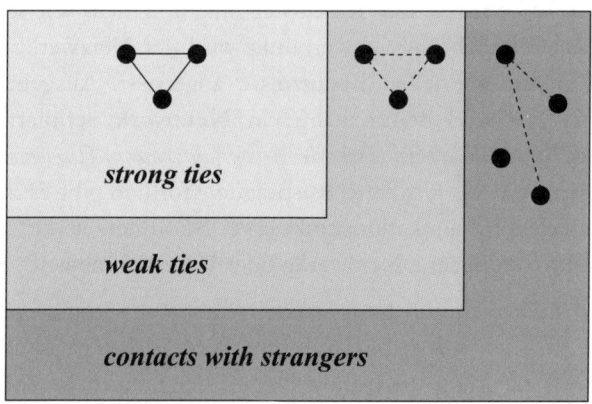

Abbildung 74: Netzwerkbeziehungen

Strong ties sind als starke, enge und zuverlässige Netzwerkbindungen charakterisierbar. Diese generieren *Solidarität, Berechenbarkeit* und *Vertrauen* als Basis sozialen Einflusses. Allerdings ist die Anzahl von strong ties eines Akteurs begrenzt, da diese i. d. R. viel Zeit und Aufmerksamkeit benötigen. Strong ties führen aufgrund kognitiver Balance bzw. gleichartigen Denkens oft zu einer Gruppenbildung vernetzter Akteure. Strong ties von Unternehmern beziehen sich üblicherweise auf einzelne Geschäftspartner, wenige Freunde und Familienmitglieder. Enge Netzwerkbeziehungen können unter bestimmten Bedingungen auch für junge Unternehmen von Vorteil sein. Dies gilt insbesondere dann, wenn sie langfristige und nachhaltige Geschäftsbeziehungen in einem durch Unsicherheiten gekennzeichneten Unternehmensumfeld aufbauen und pflegen möchten. In vielen Fällen sind enge Netzwerkbindungen zur Sicherung der Überlebensfähigkeit eines jungen Unternehmens unverzichtbar.

Weak ties können hingegen als lose, schwache Netzwerkbindungen zwischen Akteuren beschrieben werden. Weak-tie-Beziehungen sind gekennzeichnet durch eine i. d. R. *kürzere Dauer* und *Intensität der Netzwerkbindung,* verbunden mit einer *größeren Unsicherheit, geringeren Zuverlässigkeit* und *Opportunismus.* Dabei sind diese tendenziell weniger redundant im Vergleich zu engen Netzwerken, da diese i. d. R. nicht zu einer Gruppenbildung von Akteuren beitragen und durch geringe emotionale Bindungen geprägt sind. Die Anzahl der Weak-tie-Beziehungen von Unternehmern sind in der Realität deutlich höher als die der

Strong-tie-Bindungen. Weak ties sind bei Mobilitäts-, Modernisierungs-, Innovations- und Diffusionsprozessen durch die Generierung und Vermittlung neuer Informationen von Bedeutung. Weak ties bilden dabei Brückenverbindungen zu anderen Akteuren und Strong-tie-Beziehungen.

Die dritte Form von Netzwerkbeziehungen sind die sogenannten **Kontakte mit Fremden** (contacts with strangers). Da hierbei die Kontakte häufig erst neu entstehen, handelt es sich um eine sehr unverbindliche pragmatische Beziehung, die meist nur von sehr kurzer Dauer ist. Ein Beispiel für eine derartige Verbindung ist der Kauf einer Maschine, die ein Unternehmer auf der Basis einer Zeitungsanzeige erwirbt. Die Bedeutung und der Mehrwert derartiger Kontakte zu Fremden sind für ein junges Unternehmen allgemein nur schwer einschätzbar. In Phasen der Gründung und frühen Unternehmensentwicklung dürften starke und schwache Netzwerkbindungen für ein junges Unternehmen einen größeren Stellenwert als fremde Kontakte einnehmen. Im weiteren Verlauf des Wachstums, wenn das junge Unternehmen etwas stabiler ist, könnte der Kontakt zu Fremden an Bedeutung gewinnen. Insgesamt kann jedoch über eine *generelle* Vorteilhaftigkeit von Strong-tie-, Weak-tie-Beziehungen oder Kontakten mit Fremden an dieser Stelle keine allgemeingültige Aussage getroffen werden. Vielmehr ist dies in Abhängigkeit von der Entwicklung des Netzwerkes und der Entwicklung eines jungen Unternehmens situativ zu entscheiden, ob nun bspw. eher Strong-tie-Beziehung, Weak-tie-Beziehungen oder gemischte Varianten als vorteilhaft bezeichnet werden können. Für einen Unternehmensgründer oder Unternehmer empfehlenswert könnten ausgewogene starke und schwache Netzwerkbeziehungen sein, die sowohl durch Festigkeit bzw. Nachhaltigkeit als auch durch Vielfalt gekennzeichnet sind [Aldrich/Brickman Elam (1997)].

Die Typologie der drei Formen ermöglicht es, Netzwerkbeziehungen besser zu verstehen und einzuordnen. Auf dieser Basis ist es etwa einem jungen Unternehmen möglich, Netzwerkbindungen bewusster, zielorientierter und gegebenenfalls effektiver zu gestalten und zu pflegen.

Als ein **Ziel von Unternehmensnetzwerken** kann eine *Optimierung bzw. Maximierung des Nutzens der Netzwerkteilnehmer* bzw. des Unternehmens oder der Gründerpersonen gesehen werden. Der Nutzen eines Netzwerkes kann einerseits individuell bestimmt sein, andererseits auch ein Gesamtziel für das Netzwerk umfassen. Ziel ist die Generierung eines Vorteils der Akteure des Netzwerkes gegenüber den nicht durch Netzwerke verbundenen Akteuren. So kann ein junges Unternehmen durch ein Netzwerk etwa einen verbesserten

Marktzugang erreichen. *Unternehmensnetzwerke* sind somit ein *Instrument zur Umsetzung einer strategischen Stoßrichtung* und somit auch von *Wachstumsstrategien.* Durch eine aktive Nutzung eines Netzwerkes kann ein Wachstum eines jungen Unternehmens gefördert und unterstützt werden, da Netzwerke mitunter eine Versorgungsfunktion von Ressourcen im Sinne der Bereitstellung von Arbeit, Kapital und Informationen bzw. materiellen und immateriellen Ressourcen bilden, die nicht in interner Kombination eines Unternehmens erzeugt bzw. bereitgestellt werden können.

Netzwerkaufbau und Netzwerkmanagement
In einer phasenbezogenen Betrachtung erscheint es bereits vor der Gründung eines Unternehmens wichtig, ein breites Netzwerk an sozialen Beziehungen aufzubauen, die in das Unternehmen eingebracht werden können. Dabei kann in der **Vorgründungs- und Gründungsphase** ein soziales Netzwerk zur Ideengenerierung und Akkumulation sowie Kombination von Ressourcen eingesetzt werden. Netzwerke können bereits frühzeitig einen erheblichen Nutzen für das spätere Wachstum eines jungen Unternehmens generieren. In der **Wachstumsphase** wandelt sich das soziale Netzwerk des Gründers zu einem Unternehmensnetzwerk. Dieses kann konkret zur Realisierung und Unterstützung unternehmerischer Strategien eingesetzt werden. Somit besitzt das Unternehmungsnetzwerk eine wesentliche strategische Bedeutung für junge Unternehmen.

Netzwerkbeziehungen von Unternehmen ermöglichen einen Zugang zu nicht vorhandenen Ressourcen und tragen somit zu einer Überwindung ihres Größenhandicaps bei. Der Netzwerkaufbau und Netzwerkeinsatz kann eine zentrale Komponente innerhalb einer Wachstumsstrategie eines jungen Unternehmens bilden. Zunächst ist eine Kombination der internen Unternehmensressourcen nach einer spezifischen Unternehmensstrategie auszurichten. Um diese Strategie erfolgreich realisieren zu können, ist zu prüfen, ob die hierfür benötigten Ressourcen bereits im Unternehmen vorhanden sind. Ist dies der Fall, kann ein Netzwerk als unterstützende Funktion betrachtet werden. Sind nicht alle Ressourcen für ein zielgerichtetes Wachstum im Unternehmen vorhanden, kann eine Beschaffung externer Ressourcen durch eine Netzwerkkoordination vorgenommen werden. Hierbei sind die einzelnen spezifischen Strong-tie- und Weak-tie-Beziehungen zu beachten. Netzwerke können für junge Unternehmen vorteilhaft sein, um bspw. fehlende Ressourcen über Netzwerkkontakte auszugleichen. Dabei ist eine explizite Beschäftigung mit dieser Thematik wichtig.

Die folgenden Fragen sollen hierzu einen Beitrag leisten:

- Welche Netzwerkakteure sind in einem Netzwerk vorhanden?
- Über welche materiellen und immateriellen (z. B. Know-how) Ressourcen verfügen die einzelnen Akteure eines Netzwerkes?
- Wie können neue Akteure erreicht und in das Netzwerk eingebunden werden?
- Handelt es sich um Strong-tie- oder Weak-tie-Beziehungen?
- Über welche Akteure lassen sich externe Ressourcen für das Unternehmen akkumulieren?
- Wie viel Zeit kann und muss für den Aufbau und die Pflege des Netzwerkes aufgebracht werden?
- Wie kann das Netzwerk zielgerichtet auf die Generierung von Wachstum ausgerichtet und eingesetzt werden?

Es ließen sich noch unterschiedlichste weitere Fragen auffinden, die in diesem Zusammenhang von Bedeutung sein können. Es obliegt dem Gründer, sich diese Fragen über die Zusammensetzung, den Aufbau und die Pflege des Netzwerkes zu stellen, um dieses zielgerichtet im Sinne eine kooperativer Wachstumsstrategien zu nutzen.

7.4.4.3.2 Strategische Allianzen

Die **strategische Allianz** ist eine *Vereinbarung zweier Unternehmen über eine Kooperation bzw. Zusammenarbeit.* Sie wird oftmals auch als *strategische Partnerschaft* bezeichnet. Bei der strategischen Allianz erfolgt die Zusammenarbeit auf freiwilliger Basis zwischen zwei oder mehreren Unternehmen, die rechtlich und wirtschaftlich selbstständig sind. Es besteht also *keine Institutionalisierung der Kooperationsbeziehungen* im Sinne einer Gründung einer neuen, rechtlich selbstständigen Gesellschaft. Die Partner der strategischen Allianz stimmen sich wechselseitig ab, erfüllen arbeitsteilig gemeinsame Aufgaben und verfolgen gemeinsame Ziele. Die Ziele können dabei auf das gesamte Unternehmen oder auf spezifische Bereiche, z. B. *Forschung und Entwicklung, Marketing und Vertrieb* oder *Beschaffung,* ausgerichtet sein. Die einzelnen Funktionsbereiche werden miteinander kombiniert, um zu einer Stärkung der Wettbewerbsposition zu gelangen. Weiterhin ist eine Kombination komplementärer Funktionsbereiche denkbar. Hierbei nutzen die Partner ihre jeweiligen Stärken. In Einzelfällen können Funktionen auch auf die Partner ausgelagert werden.

Junge Unternehmen versprechen sich durch die Bildung einer strategischen Allianz vor allem eine Stärkung ihrer Ressourcenausstattung sowie eine Verbesserung ihrer Markt- und Wettbewerbsposition. Dabei können die Kernkompetenzen der einzelnen Partner zu einer neuen, marktgerechten Kombination von Ressourcen führen. In der Praxis gibt es zahlreiche Beispiele von jungen wie auch von etablierten Unternehmen für strategische Allianzen, die auf die *Erfüllung einer gemeinsamen Aufgabe* ausgerichtet sind. Dabei kann die Kooperation nahezu die gesamte Wertschöpfungskette umfassen. Als bekannte Beispiele können Allianzen von Fluggesellschaften aufgeführt werden. So hat z. B. die *Star Alliance* als gemeinschaftliche Aufgabenerfüllung den Transport von Passagieren zum Gegenstand. In diesem Falle einer strategischen Allianz werden Über- und Unterkapazitäten von Flügen besser verteilt, was zu einer Optimierung des Ressourceneinsatzes bzw. der Ressourcenstruktur führt. Auch können strategische Allianzen in der Automobilbranche u. a. bei Forschungs- und Entwicklungsleistungen und dem Transfer der Ergebnisse angeführt werden. Ein weiteres Beispiel ist die strategische Allianz zwischen der *MAN Nutzfahrzeuge AG* (Nutzfahrzeuge) und der *Navistar International Corporation* (Dieselmotoren, Busfahrgestelle, Ersatzteile), die eine Zusammenarbeit bei der Forschung und Entwicklung, der Beschaffung sowie der Produktion von Komponenten und Systemen für Nutzfahrzeuge beinhaltet. Das primäre Ziel dieser Zusammenarbeit ist, Synergieeffekte durch eine Teilung der Entwicklungskosten sowie ein gemeinsames Produktions- und Einkaufsvolumen zu generieren.

Im Bereich der Informations- und Kommunikationstechnologiebranche gibt es zahlreiche Beispiele für strategische Allianzen, so etwa zwischen dem 2005 gegründeten Mobilfunkanbieter *Amp'd Mobile* und *MTV Networks* (Viacom International Inc.). Interviews, Berichterstattungen und Kurzbeiträge sollen bspw. von den Sendern MTV, MTV2, VH1, CMT, Comedy Central, mtvU und Spike des MTV Networks per Handy über Amp'd Mobile verfügbar sein. MTV Networks wird damit zu einem Lieferanten und Vermarkter von Inhalten für Amp'd Mobile. Der Mobilfunkanbieter Amp'd Mobile selbst ist spezialisiert auf einen Breitbandservice für Mobiltelefone mit sehr schnellen Downloadgeschwindigkeiten. Neben traditionellen Serviceleistungen im Mobilfunk von Sprache und Textnachrichten liegt die Kernkompetenz vom Amp'd Mobile in der individuellen Anpassung der Mobiltelefone und der Bereitstellung von Inhalten bspw. in den Bereichen Musik, Video, Sport und Spiele. Amp'd Mobile ist der Technikanbieter und MTV Networks liefert Teile des Inhalts für den Breitbandservice im Rahmen dieser strategischen Allianz. Die strategische Allianz wird durch eine Beteiligung von MTV Networks, neben weiteren Investoren, an dem Mobilfunkanbieter Amp'd Mobile untermauert. Dabei sind die Grenzen zu einem Joint Venture in diesem Falle fließend. Strategische Allianzen werden oftmals auch im Bereich der Biotechnologie gebildet. Dabei handelt es sich nicht selten um globale strategische Allianzen. Ein Beispiel ist die strategische Allianz zwischen der *Artemis Pharmaceuticals GmbH* (Köln, Deutschland) und der *Taconic Farms, Inc.* (Germantown, USA) zur Erzeugung, zum Marketing und zum Vertrieb genetisch manipulierter Mäuse. Die strategische Allianz vereint die führende Technologieplattform der Mäusegenetik bzw. -genomik von Artemis mit der Fachkompetenz der Züchtung von Nagetieren, der Qualitätssicherung sowie des globalen Marketings und Vertriebs von Taconic.

Im Kontext strategischer Allianzen ist das Vertrauen der beteiligten Partner von besonderer Bedeutung, da eine strategische Allianz zu Abhängigkeiten eines Partners von anderen Partnern führen kann. *Informationsasymmetrien* können dabei zu einer Ausbeutung von Ressourcen eines Partners und im Extremfall zum Scheitern dieses Unternehmens führen. Wie bei vielen Kooperationsformen sind hier die Chancen und Risiken einer strategischen Allianz sorgfältig gegeneinander abzuwägen. Die folgenden Fragen sollen in diesem Kontext einen Beitrag leisten:

- Welche Abhängigkeiten können im Rahmen einer strategischen Allianz entstehen?

- Wie können Ausbeutungen von Asymmetrien in einer strategischen Allianz verhindert werden?

- Welche Chancen und Risiken birgt die strategische Allianz?

7.4.4.3.3 Joint Venture

Die Begriff **Joint Venture** bezeichnet meist eine *Kooperation von mindestens zwei Unternehmen*, bei der eine *Gründung einer neuen, rechtlich selbstständigen Gesellschaft* zur Realisierung der Kooperationsziele vollzogen wird. In diesem Sinne werden bei einem Joint Venture die Erfolgschancen und -risiken auf zwei oder mehr Unternehmen verteilt. Alle Kooperationspartner sind *finanziell und rechtlich* an dem neuen Unternehmen beteiligt. Die *Kapitalbeteiligungen bzw. -anteile* können sich *paritätisch* (gleichmäßig) auf die Anzahl der Partner sowie auch *nicht paritätisch* (ungleichmäßig) verteilen. Dabei sind mit verschiedenen Quoten von Kapitalanteilen spezifische Rechte und Pflichten sowie Vor- und Nachteile verbunden, die sich aus der jeweiligen Rechtsform sowie den landesspezifischen Gesetzen ergeben. Bei der Verteilung der Kapitalanteile wird von Unternehmen häufig darauf geachtet, dass kein Anteilseigner eine dominante Position einnimmt. Es kann vorteilhaft sein, eine *asymmetrische Kapitalverteilung* zu wählen, um einem Unternehmen die Lenkung bzw. Direktion des Joint Ventures zu übertragen. Dies ist etwa dann der Fall, wenn operative Führungsprozesse geregelt und somit Abstimmungsprozesse minimiert werden sollen, die zu einer verzögerten Entscheidungsfindung und -durchsetzung führen können. Das Unternehmen soll so *agiler* gestaltet werden. Im Einzelnen ist auf die Ausgestaltung von **Kontrollrechten und Schutzbestimmungen** zu achten, die letztlich zu einem Schutz des oder der Minderheitsgesellschafter beitragen sollen.

Zur Durchführung eines Joint Ventures erfolgt die **Einbringung** von **finanziellen, materiellen** sowie **immateriellen Ressourcen** im Sinne einer Zuführung von *Know-how* der einzelnen beteiligten Partner. Als konkrete mögliche Ressourcen sind bspw. *Kapital, Personal, Gebäude, Maschinen und Anlagen, Patente, Lizenzen* und weitere *Schutzrechte, Kontakte zu Kunden und Lieferanten* sowie *spezifisches Know-how*, z. B. im Bereich des *Marketings*, denkbar. Gerade die Einbringung von Ressourcen, die über die reine Kapitalbeteiligung hinausgehen, ist von Bedeutung, da durch ein Joint Venture eine neue spezifische Kombination von Ressourcen generiert wird, die möglicherweise zu *Wettbewerbsvorteilen* führt. Junge Unternehmen benötigen mitunter komplementäre Ressourcen zur Realisierung einer Idee, eines Produktes bzw. eines Projektes, die durch ein Joint Venture ermöglicht werden können. Auch kann ein Partner eine gewisse *Reputation* mit in das neue Unternehmen einbringen, die z. B. zu einer höheren Kreditwürdigkeit führen kann. Weiterhin können durch die Bildung eines Joint Ventures *Markteintrittsbarrieren* überwunden werden. Diese Vorgehensweise wird häufig bei einem Einritt in internationale Märkte (z. B. China) erforderlich. Durch die Bildung eines Joint Ventures mit einem Unternehmen des avisierten Ziellandes können somit z. B. rechtliche, aber auch kulturelle Markteintrittsbarrieren überwunden werden. Beispielsweise müssen seit Ende 2005 Lieferanten für chinesische Ausschreibungen eine lokale Wertschöpfung von mindestens 70 Prozent nachweisen. Zur Überwindung dieser Markteintrittsbarriere hat der Windturbinenhersteller *Nordex* ein Joint Venture mit dem regionalen chinesischen Energieversorger *Ningxia Electric Power Group* und dem Kraftwerksbetreiber und Bauunternehmen *Ningxia Tianjing Electric Energy Development Group* gegründet. Das Joint Venture umfasst die Produktion von Windenergieanlagen der Megawattklasse in China. In der chinesischen Provinz Ningxia wird die *Nordex Wind Power Equipment Manufacturing Co. Ltd.*

künftig Windturbinen der Leistungsklasse von 1,5 Megawatt produzieren. Auch bei einem Joint Venture bildet, trotz der umfassenden formellen Regelungen, die Vertrauensbasis eine wichtige Komponente. Bei einem Joint Venture handelt es sich im Vergleich zu den anderen Kooperationsarten um eine relativ enge Verbindung zwischen den beteiligten Partnern, was zu einer intensiven Form der Kooperation führt. Einer möglichen Inflexibilität als Nachteil eines Joint Ventures steht der Vorteil der Risikoteilung gegenüber. In der Praxis gibt es zahlreiche Beispiele für **Joint-Venture**-Kooperationen von jungen und etablierten Unternehmen. Beispielsweise wurde das US-amerikanische Joint Venture *MG Biotherapeutics* von einem Unternehmen der Medizintechnik *Medtronic Inc.* und dem Biotechnologieunternehmen *Genzyme Corporation* gegründet. Ziel des Joint Ventures ist die Entwicklung neuer Behandlungsformen für schwerwiegende Arten von Herzerkrankungen. Ein weiteres Beispiel für ein internationales Joint Venture ist die Gründung der *EverQ GmbH* durch die *Q-Cells AG* aus Thalheim (Deutschland) und die *Evergreen Solar, Inc.* mit Sitz in Marlboro (USA). Die EverQ GmbH ist ein Joint Venture zur Produktion von Solarmodulen auf der Basis des String-Ribbon-Verfahrens.

Vor- und Nachteile sowie Chancen und Risiken eines Joint Ventures sind letztlich im Einzelfall gegeneinander abzuwägen. Zu Abwägung können in diesem Kontext bspw. die folgenden Fragen verwendet werden:

- Welche Ziele werden mit einem Joint Venture angestrebt?
- Wer sind die beteiligten Partner?
- Wie hoch sind die Abhängigkeiten zwischen den einzelnen Partnern?
- Wer trägt wie zur Zielerreichung bei?
- Wie soll die Kapitalbeteiligungsstruktur an dem Joint Venture ausgestaltet sein?
- Wer erhält welche Kontroll-, Anordnungs- und Weisungsrechte und wie sind diese konkret ausgestaltet?
- Welche Ressourcen werden von wem in das Joint Venture eingebracht?
- Wie werden die Ergebnisse der Arbeiten in dem Joint Venture verwertet?

7.4.4.3.4 Franchising und Lizenzierung

Die Bedeutung der Konzepte des *Franchising* und der *Lizenzierung* sind in den letzten Jahren, auch im Hinblick auf ihre internationale und teilweise sogar globale Dimension, stark gewachsen. Vor diesem Hintergrund wird nachfolgend auf beide Konzepte eingegangen.

Franchising

Franchising stammt aus den USA und verzeichnet dort etwa ab den 1960er-Jahren ein rasantes, bis heute andauerndes Wachstum. Franchise-Systeme wie *McDonald's* oder *Pizza Hut* sind weltweit bekannt geworden und können als erfolgreiche Beispiele für die Verwirklichung globaler Wachstumsstrategien angeführt werden. Heute bildet Franchising einen bedeutenden Anteil an der volkswirtschaftlichen Wertschöpfung in den USA wie in den westlichen Industrienationen. Was ist unter Franchising im Kontext von Gründung und Wachstum zu verstehen?

Franchising kann definiert werden als *vertikal-kooperativ organisiertes Absatzsystem rechtlich selbstständiger Unternehmen auf der Basis eines vertraglichen Dauerschuldverhältnisses*. Ein rechtliches Dauerschuldverhältnis besteht, da der Franchise-Vertrag zwischen Franchise-Geber (Franchisor) und Franchise-Nehmer (Franchisee) auf langfristige Kooperation angelegt ist. Zwischen Franchise-Geber und Franchise-Nehmer besteht eine enge Zusammenarbeit. Die beteiligten Unternehmen bleiben jedoch rechtlich selbstständig. In diesem Sinne stellt Franchising eine Sonderform der Gründung dar. Ziel ist es, eine *Verkaufsförderung auf der Grundlage eines partnerschaftlichen Absatzsystems unter einem einheitlichen Marktauftritt zu erreichen*. Durch Franchising können prinzipiell Produkte, Dienstleistungen oder Technologien vermarktet werden. Das klassische Vertriebsfranchising wird heute durch weitere Formen wie etwa das *Produkt- und Dienstleistungsfranchising* ergänzt. [Skaupy (1995)]

Franchising funktioniert nach dem Prinzip „einmal konzipieren und x-mal verkaufen". [Müller (2005)] Der Franchise-Geber stellt dabei seinen Franchise-Nehmern ein meist bereits am Markt erprobtes Gesamtkonzept bzw. einen Betriebstyp gegen Zahlung eines Entgelts zur Verfügung. Dabei geht der Franchise-Nehmer spezifische Verpflichtungen zur Realisierung der Konzepte, etwa der Marketingkonzepte, ein. Der Franchise-Geber bietet den Franchise-Nehmern *technische* und *betriebswirtschaftliche* Unterstützung und sichert die Planung, Durchführung und Kontrolle des Geschäftssystems. Die Leistungen des Franchise-Gebers können auch Maßnahmen zur Aus- und Weiterbildung sowie Weiterentwicklungen des Franchise-Systems umfassen. Allerdings variieren die einzelnen Leistungen des Franchise-Gebers in Abhängigkeit von dem jeweiligen Franchise-Konzept und letztlich seiner Marktmacht. Zur Sicherstellung eines systemkonformen Verhaltens unterliegt der Franchise-Nehmer einem konzeptspezifischem Weisungs- und Kontrollsystem bzw. Controlling.

Die Leistungen, Rechte und Pflichten werden in Form eines Franchise-Handbuches festgehalten und dem Franchise-Nehmer zur Verfügung gestellt. Das **Franchise-Handbuch** stellt die *schriftliche Beschreibung des Franchise-Systems* dar. Dieses umfasst u. a. die *Definition des Systems*, die *Corporate Identity*, die *Darstellung der Betriebsmethoden* sowie die *Schulungsunterlagen*. Weiterhin sind die *Gebrauchsanweisungen* im Sinne umfassender (technischer) Anleitungen zur Durchführung der Organisation sowie des Geschäftsbetriebes und der Mitarbeiterführung im Franchise-Handbuch enthalten. Darüber hinaus werden u. a. *Erörterungen und Anweisungen* zu den Bereichen *Marketing*, *Verwaltung* und *Finanzen* gegeben. Das Franchise-Handbuch umfasst somit alle zur Planung, Implementierung und Durchführung des Franchise-Konzeptes relevanten Daten, Informationen und Ansprechpartner.

Beide Vertragsparteien, der Franchise-Geber sowie der Franchise-Nehmer, haben unterschiedliche Rechte und Pflichten zu erfüllen. Die **primären Leistungen des Franchise-Gebers** bestehen in folgenden Punkten:

- Definition und Ausgestaltung eines Beschaffungs-, Absatz- und Organisationskonzeptes
- Bereitstellung von Nutzungsrechten an Schutz- oder Urheberrechten (Patente, Lizenzen, Marken)
- Ausbildung des Franchise-Nehmers
- Verpflichtung zur aktiven und laufenden betriebswirtschaftlichen und technischen Unterstützung des Franchise-Nehmers
- kontinuierliche Weiterentwicklung des Geschäftskonzeptes

Als **primäre Leistungen des Franchise-Nehmers** können folgende Aspekte genannt werden:

- unternehmerische Tätigkeit im eigenen Namen und auf eigene Rechnung
- entgeltliches Nutzungsrecht und Nutzungspflicht am Franchise-Paket
- Bereitstellung und Einsatz von Arbeit, Kapital und Informationen

Vereinzelt wird bezweifelt, dass der Franchise-Nehmer eine unternehmerische

Tätigkeit ausübt, da er das Geschäftskonzept und die vielfältigen Leistungen des Franchise-Gebers nutzt. Da allerdings der Franchise-Nehmer ein rechtlich selbstständiges Unternehmen führt sowie im eigenen Namen und auf eigene Rechung durch den Einsatz von Arbeit und Kapital handelt, ist seine Tätigkeit als unternehmerisch zu qualifizieren. Dies bedeutet, dass Franchise-Nehmer ein unternehmerisches Risiko tragen und ein Scheitern wie bei anderen Unternehmensgründungen nicht ausgeschlossen werden kann. [Spinelli/Rosenberg/Birley (2004)] Zwar erfolgen durch den Franchise-Geber Hilfestellungen und Know-how-Transfer, welche die unternehmerische Tätigkeit unterstützten, erleichtern und begleiten können. Eine generelle Sicherstellung des unternehmerischen Erfolges ist hierdurch jedoch nicht garantiert. Insgesamt werden die unternehmerischen Risiken durch Franchising möglicherweise reduziert. Der einheitliche Marktauftritt und die zentralen vertraglichen Pflichten des Franchise-Nehmers engen allerdings auch seinen unternehmerischen Gestaltungsspielraum ein. Dabei können sich z. B. die an den Franchise-Geber zu entrichtenden fixen und an den Umsatz gekoppelten variablen Entgelte negativ auf die angestrebte Entwicklung des Franchise-Nehmers auswirken. Tabelle 29 zeigt wesentliche Elemente eines Franchise-Vertrages.

Kriterien	Erörterung
Präambel	▪ Grundlagen, historische Entwicklung ▪ nationale und internationale Geschäftszahlen
Gegenstand	▪ Leitungs- und Produktprogramm ▪ Nutzungsrechte und gewerbliche Schutzrechte
Vertragsgebiet	▪ Gebiets- und Kundenschutz
Rechte und Pflichten Franchise-Geber	▪ detaillierte Darstellung des Know-hows ▪ Aus- und Weiterbildung ▪ Marketing, Controlling und Weiterentwicklung des Konzeptes
Rechte und Pflichten Franchise-Nehmer	▪ Darstellung der Freiräume des Franchise-Nehmers ▪ Arten und Konditionen von Einkaufsverpflichtungen ▪ Zahlung der Franchise-Gebühr ▪ Bereitstellung Arbeit, Kapital und Informationen
Vertragsdauer, Kündigung	▪ meist 5–10 Jahre (Grund: Startfinanzierung) ▪ Kündigungsgründe Franchise-Geber und Franchise-Nehmer
Widerrufsrecht	▪ Recht auf Widerruf und Folgen des Widerrufs

Tabelle 29: Inhalt eines Franchise-Vertrages

Aus Sicht des Franchise-Nehmers sollten das vom Franchise-Geber angebotene Geschäftsmodell sowie die Vertragskomponenten kritisch geprüft und auch mit möglichen Alternativen verglichen werden. Insgesamt sind die Vor- und Nachteile sorgfältig gegeneinander abzuwägen. Hierzu können die folgenden Fragen einen Beitrag leisten:

- Ist der Franchise-Nehmer in der Lage, den mitunter restriktiven Anforderungen des Franchise-Gebers gerecht zu werden?

- Wie umfassend bzw. restriktiv sind das Franchise-Konzept, das Franchise-Handbuch und der Vertrag?

- Wie detailliert und glaubwürdig stellt der Franchise-Geber die Wachstumsaussichten des Franchise-Konzeptes dar?

- Kann das System in unabhängiger Form kopiert werden?

- Was ist das Alleinstellungsmerkmal bzw. der Wettbewerbsvorteil des Franchise-Konzeptes?

- Ist das Franchise-Konzept bereits am Markt erprobt und in welcher Anzahl?

- Wie erfolgreich sind einzelne Franchise-Nehmer?

Für weiter gehende Informationen zum Franchising siehe auch die Ausführungen des Deutschen Franchise-Verbandes. [www.dfv-franchise.de] Gleichermaßen sei auch auf die Angaben des Deutschen Franchise Nehmer Verbandes verwiesen. [www.dfnv.de]

Lizenzierung

Eng verbunden mit dem Konzept des Franchisings ist die Lizenzierung. Hierbei ist eine Differenzierung der beiden Begriffe nicht immer trennscharf. Prinzipiell kann zur Unterscheidung der beiden Begriffe der *Grad der Unabhängigkeit der unternehmerischen Tätigkeit* als Indikator verwendet werden. Bei der **Lizenzierung** *übergibt der Lizenzgeber dem Lizenznehmer eine Lizenz bspw. für die Herstellung oder Vermarktung eines Produktes oder einer Dienstleistung.* Die unternehmerische Ausführung der Lizenznahme ist i. d. R. weniger streng kontrolliert als beim Franchising. Dennoch bestehen je nach Vertragsausgestaltung Überlappungspunkte beider Konzepte. Gerade für junge Unternehmen ergeben sich im Kontext der Lizenzierung vielfältige Möglichkeiten, sei es als Lizenzgeber oder als Lizenznehmer.

Eine Möglichkeit, ein Wachstum zielorientiert voranzutreiben, ohne interne Ressourcen zu stark zu binden bzw. neu aufzubauen, ist die Lizenzierung von

Technologien. Beispielsweise weist das Geschäftsmodell von *Google* zwei übergeordnete Teilbereiche auf, die Suchdienste und die Anzeigenprogramme. Im Bereich der Suchdienste bietet Google die Möglichkeit einer Lizenzierung der Suchtechnologie durch andere Unternehmen, die diese im Rahmen ihrer Internetangebote bzw. Internetsuchportale einsetzen können. Ein bekannter Lizenznehmer der Suchtechnologie von Google war im Zeitraum von etwa Mitte 2000 bis etwa Anfang 2004 *Yahoo!*. Um Jahre 2004 entschied sich Yahoo! zur Weiterentwicklung, Verwendung und Vermarktung der eigenen Yahoo! Search Technology. Weitere bekannte Lizenznehmer im Rahmen ihrer Internetportale sind *AOL* und *T-Online*. Weiterhin ist eine Lizenzierung im Rahmen der Google Search Appliance, einer Kombination aus Hard- und Software, zur Suche im Intranet von Unternehmen möglich. Die Google Search Appliance bildet die bekannte Google-Suche im Intranet des jeweiligen Unternehmens ab. Bekannte Kunden sind hier bspw. *Xerox*, die *Weltbank* (World Bank Group), *Cisco* oder *Procter & Gamble*. Für kleinere Unternehmen wird Google mini angeboten. Dabei zählen u. a. die *Warwick Business School* und die Dominican University of California zu den Kunden. Weitere Beispiele für Lizenzierungen als Teilbereich eines Geschäftsmodells sind Hersteller von Computerspielen wie z. B. *Epic Games* oder *id Software*, die einerseits Spiele auf der Basis ihrer eigenen 3D-Spieleentwicklungs- und -Spieledarstellungsumgebungen, den sogenannten Engines bzw. Gameengines, herstellen und vermarkten. Andererseits bieten die Unternehmen die Möglichkeit der Lizenzierung dieser Technologien an andere Unternehmen. Die Lizenznehmer nutzen diese Kerntechnologie zur Entwicklung ihrer eigenen Spiele. Bei id Software liegt das Anwendungsgebiet auch in anderen Bereichen wie bspw. zur 3D-Visualisierung in Web-Browsern, zur Generierung von virtuellen Museen oder zur Echtzeitdarstellung von Architekturen. Die Lizenzierung ist ein erfolgreiches Geschäftsmodell und trägt zum Wachstum der Unternehmen bei. Bei Epic Games oder id Software ist die Anzahl der extern durch Lizenznehmer entwickelten Spiele um ein Vielfaches höher als die jeweils originär von den beiden Unternehmen entwickelten Spiele. Auf der Basis der Unreal Engine wurden bspw. bisher über 50 Titel mit einer Gesamtzahl von über 16 Millionen Kopien verkauft.

Durch Lizenzierungen ergeben sich für den Lizenzgeber unterschiedliche Vorteile. Beispielsweise wird die Technologie verbreitet und das Unternehmen erhält durch die Lizenzierung einen track record, eine Erfolgsgeschichte erfolgreich eingesetzter Technologien bei den Kunden. Diese Referenzkunden können im Rahmen des Marketings vorteilhaft zur Gewinnung von neuen

Kunden eingesetzt werden. Die Darstellung des Vertrauens zufriedener Kunden in die Technologie ist ein entscheidender Punkt bei der Gewinnung neuer Kunden.

Die Lizenzierung kann auf zwei Arten vollzogen werden. Zum einen kann wie im Beispiel von Google eine direkte Lizenzierung angeboten werden. Hierbei liegen alle Ressourcen innerhalb des Unternehmens und die Lizenznehmer können direkt ausgesucht und überwacht werden. Zum anderen sind Marketing- bzw. Vertriebskooperationen mit anderen Unternehmen denkbar. Für junge Unternehmen kann es vorteilhaft sein, die Vermarktung der Lizenzen der Technologie nicht selbst durchzuführen, sondern dies durch einen Kooperationspartner zu vollziehen, gerade wenn die Vermarktung der Technologie sehr beratungsintensiv ist, dafür keine personellen Ressourcen vorhanden sind und diese durch Einstellungen erweitert werden müssten. Eine Möglichkeit der Vermarktung von Lizenzen besteht durch das Kooperationsunternehmen auf der Basis eines Erfolgshonorars. Wichtig ist, dass nicht eine Abhängigkeit von wenigen Lizenznehmern oder sogar eine vertragliche Exklusivität eingegangen wird, gerade wenn die Technologie zu Beginn unbekannt ist und das (Markt-)Potenzial ggf. nicht korrekt abgeschätzt werden kann. Zur Strukturierung und Beurteilung der Lizenzierung helfen mitunter die folgenden Fragen:

- Sind die zu lizenzierenden Technologien durch gewerbliche Schutzrechte abgesichert?
- Welche Partner sind geeignet, um durch eine Lizenzierung zu einem Wachstum des Unternehmens beizutragen?
- Wie stark ist das Abhängigkeitsverhältnis der Vertragsparteien bei einer Lizenzierung?
- Besteht für den Lizenzgeber die Gefahr eines Know-how- und Technologieverlustes an den Lizenznehmer?

7.4.5   Wachstum im Kontext kollaborativer Technologien

Vielfältige Formen an Kooperationen sind in den letzten Jahren vor allem im Bereich der Informations- und Kommunikationstechnologie entstanden. Kollaborative Technologien nehmen dabei ständig zu. Gerade für junge Unternehmen ergeben sich durch kollaborative Technologien vielfältige unternehmerische Gelegenheiten. [Zu diesem Themenkomplex siehe z. B. Volkmann/Tokarski (2006)]

Das Internet hat die weltweite Vernetzung einzelner Akteure ermöglicht, unabhängig davon, ob es sich um Individuen, Unternehmen oder andere Organisationen handelt. Durch die Vernetzung ergeben sich unterschiedliche Möglichkeiten der Durchführung von Wachstumsstrategien, wobei vielfältige kollaborative Technologien zur Realisierung dieser Strategien einsetzbar sind. Unter kollaborativen Technologien sollen in diesem Kontext Technologien verstanden werden, die eine Kommunikation und einen Austausch von Informationen zwischen z. B. Personen und Unternehmen ermöglichen. [Zu Technologiekonzepten siehe bspw. Badach/Rieger/Schmauch (2003)]

Oftmals verfügen junge Unternehmen nur über geringe Erfahrungen in neuen strategischen Geschäftsfeldern der Informationstechnologiebranche. Gründungen und Wachstum sind folglich mit erhöhten Risiken verbunden. Eine Reduzierung bzw. Verteilung des Risikos bei der Realisierung von technologieorientierten Wachstumsstrategien kann durch den Einsatz kollaborativer Wachstumsstrategien erfolgen.

In diesem Kontext sind für junge Unternehmen typisch

- Produktkooperationen
- Kommunikationskooperationen
- Distributionskooperationen
- Innovationskooperationen

Collaboration, Web Services und Wachstumsstrategien

Unter dem Begriff **Collaboration** kann allgemein eine *Zusammenarbeit unter der Zuhilfenahme von neuen (Internet-)Technologien und technischen Hilfsmitteln* im Sinne eines organisierten Informationsaustausches verstanden werden. [Nenninger/Lawrenz (2001)] Da es sich bei der Collaboration um einen *organisierten* Informationsaustausch handelt, ist mit diesem auch die Kooperation von unterschiedlichen Akteuren verbunden. *Somit beinhaltet Collaboration auch Kooperation.* Dabei sind einerseits *technologische Kompetenzen* bzw. technologisches

Wissen relevant. Andererseits sind im Kern die *Identifikation*, die *Modellierung*, die *Simulation*, das *Management*, die *Überwachung* und die *Integration von (Geschäfts-)Prozessen und Systemen* von Bedeutung. [Silberberger (2003)]

Abbildung 75 zeigt unterschiedliche Dimensionen bzw. Formen der Collaboration im Überblick.

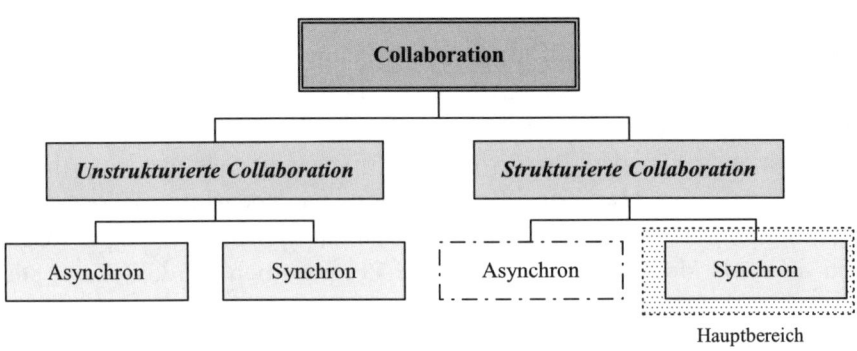

Abbildung 75: Formen der Collaboration

Die **unstrukturierte Collaboration** *folgt keinem fest definierten Ablaufplan.* Sie kann vielmehr *ad hoc* entstehen, da die Zusammenarbeit keine festgelegte Struktur und Prozesse beinhaltet. **Strukturierte Collaboration** hingegen kann definiert werden als die *Schaffung und Standardisierung unternehmensübergreifender Informations-, Daten- und Prozessstandards.* Gleichmaßen ist eine weitere Untergliederung in (zeitlich) *synchrone* oder *asynchrone Collaboration* möglich.

Vor allem die *synchrone, strukturierte Collaboration* nimmt in der Praxis einen wachsenden Stellenwert ein. Als eine Ausprägung der synchronen Collaboration sind Web Services zu sehen. Allgemein ermöglichen **Web Services** die *Vernetzung verteilter Anwendungen über das Internet auf der Basis der Technologien XML und HTTP.* Web Services gestatten einen entfernten Methoden- bzw. Funktionsaufruf in einem Fremdsystem und somit die Kommunikation und den Datenaustausch zwischen unterschiedlichen Systemen als Application Programming Interfaces (API).

Aus *betriebswirtschaftlicher Sicht* können *Web Services* auch als *über das Internet und somit unternehmensübergreifend abgewickelte (Geschäfts-)Prozesse* definiert werden. [Silberberger (2003)] In diesem Kontext stellen z. B. die Kommunikation wie auch das Produktangebot und die Distribution Kooperationsbereiche dar, die durch gezielte Collaboration unterstützt werden können. Durch Einsatz kollaborativer Technologien lassen sich unterschiedliche Wachstumsstrategien realisieren.

Im Bereich der **Kommunikation** lassen sich u. a. die drei Unterebenen des *Viral-Marketing*, der *Marketing-Programme* und der *Affiliate-Programmme* aufzeigen. [Kollmann/Herr (2003)] Innerhalb dieser Ebenen wird bisher primär *unstrukturierte Collaboration* verwendet. Im **Viral-Marketing** [Kollmann (2001)] werden *asynchrone* Collaboration-Tools (E-Mail, SMS-Versand, Diskussionsforen, Link) eingesetzt, die Informationen im Sinne einer Individual- oder Massenkommunikation vom Unternehmen an Dritte weitergeben und diese als Multiplikator nutzen. Bei dem Austausch handelt es sich um *vorstrukturierte* Informationen, die den Partnern zur Verfügung gestellt werden. Ähnlich verhält es sich bei **Marketing-Programmen**, bei denen Informationen über und mithilfe von B2B Communities ausgetauscht werden. Die Partner fungieren dabei als Moderatoren. Bei **Affiliate-Programmen** werden *Banner* oder *Produkt- bzw. Text-Links* bei den Partnern gesetzt, die zum Produkt des Unternehmens führen und zum Kauf von Produkten animieren sollen. Dabei partizipiert der Partner an den *Transaktionserlösen*. In diesem Falle wird weiterhin einerseits bereits der Kooperationsbereich der Distribution tangiert, andererseits besteht über die reinen statischen Text-Links die Möglichkeit der Einbindung von Suchmasken. Diese Vorgehensweise kann bereits in den Bereich der strukturierten Collaboration eingeordnet werden.

Strukturierte Collaboration wird dabei über Web Services (als Dienste) zur Verfügung gestellt. Als bekannteste und technologieführende Beispiele wachsender Unternehmen, die diese Technik verstärkt einsetzen, sind *Amazon, eBay* und *Google* zu nennen. Dabei ermöglicht **Google** es privaten Webseiten, die Suchtechnologie per Web Service auf der *eigenen* Seite zu nutzen und somit Abfragen von der Internetseite zu starten. Weiterhin besteht die Möglichkeit, die Google-Suchleiste in Software-Applikationen zu integrieren, um eine Abfrage der Google-Suchmaschine zu erlauben. **Amazon** hingegen bietet per Web Service (als Dienste) die Möglichkeit, *Teilbereiche des Amazon-Shops bzw. - Kataloges nahtlos in die eigenen Webseiten zu integrieren*, um bspw. aktuellen Content (Inhalt) mit Büchern zu vernetzen, um u. a. Mehrwerte zu generieren. Dabei ist eine Verbindung zu den bestehenden Affiliate-Programmen möglich. Die Amazon Web Service APIs ermöglichen bspw. die *Erstellung eines eigenen Buchshops mit komplexen Suchfunktionen und kontextabhängigen Suchergebnissen*. Somit kann ein individueller Buchshop aus dem Datenbestand von Amazon generiert werden. Dieser Shop wird nicht direkt von Amazon, sondern von Dritten des Amazon-Partnerprogramms betrieben. Der Partner nimmt mit einen definierten Prozentsatz (bspw. 15 Prozent) am Umsatz des Buchshops teil. Bisher werden die Web Services allerdings lediglich einseitig im Sinne einer *monodirektionalen* Kommunikation genutzt. Dabei werden Daten unter der Verwendung der strukturierten Collaboration der Web Services (als Dienste) aus den Systemen bzw. Datenbanken von Amazon oder Google übertragen und innerhalb der eigenen Webseite integriert und dargestellt. [Hauser/Löwer (2004)] Darüber hinaus wäre in naher Zukunft eine *komplexere Integration* unterschiedlicher Softwaresysteme im Sinne von Web Services als Middleware denkbar.

Die Integration über Web Services (als Dienste) kann nahezu nahtlos erfolgen. Die Informationen und Daten können, unter Beachtung einiger Restriktionen, an das Layout der Webseite angepasst werden und werden somit zu einem *Teilbereich* der (dritten) Webseite. Diese Beziehung kann als „*Web-Service-Kommunikation*" bezeichnet werden. Sie ist vom Typ: „1:n", erfüllt aber ansonsten die weiteren Bedingungen einer *Marktplatzkommunikation* (direkt, interaktiv, push/pull). Diese Form strukturierter Collaboration stellt nicht eine reine Suchabfrage dar, die das „Pull-Kriterium" erfüllt. Vielmehr besteht über Web Services die Möglichkeit, eine *interaktive „Push/Pull-Kommunikation" zu realisieren*, da eine *integrierte* Kommunikation stattfindet.

Über diese zuvor erörterte erste Form der Nutzung veröffentlichter Web Services (als Dienste) bieten Amazon, eBay und Google Partnern, Entwicklern bzw. Anwendern die Möglichkeit, auf der Basis dieser bereitgestellten Technologien *eigenständige Programme* zu entwickeln.

Positiv unterstützt bzw. ermöglicht werden strukturierte Collaborations durch die **Strategie einer Technologieführerschaft** und somit *fortlaufender Innovationen* dieser (jungen) Unternehmen. Die 2005er Top-40-Liste des Technologiemagazins *Wired*, die Wired 40, führt Google auf Platz 2 (2004: 1) und Amazon auf Platz 4 (2004: 2) der innovativen, technologieführenden und visionären Unternehmen (Platz 1: Apple). Google ist derzeit die zentrale Anlaufstelle bei der Suche nach Informationen im Web. Dabei besitzt Google die stärkste Netzwerkinfrastruktur zum Caching von Webseiten und E-Mails. Bei Amazon wird als positiv durchgeführte Strategie darauf verwiesen, dass Amazon seine Datenbanken (für Dritte) zugänglich gemacht hat, sodass Wiederverkäufer ihre Shops bzw. Angebote in den *Amazon flow* integrieren können. Die starke technologische Kompetenz dieser Unternehmen bildet in der ersten Zeit zunächst die interne Basis für die Realisierung des Geschäftsmodells. In einem zweiten Schritt wird diese Kompetenz zur Bereitstellung von Technologien zur Erweiterung des Geschäftsmodells auf der Grundlage externer Collaboration genutzt.

Die Bedeutung des Einsatzes und des Nutzens strukturierter Collaboration kann durch ein Zitat des Mitgründers von Google, Sergey Brin, verdeutlicht werden:

> „*The best way is to let other people [innovate] for us. With Google APIs anyone can build an application using Google search or spell correction. Instead of hundreds of engineers [working at Google], there are millions that can develop new services using Google infrastructure.*" *[Moore (2002)]*

Die **Bereitstellung von Web Services** kann somit die *Grundlage kollaborativer Wachstumsstrategien* in Sinne von *Produkt-, Kommunikations-, Distributions- und Innovationskooperationen* bilden, da eine Weiterentwicklung bzw. externe Kommunikation des Produktes nicht mehr zwingend *innerhalb* des Unternehmens durchgeführt wird, sondern vielmehr in überproportional innovativer Weise mit „n-Akteuren", zu denen keine persönlichen Kontakte bestehen müssen.

Web Services generieren nicht zwingend direkt neue Einnahmequellen für das junge Unternehmen. Vielmehr unterstützen und stärken sie das Geschäftsmodell, da sie den Zugang zu bestehenden Dienstleistungen erleichtern und es einfacher wird, mit dem Unternehmen eine Partnerschaft einzugehen. Die Bereitstellung von Web Services bindet das Unternehmen in neue Geschäftsprozesse unterschiedlicher Werteketten ein. [Moore (2002)]

In den nächsten Jahren wird sich die Form der Zusammenarbeit und Kommunikation zwischen Kunden, Zulieferern und anbietenden Unternehmen weiter verändern.

Die **Organisation von Wissen** kann eine neue Dimension im Sinne von *flexibler, robuster und selbstorganisierender Akteure* bzw. *kollektiver Intelligenzen* annehmen. Durch tief greifende Vernetzung mithilfe kollaborativer Technologien ist eine *Verwischung, bislang scharfer Grenzen der Wertkettenbeziehung von Anbieten und Nachfragern* denkbar. Hieraus können sich Chancen bzw. Wachstumsstrategien für (neue) Geschäftsmodelle ergeben. Auf dieser jetzt schon bestehenden Entwicklung basieren z. T. einige Geschäftsmodelle, wie z. B. eBay. Das Prinzip gleichberechtigter Akteure wird bei **eBay** bereits vollzogen, da *jede Person* nach Bedarf *verschiedene Rollen* vom *Händler bis zum Konsumenten* einnehmen kann. [Gerick (2004)]

Gerade dieser (Peer-to-Peer-)Ansatz sollte vor dem Hintergrund von Wachstumsstrategien weiter verfolgt werden. Erste Ansätze von bspw. Amazon, eBay oder Google durch die Bereitstellung der Web Service APIs weisen in die richtige Richtung.

Bereits jetzt existieren Programme auf der Basis der veröffentlichten Web Services, die eine erleichterte Einbindung von Waren in das Angebot von Amazon ermöglicht. Andere Programme ermöglichen Händlern die Abfrage von Preisen über mobile Zugangsgeräte. Dabei erfolgt die Entwicklung von Applikationen nicht durch den Web-Service-Anbieter (Amazon) selbst, sondern durch eine Vielzahl freier Entwickler. Diese bilden z. T. eigene Gemeinschaften, die Fragen und Probleme selbstständig beantworten ohne die Hilfe von Amazon-eigenem Personal. Web Services werden eine große Rolle in der Zukunft der Internetökonomie spielen. Amazon und eBay stellen Paradebeispiele für einen Paradigmenwechsel dar. Dabei wird die Entwicklung von Programmen als *virale* Verbreitung gesehen, wie es bereits bei der Linux-Open-Source-Bewegung der Fall war. Somit arbeitet eine große Gemeinschaft von Entwicklern am Erfolg von Amazon, *ohne* direkt dafür bezahlt zu werden. Darüber hinaus gibt es zwischenzeitlich auch Bücher im Entwicklungskontext, die bspw. speziell auf Amazon zugeschnitten sind, wie z. B. Bausch (2003).

Zusammengenommen generiert der **Einsatz der Web Services** ein *starkes Branding der einzelnen Marken junger Unternehmen* (Amazon, eBay und Google) aufgrund einer hohen (Brutto-)Reichweite. Internetnutzer kommen in hohen Kontakt mit den Markennamen, da dieser über die Web Services und die verbundenen Funktionen in einer Vielzahl von (privaten) Seiten Dritter eingebunden ist und somit über das gesamte Internet transportiert wird. Diese Aktivitäten erzielen positive Effekte im Sinne von Produkt-, Kommunikations-, Distributions- und Innovationskooperationen. Diese Entwicklungen im Bereich der Web Services werden u. a. auch daran deutlich, dass der weltweit größte und einflussreichste Softwarehersteller Microsoft diesen Trend mit eigenen Entwicklungen und Partnerschaften unterstützt. Doch darüber hinaus schreitet die Vernetzung von Online- und Offline-Programmen voran. Durch die Bereitstellung neuer Technologien durch Microsoft sollen neue Web Services auf der Basis der eBay Web Services generiert werden. So soll es möglich sein, mit der Microsoft Office Suite Services zu erstellen, die ein automatisiertes Pricing der Angebote und ein automatisiertes Bieten ermöglichen. Darüber hinaus bietet Excel über XML die Möglichkeit, Listendarstellungen, Graphen, Charts und Massenware einzubinden. Die Software ermöglicht eBay-Käufern und -Verkäufern ein dediziertes Controlling und die Auswertung statistischer Rechnungen. Diese neuen Technologien ermöglichen *maßgeschneiderte* Applikationen zur direkten Kommunikation und Interaktion mit den Servern und Datenbanken des Unternehmens, das den Web Service bereitstellt. Diese Applikationen vereinfachen die Kommunikation, da nicht über die grafische Benutzeroberfläche der Plattform bzw. des Marktplatzes interagiert wird, sondern direkt die benötigten Funktionen aufgerufen werden, wie bspw. bei eBay: Angebote einstellen, Kategorieinformationen und Angebote abrufen, Artikel analysieren, Käuferinformationen nach Ende der Auktion weiterverarbeiten etc.

Die Entwicklung im Bereich strukturierter Collaboration hat jedoch gerade erst begonnen. Tiefer greifende strukturierte Einbindungen von Web Services als Middleware bspw. bei etablierten „klassischen" Zulieferer-, Hersteller-, Distributionsbeziehungen sind in Zukunft denkbar und werden durch softwaretechnische Lösungen bspw. von SAP forciert. Doch diese Entwicklungen stellen einen anderen Aspekt strukturierter Collaboration und Wachstumsstrategien dar.

Perspektiven kollaborativer Wachstumsstrategien
Im Rahmen kollaborativer Wachstumsstrategien junger Unternehmen ist ein **Übergang vom E-Commerce zum C-Commerce** zu vollziehen. Im Allgemeinen wird unter E-Commerce die elektronische Abwicklung von Transaktionen unter Verwendung öffentlicher oder privater Netzwerke verstanden. [Hermanns/Sauter (2001)]

In vielen Definitionen ist **E-Commerce** ein *handelsbezogener* Begriff, welcher sich auf beschaffungs- und absatzseitige Transaktionen beschränkt. Neuere Definitionen erweitern die zuvor beschriebene rein handelsbezogene Sichtweise. Dabei erfolgt eine *Einbeziehung von Wertschöpfungsprozessen,* welche unternehmensintern oder -extern generiert werden können. [Wamser (2000)] Mit der Erweiterung des Begriffes E-Commerce wird das Ziel verfolgt, die Nutzung der neuen Internettechnologien nicht nur auf die Sichtweise von Transaktionen zu beschränken. [Hermanns/Sauter (2001)]

In Erweiterung des E-Commerce verfolgt das Modell des **C-Commerce** eine *Vernetzung unterschiedlicher Beteiligter einer Wertkette über das Internet.* Ziel der Vernetzung ist eine *interaktive, kooperative Zusammenarbeit in allen Bereichen der Unternehmenswertekette.* [Hayward (2001)] Der Ansatz des C-Commerce stellt somit eine höhere Komplexitätsstufe im Vergleich zum bisherigen Konzept des E-Commerce dar.

Die Evolution des in Abbildung 76 dargestellten C-Commerce-Modells umfasst die Dimensionen Grad der Zusammenarbeit und Grad der Interaktion.

Der *Grad der Zusammenarbeit* bezieht sich auf die räumliche Ausdehnung. Diese kann innerhalb des Unternehmens bis zum alles überspannenden virtuellen Unternehmen reichen. Der *Grad der Interaktion* umfasst die Entwicklungsstufen Transaktionen bei Bedarf und E-Commerce-Handel bis hin zur gemeinschaftlichen Interaktion. [Bond et al. (1999); Halpern (2001)].

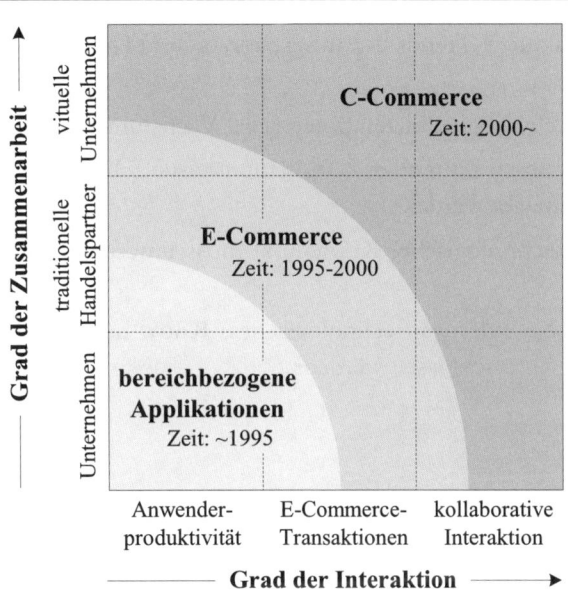

Abbildung 76: Entwicklung des C-Commerce

Die Evolution erfolgt in drei Phasen: Integration, Kooperation, Collaboration. [Vering et al. (2001)]. Die erste Phase beschreibt die Automatisierung von Transaktionen zwischen Partnern. In der zweiten Phase ist der Zugriff auf geteilte Datenbestände möglich. In der dritten Phase wird die interaktive Zusammenarbeit beschrieben. [Yockelson/Sholler/Cain (2000)]

Junge Unternehmen können das Wissen über die Möglichkeiten und Perspektiven strukturierter Collaboration für ihre **Wachstumsstrategien** nutzbar machen. Es können (technologieorientierte) Wachstumsstrategien realisiert werden, die einen *Übergang vom bisherigen Transaktionsansatz des E-Commerce zum Collaborations-Ansatz des C-Commerce forcieren.* Amazon, eBay und Google sind Beispiele für die erfolgreiche Konzeption und Umsetzung von Wachstumsstrategien durch einen *hohen Grad an Interaktion* sowie eine *intensive Zusammenarbeit.*

Kollaborative Strategien ermöglichen Produkt-, Kommunikations-, Distributions- und Innovationskooperationen mit einer Vielzahl von Partnern im Internet. Dadurch können z. B. der Aufbau einer Marke erleichtert sowie Service-, Entwicklungs- und Vertriebskosten verringert werden. Die Abschätzung der Relevanz und des Einsatzes kollaborativer Technologien für ein junges Unternehmen kann durch folgende Fragen unterstützt werden:

- Was sind aktuelle Trends der Informations- und Kommunikationstechnologie?

- Welche Technologien bieten potenzielle Wachstumschancen?

- Wie kann ein strukturierter Informationsaustausch für das Unternehmen nutzbar gemacht werden?

- Welches (technologische) Know-how muss unternehmensintern vorhanden sein?

- Wie kann ein externes (technologisches) Know-how durch kollaborative Technologien erschlossen werden?

7.5 Wachstumshemmnisse

7.5.1 Problembereiche junger, wachsender Unternehmen

Forschungen weisen in die Richtung, dass sich durch Wachstum höhere Über-lebensraten von Unternehmen generieren lassen. [Aldrich/Auster (1986)] Dabei wird, insbesondere in den USA, aber zunehmend auch in Europa, allgemein dem Thema Wachstum im Kontext junger Unternehmen ein besonderer Stellenwert beigemessen. Gründerpersonen müssen üblicherweise eine grundlegende Entscheidung dahingehend treffen, ob sie mit ihrem jungen Unternehmen *wachsen* oder *nicht wachsen* wollen. Denn nicht alle Gründer streben ein Wachstum an und nicht alle Gründungsunternehmen erreichen die Wachstumsphase. Die einzige konstante Größe des Wachstums ist die Veränderung. Wachstum um jeden Preis kann sich *negativ* auswirken, wenn das Management in *Aktionismus* verfällt, anstatt eine *Strategie nachhaltig zu verfolgen und umzusetzen.*

Es gibt in der Praxis viele Fälle, bei denen ein Gründer damit zufrieden ist, allein zu arbeiten und eine bestimmte Anzahl an Kunden zu betreuen, ohne dass er ein Wachstum anstrebt. Im Falle einer Unternehmensberatung etwa ist das Umsatzwachstum begrenzt durch die verfügbare Zeit, die der Gründer in die Beratung von Kunden investieren kann.

Für diejenigen Gründer, die sich entscheiden, mit ihren Unternehmen zu wachsen, ist es notwendig, auf das Wachstum vorbereitet zu sein und die Auswirkungen des Wachstums zu verstehen. [Hisrich/Peters (2002)] In diesem Kontext ist es für die Erzielung eines erfolgreichen Wachstums nicht nur notwendig, dass die Gründer die unternehmerische Gelegenheit des Wachstums erkennen und in neue Marktsegmente hineinwachsen möchten. Sie müssen zudem auch über die *Fähigkeiten und Kompetenzen zum Management von Wachstum* verfügen. Dabei kann es für Unternehmensgründer fatal werden, wenn das Wachstum unkontrolliert erfolgt. Denn die Unternehmerpersonen müssen das Wachstum zielorientiert steuern und kontrollieren. Umgekehrt darf das Wachstum nicht das Unternehmen bzw. die Unternehmer beherrschen.

Die Probleme bzw. Herausforderungen des Wachstums werden vor allem durch die Qualität und Verfügbarkeit an Ressourcen sowie den Markt bzw. die Kundennachfrage bestimmt. Dabei werden oftmals Gründer von ihren Kunden mehr oder weniger *zu Wachstum gezwungen.* Dies ist etwa bei einem nicht

erwarteten hohen Auftragsvolumen oder bei zusätzlich erwünschten Serviceleistungen der Fall. Unabhängig davon, ob das Wachstum eines jungen Unternehmens bewusst initiiert oder unfreiwillig generiert wird, sind die Herausforderungen an das Management und ihr Unternehmen vielfältig. Sie reichen von
Problemen des unkontrollierten Wachstums über fehlende Organisationsstrukturen bis hin zu Engpässen in den finanziellen oder personellen Ressourcen. Grundlegende **Wachstumsfehler** können im Extremfall sogar zum
Scheitern des jungen Unternehmens führen.

Typische **Wachstumsfehler und -hemmnisse** lassen sich vor allem auf
unternehmensinterne Problembereiche, in Einzelfällen aber auch auf externe Faktoren zurückführen. In der Realität sind es häufig mehrere Faktoren, die sich
gleichzeitig oder aufeinander folgend negativ auf das Wachstum auswirken.

Kompetenz, Strategie, Struktur:
Divergenzen von Wachstumsstrategien und internen Strukturen
Während in den Gründerjahren im Team noch vieles *informell* auf Zuruf funktioniert, wird in der **Wachstumsphase** ein *geplantes und strukturiertes Vorgehen*
erforderlich. Fehlende oder unzureichende Wachstumsstrategien erschweren
häufig den notwendigen strukturellen Wandel von jungen Unternehmen.
Gründer, die sich nicht mit den Zusammenhängen von Wachstumsstrategien -
prozessen und -strukturen beschäftigt haben und nicht wissen, wie das
Wachstum geplant, gesteuert und kontrolliert werden kann, laufen Gefahr, mit
ihrem jungen Unternehmen in Probleme zu geraten.

Auch wenn Unternehmensgründer zielorientiert eine bestimmte Wachstumsstrategie wählen, können damit spezifische Herausforderungen und Probleme
verbunden sein. Dies ist bspw. bei einer externen Wachstumsstrategie durch
Akquisition der Fall. Hierbei kann es durch divergierende **Unternehmens-**
kulturen der erworbenen Unternehmen zu *Anpassungsproblemen und Wachs-*
tumshemmnissen kommen. Denn i. d. R. haben bereits junge Unternehmen ihre
jeweils eigenständige Unternehmenskultur entwickelt, die mehr oder weniger
stark ausgeprägt sein kann. Diese manifestiert sich in *Werthaltungen* gegenüber
Kunden, Lieferanten, Kreditgebern und sonstigen Interessengruppen. Das
Aufeinandertreffen von unterschiedlichen Unternehmenskulturen bei Übernahmen erfordert eine Abstimmung und Harmonisierung der Unternehmenskulturen, damit die angestrebten Akquisitionsvorteile, z. B. in Form von Synergieeffekten, erreicht werden können. Unternehmen aus der Technologie-
branche, wie bspw. Amazon oder Cisco, haben in der Vergangenheit gezeigt,
dass eine externe Wachstumsstrategie durch Akquisition durchaus erfolgreich

sein kann, um ein Größenwachstum vom Gründungs- bis zum Wachstumsunternehmen erfolgreich zu bewältigen. Diese Unternehmen haben sich dabei auf Übernahmen konzentriert, die eine Erweiterung oder **Ergänzung zu** ihren jeweiligen **Kernkompetenzen** bilden. Ein verstärktes *Risiko und Fehlerpotenzial* besteht allerdings bei einer Wachstumsstrategie durch Akquisition von Unternehmen durch *Diversifikation* in andere Branchen hinein. Dies ist insbesondere dann der Fall, wenn Branchenkenntnisse nur unzureichend vorhanden sind oder sogar fehlen.

Ein strategisches und strukturelles Kernproblem junger Unternehmen resultiert häufig aus der weitgehend ausschließlichen Fokussierung der Unternehmensgründer auf Absatzmärkte und Kunden. Dabei werden erforderliche *Anpassungen interner Prozesse und Strukturen* vernachlässigt. Typisch für diese Phase in der Unternehmensentwicklung ist, dass das Umsatzwachstum den internen Strukturen vorauseilt. In den Strukturen entstehen Ineffizienzen, da alle Aktivitäten auf die Gründer zugeschnitten sind, die damit nicht selten überfordert werden. Die nachhaltige Generierung zusätzlichen Umsatzwachstums erfordert daher geeignete Strategien und die Anpassung der für das Wachstum notwendigen Ressourcen und Strukturen. Mit dem Größenwachstum des Unternehmens steigt der Komplexitätsgrad an *Prozessen und Strukturen*. Zusätzliche **Koordinierungsprozesse und Kompetenzregelungen** werden erforderlich. Gründer und Gründerteams können sich diesen Aufgaben nicht mehr persönlich widmen. *Delegation von Kompetenzen und Verantwortungen* und damit ein erhöhtes *Vertrauen in alte und neue Mitarbeiter* werden erforderlich. Empirischen Untersuchungen zufolge werden unterschiedliche Größen als kritische Grenze für wachsende Unternehmen gesehen, bei der eine *zweite Führungsebene* zu implementieren ist. Die Bandbreite zur Implementierung einer zweiten Führungsebene reicht, je nach Studie und Auffassung, von etwa 40 bis 75 Mitarbeitern, die als kritisch für die Bewältigung des weiteren Unternehmenswachstums betrachtet werden. Befragungen von Unternehmern im Rahmen des Forschungsschwerpunktes *Wachstumsprozesse junger Unternehmen* der Fachhochschule Gelsenkirchen verdeutlichen, dass Unternehmer oftmals bereits eine Veränderung der Strukturen und Prozesse im Unternehmen ab einer Mitarbeiterzahl von rund 20 Mitarbeitern empfinden. Ein ausgewähltes Zitat des Gründers der Medienagentur *Bassier, Bergmann und Kindler (BB & K)* [www.bb-k.com] aus der durchgeführten Studie spiegelt die Anfänge in der Veränderung der internen Strukturen im Unternehmen wider:

> *„Ab 20 Mitarbeitern ändert sich irgendwas." [Michael Bassier, BB & K]*

Unabhängig von der kritischen Anzahl an Mitarbeitern, erfordern wachsende

Unternehmensgrößen einen höheren Professionalisierungsgrad im Hinblick auf die internen Strukturen und Prozesse. Die Gründerpersonen stehen daher früher oder später vor der Aufgabe, eine *zweite Führungsebene* einzusetzen, Aufgabenbereiche und Zuständigkeiten festzulegen, zu delegieren und Informationsströme entsprechend neu auszurichten.

Viele der schnell wachsenden Unternehmen der New Economy sind in den USA und Europa in die Krise geraten oder sogar insolvent geworden, weil sie keine Wachstumsplanung vorgenommen und keine adäquaten Strukturen geschaffen haben, die ein professionelles Wachstumsmanagement ermöglicht hätten. In diesem Zusammenhang ist als ein deutsches Beispiel die *EM.TV &* *Merchandising AG* zu nennen, deren Gründer ohne eine fundierte Wachstumsstrategie Unternehmen aufkauften und im weiteren Verlauf des unkontrollierten Wachstumsprozesses in der darauf folgenden Krise kaum noch Eigenkapital zur Verfügung hatten, um die Überlebensfähigkeit des jungen Unternehmens zu sichern. Da im Börsensegment des damaligen Neuen Marktes ausschließlich Wachstumsstorys gehandelt wurden, waren in der Folge des Zusammenbruchs von EM.TV nicht nur die Mitarbeiter des Unternehmens, sondern auch viele Anleger aufgrund des immensen Kursverfalls der Aktie geschädigt. Letztlich konnte EM.TV nur durch ein neues Management in einem langwierigen Sanierungsprozess gerettet werden. Es gibt aber durchaus auch erfolgreiche Fälle in der New Economy. So realisierte bspw. Amazon in den ersten Jahren nach Gründung ein kontrolliertes schnelles Wachstum und verdoppelte seinen Umsatz in den ersten fünf Jahren. Ähnlich schnell und erfolgreich sind auch *eBay* und *Google* gewachsen. Diesen Unternehmen ist es gelungen, ihre Strategien und Strukturen in Einklang mit dem rasanten Größenwachstum zu bringen. Insgesamt ist die einzig konstante Größe in der Entwicklung eines Unternehmens die Veränderung. Verzichtet ein Unternehmen auf notwendige Veränderungen, kann das Wachstum beeinträchtigt werden. Vor diesem Hintergrund sind mögliche intern oder extern bedingte Defizite und potenzielle Problembereiche eines Unternehmens nachfolgend noch etwas genauer zu beleuchten.

Die folgende Abbildung 77 zeigt wesentliche *unternehmensinterne und -externe Problembereiche* und Defizite junger Unternehmen unter dem Aspekt des Wachstums im Überblick.

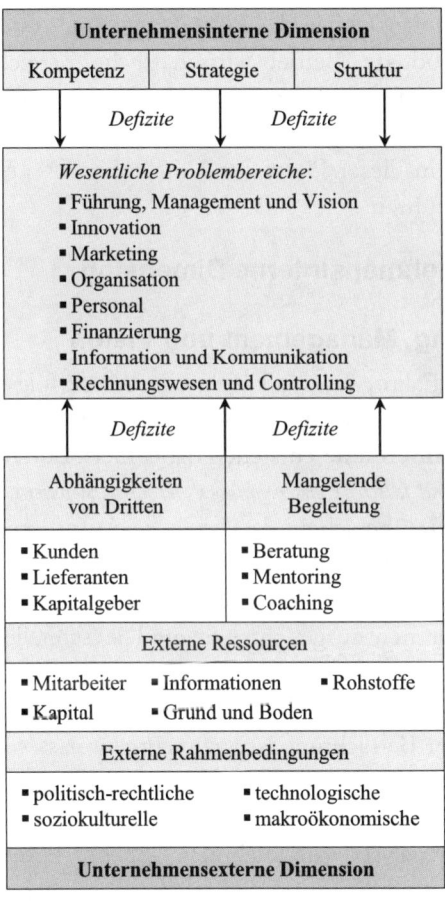

Abbildung 77: Problembereiche und Defizite im Wachstum junger Unternehmen

Für die auf Wachstum ausgerichteten Unternehmen ist wichtig, dass die Unternehmensgründer bzw. das Management das Wachstum effektiv planen und aktiv gestalten. Wachstum darf nicht dem Zufall überlassen werden. Die **zielorientierte Wachstumsplanung** ist dabei *notwendiger Bestandteil der strategischen Planung* eines jungen Unternehmens. Nachfolgend soll auf typische Problembereiche junger, wachsender Unternehmen eingegangen werden.

In der Wachstumsphase kann der Auf- oder Ausbau von verschiedenen Funk-
tionsbereichen im Unternehmen erforderlich werden. Insbesondere bei jungen
Unternehmen mit technisch bzw. naturwissenschaftlich ausgerichteter Führung erfolgt häufig eine Konzentration auf Produktinnovationen, etwa in
Form von Weiterentwicklungen des Produktangebotes oder von Neuentwicklungen weiterer Produkte. Betriebswirtschaftliche Bereiche wie das interne
Rechnungswesen und Controlling, Personal oder Marketing werden vernachlässigt oder im Extremfall sogar überhaupt nicht berücksichtigt. Diese Wachstumsfehler können in dieser Phase der Unternehmensentwicklung zu gravie-
renden Problemen führen.

7.5.2 Unternehmensinterne Dimension

7.5.2.1 Führung, Management und Vision

Als entscheidender Faktor für den Erfolg oder Misserfolg eines jungen, wachsenden Unternehmens sind die Gründerpersonen bzw. das Management
anzusehen. **Problembereiche** entstehen dabei meist durch *fehlende oder unzureichende Kompetenzen und falsche Entscheidungen der Unternehmensgründer.* Es wird von
den Gründern häufig übersehen, dass sich die Anforderungen an die Mana-
gementfähigkeiten im Verlauf des Wachstumsprozesses, insbesondere im
Übergang von der Gründungs- zur Wachstumsphase, verändern. Je expansiver
ein junges Unternehmen ausgerichtet ist und je schneller es wächst, desto
wichtiger ist, dass potenzielle Problembereiche im Hinblick auf die Wachstumsphase zu antizipieren sind, um folgenreiche Wachstumsfehler zu vermeiden. In vereinfachter Betrachtung ist anzunehmen, dass sich die *Mehrzahl aller
Insolvenzen* von jungen Unternehmen auf *Fehlentscheidungen oder Unzulänglichkeiten
des Managements* zurückführen lassen. Dennoch ist im Einzelfall eine detaillierte
Ursache-Wirkungs-Analyse vorzunehmen, bevor konkrete Rückschlüsse
gezogen werden können. Denn das Spektrum an möglichen Ursachen für das
Scheitern eines jungen Unternehmens ist vielfältig.

Stehen in der Gründungsphase die *Problemlösungsfähigkeiten* der Gründer im
Vordergrund, gewinnen in der Wachstumsphase die *Führungskompetenzen* stark
an Bedeutung. Wenn Mitarbeiter eingestellt werden, sind die Unternehmensgründer in einem zunehmenden Ausmaß gefordert, ihre *Führungs-, Motivations-
und Kommunikationsfähigkeiten* wahrzunehmen. Junge Unternehmen bevorzugen
i. d. R. einen kooperativen Führungsstil, der sich weniger an Hierarchien als an
gemeinsam angestrebten Unternehmenszielen orientiert. Nicht allen Unternehmensgründern gelingt jedoch der Übergang von der Gründungs- zur

Wachstumsphase, da sie es häufig zunächst gewohnt sind, alles selbst zu machen, oder auch nicht das notwendige Vertrauen aufbringen, dass (potenzielle) Mitarbeiter genauso oder ähnlich kompetent sind wie sie selbst. Sollten die Unternehmensgründer diese kritische Schwelle überwunden haben, spielen in der Wachstumsphase auch *Fach-, Innovations- und Methodenkompetenzen* im Hinblick auf die Erweiterung der Geschäftstätigkeit eine wichtige Rolle. Notwendige **Fachkompetenzen** bestehen neben der eigentlichen (technischen) Produktkompetenz vor allem in einem zunehmenden Ausmaß in betriebswirtschaftlichen Bereichen wie etwa Controlling, Marketing, Vertrieb, Personalführung und Finanzierung. Die **Innovationskompetenz** bezeichnet vor allem das *Erkennen von Produktinnovationen* und ist oftmals die notwendige Voraussetzung, um Wachstum tatsächlich zu ermöglichen. **Methodenkompetenzen** beziehen sich in dieser Phase vor allem auf *Planungs-, Entscheidungs- und Problemlösungsmethoden* sowie *Führungstechniken*. Da mit dem Wachstum des Unternehmens die Führungsaufgaben, die bislang noch vollständig bei dem Unternehmensgründer liegen, nicht mehr allein von ihm in angemessener Form bewältigt werden können, gewinnt der Einsatz von Führungstechniken an Bedeutung. Wichtig ist hierbei vor allem die Fähigkeit, Aufgaben delegieren zu können. Weiterhin geraten Maßnahmen zur Erhöhung der Motivation und Bindung der Mitarbeiter in der Wachstumsphase in den Vordergrund.

Sollten die erforderlichen Fach-, Methoden- und Führungskompetenzen nicht im Unternehmen verfügbar sein, müssen zusätzlich Führungskräfte eingestellt werden. Wenn dies finanziell nicht tragbar ist, muss externe Unterstützung herangezogen werden. In der Praxis ist es für junge Unternehmen jedoch oftmals nicht einfach, geeignete Führungskräfte zu finden, aufzubauen und anforderungsgerecht weiterzuentwickeln. Möglicherweise kann ein Problembereich auch in einer fehlenden Vision der Gründerpersonen liegen.

7.5.2.2 Innovation

Innovationen sind auch für junge Unternehmen zur Generierung von Wachstum von Bedeutung. Probleme können sich etwa aufgrund fehlender oder mangelnder Innovationstätigkeit ergeben. Denn oftmals führen junge Unternehmen zu Beginn ihrer Geschäftstätigkeit lediglich ein Produkt am Markt ein. Eine erfolgreiche Produktion und Vermarktung des Produktes erfordert aber zumeist den Einsatz der gesamten verfügbaren Ressourcen, insbesondere in Form von Personal und Kapital. Auch die Kapazitäten der Unternehmensgründer sind vielfach vollständig in *das operative Tagesgeschäft* eingebunden. Als Konsequenz einer **starken Ressourcenbindung** und einer

Konzentration auf das operative Tagesgeschäft kann es vorkommen, dass für die Entwicklung innovativer Nachfolgeprodukte *keine Ressourcen vorhanden* sind oder eine notwendige Planung neuer, innovativer Produkte nicht erkannt und vernachlässigt wird. **Fehlende Nachfolgeprodukte** können langfristig zu einer *Gefährdung der Unternehmensentwicklung* führen oder sogar existenzbedrohend sein. Bei dem Angebot von nur einem Produkt ist der Produktlebenszyklus eng mit dem Lebenszyklus des Unternehmens verbunden. Liegt der Lebenszyklus des Produktes z. B. bei sieben Jahren, ist es denkbar, dass sich das Unternehmen in analoger Weise zum Produktlebenszyklus entwickelt und somit bspw. analog zum Produkt eine Start-up- bzw. Einführungs-, Wachstums-, Stabilisierungs- und Degenerationsphase mitmacht. Befindet sich das Produkt bereits in der Reifephase und sind keine neuen, innovativen Produkte entwickelt oder bereits am Markt eingeführt, kann dies als kritisch für das gesamte Unternehmen betrachtet werden. Vor diesem Hintergrund ist ein aktives, kontinuierliches Innovationsmanagement bereits in jungen Unternehmen zu betreiben.

Insbesondere bei technologieorientierten Unternehmensgründungen darf speziell die **Komplexität der Technik** oder Technologie nicht unterschätzt werden. Ein grundlegender Fehler ist, wenn die *Zeit für die Entwicklung* des Produktes bis zur Marktreife *falsch eingeschätzt* wird. Aber die Entwicklung bis zur Marktreife ist nur ein Aspekt. Das innovative Produkt muss in seiner geplanten Qualität sowie in einer ausreichenden Stückzahl zeitnah am Markt verfügbar sein, damit eine Kundengewinnung und -bindung erreicht werden kann. Bei Innovationen, die auf komplexen Technologien basieren, ist darüber hinaus eine für den Kunden verständliche Vermittlung des Produktnutzens erforderlich. Somit muss ein junges Unternehmen nicht nur eine Bewältigung der technologischen Komplexität leisten. Vielmehr sind auch die damit verbundenen unternehmensinternen und externen Informations- und Kommunikationsprobleme zu lösen. [Hauschildt (2004)]

Analog zu etablierten Unternehmen können auch junge Unternehmen verschiedene Instrumente und **Techniken des Innovationsmanagements** wie bspw. die *Lead-User-Methode* oder *Kreativitätstechniken* einsetzen, um zielgerichtet und strukturiert zu einer Produktentwicklung bzw. Innovation zu gelangen. Auch können **Forschungs- und Entwicklungskooperationen mit Dritten**, wie z. B. *Hochschulen*, eine Möglichkeit bieten, um innovative Produkte zu generieren.

7.5.2.3 Marketing

Marketingkompetenzen zählen zu den *kritischen Erfolgsfaktoren* eines jungen Unternehmens, vor allem in der Wachstumsphase. In der Gründungsphase sind möglicherweise die Vertriebskenntnisse und die persönlichen Kontakte der Gründer zum einzelnen Kunden ausreichend, um erfolgreich zu sein. Für eine zielorientierte Ausweitung der Geschäftstätigkeit, sei es durch Erweiterung des Produktangebotes oder durch die Erschließung neuer geografischer Märkte, ist in der Wachstumsphase ein professionelles **Marketing** von Bedeutung. Dabei wird häufig der *Aufbau einer eigenen Marketingabteilung* erforderlich, um den wachsenden Kundenanforderungen gerecht zu werden. Um eine möglichst hohe Kundenzufriedenheit zu generieren, ist es notwendig, den Bedürfnissen der Kunden besondere Aufmerksamkeit zu widmen.

Kundenbedürfnisse zu erkennen und sich gezielt darauf auszurichten ist die *notwendige Voraussetzung für die Entwicklung zielgruppenspezifischer Marketingstrategien* und damit für eine erfolgreiche Vermarktung. Gerade bei jungen, wachsenden Unternehmen werden Anregungen und Kritik der Kunden meist nicht systematisch erfasst und ausgewertet. Häufig kommen aber gerade *wertvolle Impulse für Produktentwicklungen von den Kunden*, die für ein junges, wachsendes Unternehmen wichtig sind, um sich in einem Wettbewerbsmarkt von den Konkurrenten zu unterscheiden. In kleinen, wachsenden Unternehmen kann es aufgrund fehlender finanzieller und personeller Ressourcen u. U. nicht empfehlenswert sein, einen eigenen Marketing- und Vertriebsbereich aufzubauen. In diesem Fall wäre es empfehlenswert zu prüfen, ob etablierte Kooperations- oder Lizenzpartner das Marketing für das junge Unternehmen übernehmen können. Allerdings besteht hierbei das Risiko, dass eine Übernahme des jungen Unternehmens durch den Kooperationspartner erfolgt. Auch könnte der Kooperationspartner zum Wettbewerber werden, sobald er sich im Rahmen der Kooperation das entsprechende Know-how angeeignet hat. Beispielsweise ist ein technischer Partner, der für Werbeagenturen arbeitet, möglicherweise nach einigen Kontakten mit dem Endkunden selbst in der Lage, das Leistungsspektrum der Werbeagentur mit anzubieten.

Die 1998 in Oberhausen gegründete Multimediaagentur *Bassier, Bergmann und Kindler (BB & K)* verfolgte zunächst die Strategie, als technischer Partner und Dienstleister für klassische Werbeagenturen zu fungieren. Denn diese Werbeagenturen verfügten nicht über ein technisches Know-how im Bereich der Informations- und Kommunikationstechnologien. Dafür hatten die klassischen Werbeagenturen einen großen Kundenstamm und eine hohe Reputation bei den Kunden. Bassier, Bergmann und Kindler realisierte die Projekte aus technischer Sicht, die von der Werbeagentur geplant wurden. Über die technische Realisierung hinaus übernahm BB & K im Laufe der Zeit selbst das Projektmanagement und somit die gesamte Verwaltung und Abwicklung des Auftrages der Werbeagentur und trat somit in direkten Kontakt mit dem Kunden. Hierüber entwickelten sich eigenständige Projekte mit den Kunden, die nicht über die Werbeagenturen abgewickelt wurden. Aus Sicht von BB & K kann dies als eine Wachstumsstrategie gesehen werden. Für ein junges Unternehmen kann es daher vorteilhaft sein, über eine Kooperationsbeziehung Kontakte herzustellen und somit ein Wachstum zu vollziehen. Umgekehrt muss sich ein junges Unternehmen auch selbst diesen Gefahren stellen, wenn es Kooperationen eingeht.

Daher spielen die Auswahl des richtigen Kooperationspartners und die Vertragsgestaltung unter Berücksichtigung der eigenen strategischen Ziele für das junge Unternehmen eine wichtige Rolle.

7.5.2.4 Organisation

Konventionelle Organisationsstrukturen reichen häufig nicht mehr aus, um den flexiblen Bedürfnissen von wachsenden jungen Unternehmen gerecht zu werden. Eine wesentliche Herausforderung besteht für das Management darin, **Organisationsstrukturen** zu schaffen, die den *internen* und *externen* Anforderungen des Unternehmens entsprechen. Dabei ist insbesondere das *Umfeld* zu berücksichtigen, in denen das wachsende Unternehmen tätig ist. Mit zunehmendem Unternehmenswachstum steigt oftmals das Erfordernis einer stärkeren Strukturierung der Organisation. Fehlen Organisationsstrukturen vollständig, besteht aufgrund der steigenden Unübersichtlichkeit sowie mangelnden Transparenz die Gefahr, dass Arbeiten teilweise doppelt oder gar nicht gemacht werden. Um derartige Probleme zu vermeiden, orientieren sich zahlreiche wachsende junge Unternehmen an einfachen *Linienorganisationen*. Hierdurch soll die *klare Zuordnung von Aufgaben und Führungsverantwortung* begünstigt werden. Die Herausforderung besteht jedoch darin, dem *Bedarf nach Flexibilität und Teamorientierung* gerecht zu werden und nicht zu starre Organisationsstrukturen zu schaffen. In diesem Zusammenhang erlangen auch **Projektorganisationen** in jungen Unternehmen zunehmend an Bedeutung, die eine *flexible Reaktion auf unternehmensinterne und -externe Anforderungen* ermöglichen.

In diesem Kontext ist auch die Notwendigkeit der **Optimierung von Unternehmensprozessen** zu sehen. Unklarheiten über Betriebsabläufe und Geschäftsprozesse führen zu erhöhtem Zeitaufwand und zu Problemen bei der

Qualitätssicherung. Daher sind *transparente und klar definierte Geschäftsprozesse* für wachsende Unternehmen unabdingbar. Dort, wo sich die Prozesse im Zeitablauf immer weiter wiederholen, können über eine Standardisierung Aufgaben effizienter erledigt werden.

7.5.2.5 Personal

Der entscheidende kritische Wachstumsfaktor in jungen Unternehmen ist das Personal. Gerade bei internen Wachstumsstrategien sind die *Kompetenzen und die Motivation der Mitarbeiter* sowie die immateriellen Werte entscheidend für den Unternehmenserfolg. Für ein junges Unternehmen stellt sich meist die Kernfrage, wie *qualifizierte Mitarbeiter* gewonnen und diese *längerfristig* an das Unternehmen gebunden werden können. Dabei sind junge Unternehmen gegenüber etablierten Unternehmen aufgrund des höheren Risikos und des fehlenden Reputations- und Imagefaktors für potenzielle Mitarbeiter auf den ersten Blick häufig nicht so attraktiv. Jungen Unternehmen stehen jedoch einige materielle und nicht materielle **Anreizsysteme** zur Verfügung, die sich für die Gewinnung und die Bindung von Mitarbeitern als vorteilhaft erweisen können.

Als *monetärer Anreiz* besteht die Möglichkeit, die Mitarbeiter z. B. in Form von Gewinn- oder Kapitalbeteiligungen am Unternehmenserfolg teilhaben zu lassen. Auch unter *nicht monetären Aspekten* können junge Unternehmen einige Vorzüge aufweisen und damit attraktiv für potenzielle Mitarbeiter sein. So bieten *flache Hierarchien verbunden* mit *offenen, kommunikativen und kooperativen Führungsstilen* der Unternehmensgründer sowie *vielfältigen Aufgabengebieten* und ein *persönliches Betriebsklima* gute Entwicklungsmöglichkeiten. Neben einem für junge Unternehmen charakteristischen „*learning by doing*" sollten für die Mitarbeiter auch Möglichkeiten der Weiterbildung bestehen. Dies gilt insbesondere für Mitarbeiter, die ein hohes Entwicklungspotenzial aufweisen. Die **Schaffung von Anreizsystemen** wird zur Kernfrage, um qualifizierte Mitarbeiter zu gewinnen und im weiteren Verlauf der Wachstumsphase die Abwanderung von besonders talentierten und wichtigen Mitarbeitern zu verhindern.

Bei der Einstellung von Mitarbeitern ist darauf zu achten, dass sie gegenüber den Unternehmensgründern und dem bestehenden Personalbestand eine **heterogene Altersstruktur** aufweisen [Dowling/Drumm (2003)]. Bei noch jungen Gründern können etwa ältere Mitarbeiter mit spezifischen Fähigkeiten, Erfahrungen und Managementkompetenzen unterstützend auf den geplanten Wachstumsprozess des jungen Unternehmens einwirken. Sind die jungen Gründer nicht unmittelbar bestrebt, direkt älteres Personal einzustellen, kann auch die externe Unterstützung durch Seniorberater oder im Falle eines zusätzlichen Kapitalbedarfs auch durch *Business Angels* empfehlenswert sein.

Insgesamt kann eine Vernachlässigung der Personalplanung das angestrebte Wachstum des jungen Unternehmens gefährden, insbesondere dann, wenn wichtige Know-how-Träger kündigen und u. U. sogar ein eigenes Unternehmen gründen, das in den Wettbewerb zu dem jungen Unternehmen tritt. Die systematische Planung, Rekrutierung, Entwicklung sowie die langfristige Bindung von Mitarbeitern ist daher notwendig, um nachhaltiges Wachstum des jungen Unternehmens sicherzustellen.

7.5.2.6 Finanzierung

Wachstumsfehler unter Finanzierungsaspekten liegen meist in der Wahl *falscher Finanzierungsstrategien* und *Finanzierungsinstrumente* (Finanzierungsmix) sowie einem *unzureichenden oder falschen Liquiditätsmanagement* im Kontext einer meist zu **geringen Eigenkapitalausstattung**. Dabei erfordert ein starkes Unternehmenswachstum i. d. R. einen *hohen Finanzierungsbedarf*. Der Aufbau der notwendigen Infrastruktur, die Anstellung von Personal, die Ausweitung von Produktionskapazitäten und die Erschließung neuer Märkte generieren einen erheblichen Investitionsbedarf. Wachstum kann meist nicht aus dem jungen Unternehmen aufgrund fehlender Gewinne und auch nicht aus dem Eigenkapital der Gründer finanziert werden. Auch wenn sich die Gründer um ein frühzeitiges Erreichen der Gewinnschwelle und einen positiven Cashflow bemühen, fehlt wachstumsorientierten Unternehmen im Normalfall das notwendige Kapital, um das angestrebte Umsatzwachstum zu finanzieren. Die Möglichkeiten der Selbstfinanzierung sind also meist beschränkt oder nicht vorhanden. Erfahrungen aus der Praxis zeigen aber, dass die **Verfügbarkeit an Kapital** (z. B. Venture Capital) bei wirtschaftlich tragfähigen und innovativen Geschäftsmodellen oftmals nicht das Problem für Unternehmensgründer darstellt. Die Beschaffung von Eigen- und Fremdkapital wird für junge Unternehmen vor allem dann ein Problem, wenn das Geschäftsmodell nicht überzeugt oder wenn der Bedarf gegenüber den Kapitalgebern nur unzureichend oder fehlerhaft dargestellt wird.

Ein nicht seltener **Finanzierungsfehler** in der Wachstumsphase, insbesondere von technischen oder naturwissenschaftlichen Gründerteams, ist, dass die *„goldene Finanzregel"* nicht beachtet wird. Dabei ist es eine ausgesprochen teure Finanzierungsstrategie, langfristiges Anlagevermögen durch kurzfristiges Fremdkapital zu finanzieren. Ebenso kritisch ist die schrittweise Tilgung der langfristigen Verbindlichkeiten durch die Aufnahme kurzfristiger Kredite.

Derartige Finanzierungsstrategien können das Wachstum erheblich gefährden. Weiterhin ist die *Eigenkapitalausstattung junger Unternehmen üblicherweise zu gering.* In dieser Situation können bereits geringe Fehlentscheidungen der Gründer oder unvorhergesehen Störereignisse die *Liquidität* derart beeinträchtigen, dass die Existenz des jungen Unternehmens bedroht ist. Empirische Untersuchungen haben festgestellt, dass viele Unternehmer im Hinblick auf die Wachstumsfinanzierung mit der Vielfalt an Finanzierungsmöglichkeiten (z. B. Business Angels oder Mezzanine-Finanzierungen) nicht vertraut sind. Dabei reicht das **Spektrum an Finanzierungsmöglichkeiten** weit über die *Eigenmittel der Gründer, Familie und Freunde* sowie die *Bankfinanzierung und öffentliche Fördermittel* hinaus. Die Praxis zeigt, dass gerade junge Unternehmen, die bspw. durch *VC-Unternehmen oder Business Angels* finanziert werden, i. d. R. über ein *umfangreiches und professionelles Planungs- und Controllinginstrumentarium* verfügen. Diese werden von den Eigenkapitalgebern teilweise vorgegeben und dann regelmäßig überprüft. Die Schaffung derartiger Mehrwerte sollte bei der Wahl der geeigneten Strategien zur Wachstumsfinanzierung von den Unternehmensgründern berücksichtigt werden.

Um Liquiditätsproblemen frühzeitig gegensteuern zu können, muss eine **Liquiditätsplanung** erstellt werden. Möglichst genau sollten darin alle *zukünftig anfallenden Ein- und Auszahlungen* abgebildet werden. Für einen *Planungszeitraum von mindestens einem Jahr* wird möglichst auf einzelne Monate, Wochen oder in bestimmten Branchen sogar Tage die **Verfügbarkeit von Liquidität** unter Berücksichtigung der eingeräumten Kreditlinien überprüft. Eine fortlaufende Überprüfung der Planungsprämissen und ein *systematischer Soll-Ist-Abgleich* sind zur Erzielung von Transparenz und der Möglichkeit einer frühzeitigen Gegensteuerung notwendig. Typisch für Unternehmen in der Wachstumsphase ist, dass durch die Expansion und die Fokussierung auf zusätzliche Aufträge hohe Kosten entstehen, gleichzeitig aber oftmals die Umsätze hinter den Erwartungen zurückbleiben, wodurch die Liquidität insgesamt stark belastet wird. Ist die Liquiditätsausstattung des jungen Unternehmens gering, bestehen insbesondere Risiken bei *unerwarteten Forderungsausfällen* und *Zahlungsverzögerungen.* Diese Gefahr ist heute aufgrund eines ständigen Rückgangs der Zahlungsmoral von Kunden in einem steigenden Ausmaß gegeben. Dabei können hohe Außenstände gerade bei jungen Unternehmen zu einer Existenzbedrohung führen. Vor diesem Hintergrund kommt der Liquiditätssteuerung und -sicherung eine grundlegende Bedeutung zu. Vielfach muss mit einem steigenden Umsatz eine wachsende Anzahl von Aufträgen vorfinanziert werden. Dies gilt insbesondere für Großaufträge. Hierbei sollte sich das junge

Unternehmen bemühen, Anzahlungen von dem Auftraggeber zu erhalten, was in bestimmten Branchen, z. B. der Baubranche oder Beratungsbranche, durchaus üblich ist.

7.5.2.7 Information und Kommunikation

In wachsenden Unternehmen entstehen häufig **Informations- und Kommunikationsdefizite**, wenn die erforderlichen Strukturen entweder fehlen oder nicht funktionieren. Ein informelles Arbeiten auf Zuruf ist nicht mehr möglich, wenn die kritische Unternehmensgröße überschritten wurde. Informations- und Kommunikationsprobleme – z. B. im Sinne unvollständiger Informationen – führen vereinzelt zu strategischen Fehlentscheidungen. Aber auch bei operativen Aktivitäten sind funktionierende Informations- und Kommunikationswege unabdingbar, um Ineffizienzen, z. B. im Sinne von Doppelarbeiten oder nicht durchgeführter Arbeiten, zu vermeiden.

Funktionierende Organisations- und Führungsprozesse sind eine *notwendige Voraussetzung zur Gestaltung einer effektiven und effizienten Informations- und Kommunikationsstruktur.* Die Verbesserung der Informations- und Kommunikationsflusses kann vor allem durch Computersysteme unterstützt werden. Informations- und Kommunikationsflüsse sind dabei von Mensch zu Mensch, von Mensch zu Maschine und von Maschine zu Maschine möglich. Wichtig ist in diesem Kontext, dass nicht nur ein Informations- und Kommunikationsfluss zwischen Menschen möglich ist, sondern auch ein Informationsfluss von Daten im Sinne einer Integration von unterschiedlichen Applikationen immer mehr an Bedeutung gewinnt und gerade bei einem wachsenden Unternehmen zu einen bedeutsamen Faktor werden kann.

In diesem Kontext kann das Konzept der **Collaboration** für junge Unternehmen hilfreich sein. Collaboration kann dabei als *Zusammenarbeit im Sinne eines organisierten Informationsaustausches unter Zuhilfenahme neuer (Internet-)Technologien und technischer Hilfsmittel* genutzt werden. Mit unterschiedlichen Partnern kann es möglich werden, durch gezielten Informationsaustausch einen gegenseitigen Mehrwert zu generieren. Voraussetzung hierfür ist die Verfolgung einer gemeinsamen Zielsetzung der beteiligten Partner entlang einer internen oder externen Wertschöpfungskette. Dabei sind einerseits *technologische Kompetenzen* sowie technologisches Wissen relevant. Andererseits sind im Kern die *Identifikation*, die *Modellierung*, die *Simulation*, das *Management*, die *Überwachung* und die *Integration von (Geschäfts-)Prozessen und Systemen* von Bedeutung.

Im Kontext der Collaboration existieren verschiedene Formen von Computerapplikationen und Konzepten, die zu einer Verbesserung der Information und Kommunikation innerhalb und außerhalb des Unternehmens beitragen. Als Beispiele lassen sich **Groupware-Systeme**, wie bspw. *Lotus Notes (IBM)*, *Groupwise (Novell)*, *Exchange (Microsoft)*, anführen. Groupware-Applikationen bzw. -Konzepte dienen je nach Umfang und Ausgestaltung der *Unterstützung von Kooperationsbeziehungen in zeitlicher und örtlicher Hinsicht*. Je nach Softwareanbieter bieten Groupware-Systeme dabei einen unterschiedlichen Funktions- bzw. Applikationsumfang. Typische Standardfunktionen sind dabei *E-Mail*, *Kalender*, *Notizbuch* oder ein integriertes *Projektmanagement*. Durch den Einsatz von Internettechnologien können diese Funktionen dezentral von nahezu jedem Punkt der Welt abgerufen werden, solange eine Verbindung zum Applikationsserver aufgebaut werden kann. Somit ermöglichen diese Systeme einen zeitnahen Zugriff sowie eine Bearbeitung von Daten und tragen so zu einer zielorientierten Information und Kommunikation bei.

Über diese Basisfunktionalitäten können noch weitere **kollaborative Softwarelösungen** oder Tools wie bspw. *Chatfunktionen, SMS-Versand, Foren und Discussionboards, Instant Messaging, Audio- bzw. Audio-Video-Konferenzlösungen* zur Unterstützung der Information und Kommunikation des Unternehmens angeführt werden. Diese Softwarelösungen sollen Informationen bereitstellen und zu einem zielorientierten Informationsaustausch beitragen. Weiterhin kann an konkreten Problemen und zugehörigen Dokumenten gemeinschaftlich gearbeitet werden. Hierzu können softwaretechnische Funktionalitäten bzw. Applikationen eingesetzt werden, die eine gemeinschaftliche Bearbeitung, Bereitstellung und Versionierung (im weitesten Sinne Dokumentation der Veränderungen und Zugriff auf die Dokumentenhistorie) von zu bearbeitenden Dokumenten ermöglichen.

Die Grenzen zwischen einzelnen Softwaresystemen und deren Bezeichnung sind im kollaborativen Kontext je nach Funktionsumfang fließend. In diesem Zusammenhang können gemeinschaftliche Produktentwicklungssysteme (Collaborative Product Development Systems) bzw. **Product-Lifecycle-Management-Systeme**, wie bspw. Systeme der Unternehmen *Dassault Systemes/MatrixOne, PTC, Agile* oder *SAP*, angeführt werden, die zu einem integrierten Informations- und Kommunikationsfluss in der Produktentwicklung beitragen sollen. Diese Systeme versuchen, je nach Definition des Product-Lifecycle-Ansatzes, bspw. den kollaborativen Designprozess, das Dokumentenmanagement, das Produktdatenmanagement (bspw. Verwaltung von Konstruktionsdaten), das Konfigurationsmanagement sowie die direkte Materialbeschaffung eines Produktes innerhalb einzelner Systeme miteinander zu verbinden und einen Datenfluss zwischen den Systemen zu erzeugen, um einen integrierten, optimierten Prozess zu erzeugen.

Inwieweit einzelne Softwareapplikationen und Konzepte für junge Unternehmen nutzbar und bezahlbar sind, ist im Einzelfall zu prüfen. Dabei sind speziell die Anforderungen an Systeme, die einen Informations- und Kommunikationsfluss fördern sollen, klar zu definieren. Zum einen können informations- und kommunikationstechnologische Systeme zur Unterstützung bestehender Prozesse des Unternehmens angewendet werden. Andererseits bietet die Integration eines neuen Systems auch die Möglichkeit, Prozesse zu optimieren. Letztlich tragen viele unterschiedliche System und Konzepte zu einer Verbesserung des Informations- und Kommunikationsflusses bei und sorgen somit für eine zielorientierte Durchführung der unternehmerischen Tätigkeiten.

7.5.2.8   Internes Rechnungswesen und Controlling

Empirische Untersuchungen zeigen, dass Misserfolge junger Unternehmen vielfach auf eine fehlende kaufmännische Erfahrung der Gründerpersonen sowie auf ein unzureichendes Rechnungswesen und Controlling zurückzuführen sind. [Bausch/Walter (2002); Dowling/Drumm (2003)]

Sowohl das *externe* als auch das *interne Rechnungswesen*, im Kontext einer systematischen Erfolgssteuerung durch das Controlling, sind unabdingbare Voraussetzungen für ein erfolgreiches Unternehmenswachstum. Häufig wissen junge Unternehmen nicht, mit welchen Aktivitäten sie Geld verdienen oder verlieren. Da sich Unternehmensgründer vielfach zunächst auf die Kunden und die Generierung von Umsatz konzentrieren, treten Fragen nach der Wirtschaftlichkeit und Rentabilität nur allzu oft in den Hintergrund. Um das Unternehmenswachstum zielgerichtet steuern und kontrollieren zu können, ist der **Aufbau eines Controllingsystems** notwendig. Je nach Größe und Wachstumsperspektiven des Unternehmens kann zunächst eine einfache *Deckungsbeitragsrechnung* ausreichend sein.

Notwendig ist ein *funktionierendes Kostenrechnungssystem*. Das System muss so gestaltet sein, dass Informationen über Wirtschaftlichkeit der Absatzaktivitäten, differenziert nach Kundengruppen, Produkten oder Regionen, möglich sind. Mithilfe der Deckungsbeitragsrechnung und durch Soll-Ist-Vergleiche können Schwachstellen und Verlustquellen aufgedeckt werden. [Dowling/Dumm (2003)] In diesem Zusammenhang ist es auch wesentlich, dass sich die Gründerpersonen bzw. ausgewählten Mitarbeiter trotz des Zeit- und Ressourcenmangels mit Fragen und Anforderungen des externen Rechnungs- wesens beschäftigen und diese nicht nur an einen Steuerberater oder Wirt- schaftsprüfer auslagern. Dies kann zwar zu einer Entlastung führen, jedoch wird kein Wissen in diesem Bereich aufgebaut, welches als Voraussetzung für die Etablierung eines internen Rechnungswesens bzw. Controllings dient.

Ein weiterer Bereich, in dem junge Unternehmen in diesem Kontext häufig Defizite aufweisen, ist das **Forderungsmanagement**. Aufgrund der häufig knappen finanziellen Ressourcen im Wachstumsprozess ist es erforderlich, die Forderungen konsequent einzutreiben. Bei Erreichen einer kritischen Umsatz- schwelle ist unter Liquiditätsgesichtspunkten auch zu prüfen, inwieweit mögli- cherweise der Verkauf von Forderungen an eine Factoring-Gesellschaft in Betracht kommt.

Im Rahmen des Controllings sowie des Forderungsmanagements können unterschiedliche informationstechnische Applikationen, Konzepte bzw. An- wendungen zur Unterstützung eingesetzt werden. Das Spektrum möglicher Softwareprogramme reicht dabei von kleinen, kostengünstigen Lösungen wie bspw. *Lexware business office pro* in Kombination mit *Lexware planung+controlling pro* für kleine Unternehmen bis hin zu hochintegrierten Enterprise-Resource- Planning-Systemen, wie sie z. B. von *SAP* angeboten werden. Diese Systeme werden heute nicht mehr isoliert voneinander gesehen. Vielmehr ist eine Integration unterschiedlichster Systemtypen anzudenken, um eine umfassen- de, aktuelle Datenbasis zu generieren, die z. B. ein zeitnahes, zielorientiertes Controlling ermöglicht.

In diesem Zusammenhang ist nicht alleine ein auf finanzwirtschaftlichen Zahlen basierendes Controlling von Bedeutung. Ein Controllingsystem sollte so gestaltet sein, dass Informationen über Wirtschaftlichkeit und Rentabilität der Absatzaktivitäten differenziert nach Kundengruppen, Produkten oder Regionen möglich sind. Somit ist der Aufbau eines **integrierten Controllings** empfehlenswert. Dieses ermöglicht in Erweiterung der direkt wirtschaftlich zurechnungsfähigen Absatzaktivitäten z. B. auch die Erfassung und Abbildung von Kunden, Kundengruppen, Kundenstrukturen, Kaufverhalten und Kun- denbeziehungen differenziert im Zeitablauf. Im Rahmen des *Customer Relati- onship Management* (CRM), der Verwaltung von Kundenbeziehungen, können relevante Anforderungen softwaretechnisch unterstützt und vollzogen wer- den. Viele CRM-Systeme werden zunächst primär im Vertrieb bzw. im Marke- ting zur Betreuung, Pflege und Gewinnung etc. von Kunden sowie zur Unterstützung von Marketingaktivitäten eingesetzt. Diese Systeme sollten jedoch nicht isoliert von anderen Systemen, sondern im Kontext eines ganzheitlichen Controllings eingesetzt werden. Daher erscheint es ratsam, innerhalb des integrierten Controllings auf Informationen unterschiedlichster Unternehmensbereiche zugreifen und diese miteinander vernetzen zu können. Im Rahmen der Produktentwicklung und des Produktcontrollings können *Product-Lifecyle-Management-Systeme* eingesetzt werden, deren Daten für ein integriertes Controlling verwendet werden können. Prinzipiell können viele informations- und kommunikationstechnische Systeme bzw. die darin enthaltenen Informationen und Daten für ein Controlling genutzt werden. Hierbei besteht jedoch vielfach das Problem, dass die Daten in einzelnen verteilten Systemen vorliegen. In diesem Kontext des integrierten Controllings ist der Einsatz eines *Data Warehouse* anzudenken. Prinzipiell stellt ein **Data Warehouse** eine Datenbank dar, die aus Daten unterschiedlicher einzelner Systeme bzw. interner und externer Daten bzw. Datenquellen besteht. Die Daten werden dabei aus anderen Systemen extrahiert, über unterschiedliche Transformationsvorgänge bereinigt und strukturiert und letztlich in die eigentliche Datenbank, das Data Warehouse, überführt. Im Rahmen der Integration interner, externer, verteilter sowie unterschiedlich strukturierter Daten wird im Data Warehouse zunächst eine globale Sicht auf die Daten erzeugt. Ausgehend von dieser allgemeinen, globalen Sichtweise können unterschiedliche, bedarfsgerechte Auswertungen aus dem Data Warehouse generiert werden. Zur Analyse der Daten bzw. zur Generierung von Abfragen des Data Warehouses können unterschiedlichste strukturierte bzw. semistrukturierte Techniken, Funktionen und Konzepte wie bspw. das *Data Mining* oder das *Online Analytical Processing* (OLAP) eingesetzt werden.

Für junge Unternehmen bestehen insgesamt vielfältige Einsatzmöglichkeiten an informations- und kommunikationstechnischen Controllinginstrumenten, die eine Planung, Steuerung und Kontrolle des Wachstumsprozesses erleichtern können. Wesentlich ist, dass das junge Unternehmen die für seine Zwecke geeignete Controllinglösung findet, um das Wachstum zielgerichteter managen zu können.

7.5.3 Unternehmensexterne Dimension

7.5.3.1 Externe Rahmenbedingungen

Über Prozesse der Neugründung, des Wachstums und des Absterbens von Unternehmen vollzieht sich ein wesentlicher Teil des Strukturwandels einer Volkswirtschaft. Junge, wachsende Unternehmen sind dabei für einen funktionierenden Wettbewerb unabdingbar. Für das Wachstum junger Unternehmen ist es wichtig, **verlässliche Rahmenbedingungen** zu haben, die eine solide Unternehmensentwicklung ermöglichen. Hierzu zählen insbesondere die *politischen, rechtlichen und volkswirtschaftlichen Rahmenbedingungen*. In einer marktwirtschaftlich orientierten Volkswirtschaft kommt dem Staat die Aufgabe zu, positive Rahmenbedingungen für unternehmerisches Handeln zu schaffen. Allerdings können die Rahmenbedingungen im Normalfall nicht durch ein einzelnes Unternehmen beeinflusst werden.

Von jungen Unternehmen häufig kritisch beurteilt werden *zeitintensive Anforderungen*, die von Behörden und Verwaltungen ausgehen. **Bürokratische Hindernisse**, die insbesondere in der Gründungs-, aber auch in der Wachstumsphase bestehen, bedeuten einen erheblichen *Nachteil für den Unternehmensstandort Deutschland*. Zu langsam und unflexibel sind die Entscheidungswege in Behörden wie bspw. in Arbeitsämtern.

Im Hinblick auf den **Abbau von bürokratischen Hindernissen und Hemmnissen** für junge Unternehmen besteht noch ein *erheblicher politischer Handlungsbedarf*. Wie sieht es aber mit Instrumenten zur Förderung junger, wachsender Unternehmen aus?

7.5.3.2 Externe Ressourcen

Fehlende **externe Ressourcen**, wie bspw. *Mitarbeiter, Kapital, Informationen, Grund und Boden* oder *Rohstoffe*, können ein weiterer Grund für Probleme im Wachstumsprozess von jungen Unternehmen sein. Durch Konkurrenten können Markteintritts- bzw. Wachstumsbarrieren aufgebaut worden sein, die einen Zugang zu speziellen externen Ressourcen beschränken oder verhindern. Exklusive Lieferverträge für ein spezifisches Produkt sind in diesem Zusammenhang als Beispiel zu nennen. Daher ist es wichtig, potenzielle Wachstumsbarrieren auf der Basis externer Ressourcen zu erkennen und eine geeignete Ausweich- bzw. Kompensationsstrategie zu entwickeln.

Wesentlich für das Wachstum eines Unternehmens ist ein *ungehinderter Zugang zu Kapital*. Wachstum benötigt Kapital, sei es bspw. im Rahmen der Forschung und Entwicklung neuer Produkte, für das Marketing oder die Einstellung neuer Mitarbeiter. Für junge Unternehmen im Wachstumsprozess ist es aber oftmals schwierig, ausreichend Kapital aus der internen Leistungserstellung zu erzeugen. In vielen Fällen generieren junge Unternehmen über eine Anzahl von geplanten Anlaufjahren hinweg lediglich Verluste, bis der Break-even erreicht wird. Somit sind junge Unternehmen auf externe Finanzierungen angewiesen, seien es nun Finanzierungen in Form von Eigen-, Fremd- oder Mezzanine-Kapital. Als Beispiel kann in diesem Kontext auch das Problem der Finanzierung von jungen Unternehmen durch Kreditinstitute genannt werden, da junge Unternehmen i. d. R. nicht über genügend Sicherheiten zur Kreditabsicherung verfügen.

7.5.3.3   Abhängigkeiten von Dritten

Abhängigkeiten von einzelnen großen Kunden oder Lieferanten sind in der *Gründungs- und Wachstumsphase oftmals kaum vermeidbar* und dienen in den Gründerjahren zur Überlebenssicherung vieler Unternehmen. So können sich spezifische Abhängigkeiten von strategischen Partnern oder Netzwerken zunächst *positiv* auf das Wachstum auswirken. Möchte ein junges Unternehmen jedoch bspw. Kredite aufnehmen, muss es sich i. d. R. mit der kritischen Beurteilung der Fremdkapitalgeber in dieser Hinsicht auseinandersetzen. Denn im Rahmen der **Kreditwürdigkeitsprüfungen** von Banken führen *Abhängigkeiten eines Unternehmens*, sei es auf dem Absatzmarkt, auf dem Beschaffungsmarkt oder im Hinblick auf Kooperationspartner (z. B. Lizenzgeber), zu einer *Verschlechterung der Bonitätsbewertung*. Problematisch werden Abhängigkeiten der jungen Unternehmen vor allem dann, wenn im Zeitablauf mit dem Hauptabnehmer oder dem Hauptlieferanten Konflikte auftreten, die zu einer kurzfristigen Kündigung bestehender Verträge führen. Darüber hinaus ist es problematisch, wenn Hauptabnehmer oder Hauptlieferanten selbst in Schwierigkeiten geraten und möglicherweise sogar insolvent werden. Sobald die Aufträge der Hauptabnehmer wegfallen, gerät das junge Unternehmen in eine Wachstumskrise, die zu einer Existenzbedrohung werden kann, wenn nicht rechtzeitig neue Aufträge von anderen Kunden akquiriert werden können. Vor diesem Hintergrund ist der kritische Blick der Kapitalgeber durchaus nachvollziehbar.

Allerdings besteht bei jungen Unternehmen auch die Möglichkeit der **Abhängigkeit von Kapitalgebern**. Je höher bspw. der Anteil eines Venture-Capital-Gebers an einem Unternehmen ist, desto größer sind auch seine Informations-, Stimm-, Kontroll- und Mitwirkungsrechte. Somit können die Unternehmensgründer sukzessive an Gestaltungsspielraum im Rahmen der Unternehmensführung verlieren. Insgesamt muss sich das junge Unternehmen bei der Planung des Wachstums über alle potenziellen Abhängigkeiten von Interessengruppen bewusst sein und deren Vor- und Nachteile mit Blick auf die erforderlichen strategischen Entscheidungen abwägen.

Sind Abhängigkeiten in den ersten Lebensjahren des Unternehmens unvermeidbar, sollten sie jedoch mit zunehmendem Wachstum schrittweise reduziert werden. Sofern die Generierung eines nachhaltig großen Auftragsvolumens sichergestellt werden kann, ist u. U. der Aufbau von eigenen Marketing-, Produktions- und Entwicklungskapazitäten empfehlenswert. Diese können dann zu einer *Verringerung von Abhängigkeiten des jungen Unternehmens* führen. Die hiermit verbundenen zusätzlichen finanziellen Aufwendungen bilden die limitierende Größe für das wachsende Unternehmen.

Führen Abhängigkeiten von strategischen Partnern oder Netzwerken zu Wachstumsbarrieren und erhöhten Risiken für das junge Unternehmen, muss das junge Unternehmen versuchen, sie durch **Erweiterung der Kunden- bzw. Lieferantenbasis** die zu verringern. Bei Kooperationsvorhaben in Netzwerken muss auf Interessenhomogenität geachtet werden, um wachstumshemmende Tranksaktionskosten zu minimieren. [Dowling/Drumm (2003)]

Ein Beispiel für ein junges, innovatives Unternehmen, bei dem faktisch Abhängigkeiten von zwei Großkunden bestehen, ist das im Jahr 2000 gegründete US-amerikanische Unternehmen *Transitive*. [www.transitive.com] Die von Transitive entwickelte (Software-)Technologie ermöglicht es, Software, die für einen speziellen Prozessor bzw. ein spezielles Betriebssystem kompiliert wurde, auf einem anderen Prozessor bzw. Betriebssystem laufen zu lassen, ohne dass hierfür Änderungen am Source Code der Software oder binäre Veränderungen vorgenommen werden müssen. Transitive verfügt über eine innovative Technologie, ist aber derzeit von zwei Großkunden, dem Workstation-Hersteller *Silicon Graphics* (SGI) und *Apple,* abhängig. Weitere Gefahren der Abhängigkeit von Dritten bestehen bspw. in einer potenziellen Insolvenz von einem der Kunden oder aber einer der beiden Kunden entwickelt eine eigene Technologie und nutzt die Kooperation nur für eine Übergangszeit. Möglicherweise ist ein Kunde auch an der Akquisition des Unternehmens aufgrund seiner innovativen Technologie interessiert. Unabhängig davon, wie sich die weitere Entwicklung des Unternehmens Transitive gestaltet, soll das Fallbeispiel verdeutlichen, dass es generell empfehlenswert ist, Abhängigkeiten, sei es von einem Kunden oder auch Lieferanten, zu vermeiden.

Diese Abhängigkeiten können in diesem Kontext in Rahmen einer **Lizenzierung** entstehen. Es somit ist darauf zu achten, keine zu großen Abhängigkeiten in der Lizenzierung zu schaffen. Unabhängig davon, ob eine direkte Lizenzierung oder Vermarktung durch ein Kooperationsunternehmen vorgenommen wird, können sich im allgemeinen unterschiedliche Probleme für das
lizenzgebene Unternehmen ergeben. Denn durch den Einsatz der Lizenztech-
nologie erwirbt auch der Lizenznehmer ein eigenes Know-how durch die
Anwendung der Technologie, was zu der Strategie führen kann, eigene Technologien entwickeln zu wollen und die Lizenzierung einzustellen. Der Lizenzgeber kann, unter Beachtung der gewerblichen Schutzrechte wie z. B. Patente,
im Laufe der Zeit somit selbst zu einem Technologiehersteller werden, sei es
durch Eigenentwicklungen im Rahmen internen Wachstums oder durch
Technologiezukäufe im Rahmen externer Wachstumsstrategien, bspw. durch
Akquisition. Ein Beispiel hierfür ist *Yahoo!*. Yahoo! war lange Jahre ein Lizenznehmer der Suchtechnologie von *Google,* bis Yahoo! die sogenannte Yahoo! Search Technology in seinen Angeboten einsetzte. Die Yahoo! Search
Technology ist eine Weiterentwicklung der Technologien, die im Rahmen der
Akquisition von *Inktomi* und *Overture* übernommen wurden. Durch den Wegfall von Yahoo! als Lizenznehmer ist zwar der Unternehmensfortbestand von
Google nicht gefährdet, da Google über viele weitere Lizenznehmer sowie
weitere Geschäftsbereiche verfügt. Allerdings führt dies zu einer Neubewer-
tung der Marktanteile und somit auch des Onlinewerbemarktes, da Yahoo!
nun als ein eigener Suchmaschinenanbieter gewertet werden kann. Yahoo! ist
nun ein direkter Konkurrent im Bereich der Technologie von Suchmaschinen
und des Angebotes einer Onlinesuche aus einer Hand. Dabei sind Google und
Yahoo! zurzeit die beiden größten Suchmaschinenanbieter der Welt. Es zeigt
sich, dass Lizenzierungen oder bspw. strategische Partnerschaften meist lediglich auf einen befristeten Zeitraum ausgelegt sind und als Zweck-Mittel-
Gemeinschaften im Wachstum betrachtet werden können. Wichtig ist, dass
nicht eine Abhängigkeit von wenigen Lizenznehmern oder sogar eine vertragliche Exklusivität eingegangen wird, gerade wenn die Technologie zu Beginn
unbekannt ist und das (Markt-)Potenzial ggf. nicht korrekt abgeschätzt werden
kann.

7.5.3.4   Mangelnde Begleitung

In Deutschland gibt es zahlreiche **öffentliche Instrumente zur Gründungs-förderung**. Dabei handelt sich um Programme zur Stärkung der Eigenkapitalbasis oder um Programme zur Bereitstellung von Mezzanine-Kapital oder Fremdkapital. Die Programme sind nicht nur für Gründungsunternehmen speziell, sondern etwa auch für Unternehmen im Wachstums- oder Restrukturierungsprozess bestimmt. Durch die öffentlichen Förderungsprogramme haben Gründungsunternehmen und Unternehmen im Wachstum prinzipiell die Möglichkeit des Zugangs zu finanziellen Ressourcen. Speziell im Gründungskontext existieren zusätzlich vielfältige Angebote zur Gründungsunterstützung, seien es allgemeine Seminare zur Existenzgründung oder spezielle Worksshops zur konkreten Erstellung eines Businessplanes. Doch während es in Deutschland somit in der Gründungsphase zahlreiche Unterstützungsangebote gibt, vermissen junge Unternehmen häufig eine zielgerichtete Beratung und externe Begleitung im Wachstumsprozess.

Erfahrungen aus der Praxis haben vielfach gezeigt, dass neben umfassenden Unterstützungs- und Beratungsangeboten für neu gegründete und etablierte Unternehmen auch *spezielle Angebote für die spezifischen Probleme und Bedürfnisse der jungen Unternehmen in der Wachstumsphase* erforderlich sind. Denn gerade in dieser kritischen Phase der Entwicklung scheitern nicht selten junge Unternehmen. Junge, wachsende Unternehmen erwarten, bezogen auf ihre besonderen Herausforderungen und Probleme, eine adäquate und kompetente Beratung und Begleitung, sei es mit Blick auf Fragen des Marketings, der Finanzierung, der Organisation oder Mitarbeiterführung. Häufig sind jedoch weder Kreditinstitute, kommunale Wirtschaftsförderungsgesellschaften, Kammern oder sonstige Beratungsinstitutionen in der Lage, auf die vielfältigen und speziellen Probleme junger Unternehmen zielgerichtet und detailliert einzugehen. Denn Beratungsleistungen in der Wachstumsphase erfordern ein hohes Maß an Erfahrung, fachlicher Kompetenz und auch Zeit. Im Gegensatz zu Gründungsseminaren, die vielfach nach vergleichbaren Mustern abgehalten werden und relativ einfach reproduzier- und erklärbar sind, ist die Beratung im Wachstumsprozess ein komplexes Themengebiet.

Ansätze zur Begleitung von Unternehmen im Wachstumsprozess sind zwar in Teilbereichen vorhanden, es besteht aber weiteres Potenzial. Eine Form der Hilfe für wachsende Unternehmen könnte eine zielgerichtete Beratung bzw. Begleitung durch *Mentoring* oder *Coaching* sein. Beim **Mentoring** gibt eine erfahrenen Person, der Mentor, das Wissen und die Fähigkeiten an eine noch unerfahrene Person, den Mentee, weiter. Das Ziel ist eine *Förderung der unternehmerischen und persönlichen Entwicklung des Mentee*. Das Konzept des Mentoring ist dabei etwas verschieden vom Coaching, denn der *Mentor ist im Gegensatz zum Coach keine neutrale Person*. Vielmehr engagiert sich der Mentor stark beim Mentee und nimmt eine aktive Rolle ein. Gerade bei der Förderung junger Unternehmen kann das Konzept des Mentoring einen positiven Beitrag im Rahmen des Wachstums leisten. Denn einerseits profitieren die Mentees, die Gründer bzw. Unternehmer in jungen Unternehmen, von den Erfahrungen des Mentors. Probleme können gelöst werden, weil der Mentor auch als aktiver Berater agiert. Darüber hinaus ist es andererseits für einen Unternehmer oft hilfreich, einfach über unternehmerische Chancen und Risiken, Stärken und Schwächen, Strategien oder aber persönliche Probleme reden zu können. Oftmals helfen das Erzählen und das Reden über ein Problem schon, um zu neuen Sichtweisen zu gelangen. Auch ein **Coach**, der ja eine *neutrale Position* einnimmt, kann dem Unternehmer dabei helfen, seine Probleme alleine zu lösen. Allerdings ist es schwierig, den geeigneten Mentor oder Coach zu finden. Denn es muss zunächst eine Vertrauensbasis vorhanden sein. Soll der Mentor bspw. auch noch fachliche Ratschläge geben, ist es bisweilen schwer, einen geeigneten Mentor zu finden. Hier besteht noch vielfältiges Potenzial der Unterstützung in diesem Themenkomplex.

Aber neben dem Instrument des Mentoring oder Coaching erscheint es sinnvoll, auch das **formale Beratungsangebot** *für junge Unternehmen im Wachstumsprozess* auszubauen. Wichtig ist in diesem Kontext, dass junge Unternehmen frühzeitig externe Beratungsleistungen in Anspruch nehmen können. Qualifizierte externe Unterstützungsmaßnahmen können sich positiv auf die Erzielung eines langfristig nachhaltigen Wachstums junger Unternehmen auswirken. Denn gerade die jungen, wachstumsstarken Unternehmen tragen in einer besonderen Weise zur Innovationskraft und dynamischen Entwicklung einer Volkswirtschaft bei. Wachsende junge Unternehmen bilden nicht nur eine Existenzgrundlage für die Gründer selbst, sondern auch für Mitarbeiter durch die Schaffung neuer Arbeitsplätze.

7.6   Verständnisfragen und Literaturempfehlungen

Verständnisfragen

- Systematisieren Sie unterschiedliche Wachstumsformen. (7.1.1)

- Diskutieren Sie die Anwendungsmöglichkeit des Lebenszyklusmodells und des Konzeptes nach Greiner zur Beschreibung des Wachstums von jungen Unternehmen. (7.1.3.1)

- Welchen Einfluss kann eine Vision auf das Wachstum junger Unternehmen haben? (7.2)

- Inwiefern kann die BCG-Matrix dazu dienen, Strategien für junge Unternehmen zu entwickeln? (7.3.1)

- Beschreiben Sie potenzielle Wachstumsstrategien und erörtern Sie die Vor- und Nachteile der einzelnen Strategiearten für junge Unternehmen. (7.4)

- Beschreiben Sie die Einsatzmöglichkeiten sowie Vor- und Nachteile von internen, externen und kooperativen Wachstumsstrategien für junge Unternehmen. (7.4.4)

- Erörtern Sie den Begriff der Due Diligence sowie Formen der Unternehmensbewertung. Warum ist eine Bewertung so schwierig? (7.4.4.2.2)

- Diskutieren Sie die Bedeutung von Netzwerken für junge Unternehmen. Gehen Sie dabei auch auf die unterschiedlichen Netzwerkbeziehungen ein. (7.4.4.3.1)

- Erörtern Sie das Konzept der strategischen Allianz für junge Unternehmen. Beachten Sie dabei auch Chancen und Risiken. (7.4.4.3.2)

- Diskutieren Sie die Vor- und Nachteile des Franchising für junge Unternehmen. (7.4.4.3.4)

- Stellen Sie das Konzept der kollaborativen Technologien dar und erörtern Sie die Potenziale für junge Unternehmen. (7.4.5)

- Diskutieren Sie die Aussage, dass sich ein Unternehmen nicht von seinem Wachstum beherrschen lassen sollte. (7.5.1)

- Erörtern Sie wesentliche interne Problembereiche des Wachstums junger Unternehmen und erarbeiten Sie Strategien zur Vermeidung. (7.5.2)

- Stellen Sie die wesentlichen externen Problembereiche des Wachstums junger Unternehmen dar. (7.5.3)

Literaturempfehlungen

Wachstum – Standardwerke

Hutzschenreuter, T. (2001): Wachstumsstrategien: Einsatz von Managementkapazitäten zur Wertsteigerung, Wiesbaden 2001.

Penrose, E. (1959): The Theory of the Growth of the Firm, Oxford 1959.

Wachstumsmodelle

Covin, J. G./Slevin, D. P. (1997): High Growth Transitions: Theoretical Perspectives and Suggested Directions, in: *Sexton, D. L./Smilor, R. W.*
(Hrsg.), Entrepreneurship 2000, Dover 1997, S. 99–125.

Greiner, L. E. (1972): Evolution and Revolution as Organizations Grow, in:
Harvard Business Review, Vol. 50, Nr. 4, 1972, S. 37–46.

Höft, U. (1992): Lebenszykluskonzepte: Grundlage für das strategische Mar-
keting- und Technologiemanagement, Berlin 1992.

Wachtum und Vision

Lipton, M. (2003): Guiding growth: how vision keeps companies on course,
Boston Mass. 2003.

Wachstum und Entrepreneurship

Audretsch, D. B. (Hrsg.) (2006): Entrepreneurship, innovation and economic
growth, Cheltenham u. a. 2006.

Birch, D. L./Medoff, J. (1994): Gazelles, in: *Solomon, L. M./Levenson, A. R.*
(Hrsg.), Labor Markets, Employment Policy and Job Creation, London
1994, S. 159–168.

Livesay, H. C. (1995): Entrepreneurship and the growth of firms, Aldershot
u. a. 1995.

Shulman, J. M./Stallkamp, T. T. (2004): Getting Bigger by Growing Smaller –
A New Growth Model for Corporate America, Upper Saddle River, NJ
2004.

Thurik, A. R./Wennekers, S: (1999): Linking entrepreneurship and economic
growth, in: Small Business Economics, Vol. 13, Nr. 1, 1999, S. 27–55.

LITERATURVERZEICHNIS

Achleitner, A.-K. (2001): Entrepreneurial Finance – eine konzeptionelle Einführung, Working Paper 01-01, München 2001.

Achleitner, A.-K. (2005): Private Debt, in: *Kollmann, T.* (Hrsg.), Gabler Kompakt-Lexikon: Unternehmensgründung, Wiesbaden 2005, S. 328–329.

Achleitner, A.-K./Einem, C. von/Schröder, B. von (Hrsg.) (2004): Private Debt – alternative Finanzierung für den Mittelstand: Finanzmanagement, Rekapitalisierung, institutionelles Fremdkapital, Stuttgart 2004.

Adams, M./Rudolf, M. (2005): Unternehmensbewertung auf der Basis von Realoptionen: Der Wert unternehmerischer Flexibilität, in: *Schacht, U./Fackler, M.* (Hrsg.), Praxishandbuch Unternehmensbewertung: Grundlagen, Methoden, Fallbeispiele, Wiesbaden 2005, S. 339–361.

Agell, J. (2004): Why are small firms different? – Managers' view, in: The Scandinavian Journal of Economics, Vol. 106, 2004, S. 437–452.

Albach, H. (1965): Zur Theorie des Wachsenden Unternehmens, in: *Krelle, W.* (Hrsg.), Theorien des einzelwirtschaftlichen und gesamtwirtschaftlichen Wachstums, Berlin 1965, S. 9–97.

Albach, H. (1986): Empirische Theorie der Unternehmensentwicklung, Opladen 1986.

Aldrich, H./Auster, E. R. (1986): Even dwarfs started small: Liabilities of age and size and their strategic implications, in: Research in Organizational Behavior, Vol. 8, 1986, S. 165–198.

Aldrich, H./Brickman Elam, A. (1997): A guide to surfing the social networks, in: *Birley, S./Muzyka, D. F.* (Hrsg.), Mastering enterprise, London 1997, S. 143–148.

Ansoff, H. I. (1965): Corporate strategy: an analytical approach to business policy for growth and expansion, New York u. a. 1965.

Ansoff, H. I. (1966): Management-Strategie, München 1966.

Antoncic, B./Hisrich, R. D. (2001): Intrapreneurship: Construct Refinement and Cross-Cultural Validation, in: Journal of Business Venturing, Vol. 16, 2001, S. 495–527.

Autio, E./Wallenius, H./Arenius, P. (1999): Finnish Gazelles: Origins and Impacts, Conference Paper: 44th ICSB World Conference, Naples, Italy 1999.

Backes-Gellner, U./Kay, R. (2002): Materielle Mitarbeiterbeteiligung: eine Option für den Mittelstand?, in: *Institut für Mittelstandsforschung Bonn* (Hrsg.), Jahrbuch zur Mittelstandsforschung 1/2002, Wiesbaden 2002, S. 1–17.

Backes-Gellner, U./Kay, R./Schröer, S./Wolff, K. (2002): Mitarbeiterbeteiligung in kleinen und mittleren Unternehmen: Verbreitung, Effekte, Voraussetzungen, Wiesbaden 2002.

Badach, A./Rieger, S./Schmauch, M. (2003): Web-Technologien: Architekturen, Konzepte, Trends, München 2003.

Ballwieser, W. (2004): Unternehmensbewertung: Prozeß, Methoden und Probleme, Stuttgart 2004.

BAND (Hrsg.) (2003): Business Angels und ihre Netzwerke in Deutschland, Essen 2002.

Barreto, H. (1989): The entrepreneur in microeconomic theory: disappearance and explanation, London u. a. 1989.

Barringer, B. R./Neubaum, D. O./Jones, F. F. (2005): A quantitative content analysis of the characteristics of rapid-growth firms and their founders, in: Journal of Business Venturing, Vol. 20, Nr. 5, 2005, S. 663–687.

Bausch, A./Walter, G. (2002): Controlling in jungen High-Tech-Unternehmen, in: *Hommel, U./Knecht, T. C.* (Hrsg.), Wertorientiertes Start-Up-Management: Grundlagen, Konzepte, Strategien, München 2002, S. 429–457.

Bausch, P. (2003): Amazon Hacks, Sebastopol 2003.

Bäzner, B./Timmreck, C. (2004): Die DCF-Methode im Überblick, in: *Richter, F./Timmreck, C.* (Hrsg.), Unternehmensbewertung: moderne Instrumente und neue Ansätze, Stuttgart 2004, S. 3–19.

Bea, F. X./Göbel, E. (2006): Organisation: Theorie und Gestaltung, 3. Aufl., Stuttgart 2006.

Bea, F. X./Haas, J. (2005): Strategisches Management, 4. Aufl., Stuttgart 2005.

Becker, J. (2006): Marketing-Konzeption: Grundlagen des ziel-strategischen und operativen Marketing-Managements, 8. Aufl., München 2006.

Bell, M. G. (1999): Venture Capitalist oder Angel: Welcher Kapitalgeber stiftet größeren Nutzen?, in: Die Bank; 1999, Nr. 6, 1999, S. 372–377.

Benjamin, G. A./Margulis, J. (2000): Angel financing: how to find and invest in private equity, New York 2000.

Berekoven, L/Eckert, W./Ellenrieder, P. (2006):Marktforschung: methodische Grundlagen und praktische Anwendung, 10. Aufl., Wiesbaden 2006.

Berlit, W. (2005): Markenrecht, 6. Aufl., München 2005.

Berthel, J. (1995): Personal-Management: Grundzüge für Konzeptionen betrieblicher Personalarbeit, 4. Aufl., Stuttgart 1995.

best brands (Hrsg.) (2005): best brands 2005: das deutsche markenrating – Die Rankings, Online: <http://www.bestbrands.de/downloads/ best_brands_2005_Rankings.pdf>.

Betz, R. (2006): Öffentliche Fördermittel: Arbeitsplatz & Existenzgründung, 2. Aufl., Witten 2006.

Bhidé, A. (1999): Bootstrap Finance: the Art of Start-ups, in: *Sahlman, W. A./Stevenson, H. H./Roberts, M. J./Bhidé, A.* (Hrsg.), The Entrepreneurial Venture, 2. Aufl., 1999, S. 223–237.

Birch, D. L. (1987): Job creations in America: how our smallest companies put the most people to work, New York 1987.

Birch, D. L. (1999): Entrepreneurial Hot Spots, Boston, MA 1999.

Birch, D. L./Medoff, J. (1994): Gazelles, in: *Solomon, L. M./Levenson, A. R.* (Hrsg.), Labor Markets, Employment Policy and Job Creation, London 1994, S. 159–168.

Blaschke, T. (2005): Cash-flow als nachhaltig entziehbarer Überschuss aus dem Jahresabschluss, in: *Schacht, U./Fackler, M.* (Hrsg.), Praxishandbuch Unternehmensbewertung: Grundlagen, Methoden, Fallbeispiele, Wiesbaden 2005, S. 79–102.

Blind, K. (2003): Software-Patente: eine empirische Analyse aus ökonomischer und juristischer Perspektive, Heidelberg 2003.

Bloech, J. (1990): Industrieller Standort, in: *Schweitzer, M.* (Hrsg.), Industriebetriebslehre: das Wirtschaften in Industrieunternehmungen, München 1990, S. 61–145.

Boersch, C./Elschen, R. (2002): Erster Eintritt in den Markt, in: *Hommel, U./Knecht, T. C.* (Hrsg.), Wertorientiertes Start-Up-Management: Grundlagen, Konzepte, Strategien, München 2002, S. 272–291.

Bombassaro, L. C. (2002): Was ist Unternehmensethik? Eine philosophische Annäherung, in: *König, M./Schmidt, M.* (Hrsg.), Unternehmensethik konkret: gesellschaftliche Verantwortung ernst gemeint, Wiesbaden 2002, S. 13–30.

Bond, B. et al. (1999): C-Commerce: The New Arena for Business Applications, Gartner Research, Stamford 1999.

Brandl, N. (2004): Folgefinanzierung, in: *Kast, D. et al.* (2004), Handbuch für junge Unternehmen, Heidelberg 2004, S. 489–509.

Brettel, M. (2004): Der informelle Beteiligungskapitalmarkt: eine empirische Analyse, Wiesbaden 2004.

Brettel, M./Jaugey, C./Rost, C. (2000): Business Angels: der informelle Beteiligungskapitalmarkt in Deutschland, Wiesbaden 2000.

Brettel, M./Rudolf, M./Witt, P. (2005): Finanzierung von Wachstumsunternehmen: Grundlagen, Finanzierungsquellen, Praxisbeispiele, Wiesbaden 2005.

Brockhaus, R. H./Horwitz, P. (1986): The psychology of the entrepreneur, in: *Sexton, D. L./Smilor, R. W.* (Hrsg.), The Art and Science of Entrepreneurship, Cambridge, MA. 1986, S. 25–48.

Brüderl, J./Preisendörfer, P./Ziegler, R. (1998): Der Erfolg neugegründeter Betriebe: eine empirische Studie zu den Chancen und Risiken von Unternehmensgründungen, 2. Aufl., Berlin 1998.

Buchholz, W. (1998): Timingstrategien – Zeitoptimale Ausgestaltung von Produktentwicklungsbeginn und Markteintritt, in: ZfbF – Schmalenbachs Zeitschrift für betriebswirtschaftliche Forschung, 50. Jg., 1998, S. 21–39.

Burgelman, R. A. (1983): Coporate Entrepreneurship and Strategic Management: Insights Form a Process Study, in: Management Science, Vol. 29, Nr. 12, 1983, S. 1349–1363.

Burt, R. S. (1992): Structural holes: the social structure of competition, Cambridge, Mass. 1992.

Burt, R. S. (2004): Structural holes and good ideas, in: American Journal of Sociology, Vol. 110, Nr. 2, 2004, S. 349–399.

Buzan, T./Buzan, B. (2005): Das Mind-Map-Buch: die beste Methode zur Steigerung Ihres geistigen Potenzials, 5. Aufl., Frankfurt a. M. 2005.

Bygrave, W. D. (1997): The portable MBA in entrepreneurship, 2. Aufl., New York 1997.

Bygrave, W. D./Hofer, C. W. (1991): Theorizing about Entrepreneurship, in: Entrepreneurship Theory and Practice, Vol. 16., Nr. 2, S. 13–22.

Bygrave, W. D./Timmons, J. A. (1992): Venture Capital at the Crossroads, Boston Mass. 1992.

Cantillon, R. (1755): Essai sur la nature du commerce en général: traduit de l'anglois, Frankfurt a. M. Düsseldorf 1987, Nachdruck der Ausgabe London, Gyles, 1755.

Carton, R. B./Hofer, C. W./Meeks, M. D. (1998): The Entrepreneur and Entrepreneurship: Operational Definitions of Their Role in Society, Paper präsentiert bei der: International Council for Small Business Conference, Singapore, The University of Georgia Terry College of Business, Athen 1998.

Casson, M. (1982): The Entrepreneur: An Economic Theory, Totowa, N.J 1982.

Catlin, K./Matthews, J. (2002): Leading at the Speed of Growth: Journey from Entrepreneur to CEO, New York 2002.

Cattel, R. B. (1973): Die empirische Erforschung der Persönlichkeit, Weinheim u. a. 1973.

Cohen, W. M./Levinthal, D. A. (1990): Absorptive Capacity: A New Perspective on Learning and Innovation, in: Administrative Science Quarterly, Vol. 35, 1990, S. 128–152.

Collrepp, F. von (2004): Handbuch Existenzgründung: für die ersten Schritte in die dauerhaft erfolgreiche Selbstständigkeit, 4. Aufl., Stuttgart 2004.

Costa, P. T. Jr./McCrae, R. R. (1992): Revised NEO Personality Inventory (NEO-PI-R) and NEO Five-Factor Inventory (NEO-FFI): Professional Manual, Odessa 1992.

Covin, J. G./Slevin, D. P. (1991): A Conceptual Model of Entrepreneurship as Firm Behaviour, in: Entrepreneurship Theory and Practice, Vol. 16, 1991, S. 7–25.

Covin, J. G./Slevin, D. P. (1997): High Growth Transitions: Theoretical Perspectives and Suggested Directions, in: *Sexton, D. L./Smilor, R. W.* (Hrsg.), Entrepreneurship 2000, Dover 1997, S. 99–125.

Covin, J./Miles, M. (1999): Corporate Entrepreneurship and the Pursuit of Competitive Advantage, in Entrepreneurship Theory and Practice, Vol. 23, Nr. 3, 1999, S. 47–63.

Cox, W. E. (1967): Product Life Cycles as Marketing Models, in: Journal of Business, 40. Jg., 1967, S. 375-384.

Danielsen, M. (2003): Leistungsbezogene Entgeltsysteme für das mittlere Management: Analyse erfolgskritischer Faktoren, Bern u. a. 2003.

De, D. A. (2005): Entrepreneurship: Gründung und Wachstum von kleinen und mittleren Unternehmen, München u. a. 2005.

Deakins, D. (1999): Entrepreneurship and small firms, 2. Aufl., London u. a. 1999.

Dean, J. (1950): Pricing Policies for New Products, in: Harvard Business Review, Vol. 28, 1950, S. 45–53.

Delmar, F. (1997): Measuring growth: methodological considerations and empirical results, in: *Donckels, R./Miettinen, A.* (Hrsg.), Entrepreneurship and SME Research: On its Way to the Next Millennium, Aldershot 1997, S. 199–216.

Delmar, F./Davidsson, P. (1998): A Taxonomy of High-Growth Firms, in: *Reynolds, P. D. et al.* (Hrsg.), Frontiers of Entrepreneurship Research: proceedings of the 18. annual Babson College Entrepreneurship Research Conference, Wellesley, Mass. 1998, S. 399–413.

Deloitte & Touche (Hrsg.) (2004): Mastering Innovation: Exploiting Ideas for Profitable Growth, New York 2004.

Deutsche Börse (Hrsg.) (2003): Europe's Premier Listing Platform: Standards, Transparenz, Liquidität, Frankfurt a. M. 2003.

Deutsche Börse (Hrsg.) (2005): Entry Standard: Maßgeschneiderter Kapitalmarktzugang für Small- und Midcaps, Frankfurt a. M. 2005.

Deutsche Börse (Hrsg.) (2006): Allgemeine Geschäftsbedingungen für den Freiverkehr an der Frankfurter Wertpapierbörse, Frankfurt a. M. 2006.

Dollinger, M. J. (2003): Entrepreneurship: strategies and resources, 3. Aufl., Upper Saddle River, NJ 2003.

Domschke, W. (1996): Standortplanung, in: *Kern, W./Schröder, H.-H./Weber, J.* (Hrsg.): Handwörterbuch der Produktionswirtschaft, 2. Aufl., Stuttgart 1996, S. 1912–1922.

Domschke, W./Drexl, A. (1996): Logistik: Standorte, Bd. 3, 4. Aufl., München u. a. 1996.

Dörscher, M. (2004): Mezzanine Capital als Wachstumskapital für KMU – Ein Fallbeispiel, in: Der Finanzbetrieb. 6. Jg., Nr. 3, 2004, S. 161–169.

Dörscher, M./Hinz, H. (2003): Mezzanine Capital – Ein flexibles Finanzierungsinstrument für KMU, in: Der Finanzbetrieb, 5. Jg., Nr. 10, 2003, S. 606–610.

Dowling, M./Drumm, H. J. (2003): Wachstumsstrategien für Neugründungen und Wachstumsfehler, in: *Dowling, M/Drumm, H. J.* (Hrsg.), Gründungsmanagement: vom erfolgreichen Unternehmensstart zu dauerhaftem Wachstum, 2. Aufl., Berlin u. a. 2003, S. 359–375.

Drucker, P. F. (2004): Innovation and Entrepreneurship: Practice and principles, 2. Aufl., Oxford u. a. 2004.

Drukarczyk, J./Schüler, A. (2006): Unternehmensbewertung, 5. Aufl., München 2006.

Drumm, H. J./Dowling, M. (2003): Grundprobleme, Ziele und Vorgehensweise von Gründungsmanagement und Entrepreneurship, in: *Dowling, M/Drumm, H. J.* (Hrsg.), Gründungsmanagement: vom erfolgreichen Unternehmensstart zu dauerhaftem Wachstum, 2. Aufl., Berlin u. a. 2003, S. 1–7.

Dybdahl, L. (2004). Europäisches Patentrecht: Einführung in das europäische Patentsystem, 2. Aufl., Köln u. a. 2004.

Eisenhardt, K. M./Schoonhoven, C. B. (1990): Organizational growth: linking founding team strategy, environment, and growth among U.S. semiconductor ventures, 1978–1988, in: Administrative Science Quarterly, Vol. 35, 1990, S. 504–529.

Eisenhardt, U. (2005): Gesellschaftsrecht, 12. Aufl., München 2005.

Elkjaer, J. R. (1991): The Entrepreneur in Economic Theory: An Example of the Development and Influence of a Concept, in: History of European Ideas, Vol. 13, Nr. 6, 1991, S. 805–815.

Engelmann, A. et al. (2000): Moderne Unternehmensfinanzierung: Risikokapital für Unternehmensgründung und -wachstum, Frankfurt a. M. 2000.

Ensley, M. D. (1999): Entrepreneurial teams as determinants of new venture performance, New York u. a. 1999.

Ernst, D./Haug, M./Schmidt, W. (2004): Realoptionen: Spezialfragen für eine praxisorientierte Anwendung, in: *Richter, F./Timmreck, C.* (Hrsg.), Unternehmensbewertung: moderne Instrumente und neue Ansätze, Stuttgart 2004, S. 397–419.

EVCA/CMBOR (Hrsg.) (2005): Private Equity and Generational Change: The Contribution of Private Equity to the Succession of Family Businesses in Europe, Zaventem 2005.

Evers, J. (2001): Microlending als Modell effizienter gewerblicher Kleinstkreditvergabe und seine Anwendung für Banken, in: *Fischges, W./Heiß, C./Krafczyk, M.* (Hrsg.), Banken der Zukunft – Zukunft der Banken, Wiesbaden 2001, S. 145–177.

Fallgatter, M. (2001): Theorie des Entrepreneurship: Perspektiven zur Erforschung der Entstehung und Entwicklung junger Unternehmungen, Wiesbaden 2001.

Fishburn, P. C. (1964): Decision and Value Theory, New York 1964.

Forrester, J. W. (1959): Advertising: A Problem in Industrial Dynamics, in: Harvard Business Review, Vol. 37, 1959, S. 100–110.

Frank, H. (2006): Corporate Entrepreneurship: eine Einführung, in: *Frank, H.* (Hrsg.), Corporate Entrepreneurship, Wien 2006, S. 9–32.

Fritsch, M. et al. (2004): Der Markterfolg von Gründungen – sektorale und regionale Bestimmungsgründe, in: *Fritsch, M./Niese, M.* (Hrsg.), Gründungsprozess und Gründungserfolg: interdisziplinäre Beiträge zum Entrepreneurship Research, Heidelberg 2004, S. 39–62.

Frommann, H. (2005): Venture Capital-Gesellschaft (VCG), in: *Kollmann, T.* (Hrsg.), Gabler Kompakt-Lexikon: Unternehmensgründung, Wiesbaden 2005, S. 425–427.

Fry, A. (1987): The Post-It Note: An Intrapreneurial Success, in: SAM Advanced Management Journal, Vol. 52, 1987, S. 4–9.

Fueglistaller, U./Müller, C./Volery, T. (2004): Entrepreneurship: Modelle   – Umsetzung – Perspektiven, Wiesbaden 2004.

Füser, K./Gleißner, W. (2005): Rating-Lexikon: 800 Stichwörter mit Fakten und Checklisten rund um Basel II, München 2005.

Gartner, W. B. (1985): A conceptual framework for describing the phenomenon of new venture creation, in: Academy of Management Review, Vol. 10, Nr. 4, 1985, S. 696–706.

Gartner, W. B. (1988): Who is an entrepreneur? Is the wrong question, in: American Journal of Small Business, Vol. 12, Nr. 1, 1988, S. 11–32.

Gartner, W. B. (1989): Some suggestions for research on entrepreneurial traits and characteristics, in: Entrepreneurship Theory and Practice, Vol. 14, Nr. 1, 1989, S. 27–38.

Gemünden, H. G./Högl, M. (Hrsg.) (2001): Management von Teams: theoretische Konzepte und empirische Befunde, 2. Aufl., Wiesbaden 2001.

Gerick, T. (2004): Das kollektive Superhirn, in: wissensmanagement, 6. Jg., 2004, S. 37–39.

Gibb, A./Davies, L. (1990): In pursuit of frameworks for the development of growth models for the small business, in: International Small Business Journal, Vol. 9, Nr. 1, 1990, S. 15–31.

Göbel, E. (2002): Neue Institutionenökonomik: Konzeption und betriebswirtschaftliche Anwendungen, Stuttgart 2002.

Goodpaster, K. E. (1982): Some Avenues for Ethical Analysis in General Management, Harvard Business School Note 9-383-007, Boston Mass. 1982.

Goodpaster, K. E./Mathews Jr., J. B. (1982): Can a corporation have a conscience?, in: Harvard Business Review, Vol. 60, Nr. 1, 1982, S. 132–141.

Götting, H.-P. / Schwipps, K. (2004):Grundlagen des Patentrechts: eine Einführung für Ingenieure, Natur- und Wirtschaftswissenschaftler, Stuttgart u. a. 2004.

Greiner, L. E. (1972): Evolution and Revolution as Organizations Grow, in: Harvard Business Review, Vol. 50, Nr. 4, 1972, S. 37–46.

Greiner, L. E. (1998): Commentary and Revision of HBR Classic: Evolution and Revolution as Organizations Grow, in: Harvard Business Review, Vol. 76, Nr. 3, 1998, S. 55–68.

Gruber, M. (2004): Marketing in New Ventures: Theory and Empirical Evidence, in: Schmalenbach Business Review, Vol. 56, Nr. 2, 2004, S. 164–199.

Günther, U. (2005): Business Angels Netzwerk Deutschland e.V. (BAND), in: *Kollmann, T.* (Hrsg.), Gabler Kompakt-Lexikon: Unternehmensgründung, Wiesbaden 2005, S. 56.

Guth, W. D. / Ginsberg, A. (1990): Corporate Entrepreneurship, in: Strategic Management Journal, Vol. 11, 1990. S. 5–15.

Haase, H. (2003): Die Patentierbarkeit von Computersoftware: eine Untersuchung unter juristischen und wirtschaftlichen Aspekten, Hamburg 2003.

Hager, M. A. / Galaskiewicz, J. / Larson, J. A. (2004): Structural Embeddedness and the Liability of Newness among Nonprofit Organizations, in: Public Management Review, Vol. 6, Nr. 2, 2004, S. 159–188.

Hahn, D. (1970): Wachstumspolitik industrieller Unternehmungen, in: Betriebswirtschaftliche Forschung und Praxis, 22. Jg., 1970, S. 609–626.

Hahn, D. / Hungenberg, H. (2001): PuK: Planung und Kontrolle, Planungs- und Kontrollsysteme, Planungs- und Kontrollrechnung, 6. Aufl., Wiesbaden 2001.

Halpern, M. (2001): CPC: Exploiting E-Business for Product Realization. Gartner Research, Stamford 2001.

Handelsblatt (Hrsg.) (2005): Pioniere der Wirtschaft Der Herr der Kataloge, Online: <https://www.handelsblatt.biz>, Handelsblatt Nr. 231 vom 29. 11. 2005.

Hansen, U./Bode, M. (1999): Marketing und Konsum: Theorie und Praxis von der Industrialisierung bis ins 21. Jahrhundert, München 1999.

Hansson, F./Husted, K./Vestergaard, J. (2005): Second generation science parks: from structural holes jockeys to social capital catalysts of the knowledge society, in: Technovation, Vol. 25, Nr. 9, 2005, S. 1039–1049.

Hardes, H.-D./Mertes, J./Schmitz, F. (1998): Grundzüge der Volkswirtschaftslehre, 6. Aufl., München u. a. 1998.

Harke, D. (2000): Ideen schützen lassen?: Patente, Marken, Design, Copyright, München 2000.

Harrison, R. T./Leitch, C. M. (2005): Entrepreneurial Learning: Researching the interface between learning and the entrepreneurial context, in Entrepreneurship Theorie and Practice, Vol. 29, Nr. 2, 2005, S. 351–371.

Hart, M./Stevenson, H./Dial, J. (1995): Entrepreneurship: A Definition Revisited, Frontiers of Entrepreneurship Research Paper, Babson, MA 1995.

Hauschildt, J. (2004): Innovationsmanagement, 3. Aufl., München 2004.

Hauser, T./Löwer, U. M. (2004): Web-Services: Die Standards. Bonn 2004.

Hayward, S. (2001): Collaboration: From Problem to Profit, Gartner Research, Stamford 2001.

Hebert, R. F./Link, A. N. (1988): The entrepreneur: Mainstream views and radical critiques, New York u. a. 1988.

Hebig, M. (2004): Existenzgründungsberatung: steuerliche, rechtliche und wirtschaftliche Gestaltungshinweise zur Unternehmensgründung, 5. Aufl., Berlin 2004.

Hedley, B. (1977): Strategy and the „Business Portfolio", in *Hahn, D./Taylor, B.* (Hrsg.), Strategische Unternehmungsplanung – strategische Unternehmungsführung: Stand und Entwicklungstendenzen, 8. Aufl., Heidelberg 1999, S. 373–384.

Hemmer, K. E./Wüst, A. (2005): Gesellschaftsrecht: Recht der Personengesellschaften, Recht der Körperschaften; unter besonderer Berücksichtigung der neuen Rechtsprechung zur Haftungsverfassung der GbR, 8. Aufl., Würzburg 2005.

Hering, T/Vincenti, A. J. F. (2005): Unternehmensgründung, München u. a. 2005.

Hermanns, A./Sauter, M. (2001): Management-Handbuch electronic commerce: Grundlagen, Strategien, Praxisbeispiele, München 2001.

Higgins, J. M./Wiese, G. G. (1996): Innovationsmanagement: Kreativitätstechniken für unternehmerischen Erfolg, Berlin u. a. 1996.

Hisrich, R. D./Peters, M. P. (2002): Entrepreneurship: International Edition 2002, 5. Aufl., Boston u. a. 2002.

Hisrich, R./Brush, C. G. (1985): The Woman Entrepreneur: Starting, Financing, and Managing a Successful New Business, Lexington, MA 1985.

Hoffmeister, W. (2000): Investitionsrechnung und Nutzwertanalyse: eine entscheidungsorientierte Darstellung mit vielen Beispielen und Übungen, Stuttgart u. a. 2000.

Hölters, W. (Hrsg.) (2005): Handbuch des Unternehmens- und Beteiligungskaufs: Grundfragen – Bewertung – Finanzierung – Steuerrecht – Arbeitsrecht – Vertragsrecht – Kartellrecht – Börsenrecht – Insolvenzrecht – internationales Recht – Vertragsbeispiele, 6. Aufl., Köln 2005.

Homburg, C. (2000): Quantitative Betriebswirtschaftslehre: Entscheidungsunterstützung durch Modelle, 3. Aufl., Wiesbaden 2000.

Hommel, M./Braun, I. (2005): Unternehmensbewertung case by case, Frankfurt a. M 2005.

Hommel, U./Baecker, P. (2002): Realoptionen, in: *Hommel, U./Knecht, T. C.* (Hrsg.), Wertorientiertes Start-Up-Management: Grundlagen, Konzepte, Strategien, München 2002, S. 633–657.

Hommel, U./Müller, J. (1999): Realoptionsbasierte Investitionsbewertung, in: Finanz Betrieb, 1. Jg., Nr. 8, 1999, S. 177–188.

Hommel, U./Pritsch, G. (1999): Marktorientierte Investitionsbewertung mit dem Realoptionenansatz: Ein Implementierungsleitfaden für die Praxis, in: Finanzmarkt und Portfoliomanagement, 13. Jg., Nr. 2, 1999, S. 121–144.

Horvath, P. (2006): Controlling, 10. Aufl., München 2006.

Hossiep, R./Mühlhaus, O. (2005): Personalauswahl und -entwicklung mit Persönlichkeitstest, Göttingen u. a. 2005.

Hungenberg, H. (2004): Strategisches Management in Unternehmen: Ziele – Prozesse – Verfahren, 3. Aufl., Wiesbaden 2004.

Hutzschenreuter, T. (2001): Wachstumsstrategien: Einsatz von Managementkapazitäten zur Wertsteigerung, Wiesbaden 2001.

IfM Bonn (Hrsg.) (2004): IfM Bonn berechnet die Statistik der Unternehmensnachfolgen neu, Online: <http://www.ifm-bonn.de>, Stand: 18. November 2005.

Jährig, A./Schuck, H. (1990): Handbuch des Kreditgeschäfts, 5. Aufl., Wiesbaden 1990.

Jensen, M. C./Meckling, W. H. (1976): Theory of the Firm: Managerial Behavior, Agency Costs and Ownership Structure, in: Journal of Financial Economics, Vol. 3, Nr. 4, 1976, S. 305–360.

Jestaedt, B. (2005): Patentrecht: ein fallbezogenes Lehrbuch, Köln u. a. 2005.

Just, C. (2000): Business Angels und technologieorientierte Unternehmensgründungen: Lösungsansätze zur Behebung von Informationsdefiziten am informellen Beteiligungskapitalmarkt aus Sicht der Kapitalgeber, Stuttgart 2000.

Kasperzak, R. (2001): Gründungsformen – Unternehmenskauf durch Management Buy Out/Management Buy In, in: *Koch, L. T./Zacharias, C.* (Hrsg.), Gründungsmanagement: mit Aufgaben und Lösungen, München u. a. 2001, S. 151–162.

Keller, M./Hohmann, B. (2004): Besonderheiten bei der Bewertung von KMU, in: *Richter, F./Timmreck, C.* (Hrsg.), Unternehmensbewertung: moderne Instrumente und neue Ansätze, Stuttgart 2004, S. 189–215.

KfW Bankengruppe (Hrsg.) (2005a): KfW-Gründungsmonitor 2005: Zahl der Vollerwerbsgründungen stabil – Kleinstgründungen weiter auf dem Vormarsch, Frankfurt a. M. 2005.

KfW Bankengruppe (Hrsg.) (2005b): Mittelstandsmonitor 2005: Den Aufschwung schaffen – Binnenkonjunktur und Wettbewerbsfähigkeit stärken – Jährlicher Bericht zu Konjunktur- und Strukturfragen kleiner und mittlerer Unternehmen, Frankfurt a. M. 2005.

Kieser, A./Walgenbach, P. (2003): Organisation, 4. Aufl., Stuttgart 2003.

Kim, W. C./Mauborgne, R. (2005): Der blaue Ozean als Strategie: wie man neue Märkte schafft, wo es keine Konkurrenz gibt, München u. a. 2005.

Kinkel, S. (Hrsg.) (2004): Erfolgsfaktor Standortplanung: in- und auslandische Standorte richtig bewerten, Berlin u. a. 2004.

Kirzner, I. M. (1997): Entrepreneurial discovery and the competitive market process: an Austrian approach, in: Journal of Economic Literature, Vol. 35, Nr. 1, 1997, S. 60–85.

Kirzner, I. M. (1979): Perception, opportunity, and profit: studies in the theory of entrepreneurship, Chicago u. a., Ill. 1979.

Klandt, H. (1984): Aktivität und Erfolg des Unternehmensgründers: eine empirische Analyse unter Einbeziehung des mikrosozialen Umfeldes, Bergisch Gladbach 1984.

Klandt, H. (2006): Gründungsmanagement: der integrierte Unternehmensplan, 2. Aufl., München; Wien 2006.

Kleinhückelskoten, H.-D. (2002): Was ist ein Business Angel? Was unterscheidet ihn vom Business Devil?, in: *Business Angels Agentur Ruhr e. V.* (Hrsg.), Business Angels: wenn Engel Gutes tun! Wie Unternehmensgründer und ihre Förderer erfolgreich zusammenarbeiten. Ein Praxishandbuch, Frankfurt a. M. 2002, S. 12-16.

Klunzinger, E. (2004): Grundzüge des Gesellschaftsrechts, 13. Aufl., München 2004.

Knight, F. H. (1921): Risk, Uncertainty and Profit, Boston u. a. 1921.

Knips, S. (2000): Risikokapital und neuer Markt: die Aktie als Instrument der Risikokapitalbeschaffung für junge Wachstumsunternehmen, Frankfurt a. M. u. a. 2000.

Knyphausen-Aufseß, D. zu (1993): Why are firms different? – Der Ressourcen-orientierte Ansatz im Mittelpunkt einer aktuellen Kontroverse im strategischen Management, in: DWB Die Betriebswirtschaft, 1993, 53. Jg., Heft 6, 1993, S. 771–791.

Koch, L. T. (2001): Unternehmensgründung als Motor der wirtschaftlichen Entwicklung, in: *Koch, L. T./Zacharias, C.* (Hrsg.), Gründungsmanagement: mit Aufgaben und Lösungen, München u. a. 2001, S. 23–35.

Koch, L. T./Tokarski, K. (2004): Microlending, in: WISU, 33. Jg., Nr. 5, 2004, S. 643–448 u. 693–694.

Kock, C. J. (2002): Wachstumsmanagement, in: *Hommel, U./Knecht, T. C.* (Hrsg.), Wertorientiertes Start-Up-Management: Grundlagen, Konzepte, Strategien, München 2002, S. 659–683.

Kollmann, T. (2001): Viral-Marketing – ein Kommunikationskonzept für virtuelle Communities, in *Mertens, K./Zimmermann, R.* (Hrsg.), Handbuch der Unternehmenskommunikation 2000/2001, Luchterhand 2001, S. 60–66.

Kollmann, T./Herr, C. (2003): Online-Kooperation als Markteintrittschance für Start-ups im E-Business, in: *Büttgen, M./Lücke, F.* (Hrsg.), Online-Kooperationen: Erfolg im E-Business durch strategische Partnerschaften, Wiesbaden 2003, S. 97–112.

Kommission der Europäischen Gemeinschaften (Hrsg.) (2003): Empfehlung   der
Kommission vom 6. Mai 2003 betreffend die Definition der Kleinstunternehmen sowie der kleinen und mittleren Unternehmen (Bekannt gegeben
unter Aktenzeichen K(2003) 1422), auch Online: < http://europa.eu/eur-
lex/pri/de/oj/dat/2003/l_124/l_12420030520de00360041.pdf>.

Kotler, P. (2001): Grundlagen des Marketing, 2. Aufl., München 2001.

Kotler, P./Bliemel, F. (2001): Marketing-Management: Analyse, Planung, Umsetzung und Steuerung, 10. Aufl., Stuttgart 2001.

Kropp, W. (1997): Systemische Personalwirtschaft: Wege zu vernetzt-
kooperativen Problemlösungen, München u. a. 1997.

Krüger, W. (2006): Teams führen, 4. Auflage, Freiburg im Breisgau 2006.

Krystek, U./Moldenhauer, R. (2004): Krisenmanagement bei Gründungs- und
Wachstumsunternehmen: Lehren aus der New Economy, in: *Bick-
hoff, N./Blatz, M./Eilenberger, G./Haghani, S./Kraus, K. J.* (Hrsg.), Die Un-
ternehmenskrise als Chance: innovative Ansätze zur Sanierung und Restrukturierung, Berlin u. a. 2004, S. 221–245.

Krystek, U./Müller-Stevens, G. (1999): Strategische   Frühaufklärung,   in:
Hahn, D/Taylor, B. (Hrsg.), Strategische Unternehmensplanung – Strategische Unternehmensführung, 8. Aufl., Heidelberg 1999, S. 497–517.

Küpper, H.-U. (1999): Normenanalyse – eine betriebswirtschaftliche Aufgabe!,
in: *Wagner, G. R.* (Hrsg.), Unternehmensführung, Ethik und Umwelt:
Hartmut Kreikebaum zum 65. Geburtstag, Wiesbaden 1999, S. 55–73.

Kürpick, H. (1981): Das Unternehmenswachstum als betriebswirtschaftliches
Problem, Berlin 1981.

Kürten, T. (2001): Mitarbeiter als Mitunternehmer: Wege zur Leistungssteigerung durch Beteiligung, in: *Eyer, E.* (Hrsg.), Praxishandbuch Entgeltsysteme: durch differenzierte Vergütung die Wettbewerbsfähigkeit steigern,
Düsseldorf 2001, S. 335–353.

Lechler, T./Gemünden, H. G. (2003): Gründerteams: Chancen und Risiken für
den Unternehmenserfolg, Heidelberg 2003.

Lechner, C. (2001): The competitiveness of firm networks, Frankfurt u. a. 2001.

Lechner, C. (2003): Unternehmensnetzwerke: Wachstumsfaktor für Gründer, in: *Dowling, M/Drumm, H. J.* (Hrsg.), Gründungsmanagement: vom erfolgreichen Unternehmensstart zu dauerhaftem Wachstum, 2. Aufl., Berlin u. a. 2003, S. 305–315.

Leiner, R./ Schmude, J. (2003): Unternehmensnachfolge als Gründungsvariante, in: *Steinle, C. /Schumann, K.* (Hrsg.), Gründung von Technologieunternehmen: Merkmale – Erfolg – empirische Ergebnisse, Wiesbaden 2003, S. 177–197.

Levinson, J. C. (1995): Guerilla-Werbung: ein Leitfaden für kleine und mittlere Unternehmen, Frankfurt a. M. u. a. 1995.

Levinson, J. C. (1998): Guerrilla marketing: secrets for making big profits from your small business, Boston u. a. 1998.

Levitt, T. (1965): Exploit the Product Life Cycle, in: Harvard Business Review, Vol. 43, 1965, S. 81–94.

Lienert, G. A./Raatz, U. (1998): Testaufbau und Testanalyse, 6. Aufl., Weinheim 1998.

Likert, R. (1972): Neue Ansätze der Unternehmungsführung, Bern u. a. 1972.

Lipton, M. (2003): Guiding growth: how vision keeps companies on course, Boston Mass. 2003,

Löffler, C. (2005): Berücksichtigung von Steuern in der Unternehmensbewertung, *Schacht, U./Fackler, M.* (Hrsg.), Praxishandbuch Unternehmensbewertung: Grundlagen, Methoden, Fallbeispiele, Wiesbaden 2005, S. 363–388.

Löffler, J. T. (2004): MEDIA: Planung für Märkte, 7. Aufl., Hamburg 2004.

Ludewig, C. (1999): Existenzgründung im Internet: Auf- und Ausbau eines erfolgreichen Online-Shops, Braunschweig; Wiesbaden 1999.

Lueger, M./Keßler, A. (2006): Organisationales Lernen und Wissen: Eine systemtheoretische Betrachtung im Kontext von Corporate Entrepreneurship, in: *Frank, H.* (Hrsg.), Corporate Entrepreneurship, Wien 2006, S. 33–75.

Lüthje, C. (2002): Gewinnung von Geschäftsidee, in: *Hommel, U./Knecht, T. C.* (Hrsg.), Wertorientiertes Start-Up-Management: Grundlagen, Konzepte, Strategien, München 2002, S. 39–58.

Macharzina, K. (2003): Unternehmensführung: das internationale Managementwissen, 4. Aufl., Wiesbaden 2003.

Malek, M./Ibach, P. K. (2004): Entrepreneurship: Prinzipien, Ideen und Geschäftsmodelle zur Unternehmensgründung im Informationszeitalter, Heidelberg 2004.

McCarthy, E. J. (1960): Basic Marketing: a Managerial Approach, Homewood, Ill. 1960.

McClelland, D. C. (1961): The Achieving Society, Princeton, NJ 1961.

McClelland, D. C. (1965): Need achievement and entrepreneurship: A Longitudinal Study, in: Journal of Personality and Social Psychology, Vol. 1, 1965, S. 389–392.

McCrae, R. R./Costa, P. T. Jr. (1989): Reinterpreting the Myers-Briggs Type Indicator From the Perspective of the Five-Factor Model of Personality, in: Journal of Personality, Vol. 57, Nr. 1, 1989, S. 17–40.

Meffert, H. (1997): Marketing-Management: Analyse, Strategie, Implementierung, Wiesbaden 1997.

Moog, P. (2005): Der Faktor Personal in der Unternehmensgründung – Bedeutung und Management, in: *Konrad, E. D.* (Hrsg.), Aspekte erfolgreicher Unternehmensgründungen: Hinweise – Vorgehen – Empfehlungen, Münster u. a. 2005, S. 229–241.

Moore, C. (2002): Next-Gen Web Services: Google exec touts innovation, Online: <http://www.infoworld.com/article/02/09/19/020919hngoogle_1.html>

Morris, M. H./Kuratko, D. F. (2002): Corporate Entrepreneurship: Entrepreneurial Development within Organizations, Fort Worth u. a. Tex. 2002.

Müller, C. (2005): Franchising, in: *Kollmann, T.* (Hrsg.), Gabler Kompakt-Lexikon: Unternehmensgründung, Wiesbaden 2005, S. 141–142.

Müller-Hagedorn, L. (2003): Einführung in das Marketing, 3. Aufl., Stuttgart 2003.

Müller-Känel, O. (2004): Mezzanine Finance: neue Perspektiven in der Unternehmensfinanzierung, 2. Aufl., Bern u. a. 2004.

Myers, I./McCaulley, M. H. (1985): Manual: a guide to the development and use of the Myers-Briggs type indicator, Palo Alto, CA 1986.

Myers, S. C. (1977): Determinants of Corporate Borrowing, in: Journal of Financial Economics, Vol. 5, 1977, S. 147–175.

Nagl, A. (2005): Der Businessplan: Geschäftspläne professionell erstellen, 2. Aufl., Wiesbaden 2005.

Nathusius, K. (2001): Grundlagen der Gründungsfinanzierung: Instrumente – Prozesse – Beispiele, Wiesbaden 2001.

National Commission on Entrepreneurship (2001): High-Growth Companies: Mapping America's Entrepreneurial Landscape, Washington DC 2001.

Neeley, L. (2004): Bootstrap finance, in: *Welsch, H. P.* (Hrsg.), Entrepreneurship: the way ahead, New York u. a. 2004, S. 105–115.

Nenninger, M./Lawrenz, O. (2001): B2B-Erfolg durch eMarkets, Best Practice: Von der Beschaffung über eProcurement zum Net Market Maker, Wiesbaden 2001.

Neubauer, R. M./Hogan, R. (2006): Persönlichkeit zählt, in: *Harvard Business Manager* (Hrsg.), Klug entscheiden: Chancen erkennen, Alternativen bewerten, Fakten schaffen, Nr. 4, 2006, S. 102–111.

Niefert, M./Metzger, G./Heger, D./Licht, G. (2006): Hightech-Gründungen in Deutschland: Trends und Entwicklungsperspektiven, Mannheim 2006.

Nielsen/NetRatings (Hrsg.) (2006a): Google And Yahoo! Outpace Overall Search Growth And Increase Market Share In March, According To Nielsen//Netratings, Online: <http://www.nielsen-netratings.com/pr/pr_060424.pdf>, Stand: April 2006.

Nielsen/NetRatings (Hrsg.) (2006b): Online Searches Grow 55 Percent Year-Over-Year To Nearly 5.1 Billion Searches In December 2005, According To Nielsen//Netratings, Online: <http://www.nielsen-netratings.com/pr/pr_060209.pdf>, Stand: Februar 2006.

Nieschlag, R./Dichtl, E./Hörschgen, H. (2002): Marketing, 19. Aufl., Berlin 2002.

Nölle, J.-U. (2005): Grundlagen der Unternehmensbewertung: Anlässe, Funktionen, Verfahren und Grundsätze, in: *Schacht, U./Fackler, M.* (Hrsg.), Praxishandbuch Unternehmensbewertung: Grundlagen, Methoden, Fallbeispiele, Wiesbaden 2005, S. 13–31.

Nöllke, M. (2004): Kreativitätstechniken, 4. Aufl., Planegg 2004.

NUK (Hrsg.) (2006): Handbuch: Businessplan-Wettbewerb 2006, Köln 2006.

Opoczynski, M./Thomsen, F. (2003): WISO StartUp: die besten Konzepte der erfolgreichen Gründer, Frankfurt a. M. 2003.

Patton, A. (1959): Top Managements Stake in Product Life Cycle, in: The Management Review, Vol. 48, Nr. 6, 1959, S. 9–14 und 67–79.

Penrose, E. (1959): The Theory of the Growth of the Firm, Oxford 1959.

Perridon, L./Steiner, M. (2004): Finanzwirtschaft der Unternehmung, 13. Aufl., München 2004.

Pfeffer, J./Sutton, R. I. (2000): The knowing-doing gap: how smart companies turn knowledge into action, Boston, Mass. 2000.

Pfeiffer, W./Bischof, P. (1974): Einflußgrössen von Produkt-Marktzyklen: Gewinnung eines Systems von Einflußgrössen aus den relevanten Ansätzen der Lebenszyklus- und Diffusionsforschung und empirischer Test dieses Systems im Investitionsgüterbereich (Sulzer-Webmaschine) unter dem Aspekt hemmender Einflussgrössen, Heft 22, Arbeitspapiere Forschungsprojekt der Forschungsgruppe für Innovation und technologische Voraussage, Erlangen u. a. 1974.

Picot, G. (Hrsg.) (2005): Handbuch Mergers & Acquisitions: Planung, Durchführung, Integration, Stuttgart 2005.

Pieper, A. (2003): Einführung in die Ethik, Tübingen 2003.

Piller, F. T. (2006): Mass customization: ein wettbewerbsstrategisches Konzept im Informationszeitalter, 4. Aufl., Wiesbaden 2006.

Pine, B. J. (1999): Mass customization: the new frontier in business competition, Boston, Mass. 1999.

Plaschke, F. J. (2003): Wertorientierte Management-Incentivesysteme auf Basis interner Wertkennzahlen, Wiesbaden 2003.

Porter, M. E. (1999): Wettbewerbsstrategie: Methoden zur Analyse von Branchen und Konkurrenten = (Competitive strategy), 10. Aufl., Frankfurt u. a. 1999.

Porter, M. E./Rivkin, J. W. (2000): Industry Transformation, Harvard Business School Publication, Boston 2000.

Pruss, R. et al. (2003): Der Geschäftsplan, Bonn 2003.

Reifner, U. (2002): Summary and Recommendation, in: *Reifner, U.* (Hrsg.), Micro-Lending – A Case for Regulation in Europe, Baden-Baden 2002, S. 9–15.

Remmerbach, K.-U. (1988): Markteintrittsentscheidungen – eine Untersuchung im Rahmen der strategischen Marketingplanung unter besonderer Berücksichtigung des Zeitaspektes, Wiesbaden 1988.

Richter, F. / Timmreck, C. (Hrsg.) (2004): Unternehmensbewertung: moderne Instrumente und neue Ansätze, Stuttgart 2004.

Richter, R. / Furubotn, E. G. (2003): Neue Institutionenökonomik: eine Einführung und kritische Würdigung, 3. Aufl., Tübingen 2003.

Roddick, A. (2001): Die Body Shop Story: die Vision einer aussergewöhnlichen Unternehmerin, München 2001.

Ronstadt, R. C. (1984): Entrepreneurship: Text, cases and notes, Dover, MA 1984.

Rumpf, M. / Schütze, C. (2004): Management des Wandels: Personalgewinnung und -führung, in: *Rumpf, M / Feyerabend, K.-F.* (Hrsg.), Erfolgsfaktoren junger Unternehmen, Management von Wachstum: Berichte aus Theorie und Praxis, Gießen 2004, S. 45–75.

Sahlmann, W. A. (1997): How to write a great businessplan, in: Harvard Business Review, Vol. 75, Nr. 7-8, 1997, S. 98–108.

SAP (Hrsg.) (2006): Geschichte der SAP: Mehr als 30 Jahre im Business mit dem E-Business, Online: <http://www.sap.com/germany/company/press/geschichte/index.epx>.

Saßmannshausen, S. P. (2001): Wesen und Wege der Selbstständigkeit, in: *Koch, L. T. / Zacharias, C.* (Hrsg.), Gründungsmanagement: mit Aufgaben und Lösungen, München u. a. 2001, S. 121–135.

Sathe, V. (1989): Fostering Entrepreneurship in the Large, Diversified Firm, in: Organizational Dynamics, Vol. 18, 1989, S. 20–32.

Schaller, A. (2001): Entrepreneurship oder wie man ein Unternehmen denken muß, in: *Blum, U. / Leibbrand, F.* (Hrsg.), Entrepreneurship und Unternehmertum: Denkstrukturen für eine neue Zeit, Wiesbaden 2001, S. 4–56.

Schefczyk, M. (2000): Erfolgsstrategien deutscher Venture Capital-Gesellschaften, 2. Aufl., Stuttgart 2000.

Schefczyk, M. (2006): Finanzieren mit Venture Capital und Private Equity: Grundlagen für Investoren, Finanzintermediäre, Unternehmer und Wissenschaftler, 2. Aufl., Stuttgart 2006.

Schefczyk, M./Pankotsch, F. (2003): Betriebswirtschaftslehre junger Unternehmen, Stuttgart 2003.

Schein, E. H. (1997): Organizational culture and leadership, 2. Aufl., San Francisco, CA 1997.

Schein, E. H. (2003): Organisationskultur: the Ed Schein corporate culture survival guide, Bergisch Gladbach 2003.

Schelzke, E. (1990): Kurzgefasster Leitfaden für Existenzgründer, Berlin 1990.

Schmeh, K. (2004): David gegen Goliath: 33 überraschende Unternehmenserfolge, Frankfurt a. M. u. a. 2004.

Schmude, J. (2003): Standortwahl und Netzwerke von Unternehmensgründern, in: *Dowling, M/Drumm, H. J.* (Hrsg.), Gründungsmanagement: vom erfolgreichen Unternehmensstart zu dauerhaftem Wachstum, 2. Aufl., Berlin u. a. 2003, S. 291–304.

Schneider, H. (2002): Erfolgsbeteiligung der Mitarbeiter – Welche Modelle gibt es?, in: *Eyer, E.* (Hrsg.), Report Erfolgs- und Kapitalbeteiligung im Unternehmen: Modelle, Praxisberichte, Standpunkte, Düsseldorf 2002, S. 31–39.

Schreyögg, G. (2003): Organisation: Grundlagen moderner Organisationsgestaltung, 4. Aufl., Wiesbaden 2003.

Schultze, W. (2001): Methoden der Unternehmensbewertung: Gemeinsamkeiten, Unterschiede, Perspektiven, Düsseldorf 2001.

Schumpeter, J. A. (1934): Theorie der wirtschaftlichen Entwicklung: eine Untersuchung über Unternehmergewinn, Kapital, Kredit, Zins und den Konjunkturzyklus, 4. Aufl., Leipzig 1934.

Serf, C. (2005): Ertragswertverfahren: Eine Einführung, in: *Schacht, U./Fackler, M.* (Hrsg.), Praxishandbuch Unternehmensbewertung: Grundlagen, Methoden, Fallbeispiele, Wiesbaden 2005, S. 155–184.

Shane, S. (2000): Prior knowledge and the discovery of entrepreneurial opportunities, in: Organization Science, Vol. 11, Nr. 4, 2000, S. 448–469.

Shane, S. (2003): A general theory of entrepreneurship: the individual-opportunity nexus, Cheltenham u. a. 2003.

Shane, S./Venkataraman, S. (2000): The promise of entrepreneurship as a field of research, in: Academy of Management Review, Vol. 25, Nr. 1, 2000, S. 217–226.

Sharma, P./Chrisman, J. J. (1999): Toward a Reconciliation of Definitional Issues in the Field of Corporate Entrepreneurship, in: Entrepreneurship Theorie and Practice, Vol. 23, Nr. 3, 1999, S. 11–27.

Shulman, J. M./Stallkamp, T. T. (2004): Getting Bigger by Growing Smaller – A New Growth Model for Corporate America, Upper Saddle River, NJ 2004.

Siegel, R./Siegel, E./MacMillan, I. (1993): Characteristics Distinguishing High Growth Ventures, in: Journal of Business Venturing, Vol. 8, Nr. 2, 1993, S. 169–180.

Silberberger, H. (2003): Collaborative Business und Web Services: Ein Managementleitfaden in Zeiten technologischen Wandels, Berlin 2003.

Skaupy, W. (1995): Franchising: Handbuch für die Betriebs- und Rechtspraxis, 2. Aufl., München 1995.

Smilor, R. W. (1997): Entrepreneurship: Reflections on a subversive activity, in: Journal of Business Venturing, Vol. 12, Nr. 5, 1997, S. 341–346.

Spielkamp, A./Volkmann, C. (2005): Führungsinstrumente im Innovationsmanagement kleiner und mittlerer Unternehmen, in: *Schwarz, E. J./Harms, R.* (Hrsg.), Integriertes Ideenmanagement: betriebliche und überbetriebliche Aspekte unter besonderer Berücksichtigung kleiner und junger Unternehmen, Wiesbaden 2005, S. 267–290.

Spinelli, S./Rosenberg, R. M./Birley, S. (2004): Franchising: Pathway to Wealth Creation, London u. a. 2004.

Spremann, K. (1990): Asymmetrische Information, in: ZfB, 60. Jg., 1990, S. 561–586.

Stedler, H. R./Peters, H. H. (2002): Business Angels in Deutschland: Empirische Studie der FH Hannover zur Erforschung des Erfolgsbeitrages von Business Angels bei Unternehmensgründungen aus der Hochschule im Auftrag der tbg Technologie-Beteiligungs-Gesellschaft mbH der Deutschen Ausgleichsbank, Bonn 2002.

Stevenson, H. H./Gumpert, D. E. (1985): The heart of Entrepreneurship, in: Harvard Business Review, Vol. 63, Nr. 2, 1985, S. 85–94.

Stevenson, H. H./Roberts, M. J./Grousbeck, H. I. (1994): New business Ventures and the Entrepreneur, 4. Aufl., Chicago, ILL 1994.

Stracke, F. (2005): Menschen verstehen – Potenzial erkennen: die Systematik professioneller Bewerberauswahl und Mitarbeiterbeurteilung, Leonberg 2005.

Struck, U. (2001): Geschäftspläne: für erfolgreiche Expansions- und Gründungsfinanzierung, 3. Aufl., Stuttgart 2001.

Stutely, R. (2002): The Definitive Business Plan: the fast-track to intelligent business planning for executives and entrepreneurs, 2. Aufl., London 2002.

Suchanek, A. (2001): Ökonomische Ethik, Tübingen 2001.

Szyperski, N./Nathusius, K. (1977): Probleme der Unternehmungsgründung: eine betriebswirtschaftliche Analyse unternehmerischer Startbedingungen, Stuttgart 1977.

Szyperski, N./Nathusius, K. (1999): Probleme der Unternehmungsgründung: eine betriebswirtschaftliche Analyse unternehmerischer Startbedingungen, 2. Aufl., Lohmar Köln 1999.

Thommen, J.-P./Achleitner, A.-K. (2003): Allgemeine Betriebswirtschaftslehre: umfassende Einführung aus managementorientierter Sicht, 4. Aufl., Wiesbaden 2003.

Thommen, J.-P./Struß, N. (2002): Gestaltung und Entwicklung organisatorischer Infrastruktur, in: *Hommel, U./Knecht, T. C.* (Hrsg.), Wertorientiertes Start-Up-Management: Grundlagen, Konzepte, Strategien, München 2002, S. 187–211.

Tidd, J./Bessant, J./Pavitt, K. (2005): Managing Innovation: integrating technological, market and organizational change, 3. Aufl., Chichester u. a. 2005.

Timmons, J. A. (1999): New Venture Creation: Entrepreneurship for the 21st Century, 5. Aufl., Boston u. a. 1999.

Timmons, J. A./Spinelli, S. (2004): New Venture Creation: Entrepreneurship for the 21st Century, 6. Aufl., Boston u. a. 2004.

Trigeorgis, L. (1996): Real Options: managerial flexibility and strategy in resource allocation, London 1996.

Tschammer-Osten, G. (1996): Business Angel, in: DBW Die Betriebswirtschaft, 56. Jg., Nr. 5, 1996, S. 716–719.

Twaalfhoven, B. (2005): Lisbon Enterprise 2010 – The Next Generation: Lessons from a Serial Entrepreneur; 54 Start-Ups in 11 Countries, Brüssel 2005. [Vortrag im Europaparlament Brüssel]

Ubelhör, M./Warns, C. (2002): Grundlagen der Finanzierung: anschaulich dargestellt; mit vielen Beispielen und Übungsaufgaben, Heidenau 2002.

Unterkofler, G. (1989): Erfolgsfaktoren innovativer Unternehmensgründungen: ein gestaltungsorientierter Lösungsansatz betriebswirtschaftlicher Gründungsprobleme, Frankfurt a. M. u. a. 1989.

Vahs, D./Burmester, R. (2005): Innovationsmanagement: von der Produktidee zur erfolgreichen Vermarktung, 3. Aufl., Stuttgart 2005

Van Osnabrugge, M./Robinson, R. J. (2000): Angel investing: matching start-up funds with start-up companies – the guide for entrepreneurs, individual investors, and venture capitalists, San Francisco 2000.

Vereinte Nationen (2005): Der Global Compact: Gesellschaftliches Engagement von Unternehmen in der Weltwirtschaft, New York 2005.

Vering, M. et al. (2001): Der E-Business-Workplace: Das Potenzial von Unternehmensportalen, Bonn 2001.

Vesper, K. H. (1998): New venture experience, 2. Aufl., Seattle, Wash. 1998.

Volkmann, C./Tokarski, K. O. (2006): Growth strategies for young e-ventures through structured collaboration, in: International Journal of Services Technology and Management, Vol. 7, Nr. 1, 2006, S. 68–84.

Volkmann, C./Tokarski, K. O./Günther, U. (2006): (Women) Business Angels In Germany – An Exploratory Study Within An International Context, Conference Paper, 3rd International AGSE Entrepreneurship & Innovation Research Exchange, Unitec, Auckland New Zealand 2006.

Wahl, S. J. (2004): Private Debt: private Fremdkapital- und Mezzanine-Kapital-Platzierungen bei institutionellen Investoren, Sternenfels 2004.

Wälchli, A. (1995): Strategische Anreizgestaltung: Modell eines Anreizsystems für strategisches Denken und Handeln des Managements, Bern u. a. 1995.

Walter, G. (2004): Bewertung junger innovativer Wachstumsunternehmungen unter besonderer Berücksichtigung der Interessen von Venture-Capital-Gesellschaften: Einzelbewertungs-, Ertragswert-, discounted Cash-flow- und Multiplikatorverfahren sowie Realoptionsansatz im Vergleich, Gießen 2004.

Wamser, C. (2000): Electronic Commerce: Grundlagen und Perspektiven, München 2000.

Weitnauer, W. (2001): Handbuch Venture-Capital: von der Innovation zum Börsengang, 2. Aufl., München 2001.

Welge, M. K./Al-Laham, A. (2003): Strategisches Management: Grundlagen – Prozess – Implementierung, Wiesbaden 2003.

Weuster, A. (2004): Personalauswahl: Anforderungsprofil, Bewerbersuche, Vorauswahl und Vorstellungsgespräch, Wiesbaden 2004.

Wey, K. (2000): Wege durch den Förderdschungel: Fördermittel-Handbuch für Unternehmen und Existenzgründer, Stuttgart 2000.

Witt, C. (2002): Wachstumsschmerzen beim Übergang vom Startup zum professionell geführten Unternehmen: Ursachen und Lösungsansätze, Mantel 2002.

Wittenberg, V. (2006): Controlling in jungen Unternehmen: phasenspezifische Controllingkonzeptionen für Unternehmen in der Gründungs- und Wachstumsphase, Wiesbaden 2006.

Wöhe, G./Bilstein, J. (2002): Grundzüge der Unternehmensfinanzierung, 9. Aufl., München 2002.

Yockelson, D./Sholler, D./Cain, M. (2000): Collaborating on Collaboration – Joint Trend Teleconference Transcript., Meta Group Research, Stamford 2000.

Zacharias, C. (2001): Gründungsmanagement als komplexe unternehmerische Aufgabe, in: *Koch, L. T./Zacharias, C.* (Hrsg.), Gründungsmanagement: mit Aufgaben und Lösungen, München u. a. 2001, S. 37–48.

Zajac, E. J./Kraatz, M. S./Bresser, R. K. F. (2000): Modeling the dynamics of strategic fit: a normative approach to strategic change, in: Strategic Management Journal, Vol. 21, Nr. 4, 2000, S. 429–453.

Zangemeister, C. (1976): Nutzwertanalyse in der Systemtechnik: eine Methodik zur multidimensionalen Bewertung und Auswahl von Projektalternativen, 4. Aufl., München 1976.

STICHWORTVERZEICHNIS

Allgemeine Betriebswirtschaftslehre
Grundwissen der Ökonomik BWL

Hrsg. von Franz X. Bea, Birgit Friedl und Marcell Schweitzer

Diese erfolgreiche dreibändige Allgemeine Betriebswirtschaftslehre zeichnet sich durch stetige Aktualität aufgrund einer raschen Auflagenfolge aus. Die einzelnen Kapitel sind gut aufeinander abgestimmt und folgen einer modernen, auf dem Entscheidungsansatz basierenden Konzeption. Der Student hat damit ein Lehrbuch der BWL in der Hand, mit dem er von Beginn seines Studiums an bis zum Diplom arbeiten kann. Aber auch dem Praktiker ist es eine Hilfe bei seinen täglichen Entscheidungen.

Band 1 Grundfragen

9., überarbeitete Auflage

2004. XVI/490 Seiten, 82 Abb., 11 Tab., kt. € 19,90 / sFr 34,90
UTB 1081. ISBN10: 3-8252-1081-2; ISBN13: 978-3-8252-1081-6

Gegenstand und Wissenschaftsprogramme der BWL; Rahmenbedingungen unternehmerischen Handelns: Wirtschaftsordnung, Steuersystem, Unternehmensordnung; Entscheidungen über Standort, Rechtsform, Unternehmenszusammenschlüsse; Wirtschafts- und Unternehmensethik.

Band 2 Führung

9., neu bearbeitete und erweiterte Auflage

2005. XXII/811 Seiten, 194 Abb., 7 Tab., kt. € 23,90 / sFr 41,90
UTB 1082. ISBN10: 3-8252-1082-0; ISBN13: 978-3-8252-1082-3

Planung und Steuerung, Organisation, Controlling, Information, Bilanzen, Kostenrechnung, Prognosen.

Band 3 Leistungsprozess

9., neu bearbeitete und erweiterte Auflage

2006. XVIII/636 Seiten, kt. € 21,90 / sFr 38,-.
UTB 1083. ISBN10: 3-8252-1083-0; ISBN13: 978-3-8252-1083-0

Erfolgsorientiertes Innovationsmanagement, Beschaffung und Logistik, Produktionswirtschaft, Marketing, Investition, Finanzierung, Personalwirtschaft.

 *Stuttgart*

Strategisches Management

von Franz X. Bea und Jürgen Haas

4., neu bearbeitete Auflage

Grundwissen der Ökonomik - Betriebswirtschaftslehre
(herausgegeben von Franz X. Bea, Birgit Friedl, und Marcell Schweitzer)

2005. XXIII/591 S., m. 135 Abbildungen u. Übersichten, kt. € 25,90 / sFr 45,30
UTB 1458 (ISBN10: 3-8252-1458-3; ISBN13: 978-3-8252-1458-6)

Dieses erfolgreiche Buch gibt den aktuellen Stand des Wissens zum Strategischen Management wieder. Behandelt werden folgende Bausteine des Strategischen Managements:

- Strategische Planung
- Strategische Kontrolle
- Organisation

- Unternehmenskultur
- Information
- Strategische Leistungspotentiale

Diese Bausteine sind in ein Gesamtkonzept des Strategischen Managements integriert. Ein Quereinstieg und damit das separate Bearbeiten der einzelnen Bausteine des Strategischen Managements sind jedoch ohne weiteres möglich.

Aktuelle Beispiele aus der Unternehmenspraxis erleichtern das Verständnis.

Marketing

Einführung in Entscheidungsprobleme des Absatzes und der Beschaffung

von Udo Koppelmann

8., neubearbeitete Auflage

2006. XI/211 S., kt. € 19,90 / sFr 34,90
UTB 8320 (ISBN10: 3-8252-8320-8; ISBN13: 978-3-8252-8320-9)

Der Erfolg von Unternehmen wird durch ihre Märkte geprägt. Das Marketing befaßt sich vorrangig mit den Absatzmärkten. In dieser Einführung werden jedoch auch die Beschaffungsmärkte beleuchtet. Das ist ungewöhnlich. Es zeigt sich allerdings, daß vieles auf den Märkten für die dort Handelnden ähnlich ist. Durch analoges Denken läßt sich Wissen über das Handeln auf den Absatzmärkten auf die Beschaffungsmärkte übertragen. Das wird erleichtert, wenn es gelingt, mit ähnlichen Strukturen zu arbeiten.

Dieses seit der 1. Auflage sehr erfolgreiche Konzept wurde beibehalten, in einigen Bereichen erweitert, und überarbeitet. Dabei konnte der für eine Einführung überschaubare Umfang gehalten werden.

 *Stuttgart*

Führen und führen lassen
Ansätze, Ergebnisse und Kritik der Führungsforschung
von Oswald Neuberger
6., völlig neu bearb. und erw. A.

2002. XV/899 S., kt. € 35,90 /sFr 61,90.
UTB 2234 (ISBN10: 3-8252-2234-9; ISBN13: 978-3-8252-2234-5)

Das erfolgreiche Lehrbuch zum Thema "Führen" wird in einer völlig neu konzipierten und stark erweiterten Auflage vorgelegt. Ziel ist es weiterhin, einen Überblick über die wichtigsten Ansätze und Befunde der Führungsforschung zu geben und sie kritisch zu kommentieren.

Folgende Fragestellungen werden behandelt:
- Führungsbegriffe, Definitionsstrategien, Rahmenmodelle
- Führungsideologien, Menschenbilder, Führungsmetaphern und -archetypen
- charismatische, transformationale, visionäre Führung
- Eigenschaftsansatz, Kategorisierungstheorien, Assessment Center
- Rollentheorien, Dilemmata und Paradoxa der Führung
- Führungsverhaltensbeschreibung und -beobachtung, Führungsstile und -erfolg
- pragmatische Führungsmodelle, grundlagentheoretische Fundierungen
- Paradigmen der Führung (symbolische, systemische, politische Ansätze)
- Führungsethik
- Frauen und Führung

Unternehmensethik
Grundlagen und praktische Umsetzung
von Elisabeth Göbel

Grundwissen der Ökonomik - Betriebswirtschaftslehre
(herausgegeben von Franz X. Bea, Birgit Friedl, und Marcell Schweitzer)

2006. VI/303 S., € 19,90 / sFr 34,70
UTB 2797 (ISBN10: 3-8252-2797-9; ISBN13: 978-3-8252-2797-5)

Eine stärkere Orientierung der Unternehmensführung am Leitbild einer vernünftigen, lebensdienlichen Wirtschaft wird nicht nur von Politikern und kritischen Bürgern, sondern ebenso von Wirtschaftspraktikern und -wissenschaftlern gefordert. In dieser Situation ist es für die Studierenden der Betriebswirtschaftslehre ein "Muss", sich mit den moralischen Grundlagen und Problemen unternehmerischen Handelns zu beschäftigen.

Das vorliegende Buch kann dabei die notwendige Hilfe leisten. Die Autorin erörtert zunächst die philosophischen Grundlagen der Ethik, klärt dann das Verhältnis von Ethik und Ökonomik und zeigt schließlich, wie die Unternehmensethik als "Management der Verantwortung" praktisch werden kann.

 *Stuttgart*

LUCIUS
et LUCIUS

Unternehmenskommunikation
Ein Leitfaden
von Claudia Mast

2. Auflage

2006. X/474 S., kt. € 25,90 / sFr 45,30.

UTB 2308 (ISBN10: 3-8252-2308-6; ISBN13: 978-3-8252-2308-3)

Die Turbulenzen auf den globalisierten Märkten nehmen zu. Unternehmen müssen in der Wahrnehmung der internen und externen Öffentlichkeiten, vor allem in den Medien, ein positives Image aufbauen. Der Wettbewerb um die Aufmerksamkeit wichtiger Bezugsgruppen wird unter neuen Bedingungen ausgetragen. Die kommunikationswissenschaftliche Analyse stellt die Besonderheiten des Kommunikationsmanagements von Unternehmen vor. Der Kommunikationsprozess bildet die Grundlage für Profit-Organisationen, aber auch für Management- und Entscheidungsprozesse. Das Buch gibt einen Überblick über die theoretischen Ansätze sowie den Prozess der strategischen Planung und Optimierung von Unternehmenskommunikation und analysiert die Probleme bei der praktischen Umsetzung der Kommunikation. Im Mittelpunkt stehen daher die Stakeholder Mitarbeiter (Interne PR), Kunden (Kunden-PR), Medien (Media Relations), Kapitalgeber (Investor Relations) und Gesellschaft (Public Affairs).

Werbung
Eine Einführung
von Günter Schweiger und Gertraud Schrattenecker

6., neu bearbeitete Auflage

2005. XIV/378 S., mit 125 vierfarb. Abb., kt. 19,90 € / 34,90 sFr
UTB 1370 (ISBN10: 3-8252-1370-6; ISBN13: 978-3-8252-1370-1)

Ausgehend von einer strategiegeleiteten Vorgangsweise zeigt die 6. Auflage dieses Standardwerks die Zusammenhänge mit der strategischen Marketingplanung, der Markenführung und einer integrierten Marketingkommunikation. Die unterschiedlichen Kommunikationsinstrumente und die Notwendigkeit einer integrierten Kommunikation werden ebenso wie die Werbeplanung und -gestaltung ausführlich behandelt und anhand von Beispielen aus der Wirtschaftspraxis veranschaulicht.

Dieses erfolgreiche Lehrbuch bietet eine unkomplizierte und umfassende Einführung in das betriebswirtschaftliche Teilgebiet der Werbung. Systematisch und leicht verständlich werden alle wesentlichen Aspekte behandelt.

 *Stuttgart*